U0901310

中 国 国 家 标 准 汇 编

2010年修订-1

中国标准出版社　编

中国质检出版社
中国标准出版社
北　京

图书在版编目（CIP）数据

中国国家标准汇编：2010年修订．1/中国标准出版社编．—北京：中国标准出版社，2011
ISBN 978-7-5066-6554-4

Ⅰ．①中…　Ⅱ．①中…　Ⅲ．①国家标准-汇编-中国-2010　Ⅳ．①T-652.1

中国版本图书馆CIP数据核字(2011)第195037号

中国质检出版社
中国标准出版社 出版发行
北京市朝阳区和平里西街甲2号(100013)
北京市西城区三里河北街16号(100045)
网址:www.spc.net.cn
总编室:(010)64275323　发行中心:(010)51780235
读者服务部:(010)68523946
中国标准出版社秦皇岛印刷厂印刷
各地新华书店经销
*
开本 880×1230　1/16　印张 38　字数 996 千字
2011年12月第一版　2011年12月第一次印刷
*
定价 220.00 元

出 版 说 明

1.《中国国家标准汇编》是一部大型综合性国家标准全集。自1983年起，按国家标准顺序号以精装本、平装本两种装帧形式陆续分册汇编出版。它在一定程度上反映了我国建国以来标准化事业发展的基本情况和主要成就，是各级标准化管理机构，工矿企事业单位，农林牧副渔系统，科研、设计、教学等部门必不可少的工具书。

2.《中国国家标准汇编》收入我国每年正式发布的全部国家标准，分为"制定"卷和"修订"卷两种编辑版本。

"制定"卷收入上一年度我国发布的、新制定的国家标准，顺延前年度标准编号分成若干分册，封面和书脊上注明"20××年制定"字样及分册号，分册号一直连续。各分册中的标准是按照标准编号顺序连续排列的，如有标准顺序号缺号的，除特殊情况注明外，暂为空号。

"修订"卷收入上一年度我国发布的、修订的国家标准，视篇幅分设若干分册，但与"制定"卷分册号无关联，仅在封面和书脊上注明"20××年修订-1，-2，-3，……"字样。"修订"卷各分册中的标准，仍按标准编号顺序排列（但不连续）；如有遗漏的，均在当年最后一分册中补齐。需提请读者注意的是，个别非顺延前年度标准编号的新制定的国家标准没有收入在"制定"卷中，而是收入在"修订"卷中。

读者配套购买《中国国家标准汇编》"制定"卷和"修订"卷则可收齐上一年度我国制定和修订的全部国家标准。

3.由于读者需求的变化，自1996年起，《中国国家标准汇编》仅出版精装本。

4.2010年我国制修订国家标准共2846项。本分册为"2010年修订-1"，收入新制修订的国家标准18项。

中国标准出版社

2011年8月

目　录

ICS 21.060.20
J 13

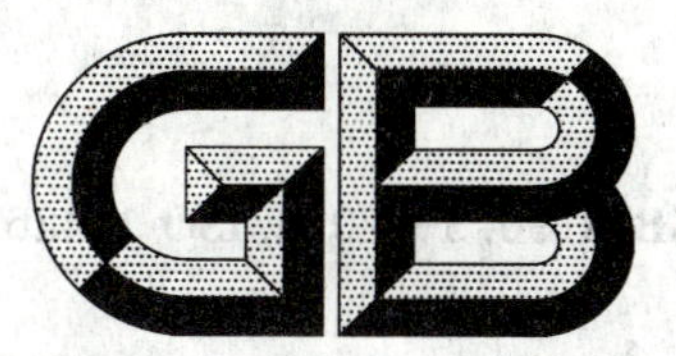

中华人民共和国国家标准

GB/T 90.3—2010/ISO 16426:2002

紧固件　质量保证体系

Fasteners—Quality assurance system

(ISO 16426:2002,IDT)

2011-01-10 发布　　2011-10-01 实施

中华人民共和国国家质量监督检验检疫总局
中国国家标准化管理委员会　发布

前言

GB/T 90 的本部分(以下简称本部分)是国家标准“紧固件验收检查、包装与质量保证”系列标准之一,该系列包括:

——GB/T 90.1—2002 紧固件 验收检查;

——GB/T 90.2—2002 紧固件 标志与包装;

——GB/T 90.3—2010 紧固件 质量保证体系。

本部分为 GB/T 90 的第 3 部分。

本部分等同采用 ISO 16426:2002《紧固件 质量保证体系》(英文版),主要编辑性修改如下:

——在引用文件中,用我国标准代替国际标准(第 2 章)。

——用 GB/T 19000—2008“质量策划”术语与定义代替 ISO 16426“质量计划”术语(见 3.1)。

本部分的附录 A 是资料性附录。

本部分由中国机械工业联合会提出。

本部分由全国紧固件标准化技术委员会(SAC/TC 85)归口。

本部分负责起草单位:中机生产力促进中心。

本部分参加起草单位:机械工业通用零部件产品质量监督检测中心、宁波九龙紧固件制造有限公司。

本部分由全国紧固件标准化技术委员会秘书处负责解释。

本部分系首次发布。

紧固件　质量保证体系

1　范围

GB/T 90 的本部分规定了紧固件制造者和经销商在质量保证体系中应遵循的要求。这些要求的目的是为了减少或防止出现不合格紧固件产品,从而实现指定的特性接近于零缺陷的质量目标。

本部分描述了从接收原材料开始,经过制造过程到交付给经销商或用户(装配者)的要求。

2　规范性引用文件

下列文件对于本文件的应用是必不可少的。凡是注日期的引用文件,仅注日期的版本适用于本文件。凡是不注日期的引用文件,其最新版本(包括所有的修改单)适用于本文件。

GB/T 90.1—2002　紧固件　验收检查(idt ISO 3269:2000)

GB/T 3098.17—2000　紧固件　检查氢脆用预载荷试验　平行支承面法(idt ISO 15330:1999)

GB/T 19000—2008　质量管理体系　基础和术语(ISO 9000:2005,IDT)

3　术语与定义

本标准使用了以下术语与定义:

3.1

质量策划　advanced quality planning

质量管理(在质量方面指挥和控制组织的协调的活动)的一部分,致力于制定质量目标(在质量方面所追求的目的)并规定必要的运行过程(将输入转化为输出的相互关联或相互作用的一组活动)和相关资源以实现质量目标。

注:编制质量计划(对特定的项目、产品、过程或合同,规定由谁及何时使用哪些程序和相关资源的文件)可以是质量策划的一部分。

3.2

改制　alter

原始制造过程以后,改变紧固件几何尺寸、机械性能或工作特性的任何工序。

3.3

工序能力指数　value

C_{pk}值是工序能力的度量标准。它与具有正态分布规律的某一特性的工序平均值和上下极限以及特性值的标准偏差有关。

3.4

顾客　customer

接收产品的机构或个人。

注:顾客可以是用户或经销商。

3.5

混装　commingling

在同一包装中装入了不同生产批的同一类型的紧固件。

3.6

控制计划　control plan

描述紧固件制造过程,用以确定提供控制和尽量减小生产过程产品波动程序的控制点。

3.7

缺陷　defect

未满足预期或规定用途有关的要求。

注:当存在缺陷时,该紧固件将不能完成预期或预定用途(GB/T 19000)。

3.8

经销商(批发商)　distributor(stockist)

购买紧固件成品转卖给其他机构或个人的机构或个人,有三种类型。

3.8.1

改制型经销商　alteration distributor

在转售之前还要对紧固件进行改制的经销商。

3.8.2

转手型经销商　pass-through distributor

对原始制造者的包装箱不进行重新包装或者改制而直接转售的经销商。

3.8.3

改包装型经销商　repackaging distributor

在转售之前只对紧固件进行重新包装的经销商。

3.9

紧固件特性　fastener characteristic

紧固件尺寸、机械性能或其他性能特征。

3.10

紧固件质量保证体系　fastener quality assuran

通常结合了诸如包含原型开发、最初产品和最终产品等方面的书面质量控制计划等的紧固件制造体系。它包括质量策划(3.1)、持续改进、缺陷预防以及紧固件尺寸、机械性能和其他性能特征的实时控制。

3.11

批污染　lot contamination

某一紧固件生产批中混入了不同的紧固件或外来杂质、外来产品。

3.12

制造者　manufacturer

采购原料并将其转变成最终紧固件产品的机构。

3.13

生产批　manufacturing lot

同一标记(包括产品等级、性能等级和规格)的,用同一炉的棒材、线材、丝材或板材制造的,在整个连续周期内采用相同或类似工艺并经过相同的热处理和(或)镀覆工艺(如果需要)的紧固件的数量。

注1:相同的热处理或镀覆层处理过程即:

——对连续生产来说,就是采用相同的热处理循环而无任何改动;

——对不连续生产来说,就是对相同、相邻的制造批采用相同的热处理循环。

注2:从技术角度考虑,一个生产批可分成若干个制造批,然后再合并成同一个生产批(GB/T 3098.17)。

3.14

生产批号　manufacturing lot number

由制造者给出的唯一编号，通过该编号可完全追溯该成品的所有生产过程，以及原材料的炉号。

3.15

不合格　non-conformity

未满足要求。

3.16

不合格紧固件　non-conforming fastener

存在一项或几项不合格的紧固件。

3.17

每百万件中的不合格件数(ppm)　non-conforming parts per million(ppm)

在已完成的生产批中，每一百万件产品中的不合格紧固件数。

3.18

产品持续改进　product continual improvement

在提高生产率、产品质量和顾客满意度的同时，降低产品质量波动、消耗和检验频次的有一定程序和规则的过程。

3.19

指定的产品特性　selected product characteristic

由用户指定的，对紧固件装配和(或)功能具有关键作用的特性。

3.20

供方　supplier

提供产品的机构或个人。

注：供方可以是制造者或者经销商(GB/T 19000)。

3.21

溯源号　trace number

由经销商给出的，用于识别原始制造者和生产批号的字母数字代号。

3.22

紧固件可追溯性　traceability of fasteners

通过其识别记录确定或证实某一紧固件成品生产历史记录，建立其原材料的发货编号、加工制造过程编号和原材料炉号的能力。

3.23

用户　user

购买或通过其他途径获得紧固件产品，以装配、检修或维修为目的而使用该产品的机构或个人。

3.24

零缺陷概念　zero defect conception

制订质量目标是为在给定的紧固件批内，不出现未满足预期或规定用途的产品的一种构想。

4　顾客提供的信息

顾客在订货时应引用本部分。

订单应注明经选定的产品特性，如果需要，应考虑预期的用途或者是合理的可以预见的用途及其结果。

5 要求

5.1 通则

由顾客明示的经选定的特性,应包括在书面控制计划里。书面控制计划是制造者使用的质量保证体系的一部分。

制造者和顾客应就适当的每百万件产品中的不合格件数(ppm)和(或)C_{pk}值,以及对每一种指定特性的评价方法协商并达成一致。

对于其他特性,制造者可以使用自己的质量计划,而顾客也应依据 GB/T 90.1 的规定来评定所购买的紧固件产品。

依据本部分生产的紧固件产品应以生产批的方式交货。

紧固件产品应与发货文件上的说明和(或)标记相一致。发货文件至少应包括紧固件产品标记以及生产批号或溯源号。

包装上的标签应包括制造者或经销商名称或识别标志(包括原产地国家)以及生产批号或溯源号。同时还要包括与紧固件说明和(或)标记相关的必要信息。

制造者应能对任何生产批提供质量检验报告,证明其产品符合紧固件技术条件,并至少应包括以下内容:

——熔炼分析(化学成分);

——热处理方式(如适用时);

——机械性能;

——工作特性(如适用时);

——尺寸规格;

——表面处理(如适用时)。

该文件仅在采购商要求的情况下提供。如果顾客给制造者提供了生产批号,则制造者应能够提供自产品出售给顾客之日起 10 年之内的该生产批号完整的文件。同理,如果顾客给经销商提供了生产批号或者是溯源号,则经销商应能够提供自产品出售给顾客之日起 10 年之内的该生产批号完整的文件。

5.2 可追溯性

紧固件产品应可以追溯。可追溯性的相关文件应由制造者自产品出售给顾客之日起至少保存 10 年。与紧固件的改制和(或)改包装相关的责任方也应自产品出售给顾客之日起将完整的可追溯性文件至少保存 10 年。

如有争议,供方应能够提供相关生产批号的所有必要信息。顾客一旦打开原始包装,便开始承担其随后可溯源性的全部责任。

5.3 批完整性

为保证批完整性,紧固件生产批不能混杂。

5.4 交货

除非用户同意,所有紧固件都应以制造者或经销商原始的、未打开的、密封包装的形式交给用户。对规定每百万件产品中的不合格紧固件数(ppm)和(或)C_{pk}值的紧固件不允许再包装出售。

5.5 产品持续改进

对那些降低每百万件产品中的不合格紧固件数(ppm)水平的特性,可以通过持续改进产品达到要求。这就要求用户将装配过程中发现的所有不合格紧固件反馈给制造者。制造者应对这些不合格品进行分析,以便改进生产工艺。

6 责任概述

6.1 制造者的责任

制造者应:

——提供并保留与5.1相关的所有文件;

——保留与5.2相关的可追溯性;

——保留与5.3相关的生产批完整性。

6.2 经销商的责任

6.2.1 通则

紧固件经销商应保留从制造者处购买过来的、符合本部分的每一批紧固件的可追溯性。

6.2.2 改制型经销商的责任

改制型经销商所做的任何改制,都将使责任由制造者转移到经销商。

6.2.3 改包装型经销商的责任

改包装型经销商应以适当的并可被证实的方法来防止批污染,应保证制造者供应的紧固件的所有原始特性。对于那些可能因改包装而受到影响的特性,经销商的任何改包装操作都将使对这些特性的责任由制造者转移到经销商。

6.3 用户的责任

用户应提供第4章中要求的所有信息。

另外,用户应采取谨慎的措施以确保依据本部分采购的紧固件的完整性。

7 不合格批的处理方法

7.1 通则

紧固件供方应保留处理记录。

7.2 由制造者选择的处理方法

制造者可以选择以下方法之一来处理在其制造厂中已发现不合格的紧固件批。

——全部废弃;

——进行100%的检查,剔除不合格品;

——挑选或再加工,纠正其不合格特性;

——通知用户不合格项或项次,并听取其处理意见,如果用户认为特性偏离指定要求的程度对紧固件服役场合内的装配或性能不会造成重大影响,那么用户可以对这些紧固件以书面形式确认可以使用这些已完成生产或运输的紧固件产品。

7.3 由用户选择的处理方法

从节约成本考虑,对于交货后被拒收的紧固件批的处理,用户可以和供方达成一致,选择以下方法之一:

——如果用户认为特性偏离指定要求的程度对紧固件预定服役场合的装配或性能不会造成重大影响,那么用户可以确认在该用途中使用这些零件或该紧固件批,并以书面形式通知制造者;

——全部废弃；

——进行100％的检查，剔除不合格品；

——挑选或再加工，纠正其不合格特性；

——全部退货。

如果供方为经销商，则挑选、检查或再加工应与制造者协商一致。

7.4 由经销商选择的处理方法

从节约成本考虑，对于交货后被拒收的紧固件批的处理，经销商可以和制造者协商一致，选择以下方法之一：

——全部废弃；

——进行100％的检查，剔除不合格品；

——挑选或再加工，纠正其不合格特性；

——全部退货。

7.5 复检

对所有经挑选和(或)再加工的紧固件批应对其不合格项或项次的特性以及因挑选或再加工操作可能受影响的其他特性进行复检。如果未发现不合格品，则该批紧固件视为合格，可以交货或投入使用。

附 录 A
(资料性附录)
达到要求的 ppm 值应考虑的因素

A.1 紧固件生产技术现状

A.1.1 大量生产的状况

伴随顾客对紧固件交货质量提高了的要求,制造者在大量生产中开始考虑特别的要素。随所使用的机械的类型、规格和动作循环周期的不同,现代紧固件制造机械(比如:冷镦机,滚丝机)生产率可以达到每分钟 60 至 800 件。一家紧固件生产厂每天生产的工件数量可达数百万,因此需要特殊的措施来保证工序能力。另外,在制造过程中,工件被多次装到容器中运送到各个加工工序点,运送次数随生产链的长短(例如:冷镦、滚丝、清洗、淬火并回火、表面处理、防腐处理等)而定,大于 20 次也属于正常。在运送过程中需要采取特别措施来防止机械损伤(尤其是尖角碰撞)和避免混杂。

在目前的生产技术现状下,零缺陷的质量目标不可能实现。为了达到零缺陷这个目的,通过规定评价交货紧固件质量的标准,建立了过渡性的目标。本标准设定的条件是基于每百万件产品中的不合格产品数和(或)规定特性的工序能力值(C_{pk})。

A.1.2 产品工艺的影响

某些特性的测量和公差要求是基于使用的产品工艺(冷成型工艺、金属切削工艺、热处理工艺)。下面给出一些例子:

在紧固件制造过程中,许多生产工序都是由冷成型实现的。公差的稳定保持性不仅取决于所用的材料,还有很多其他因素;例如:在开合模中自由成型的轮廓精度就不如压入封闭模中成型的轮廓。某些冷成型工序不可避免地会出现尖角。这种情况下,通常无法给出清晰明确的公差或极限值。

在螺纹紧固件产品中,螺纹加工方法会影响螺纹几何形状、公差、表面粗糙度、螺纹上的折叠等,随螺纹加工方法的不同,这些会有很大的不同。

对长度与直径比值较大的螺钉,产生弯曲的可能性也会增大(尤其是最终工序包括热处理淬火并回火时)。对个别的零件和加工方法,应考虑规定相应的公差。

当对工件进行防腐镀层涂覆处理时,不可避免地出现镀层厚薄不均的现象。这与工件大小和涂覆方法有关。厚薄不均可能会影响到工件在盐雾试验中的防腐性能。在这种情况下,取决于紧固件型式和几何形状,其防腐性能很大程度上受到紧固件表面状况的影响。在交货之前坚持做完盐雾试验通常是不切实际的,因为试验时间往往超过数百个小时。为此,需要采用合适的实时控制的生产管理办法保证防腐性能。而不可能对这种特性的质量采取估测 ppm 值的方法。同样这也适用于在紧固件上涂润滑油,以符合规定摩擦系数的情况。类似这种规定范围的保持(例如:$\mu_{tot}=0.08\sim0.14$)只能采用合适的实时控制的生产管理办法来保证,用随机检验的方式来检查。

这些例子说明制造者、经销商和用户之间需要紧密合作。

A.2 改包装存在的问题

改包装增加了混入混杂品或其他零件,以及造成机械损伤的风险。

A.3 不合格项来源及达到规定 ppm 值的方法

不合格项有三种来源：

——有不合格特性的紧固件；

——有其他零件或混杂品(不相同的紧固件)；

——混入的非紧固件(金属的或非金属的)。

除非另有协议，通常的习惯做法是只包括有不合格特性的紧固件和在估测 ppm 值时有不相同紧固件混入的情况。参见图 A.1。

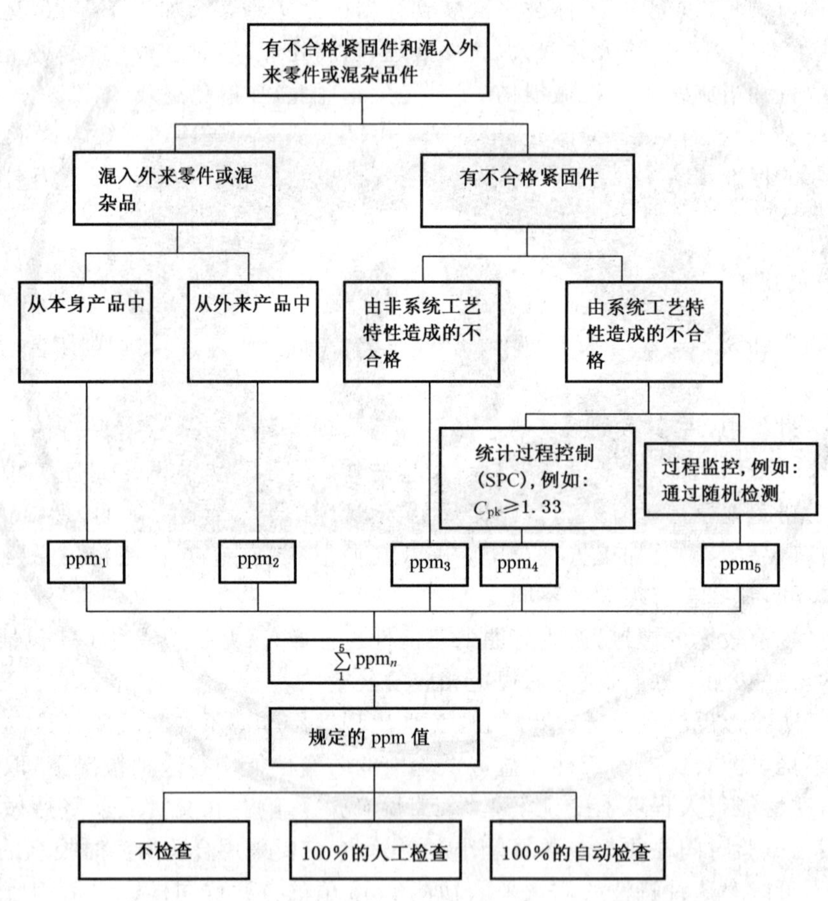

图 A.1 不合格紧固件产品的来源及达到规定 ppm 值的方法

外来零件或混杂品的混入可以是由制造者生产链或者是其他零件的生产链，或其他原因造成的。

尺寸、几何形状和其他特性方面不合格的零件是由系统的或非系统的过程特性产生的。

非系统的过程特性，例如：

——原材料有裂缝；

——线材上有焊点；

——挤压模上沾上碎屑；

——缺失特征的零件，例如缺少螺纹或滚花的零件；

——螺距错误；

——内扳拧部分镀覆金属过厚等。

系统的过程特性，例如测量和/或公差偏差。

非系统不合格无法通过统计过程控制(SPC)来辨别，而系统不合格通常可以通过应用统计过程控制来限制。

基于统计学原理，应用统计过程控制不能保证交货没有不合格紧固件产品。例如，假设某一单个特性的C_{pk}值为1.33，那么意味着这批紧固件中99.994%的产品都符合这一特定属性的规范。如果这一过程是对称公差的，那么从统计学来说，每百万件紧固件中可能有0～60件产品会超出公差极限。

A.4 检查

A.4.1 通则

为达到规定的ppm值，可以用以下检查方法。检查的目的是对产品选定的特性进行检查，剔除不合格品。

A.4.2 自动检查

自动检查可以检查单个或多个特性。经验表明，单个特性经过自动检查后，每百万件产品中仍有大约10个左右的不合格品，自动检查过程中，通常同时检查四到五个特性，因此，平均每百万件产品，预期平均有50个不合格品。

A.4.3 人工检查

经过100%的人工检查后，每百万件产品中的不合格数可能是经过自动检查的不合格数的10倍或更高。

A.4.4 检查局限性

因为无法对某些特性进行100%的检查，所以对某一产品或交货批的这类特性的ppm值进行估测对制造者来说是不现实的。例如某些需要破坏性试验进行检查的特性，如抗腐蚀性试验、抗拉强度试验，或者是测量摩擦系数的扭矩/拉伸关系试验等，这些特性的要求通过书面的控制计划，以适当的监控过程来保证。

如果规定的特性对其预定的用途特别重要，那么所有相关方都应采取谨慎的措施尽量保证零缺陷。

A.5 建立质量标准的特性示例

表A.1列出了在规定的ppm值和(或)C_{pk}值下，制造者和用户达成协议时可能会包括的一些特性。

表 A.1 可能包括的特性

尺　　寸	功能和形状	机械性能和物理性能
总长度	螺纹	硬度
螺纹长度	内扳拧	抗拉强度
螺纹直径	外扳拧	表面缺陷
法兰直径	有效力矩部分	保证载荷
头部直径	形状与位置公差	
杆部直径	导向末端	
头部高度	垫圈面	
螺母高度		
内扳拧部分深度		
对边宽度		
对角宽度		

A.6 估测 C_{pk} 值所受的局限

当一批紧固件中存在外来零件或混杂品时，由于这时特性不是按统计规律分布的，就不太可能估测 C_{pk} 值。这种情况下，只可能估测每百万件产品中的外来零件或混杂品的数值。

ICS 77.040.10
H 22

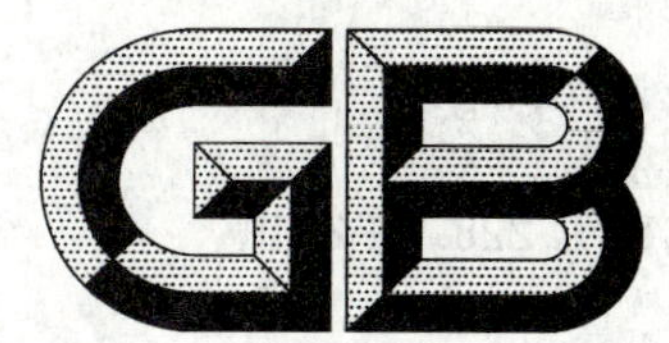

中华人民共和国国家标准

GB/T 228.1—2010
代替 GB/T 228—2002

金属材料　拉伸试验
第1部分:室温试验方法

Metallic materials—Tensile testing—
Part 1:Method of test at room temperature

(ISO 6892-1:2009,MOD)

2010-12-23 发布　　　　2011-12-01 实施

中华人民共和国国家质量监督检验检疫总局
中国国家标准化管理委员会　发布

前言

本标准按照 GB/T 1.1—2009 给出的规则起草。

GB/T 228《金属材料 拉伸试验》分为以下四个部分：

——第 1 部分：室温试验方法；

——第 2 部分：高温试验方法；

——第 3 部分：低温试验方法；

——第 4 部分：液氦试验方法。

本部分为 GB/T 228 的第 1 部分。

本部分修改采用国际标准 ISO 6892-1:2009《金属材料 拉伸试验 第 1 部分：室温试验方法》(英文版)。

本部分的整体结构、层次划分、编写方法和技术内容与 ISO 6892-1:2009 基本一致。

本部分对国际标准在以下方面进行了修改和补充，并在正文中它们所涉及的条款的页边空白处用垂直单线标识：

——在规范性引用文件中，本部分直接引用与国际标准相对应的我国国家标准；

——增加了规范性引用文件 GB/T 8170《数值修约规则与极限数值的表示和判定》，GB/T 10623《金属材料 力学性能试验术语》和 GB/T 22066《静力单轴试验机用计算机数据采集系统的评定》；

——将第 7 章中原始横截面积三次测量的最小值改为平均值；

——在第 12 章中增加了对于上、下屈服强度位置判定的基本原则；

——增加了第 22 章"试验结果数值的修约"；

——增加了规范性附录 J 逐步逼近方法测定规定塑性延伸强度(R_p)；

——增加了资料性附录 K 卸力方法测定规定残余延伸强度($R_{r0.2}$)举例；

——对于附录 B、附录 C、附录 D 和附录 E 中比例试样和非比例试样的细节描述进行了相应修改；

——修改了测量不确定度的评定方法，形成附录 L 拉伸试验测量结果不确定度的评定。

为便于使用，本部分还做了下列编辑性修改：

a) "本部分国际标准"一词改为"本部分"；

b) 用小数点"."代替作为小数点的逗号"，"；

c) 删除了国际标准前言。

本部分代替 GB/T 228—2002《金属材料 室温拉伸试验方法》，本部分对原标准在以下方面的技术内容进行了较大修改和补充：

——修改了标准名称；

——规范性引用文件；

——增加了试验速率的控制方法：方法 A 应变速率控制方法；

——试验结果数值的修约；

——拉伸试验测量不确定度的评定方法；

——增加了资料性附录 A 计算机控制拉伸试验机使用时的建议；

——增加了资料性附录 F 考虑试验机刚度(或柔度)后估算的横梁位移速率。

本部分的附录 A、附录 F、附录 G、附录 H、附录 I、附录 K、附录 L、附录 M 为资料性附录，本部分的附录 B、附录 C、附录 D、附录 E、附录 J 为规范性附录。

本部分由中国钢铁工业协会提出。

本部分由全国钢标准化技术委员会归口。

本部分起草单位：钢铁研究总院、济南试金集团有限公司、冶金工业信息标准研究院、宝钢股份公司、美特斯工业系统中国有限公司、首钢总公司、上海华龙测试仪器有限公司、上海出入境检验检疫局、大连希望设备有限公司、上海材料研究所、北京有色金属研究院。

本部分主要起草人：高怡斐、梁新帮、董莉、孙善烨、李和平、安建平、朱林茂、王萍、卢长城、殷建军、吴益文、王滨、王福生、吴朝晖。

本部分所代替标准的历次版本发布情况为：

——GB/T 228—1963，GB/T 228—1976，GB/T 228—1987，GB/T 228—2002；

——GB/T 3076—1982；

——GB/T 6397—1986。

引　言

本版标准提供了两种试验速率的控制方法。方法A为应变速率(包括横梁位移速率),方法B为应力速率。方法A旨在减小测定应变速率敏感参数时试验速率的变化和减小试验结果的测量不确定度。本部分将来拟推荐使用应变速率的控制模式进行拉伸试验。

金属材料　拉伸试验
第1部分：室温试验方法

1　范围

GB/T 228的本部分规定了金属材料拉伸试验方法的原理、定义、符号和说明、试样及其尺寸测量、试验设备、试验要求、性能测定、测定结果数值修约和试验报告。

本部分适用于金属材料室温拉伸性能的测定。

注：附录A给出了计算机控制试验机的补充建议。

2　规范性引用文件

下列文件对于本文件的应用是必不可少的。凡是注日期的引用文件，仅注日期的版本适用于本文件。凡是不注日期的引用文件，其最新版本(包括所有的修改单)适用于本文件。

GB/T 2975　钢及钢产品　力学性能试验取样位置和试样制备(GB/T 2975—1998,eqv ISO 377:1997)

GB/T 8170　数值修约规则与极限数值的表示和判定

GB/T 10623　金属材料 力学性能试验术语(GB/T 10623—2008,ISO 23718:2007,MOD)

GB/T 12160　单轴试验用引伸计的标定(GB/T 12160—2002,ISO 9513:1999,IDT)

GB/T 16825.1　静力单轴试验机的检验　第1部分　拉力和(或)压力试验机 测力系统的检验与校准(GB/T 16825.1—2008,ISO 7500-1:2004,IDT)

GB/T 17600.1　钢的伸长率换算　第1部分：碳素钢和低合金钢(GB/T 17600.1—1998,eqv ISO 2566-1:1984)

GB/T 17600.2　钢的伸长率换算　第2部分：奥氏体钢(GB/T 17600.2—1998,eqv ISO 2566-2:1984)

GB/T 22066　静力单轴试验机用计算机数据采集系统的评定

3　术语和定义

GB/T 10623确立的以及下列术语和定义适用于本部分。

3.1

标距　gauge length

L

测量伸长用的试样圆柱或棱柱部分的长度[1]。

3.1.1

原始标距　original gauge length

L_o

室温下施力前的试样标距[1]。

3.1.2

断后标距　final gauge length after fracture

L_u

在室温下将断后的两部分试样紧密地对接在一起，保证两部分的轴线位于同一条直线上，测量试样断裂后的标距[1]。

3.2

平行长度 parallel length

L_c

试样平行缩减部分的长度[1]。

注：对于未经机加工的试样，平行长度的概念被两夹头之间的距离取代。

3.3

伸长 elongation

试验期间任一时刻原始标距的增量[1]。

3.4

伸长率 percentage elongation

原始标距的伸长与原始标距 L_o 之比的百分率[1]。

3.4.1

残余伸长率 percentage permanent elongation

卸除指定的应力后，伸长相对于原始标距 L_o 的百分率[1]。

3.4.2

断后伸长率 percentage elongation after fracture

A

断后标距的残余伸长 $(L_u - L_o)$ 与原始标距 (L_o) 之比的百分率[1]。

注：对于比例试样，若原始标距不为 $5.65\sqrt{S_o}$[1)]（S_o 为平行长度的原始横截面积），符号 A 应附以下脚注说明所使用的比例系数，例如，$A_{11.3}$ 表示原始标距为 $11.3\sqrt{S_o}$ 的断后伸长率。对于非比例试样，符号 A 应附以下脚注说明所使用的原始标距，以毫米(mm)表示，例如，$A_{80\ \mathrm{mm}}$ 表示原始标距为 80 mm 的断后伸长率。

3.5

引伸计标距 extensometer gauge length

L_e

用引伸计测量试样延伸时所使用引伸计起始标距长度[1]。

注：对于测定屈服强度和规定强度性能，建议 L_e 应尽可能跨越试样平行长度。理想的 L_e 应大于 $L_o/2$ 但小于约 $0.9L_c$。这将保证引伸计检测到发生在试样上的全部屈服。最大力时或在最大力之后的性能，推荐 L_e 等于 L_o 或近似等于 L_o，但测定断后伸长率时 L_e 应等于 L_o。

3.6

延伸 extension

试验期间任一给定时刻引伸计标距 L_e 的增量[1]。

3.6.1

延伸率 percentage extension 或"strain"

用引伸计标距 L_e 表示的延伸百分率

3.6.2

残余延伸率 percentage permanent extension

试样施加并卸除应力后引伸计标距的增量与引伸计标距 L_e 之比的百分率[1]。

3.6.3

屈服点延伸率 percentage yield point extension

A_e

呈现明显屈服（不连续屈服）现象的金属材料，屈服开始至均匀加工硬化开始之间引伸计标距的延

---

1) $5.65\sqrt{S_o} = 5\sqrt{\frac{4S_o}{\pi}}$

伸与引伸计标距 L_e 之比的百分率[1]。见图 7。

3.6.4

最大力总延伸率　percentage total extension at maximum force

A_{gt}

最大力时原始标距的总延伸(弹性延伸加塑性延伸)与引伸计标距 L_e 之比的百分率。见图 1。

3.6.5

最大力塑性延伸率　percentage plastic extension at maximum force

A_g

最大力时原始标距的塑性延伸与引伸计标距 L_e 之比的百分率。见图 1。

3.6.6

断裂总延伸率　percentage total extension at fracture

A_t

断裂时刻原始标距的总延伸(弹性延伸加塑性延伸)与引伸计标距 L_e 之比的百分率。见图 1。

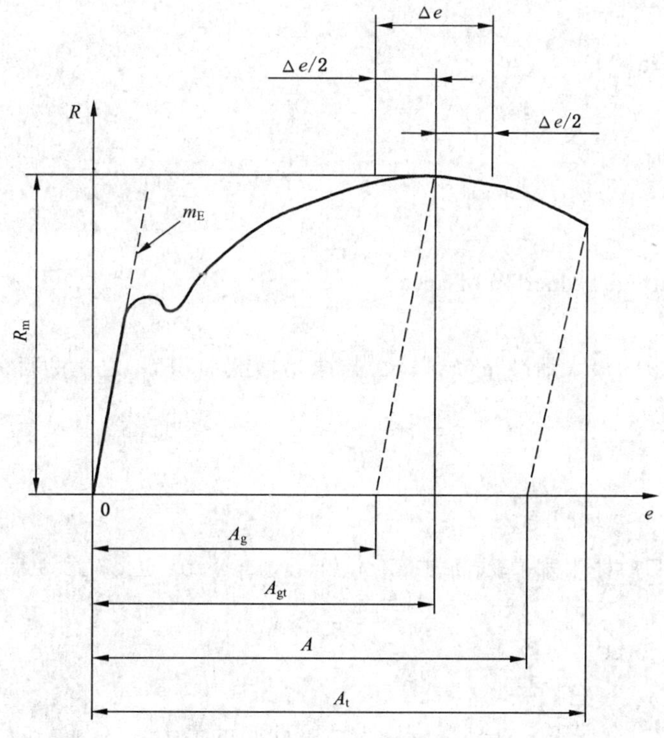

说明：

A ——断后伸长率(从引伸计的信号测得的或者直接从试样上测得这一性能,见 20.1)；

A_g——最大力塑性延伸率；

A_{gt}——最大力总延伸率；

A_t——断裂总延伸率；

e ——延伸率；

m_E——应力-延伸率曲线上弹性部分的斜率；

R ——应力；

R_m——抗拉强度；

Δe——平台范围(测定 A_g 见第 17 章;测定 A_{gt} 见第 18 章)。

图 1　延伸的定义

3.7

试验速率

3.7.1

应变速率　strain rate

$\dot{e}_{L_e}$

用引伸计标距 L_e 测量时单位时间的应变增加值。

3.7.2

平行长度应变速率的估计值　estimated strain rate over the parallel length

$\dot{e}_{L_c}$

根据横梁位移速率和试样平行长度 L_c 计算的试样平行长度的应变单位时间内的增加值。

3.7.3

横梁位移速率　crosshead separation rate

v_c

单位时间的横梁位移。

3.7.4

应力速率　stress rate

$\dot{R}$

单位时间应力的增加。

注：应力速度只用于方法 B 试验的弹性阶段。

3.8

断面收缩率　percentage reduction of area

Z

断裂后试样横截面积的最大缩减量(S_o-S_u)与原始横截面积 S_o 之比的百分率：

$$Z=\frac{S_o-S_u}{S_o}\times 100$$

3.9

最大力

注：对于显示不连续屈服的材料，如果没有加工硬化作用，在本部分就不定义 F_m。见图 8c)的脚注。

3.9.1

最大力　maximum force

F_m

对于无明显屈服（不连续屈服）的金属材料，为试验期间的最大力。

3.9.2

最大力　maximum force

F_m

对于有不连续屈服的金属材料，在加工硬化开始之后，试样所承受的最大力。

注：见图 8a)和 8b)。

3.10

应力　stress

R

试验期间任一时刻的力除以试样原始横截面积 S_o 之商[1]。

注 1：GB/T 228 的本部分中的应力是工程应力。

注 2：在后续标准文本中，符号“力”和“应力”或“延伸”，“延伸率”和“应变”分别用于各种情况（如图中的坐标轴符号所示,或用于解释不同力学性能的测定)。然而,对于曲线上一已定义点的总描述和定义,符号“力”和“应力”或“延伸”,“延伸率”和“应变”相互之间是可以互换的。

3.10.1

抗拉强度 tensile strength

R_m

相应最大力 F_m 对应的应力[1]。

3.10.2

屈服强度 yield strength

当金属材料呈现屈服现象时,在试验期间达到塑性变形发生而力不增加的应力点。应区分上屈服强度和下屈服强度[1]。

3.10.2.1

上屈服强度 upper yield strength

R_{eH}

试样发生屈服而力首次下降前的最大应力[1]。见图2。

说明:

e ——延伸率;

R ——应力;

R_{eH} ——上屈服强度;

R_{eL} ——下屈服强度;

a ——初始瞬时效应。

图2 不同类型曲线的上屈服强度和下屈服强度

3.10.2.2

下屈服强度　lower yield strength

$\boldsymbol{R}_{\mathbf{eL}}$

在屈服期间，不计初始瞬时效应时的最小应力[1]。见图 2。

3.10.3

规定塑性延伸强度　proof strength，plastic extension

$\boldsymbol{R}_{\mathbf{p}}$

塑性延伸率等于规定的引伸计标距 L_e 百分率时对应的应力[1]。见图 3。

注：使用的符号应附下脚标说明所规定的塑性延伸率，例如，$R_{p0.2}$ 表示规定塑性延伸率为 0.2%时的应力。

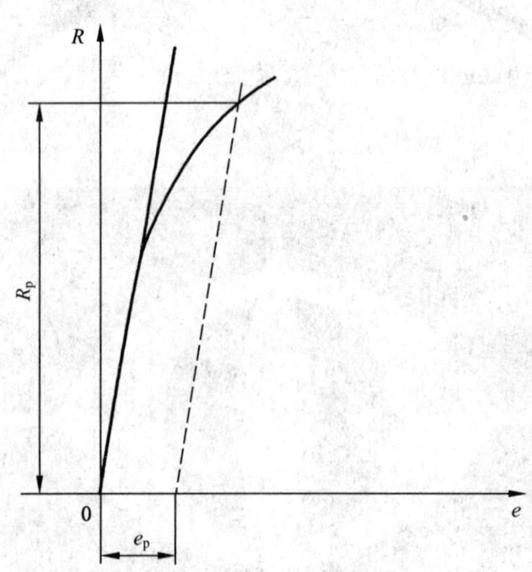

说明：

e ——延伸率；

e_p ——规定的塑性延伸率；

R ——应力；

R_p——规定塑性延伸强度。

图 3　规定塑性延伸强度 $\boldsymbol{R}_{\mathbf{p}}$（见 13.1）

3.10.4

规定总延伸强度　proof strength，total extension

$\boldsymbol{R}_{\mathbf{t}}$

总延伸率等于规定的引伸计标距 L_e 百分率时的应力[1]。见图 4。

注：使用的符号应附下脚标说明所规定的总延伸率，例如，$R_{t0.5}$ 表示规定总延伸率为 0.5%时的应力。

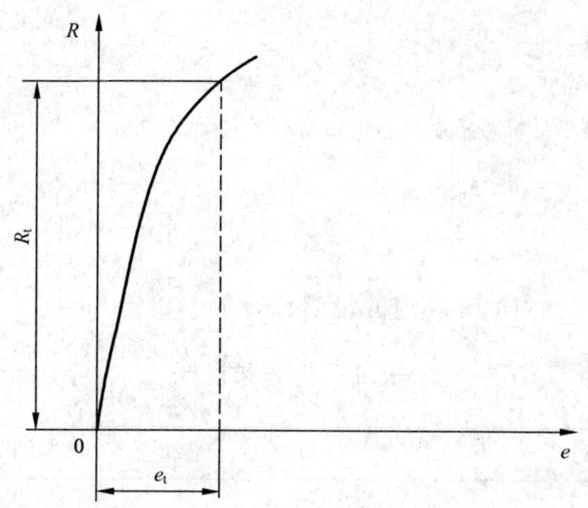

说明：
e ——延伸率；
e_t——规定总延伸率；
R——应力；
R_t——规定总延伸强度。

图 4 规定总延伸强度 R_t

3.10.5

规定残余延伸强度 permanent set strength

R_r

卸除应力后残余延伸率等于规定的原始标距 L_o 或引伸计标距 L_e 百分率时对应的应力[1]。见图 5。

注：使用的符号应附下脚标说明所规定的残余延伸率。例如，$R_{r0.2}$，表示规定残余延伸率为 0.2%时的应力。

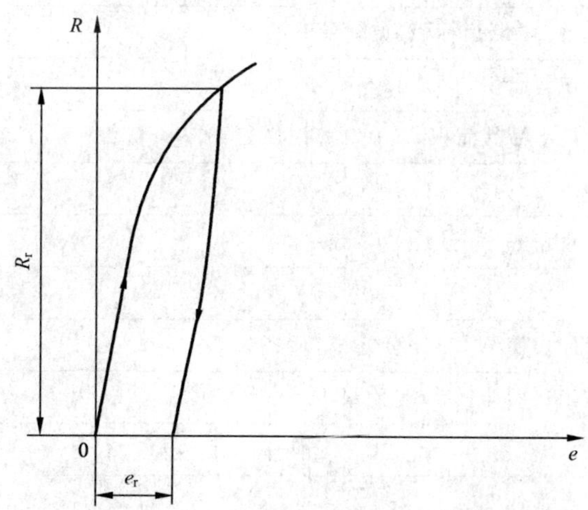

说明：
e ——延伸率；
e_r——规定残余延伸率；
R——应力；
R_r——规定残余延伸强度。

图 5 规定残余延伸强度 R_r

3.11

断裂 fracture

当试样发生完全分离时的现象。

注：在附录 A 的图 A.2 给出了计算机控制试验机用断裂的判据。

4 符号和说明

GB/T 228 的本部分使用的符号和相应的说明见表 1。

表 1 符号和说明

符 号	单 位	说 明
		试样
a_o，T[a]	mm	矩形横截面试样原始厚度或原始管壁厚度
b_o	mm	矩形横截面试样平行长度的原始宽度或管的纵向剖条宽度或扁丝原始宽度
d_o	mm	圆形横截面试样平行长度的原始直径或圆丝原始直径或管的原始内径
D_o	mm	管原始外直径
L_o	mm	原始标距
L'_o	mm	测定 A_{wn} 的原始标距(见附录 I)
L_c	mm	平行长度
L_e	mm	引伸计标距
L_t	mm	试样总长度
d_u	mm	圆形横截面试样断裂后缩颈处最小直径。
L_u	mm	断后标距
L'_u	mm	测量 A_{wn} 的断后标距(见附录 I)
S_o	mm^2	原始横截面积
S_u	mm^2	断后最小横截面积
k	—	比例系数(见 6.1.1)
Z	%	断面收缩率
		伸长率
A	%	断后伸长率(见 3.4.2)
A_{wn}	%	无缩颈塑性伸长率(见附录 I)
		延伸率
A_e	%	屈服点延伸率
A_g	%	最大力 F_m 塑性延伸率
A_{gt}	%	最大力 F_m 总延伸率
A_t	%	断裂总延伸率
ΔL_m	mm	最大力总延伸
ΔL_f	mm	断裂总延伸

表 1（续）

符 号	单 位	说 明
		速率
$\dot{e}_{L_e}$	s^{-1}	应变速率
$\dot{e}_{L_c}$	s^{-1}	平行长度估计的应变速率
ν_c	$mm \cdot s^{-1}$	横梁位移速率
$\dot{R}$	$MPa \cdot s^{-1}$	应力速率
		力
F_m	N	最大力
		屈服强度、规定强度、抗拉强度
E	MPa[b]	弹性模量
m	MPa	应力-延伸率曲线在给定试验时刻的斜率
m_E	MPa	应力-延伸率曲线弹性部分的斜率[c]
R_{eH}	MPa[b]	上屈服强度
R_{eL}	MPa	下屈服强度
R_m	MPa	抗拉强度
R_p	MPa	规定塑性延伸强度
R_r	MPa	规定残余延伸强度
R_t	MPa	规定总延伸强度

[a] 钢管产品标准中使用的符号。

[b] $1\ MPa = 1\ N \cdot mm^{-2}$。

[c] 应力-延伸率曲线的弹性部分的斜率值并不一定代表弹性模量。在最佳条件下（高分辨率，双侧平均引伸计，试样的同轴度很好等），弹性部分的斜率值与弹性模量值非常接近。

5 原理

试验系用拉力拉伸试样，一般拉至断裂，测定第 3 章定义的一项或几项力学性能。

除非另有规定，试验一般在室温 10 ℃～35 ℃范围内进行。对温度要求严格的试验，试验温度应为 23 ℃±5 ℃。

6 试样

6.1 形状与尺寸

6.1.1 一般要求

试样的形状与尺寸取决于要被试验的金属产品的形状与尺寸。

通常从产品、压制坯或铸件切取样坯经机加工制成试样。但具有恒定横截面的产品（型材、棒材、线材等）和铸造试样（铸铁和铸造非铁合金）可以不经机加工而进行试验。

试样横截面可以为圆形、矩形、多边形、环形，特殊情况下可以为某些其他形状。

原始标距与横截面积有 $L_o = k\sqrt{S_o}$ 关系的试样称为比例试样。国际上使用的比例系数 k 的值为 5.65。原始标距应不小于 15 mm。当试样横截面积太小，以致采用比例系数 k 为 5.65 的值不能符合这一最小标距要求时，可以采用较高的值(优先采用 11.3 的值)或采用非比例试样。

注：选用小于 20 mm 标距的试样，测量不确定度可能增加。

非比例试样其原始标距 L_o 与原始横截面积 S_o 无关。

试样的尺寸公差应符合附录 B～附录 E 的相应规定(见 6.2)。

6.1.2 机加工的试样

如试样的夹持端与平行长度的尺寸不相同，他们之间应以过渡弧连接。此弧的过渡半径的尺寸可能很重要，如相应的附录(见 6.2)中对过渡半径未作规定时，建议应在相关产品标准中规定。

试样夹持端的形状应适合试验机的夹头。试样轴线应与力的作用线重合。

试样平行长度 L_c 或试样不具有过渡弧时夹头间的自由长度应大于原始标距 L_o。

6.1.3 不经机加工的试样

如试样为未经机加工的产品或试棒的一段长度，两夹头间的自由长度应足够，以使原始标距的标记与夹头有合理的距离(见附录 B～附录 E)。

铸造试样应在其夹持端和平行长度之间以过渡弧连接。此弧的过渡半径的尺寸可能很重要，建议在相关产品标准中规定。试样夹持端的形状应适合于试验机的夹头。平行长度 L_c 应大于原始标距 L_o。

6.2 试样类型

附录 B～附录 E 中按产品的形状规定了试样的主要类型，见表 2。相关产品标准也可规定其他试样类型。

表 2 试样的主要类型

单位为毫米

产品类型		相应的附录
薄板-板材-扁材 厚度 a	线材 —— 棒材 —— 型材 直径或边长	
$0.1 \leqslant a < 3$	—	B
—	< 4	C
$a \geqslant 3$	$\geqslant 4$	D
管材		E

6.3 试样的制备

应按照相关产品标准或 GB/T 2975 的要求切取样坯和制备试样。

7 原始横截面积的测定

宜在试样平行长度中心区域以足够的点数测量试样的相关尺寸。

原始横截面积 S_o 是平均横截面积，应根据测量的尺寸计算。

原始横截面积的计算准确度依赖于试样本身特性和类型。附录 B～附录 E 给出了不同类型试样原始横截面积 S_o 的评估方法，并提供了测量准确度的详细说明。

8 原始标距的标记

应用小标记、细划线或细墨线标记原始标距，但不得用引起过早断裂的缺口作标记。

对于比例试样，如果原始标距的计算值与其标记值之差小于 10%L_o，可将原始标距的计算值按 GB/T 8170 修约至最接近 5 mm 的倍数。原始标距的标记应准确到±1%。如平行长度 L_c 比原始标距长许多，例如不经机加工的试样，可以标记一系列套叠的原始标距。有时，可以在试样表面划一条平行于试样纵轴的线，并在此线上标记原始标距。

9 试验设备的准确度

试验机的测力系统应按照 GB/T 16825.1 进行校准，并且其准确度应为 1 级或优于 1 级。

引伸计的准确度级别应符合 GB/T 12160 的要求。测定上屈服强度、下屈服强度、屈服点延伸率、规定塑性延伸强度、规定总延伸强度、规定残余延伸强度，以及规定残余延伸强度的验证试验，应使用不劣于 1 级准确度的引伸计；测定其他具有较大延伸率的性能，例如抗拉强度、最大力总延伸率和最大力塑性延伸率、断裂总延伸率，以及断后伸长率，应使用不劣于 2 级准确度的引伸计。

计算机控制拉伸试验机应满足 GB/T 22066 并参见附录 A。

10 试验要求

10.1 设定试验力零点

在试验加载链装配完成后，试样两端被夹持之前，应设定力测量系统的零点。一旦设定了力值零点，在试验期间力测量系统不能再发生变化。

注：上述方法一方面是为了确保夹持系统的重量在测力时得到补偿，另一方面是为了保证夹持过程中产生的力不影响力值的测量。

10.2 试样的夹持方法

应使用例如楔形夹头、螺纹夹头、平推夹头、套环夹具等合适的夹具夹持试样。

应尽最大努力确保夹持的试样受轴向拉力的作用，尽量减小弯曲(例如更多的信息在ASTM E1012 中给出[2])。这对试验脆性材料或测定规定塑性延伸强度、规定总延伸强度、规定残余延伸强度或屈服强度时尤为重要。

为了得到直的试样和确保试样与夹头对中，可以施加不超过规定强度或预期屈服强度的 5% 相应的预拉力。宜对预拉力的延伸影响进行修正。

10.3 应变速率控制的试验速率(方法 A)

10.3.1 总则

方法 A 是为了减小测定应变速率敏感参数(性能)时的试验速率变化和试验结果的测量不确定度。

本部分阐述了两种不同类型的应变速率控制模式。第一种应变速率 $\dot{e}_{L_e}$ 是基于引伸计的反馈而得到。第二种是根据平行长度估计的应变速率 $\dot{e}_{L_c}$,即通过控制平行长度与需要的应变速率相乘得到的横梁位移速率来实现。

如果材料显示出均匀变形能力,力值能保持名义的恒定,应变速率 $\dot{e}_{L_e}$ 和根据平行长度估计的应变速率 $\dot{e}_{L_c}$ 大致相等。如果材料展示出不连续屈服或锯齿状屈服(如某些钢和 AlMg 合金在屈服阶段或如某些材料呈现出的 Portevin-LeChatelier 锯齿屈服效应)或发生缩颈时,两种速率之间会存在不同。随着力值的增加,试验机的柔度可能会导致实际的应变速率明显低于应变速率的设定值。

试验速率应满足下列要求:

a) 在直至测定 R_{eH}、R_p 或 R_t 的范围,应按照规定的应变速率 $\dot{e}_{L_e}$,见 3.7.1。这一范围需要在试样上装夹引伸计,消除拉伸试验机柔度的影响,以准确控制应变速率(对于不能进行应变速率控制的试验机,根据平行长度部分估计的应变速率 $\dot{e}_{L_c}$ 也可用);

b) 对于不连续屈服的材料,应选用根据平行长度部分估计的应变速率 $\dot{e}_{L_c}$,见 3.7.2。这种情况下是不可能用装夹在试样上的引伸计来控制应变速率的,因为局部的塑性变形可能发生在引伸计标距以外。在平行长度范围利用恒定的横梁位移速率 ν_c 根据式(1)计算得到的应变速率具有足够的准确度。

$$\nu_c = L_c \times \dot{e}_{L_c} \qquad \cdots\cdots(1)$$

式中:

$\dot{e}_{L_c}$——平行长度估计的应变速率;

L_c——平行长度。

c) 在测定 R_p、R_t 或屈服结束之后,应该使用 $\dot{e}_{L_e}$ 或 $\dot{e}_{L_c}$。为了避免由于缩颈发生在引伸计标距以外控制出现问题,推荐使用 $\dot{e}_{L_c}$。

在测定相关材料性能时,应保持 10.3.2 至 10.3.4 规定的应变速率(见图 9)。

在进行应变速率或控制模式转换时,不应在应力-延伸率曲线上引入不连续性,而歪曲 R_m、A_g 或 A_{gt} 值(见图 10)。这种不连续效应可以通过降低转换速率得以减轻。

应力-延伸率曲线在加工硬化阶段的形状可能受应变速率的影响。采用的试验速率应通过文件来规定(见 10.6)。

10.3.2 上屈服强度 R_{eH} 或规定延伸强度 R_p、R_t 和 R_r 的测定

在测定 R_{eH}、R_p、R_t 和 R_r 时,应变速率 $\dot{e}_{L_e}$ 应尽可能保持恒定。在测定这些性能时,$\dot{e}_{L_e}$ 应选用下面两个范围之一(见图 9):

——范围 1:$\dot{e}_{L_e}=0.000\,07\text{s}^{-1}$,相对误差±20%;

——范围 2:$\dot{e}_{L_e}=0.000\,25\text{s}^{-1}$,相对误差±20%(如果没有其他规定,推荐选取该速率)。

如果试验机不能直接进行应变速率控制,应该采用通过平行长度估计的应变速率 $\dot{e}_{L_c}$ 即恒定的横梁位移速率,该速率应用 10.3.1 中的式(1)进行计算。如考虑试验机系统的柔度,参见附录 F。

10.3.3 下屈服强度 R_{eL} 和屈服点延伸率 A_e 的测定

上屈服强度之后,在测定下屈服强度和屈服点延伸率时,应当保持下列两种范围之一的平行长度估

计的应变速率 $\dot{e}_{L_c}$(见图 9),直到不连续屈服结束:

——范围 2:$\dot{e}_{L_c}=0.000\ 25\mathrm{s}^{-1}$,相对误差±20%(测定 R_{eL} 时推荐该速率);

——范围 3:$\dot{e}_{L_c}=0.002\mathrm{s}^{-1}$,相对误差±20%。

10.3.4 抗拉强度 R_m,断后伸长率 A,最大力下的总延伸率 A_{gt},最大力下的塑性延伸率 A_g 和断面收缩率 Z 的测定

在屈服强度或塑性延伸强度测定后,根据试样平行长度估计的应变速率 $\dot{e}_{L_c}$ 应转换成下述规定范围之一的应变速率(见图 9):

——范围 2:$\dot{e}_{L_c}=0.000\ 25\mathrm{s}^{-1}$,相对误差±20%;

——范围 3:$\dot{e}_{L_c}=0.002\mathrm{s}^{-1}$,相对误差±20%;

——范围 4:$\dot{e}_{L_c}=0.006\ 7\mathrm{s}^{-1}$,相对误差±20%($0.4\ \mathrm{min}^{-1}$,相对误差±20%)(如果没有其他规定,推荐选取该速率)。

如果拉伸试验仅仅是为了测定抗拉强度,根据范围 3 或范围 4 得到的平行长度估计的应变速率适用于整个试验。

10.4 应力速率控制的试验速率(方法 B)

10.4.1 总则

试验速率取决于材料特性并应符合下列要求。如果没有其他规定,在应力达到规定屈服强度的一半之前,可以采用任意的试验速率。超过这点以后的试验速率应满足下述规定。

10.4.2 测定屈服强度和规定强度的试验速率

10.4.2.1 上屈服强度 R_{eH}

在弹性范围和直至上屈服强度,试验机夹头的分离速率应尽可能保持恒定并在表 3 规定的应力速率范围内。

注:弹性模量小于 150 000 MPa 的典型材料包括锰、铝合金、铜和钛。弹性模量大于 150 000 MPa 的典型材料包括铁、钢、钨和镍基合金。

表 3 应力速率

材料弹性模量 E/MPa	应力速率 $\dot{R}$/(MPa·s^{-1})	
	最小	最大
<150 000	2	20
≥150 000	6	60

10.4.2.2 下屈服强度 R_{eL}

如仅测定下屈服强度,在试样平行长度的屈服期间应变速率应在 $0.000\ 25\ \mathrm{s}^{-1}$~$0.002\ 5\ \mathrm{s}^{-1}$ 之间。平行长度内的应变速率应尽可能保持恒定。如不能直接调节这一应变速率,应通过调节屈服即将开始前的应力速率来调整,在屈服完成之前不再调节试验机的控制。

任何情况下,弹性范围内的应力速率不得超过表 3 规定的最大速率。

10.4.2.3 上屈服强度 R_{eH} 和下屈服强度 R_{eL}

如在同一试验中测定上屈服强度和下屈服强度，测定下屈服强度的条件应符合10.4.2.2的要求。

10.4.2.4 规定塑性延伸强度 R_p、规定总延伸强度 R_t 和规定残余延伸强度 R_r

在弹性范围试验机的横梁位移速率应在表3规定的应力速率范围内，并尽可能保持恒定。

在塑性范围和直至规定强度（规定塑性延伸强度、规定总延伸强度和规定残余延伸强度）应变速率不应超过0.002 5s^{-1}。

10.4.2.5 横梁位移速率

如试验机无能力测量或控制应变速率，应采用等效于表3规定的应力速率的试验机横梁位移速率，直至屈服完成。

10.4.2.6 抗拉强度 R_m、断后伸长率 A、最大力总延伸率 A_{gt}、最大力塑性延伸率 A_g 和断面收缩率 Z

测定屈服强度或塑性延伸强度后，试验速率可以增加到不大于0.008s^{-1}的应变速率（或等效的横梁分离速率）。

如果仅仅需要测定材料的抗拉强度，在整个试验过程中可以选取不超过0.008s^{-1}的单一试验速率。

10.5 试验方法和速率的选择

除非另有规定，只要能满足GB/T 228的本部分的要求，实验室可以自行选择方法A或方法B和试验速率。

10.6 试验条件的表示

为了用缩略的形式报告试验控制模式和试验速率，可以使用下列缩写的表示形式：

GB/T 228Annn或GB/T 228Bn

这里“A”定义为使用方法A（应变速率控制），“B”定义为使用方法B（应力速率控制）。三个字母的符号“nnn”是指每个试验阶段所用速率，如图9中定义的，方法B中的符号“n”是指在弹性阶段所选取的应力速率。

示例1：GB/T 228A224表示试验为应变速率控制，不同阶段的试验速率范围分别为2，2和4。

示例2：GB/T 228B30表示试验为应力速率控制，试验的名义应力速率为30 MPa·s^{-1}。

示例3：GB/T 228B表示试验为应力速率控制，试验的名义应力速率符合表3。

11 上屈服强度的测定

上屈服强度 R_{eH} 可以从力-延伸曲线图或峰值力显示器上测得，定义为力首次下降前的最大力值对应的应力（见图2）。

12 下屈服强度的测定

下屈服强度 R_{eL} 可以从力-延伸曲线上测得，定义为不计初始瞬时效应时屈服阶段中的最小力所对应的应力（见图2）。

对于上、下屈服强度位置判定的基本原则如下：

a) 屈服前的第1个峰值应力(第1个极大值应力)判为上屈服强度,不管其后的峰值应力比它大或比它小;

b) 屈服阶段中如呈现两个或两个以上的谷值应力,舍去第1个谷值应力(第1个极小值应力)不计,取其余谷值应力中之最小者判为下屈服强度。如只呈现1个下降谷,此谷值应力判为下屈服强度;

c) 屈服阶段中呈现屈服平台,平台应力判为下屈服强度;如呈现多个而且后者高于前者的屈服平台,判第1个平台应力为下屈服强度;

d) 正确的判定结果应是下屈服强度一定低于上屈服强度。

为提高试验效率,可以报告在上屈服强度之后延伸率为0.25%范围以内的最低应力为下屈服强度,不考虑任何初始瞬时效应。用此方法测定下屈服强度后,试验速率可以按照10.3.4增加。试验报告应注明使用了此简捷方法。

注:此规定仅仅适用于呈现明显屈服的材料和不测定屈服点延伸率情况。

13 规定塑性延伸强度的测定

13.1 根据力-延伸曲线图测定规定塑性延伸强度 R_p。在曲线图上,作一条与曲线的弹性直线段部分平行,且在延伸轴上与此直线段的距离等效于规定塑性延伸率,例如0.2%的直线。此平行线与曲线的交截点给出相应于所求规定塑性延伸强度的力。此力除以试样原始横截面积 S_o 得到规定塑性延伸强度(见图3)。

如力-延伸曲线图的弹性直线部分不能明确地确定,以致不能以足够的准确度作出这一平行线,推荐采用如下方法(见图6)。

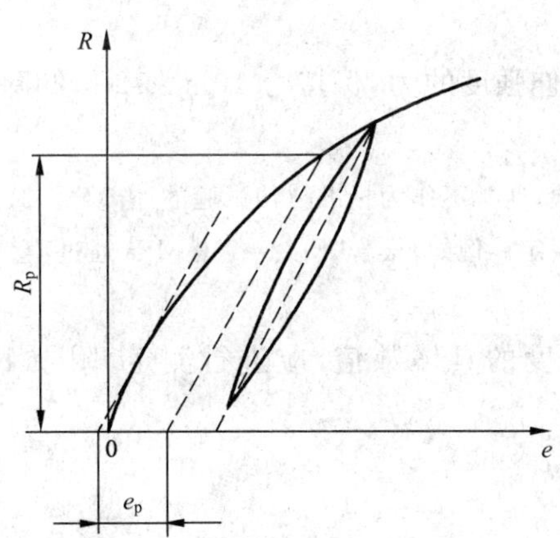

说明:

e ——延伸率;

e_p ——规定的塑性延伸率;

R ——应力;

R_p——规定塑性延伸强度。

图6 规定塑性延伸强度 R_p(见13.1)

试验时,当已超过预期的规定塑性延伸强度后,将力降至约为已达到的力的10%。然后再施加力直至超过原已达到的力。为了测定规定塑性延伸强度，过滞后环两端点画一直线。然后经过横轴上与曲线原点的距离等效于所规定的塑性延伸率的点，作平行于此直线的平行线。平行线与曲线的交截点给出相应于规定塑性延伸强度的力。此力除以试样原始横截面积得到规定塑性延伸强度（见图 6）。

注 1：可以用各种方法修正曲线的原点。作一条平行于滞后环所确定的直线的平行线并使其与力-延伸曲线相切，此平行线与延伸轴的交截点即为曲线的修正原点（见图 6）。

注 2：在力降低开始点的塑性应变只略微高于规定的塑性延伸强度 R_p。较高应变的开始点将会降低通过滞后环获得直线的斜率。

注 3：如果在产品标准中没有规定或得到客户的同意，在不连续屈服期间或之后测定规定塑性延伸强度是不合适的。

13.2　可以使用自动处理装置（例如微处理机等）或自动测试系统测定规定塑性延伸强度，可以不绘制力-延伸曲线图（参见附录 A）。

13.3　可以采用附录 J 提供的逐步逼近方法测定规定塑性延伸强度。

14　规定总延伸强度的测定

14.1　在力-延伸曲线图上，作一条平行于力轴并与该轴的距离等效于规定总延伸率的平行线，此平行线与曲线的交截点给出相应于规定总延伸强度的力，此力除以试样原始横截面积 S_o 得到规定总延伸强度 R_t（见图 4）。

14.2　可以使用自动处理装置（例如微处理机等）或自动测试系统测定规定总延伸强度，可以不绘制力-延伸曲线图（参见附录 A）。

15　规定残余延伸强度的验证和测定

试样施加相应于规定残余延伸强度的力，保持力 10 s～12 s，卸除力后验证残余延伸率未超过规定百分率（见图 5）。

注：这是检查通过或未通过的试验，通常不作为标准拉伸试验的一部分。对试样施加应力，允许的残余延伸由相关产品标准（或试验委托方）来规定。例如：报告“$R_{r0.5}$＝750 MPa 通过”意思是对试样施加 750 MPa 的应力，产生的残余延伸小于等于 0.5%。

如为了得到规定残余延伸强度的具体数值，应进行测定，附录 K 提供了测规定残余延伸强度的例子。

16　屈服点延伸率的测定

对于不连续屈服的材料，从力-延伸图上均匀加工硬化开始点的延伸减去上屈服强度 R_{eH} 对应的延伸得到屈服点延伸 A_e。均匀加工硬化开始点的延伸通过在曲线图上，经过不连续屈服阶段最后的最小值点作一条水平线或经过均匀加工硬化前屈服范围的回归线，与均匀加工硬化开始处曲线的最高斜率线相交点确定。屈服点延伸除以引伸计标距 L_e 得到屈服点延伸率（见图 7）。

试验报告应注明确定均匀加工硬化开始点的方法[见图 7a）或 7b）]。

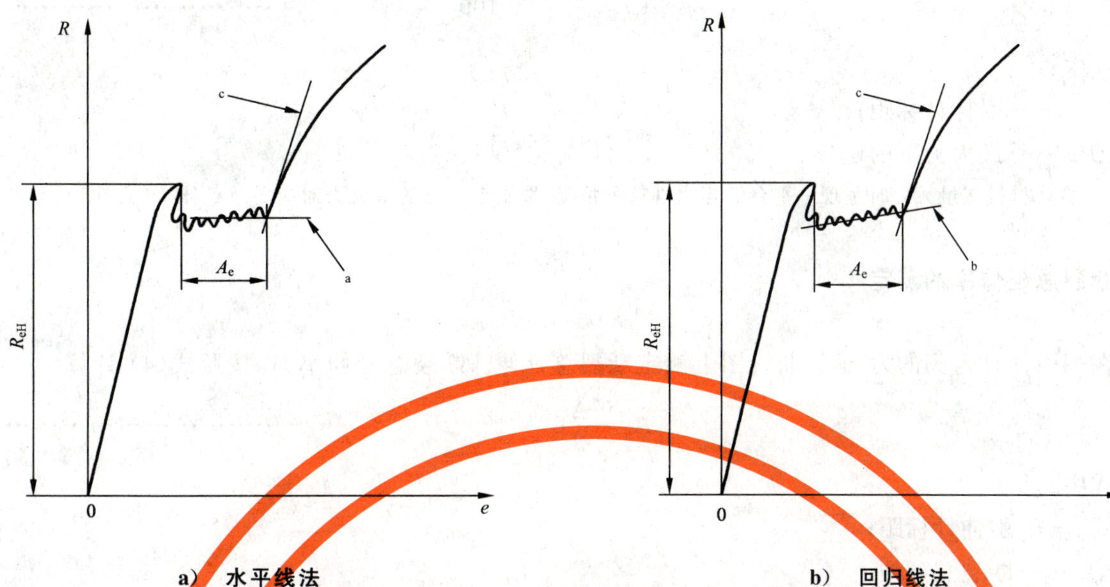

说明：

A_e ——屈服点延伸率；

e ——延伸率；

R ——应力；

R_{eH}——上屈服强度；

[a] 经过均匀加工硬化前最后最小值点的水平线。

[b] 经过均匀加工硬化前屈服范围的回归线。

[c] 均匀加工硬化开始处曲线的最高斜率线。

图 7 屈服点延伸率 A_e 的不同评估方法

17 最大力塑性延伸率的测定

在用引伸计得到的力-延伸曲线图上从最大力时的总延伸中扣除弹性延伸部分即得到最大力时的塑性延伸，将其除以引伸计标距得到最大力塑性延伸率。

最大力塑性延伸率 A_g 按照式(2)进行计算：

$$A_g=\left(\frac{\Delta L_m}{L_e}-\frac{R_m}{m_E}\right)\times 100 \qquad \cdots\cdots(2)$$

式中：

L_e ——引伸计标距；

m_E——应力-延伸率曲线弹性部分的斜率；

R_m——抗拉强度；

ΔL_m——最大力下的延伸。

注：有些材料在最大力时呈现一平台。当出现这种情况，取平台中点的最大力对应的塑性延伸率(见图 1)。

有些材料其最大力塑性延伸率不等于无缩颈塑性延伸率，对于棒材、线材和条材等长产品，可以采用附录 I 的方法测定无缩颈塑性延伸率 A_{wn}。

18 最大力总延伸率的测定

在用引伸计得到的力-延伸曲线图上测定最大力总延伸。最大力总延伸率 A_{gt} 按照式(3)计算：

$$A_{gt}=\frac{\Delta L_m}{L_e}\times 100 \qquad (3)$$

式中：

L_e ——引伸计标距；

ΔL_m——最大力下的延伸。

注：有些材料在最大力时呈现一平台。当出现这种情况，取平台中点的最大力对应的总延伸率(见图1)。

19 断裂总延伸率的测定

在用引伸计得到的力-延伸曲线图上测定断裂总延伸。断裂总延伸率 A_t 按照式(4)计算：

$$A_t=\frac{\Delta L_f}{L_e}\times 100 \qquad (4)$$

式中：

L_e ——引伸计标距；

ΔL_f——断裂总延伸。

20 断后伸长率的测定

20.1 应按照3.4.2的定义测定断后伸长率。

为了测定断后伸长率，应将试样断裂的部分仔细地配接在一起使其轴线处于同一直线上，并采取特别措施确保试样断裂部分适当接触后测量试样断后标距。这对小横截面试样和低伸长率试样尤为重要。

按式(5)计算断后伸长率 A：

$$A=\frac{L_u-L_o}{L_o}\times 100 \qquad (5)$$

式中：

L_o——原始标距；

L_u——断后标距。

应使用分辨力足够的量具或测量装置测定断后伸长量(L_u-L_o)，并准确到±0.25 mm。

如规定的最小断后伸长率小于5%，建议采取特殊方法进行测定(参见附录G)。原则上只有断裂处与最接近的标距标记的距离不小于原始标距的三分之一情况方为有效。但断后伸长率大于或等于规定值，不管断裂位置处于何处测量均为有效。如断裂处与最接近的标距标记的距离小于原始标距的三分之一时，可采用附录H规定的移位法测定断后伸长率。

20.2 能用引伸计测定断裂延伸的试验机，引伸计标距应等于试样原始标距，无需标出试样原始标距的标记。以断裂时的总延伸作为伸长测量时，为了得到断后伸长率，应从总延伸中扣除弹性延伸部分。为了得到与手工方法可比的结果，有一些额外的要求(例如：引伸计高的动态响应和频带宽度，见A.3.2)。

原则上，断裂发生在引伸计标距 L_e 以内方为有效，但断后伸长率等于或大于规定值，不管断裂位置处于何处测量均为有效。

如产品标准规定用一固定标距测定断后伸长率，引伸计标距应等于这一标距。

20.3 试验前通过协议，可以在一固定标距上测定断后伸长率，然后使用换算公式或换算表将其换算成比例标距的断后伸长率(例如可以使用GB/T 17600.1和GB/T 17600.2的换算方法)。

注：仅当标距或引伸计标距、横截面的形状和面积均为相同时，或当比例系数(k)相同时，断后伸长率才具有可比性。

21 断面收缩率的测定

按照定义 3.8 测定断面收缩率。

将试样断裂部分仔细地配接在一起，使其轴线处于同一直线上。断裂后最小横截面积的测定应准确到±2%（见图 13）。原始横截面积与断后最小横截面积之差除以原始横截面积的百分率得到断面收缩率，按照式(6)计算。

$$Z=\frac{S_o-S_u}{S_o}\times 100 \qquad \cdots\cdots(6)$$

式中：

S_o——平行长度部分的原始横截面积；

S_u——断后最小横截面积。

注：对于小直径的圆试样或其他横截面形状的试样，断后横截面积的测量准确度达到±2%很困难。

22 试验结果数值的修约

试验测定的性能结果数值应按照相关产品标准的要求进行修约。如未规定具体要求，应按照如下要求进行修约：

——强度性能值修约至 1 MPa；

——屈服点延伸率修约至 0.1%，其他延伸率和断后伸长率修约至 0.5%；

——断面收缩率修约至 1%。

23 试验报告

试验报告应至少包括以下信息，除非双方另有约定：

a) 本部分国家标准编号；

b) 注明试验条件信息（如 10.6 的要求）；

c) 试样标识；

d) 材料名称、牌号（如已知）；

e) 试样类型；

f) 试样的取样方向和位置（如已知）；

g) 试验控制模式和试验速率或试验速率范围（见 10.6），如果与 10.3 和 10.4 推荐的方法不同；

h) 试验结果。

24 测量不确定度

24.1 总则

测量不确定度分析对于辨识测量结果不一致性的主要来源是很有用的。

基于 GB/T 228 的本部分得到的产品标准和材料性能的数据库以及较早版本的 GB/T 228 对测量不确定度都有内在的贡献。因此根据测量不确定度进行调整是不恰当的，为了顺从失效产品而冒险也是不恰当的。正因为此，按照以下步骤推导出来的不确定度的估计值也仅仅是个参考值，除非客户特别指明。

24.2 试验条件

GB/T 228 的本部分规定的试验条件和极限不应考虑测量不确定度而进行调整，除非客户特别指明。

24.3 试验结果

估计的测量不确定度不应与测量结果组合起来评判是否满足产品标准要求，除非客户特别指明。

有关不确定度参见附录 L 和附录 M，附录 L 提供了拉伸试验结果不确定度的评定范例，附录 M 提供了一组钢和铝合金实验室间的比对结果来测定不确定度的指南。还有利用准拉伸标样来评定不确定度的，参见文献[3]。

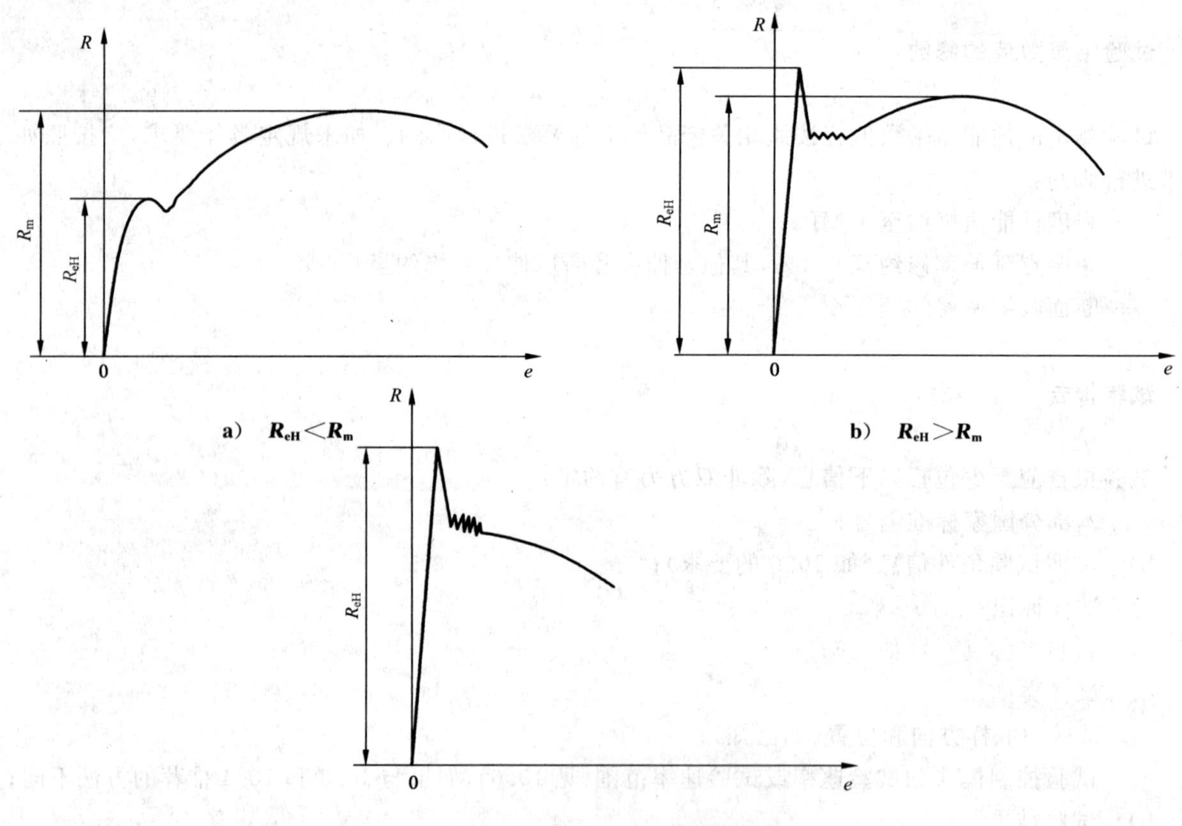

a) $R_{eH} < R_m$

b) $R_{eH} > R_m$

c) 应力-延伸率状态的特殊情况[a]

说明：

e ——延伸率；

R ——应力；

R_{eH}——上屈服强度；

R_m ——抗拉强度。

[a] 呈现图 8c)应力-延伸率状态的材料，按照本标准无确定的抗拉强度。双方可以另做协议。

图 8 从应力-延伸率曲线测定抗拉强度 R_m 的几种不同类型

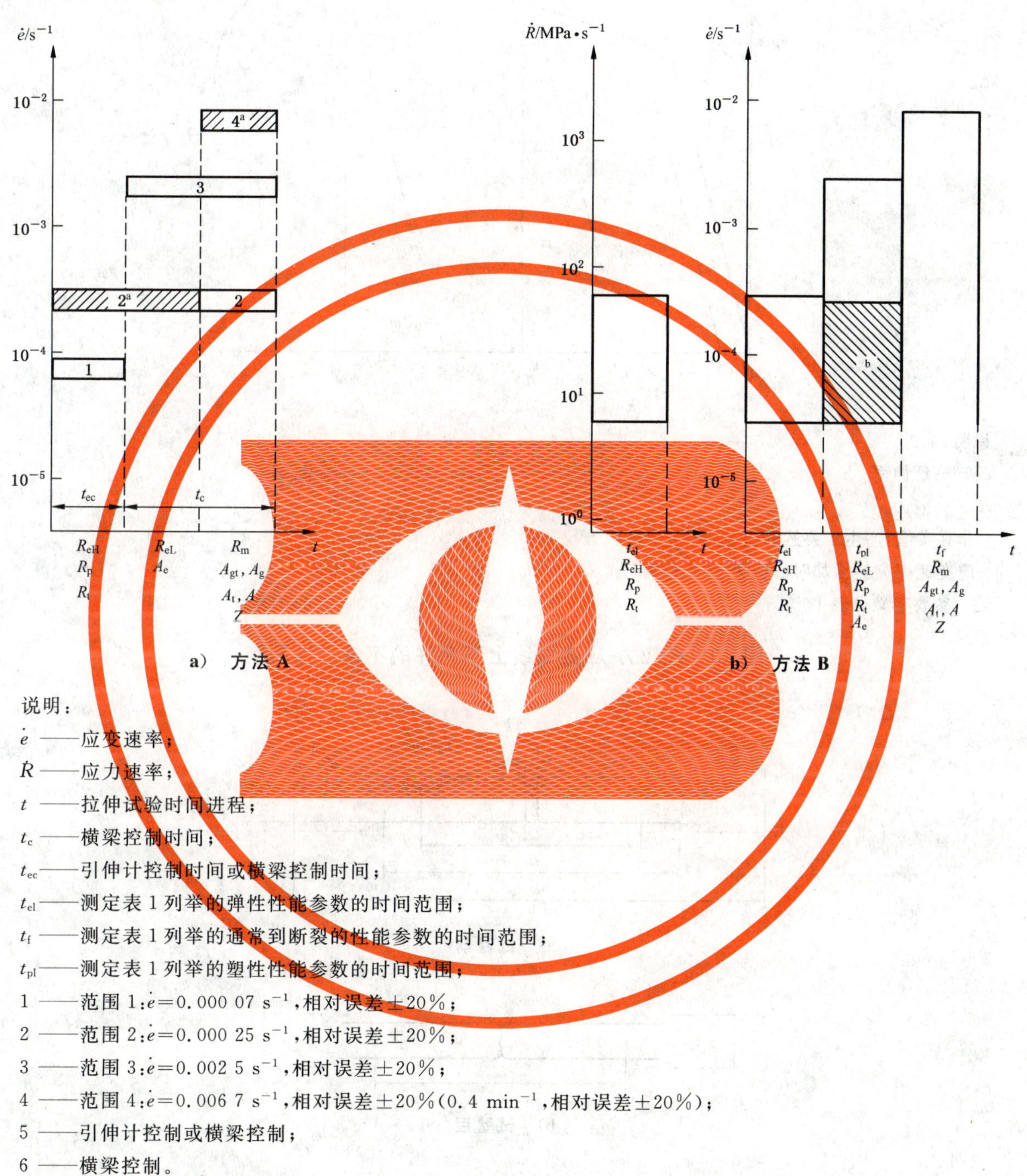

a) 方法 A　　　　b) 方法 B

说明：

$\dot{e}$ ——应变速率；

$\dot{R}$ ——应力速率；

t ——拉伸试验时间进程；

t_c ——横梁控制时间；

t_{ec}——引伸计控制时间或横梁控制时间；

t_{el}——测定表 1 列举的弹性性能参数的时间范围；

t_f ——测定表 1 列举的通常到断裂的性能参数的时间范围；

t_{pl}——测定表 1 列举的塑性性能参数的时间范围；

1 ——范围 1：$\dot{e}$=0.000 07 s⁻¹，相对误差±20%；

2 ——范围 2：$\dot{e}$=0.000 25 s⁻¹，相对误差±20%；

3 ——范围 3：$\dot{e}$=0.002 5 s⁻¹，相对误差±20%；

4 ——范围 4：$\dot{e}$=0.006 7 s⁻¹，相对误差±20%(0.4 min⁻¹，相对误差±20%)；

5 ——引伸计控制或横梁控制；

6 ——横梁控制。

[a] 推荐的。

[b] 如果试验机不能测量或控制应变速率，可扩展至较低速率的范围(见 10.4.2.5)。

图 9　拉伸试验中测定 R_{eH}、R_{eL}、A_e、R_p、R_t、R_m、A_g、A_{gt}、A、A_t 和 Z 时应选用的应变速率范围

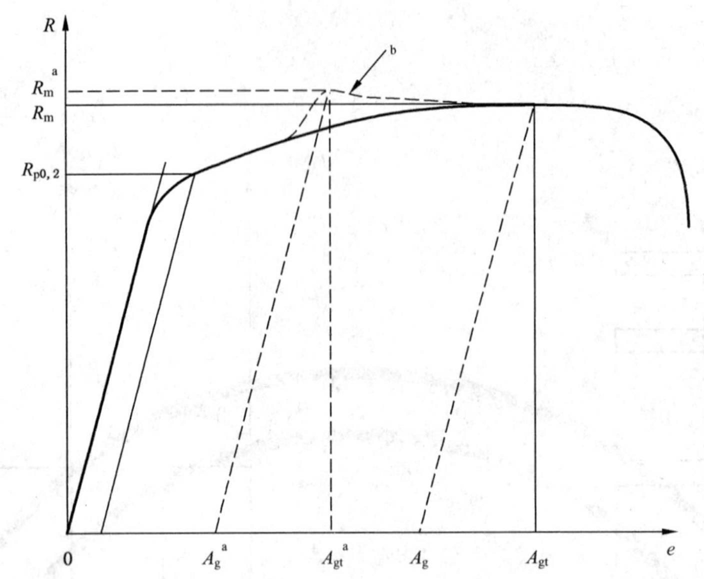

说明：

e ——延伸率；

R ——应力。

[a] 非真实值，产生了突然的应变速率增加。

[b] 应变速率突然增加时的应力-应变行为。

注：参数定义见表 1。

图 10　在应力-应变曲线上不允许的不连续性示例

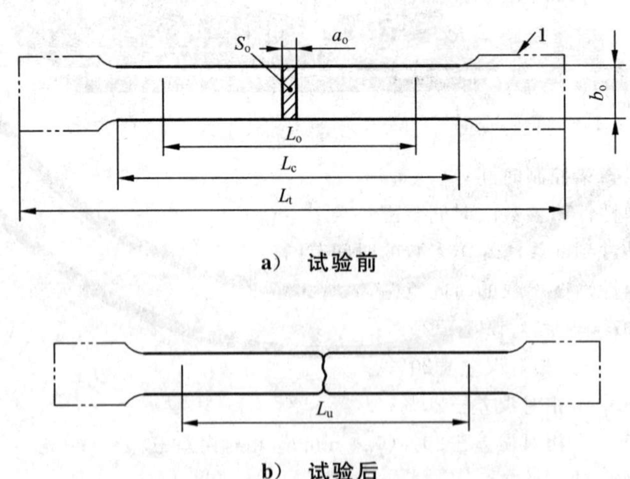

a）　试验前

b）　试验后

说明：

a_o ——板试样原始厚度或管壁原始厚度；

b_o ——板试样平行长度的原始宽度；

L_o ——原始标距；

L_c ——平行长度；

L_t ——试样总长度；

L_u ——断后标距；

S_o ——平行长度的原始横截面积；

1 ——夹持头部。

注：试样头部形状仅为示意性。

图 11　机加工的矩形横截面试样（见附录 B 和附录 D）

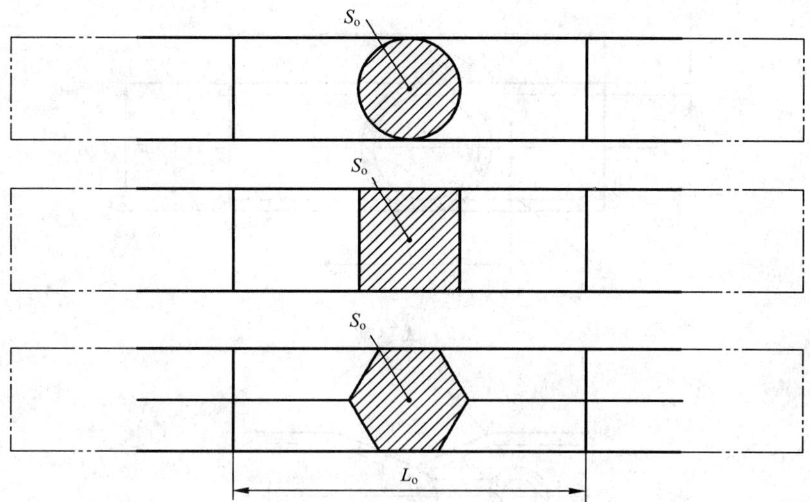

说明：

L_o——原始标距；

S_o——平行长度的原始横截面积。

图 12 为产品一部分的不经机加工试样(见附录 C)

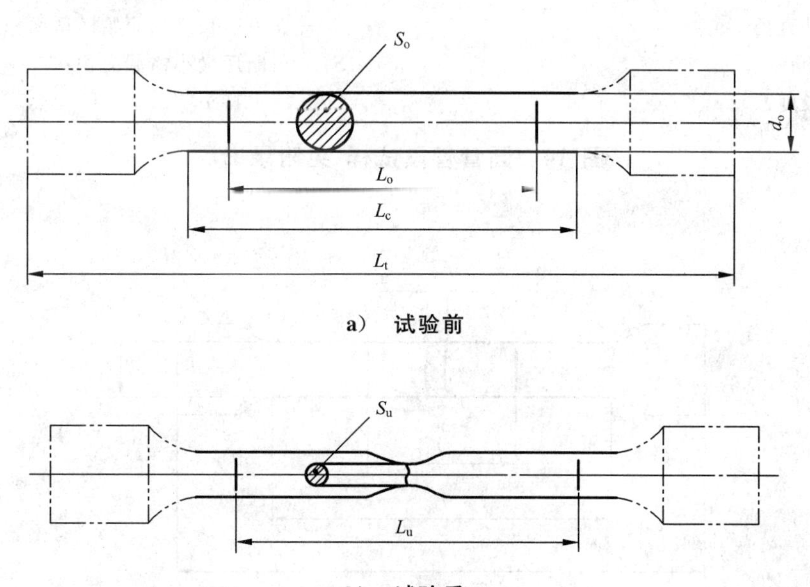

说明：

d_o——圆试样平行长度的原始直径；

L_o——原始标距；

L_c——平行长度；

L_t——试样总长度；

L_u——断后标距；

S_o——平行长度的原始横截面积；

S_u——断后最小横截面积。

注：试样头部形状仅为示意性。

图 13 圆形横截面机加工试样(见附录 D)

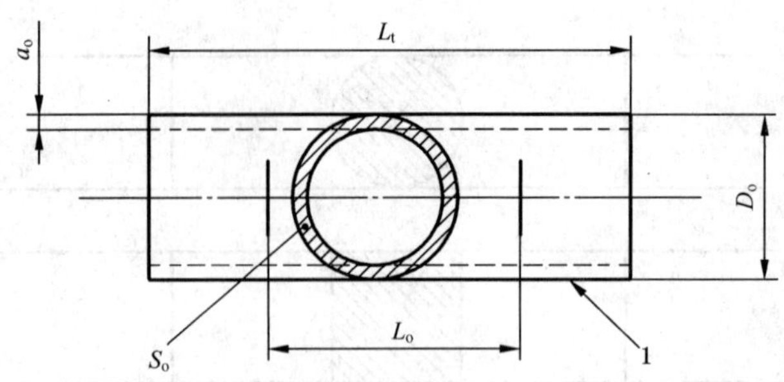

a） 试验前

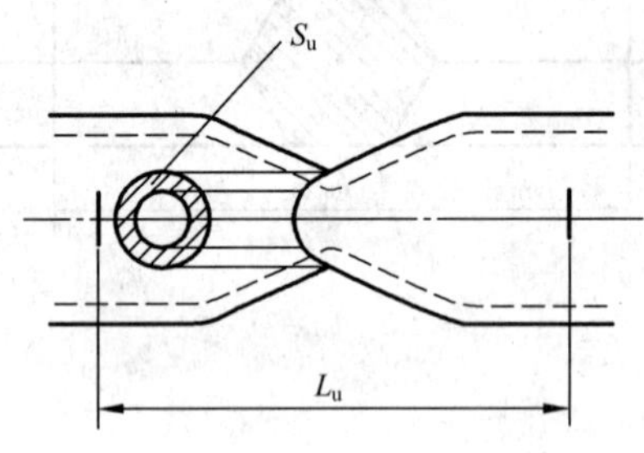

b） 试验后

说明：

a_o ——原始管壁厚度；

D_o——原始管外直径；

L_o——原始标距；

L_t ——试样总长度；

L_u ——断后标距；

S_o ——平行长度的原始横截面积；

S_u ——断后最小横截面积；

1 ——夹持头部。

图 14　圆管管段试样(见附录 E)

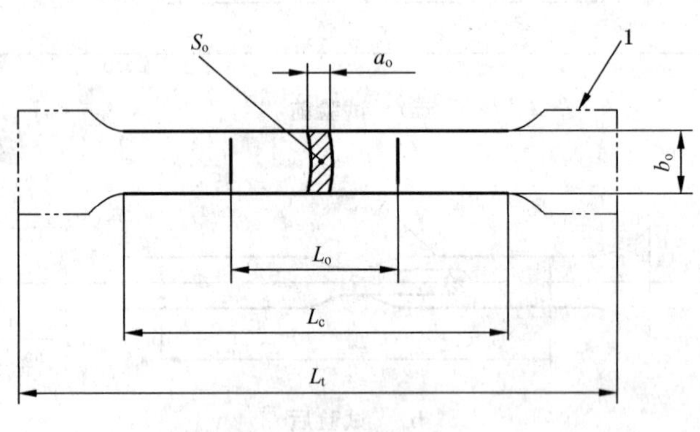

a） 试验前

说明：

a_o ——原始管壁厚度；

b_o ——圆管纵向弧形试样原始宽度；

L_o ——原始标距；

L_c ——平行长度；

L_t ——试样总长度；

L_u ——断后标距；

S_o ——平行长度的原始横截面积；

S_u ——断后最小横截面积；

1 ——夹持头部。

注：试样头部形状仅为示意性。

图 15　圆管的纵向弧形试样(见附录 E)

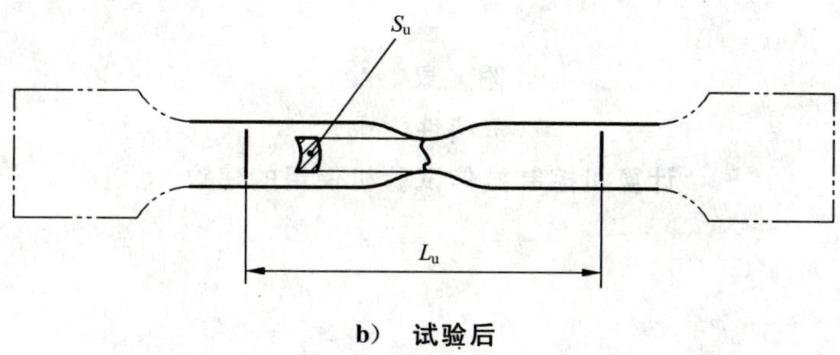

b） 试验后

图 15（续）

附 录 A
(资料性附录)
计算机控制拉伸试验机使用的建议

A.1 总则

本附录包含了利用计算机控制的拉伸试验机测定力学性能的附加建议。尤其是提出了应考虑软件和试验条件的建议。

这些建议与设计试验机的软件、软件的有效性和拉伸试验的条件相关。

A.2 术语和定义

下列术语和定义适用于本附录。

A.2.1

计算机控制的拉伸试验机 computer-controlled tensile testing machine

用于监控试验的机器,由计算机进行数据采集和处理。

A.3 拉伸试验机

A.3.1 设计

试验机在设计时应考虑能够通过软件提供不加处理的模拟信号的输出。如果不能提供这种输出,机器的制造商应该给出原始数据是如何通过软件获取和处理的。应该以基本的 SI 单位给出力、延伸、时间和试样尺寸。如果机器被升级,这些数据应该被修正。图 A.1 给出了适合的数据文献格式的例子。

A.3.2 数据采样频率

对于每一个测量通道的机械和电子元件的频带宽度和采样频率应足够高,以便记录被测材料特性。例如为了测 R_{eH},根据式(A.1)测定最小采样频率 f_{min}:

$$f_{min}=\frac{\dot{e}\times E}{R_{eH}\times q}\times 100 \qquad \cdots\cdots(A.1)$$

式中:

f_{min}——最小采样频率,单位为每秒(s^{-1});

$\dot{e}$ ——应变速率,单位为每秒(s^{-1});

E ——弹性模量,单位为兆帕(MPa);

R_{eH}——上屈服强度,单位为兆帕(MPa);

q ——试验机测力系统的准确度级别。

式(A.1)中选用 R_{eH},是由于在试验过程中的瞬时效应决定的。如果被测材料没有屈服现象,将选用规定塑性延伸强度 $R_{p0.2}$ 而且要求的最小采样频率可以减半。

如果用应力速率控制的方法 B,利用式(A.2)计算最小采样频率 f_{min}:

$$f_{\min}=\frac{\dot{R}}{R_{eH}\times q}\times 100 \qquad \cdots\cdots (A.2)$$

式中：

$\dot{R}$——应力速率，单位为兆帕每秒($MPa\ s^{-1}$)。

A.4 力学性能的测定

A.4.1 总则

试验机的软件应考虑下列要求：

A.4.2 上屈服强度和下屈服强度

A.4.2.1 上屈服强度

在3.10.2.1中定义的R_{eH}应该被认为是力值在下降至少0.5%之前最高力对应的应力值，并且在其随后应变范围不小于0.05%的区域，力没有超过先前的最大值。

A.4.2.2 下屈服强度

在3.10.2.2中定义的R_{eL}应满足第12章中下屈服强度位置判定的基本原则。

A.4.3 规定塑性延伸强度和规定总延伸强度

3.10.3和3.10.4定义的R_p和R_t这两种性能可以通过曲线上相邻点的内插来确定。

A.4.4 最大力总延伸率

在3.6.4定义的A_{gt}(见图1)被认为是屈服点之后的应力-延伸率曲线上最大力对应的总延伸。

对于某些材料是有必要推荐用多项式回归的方法进行应力-应变曲线的光滑处理。光滑处理的范围对试验结果可能会产生影响。光滑处理后的曲线应该合理地表征原始应力-延伸率曲线的相关部分的特征。

A.4.5 最大力塑性延伸率

在3.6.5定义的A_g(见图1)被认为是屈服点之后的应力-延伸率曲线上最大力对应的塑性延伸。

对于某些材料有必要对应力-延伸率曲线进行光滑处理，推荐用多项式回归方法。光滑处理的范围可能会对试验结果产生影响。光滑处理后的曲线应合理表征原始应力-延伸率曲线的相关部分。

A.4.6 断裂总延伸率

A.4.6.1 应参照图A.2中断裂的定义测定A_t。

当两个相邻力值点衰减满足下面两个条件之一时，断裂被认为有效。

a) 如果两相邻点间的力的衰减量大于前两点间力的衰减量的5倍，而随后一点的力值小于最大力的2%；

b) 低于最大力值的2%(软材料)。

另外还有一种测定试样断裂点的方法是监测试样上的电压或电流，把试样上的电流中断前的测量值看作断裂值。

A

```
"Reference";"ISO 6892"
"Identification";"TENSTAND"
"Material";"DC 04 Steel"
"Extensometer to crosshead transition";0.00;"%"
"Specimen geometry";"flat"
"Specimen thickness = ao"
"Specimen width = bo"
"Cross-sectional area = So"
"Extensometer gauge length = Le"
"Extensometer output in mm"
"Parallel length = Lc"
"Data acquisition rate 50Hz"
"Data row for start force reduction (Hysteresis) = Hs"
"Data row for end force reduction (Hysteresis) = He"
"Data row for switch to crosshead = Cs"
"File length N data rows"
"File width M data columns"
.
.
```

B

```
"ao";0.711;"mm"
"bo";19.93;"mm"
"So";14.17;"mm2"
"Le";80.00;"mm"
"Lc";120.00;"mm"
"N";2912
"M";4
"Hs";0
"He";0
"Cs";0
.
.
```

C

```
"time";"crosshead";"extensometer";"force"
"s";"mm";"mm";"kN"
.
.
0.40;0.0012;0.0000;0.12694
0.42;0.0016;0.0000;0.12992
0.44;0.0020;0.0001;0.13334
0.46;0.0024;0.0002;0.13699
0.48;0.0029;0.0003;0.14114
0.50;0.0035;0.0004;0.14620
0.52;0.0041;0.0006;0.15124
0.54;0.0047;0.0007;0.15669
0.56;0.0054;0.0008;0.16247
0.58;0.0060;0.0009;0.16794
0.60;0.0067;0.0012;0.17370
0.62;0.0074;0.0013;0.17980
0.64;0.0082;0.0014;0.18628
.
```

说明：

A——程序开始；

B——试验参数和试样尺寸；

C——数据。

图 A.1 适合的数据文件格式范例

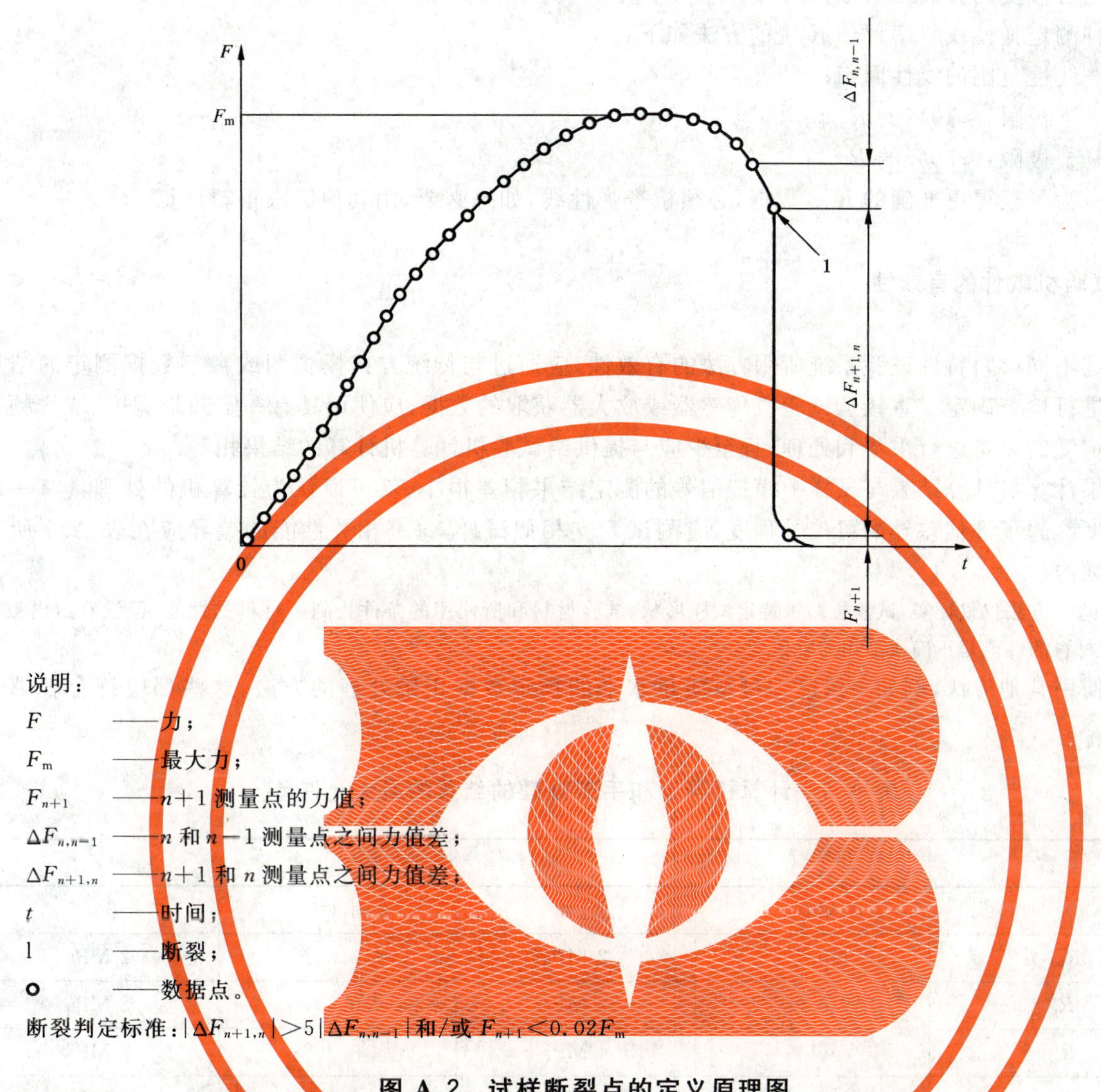

说明：

F ——力；

F_m ——最大力；

F_{n+1} ——$n+1$ 测量点的力值；

$\Delta F_{n,n-1}$ ——n 和 $n-1$ 测量点之间力值差；

$\Delta F_{n+1,n}$ ——$n+1$ 和 n 测量点之间力值差；

t ——时间；

1 ——断裂；

o ——数据点。

断裂判定标准：$|\Delta F_{n+1,n}| > 5|\Delta F_{n,n-1}|$ 和/或 $F_{n+1} < 0.02F_m$

图 A.2 试样断裂点的定义原理图

A.4.6.2 如果引伸计一直保持到试样断裂，按图 A.2 记录 1 点的值。

A.4.6.3 如果在最大力(F_m)之后断裂之前摘除了引伸计，那么就允许用横梁位移测定摘除引伸计之后和断裂之间的附加的延伸。该方法应该被证实可行后方可使用的。

A.4.7 弹性范围曲线斜率的测定

为了保证试样未知特性的有效性，使用的方法不应依赖于任何预先定义的应力极限，除非在产品标准中或试验双方的协议中有规定。

最简单的方法就是基于可变化部分的特性进行计算。参数如下：

a) 可变化部分的长度(使用的点数)；

b) 选择按照定义确定曲线斜率的方程。

注：如果力-延伸曲线图的直线部分不能清晰地确定，参见 13.1 和附录 J。

曲线弹性范围的斜率对应于满足下列条件范围的平均斜率：

c) 可变化部分的斜率恒定；

d) 被选择的范围有代表性。

总之，应当建议用户选取合适的极限范围，避免曲线弹性范围斜率数值不具有代表性值。

其他可接受的方法见文献[4],[5],[6],[7]。

一种测定弹性线斜率评估 $R_{p0.2}$ 的方法如下：

——线性范围的线性回归；

——下极限：≈10％的 $R_{p0.2}$；

——上极限：≈50％的 $R_{p0.2}$；

——为了获得更准确的 $R_{p0.2}$ 数据，必须检查弹性线，如果必要，用其他极限重新计算。

A.5 试验机软件的有效性

测定不同材料特性试验系统所用方法的有效性，应通过与传统方式模拟图或数字数据测定的结果相比较进行检查确定。直接从试验机传感器或放大器获取的数据，应使用具有一定频带宽度、取样频率和不确定度的设备进行采集和处理，且至少应与提供给试验机计算机计算的结果相等。

如果计算机计算结果与试样上模拟信号的测定结果相差很小，就可以认为计算机的处理具有一定的准确度。为了评估差异的可接受程度，应测试 5 支相似试样，每一相关性能的差异应在表 A.1 所示的范围之内。

注：这一方法仅仅证实，试验机对于特定试样形状、试验材料和所使用的条件找到了材料的性能，但没有给出被试材料的性能是正确或适用的置信度。

如使用其他方法，例如一组已知材料质量水平的预定数据正确处理的方法，这些都应符合表 A.1 的要求。

表 A.1 计算机导出和手工处理的结果的最大允许差

参数	D[a]		s[b]	
	相对[c]	绝对[c]	相对[c]	绝对[c]
$R_{p0.2}$	≤0.5％	2 MPa	≤0.35％	2 MPa
R_{p1}	≤0.5％	2 MPa	≤0.35％	2 MPa
R_{eH}	≤1％	4 MPa	≤0.35％	2 MPa
R_{eL}	≤0.5％	2 MPa	≤0.35％	2 MPa
R_m	≤0.5％	2 MPa	≤0.35％	2 MPa
A		≤2％		≤2％

[a] $D=\frac{1}{n}\sum_{i=1}^{n}D_i$ 。

[b] $s=\sqrt{\frac{1}{n-1}\sum_{i=1}^{n}(D_i-D)^2}$ 。

式中：

D_i ——试样手工评估结果（H_i）与计算机评估结果（R_i）之差（$D_i=H_i-R_i$）；

n ——同一样品上的相同试样数（≥5）。

[c] 应当考虑相对值和绝对值的最高值。

附　录　B
（规范性附录）
厚度 0.1 mm～<3 mm 薄板和薄带使用的试样类型

注：对于厚度小于 0.5 mm 的产品，有必要采取特殊措施。

B.1　试样的形状

试样的夹持头部一般比其平行长度部分宽（见图 11a）。试样头部与平行长度之间应有过渡半径至少为 20 mm 的过渡弧相连接。头部宽度应≥1.2 b_o，b_o 为原始宽度。

通过协议，也可以使用不带头试样。对于宽度等于或小于 20 mm 的产品，试样宽度可以相同于产品宽度。

B.2　试样的尺寸

比例试样尺寸见表 B.1。

较广泛使用的三种非比例试样尺寸见表 B.2。

平行长度不应小于 $L_o+\frac{b_o}{2}$。

有争议时，平行长度应为 L_o+2b_o，除非材料尺寸不足够。

对于宽度等于或小于 20 mm 的不带头试样，除非产品标准中另有规定，原始标距 L_o 应等于 50 mm。对于这类试样，两夹头间的自由长度应等于 L_o+3b_o。

当对每支试样测量尺寸时，应满足表 B.3 给出的形状公差。

如果试样的宽度与产品宽度相同，应该按照实际测量的尺寸计算原始横截面积 S_o。

表 B.1　矩形横截面比例试样

b_o/mm	r/mm	$k=5.65$			$k=11.3$		
		L_o/mm	L_c/mm	试样编号	L_o/mm	L_c/mm	试样编号
10	≥20	$5.65\sqrt{S_o}$ ≥15	$\geqslant L_o+b_o/2$ 仲裁试验： L_o+2b_o	P1	$11.3\sqrt{S_o}$ ≥15	$\geqslant L_o+b_o/2$ 仲裁试验： L_o+2b_o	P01
12.5				P2			P02
15				P3			P03
20				P4			P04

注 1：优先采用比例系数 $k=5.65$ 的比例试样。如比例标距小于 15 mm，建议采用表 B.2 的非比例试样。

注 2：如需要，厚度小于 0.5 mm 的试样在其平行长度上可带小凸耳以便装夹引伸计。上下两凸耳宽度中心线间的距离为原始标距。

表 B.2 矩形横截面非比例试样

b_o/mm	r/mm	L_o/mm	L_c/mm		试样编号
			带头	不带头	
12.5	≥20	50	75	87.5	P5
20		80	120	140	P6
25		50[a]	100[a]	120[a]	P7

[a] 宽度 25 mm 的试样其 L_c/b_o 和 L_o/b_o 与宽度 12.5 mm 和 20 mm 的试样相比非常低。这类试样得到的性能，尤其是断后伸长率(绝对值和分散范围)，与其他两种类型试样不同。

表 B.3 试样宽度公差

单位为毫米

试样的名义宽度	尺寸公差[a]	形状公差[b]
12.5	±0.05	0.06
20	±0.10	0.12
25	±0.10	0.12

[a] 如果试样的宽度公差满足表 B.3，原始横截面积可以用名义值，而不必通过实际测量再计算。

[b] 试样整个平行长度 L_c 范围，宽度测量值的最大最小之差。

B.3 试样的制备

制备试样应不影响其力学性能，应通过机加工方法去除由于剪切或冲切而产生的加工硬化部分材料。

这些试样优先从板材或带材上制备。如果可能，应保留原轧制面。

注：通过冲切制备的试样，在材料性能方面会产生明显变化。尤其是屈服强度或规定延伸强度，会由于加工硬化而发生明显变化。对于呈现明显加工硬化的材料，通常通过铣和磨削等手段加工。

对于十分薄的材料，建议将其切割成等宽度薄片并叠成一叠，薄片之间用油纸隔开，每叠两侧夹以较厚薄片，然后将整叠机加工至试样尺寸。

机加工试样的尺寸公差和形状公差应符合表 B.3 的要求。例如对于名义宽度 12.5 mm 的试样，尺寸公差为±0.05 mm，表示试样的宽度不应超过下面两个值之间的尺寸范围：

12.5 mm+0.05 mm=12.55 mm　　　　12.5 mm−0.05 mm=12.45 mm

B.4 原始横截面积的测定

原始横截面积应根据试样的尺寸测量值计算得到。

原始横截面积的测定应准确到±2%。当误差的主要部分是由于试样厚度的测量所引起的，宽度的测量误差不应超过±0.2%。

为了减小试验结果的测量不确定度，建议原始横截面积应准确至或优于±1%。对于薄片材料，需要采用特殊的测量技术。

附 录 C
(规范性附录)
直径或厚度小于 4 mm 线材、棒材和型材使用的试样类型

C.1 试样的形状

试样通常为产品的一部分,不经机加工(见图 12)。

C.2 试样的尺寸

原始标距 L_o 应取 200 mm±2 mm 或 100 mm±1 mm。试验机两夹头之间的试样长度应至少等于 L_o+3b_o,或 L_o+3d_o,最小值为 L_o+20 mm。见表 C.1。

表 C.1 非比例试样

d_o 或 a_o/mm	L_o/mm	L_c/mm	试样编号
≤4	100	≥120	R9
	200	≥220	R10

如果不测定断后伸长率,两夹头间的最小自由长度可以为 50 mm。

C.3 试样的制备

如以盘卷交货的产品,可进行矫直。

C.4 原始横截面积的测定

原始横截面积的测定应准确到±1%。

对于圆形横截面的产品,应在两个相互垂直方向测量试样的直径,取其算术平均值计算横截面积。

可以根据测量的试样长度、试样质量和材料密度,按照公式(C.1)确定其原始横截面积:

$$S_o=\frac{1\,000\cdot m}{\rho\cdot L_t} \qquad \text{(C.1)}$$

式中:

m ——试样质量,单位为克(g);

L_t ——试样的总长度,单位为毫米(mm);

ρ ——试样材料密度,单位为克每立方厘米($g\cdot cm^{-3}$)。

附　录　D
（规范性附录）
厚度等于或大于 3 mm 板材和扁材以及直径或厚度等于或大于 4 mm 线材、棒材和型材使用的试样类型

D.1　试样的形状

通常，试样进行机加工。平行长度和夹持头部之间应以过渡弧连接，试样头部形状应适合于试验机夹头的夹持（见图 13）。夹持端和平行长度之间的过渡弧的最小半径应为：

a）　圆形横截面试样$\geqslant 0.75d_o$；

b）　其他试样$\geqslant$12 mm。

如相关产品标准有规定，型材、棒材等可以采用不经机加工的试样进行试验。

试样原始横截面积可以为圆形、方形、矩形或特殊情况时为其他形状。矩形横截面试样，推荐其宽厚比不超过 8∶1。

一般机加工的圆形横截面试样其平行长度的直径一般不应小于 3 mm。

D.2　试样的尺寸

D.2.1　机加工试样的平行长度

平行长度 L_c 应至少等于：

a）　$L_o+\frac{d_o}{2}$对于圆形横截面试样；

b）　$L_o+1.5\sqrt{S_o}$对于其他形状试样。

对于仲裁试验，平行长度应为 L_o+2d_o 或 $L_o+2\sqrt{S_o}$，除非材料尺寸不足够。

D.2.2　不经机加工试样的平行长度

试验机两夹头间的自由长度应足够，以使试样原始标距的标记与最接近夹头间的距离不小于$\sqrt{S_o}$。

D.2.3　原始标距

D.2.3.1　比例试样

通常，使用比例试样时原始标距 L_o 与原始横截面积 S_o 有以下关系：

$L_o=k\sqrt{S_o}$

其中比例系数 k 通常取值 5.65，也可以取 11.3。

圆形横截面比例试样和矩形横截面比例试样应优先采用表 D.1 和表 D.2 推荐的尺寸。

表 D.1 圆形横截面比例试样

d_o/mm	r/mm	$k=5.65$			$k=11.3$		
		L_o/mm	L_c/mm	试样编号	L_o/mm	L_c/mm	试样类型编号
25	$\geqslant 0.75d_o$	$5d_o$	$\geqslant L_o+d_o/2$ 仲裁试验： L_o+2d	R1	$10d_o$	$\geqslant L_o+d_o/2$ 仲裁试验： L_o+2d_o	R01
20				R2			R02
15				R3			R03
10				R4			R04
8				R5			R05
6				R6			R06
5				R7			R07
3				R8			R08
注1：如相关产品标准无具体规定，优先采用R2、R4或R7试样。 注2：试样总长度取决于夹持方法，原则上 $L_t>L_c+4d_o$。							

表 D.2 矩形横截面比例试样

b_o/mm	r/mm	$k=5.65$			$k=11.3$		
		L_o/mm	L_c/mm	试样编号	L_o/mm	L_c/mm	试样类型编号
12.5	$\geqslant 12$	$5.65\sqrt{S_o}$	$\geqslant L_o+1.5\sqrt{S_o}$ 仲裁试验： $L_o+2\sqrt{S_o}$	P7	$11.3\sqrt{S_o}$	$\geqslant L_o+1.5\sqrt{S_o}$ 仲裁试验： $L_o+2\sqrt{S_o}$	P07
15				P8			P08
20				P9			P09
25				P10			P010
30				P11			P011
注：如相关产品标准无具体规定，优先采用比例系数 $k=5.65$ 的比例试样。							

D.2.3.2 非比例试样

矩形横截面非比例试样尺寸见表D.3。如果相关的产品标准有规定，允许使用非比例试样。

平行长度不应小于 $L_o+b_o/2$。对于仲裁试验，平行长度应为 $L_c=L_o+2b_o$，除非材料尺寸不足够。

表 D.3 矩形横截面非比例试样

b_o/mm	r/mm	L_o/mm	L_c/mm	试样类型编号
12.5	$\geqslant 20$	50	$\geqslant L_o+1.5\sqrt{S_o}$ 仲裁试验： $L_o+2\sqrt{S_o}$	P12
20		80		P13
25		50		P14
38		50		P15
40		200		P16

D.3 试样的制备

D.3.1 表D.4给出了机加工试样的横向尺寸公差。

D.3.2和D.3.3给出了应用这些公差的例子：

D.3.2 尺寸公差

表D.4给出的值，例如对于名义直径10 mm的试样，尺寸公差为±0.03 mm，表示试样的直径不应超出下面两个值之间的尺寸范围。

10 mm+0.03 mm=10.03 mm　　　　10 mm−0.03 mm=9.97 mm

D.3.3 形状公差

表D.4中规定的值表示，例如对于满足上述机加工条件的名义直径10 mm的试样，沿其平行长度最大直径与最小直径之差不应超过0.04 mm。

因此，如试样的最小直径为9.99 mm，它的最大直径不应超过：9.99 mm+0.04 mm=10.03 mm。

表D.4 试样横向尺寸公差

单位为毫米

名　　称	名义横向尺寸	尺寸公差[a]	形状公差[b]
机加工的圆形横截面直径和四面机加工的矩形横截面试样横向尺寸	≥3 ≤6	±0.02	0.03
	>6 ≤10	±0.03	0.04
	>10 ≤18	±0.05	0.04
	>18 ≤30	±0.10	0.05
相对两面机加工的矩形横截面试样横向尺寸	≥3 ≤6	±0.02	0.03
	>6 ≤10	±0.03	0.04
	>10 ≤18	±0.05	0.06
	>18 ≤30	±0.10	0.12
	>30 ≤50	±0.15	0.15

[a] 如果试样的公差满足表D.4，原始横截面积可以用名义值，而不必通过实际测量再计算。如果试样的公差不满足表D.4，就很有必要对每个试样的尺寸进行实际测量。

[b] 沿着试样整个平行长度，规定横向尺寸测量值的最大最小之差。

D.4 原始横截面积的测定

对于圆形横截面和四面机加工的矩形横截面试样，如果试样的尺寸公差和形状公差均满足表D.4的要求，可以用名义尺寸计算原始横截面积。对于所有其他类型的试样，应根据测量的原始试样尺寸计算原始横截面积S_o，测量每个尺寸应准确到±0.5%。

附 录 E
（规范性附录）
管材使用的试样类型

E.1 试样的形状

试样可以为全壁厚纵向弧形试样，管段试样，全壁厚横向试样，或从管壁厚度机加工的圆形横截面试样（见图 14 和图 15）。

对于管壁厚度小于 3 mm 的机加工横向，纵向和圆形横截面试样已在附录 B 描述了，对于管壁厚度大于 3 mm 的机加工横向，纵向和圆形横截面试样已在附录 D 描述了。

E.2 试样的尺寸

E.2.1 纵向弧形试样

纵向弧形试样尺寸见表 E.1。相关产品标准可以规定不同于表 E.1 的试样。纵向弧形试样一般适用于管壁厚度大于 0.5 mm 的管材。

为了在试验机上夹持，可以压平纵向弧形试样的两头部，但不应将平行长度部分压平。

不带头的试样，两夹头间的自由长度应足够，以使试样原始标距的标记与最接近的夹头间的距离不少于 $1.5\sqrt{S_o}$。

表 E.1 纵向弧形试样

D_o/mm	b_o/mm	a_o/mm	r/mm	$k=5.65$			$k=11.3$		
				L_o/mm	L_c/mm	试样编号	L_o/mm	L_c/mm	试样类型编号
30～50	10					S1			S01
＞50～70	15					S2			S02
＞70～100	20/19	原壁厚	≥12	$5.65\sqrt{S_o}$	$\geqslant L_o+1.5\sqrt{S_o}$ 仲裁试验：$L_o+2\sqrt{S_o}$	S3/S4	$11.3\sqrt{S_o}$	$\geqslant L_o+1.5\sqrt{S_o}$ 仲裁试验：$L_o+2\sqrt{S_o}$	S03
＞100～200	25					S5			
＞200	38					S6			
注：如相关产品标准无具体规定，优先采用比例系数 $k=5.65$ 的比例试样。									

E.2.2 管段试样

管段试样尺寸见表 E.2。应在试样两端加以塞头。塞头至最接近的标距标记的距离不应小于 $D_o/4$，只要材料足够，仲裁试验时此距离为 D_o。塞头相对于试验机夹头在标距方向伸出的长度不应超过 D_o，而其形状应不妨碍标距内的变形。

允许压扁管段试样两夹持头部，加或不加扁块塞头后进行试验。仲裁试验不压扁，应加配塞头。

表 E.2 管段试样

L_o/mm	L_c/mm	试样类型编号
$5.65\sqrt{S_o}$	$\geqslant L_o+D_o/2$ 仲裁试验：L_o+2D_o	S7
50	≥100	S8

E.2.3 机加工的横向试样

机加工的横向矩形横截面试样，管壁厚度小于 3 mm 时，采用表 B.1 或表 B.2 的试样；管壁厚度大于或等于 3 mm 时，采用表 D.2 或表 D.3 的试样。

不带头的试样，两夹头间的自由长度应足够，以使试样原始标距的标记与最接近的夹头间的距离不少于 $1.5b_o$。

应采用特别措施校直横向试样。

E.2.4 管壁厚度加工的纵向圆形横截面试样

机加工的纵向圆形横截面试样应采用表 D.1 的试样。相关产品标准应根据管壁厚度规定圆形横截面尺寸，如无具体规定，按表 E.3 选定。

表 E.3 管壁厚度机加工的纵向圆形横截面试样

a_o/mm	采用试样
8～13	R7
>13～16	R5
>16	R4

E.3 原始横截面积的测定

试样原始横截面积的测定应准确到±1%。

管段试样、不带头的纵向或横向试样的原始横截面积可以根据测量的试样长度、试样质量和材料密度，按照式(E.1)计算：

$$S_o=\frac{1\,000\cdot m}{\rho\cdot L_t} \qquad \cdots\cdots\cdots\cdots(\text{E.1})$$

式中：

m ——试样的质量，单位为克(g)；

L_t ——试样的总长度，单位为毫米(mm)；

ρ ——试样的材料密度，单位为克每立方厘米($g\cdot cm^{-3}$)。

对于圆管纵向弧形试样，按照式(E.2)计算原始横截面积：

$$S_o=\frac{b_o}{4}(D_o^2-b_o^2)^{1/2}+\frac{D_o^2}{4}\arcsin\left(\frac{b_o}{D_o}\right)-\frac{b_o}{4}[(D_o-2a_o)^2-b_o^2]^{1/2}-\left(\frac{D_o-2a_o}{2}\right)^2\arcsin\left(\frac{b_o}{D_o-2a_o}\right) \qquad \cdots\cdots\cdots\cdots(\text{E.2})$$

式中：

a_o——管的壁厚；

b_o——纵向弧形试样的平均宽度，$b_o<(D_o-2a_o)$；

D_o——管的外径。

式(E.3)和式(E.4)为简化的公式，适用于纵向弧形试样：

当$\frac{b_o}{D_o}<0.25$时

$$S_o=a_ob_o\left[1+\frac{{b_o}^2}{6D_o(D_o-2a_o)}\right] \qquad \cdots\cdots\cdots\cdots(E.3)$$

当$\frac{b_o}{D_o}<0.1$时

$$S_o=a_ob_o \qquad \cdots\cdots\cdots\cdots(E.4)$$

对于管段试样，按照式(E.5)计算原始横截面积：

$$S_o=\pi a_o(D_o-a_o) \qquad \cdots\cdots\cdots\cdots(E.5)$$

附 录 F
（资料性附录）
考虑试验机刚度（或柔度）后估算的横梁位移速率

10.3.1 中的式(1)没有考虑试验装置(机架、力传感器、夹具等)的弹性变形。这意味着应将变形分为试验装置的弹性变形和试样的弹性变形。横梁位移速率只有一部分转移到了试样上。试样上产生的应变速率 $\dot{e}_m$ 由式(F.1)给定：

$$\dot{e}_m = \nu_c / \left(\frac{m \times S_o}{C_M} + L_c \right) \qquad \text{(F.1)}$$

式中：

C_M ——试验装置的刚度，mm · N^{-1}(在试验装置的刚度不是线性的情况下，比如楔形夹头，应取相关参数点例如 $R_{p0.2}$ 附近的刚度值)；

$\dot{e}_m$ ——试样上产生的应变速率，单位为每秒(s^{-1})

L_c ——试样的平行长度，单位为毫米(mm)；

m ——给定时刻应力-延伸曲线的斜率(例如 $R_{p0.2}$ 附近点)，单位为兆帕(MPa)；

S_o ——原始横截面积，单位为平方毫米(mm^2)；

ν_c ——横梁位移速率，单位为毫米每秒(mm · s^{-1})。

注：从应力-应变曲线弹性部分得到的 m 和 C_M 不能用。

10.3.1 中的式(1)不能补偿柔度效应。试样上产生应变速率 $\dot{e}_m$ 所需近似横梁位移速率可以根据式(F.2)计算得到，单位为毫米每秒(mm · s^{-1})：

$$\nu_c = \dot{e}_m \left(\frac{m \times S_o}{C_M} + L_c \right) \qquad \text{(F.2)}$$

附　录　G
（资料性附录）
断后伸长率低于5%的测定方法

在测定小于5%的断后伸长率时应加倍小心。

推荐的方法如下：

试验前在平行长度的两端处做一很小的标记。使用调节到标距的分规，分别以标记为圆心划一圆弧。拉断后，将断裂的试样置于一装置上，最好借助螺丝施加轴向力，以使其在测量时牢固地对接在一起。以最接近断裂的原圆心为圆心，以相同的半径划第二个圆弧。用工具显微镜或其他合适的仪器测量两个圆弧之间的距离即为断后伸长，准确到±0.02 mm。为使划线清晰可见，试验前涂上一层染料。

注：另一种方法，可以采用20.2规定的引伸计方法。

附　录　H
（资料性附录）
移位法测定断后伸长率

为了避免由于试样断裂位置不符合20.1所规定的条件而报废试样，可以使用如下方法：

a）试验前将试样原始标距细分为5 mm（推荐）到10 mm的N等份；

b）试验后，以符号X表示断裂后试样短段的标距标记，以符号Y表示断裂试样长段的等分标记，此标记与断裂处的距离最接近于断裂处至标距标记X的距离。

如X与Y之间的分格数为n，按如下测定断后伸长率：

1）如$N-n$为偶数[见图H.1a)]，测量X与Y之间的距离l_{XY}和测量从Y至距离为$\frac{N-n}{2}$个分格的Z标记之间的距离l_{YZ}。按照式（H.1）计算断后伸长率：

$$A=\frac{l_{XY}+2l_{YZ}-L_o}{L_o}\times 100 \qquad \cdots\cdots（H.1）$$

2）如$N-n$为奇数[见图H.1b)]，测量X与Y之间的距离，以及从Y至距离分别为$\frac{1}{2}(N-n-1)$和$\frac{1}{2}(N-n+1)$个分格的Z′和Z″标记之间的距离$l_{YZ'}$和$l_{YZ''}$。按照式（H.2）计算断后伸长率：

$$A=\frac{l_{XY}+l_{YZ'}+l_{YZ''}-L_o}{L_o}\times 100 \qquad \cdots\cdots（H.2）$$

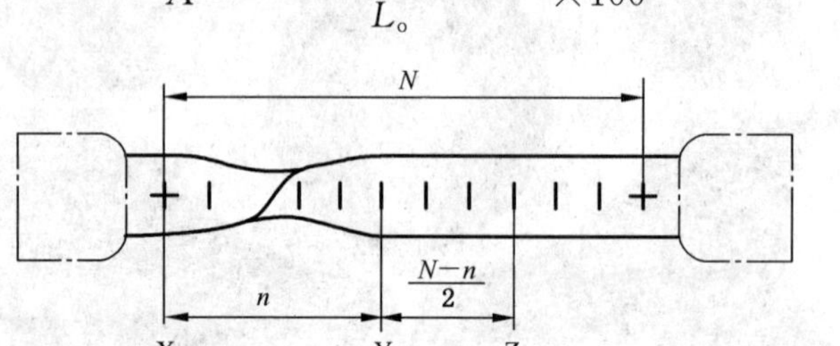

a）N-n为偶数

b）N-n为奇数

说明：

n　——X与Y之间的分格数；

N　——等分的份数；

X　——试样较短部分的标距标记；

Y　——试样较长部分的标距标记；

Z，Z′，Z″——分度标记。

注：试样头部形状仅为示意性。

图H.1　移位方法的图示说明

附 录 I
（资料性附录）
棒材、线材和条材等长产品的无缩颈塑性伸长率 A_{wn} 的测定方法

本方法是测量已拉伸试验过的试样最长部分。

试验前，在标距上标出等分格标记，连续两个等分格标记之间的距离等于原始标距 L'_o 的约数。原始标距 L'_o 的标记应准确到±0.5 mm 以内。断裂后，在试样的最长部分上测量断后标距 L'_u，准确到±0.5 mm。

为使测量有效，应满足以下条件：

a） 测量区的范围应处于距离断裂处至少 $5d_o$ 和距离夹头至少为 $2.5d_o$；

注：如果试样横截面为不规则图形，d_o 为不规则截面外接圆的直径。

b） 测量用的原始标距应至少等于产品标准中规定的值。

无缩颈塑性伸长率按下列式(I.1)计算：

$$A_{wn}=\frac{L'_u-L'_o}{L'_o}\times 100 \qquad \cdots\cdots(\text{I}.1)$$

注：对于许多材料，最大力发生在缩颈开始的范围。这意味着对于这些材料 A_g 和 A_{wn} 基本相等。但是，对于很大冷变形的材料诸如双面减薄的锡板、辐照过的结构钢或在高温下的试验 A_g 和 A_{wn} 之间有很大不同。

附 录 J
（规范性附录）
逐步逼近方法测定规定塑性延伸强度（R_p）

J.1 范围

逐步逼近方法适用于具有无明显弹性直线段金属材料的塑性延伸强度的测定。对于力-延伸曲线图具有弹性直线段高度不低于$0.5F_m$的金属材料，其塑性延伸强度的测定亦适用。逐步逼近方法可应用于这种性能的拉伸试验自动化测试。

J.2 方法

根据力-延伸曲线图测定塑性延伸强度。

试验时，记录力-延伸曲线图，至少直至超过预期的塑性延伸强度的范围。在力-延伸曲线上任意估取A_0点拟为塑性延伸率等于0.2%时的力$F^0_{p0.2}$，在曲线上分别确定力为$0.1F^0_{p0.2}$和$0.5F^0_{p0.2}$的B_1和D_1两点，作直线B_1D_1。从曲线原点O（必要时进行原点修正）起截取OC段（$OC=0.2\% * L_e * n$，式中n为延伸放大倍数），过C点作平行于B_1D_1的平行线CA_1交曲线于A_1点。如果A_1与A_0重合，$F^0_{p0.2}$即为相应于塑性延伸率为0.2%时的力。

如A_1点未与A_0点重合，需要按照上述步骤进行进一步逼近。此时，取A_1点的力$F^1_{p0.2}$，在曲线上分别确定力为$0.1F^1_{p0.2}$和$0.5F^1_{p0.2}$的B_2和D_2两点，作直线B_2D_2。过C点作平行于直线B_2D_2的平行线CA_2交曲线于A_2点，如此逐步逼近，直至最后一次得到的交点A_n与前一次的交点A_{n-1}重合（见图J.1）。A_n的力即为塑性延伸率达0.2%时的力。此力除以试样原始横截面积得到测定的塑性延伸强度$R_{p0.2}$。

最终得到的直线B_nD_n的斜率，一般可以作为确定其他塑性延伸强度的基准斜率。

注：逐步逼近方法测定软铝等强度很低的材料的塑性延伸强度（R_p）时显示出不适合性。

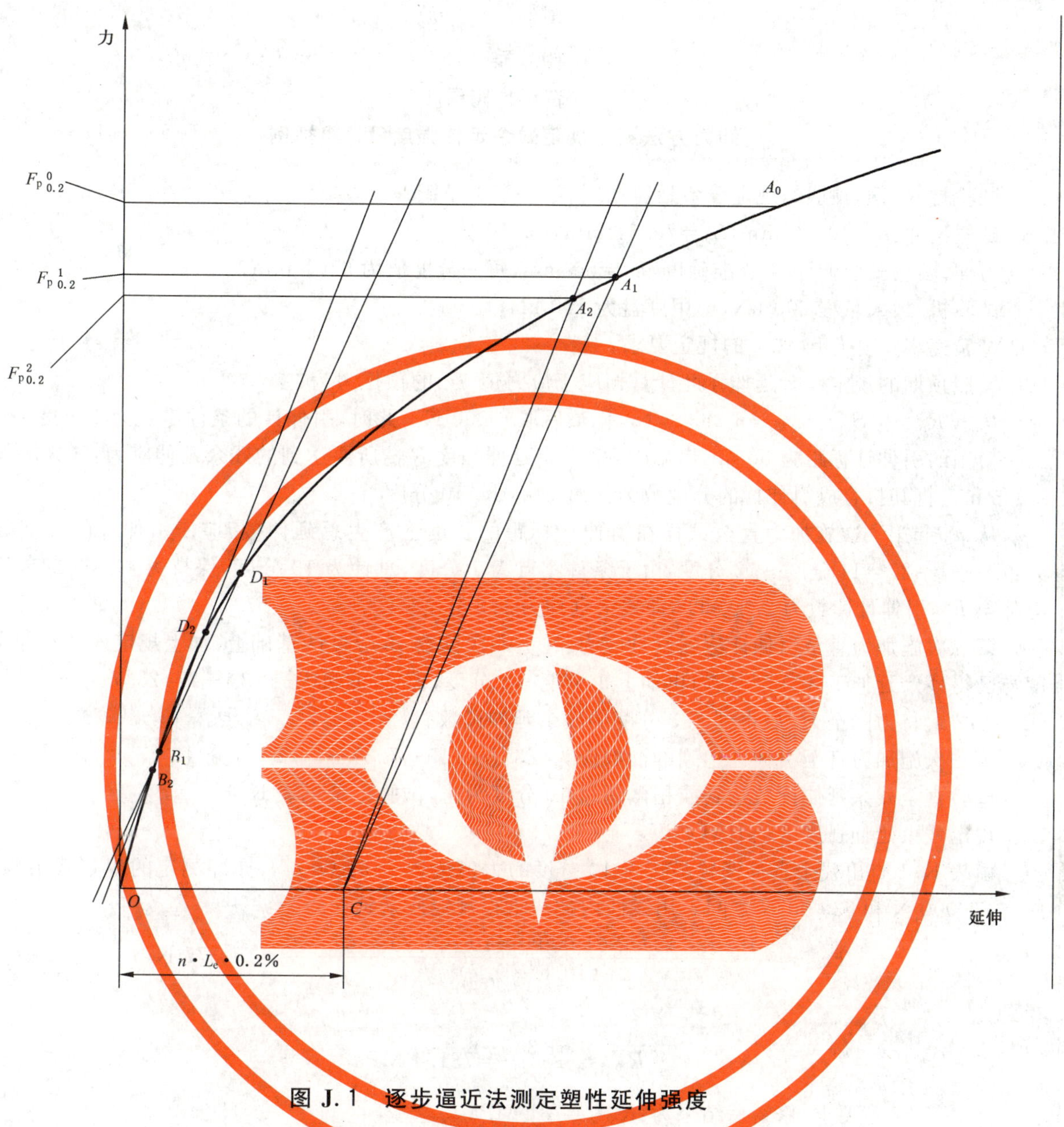

图 J.1 逐步逼近法测定塑性延伸强度

附 录 K
（资料性附录）
卸力方法测定规定残余延伸强度（$R_{r0.2}$）举例

试验材料：钢，预期的规定残余延伸强度 $R_{r0.2}$≈800 MPa；

试样尺寸：d=10.00 mm，S_o=78.54 mm^2；

引伸计：表式引伸计，1级准确度，L_e=50 mm，每一分度值为0.01 mm；

试验机：最大量程200 kN，选用度盘为100 kN；

试验速率：按照10.3.2的规定要求。

按照预期的规定残余延伸强度计算相应于应力值5%的预拉力为：

$F_o=R_{r0.2}\times S_o\times 5\%=6\ 283.2$ N，化整后取6 000 N。此时，引伸计的条件零点为1分度。

使用的引伸计标距为50 mm，测定规定残余延伸强度 $R_{r0.2}$ 所要达到的残余延伸应为：50×0.2%=0.1 mm。将其折合成引伸计的分度数为：0.1÷0.01=10分度。

从 F_o 起第一次施加力直至试样在引伸计标距的长度上产生总延伸（相应于引伸计的分度数）应为：10+（1～2）=11分度～12分度，由于条件零点为1分度，总计为13分度，保持力10 s～12 s后，将力降至 F_o，引伸计读数为2.3分度，即残余延伸为1.3分度。

第二次施加力直至引伸计达到读数应为：在上一次读数13分度的基础上，加上规定残余延伸10分度与已得残余延伸1.3分度之差，再加上1分度～2分度，即13+（10−1.3）+2=23.7分度。保持力10 s～12 s，将力降至 F_o 后得到7.3分度的残余延伸读数。

第三次施加力直至引伸计达到的读数应为：23.7+（10−7.3）+1=27.4分度。

试验直至残余延伸读数达到或稍微超过10分度为止，试验记录见表K.1。

规定残余延伸强度 $R_{r0.2}$ 计算如下：

由表K.1查出残余延伸读数最接近10分度的力值读数为61 000 N，亦即测定的规定残余延伸力应在61 000 N和62 000 N之间。用线性内插法求得规定残余延伸力为：

$$F_{r0.2}=\frac{(10.5-10)\times 61\ 000+(10-9.7)\times 62\ 000}{(10.5-9.7)}=61\ 375\ \text{N}$$

得到：

$$R_{r0.2}=\frac{61\ 375}{78.54}=781.4\ \text{MPa}$$

按照第22章要求，修约后结果为：$R_{r0.2}$=781 MPa

表K.1 力-残余延伸数据记录

力/N	施加力引伸计读数/分度	预拉力引伸计读数/分度	残余延伸/分度
6 000	1.0	—	—
41 000	13.0	2.3	1.3
57 000	23.7	8.3	7.3
61 000	27.4	10.7	9.7
62 000	28.7	11.5	10.5

附 录 L
（资料性附录）
拉伸试验测量结果不确定度的评定

L.1 拉伸试验测量结果不确定度的评定范例

评定低碳低合金钢以三个试样平均结果的抗拉强度和塑性指标的不确定度。

使用 10 个试样，得到测量列，测量得到的结果见表 L.1。

实验标准偏差按贝塞尔公式计算：

$$s_i = \sqrt{\frac{\sum_{i=1}^{n}(X_i - \overline{X})^2}{n-1}} \qquad \text{(L.1)}$$

式中：

$\overline{X} = \frac{1}{n}\sum_{i=1}^{n} X_i$

表 L.1 重复性试验测量结果

序号	试样直径 d mm	抗拉强度 R_m MPa	下屈服强度 R_{eL} MPa	规定塑性延伸强度 $R_{p0.2}$ MPa	断后伸长率 A %	断面收缩率 Z %
1-1	10.00	767	450	450	22.5	50
1-2	10.00	767	448	449	21.0	50
1-3	10.00	771	452	453	22.0	50
1-4	10.00	769	452	452	22.0	50
1-5	10.01	763	448	450	22.5	52
1-6	10.00	770	444	447	22.5	53
1-7	9.99	767	447	451	21.5	50
1-8	9.99	766	445	445	22.0	51
1-9	9.99	760	444	446	21.5	50
1-10	10.00	770	446	447	22.0	48
平均值		767	447.6	449	21.95	50.4
标准偏差 s_i		3.399	2.989	2.667	0.497	1.350
相对标准偏差		0.443%	0.668%	0.594%	2.264%	2.679%

L.2 抗拉强度不确定度的评定

数学模型

$$R_m = \frac{F_m}{S_o} \qquad \text{(L.2)}$$

$$u_{crel}(R_m) = \sqrt{u_{rel}^2(F_m) + u_{rel}^2(S_o) + u_{rel}^2(rep) + u_{rel}^2(R_{mV})} \qquad \text{(L.3)}$$

式中：

R_m ——抗拉强度；

F_m ——最大力；

S_o ——原始横截面积；

rep ——重复性；

R_{mV} ——拉伸速率对抗拉强度的影响。

L.2.1　A类相对标准不确定度分项 u_{rel}(rep)的评定

本例评定三个试样测量平均值的不确定度，故应除以$\sqrt{3}$。

$$u_{rel}(rep) = \frac{s}{\sqrt{3}} = \frac{0.443\%}{\sqrt{3}} = 0.256\% \qquad \text{(L.4)}$$

L.2.2　最大力 F_m 的B类相对标准不确定度分项 $u_{rel}(F_m)$ 的评定

(1) 试验机测力系统示值误差带来的相对标准不确定度 $u_{rel}(F_1)$

1.0 级的拉力试验机示值误差为 ±1.0 %，按均匀分布考虑 $k=\sqrt{3}$，则：

$$u_{rel}(F_1) = \frac{1.0\%}{\sqrt{3}} = 0.577\% \qquad \text{(L.5)}$$

(2) 标准测力仪的相对标准不确定度 $u_{rel}(F_2)$

使用0.3级的标准测力仪对试验机进行检定。重复性 $R=0.3\%$。可以看成重复性极限。则其相对标准不确定度为：

$$u_{rel}(F_2) = \frac{R}{2.83} = \frac{0.3\%}{2.83} = 0.106\% \qquad \text{(L.6)}$$

(3) 计算机数据采集系统带来的相对标准不确定度 $u_{rel}(F_3)$

计算机数据采集系统所引入的B类相对标准不确定度为 0.2×10^{-2}：

$$u_{rel}(F_3) = 0.2\% \qquad \text{(L.7)}$$

(4) 最大力的相对标准不确定度分项 $u_{rel}(F_m)$

$$u_{rel}(F_m) = \sqrt{u_{rel}^2(F_1) + u_{rel}^2(F_2) + u_{rel}^2(F_3)}$$

$$= \sqrt{(0.577\%)^2 + (0.106\%)^2 + (0.2\%)^2} = 0.620\% \qquad \text{(L.8)}$$

L.2.3　原始横截面积 S_o 的B类相对标准不确定度分项 $u_{rel}(S_o)$的评定

测定原始横截面积时，测量每个尺寸应准确到±0.5%。

$$S_o = \frac{1}{4}\pi d^2$$

$$u_{rel}(d) = \frac{0.5\%}{\sqrt{3}} = 0.289\%$$

$$u_{rel}(S_o) = 2 \cdot u_{rel}(d) = 2 \times 0.289\% = 0.578\%$$

L.2.4　拉伸速率影响带来的相对标准不确定度分项 $u_{rel}(R_{mV})$

试验得出，在拉伸速率变化范围内抗拉强度最大相差 10 MPa，所以拉伸速率对抗拉强度的影响为±5 MPa，按均匀分布考虑：

$$u(R_{mV})=\frac{5}{\sqrt{3}}=2.887 \qquad \cdots\cdots(L.9)$$

$$u_{rel}(R_{mV})=\frac{2.887}{767}=0.376\% \qquad \cdots\cdots(L.10)$$

L.2.5 抗拉强度的相对合成不确定度(表 L.2)

表 L.2 抗拉强度的相对标准不确定度分项汇总

标准不确定度分项	不确定度来源	相对标准不确定度
$u_{rel}(rep)$	测量重复性	0.256%
$u_{rel}(F_m)$	最大力	0.620%
$u_{rel}(S_o)$	试样原始横截面积	0.578%
$u_{rel}(R_{mV})$	拉伸速率	0.376%

$$u_{crel}(R_m)=\sqrt{u_{rel}^2(rep)+u_{rel}^2(F_m)+u_{rel}^2(S_o)+u_{rel}^2(R_{mV})}$$

$$=\sqrt{(0.256\%)^2+(0.620\%)^2+(0.578\%)^2+(0.376\%)^2}=0.962\% \qquad \cdots\cdots(L.11)$$

L.2.6 抗拉强度的相对扩展不确定度

取包含概率 $p=95\%$,按 $k=2$

$$U_{rel}(R_m)=k\cdot u_{crel}(R_m) \qquad \cdots\cdots(L.12)$$

$$U_{rel}(R_m)=2\times 0.962\%=1.9\% \qquad \cdots\cdots(L.13)$$

L.3 下屈服强度不确定度的评定

数学模型 $R_{eL}=\frac{F_{eL}}{S_o}$

$$u_{crel}(R_{eL})=\sqrt{u_{rel}^2(F_{eL})+u_{rel}^2(S_o)+u_{rel}^2(rep)+u_{rel}^2(R_{eLV})} \qquad \cdots\cdots(L.14)$$

式中:

R_{eL}—— 下屈服强度;

F_{eL}—— 下屈服力;

S_o ——原始横截面积;

rep——重复性;

R_{eLV}——拉伸速率对下屈服强度的影响。

L.3.1 A 类相对标准不确定度分项 $u_{rel}(rep)$ 的评定

本例评定三个试样测量平均值的不确定度,故应除以$\sqrt{3}$。

$$u_{rel}(rep)=\frac{s}{\sqrt{3}}=\frac{0.668\%}{\sqrt{3}}=0.386\% \qquad \cdots\cdots(L.15)$$

L.3.2 下屈服力 F_{eL} 的 B 类相对标准不确定度分项 $u_{rel}(F_{eL})$ 的评定

下屈服力 F_{eL} 的相对标准不确定度分项 $u_{rel}(F_{eL})$ 的评定与最大力 F_m 的相对标准不确定度分项 $u_{rel}(F_m)$ 的评定步骤相同(评定过程见 L.2.2)。

$$u_{rel}(F_{eL})=\sqrt{u_{rel}^2(F_1)+u_{rel}^2(F_2)+u_{rel}^2(F_3)}=0.620\% \quad \cdots\cdots(L.16)$$

L.3.3 原始横截面积 S_o 的 B 类相对标准不确定度分项 $u_{rel}(S_o)$ 的评定

原始横截面积相对不确定度与 L.2.3 相同：

$$u_{rel}(S_o)=0.578\% \quad \cdots\cdots(L.17)$$

L.3.4 拉伸速率影响带来的相对标准不确定度分项 $u_{rel}(R_{eLV})$ 的评定

试验得出，在拉伸速率变化范围内下屈服强度最大相差 10 MPa，所以拉伸速率对下屈服强度的影响为±5 MPa，按均匀分布考虑：

$$u(R_{eLV})=\frac{5}{\sqrt{3}}=2.887 \quad \cdots\cdots(L.18)$$

$$u_{rel}(R_{eLV})=\frac{2.887}{447.6}=0.645\% \quad \cdots\cdots(L.19)$$

L.3.5 下屈服强度的相对合成不确定度

下屈服强度的相对标准不确定度分项汇总见表 L.3。

表 L.3 下屈服强度的相对标准不确定度分项汇总

标准不确定度分项	不确定度来源	相对标准不确定度
$u_{rel}(\mathrm{rep})$	测量重复性	0.386%
$u_{rel}(F_{eL})$	下屈服力	0.620%
$u_{rel}(S_o)$	试样原始横截面积	0.578%
$u_{rel}(R_{eLV})$	拉伸速率	0.645%

$$u_{crel}(R_{eL})=\sqrt{u_{rel}^2(\mathrm{rep})+u_{rel}^2(F_{eL})+u_{rel}^2(S_o)+u_{rel}^2(R_{eLV})}$$
$$=\sqrt{(0.386\%)^2+(0.620\%)^2+(0.578\%)^2+(0.645\%)^2}=1.133\% \quad \cdots\cdots(L.20)$$

L.3.6 下屈服强度的相对扩展不确定度

取包含概率 $p=95\%$，按 $k=2$

相对扩展不确定度

$$U_{rel}(R_{eL})=k\times u_{crel}(R_{eL}) \quad \cdots\cdots(L.21)$$

$$U_{rel}(R_{eL})=2\times 1.133\%=2.3\% \quad \cdots\cdots(L.22)$$

L.4 规定塑性延伸强度不确定度的评定

数学模型

$$R_p=\frac{F_p}{S_o}$$

$$u_{crel}(R_p)=\sqrt{u_{rel}^2(F_p)+u_{rel}^2(S_o)+u_{rel}^2(\mathrm{rep})+u_{rel}^2(R_{pV})} \quad \cdots\cdots(L.23)$$

式中：

R_p ——规定塑性延伸强度；

F_p ——规定塑性延伸力；

S_o——原始横截面积；

rep——重复性；

R_{pV}——拉伸速率对规定塑性延伸强度的影响。

L.4.1 A类相对标准不确定度分项 u_{rel}(rep)的评定

本例评定三个试样测量平均值的不确定度，故应除以$\sqrt{3}$。

$$u_{rel}(\mathrm{rep})=\frac{s}{\sqrt{3}}=\frac{0.594\%}{\sqrt{3}}=0.343\% \qquad \text{(L.24)}$$

L.4.2 规定塑性延伸力 F_p 的B类相对标准不确定度分项 $u_{rel}(F_p)$的评定

规定塑性延伸力是按如下方法得到的：在力-延伸曲线图上，划一条与曲线的弹性直线段部分平行，且在延伸轴上与此直线的距离等效于规定塑性延伸率0.2%的直线。此平行线与曲线的交截点给出相应于所求规定塑性延伸强度的力。

由于无法得到力-延伸曲线的数学表达式，我们不能准确地得到引伸计测量应变的相对标准不确定度 $u_{rel}(\Delta L_e)$与力值的相对标准不确定度 $u_{rel}(F_e)$之间的关系。为得到两者之间的近似关系，通过交截点与曲线作切线，与延伸轴的交角为 α。则引伸计测量应变的相对标准不确定度 $u_{rel}(\Delta L_e)$与引伸计对力值带来的相对标准不确定度 $u_{rel}(F_e)$近似符合下式：

$$u_{rel}(F_e)=\tan\alpha\cdot u_{rel}(\Delta L_e) \qquad \text{(L.25)}$$

1级引伸计的相对误差为±1%，按均匀分布考虑。

则
$$u_{rel}(\Delta L_e)=\frac{1\%}{\sqrt{3}}=0.577\% \qquad \text{(L.26)}$$

在实际操作中 α 角与坐标轴的比例有关，$\tan\alpha=\frac{\Delta F}{\Delta L}$，本例中在交截点 $\frac{\Delta F}{\Delta L}\approx 0$。

则 $u_{rel}(F_e)=\frac{\Delta F}{\Delta L}\cdot u_{rel}(\Delta L_e)\approx 0$

$$u_{rel}(F_p)=\sqrt{u_{rel}^2(F_1)+u_{rel}^2(F_2)+u_{rel}^2(F_3)+u_{rel}^2(F_e)}=0.620\% \qquad \text{(L.27)}$$

L.4.3 原始横截面积 S_o 的B类相对标准不确定度分项 $u_{rel}(S_o)$ 的评定

原始横截面积相对不确定度与L.2.3相同：

$$u_{rel}(S_o)=0.578\% \qquad \text{(L.28)}$$

L.4.4 拉伸速率影响带来的相对标准不确定度分项 $u_{rel}(R_{pV})$的评定

试验得出，在拉伸速率变化范围内规定塑性延伸强度最大相差10 MPa，所以拉伸速率对规定塑性延伸强度的影响为±5 MPa，按均匀分布考虑：

$$u(R_{pV})=\frac{5}{\sqrt{3}}=2.887 \qquad \text{(L.29)}$$

$$u_{rel}(R_{pV})=\frac{2.887}{449}=0.643\% \qquad \text{(L.30)}$$

L.4.5 规定塑性延伸强度的相对合成不确定度(表L.4)

表L.4 规定塑性延伸强度的相对标准不确定度分项汇总

标准不确定度分项	不确定度来源	相对标准不确定度
u_{rel}(rep)	测量重复性	0.343%

表 L.4（续）

标准不确定度分项	不确定度来源	相对标准不确定度
$u_{rel}(F_p)$	规定塑性延伸力	0.620%
$u_{rel}(S_o)$	试样原始横截面积	0.578%
$u_{rel}(R_{pV})$	拉伸速率	0.643%

相对合成不确定度：

$$u_{crel}(R_p)=\sqrt{u_{rel}^2(F_p)+u_{rel}^2(S_o)+u_{rel}^2(\text{rep})+u_{rel}^2(R_{pV})}$$
$$=\sqrt{(0.343\%)^2+(0.620\%)^2+(0.578\%)^2+(0.643\%)^2}=1.12\% \quad \cdots\cdots\cdots(\text{L.31})$$

L.4.6 规定塑性延伸强度的相对扩展不确定度

取包含概率 $p=95\%$，按 $k=2$

相对扩展不确定度 $U_{rel}(R_p)=k\times u_{crel}(R_p)=2\times 1.12\%=2.2\%$ ………………（L.32）

L.5 断后伸长率不确定度的评定

数学模型

$$A=\frac{L_u-L_o}{L_o} \quad \cdots\cdots\cdots(\text{L.33})$$

式中：

A——断后伸长率；

L_o——原始标距；

L_u——断后标距。

断后伸长（L_u-L_o）的测量应准确到±0.25 mm。在评定测量不确定度时公式应表达为：

$$A=\frac{L_u-L_o}{L_o}=\frac{\Delta L}{L_o} \quad \cdots\cdots\cdots(\text{L.34})$$

ΔL 与 L_o 彼此不相关，则：

$$u_{crel}(A)=\sqrt{u_{rel}^2(L_o)+u_{rel}^2(\Delta L)+u_{rel}^2(\text{rep})+u_{rel}^2(\text{off})} \quad \cdots\cdots\cdots(\text{L.35})$$

L.5.1 A类相对标准不确定度分项 $u_{rel}(\text{rep})$ 的评定

本例评定三个试样测量平均值的不确定度，故应除以$\sqrt{3}$。

$$u_{rel}(\text{rep})=\frac{s}{\sqrt{3}}=\frac{2.264\%}{\sqrt{3}}=1.307\% \quad \cdots\cdots\cdots(\text{L.36})$$

L.5.2 原始标距的B类相对标准不确定度分项 $u_{rel}(L_o)$ 的评定

根据标准规定，原始标距的标记 L_o 应准确到±1%。按均匀分布考虑 $k=\sqrt{3}$，则：

$$u_{rel}(L_o)=\frac{1\%}{\sqrt{3}}=0.577\% \quad \cdots\cdots\cdots(\text{L.37})$$

L.5.3 断后伸长的B类相对标准不确定度分项 $u_{rel}(\Delta L)$ 的评定

（L_u-L_o）的测量应准确到±0.25 mm。本试验的平均伸长为 10.975 mm，按均匀分布考虑 $k=\sqrt{3}$，则：

$$u_{rel}(\Delta L)=\frac{0.25}{10.975\times\sqrt{3}}=1.315\% \quad\cdots\cdots(L.38)$$

L.5.4 修约带来的相对标准不确定度分项 $u_{rel}(off)$

断后伸长率的修约间隔为 0.5%。按均匀分布考虑，修约带来的相对标准不确定度分项：

$$u_{rel}(off)=\frac{0.5\%}{2\cdot\sqrt{3}\cdot 21.95\%}=0.658\% \quad\cdots\cdots(L.39)$$

L.5.5 断后伸长率的相对合成不确定度(表 L.5)

表 L.5 断后伸长率的标准不确定度分项汇总

标准不确定度分项	不确定度来源	相对标准不确定度	平均值
$u_{rel}(rep)$	测量重复性	1.307%	21.95%
$u_{rel}(L_o)$	试样原始标距	0.577%	$\overline{L_o}=50$ mm
$u_{rel}(\Delta L)$	断后伸长	1.315%	$\overline{\Delta L}=10.975$ mm
$u_{rel}(off)$	修约	0.658%	

相对合成不确定度：

$$\begin{aligned}u_{crel}(A)&=\sqrt{u_{rel}^2(L_o)+u_{rel}^2(\Delta L)+u_{rel}^2(rep)+u_{rel}^2(off)} \quad\cdots\cdots(L.40)\\&=\sqrt{(0.577\%)^2+(1.315\%)^2+(1.307\%)^2+(0.658\%)^2}\\&=2.05\%\end{aligned}$$

L.5.6 断后伸长率的相对扩展不确定度

取包含概率 $p=95\%$，按 $k=2$

$$U_{rel}(A)=k\times u_{crel}(A)=2\times 2.05\%=4.1\% \quad\cdots\cdots(L.41)$$

L.6 断面收缩率不确定度的评定

数学模型

$$Z=\frac{S_o-S_u}{S_o} \quad\cdots\cdots(L.42)$$

式中：

Z ——断面收缩率；

S_o——原始横截面积；

S_u——断后最小横截面积。

公式中 S_u 不独立，与 S_o 相关性显著。近似按 S_o 与 S_u 相关系数为 1 考虑。符合下式关系：

$$u_c^2(y)=\left[\sum_{i=1}^{N}c_i u(x_i)\right]^2=\left[\sum_{i=1}^{N}\frac{\partial f}{\partial x_i}u(x_i)\right]^2 \quad\cdots\cdots(L.43)$$

$$u_c(S_o,S_u)=\left|\frac{S_u}{S_o^2}\cdot u(S_o)-\frac{1}{S_o}\cdot u(S_u)\right|$$

$$u_c(Z)=\sqrt{u_c^2(S_o,S_u)+u^2(\text{rep})+u^2(\text{off})}$$

L.6.1 A 类标准不确定度分项 $u(\text{rep})$ 的评定

本例评定三个试样测量平均值的不确定度，故应除以$\sqrt{3}$。

$$u(\text{rep})=\frac{s}{\sqrt{3}}=\frac{1.350\%}{\sqrt{3}}=0.779\% \qquad \cdots\cdots(L.44)$$

L.6.2 原始横截面积的标准不确定度分项 $u(S_o)$ 的评定

测量每个尺寸应准确到±0.5%。

试样公称直径 $d=10$ mm，$S_o=\frac{1}{4}\pi d^2=78.54$ mm^2。

$$u_{rel}(d)=\frac{0.5\%}{\sqrt{3}}=0.289\%$$

$$u_{rel}(S_o)=2\cdot u_{rel}(d)=0.578\%$$

$$u(S_o)=78.54\times 0.578\%=0.454\ \text{mm}^2$$

L.6.3 断裂后横截面积的标准不确定度分项 $u(S_u)$ 的评定

标准中规定断裂后最小横截面积的测定应准确到±2%，按均匀分布考虑：

$$u_{rel}(S_u)=\frac{2\%}{\sqrt{3}}=1.155\% \qquad \cdots\cdots(L.45)$$

根据计算断后缩径处最小直径处横截面积平均为 $S_u=38.96$ mm^2

$$u(S_u)=38.96\times 1.155\%=0.450\ \text{mm}^2 \qquad \cdots\cdots(L.46)$$

L.6.4 修约带来的相对标准不确定度分项

根据本部分第 22 条中的规定，断面收缩率的修约间隔 1%，按均匀分布考虑，修约带来的标准不确定度分项：

$$u(\text{off})=\frac{1\%}{2\cdot\sqrt{3}}=0.289\% \qquad \cdots\cdots(L.47)$$

L.6.5 断面收缩率的相对合成不确定度

断面收缩率的标准不确定度分项汇总见表 L.6。

表 L.6 断面收缩率的标准不确定度分项汇总

标准不确定度分项	不确定度来源	标准不确定度	平均值
$u(\text{rep})$	测量重复性	0.758%	$\overline{Z}=50.4\%$
$u(S_u)$	断裂后横截面积	0.457 mm^2	$\overline{S_u}=38.96$ mm^2
$u(S_o)$	试样原始横截面积	0.454 mm^2	$\overline{S_o}=78.54$ mm^2
$u(\text{off})$	修约	0.289%	

$$u_c(S_o,S_u)=\left|\frac{S_u}{S_o^2}\cdot u(S_o)-\frac{1}{S_o}\cdot u(S_u)\right|$$

$$=\left|\frac{38.96}{78.54^2}\times 0.450-\frac{0.457}{78.54}\right|=0.298\% \qquad \cdots\cdots\cdots\cdots\cdots(\text{L}.48)$$

$$u_c(Z)=\sqrt{u_c^2(S_o,S_u)+u^2(\text{rep})+u^2(\text{off})}$$

$$=\sqrt{(0.298\%)^2+(0.758\%)^2+(0.289\%)^2}=0.861\% \qquad \cdots(\text{L}.49)$$

L.6.6 断面收缩率的相对扩展不确定度

取包含概率 $p=95\%$，按 $k=2$

相对扩展不确定度 $U(Z)=k\times u_c(Z)=2\times 0.861\%=1.7\%$ ……………………(L.50)

$$U_{rel}(Z)=3.4\%$$

L.7 相对扩展不确定度结果汇总

相对扩展不确定度结果见表 L.7。

表 L.7 相对扩展不确定度结果汇总

抗拉强度 $U_{rel}(R_m)$	下屈服强度 $U_{rel}(R_{eL})$	规定塑性延伸强度 $U_{rel}(R_p)$	断后伸长率 $U_{rel}(A)$	断面收缩率 $U_{rel}(Z)$
1.9%	2.3%	2.2%	4.1%	3.4%

附 录 M
（资料性附录）
拉伸试验的精密度——根据实验室间试验方案的结果

M.1 实验室间的分散

在实验室间的比对实验中有迹象表明拉伸试验结果的分散性包括材料的分散和测量的不确定度，见表 M.1～表 M.4。图 M.1～图 M.4 给出了表 M.1～表 M.4 中数值的图形表达。试验结果的再现性用 2 倍各自参数，例如 R_p，R_m，Z 和 A 等参数的标准偏差除以各自的平均值得到。因此给出的这些参数结果的置信度按照 GUM 为 95%，可以直接与用其他方法得到的扩展不确定度相比较。

表 M.1 屈服强度（0.2%塑性延伸强度或上屈服强度）——实验室间比对试验的再现性

材　料	牌　号	屈服强度 MPa	再现性 %	参考文献
铝板	AA5754	105.7	3.2	[4]
	AA5182-O	126.4	1.9	[5]
	AA6016-T4	127.2	2.2	[5]
	EC-H 19	158.4	4.1	[6]
	2024-T 351	362.9	3.0	[6]
钢				
薄板	DX56	162.0	4.6	[4]
低碳钢板	HR3	228.6	8.2	[7]
薄板	ZStE 180	267.1	9.9	[4]
AISI 105	P245GH	367.4	5.0	[7]
	C22	402.4	4.9	[6]
中厚板	S355	427.6	6.1	[4]
奥氏体不锈钢	SS316L	230.7	6.9	[4]
	X2CrNi18-10	303.8	6.5	[7]
	X2CrNiMo18-10	353.3	7.8	[7]
AISI 316	X5CrNiMo17-12-2	480.1	8.1	[6]
马氏体不锈钢	X12Cr13	967.5	3.2	[6]
高强钢	30NiCrMo16	1 039.9	2.0	[7]
镍基合金				
INCONEL 600	NiCr15Fe8	268.3	4.4	[6]
Nimonic 75	(BCR-661)	298.1	4.0	[8]
Nimonic 75	(BCR-661)	302.1	3.6	[4]

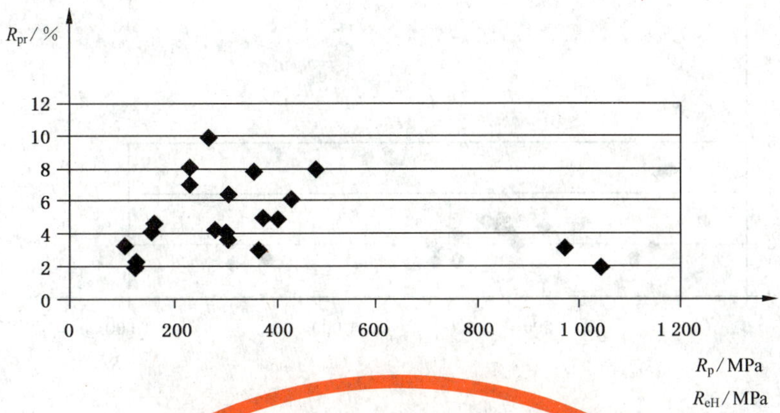

说明：

R_{eH}——上屈服强度；

R_p ——塑性延伸强度；

R_{pr} ——再现性。

图 M.1 表 M.1 给出数据的图形表达

表 M.2 抗拉强度 R_m——实验室间比对试验的再现性

材料	牌号	抗拉强度 MPa	再现性 %	参考文献
铝板	AA5754	212.3	4.7	[4]
	AA5182-0	275.2	1.4	[5]
	AA6016-T4	228.3	1.8	[5]
	EC-H 19	176.9	4.9	[6]
	2024-T 351	491.3	2.7	[6]
钢				
薄板	DX56	301.1	5.0	[4]
低碳钢板	HR3	335.2	5.0	[7]
薄板	ZStE 180	315.3	4.2	[4]
AISI 105	Fe510C	552.4	2.0	[7]
	C22	596.9	2.8	[6]
中厚板	S355	564.9	2.4	[4]
奥氏体不锈钢	SS316L	568.7	4.1	[4]
	X2CrNi18-10	594.0	3.0	[7]
	X2CrNiMo18-10	622.5	3.0	[7]
AISI 316	X7CrNiMo17-12-2	694.6	2.4	[6]
马氏体不锈钢	X12Cr13	1 253.0	1.3	[6]
高强钢	30NiCrMo16	1 167.8	1.5	[7]
镍基合金				
INCONEL 600	NiCr15Fe8	695.9	1.4	[6]
Nimonic 75	(BCR-661)	749.6	1.9	[8]
Nimonic 75	(BCR-661)	754.2	1.3	[4]

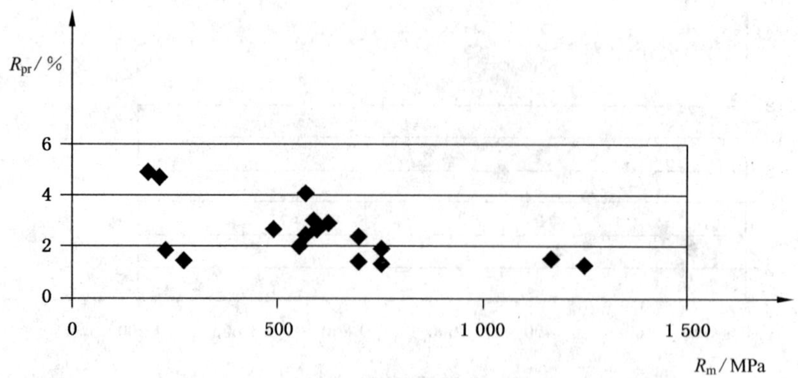

说明：

R_m——抗拉强度；

R_{pr}——再现性。

图 M.2 表 M.2 给出数据的图形表达

表 M.3 断后伸长率——实验室间比对试验的再现性

材 料	牌 号	断后伸长率 A %	再现性[a] %	参考文献
铝板	AA5754	27.9	13.3	[4]
	AA5182-0	26.6($A_{80\ mm}$)	10.6	[5]
	AA6016-T4	25.9($A_{80\ mm}$)	8.4	[5]
	EC-H 19	14.6	9.1	[6]
	2024-T 351	18.0	18.9	[6]
钢				
薄板	DX56	45.2	12.4	[4]
低碳钢板	HR3	38.4	13.8	[7]
薄板	ZstE 180	40.5	12.7	[4]
AISI 105	Fe510C	31.4	14.0	[7]
	C22	25.6	10.1	[6]
中厚板	S355	28.5	17.7	[4]
奥氏体不锈钢	SS316L	60.1	27.6	[4]
奥氏体不锈钢	X2CrNi18-10	52.5	12.6	[7]
奥氏体不锈钢	X2CrNiMo18-10	51.9	12.7	[7]
AISI 316	X5CrNiMo17-12-2	35.9	14.9	[6]
马氏体不锈钢	X12Cr13	12.4	15.5	[6]
高强钢	30NiCrMo16	16.7	13.3	[7]
镍基合金				
INCONEL 600	NiCr15Fe8	41.6	7.7	[6]
Nimonic 75	(BCR-661)	41.0	3.3	[8]
Nimonic 75	(BCR-661)	41.0	5.9	[4]

[a] 再现性用给定材料各自的平均值 A 的百分数来表达；对于 2024-T351 铝合金 A 的绝对值是(18.0 ±3.4)%。

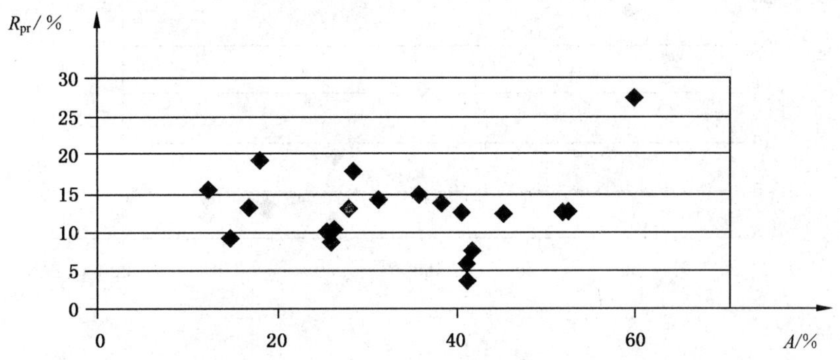

说明：

A ——断后伸长率；

R_{pr}——再现性。

图 M.3 表 M.3 给出数据的图形表达

表 M.4 断面收缩率 Z——实验室间比对试验的再现性

材料	牌号	断面收缩率 Z %	再现性[a] %	参考文献
铝	EC-H 19	79.1	5.1	[6]
	2024-T 351	30.3	23.7[b]	[6]
钢				
低碳钢板	HR3			
AISI 105	Fe510C	71.4	2.7	[7]
	C22	65.6	3.8	[6]
奥氏体不锈钢	X2CrNi18-10			
奥氏体不锈钢	X2CrNiMo18-10	77.9	5.6	[7]
AISI 316	X5CrNiMo17-12-2	71.5	4.5	[6]
马氏体不锈钢	X12Cr13	50.5	15.6[b]	[6]
高强钢	30NiCrMo16	65.6	3.2	[7]
镍基合金				
INCONEL 600	NiCr15Fe8	59.3	2.4	[6]
Nimonic 75	(BCR-661)	59.0	8.8	[8]

[a] 再现性用给定材料各自的平均值 Z 的百分数来表达；对于 2024-T351 铝合金 Z 的绝对值是(30.3 ±7.2)%。

[b] 某些再现性值似乎相当高；这可能是因为对于断裂的缩颈区准确地测量试样尺寸有相当的难度。对于薄板试样厚度的测量不确定度可能会很大。同样对于试样缩颈区域的直径或厚度高度地依赖于操作者的经验和试验技巧。

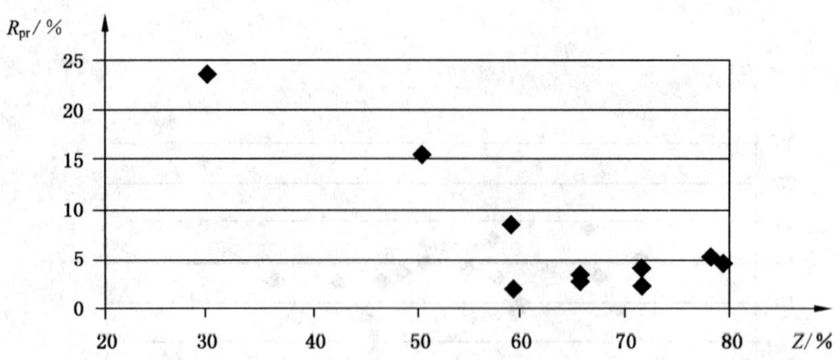

说明：

R_{pr}——再现性；

Z ——断面收缩率。

图 M.4 表 M.4 给出数据的图形表达

参 考 文 献

[1] GB/T 24182—2009 金属力学性能试验 出版标准中的符号和定义.

[2] ASTM E1012,Standard practice for verification of test frame and specimen alignment under tensile and compressive axial force application

[3] 李和平,周星.借助准标样测算拉伸试验测量不确定度的方法[J].理化检验-物理分册,2005,41(6):289—300.

[4] KLINGELHÖFFER, H., LEDWORUSKI, S., BROOKES, S., MAY, T. *Computer controlled tensile testing according to EN 10002-1 —Results of a comparison test programme to validate a proposal for an amendment of the standard —Final report of the European project TENSTAND —Work Package* 4. Bundesanstalt für Materialforschung und -prüfung (BAM),Berlin,2005. 44 p. (*Forschungsbericht*[Technical report] 268.) Available (2008-07-01) at:http://www.bam.de/de/service/publikationen/publikationen_medien/fb268_vt.pdf

[5] AEGERTER, J., KELLER, S., WIESER, D. Prüfvorschrift zur Durchführung und Auswertung des Zugversuches für Al-Werkstoffe [Test procedure for the accomplishment and evaluation of the tensile test for aluminium and aluminium alloys], In: Proceedings of *Werkstoffprüfung* [Materials testing] 2003,pp. 139-150. Stahleisen,Düsseldorf

[6] ASTM Research Report E 28 1004:1994,Round robin results of interlaboratory tensile tests

[7] ROESCH, L., COUE, N., VITALI, J., DI FANT, M. Results of an interlaboratory test programme on room temperature tensile properties —Standard deviation of the measured values. (IRSID Report,NDT 93310.)

[8] INGELBRECHT,C.D.,LOVEDAY,M.S. The certification of ambient temperature tensile properties of a reference material for tensile testing according to EN 10002-1: CRM 661. EC, Brussels,2000. (BCR Report EUR 19589 EN.)

ICS 77.040.10
H 23

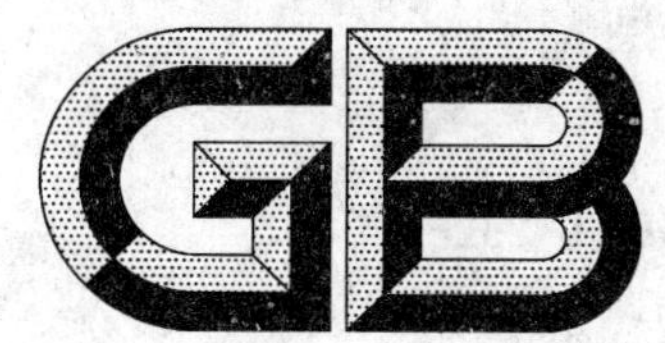

中华人民共和国国家标准

GB/T 232—2010
代替 GB/T 232—1999

金属材料　弯曲试验方法

Metallic materials—Bend test

(ISO 7438:2005,MOD)

2010-09-02 发布　　2011-06-01 实施

中华人民共和国国家质量监督检验检疫总局
中国国家标准化管理委员会　发布

前　言

本标准修改采用国际标准 ISO 7438:2005《金属材料　弯曲试验》(英文版)。

本标准根据 ISO 7438:2005 重新起草,为了方便比较,在附录 A 中列出了本国家标准条款和国际标准条款的对照一览表。

本标准与国际标准主要技术差异如下:

——增加了第 2 章“规范性引用文件”;

——在第 3 章中增加了引用图 3 和图 B.1;

——增加了 5.5“符合弯曲试验原理的其他弯曲装置(例如翻板式弯曲装置等)亦可使用”;

——在 6.1 中增加了“样坯的切取位置和方向应按照相关产品标准的要求。如未具体规定,对于钢产品,应按照 GB/T 2975 的要求”。

为了便于使用,本标准做了下列编辑性修改:

——“本国际标准”一词改为“本标准”;

——用小数点“.”代替作为小数点的逗号“,”;

——删除了国际标准的前言。

本标准代替 GB/T 232—1999《金属材料　弯曲试验方法》。

本标准此次修订对 GB/T 232—1999 的下列主要技术内容做了修改:

——取消了“弯心”术语;

——取消了确定试样长度的公式;

——修改了试样厚度的规定;

——增加了矩形试样圆角半径数值的规定;

——增加了试验过程中应采取足够的安全措施和防护装置的规定;

——增加了当出现争议时,试验速度应为(1±0.2)mm/s 的规定;

——增加了附录 A 和附录 B。

本标准的附录 A 和附录 B 为资料性附录。

本标准由中国钢铁工业协会提出。

本标准由全国钢标准化技术委员会归口。

本标准主要起草单位:首钢总公司、冶金工业信息标准研究院、钢铁研究总院。

本标准主要起草人:王萍、刘卫平、董莉、任丹丹、高怡斐。

本标准所代替标准的历次版本发布情况为:

GB/T 232—1963、GB/T 232—1982、GB/T 232—1988、GB/T 232—1999。

金属材料　弯曲试验方法

1　范围

本标准规定了测定金属材料承受弯曲塑性变形能力的试验方法。

本标准适用于金属材料相关产品标准规定试样的弯曲试验。但不适用于金属管材和金属焊接接头的弯曲试验，金属管材和金属焊接接头的弯曲试验由其他标准规定。

2　规范性引用文件

下列标准所包含的条文，通过在本标准中引用而成为本标准的条文。凡是注日期的引用文件，其随后所有的修改单(不包括勘误的内容)或修订版均不适用于本标准，然而，鼓励根据本标准达成协议的各方研究是否可使用这些文件的最新版本。凡是不注日期的引用文件，其最新版本适用于本标准。

GB/T 2975　钢及钢产品　力学性能试验取样位置及试样制备(GB/T 2975—1998，eqv ISO 377：1997)

3　符号和说明

本标准使用的符号和说明见表1及图1、图2、图3和图B.1。

表1　符号和说明

符号	说　　明	单位
a	试样厚度或直径(或多边形横截面内切圆直径)	mm
b	试样宽度	mm
L	试样长度	mm
l	支辊间距离	mm
D	弯曲压头直径	mm
α	弯曲角度	(°)
r	试样弯曲后的弯曲半径	mm
f	弯曲压头的移动距离	mm
c	试验前支辊中心轴所在水平面与弯曲压头中心轴所在水平面之间的间距	mm
p	试验后支辊中心轴所在垂直面与弯曲压头中心轴所在垂直面之间的间距	mm

4　原理

弯曲试验是以圆形、方形、矩形或多边形横截面试样在弯曲装置上经受弯曲塑性变形，不改变加力方向，直至达到规定的弯曲角度。

弯曲试验时，试样两臂的轴线保持在垂直于弯曲轴的平面内。如为弯曲180°角的弯曲试验，按照相关产品标准的要求，可以将试样弯曲至两臂直接接触或两臂相互平行且相距规定距离，可使用垫块控制规定距离。

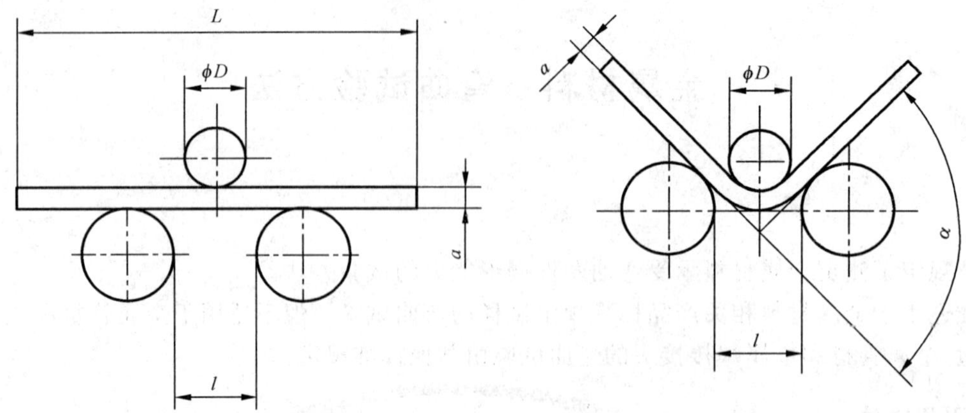

图 1

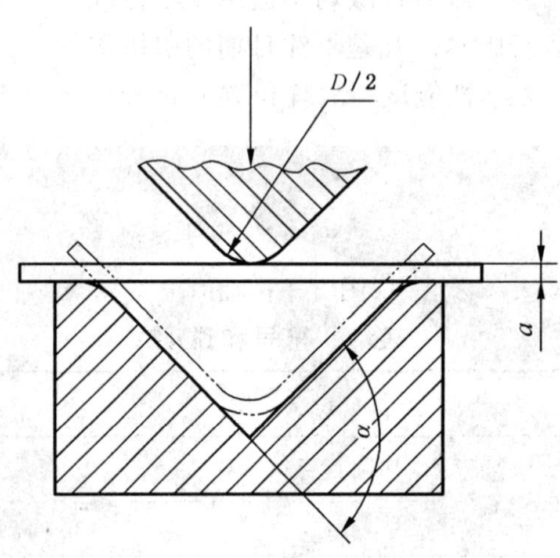

图 2

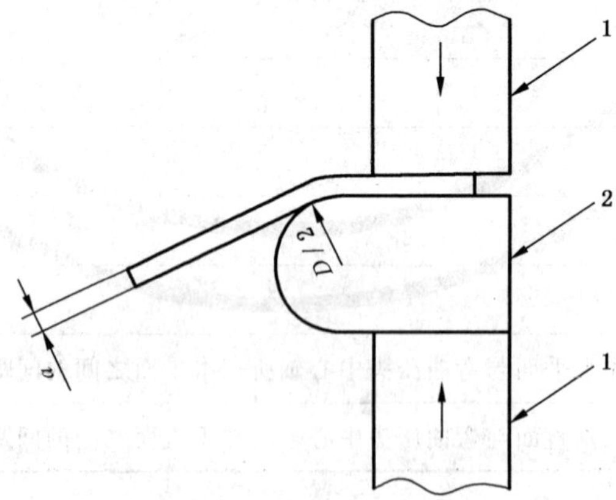

1——虎钳；

2——弯曲压头。

图 3

5 试验设备

5.1 一般要求

弯曲试验应在配备下列弯曲装置之一的试验机或压力机上完成：

a） 配有两个支辊和一个弯曲压头的支辊式弯曲装置，见图 1；

b） 配有一个 V 型模具和一个弯曲压头的 V 型模具式弯曲装置，见图 2；

c） 虎钳式弯曲装置，见图 3。

5.2 支辊式弯曲装置

5.2.1 支辊长度和弯曲压头的宽度应大于试样宽度或直径（见图 1）。弯曲压头的直径由产品标准规定。支辊和弯曲压头应具有足够的硬度。

5.2.2 除非另有规定，支辊间距离 l 应按照式（1）确定：

$$l=(D+3a)\pm\frac{a}{2} \qquad \cdots\cdots(1)$$

此距离在试验期间应保持不变。

注：此距离在试验前期保持不变，对于 180°弯曲试样此距离会发生变化。

5.3 V 型模具式弯曲装置

模具的 V 形槽其角度应为（180°$-\alpha$）（见图 2），弯曲角度 α 应在相关产品标准中规定。

模具的支承棱边应倒圆，其倒圆半径应为（1～10）倍试样厚度。模具和弯曲压头宽度应大于试样宽度或直径并应具有足够的硬度。

5.4 虎钳式弯曲装置

装置由虎钳及有足够硬度的弯曲压头组成（见图 3），可以配置加力杠杆。弯曲压头直径应按照相关产品标准要求，弯曲压头宽度应大于试样宽度或直径。

由于虎钳左端面的位置会影响测试结果，因此虎钳的左端面（见图 3）不能达到或者超过弯曲压头中心垂线。

5.5 符合弯曲试验原理的其他弯曲装置（例如翻板式弯曲装置等）亦可使用。

6 试样

6.1 一般要求

试验使用圆形、方形、矩形或多边形横截面的试样。样坯的切取位置和方向应按照相关产品标准的要求。如未具体规定，对于钢产品，应按照 GB/T 2975 的要求。试样应去除由于剪切或火焰切割或类似的操作而影响了材料性能的部分。如果试验结果不受影响，允许不去除试样受影响的部分。

6.2 矩形试样的棱边

试样表面不得有划痕和损伤。方形、矩形和多边形横截面试样的棱边应倒圆，倒圆半径不能超过以下数值：

——1 mm，当试样厚度小于 10 mm；

——1.5 mm，当试样厚度大于或等于 10 mm 且小于 50 mm；

——3 mm，当试样厚度不小于 50 mm。

棱边倒圆时不应形成影响试验结果的横向毛刺、伤痕或刻痕。如果试验结果不受影响，允许试样的棱边不倒圆。

6.3 试样的宽度

试样宽度应按照相关产品标准的要求，如未具体规定，应按照以下要求：

a） 当产品宽度不大于 20 mm 时，试样宽度为原产品宽度；

b） 当产品宽度大于 20 mm 时：

——当产品厚度小于 3 mm 时，试样宽度为（20±5）mm；

——当产品厚度不小于 3 mm 时，试样宽度在 20 mm～50 mm 之间。

6.4 试样的厚度

试样厚度或直径应按照相关产品标准的要求，如未具体规定，应按照以下要求：

6.4.1 对于板材、带材和型材，试样厚度应为原产品厚度。如果产品厚度大于 25 mm，试样厚度可以机加工减薄至不小于 25 mm，并保留一侧原表面。弯曲试验时，试样保留的原表面应位于受拉变形一侧。

6.4.2 直径(圆形横截面)或内切圆直径(多边形横截面)不大于 30 mm 的产品，其试样横截面应为原产品的横截面。对于直径或多边形横截面内切圆直径超过 30 mm 但不大于 50 mm 的产品，可以将其机加工成横截面内切圆直径不小于 25 mm 的试样。直径或多边形横截面内切圆直径大于 50 mm 的产品，应将其机加工成横截面内切圆直径不小于 25 mm 的试样(见图 4)。试验时，试样未经机加工的原表面应置于受拉变形的一侧。

单位为毫米

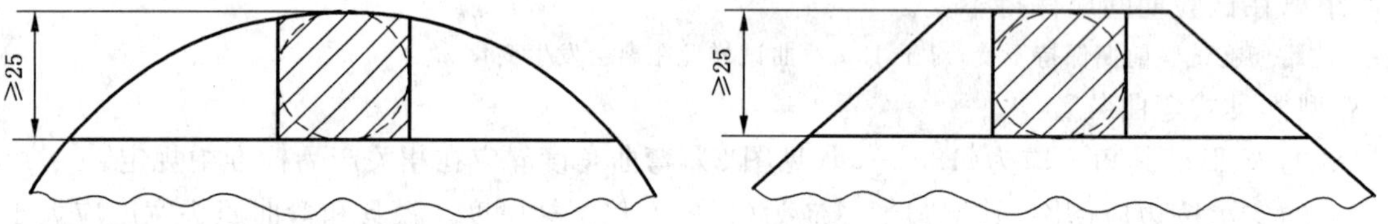

≥25

≥25

图 4

6.5 锻材、铸材和半成品的试样

对于锻材、铸材和半成品，其试样尺寸和形状应在交货要求或协议中规定。

6.6 大厚度和大宽度试样

经协议，可以使用大于 6.3 条规定宽度和 6.4 条规定厚度的试样进行试验。

6.7 试样的长度

试样长度应根据试样厚度(或直径)和所使用的试验设备确定。

7 试验程序

特别提示：试验过程中应采取足够的安全措施和防护装置。

7.1 试验一般在 10 ℃～35 ℃的室温范围内进行。对温度要求严格的试验，试验温度应为(23±5)℃。

7.2 按照相关产品标准规定，采用下列方法之一完成试验：

a) 试样在给定的条件和力作用下弯曲至规定的弯曲角度(见图 1、图 2 和图 3)；

b) 试样在力作用下弯曲至两臂相距规定距离且相互平行(见图 6)；

c) 试样在力作用下弯曲至两臂直接接触(见图 7)。

7.3 试样弯曲至规定弯曲角度的试验，应将试样放于两支辊(见图 1)或 V 形模具(见图 2)上，试样轴线应与弯曲压头轴线垂直，弯曲压头在两支座之间的中点处对试样连续施加力使其弯曲，直至达到规定的弯曲角度。弯曲角度 α 可以通过测量弯曲压头的位移计算得出，见附录 B。

可以采用图 3 所示的方法进行弯曲试验。试样一端固定，绕弯曲压头进行弯曲，可以绕过弯曲压头，直至达到规定的弯曲角度(详见 5.4)。

弯曲试验时，应当缓慢地施加弯曲力，以使材料能够自由地进行塑性变形。

当出现争议时，试验速率应为(1±0.2)mm/s。

使用上述方法如不能直接达到规定的弯曲角度，可将试样置于两平行压板之间(见图 5)，连续施加力压其两端使进一步弯曲，直至达到规定的弯曲角度。

7.4 试样弯曲至两臂相互平行的试验，首先对试样进行初步弯曲，然后将试样置于两平行压板之间(见图 5)，连续施加力压其两端使进一步弯曲，直至两臂平行(见图 6)。试验时可以加或不加内置垫块。垫块厚度等于规定的弯曲压头直径，除非产品标准中另有规定。

7.5 试样弯曲至两臂直接接触的试验，首先对试样进行初步弯曲，然后将试样置于两平行压板之间，连续施加力压其两端使进一步弯曲，直至两臂直接接触(见图 7)。

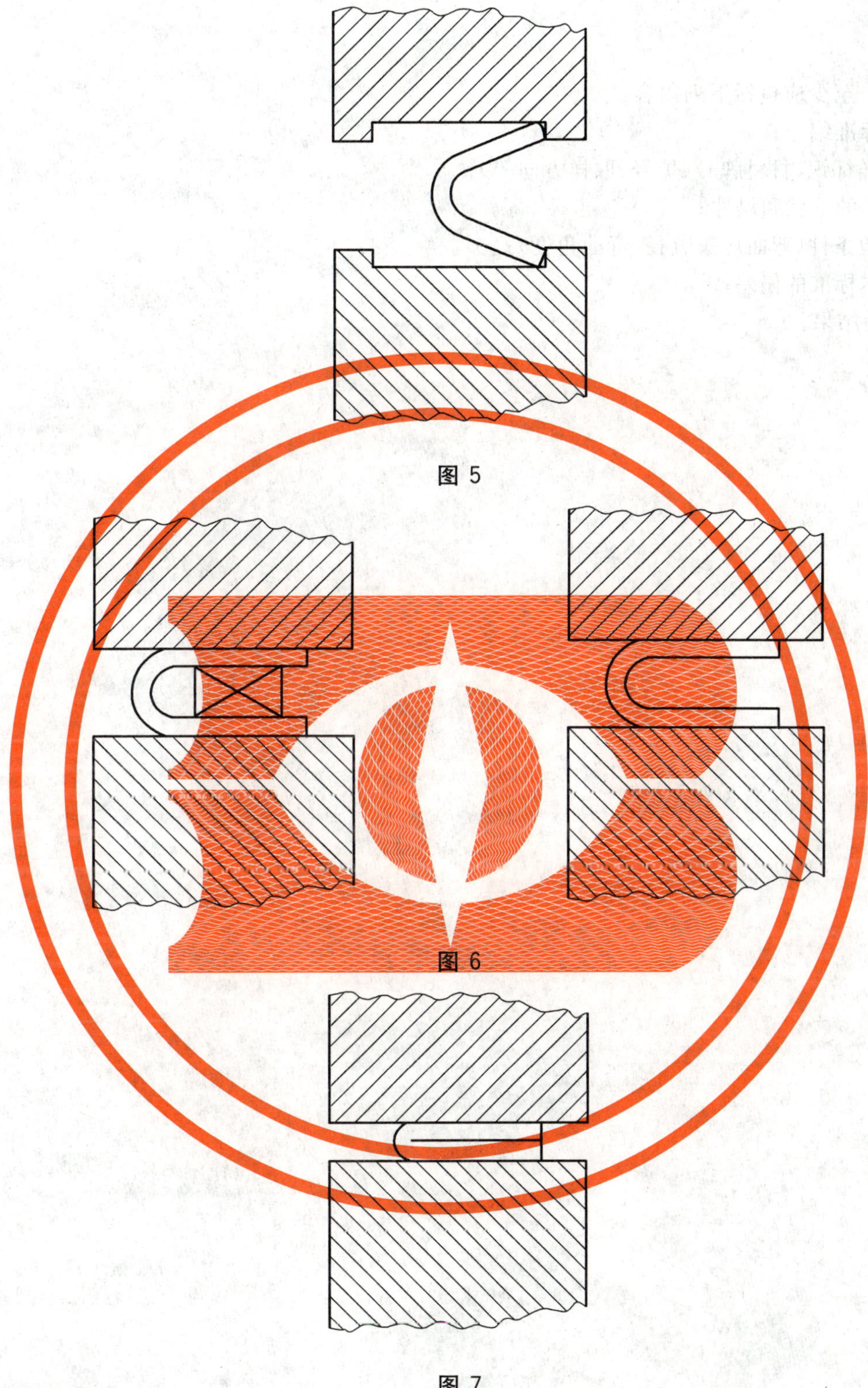

图 5

图 6

图 7

8 试验结果评定

8.1 应按照相关产品标准的要求评定弯曲试验结果。如未规定具体要求，弯曲试验后不使用放大仪器观察，试样弯曲外表面无可见裂纹应评定为合格。

8.2 以相关产品标准规定的弯曲角度作为最小值；若规定弯曲压头直径，以规定的弯曲压头直径作为最大值。

9 试验报告

试验报告至少应包括下列内容：

a） 本标准编号；

b） 试样标识(材料牌号、炉号、取样方向等)；

c） 试样的形状和尺寸；

d） 试验条件(弯曲压头直径,弯曲角度)；

e） 与本标准的偏差；

f） 试验结果。

附　录　A
（资料性附录）
本标准章条编号与 ISO 7438:2005 章条编号对照

表 A.1 给出了本标准章条编号与 ISO 7438:2005 章条编号对照一览表。

表 A.1　本标准与 ISO 7438:2005 章条编号对照

本标准章条编号	对应的国际标准章条编号
1	1
2	—
3	2
4	3
5	4
5.1	4.1
5.2	4.2
5.2.1	4.2.1
5.2.2	4.2.2
5.3	4.3
5.4	4.4
5.5	—
6	5
6.1	5.1
6.2	5.2
6.3	5.3
6.4	5.4
6.4.1	5.4.1
6.4.2	5.4.2
6.5	5.5
6.6	5.6
6.7	5.7
7	6
7.1	6.1
7.2	6.2
7.3	6.3 的第一、第二、第三、第四、第六段
7.4	6.3 的第五段
7.5	6.4
8	7
8.1	7.1

表 A.1（续）

本标准章条编号	对应的国际标准章条编号
8.2	7.2
9	8
附录 A	—
附录 B	附录 A

附　录　B
（资料性附录）
通过测量弯曲压头位移测定弯曲角度的方法

本标准规定了试样在压力作用下弯曲角度 α 的测定方法。由于直接测量弯曲角度 α 比较困难，因此，推荐使用通过测量弯曲压头位移 f 计算弯曲角度 α 的方法。试样在力的作用下弯曲角度 α 由弯曲压头的位移来确定，其参考值见图 B.1，计算公式如下：

其中

$$\sin\frac{\alpha}{2}=\frac{p\times c+W\times(f-c)}{p^2+(f-c)^2} \qquad \text{(B.1)}$$

$$\cos\frac{\alpha}{2}=\frac{W\times p-c\times(f-c)}{p^2+(f-c)^2} \qquad \text{(B.2)}$$

$$W=\sqrt{p^2+(f-c)^2-c^2} \qquad \text{(B.3)}$$

$$c=25+a+\frac{D}{2} \qquad \text{(B.4)}$$

单位为毫米

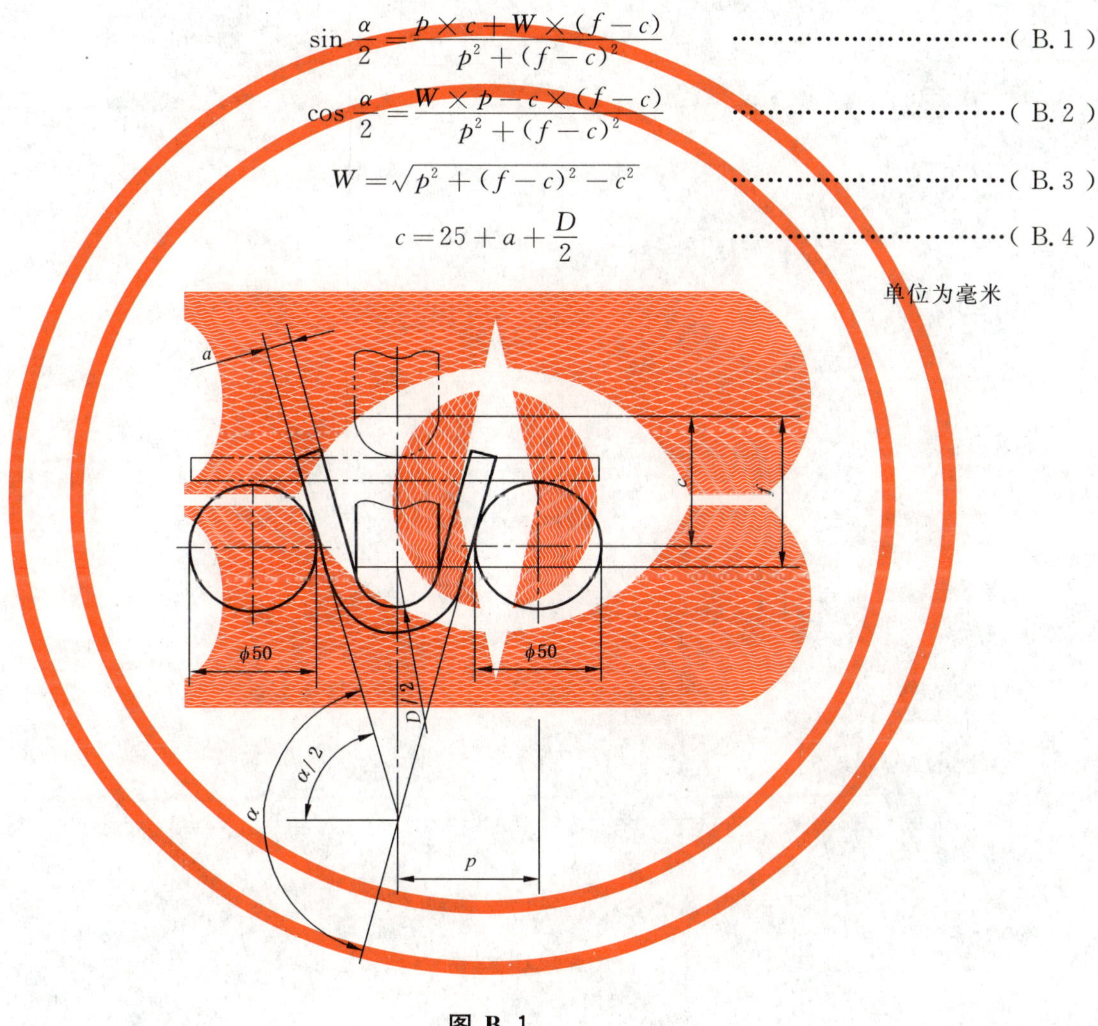

图 B.1

ICS 75.140
E 42

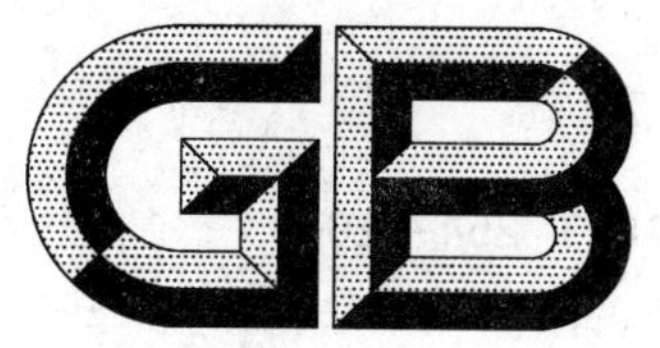

中华人民共和国国家标准

GB/T 254—2010
代替 GB/T 254—1998

半 精 炼 石 蜡

Semi-refined paraffin wax

2010-09-02 发布　　　　2010-12-01 实施

中华人民共和国国家质量监督检验检疫总局
中国国家标准化管理委员会　发布

前　言

本标准代替 GB/T 254—1998《半精炼石蜡》。

本标准与 GB/T 254—1998 相比主要差异如下：

——含油量质量指标修订为“不大于 2.0%（质量分数）”；

——颜色指标质量修订为“不小于+18 号”；

——增加 64 号、66 号、68 号、70 号四个牌号的产品的技术要求；

——增加了石油液体手工取样法。

本标准由全国石油产品和润滑剂标准化技术委员会提出。

本标准由全国石油产品和润滑剂标准化技术委员会石油蜡类产品分技术委员会归口。

本标准起草单位：中国石油化工股份有限公司抚顺石油化工研究院。

本标准主要起草人：高健、程仲芊。

本标准于 1964 年首次发布，于 1977 年第一次修订，1987 年第二次修订，1998 年第三次修订，本次为第四次修订。

半 精 炼 石 蜡

1 范围

本标准规定了半精炼石蜡的技术要求、试验方法、包装、标志、贮运及交货验收、采样。

本标准适用于以含油蜡为原料、经发汗或溶剂脱油,再经白土或加氢精制所得到的半精炼石蜡。

本标准所属产品适用于制造蜡烛、蜡笔、包装用纸、文教用品、一般电讯材料及木材加工、轻工、化工原料等方面。

2 规范性引用文件

下列文件中的条款通过本标准的引用而成为本标准的条款。凡是注明日期的引用文件,其随后所有的修改单(不包括勘误的内容)或修订版均不适用于本标准。然而,鼓励根据本标准达成协议的各方面研究可使用这些文件的最新版本。凡是不注明日期的引用文件,其最新版本均适用于本标准。

GB/T 265 石油产品运动粘度测定法和动力粘度计算法

GB/T 2539 石油蜡熔点的测定 冷却曲线法(GB/T 2539—2008,ISO 3841:1977,IDT)

GB/T 3554 石油蜡含油量测定法

GB/T 3555 石油产品赛波特颜色测定法(赛波特比色计法)

GB/T 4756 石油液体手工取样法

GB/T 4985 石油蜡针入度测定法

SH 0164 石油产品包装、贮运及交货验收规则

SH/T 0229 固体和半固体石油产品取样法

SH/T 0404 石蜡光安定性测定法

SH/T 0407 石油蜡水溶性酸或碱试验法

SH/T 0414 石蜡嗅味试验法

3 技术要求和试验方法

技术要求和试验方法见表1。

表1 半精炼石蜡技术要求

项目		质量指标											试验方法
		50号	52号	54号	56号	58号	60号	62号	64号	66号	68号	70号	
熔点/℃	不低于	50	52	54	56	58	60	62	64	66	68	70	GB/T 2539
	低于	52	54	56	58	60	62	64	66	68	70	72	
含油量(质量分数)/%	不大于	2.0											GB/T 3554
颜色/赛波特颜色号	不小于	+18											GB/T 3555
光安定性/号	不大于	6					7						SH/T 0404
针入度	(100 g,25 ℃)$\frac{1}{10}$ mm 不大于	23											GB/T 4985
	(100 g,35 ℃)$\frac{1}{10}$ mm	报告											

表 1（续）

项　目	质量指标											试验方法
	50 号	52 号	54 号	56 号	58 号	60 号	62 号	64 号	66 号	68 号	70 号	
运动黏度(100 ℃)/(mm^2/s)	报告											GB/T 265
嗅味/号　　不大于	2											SH/T 0414
水溶性酸或碱	无											SH/T 0407
机械杂质及水	无											目测[a]

[a] 将约 10 g 蜡放入容积为 100 mL～250 mL 的锥形瓶内，加入 50 mL 初馏点不低于 70 ℃的无水直馏汽油馏分，并在振荡下于 70 ℃水浴内加热，直到石蜡溶解为止，将该溶液在 70 ℃水浴内放置 15 min 后，溶液中不应呈现眼睛可以看见的浑浊、沉淀或水。允许溶液有轻微乳光。

4　标志、包装、贮运、交货验收

本产品的标志、包装、运输、贮运及交货验收按 SH 0164 进行。

5　采样

采样按 SH/T 0229 或 GB/T 4756 进行，取 2.5 kg 作为检验及留样用。

ICS 75.080
E 30

中华人民共和国国家标准

GB/T 262—2010
代替 GB/T 262—1988

石油产品和烃类溶剂苯胺点和混合苯胺点测定法

Petroleum products and hydrocarbon solvents—Determination of aniline point and mixed aniline point

(ISO 2977:1997,MOD)

2011-01-10 发布　　2011-05-01 实施

中华人民共和国国家质量监督检验检疫总局
中国国家标准化管理委员会　发布

前　言

本标准修改采用国际标准 ISO 2977:1997《石油产品和烃类溶剂苯胺点和混合苯胺点测定法》(英文版)。

本标准根据 ISO 2977:1997 重新起草。

为了适合我国国情,本标准在采用 ISO 2977:1997 时进行了修改。本标准与 ISO 2977:1997 的结构差异参见附录 A。本标准与 ISO 2977:1997 主要技术差异如下:

——本标准在第 2 章规范性引用文件中增加了对 GB/T 514 温度计技术条件标准的引用,以取代 ISO 2977:1997 中附录 F《温度计规格》,简化方法;

——本标准仅采用了 ISO 2977:1997 中方法一、方法三和方法五,删除了 ISO 2977:1997 方法二测定深色样品的薄膜仪法以及方法四适用于测定少量挥发性样品的内容,因在我国很少使用;

——本标准在 5.4 中增加了氢氧化钾试剂的技术要求,以规范和明确所用试剂的规格;

——本标准对方法一中所用的试管和套管的尺寸增加了公差规定(见 7.2.1),以规范对仪器的加工精度要求;

——本标准删除了 ISO 2977:1997 中附录 F《温度计规格》,相关内容直接引用 GB/T 514 中 GB-75 号、GB-76 号和 GB-77 号温度计的技术要求,以简化方法和规范温度计的使用;

——本标准 10.1 中对苯胺点和混合苯胺点结果报告精度作了修改,ISO 2977:1997 的 9.1 中规定结果报告精确至 0.05 ℃,本标准规定结果报告精确至 0.1 ℃,以与温度计的分度值和试验温度测定要求相协调一致;

——本标准 11.1 中对浅色透明样品的苯胺点和混合苯胺点重复性规定作了修改,ISO 2977:1997 的 10.1 中规定为 0.16 ℃,本标准规定为 0.2 ℃,以与结果表示相一致并方便比较。

本标准代替 GB/T 262—1988《石油产品苯胺点测定法》。

本标准与 GB/T 262—1988 相比主要变化如下:

——将标准名称由《石油产品苯胺点测定法》修改为《石油产品和烃类溶剂苯胺点和混合苯胺点测定法》;

——在第 1 章范围中增加了对烃类溶剂苯胺点以及样品混合苯胺点测定的内容;

——将方法分为三个部分,方法一为测定浅色透明样品的手动方法,增加方法二采用自动仪器测定浅色及深色样品的内容,并增加方法三测定在苯胺点温度时明显挥发样品的内容;

——删除了 GB/T 262—1988 中测定深色样品的 U 型管法;

——在第 3 章术语和定义中增加了混合苯胺点和泡点的术语定义;

——将试剂 5.3 中正庚烷的纯度要求由 GB/T 262—1988 中 6.4 要求的分析纯改为不低于 99.75%;

——将方法中所用的玻璃液体温度计要求(见 7.2.3)由 GB/T 262—1988 中 5.5 中规定符合原 GB/T 514 中熔点用温度计修改为符合现 GB/T 514 中 GB-75 号、GB-76 号和 GB-77 号温度计;

——在第 6 章试样制备中,增加了试样制备处理的详细步骤;

——测定浅色透明样品苯胺点时(见 7.3.1),样品量由 GB/T 262—1988 的 8.1 中规定的 5 mL 苯胺和 5 mL 试样修改为 10 mL 苯胺和 10 mL 试样;

——在测定浅色透明样品时,GB/T 262—1988 中 8.1 规定温度计感温泡位置位于苯胺层和试样层的分界处,本标准方法一修改为温度计的浸没深度线处于苯胺-试样混合物液面的位置(见

7.3.1)；

——对测定浅色透明样品苯胺点试验步骤的叙述更加详细(见7.3)；

——增加了试样混合苯胺点的测定步骤(见7.4)；

——增加了结果评价和表示的内容(见第10章)；

——精密度中对GB/T 262—1988第9章深色样品苯胺点测定的重复性规定有所修改，增加了苯胺点测定的再现性规定，并增加了混合苯胺点的测定精密度(见第11章)。

本标准的附录A为资料性附录。

本标准由全国石油产品和润滑剂标准化技术委员会(SAC/TC 280)提出。

本标准由全国石油产品和润滑剂标准化技术委员会石油燃料和润滑剂分技术委员会(SAC/TC 280/SC 1)归口。

本标准负责起草单位：中国石油化工股份有限公司石油化工科学研究院。

本标准参加起草单位：中国石化销售有限公司华北研究所。

本标准主要起草人：杨婷婷、陈洁、龚冬梅、杨勇。

本标准所代替标准的历次版本发布情况为：

——GB/T 262—1964、GB/T 262—1977、GB/T 262—1988。

石油产品和烃类溶剂苯胺点和混合苯胺点测定法

警告：本标准涉及某些有危险性的材料、操作和设备，但是无意对与此有关的所有安全问题都提出建议。因此，使用者在应用本标准之前应建立适当的安全和防护措施，并确定相关规章限制的适用性。

1 范围

1.1 本标准规定了石油产品和烃类溶剂苯胺点的测定方法，以及当样品苯胺点低于苯胺-试样混合物中苯胺结晶温度时上述产品的混合苯胺点的测定方法。

1.2 本标准方法一适用于测定初馏点高于室温、且苯胺点低于苯胺-试样混合物的泡点、而高于其凝点的透明样品。

1.3 本标准方法二适用于采用自动仪器测定方法一所适用的样品以及方法一无法测定的颜色极深的样品。

1.4 本标准方法三适用于测定在苯胺点温度时会明显挥发的样品，如航空汽油。

注 1：苯胺点（或混合苯胺点）对表征纯烃特性和烃类混合物的分析具有辅助作用。芳烃的苯胺点最低，链烷烃最高，环烷烃和烯烃的苯胺点处于芳烃和链烷烃之间。同系物中，苯胺点随烃类相对分子质量的增加而增加。

注 2：虽然苯胺点可与烃类的其他物理性质相结合用于相关方法中进行烃类分析，但苯胺点最常用于对烃类混合物中的芳烃含量进行估测。

2 规范性引用文件

下列文件中的条款通过本标准的引用而成为本标准的条款。凡是注日期的引用文件，其随后所有的修改单（不包括勘误的内容）或修订版均不适用于本标准，然而，鼓励根据本标准达成协议的各方研究是否可使用这些文件的最新版本。凡是不注日期的引用文件，其最新版本适用于本标准。

GB/T 514 石油产品试验用玻璃液体温度计技术条件

GB/T 6540 石油产品颜色测定法

3 术语和定义

下列术语和定义适用于本标准。

3.1

苯胺点 aniline point

等体积苯胺与待测样品混合物的最低平衡溶解温度，以“℃”表示。

3.2

混合苯胺点 mixed aniline point

两体积苯胺、一体积待测样品和一体积正庚烷的混合物的最低平衡溶解温度，以“℃”表示。

3.3

泡点 bubble point

在标准条件下加热时，混合物中刚开始出现气泡时的温度，以“℃”表示。

4 方法概要

将规定体积的苯胺与试样或苯胺与试样加正庚烷置于试管中，搅拌混合物。以控制的速度加热混合物，直到混合物中的两相完全混溶。然后按控制的速度将混合物冷却，记录混合物两相分离时的温度,作为试样的苯胺点或混合苯胺点。

5 试剂和材料

5.1 苯胺:分析纯。

警告:苯胺即使很少量也是剧毒品,并通过皮肤被吸收。处理时要特别小心。对所有操作者在直接处理苯胺时,应戴安全防护镜和不渗透苯胺的手套。

5.1.1 将苯胺用氢氧化钾颗粒干燥,在使用的当天进行蒸馏,舍弃最初和最后的10%(体积分数)馏分。这样制得的苯胺按7.3步骤用正庚烷(见5.3)试验时,两次试验测得的正庚烷苯胺点之差不应大于0.1 ℃,其平均值应为69.3 ℃±0.2 ℃。

5.1.2 另一种处理苯胺的方法,可不在使用当天蒸馏苯胺,而是将苯胺按上述方法蒸馏,把蒸馏物收集在安瓿中,然后在真空或干燥氮气下密封安瓿,并贮存在阴冷处备用。

5.1.3 采用上述任一种方法时,都应采取稳妥措施以防止大气中水分对苯胺的污染(见7.2.2)。

注1:经验证明,经5.1.2处理后,苯胺可保存至少六个月不变质。

注2:在常规分析中,只要苯胺符合正庚烷苯胺点试验的要求,并不一定必须蒸馏苯胺。

5.1.4 用自动仪器测得的苯胺-正庚烷的苯胺点,按8.4.1公式修正后应为69.3 ℃±0.2 ℃。

5.2 干燥剂:工业无水硫酸钠或硫酸钙,经煅烧,放入干燥器中冷却。

5.3 正庚烷:纯度不低于99.75%。

5.4 氢氧化钾:化学纯,用于干燥苯胺。

6 试样制备

6.1 将试样与体积分数约10%的干燥剂(见5.2)一同剧烈震荡3 min~5 min以干燥试样。将粘稠或含蜡试样温热到不会引起轻组分损失或干燥剂失水的温度以降低试样粘度。如果试样中存在可见的悬浮水,则先将试样离心脱水,然后再用干燥剂进行最后干燥。

6.2 用离心或过滤的方法除去悬浮的干燥剂。将含有蜡晶体的试样加热至均相,并在离心或过滤操作过程中保持加热状态。

7 方法一

7.1 适用样品选择

本方法可测定透明的、并按GB/T 6540测定其颜色不大于6.5、其初馏点远高于预期苯胺点的石油产品和烃类溶剂样品。

7.2 仪器

7.2.1 浅色透明样品苯胺点测定仪:如图1所示,包括下述组件。

7.2.1.1 试管:直径25 mm±1 mm,长150 mm±3 mm,由耐热玻璃制成。

7.2.1.2 套管:直径40 mm±2 mm,长170 mm±3 mm,由耐热玻璃制成。

7.2.1.3 搅拌器:由软铁丝制成,直径约2 mm,在底部有一直径约19 mm的同心圆环。搅拌器底部到其顶部直角弯曲部分的长度约200 mm,搅拌器的直角弯曲部分长度约55 mm,可使用一个长约65 mm、内径为3 mm的玻璃套管作为搅拌器的导向管。可手动或机械操作搅拌器。

7.2.2 加热浴和冷却浴:包括合适的空气浴,非水、不挥发的透明液体浴,或红外灯(250 W~375 W),加热浴应装备加热控制装置。

7.2.2.1 由于苯胺易吸水,受潮的苯胺会得到错误的试验结果,因此不能用水作为加热浴或冷却浴的介质。

注:例如,若苯胺中含有体积分数0.1%的水,测得的正庚烷苯胺点会比用干燥苯胺测得的正庚烷苯胺点高约0.5 ℃。

7.2.2.2 如果试样的苯胺点低于大气露点，则要将干燥的惰性气体缓慢地通入苯胺点试管，以覆盖苯胺-试样混合物。

7.2.3 温度计：符合 GB/T 514 中 GB-75 号、GB-76 号和 GB-77 号温度计的技术要求。GB-75 号为低温范围温度计，测温范围 −38 ℃～42 ℃，分度值 0.2 ℃；GB-76 号为中温范围温度计，测温范围 25 ℃～105 ℃，分度值 0.2 ℃；GB-77 号为高温范围温度计，测温范围 90 ℃～170 ℃，分度值 0.2 ℃。这三种温度计浸没深度均为 50 mm。

7.2.4 移液管：容量为 5.0 mL 和 10.0 mL。

7.2.5 天平：可称准至 0.01 g，在不便于用移液管移取试样时，用于称量试管和试样。

7.2.6 安全防护镜。

7.2.7 安全手套：不可渗透苯胺。

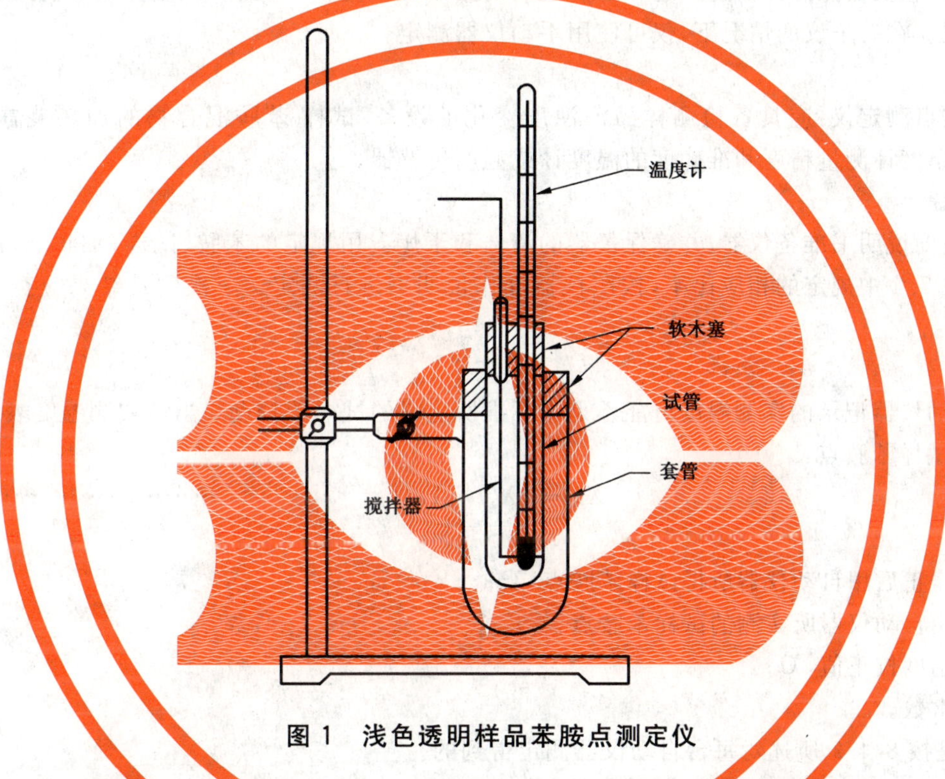

图 1 浅色透明样品苯胺点测定仪

7.3 苯胺点测定步骤

7.3.1 清洗和干燥仪器。移取 10mL 苯胺和 10mL 干燥过的试样放入装有搅拌器和温度计并处于套管内的试管中。如果试样太粘，不便用移液管移取，则可称量相当于室温时 10 mL±0.02 mL 的试样，精确至 0.01 g。用软木塞将温度计固定在试管中，使温度计的浸没深度线处于苯胺-试样混合物液面的位置，并确保温度计感温泡不与试管壁接触。将试管用软木塞固定于套管中心。

7.3.2 如果苯胺-试样混合物在室温下不能完全混溶，用加热浴加热苯胺-试样混合物。以 50 mm 行程，快速搅拌苯胺-试样混合物，但要避免搅起气泡。必要时，可以用约 1 ℃/min～3 ℃/min 的速度直接加热套管，直至混合物完全混溶。如果苯胺-试样混合物在室温下就能完全混溶，则用非水冷却浴代替热源。

7.3.3 将混溶的苯胺-试样混合物在室温空气浴或非水冷却浴中继续搅拌，并使混合物以 0.5 ℃/min～1.0 ℃/min 速度慢慢地冷却，继续冷却到开始出现浑浊的温度以下 1 ℃～2 ℃，记录当混合物突然全部变浑浊时(见注)的温度作为试样的苯胺点，精确到 0.1 ℃。此温度(而不是少量物质分离的温度)为最低平衡溶解温度。

注：真正到达苯胺点的特征是当温度下降时，混合物的浑浊度急剧地增加，其浑浊程度使温度计感温泡在反射光下变得模糊不清。

7.3.4 重复地进行加热和冷却，并重复观测苯胺点的温度，直至能得到10.1规定的结果。

7.4 混合苯胺点测定步骤

对于苯胺点低于苯胺-试样混合物中苯胺结晶温度的样品，移取10 mL苯胺、5 mL试样和5 mL正庚烷（见5.3），放入清洁、干燥的仪器中，按7.3.1～7.3.4所述测定试样的混合苯胺点。

8 方法二

8.1 适用样品选择

8.1.1 本方法使用自动仪器可测定方法一所适用的样品和方法一无法测定的深色样品。

8.1.2 自动苯胺点测定仪可在市场购得，并经验证其测定结果符合本标准的要求。仪器使用者应确保在标准化、修正和仪器操作方面完全遵守了制造商的指示。某些自动仪器并不适用于本标准所涉及的所有样品类型。在有争议的情况下，仅可使用手动仪器测定。

8.2 仪器

自动苯胺点测定仪：应具备检测样品浑浊度变化的设备、试样-苯胺混合物的加热装置以及符合7.2.3所规定温度计测量精度和准确度的温度计或温度传感器。

8.3 试验步骤

按照制造商说明书准备仪器，并确保仪器的清洁和干燥。用规定的苯胺、试样（加正庚烷）总体积，按照7.3.1或7.4中规定的相应比率，按照仪器操作说明书进行测定。三次测定结果应符合10.1中要求。

8.4 修正

8.4.1 用自动仪器记录的实测温度可能不是本标准所定义的试样苯胺点。当对实测温度表示怀疑时，按式(1)修正试样苯胺点：

$$X_{ca} = (X_a - A)/B \qquad \cdots\cdots(1)$$

式中：

X_{ca}——修正后用自动仪器所得试样苯胺点，℃；

X_a——用自动仪器所实测的试样苯胺点，℃；

A——温度校正值，℃；

B——常数。

A和B是按8.4.2所述对每台自动仪器测定得到的。

注：通过协作试验证实，用某些自动仪器得到的观测苯胺点低于方法一的测定结果。当采用较高的试样冷却速度时，用自动仪器测定的结果与方法一测定结果的差值会更大，并随苯胺点升高而增大。

8.4.2 用方法一和自动仪器，在苯胺点处于43 ℃～50 ℃、60 ℃～65 ℃和75 ℃～80 ℃的范围内，各取三个或更多试样测定其苯胺点。用最小二乘法，解下述联立方程式，根据式(2)和式(3)计算常数A和B：

$$\sum(X_a) = NA + B\sum(X_c) \qquad \cdots\cdots(2)$$

$$\sum(X_aX_c) = A\sum(X_c) + B\sum(X_c^2) \qquad \cdots\cdots(3)$$

式中：

$\sum(X_a)$——用自动仪器测得的所有试样的苯胺点总和；

$\sum(X_c)$——用方法一测得的所有试样的苯胺点总和；

$\sum(X_c^2)$——用方法一测得的所有试样苯胺点的平方和；

$\sum(X_aX_c)$——每个试样用自动仪器测得的苯胺点和按方法一测得的苯胺点乘积的总和；

N——试样数目。

注：在五个实验室、对五个苯胺点范围为34 ℃～87 ℃的试样进行协作试验所得的试验结果示例中，经计算求得常数A和B分别为0.79和0.991。虽然本方法规定最少用九个试样进行测定，如果采用更多试样的试验数据，

那么由上述方程得到的常数 A 和 B 其精度可有所提高。

9 方法三

9.1 适用样品选择

本方法可测定透明的、并按 GB/T 6540 测定其颜色不大于 6.5、且因初馏点太低以至于用方法一不能得到正确苯胺点结果的样品。

注：例如，航空汽油可采用本方法进行测定。

9.2 仪器

9.2.1 挥发性样品苯胺点测定仪：包括下述组件。

9.2.1.1 试管：由耐热玻璃制成，形状和尺寸见图 2，内装一个薄壁、底端密封的玻璃温度计管。此管配有一个紧密的、插温度计塞子，此塞由软木塞或其他合适材料制成。将温度计感温泡放在管底的软木圈或圆盘片上，管内盛有足够量的浅色变压器油以覆盖温度计感温泡。温度计管用一个紧密的塞子固定在试管的顶部，并用夹子将塞子位置固定，以防试样蒸气逸出。

注：可以用任何其他合适的装置，例如用带有螺纹的塑料盖插温度计，以防止蒸气从仪器中逸出。在这种情况下，可省去温度计管，并使温度计感温泡浸没在苯胺-试样混合物中。

9.2.1.2 防护装置：坚固的金属网罩，用以围住试管，最好与固定温度计管的夹子连接在一起。

9.2.2 其他仪器见 7.2.2～7.2.7。

单位为毫米

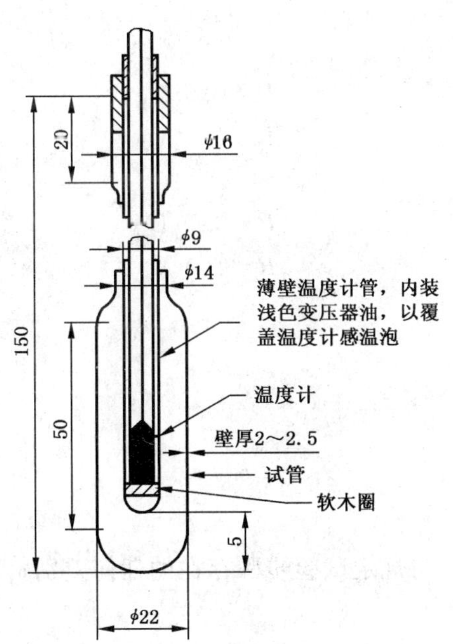

图 2 挥发性样品苯胺点测定仪

9.3 试验步骤

9.3.1 清洗并干燥仪器。移取 5 mL 苯胺和 5 mL 干燥过的试样放入试管中，两者均冷却到测定试样时不会有蒸发损失的温度。用塞子将试管盖紧，将温度计管安装在试管的中心位置，并使其底部距离试管底部 5 mm。用夹子将塞子固定在适当位置，并安上防护装置。

9.3.2 按 7.3.2 和 7.3.3 所述的步骤操作，但试样与苯胺的混合是通过摇动试管进行的。当接近苯胺点时，如果温度变化速度大于 1 ℃/min 时，将试管放在一个预先加热或冷却到合适温度的外套管中。

9.3.3 重复地加热和冷却混合物，并重复观测苯胺点的温度，直至能得到 10.1 规定的结果。

10 结果评价和表示

10.1 如果连续三次观测的苯胺点或混合苯胺点温度变化范围，对浅色透明试样不大于 0.1 ℃或对深色试样不大于 0.2 ℃，则报告这三次观测温度的平均值，经温度计读数修正后，精确至 0.1 ℃，作为试样的苯胺点或混合苯胺点。

10.2 如果经过五次观测后，试样苯胺点或混合苯胺点温度变化范围达不到上述要求，则要用另一份新的苯胺和试样，在清洁、干燥的仪器中重新进行试验；如果连续观测的温度呈递增(减)变化，或观测的温度变化范围，对浅色透明试样大于 0.2 ℃或对深色试样大于 0.3 ℃，则报告此方法不适用。

11 精密度

11.1 用下述规定判断试验结果的可靠性(95%置信水平)。

11.2 重复性(r)：由同一实验室的同一操作者，使用同一仪器，对同一试样测定所得的两个结果之差，不应大于下述规定值。

苯胺点或混合苯胺点：

——浅色透明样品 $r=0.2$ ℃

——深色样品 $r=0.3$ ℃

11.3 再现性(R)：在不同实验室的不同操作者，使用不同仪器，对同一试样测定所得的两个单一和独立结果之差，不应大于下述规定值。

苯胺点：

——浅色透明样品 $R=0.5$ ℃

——深色样品 $R=1.0$ ℃

混合苯胺点：

——浅色透明样品 $R=0.7$ ℃

——深色样品 $R=1.0$ ℃

12 报告

试验报告至少应包括以下内容：

a) 注明对本标准的引用；

b) 被测样品的类型和标识；

c) 试验结果(见第 10 章)；

d) 注明按协议或其他原因，与规定试验步骤存在的任何差别；

e) 试验日期。

附　录　A
（资料性附录）
本标准章条编号与 ISO 2977:1997 章条编号对照

本标准的章条编号与 ISO 2977:1997 章条编号对照表见表 A.1。

表 A.1　本标准的章条编号与 ISO 2977:1997 章条编号对照表

本标准章条编号	ISO 2977:1997 章条编号
5.4	—
6	7
—	6.1
—	8.1 第 1 段
7.1	8.1 第 2 段
7.2.1	A.1
7.2.2	6.2
7.2.3	6.3
7.2.4	6.4
7.2.5	6.5
7.2.6	6.6
7.2.7	6.7
7.3	A.2
7.4	8.2
8.1	8.1 第 6 段
8.2～8.4	附录 E
9.1	8.1 第 4 段
9.2～9.3	附录 C
10	9
11	10
12	11
附录 A	—
—	8.1 第 3 段、附录 B
—	8.1 第 5 段、附录 D
—	附录 F
注：表中章条以外的本标准其他章条编号与 ISO 2977:1997 章条编号均相同且内容相对应。	

ICS 21.100.20
J 11

中华人民共和国国家标准

GB/T 308.2—2010/ISO 3290-2:2008

滚动轴承　球　第2部分:陶瓷球

Rolling bearings—Balls—Part 2:Ceramic balls

(ISO 3290-2:2008,IDT)

2010-12-23 发布　　　　2011-06-01 实施

中华人民共和国国家质量监督检验检疫总局
中国国家标准化管理委员会　发布

前　言

GB/T 308《滚动轴承　球》分为两个部分：

——第1部分：钢球；

——第2部分：陶瓷球。

本部分为GB/T 308的第2部分。

本部分等同采用ISO 3290-2:2008《滚动轴承　球　第2部分：陶瓷球》。

本部分等同翻译ISO 3290-2:2008。

为了便于使用，本部分做了下列编辑性修改：

——"本文件"一词改为"本部分"；

——删除了国际标准的前言；

——用小数点"."代替作为小数点的逗号","。

本部分的附录A、附录B为规范性附录，附录C为资料性附录。

本部分由中国机械工业联合会提出。

本部分由全国滚动轴承标准化技术委员会(SAC/TC 98)归口。

本部分起草单位：洛阳轴承研究所有限公司、江苏力星钢球有限公司、洛阳轴研科技股份有限公司。

本部分主要起草人：马素青、张永乾、沙小建、马林。

滚动轴承 球 第2部分:陶瓷球

1 范围

GB/T 308 的本部分规定了滚动轴承用成品氮化硅球的技术要求。

2 规范性引用文件

下列文件中的条款通过 GB/T 308 的本部分的引用而成为本部分的条款。凡是注日期的引用文件,其随后所有的修改单(不包括勘误的内容)或修订版均不适用于本部分,然而,鼓励根据本部分达成协议的各方研究是否可使用这些文件的最新版本。凡是不注日期的引用文件,其最新版本适用于本部分。

GB/T 4199—2003 滚动轴承 公差 定义(ISO 1132-1:2000,MOD)

GB/T 6930—2002 滚动轴承 词汇(ISO 5593:1997,IDT)

GB/T 7811—2007 滚动轴承 参数符号(ISO 15241:2001,IDT)

GB/T 10610—2009 产品几何技术规范(GPS) 表面结构 轮廓法 评定表面结构的规则和方法(ISO 4288:1996,IDT)

GB/T 24632.1 产品几何技术规范(GPS) 圆度 第1部分:词汇和参数(GB/T 24632.1—2009,ISO/TS 12181-1:2003,IDT)

ISO 26602:2009 精细陶瓷(高级陶瓷,高级工程陶瓷) 滚动轴承球用氮化硅材料

3 术语和定义

GB/T 4199—2003、GB/T 6930—2002 确立的以及下列术语和定义适用于本部分。

3.1

球公称直径 nominal ball diameter

一般用于标识球尺寸的直径值。

[GB/T 6930—2002,05.04.01]

3.2

球单一直径 single ball diameter

与球实际表面相切的两平行平面间的距离。

[GB/T 6930—2002,05.04.02]

3.3

球平均直径 mean ball diameter

球的最大与最小单一直径的算术平均值。

[GB/T 6930—2002,05.04.03]

3.4

球直径变动量 variation of ball diameter

球的最大与最小单一直径之差。

[GB/T 6930—2002,05.04.04]

3.5

球表面形状误差 deviation from spherical ball surface

偏离理想球表面形状的各种误差,这些误差沿整个球表面均匀或不均匀分布并重复出现。

注：这些误差起因于：

——球形误差；

——波纹度；

——表面粗糙度；

——表面缺陷。

3.5.1

球形误差 deviation from spherical form

与最小二乘方球同心的最小外接球体与最大内切球体之间的径向距离。

注：本定义替代 GB/T 6930—2002,05.06.03。

3.5.2

波纹度 waviness

随机或周期性偏离理想球形的表面不平度。

注1：一般情况下，波纹度可以用速度幅值评定。

注2：实际上，波纹度可用波纹度分析仪(滤波器)从理想表面分离出来。

3.5.3

表面粗糙度 surface roughness

具有相对较小间距的表面不平度，一般受到所采用的加工方法和(或)其他因素的影响。

注：这些不平度是在一些常规定义的范围内予以考虑的，例如：取样长度范围内。

3.5.4

表面缺陷 surface defect

在加工、贮存、转运或使用过程中，无意或偶然造成的实际表面的单元体、不规则体或成组的单元体、不规则体。

注1：这些单元体或不规则体与构成表面粗糙度的那些单元体或不规则体有明显的区别，在测量表面粗糙度过程中不予以考虑。

注2：GB/T 308 的本部分未规定表面缺陷的限值。

3.6

球批 ball lot

假定制造条件相同并可视为一个整体的一定数量的球。

[GB/T 6930—2002,05.04.05]

3.7

球批平均直径 mean diameter of ball lot

球批中，最大球与最小球的平均直径的算术平均值。

[GB/T 6930—2002,05.04.06]

3.8

球批直径变动量 variation of ball lot diameter

球批中，最大球与最小球的平均直径之差。

[GB/T 6930—2002,05.04.07]

3.9

球等级 ball grade

球的尺寸、形状、表面粗糙度及分选公差的特定组合。

[GB/T 6930—2002,05.04.08]

注：球等级用字母 G 和数字来识别，例如：G 20。

3.10

球规值 ball gauge

球批平均直径与球公称直径之间的差量，此量为一已定系列中的一个量。

[GB/T 6930—2002,05.04.09]

注 1:每一个球规值均是按该球等级确定的球规值间距的整倍数。

注 2:球规值与球等级、公称直径组合,可作为用户订货时所用的最确切的球尺寸规格。

3.11

球批规值偏差　deviation of a ball lot from ball gauge

球批平均直径减去球公称直径与球规值之和。

[GB/T 6930—2002,05.04.10]

3.12

球分规值　ball subgauge

最接近球批规值实际偏差的一已定系列中的量。

[GB/T 6930—2002,05.04.11]

注 1:每一个球分规值均是按该球等级确定的球分规值间距的整倍数。

注 2:球分规值与公称直径、球规值组合,可作为制造厂表示球批平均直径,但通常不作为用户订货之用。

3.13

硬度　hardness

通过特定的测试方法确定的〈滚动轴承〉抗压入能力的度量。

注:对于陶瓷球,该测试方法为维氏硬度法。

4　符号

GB/T 7811—2007 给出的以及下列符号适用于本部分。

除另有说明外,符号(公差符号除外)和表 1～表 3 中所示数值均表示公称尺寸。

D_w:球公称直径

D_{wm}:球平均直径

D_{wmL}:球批平均直径

D_{ws}:球单一直径

G:球等级

S:球规值

V_{DwL}:球批直径变动量

V_{Dws}:球直径变动量

Δ_{RSw}:球形误差

Δ_S:球批规值偏差

注:$\Delta_S = D_{wmL} - (D_w + S)$。

5　技术要求

5.1　球尺寸

优先采用的球公称直径见表 1,相应的英制尺寸仅作参考。

5.2　几何公差和表面质量

规定如下:

——球直径变动量,见表 2;

——球形误差,见表 2;

——波纹度,见注 1;

——表面粗糙度,见表 2;

——外观和表面缺陷,见注 2 和注 3。

表面粗糙度的测量按 GB/T 10610—2009 的规定。

注 1：波纹度的限值及其测量方法由用户和供货商协商确定。

注 2：在局部颜色不均匀、致密度、成形缺陷、雪花痕等方面以及加工过程中产生的或材料本身固有的裂纹由用户和供货商协商确定。

注 3：由于机械加工和人为造成的局部缺陷由用户和供货商协商确定。

5.3 分选公差和球规值

表 3 规定了以下参数的值：

——球批直径变动量；

——规值间距；

——优先规值；

——分规值间距；

——分规值。

6 材料

氮化硅球的材质应符合 ISO 26602:2009 的规定。

7 尺寸和公差

优先采用的球公称直径规定在表 1 中，形状误差和表面粗糙度规定在表 2 中，分选公差和球规值规定在表 3 中。

表 1 优先采用的球公称直径

球公称直径 D_w/ mm	相应的英制尺寸（参考）/ in	球公称直径 D_w/ mm	相应的英制尺寸（参考）/ in	球公称直径 D_w/ mm	相应的英制尺寸（参考）/ in
0.3		2.778 12	7/64	7.143 75	9/32
0.396 88	1/64	3		7.5	
0.4		3.175	1/8	7.540 62	19/64
0.5		3.5		7.937 5	5/16
0.508	0.02	3.571 88	9/64	8	
0.6		3.968 75	5/32	8.334 38	21/64
0.635	0.025	4		8.5	
0.68		4.365 62	11/64	8.731 25	11/32
0.7		4.5		9	
0.793 75	1/32	4.762 5	3/16	9.128 12	23/64
0.8		5		9.5	
1		5.159 38	13/64	9.525	3/8
1.190 62	3/64	5.5		9.921 88	25/64
1.2		5.556 25	7/32	10	
1.5		5.953 12	15/64	10.318 75	13/32
				10.5	
1.587 5	1/16	6			
1.984 38	5/64	6.35	1/4	11	
2		6.5		11.112 5	7/16
2.381 25	3/32	6.746 88	17/64	11.5	
2.5		7		11.509 38	29/64

表 1（续）

球公称直径 D_w/mm	相应的英制尺寸（参考）/in	球公称直径 D_w/mm	相应的英制尺寸（参考）/in	球公称直径 D_w/mm	相应的英制尺寸（参考）/in
11.906 25	15/32	20.637 5	13/16	34	
		21		34.925	1 3/8
12		21.431 25	27/32	35	
12.303 12	31/64			36	
12.5		22		36.512 5	1 7/16
12.7	1/2	22.225	7/8		
13		22.5		38	
		23		38.1	1 1/2
13.493 75	17/32	23.018 75	29/32	39.687 5	1 9/16
14				40	
14.287 5	9/16	23.812 5	15/16	41.275	1 5/8
15		24			
15.081 25	19/32	24.606 25	31/32	42.862 5	1 11/16
		25		44.45	1 3/4
15.875	5/8	25.4	1	45	
16				46.037 5	1 13/16
16.668 75	21/32	26		47.625	1 7/8
17		26.193 75	1 1/32		
17.462 5	11/16	26.987 5	1 1/16	49.212 5	1 15/16
		28		50	
18		28.575	1 1/8	50.8	2
18.256 25	23/32			53.975	2 1/8
19		30		55	
19.05	3/4	30.162 5	1 3/16		
19.843 75	25/32	31.75	1 1/4	57.15	2 1/4
		32			
20		33			
20.5		33.337 5	1 5/16		

表 2 形状误差和表面粗糙度

单位为微米

球等级	球直径变动量[a] V_{Dws} max	球形误差[a] Δ_{RSw} max	表面粗糙度[a] Ra max
G 3	0.08	0.08	0.01
G 5	0.13	0.13	0.014
G 10	0.25	0.25	0.02
G 16	0.4	0.4	0.025
G 20	0.5	0.5	0.032
G 24	0.6	0.6	0.04
G 28	0.7	0.7	0.05
G 40	1	1	0.06
G 60	1.5	1.5	0.08
G 100	2.5	2.5	0.1

[a] 数值未考虑表面缺陷，因此，测量时应避开这样的缺陷。

表 3　分选公差和球规值

单位为微米

球等级	球批直径变动量 V_{DwL} max	球规值间距	优先球规值	球分规值间距	球分规值
G 3	0.13	0.5	−5,…−0.5, 0, +0.5,…+5	0.1	−0.2,−0.1, 0, +0.1,+0.2
G 5	0.25	1	−5,…−1, 0, +1,…+5	0.2	−0.4,−0.2, 0, +0.2,+0.4
G 10	0.5	1	−9,…−1, 0, +1,…+9	0.2	−0.4,−0.2, 0, +0.2,+0.4
G 16	0.8	2	−10,…−2, 0, +2,…+10	0.4	−0.8,−0.4, 0, +0.4,+0.8
G 20	1	2	−10,…−2, 0, +2,…+10	0.4	−0.8,−0.4, 0, +0.4,+0.8
G 24	1.2	2	−12,…−2, 0, +2,…+12	0.4	−0.8,−0.4, 0, +0.4,+0.8
G 28	1.4	2	−12,…−2, 0, +2,…+12	0.4	−0.8,−0.4, 0, +0.4,+0.8
G 40	2	4	−16,…−4, 0, +4,…+16	0.8	−1.6,−0.8, 0, +0.8,+1.6
G 60	3	6	−18,…−6, 0, +6,…+18	1.2	−2.4,−1.2, 0, +1.2,+2.4
G 100	5	10	−40,…−10, 0, +10,…+40	2	−4,−2, 0, +2,+4

附　录　A
（规范性附录）
球形误差的评定方法

球的球形误差的测量应在三个彼此互成90°的单一赤道平面内通过测量圆度误差来完成。

通过以符合GB/T 24632.1规定的最小二乘方圆圆心得出的计算结果可估算单一赤道平面内圆度误差。

假定球形误差为任意单一赤道平面内的最大圆度误差。

评定圆度误差方法的详细说明参见GB/T 7235—2004。

如果使用不同的评定方法，应由用户和供货商协商确定。

附 录 B
（规范性附录）
球规值和分选原理图解

B.1 球规值和球分规值

图 B.1 给出了 5 级球的球规值和球分规值的示例。

单位为微米

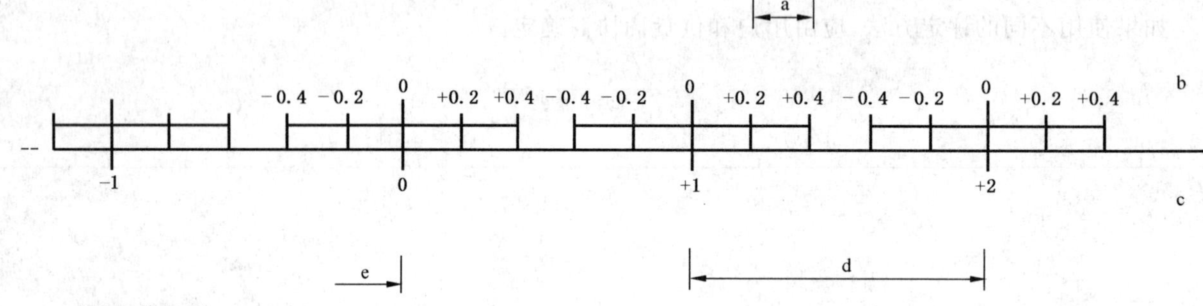

a 球分规值间距；
b 球分规值刻度；
c 球规值刻度；
d 球规值间距；
e 球公称直径，D_w。

图 B.1

B.2 球批和球规值偏差

图 B.2 给出了一球批及其球规值之间的关系。

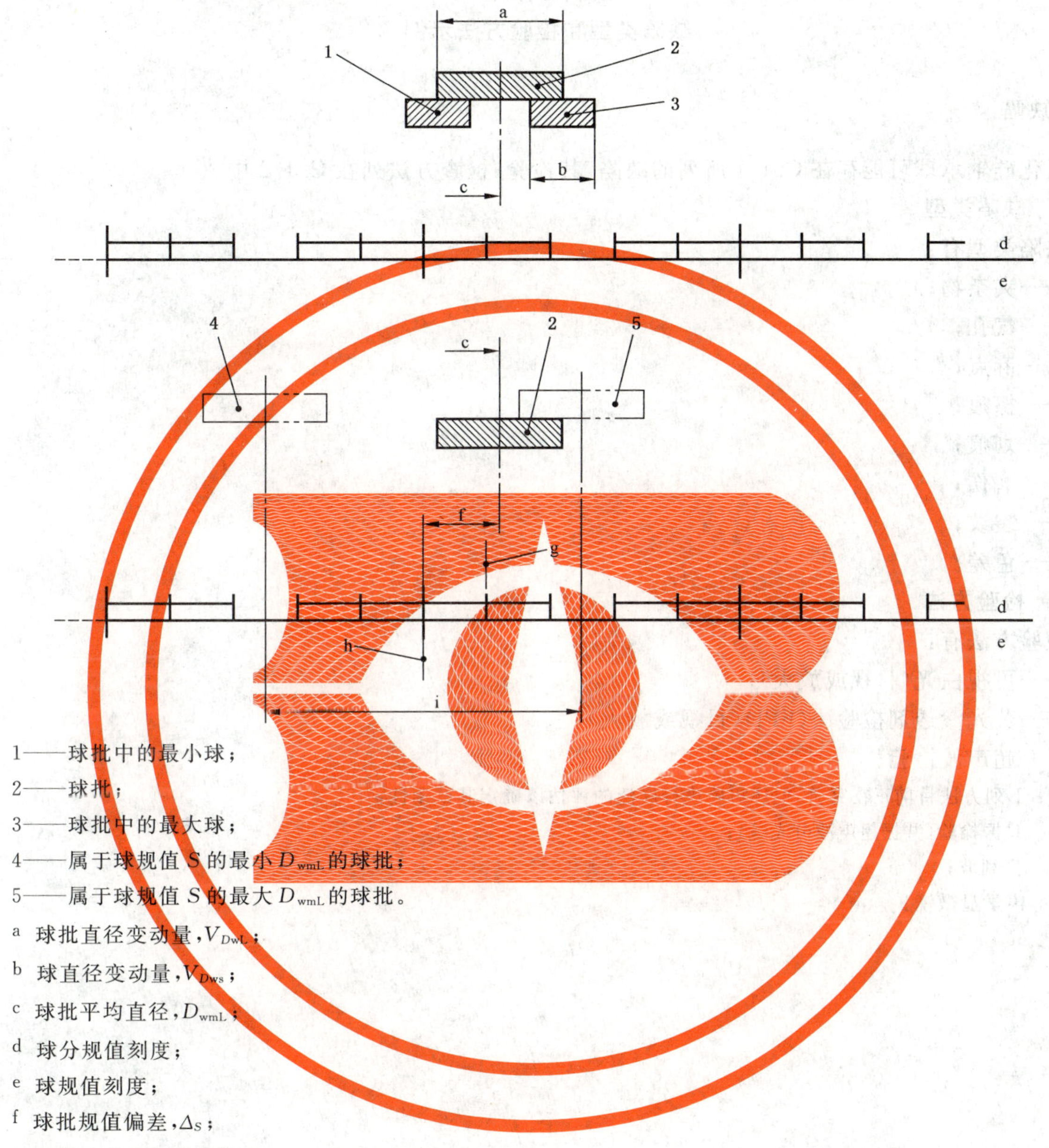

1——球批中的最小球；

2——球批；

3——球批中的最大球；

4——属于球规值 S 的最小 D_{wmL} 的球批；

5——属于球规值 S 的最大 D_{wmL} 的球批。

a 球批直径变动量，V_{DwL}；

b 球直径变动量，V_{Dws}；

c 球批平均直径，D_{wmL}；

d 球分规值刻度；

e 球规值刻度；

f 球批规值偏差，Δ_S；

g 球批选定的球分规值；

h 球规值，S；

i 球规值 S 的球批平均直径范围。

图 B.2

附　录　C
（资料性附录）
缺陷类型和检验方法示例

C.1　缺陷

氮化硅轴承球可能存在C.1.1所列的缺陷，其检验/检查方法列在C.1.2中。

C.1.1　缺陷类型

缺陷类型有：

——夹杂物；

——气孔；

——麻点；

——擦痕；

——划痕；

——磨伤；

——裂纹；

——色差。

C.1.2　检验方法

检验方法有：

——可视白光(目视或放大)；

——荧光渗透剂检验法(FPI)(目视或放大)；

——超声波检验。

注：下列方法目前正在完善，但还需要进行广泛的评估以确定其试用性：

a）共振检验(共振超声波分光镜)；

b）雷利波；

c）声学显微镜。

参 考 文 献

[1] GB/T 7235—2004 产品几何技术规范(GPS) 评定圆度误差的方法 半径变化量测量

ICS 29.080.01
K 48

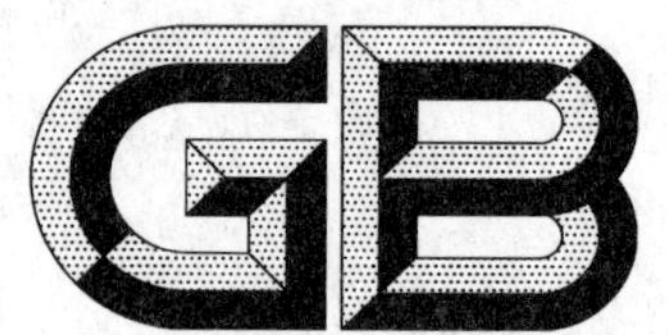

中华人民共和国国家标准

GB/T 311.4—2010

绝缘配合
第4部分：电网绝缘配合及其模拟的计算导则

Insulation co-ordination—
Part 4: Computational guide to insulation co-ordination and modeling of electrical networks

(IEC 60071-4:2004, MOD)

2010-11-10 发布 2011-05-01 实施

中华人民共和国国家质量监督检验检疫总局
中国国家标准化管理委员会 发布

前　言

本部分使用重新起草法修改采用 IEC 60071-4:2004《绝缘配合　第 4 部分:绝缘配合和电网模拟的计算导则》(英文版)。

本部分按照 GB/T 1.1—2009 和 GB/T 20000.2—2009 给出的规则起草。

本部分与 IEC 60071-4:2004 的主要技术性差异及其原因如下:

——3.17 代表性雷电流中用"雷电流最大值"代替"雷电流最小值"。IEC 60071-4:2004 编辑性错误,故进行了修改;

——7.6.3.3 感性支路中用"0.5 μH/m"代替"1 μH/m"。根据我国经验,1 μH/m 数值偏大,故进行了修改;

——删除了"7.4.3.1　使用 PI 模型的建议"的条标题一行。因 7.4.3 中无 7.4.3.2,不符合 GB/T 1.1—2009 的相关规定。故进行了编辑性修改;

——在 7.6.5.1.4 中增加"注 2:7.6.5.1.3 和 7.6.5.1.4 介绍的方法是针对标准大气条件的,未考虑海拔高度的影响,不宜直接应用于工程。"。因为 IEC 60071-4 的"7.6.5.1.3 采用面积标准的空气间隙模型"和"7.6.5.1.4 基于表示先导传播的空气间隙模型"介绍的方法均是针对标准大气条件而言的,未考虑海拔高度的影响,不能直接应用于工程。故加注予以说明以提高可操作性。另原 7.6.5.1.4 中的"注"顺延为"注 1"。

——在 7.6.7 变压器的表 6 中增加电压等级 500 kV 变压器类设备典型对地电容数据。以适应我国的实际需要,提高可操作性。

——在 7.6.8 断路器和隔离开关的表 7 中增加电压等级 500 kV 断路器和隔离开关类设备典型对地电容数据。以适应我国的实际需要,提高可操作性。

——7.6.9 雷击

- 删除"认为雷电统计对全世界是相同的。"一句。此话不严格,因为不同地区、不同国家的雷电流幅值的分布概率有较大的差异。
- 增加"注:需注意地闪密度监测灵敏度应和雷电流幅值的监测灵敏度一致,否则会带来误差。"。

——7.6.9.3 表示首次负极性下行雷击的概率分布

- 删除了"也可以采用某些国家使用的一些已有的经验公式。"一行。不适用故删除。
- 增加"注:根据我国的实际测量数据,我国大部分地区防雷计算中的雷电流幅值的分布采用 lg $P(I_f)=-I_f/88$,陕南以外的西北地区、内蒙古自治区的部分地区(这类地区的平均年雷暴日数一般在 20 及以下)少雷地区的雷电流幅值减半,lg $P(I_f)=-I_f/44$"。因为不同地区、不同国家的雷电流幅值的分布概率有较大的差异,而 IEC 60071-4"7.6.9.3 仅介绍了 IEEE 提出的一个关于电流幅值的分布的简化公式,不完全适用于我国,故增加注释标明我国的实际以提高可操作性。

——10.1.3 确定性法中用"最大雷电流"代替"最小雷电流"。IEC 60071-4:2004 编辑性错误,故进行了修改;

——在 10.2.2 需要的数据 中增加"——塔头空气间隙的放电特性;",计算需要。

——在 12.3.1.4 表 15 避雷器的特性中用持续运行电压 U_c 的数据"324 kV"代替"350 kV",用操作冲击残压 U(2 kA)的数据"907 kV" 代替操作冲击残压 U(1 kA)的数据"864 kV"。以适应我国的实际需要,即符合 GB 11032 的相关规定。

——附录 A

- A.3 行波法：常电感的单相无损线中用公式“$V(x,t)+Z_{C}I(x,t)=2\times Z_{C}F_{1}(x-vt)$”代替“$V(t)+Z_{C}I(t)=2\times Z_{C}F_{1}(x-vt)$”。
- A.4 与频率相关的单导线线路模型中用公式“$V_{1}(t)-F^{-1}(Z_{C})\times I_{1}(t)=F^{-1}(e^{-\gamma l})\times(V_{2}(t)+F^{-1}(Z_{C})\times I_{2}(t))$”代替“$V_{1}(t)-F^{-1}(Z_{C})\times I_{1}(t)=F^{-1}(e^{-\gamma l})\times(V_{1}(t)+F^{-1}(Z_{C})\times I_{2}(t))$”。
- A.5.1 模型参数中用公式“$-\frac{dV(p,x)}{dx}=Z(p)I(p,x);-\frac{dI(p,x)}{dx}=Y(p)V(p,x)$”代替“$-\frac{dV(p,x)}{dx}=Z(p)I(p);-\frac{dI(p,x)}{dx}=Y(p)V(p)$”。

IEC 60071-4:2004 编辑性错误，故进行了修改。

——本部分与 IEC 60071-4:2004 的上述主要差异涉及的条款已通过在其外侧页边空白位置的垂直单线(|)进行了标示。

本部分中的附录 A、附录 B、附录 C、附录 D、附录 E、附录 F 为资料性附录。

本部分由中国电器工业协会提出。

本部分由全国高电压试验技术和绝缘配合标准化技术委员会(SAC/TC 163)归口。

本部分负责起草单位：国网电力科学研究院、西安高压电器研究院有限责任公司。

本部分参加起草单位：河南平高电气股份有限公司、山东电力研究院、湖南省电力试研院、南方电网技术研究中心、广东省电力设计研究院、江西省电力科学研究院、库柏耐吉(宁波)电气有限公司。

本部分主要起草人：谷定燮、田恩文、周沛洪、王建生、王维洲、严玉林、何慧雯、张小勇。

本部分参加起草人：崔东、陈勇、王亭、曹祥麟、郭志红、李文艺、蒋正龙、蔡汉生、童军心、蒋斌。

绝缘配合
第4部分:电网绝缘配合及其
模拟的计算导则

1 范围

GB/T 311 的本部分规定了进行绝缘配合数字化计算的导则,并提出了普遍认可的建议:

——电力系统的数字模型;

——实施适用于数值计算的确定性法和统计法。

本部分适用于给出进行绝缘配合的计算方法、建模和示例方面的资料,以便采用 GB/T 311.2—2002 中提出的方法,并按照 GB 311.1—1997 选取设备或装置的绝缘水平。

2 规范性引用文件

下列文件对于本文件的应用是必不可少的。凡是注日期的引用文件,仅注日期的版本适用于本文件;凡是不注日期的引用文件,其最新版本(包括所有的修改单)适用于本文件。

GB 311.1—1997　高压输变电设备的绝缘配合(neq IEC 60071-1:1993)

GB/T 311.2—2002　绝缘配合　第2部分:高压输变电设备的绝缘配合使用导则(eqv IEC 60071-2:1996)

GB/T 311.3　绝缘配合　第3部分:高压直流换流站绝缘配合程序(GB/T 311.3—2007,IEC 60071-5:2002,MOD)

GB 1984　高压交流断路器(GB 1984—2003,IEC 62271-100:2001,MOD)

GB 11032　交流无间隙金属氧化物避雷器(GB 11032—2000,eqv IEC 60099-4:1991)

GB/T 13499　电力变压器应用导则(GB/T 13499—2002,idt IEC 60076-8:1997)

GB/T 16927.1　高电压试验技术　第一部分:一般试验要求(GB/T 16927.1—1997,eqv IEC 60060-1:1989)

IEC 62271-110:2005　高压开关设备和控制设备—第110部分:感性负载开合(High-voltage switchgear and controlgear—Part 110:Lnductive load switching)

3 术语和定义

除 GB 311.1—1997 外,下列术语和定义适用于本文件。

注:某些术语来自 IEC 的多语字典[1][1]。

3.1

反馈　backfeeding

通过变压器由低压侧向高压架空线路或电缆供电的工况。

1　方括号中的引用见参考文献。

3.2

反击(逆闪)　back flashover

雷击杆塔或架空地线造成的相对地绝缘闪络[1]。

3.3

反击率(逆闪率)　back flashover rate

每 100 km 线路每年的反击(逆闪)次数。

3.4

投入容性负载　closing of capacitive load

主要是指电容器组的投入,但是也包括任何其他容性负载的投入。

3.5

临界电流　critical current

引起线路闪络的最小雷电流。

注:线路的临界电流是指所有注入点的最小临界电流。

3.6

直击雷　direct lightning strike

雷击电网的一个元件,如导线、杆塔或变电站设备[1]。

3.7

充电(合闸)　energization

事先没有储能的电力系统元件与电源的连接或再连接。

3.8

故障清除　fault clearing

开断系统短路。

3.9

限定距离　limit distance

离开变电站的距离,在此距离外的雷击引起的过电压不会产生危害变电站设备的侵入波。

3.10

线路分闸(线路切除)　line dropping

通过开断最后一台断路器将线路断开。

3.11

施加线路故障　line fault application

对系统中的某一线路施加一个短路。

3.12

甩负荷　load rejection

断开线路断路器,引起向一定量的负荷停止供电。

注:从暂时过电压的观点出发,最严重的情况是输送电厂大部分电能的长距离输电线路的负荷侧断路器分闸。

3.13

线路重合闸　line re-energization

故障或继电器误动引起的线路断路器的分闸后的快速合闸。

注:对于线路充电,应计及线路的残余电荷。

3.14

最大绕击电流　maximum shielding current

能够击中被架空地线保护的线路相导线的最大雷电流。

3.15

平行线路谐振 parallel line resonance

因与平行的带电线路之间的电容耦合引起的在并联电抗补偿的不带电的回路上的过电压。

3.16

选相操作 point-on-cycle controlled switching

在合闸容性负载时，选择断路器触头间电压过零的瞬间合闸，以消除操作瞬态。

在开断感性负载时，保证在电弧拉长和变弱，电流过零时分闸，以消除重击穿和重燃的风险。

3.17

代表性雷电流 representative lightning stroke current

在特定的雷击点产生设备能够耐受的过电压的雷电流最大值。它通常根据经验得出。

3.18

缓波前过电压闪络率 slow-front overvoltage flashover rate

因缓波前过电压造成的每 100 km 线路每年的闪络次数。

3.19

并联电阻 switching resistor

为了限制长线路来自电源激励的操作冲击的幅值，接入的和线路波阻抗相当的电阻。

3.20

感性和容性电流的开合 switching of inductive and capacitive current

包括电动机启动电流的截断、变压器励磁电流的开断或者并联电抗器的开断时的感性电流的截断、电弧炉以及其变压器的开合和操作、空载电缆和电容器组的开合，高压熔断器的电流的截断。

（见 GB/T 311.2—2002 中的 2.3.3.5。）

3.21

非同期断路器极（相）的操作 uneven breaker pole operations

断路器的分闸和合闸期间断路器的一个或两个极缓动。

4 符号和缩写

AIS	空气绝缘开关设备
BFO	反击（逆闪）
BFR	反击（逆闪）率
EGM	电气几何模型
FACTS	灵活交流输电系统
FFO	快波前过电压
GIS	气体绝缘开关设备
HVDC	高压直流
LIWV	雷电冲击耐受电压
MOA	金属氧化物避雷器
SFO	缓波前过电压
SIWV	操作冲击耐受电压
SFOFR	缓波前过电压闪络率

续表

TOV	暂时过电压
TRV	瞬态恢复电压
VFFO*	特快波前过电压
Z_s(或 Z_c)	波阻抗(或特征阻抗)
I_c	临界电流
I_m	最大绕击电流
* 在某些场合也简写为 VFTO。	

作为补充,见 GB/T 311.2—2002 的 1.3 以及参考文献[4]中的符号清单。

5 过电压的类型

表 1 和图 1 详述了所有类型过电压的特征。

表 1 过电压的类别和形状——标准电压波形和标准耐受试验

类别	低频		瞬态		
	连续的	暂时的	缓波前	快波前	特快波前
电压或过电压的波形	1/f; T_t	1/f; T_t	T_p; T_2	T_1; T_2	T_f; $1/f_1$; $1/f_2$
电压或过电压波形的范围	f=50 Hz 或 60 Hz $T_t \geqslant 3\ 600$ s	10 Hz$<f<$500 Hz $0.02\ \text{s} \leqslant T_t \leqslant 3\ 600$ s	20 μs$<T_p \leqslant 5\ 000$ μs $T_2 \leqslant 20$ ms	0.1 μs$<T_1 \leqslant 20$ μs $T_2 \leqslant 300$ μs	$T_f \leqslant 100$ ns 0.3 MHz$<f_1<$100 MHz 30 kHz$<f_2<$300 kHz
标准电压波形	1/f; T_t f=50 Hz 或 60 Hz T_t[a]	1/f; T_t 48 Hz$\leqslant f \leqslant$62 Hz T_1=60 s	T_p; T_2 T_p=250 μs T_2=2 500 μs	T_1; T_2 T_1=1.2 μs T_2=50 μs	[a]
标准耐受电压试验	[a]	短持续时间的工频耐受	操作冲击试验	雷电冲击试验	[a]

[a] 由相关的电器委员会规定。

6 研究类型

对于范围Ⅰ的电压等级(U_m 至 252 kV),SFO 一般不严重,而雷电引起的 FFO 必须仔细考虑。但是,对于更高的电压等级,SFO 成为一个重要因素,尤其在特高压(UHV)范围当 FFO 在多数情况下不是最严重的时侯。

对所有的系统电压等级都需进行 TOV 的研究。表 2 列出了各种最严重过电压的类型和产生它们的工况之间的对应关系。

表 2 最严重的过电压类型和产生它们的工况之间的对应关系

	暂时过电压 TOV	瞬态过电压		
		缓波前过电压 SFO	快波前过电压 FFO	特快波前过电压 VFFO
甩负荷(见 GB/T 311.2—2002 的 2.3.2.2)	√			
变压器投入	√	√		
平行线路谐振	√			
断路器极的非同期操作	√			
反馈	√			
线路故障(见 GB/T 311.2—2002 中的 2.3.3.3)	√	√		
故障清除(见 GB/T 311.2—2002 中的 2.3.3.3)	√	√		
线路充电(合闸)(见 GB/T 311.2—2002 中的 2.3.3.2)	√	√		
线路重合闸	√	√		
线路分闸(退出)	√	√		
AIS 的母线开合			√	1)
感性和容性电流的开合(见 GB/T 311.2—2002 中的 2.3.3.5)	√	√	√	
反击(逆闪)			√	
绕击(见 GB/T 311.2—2002 中的 2.3.4.2)			√	
GIS 内部的开合				√
六氟化硫断路器的感性和容性电流开合	√	√	√	1)
GIS 中的闪络				√
真空断路器的开合			√	√
1) 在短母线和低阻尼的情况下,也能出现特快波前过电压。				

6.1 暂时过电压(TOV)

在确定设备的工频耐受电压时,尤其是在确定 MOA 的容量方面,暂时过电压很重要。TOV 对变压器和并联电抗器的作用可导致其过饱和。铁磁谐振是 TOV 的一种特定类型,本导则中不予研究。

6.2 缓波前过电压(SFO)

在确定避雷器的能量承受能力和选择设备的耐受电压以及输电线路杆塔的空气间隙时缓波前过电压起作用。

研究 SFO 要求探讨导致超过上述耐受值的过电压的可能的网络结构以及操作条件。按其重要性递减的顺序,需要考虑的典型事件有线路三相重合闸、线路充电(合闸)、线路故障、故障清除、容性负载关合以及感性负载开断(从电抗器的观点来看)。感性电流开合中,断路器可能在最终开断后因过高的 dv/dt 而击穿。最终开断后,在工频四分之一周波之前的断路器断口介质击穿称为重燃,而工频四分之一周波后的断口击穿称为重击穿。断路器的重击穿产生很高的 SFO。

注:对于范围Ⅰ的设备没有规定耐受电压值。

6.3 快波前过电压(FFO)

FFO 主要是由雷击引起的。其幅值远高于其他种类的过电压。

因此,FFO 对于所有的电压等级都很重要,并且,需要使用保护装置(主要是避雷器)来减轻 FFO 的作用。研究快波前过电压是为了确定设备故障率,从而选择与保护装置配置和杆塔接地相关的设备的耐压水平,以及评估线路和变电站的性能。

注:由于电流截断和重击穿,真空断路器可引起快波前范围内的过电压。

6.4 特快波前过电压(VFFO)

特快波前过电压对于防止高的接触电压以及 GIS 外壳内的内部闪络是很重要的。GIS 中的操作工况(见[3])或者中压系统中真空断路器的操作会产生 VFFO。

GIS 中隔离开关的预击穿以及六氟化硫断路器的重燃可能产生 VFFO。通常,这些 VFFO 可通过选相开合等来避免,但是,需要对控制继电器的误动作情况进行分析。

7 网络元件的表示和数值处理

7.1 概述

估算每种类型过电压的简化方法分别在 8.1、9.1 和 10.1 中简单提出。它们不要求对每个元件精确模拟。但是,如果需要确定准确的过电压或者简化方法不能处理的过电压时,就要求用详细的模型做仔细的分析。研究中所用的表示系统元件的这些模型取决于所考虑的过电压的类型。经过数值处理后,对于每种类型的过电压,本条款中给出的模型足以表示系统元件。

7.2 数值处理

7.2.1 瞬态计算前的初始化

瞬态现象的解与瞬态开始的初始条件有关。某些模拟计算可以从零初始状态开始,如某些雷击研究的特殊情况,但是,有许多情况的模拟计算必须从工频稳态条件开始。对于大多数情况,该问题可以通过模拟工具内部计算予以解决。

尽管有些程序可以对一些简单情况进行带有谐波的初始化,但是,对于大多数一般情况,至今还没有能够计算初始条件的数学工具。谐波的初始化可以通过简单的近似方法获得。最简单的方法是称为brute-force(“强力”)法:不进行任何初始计算就开始模拟计算,而持续足够长的时间让瞬态趋于稳定状态。该方法具有合理的精度,但是,如果系统元件具有小的阻尼,其收敛会非常慢。更有效的方法是将非线性支路隔开或用线性化模型表示非线性支路,进行近似的线性交流稳态计算。

7.2.2 时间步长

时间步长应与所考虑的瞬态期间系统中出现的最高频率情况一致。建议值为最高频率对应的周期的十分之一。

时间步长必须小于网络中任何传播元件的波传播时间。建议值为最小波传播时间的一半。

时间步长的正确性可以通过文献[5]中给出的方法来验证,比较给定时间步长和一半的给定时间步长的计算结果。如果两个结果相等,则认为第一个时间步长已经足够小。

7.2.3 模拟的持续时间

持续时间应足够的长,以保证模拟结果中记录到了最高的过电压。尤其是必须考虑到传播时间和反射。对于 TOV,计算时间必须充分复盖一时间间隔,以准确地计算避雷器中的能量。

7.2.4 数值振荡

数值振荡与下述有关:

——用于瞬态计算的数值方法,特别是在时域计算中求解使用的积分方法;

——对于给定参数值的系统模型的固有不稳定特性。

如果在模拟情况下出现振荡,必须检查其是否与物理现象相关。如果振荡取决于时间步长或者是非阻尼的,它们可能是数值振荡。

在采用梯形法的程序中,可以采用一个与电感并联的电阻(图 2)来阻尼电流突然变化时可能出现的数值振荡,如文献[29]中所示。

根据文献[29],该电阻对电感的幅-频响应不应有不利影响,但是会引入一个相位误差。基于工频下可接受的相位误差,文献[38]提出使用如下判据:

$$5.4\times\frac{2\times L}{\Delta t}\leqslant R_{\mathrm{dampL}}\leqslant 9.4\times\frac{2\times L}{\Delta t}$$

在采用梯形法的程序中,如果电容器端子间的电压发生突变,也能在容性电流中出现数值振荡,但在实际研究中很罕见。为了阻尼这些振荡,可以采用一个与电容器串联的电阻(图 3)。

文献[29]提出采用下述数值:

$$R_{\mathrm{dampC}}=0.15\times\frac{\Delta t}{2\times C}$$

在几个时间步长内采用向后 Euler 法也可阻尼振荡[29]。

7.2.5 输出数据的表示

在准备这些结果的输出时应注意避免计算结果的无意过滤。例如,如果用于表示输出的时间步长不够小,某些存在的振荡就会隐藏在两次采样之间。

7.2.6 非线性元件

用分段线性模型表示非线性元件时分段数必须足够多,尤其对“拐点”附近的数据,这样才能准确模拟这些元件并产生可信的结果。因时域计算所采用方法,非线性元件可导致数值的不准确。

必须注意稳态计算对非线性元件所做的假定,可见下面的示例(图 4)。

7.3 架空线路和地下电缆的表示

有很多表示架空线路和地下电缆的方法。表 3 汇总了最常用的模型。建模的细节在附录 A 中给出。

表 3 现行的架空线路和地下电缆模型的应用和限制条件

名　称	应用	局 限 性
1 精确 π 模型	初始化	
2 常规 π 模型	初始化 瞬态	● 仅在一个频率下初始化； ● π 元件数量的选择； ● 由于 π 链第一个电容，导致梯形积分问题
3 常数转换矩阵的行波模型	瞬态	● 选择用于模型计算的频率； ● 模拟损耗的集中阻抗引起的反射； ● 在大多数情况下因转换矩阵系数的实数近似引起的偏差； ● 因时间步长引起的历史项计算的近似（当传播时间不是步长的整数倍时）； ● $\frac{\text{时间步长}}{\text{每个模型的传播时间}} \leqslant \frac{1}{2}$
4 常数转换矩阵的频率相关模型	瞬态	● 对同轴电缆和不换位垂直排列架空线路以及接地故障计算（频率范围很广），因转换矩阵和频率相关，计算精度差； ● 在很多情况下转换矩阵的系数是实系数的近似； ● 时间步长的限制
5 带有频率相关的转换矩阵的频率相关模型	瞬态	● 在地下电缆以外使用时常出现数值不稳定现象； ● 时间步长的限制
6 相域模型	瞬态和 初始化	● 相域线路建模现在已经不太流行。其一个优点是可以避免将转换矩阵系数近似为实数

电缆建模时，应注意模拟交叉互联（通常指电缆护套的连接）。对于电缆，振荡的阻尼通常难以模拟，尤其是并联损耗的模拟。

7.4 计算暂时过电压时电网元件的表示

本条款中描述的大多数模型更详细的资料在文献[2]中给出。

7.4.1 电源

7.4.1.1 正序和零序 RLC 回路

图 5 中 Z_0 和 Z_1 分别为电源的零序阻抗和正序阻抗。

$$Z_0 = R_0 + jL_0 \times 2\pi f \text{ 以及 } Z_1 = R_1 + jL_1 \times 2\pi f$$

为了计算 Z_0 和 Z_1，可以假定它们主要由电感组成，即 $Z_0 \approx jL_0 \times 2\pi f$ 以及 $Z_1 \approx jL_1 \times 2\pi f$，$f$ 为工频。L_0 和 L_1 可以从单相短路电流值 I_{1ph-sc} 和三相短路电流值 I_{3ph-sc} 按下述公式计算：

$$\frac{Z_0}{Z_1} = \frac{3 \times I_{3ph-sc}}{I_{1ph-sc}} - 2$$

R_0 和 R_1 可以通过时间常数关系式 $L/R=\tau$，由电感计算得出。谐振电容可以由零序和正序谐振频率(这两个频率均由测量获得)确定，由下式计算：

$$\begin{cases} C_1 = \dfrac{1}{L_1 \omega_1{}^2} \\ C_0 = \dfrac{1}{L_0 \omega_0{}^2} \end{cases} \qquad \begin{cases} C_{ph} = \dfrac{1}{L_1 \omega_1{}^2} \\ C_n = \dfrac{3}{L_0 \omega_0{}^2 - L_1 \omega_1{}^2} \end{cases}$$

零序和正序值　　　　　　　　相值和中性点值

然后，阻尼电阻由下式给出：

$$\begin{cases} R_1 = k\sqrt{\dfrac{L_1}{C_1}} \\ R_0 = k\sqrt{\dfrac{L_0}{C_0}} \end{cases} \qquad \begin{cases} R_{ph} = kL_1 \omega_1 \\ R_n = \dfrac{k}{3}(L_0 \omega_0 - L_1 \omega_1) \end{cases}$$

零序和正序值　　　　　　　　相值和中性点值

系数 k 决定了衰减的水平并从测量导出。

角频率 ω_0 和 ω_1 从测量计算得出。参考文献[63]给出了根据变压器合闸时产生的过电压估算网络谐振频率的例子。变压器合闸时，其铁芯会饱和，并因此而产生高畸变电流，进而在过电压上叠加谐波峰值。

7.4.1.2　同步电机

依据正交轴座标或相座标来建模。必须模拟饱和特性、励磁和机械转矩。模拟电压和速度控制也很重要。这些参数都和频率相关，但是，模拟这一相关性是复杂的，而对于所考虑的瞬态它通常是不重要的。电容的效应可以忽略。

7.4.1.3　动态电源模型[55]

该模型适用于有频率波动的电源。它允许采用暂态稳定程序的结果模拟网络，来避开同步电机模拟的困难(见图 6)。

量值 P、Q、V_j 和 δ_j 是时间的函数。它们由测量或者暂态稳定研究中获得。该模型提供了按每一个时间步长计算系统戴维宁等效电源的幅值和相位的方法。

我们有

$$Z = R + jX$$

$$S_{ji} = -(P + jQ) = P_{ji} + jQ_{ji}$$

$$P = -P_{ji} = (R \times V_i V_j \cos\delta - X \times V_i V_j \sin\delta - RV_j{}^2)/(R^2 + X^2)$$

$$Q = -Q_{ji} = (X \times V_i V_j \cos\delta - R_i V_j \sin\delta - XV_j{}^2)/(R^2 + X^2)$$

式中：

$\delta = \delta_i - \delta_j$

$\delta_i = \angle V_i$ 以及 $\delta_j = \angle V_j$

$R_e(V_i) = x = V_i \cos\delta$

$I_m(V_i) = y = V_i \sin\delta$

$Rx + Xy = a = (R^2 + X^2)(P/V_j) + RV_j$

$Xx - Ry = b = (R^2 + X^2)(Q/V_j) + XV_j$

$x = (aR + bX)/(R^2 + X^2)$

$y = (aX - bR)/(R^2 + X^2)$

$V_i = (x^2 + y^2)^{0.5}$

$\delta=\arctan(y/x)$且$-\pi<\delta<\pi$

等效电源的电压由$e=V_i(t)\cos[2\pi ft+\delta_i(t)]$给出。

7.4.2 线性电网的等值

用网络简化程序可以简化网络的线性部分，以加快计算速度。真实网络和简化后的网络之间的适应范围可以直到1 kHz，这也是TOV的感兴趣的频率范围。简化目的是为了得到从某些节点看过去的详细表示系统的等值电路，简化网络与实际网络具有相同的频率响应（典型值1 kHz以下，见图7）。

7.4.3 架空线路和地下电缆

模拟架空线路时，考虑零序参数的频率相关性是重要的。还要考虑到非对称性。假定地线上的电压为零，可以取消地线。

可能使用7.3中的模型2、模型3、模型4和模型5。如果采用模型2（常规π模型），应考虑到下面的建议：

正确模拟线路所要求的π段的数量直接与瞬态期间预期的振荡频率有关。相应于长度l的π链单元模拟的最高的频率[17]由下述公式给出：

$$f_{\max}=\frac{1}{\pi\times l\times\sqrt{LC}}$$

式中L和C分别表示单位长度的电感和电容。

文献[5]认为，如果必须表示频率f，则相应的π单元的线路长度应小于：

$$l=\frac{\nu}{5\times f_{\max}}$$

式中ν是电磁波的速度，由下式给出：

$$\nu=\frac{1}{\sqrt{LC}}$$

如果线路合闸，突然与馈电系统侧的电容并联，则会导致无限大的电流，因为初始电压不同的两个电容器的直接连接。为了避免这一问题，应用一个与线路波阻抗相同数量级的电阻与第一个π单元的外侧并联电容串联。

7.4.4 杆塔

分析线路故障产生的过电压时，由于架空线路杆塔的阻抗和导纳很小，可表示为单一的电气节点，也可以忽略杆塔。

7.4.5 电晕效应

在大多数TOV研究中不模拟电晕效应，因为在这些研究中观测到的过电压太小，达不到电离阈值，除非是非常长的线路和恶劣的环境条件，例如高湿度和高海拔。

7.4.6 空气间隙、线路绝缘子

研究TOV时通常不表示空气间隙。

7.4.7 母线

在研究中，母线长度与波长相比可以忽略时，不单独模拟母线。主母线可以用集中电容表示。

7.4.8 变压器和并联电抗器

在TOV频率范围，变压器可作为一个电感元件，不需要考虑其电容。励磁电感的饱和、剩余磁通

和损耗(铜耗和励磁损耗)在 TOV 的产生和阻尼方面起着重要作用。感抗和电阻可以从测量和计算程序的估算获得。见 GB/T 13499 或文献[8]。

非饱和并联电抗器可简单地用电感表示,因为损耗很低可以忽略。如果 TOV 的幅值高到足以导致并联电抗器饱和,则可以采用变压器的模拟方法。

因为影响到变压器的零序,铁芯的设计起到了主要作用。三柱铁芯设计促成了较低的零序阻抗。事实上,在三柱变压器中,零序磁通通过箱体形成闭合路径,因此,相关的零序磁阻高于五柱变压器(或者壳型铁芯)的零序磁阻。电感与磁阻成反比,因此三柱变压器的零序电感小于五柱变压器的零序电感。

上述还取决于绕组的连接,即矢量组以及中性点的接地方式。对于不接地的星形和三角形绕组连接,由于此类连接不允许流过零序电流,零序是开路的。因此,实际中,三柱变压器与五柱变压器的性能差异与星形接地的绕组连接方式有关。

在特殊结构中,例如,当从变压器星形接地的绕组端子观察,而另一侧仅有一个星形不接地绕组时,三柱变压器与五柱变压器的性能有显著差异,因为,从模拟的观点出发,三柱变压器的作用如同一个配有虚设的附加三角形绕组的五柱变压器,这虚设的三角形绕组导致低的零序电感(在这种情况下,五柱变压器的零序开路)。当从变压器星形接地的绕组端子观察,而另一侧仅有一个三角形绕组时,三柱变压器与五柱变压器的性能稍有差异,因为,从模拟的观点出发,三柱变压器的作用如同一个配有虚设的附加三角形绕组的五柱变压器,这虚设的三角形绕组导致稍低的零序电感。这一观点的参考文献可在[50]和[66]中找到。

7.4.9 未动作的断路器和隔离开关

分闸位置的断路器通常被模拟为末端元件,但是,在某些研究中,可能要求模拟开断的断路器的均压电容,尤其在考虑到铁磁谐振时。合闸位置的断路器表示为一个单一的电气节点。

7.4.10 变电站和杆塔的接地电极

如果要求表示接地电极,它可以模拟为一个电阻,它表示小电流时低频的接地电阻。

7.4.11 雷击

如果有必要模拟雷击引起的短路(或闪络),它可以用开关合闸来模拟。

7.4.12 避雷器

在下列情况下避雷器必须模拟:

——如果必须考虑到其阻尼效应;

——如果需要分析它们的能量耐受;

——如果 TOV 的幅值超过金属氧化物避雷器的额定电压或者带有间隙的避雷器的火花放电电压;

——如果所研究的 TOV 与缓波前瞬态过电压有关;

——如果自牺牲的避雷器用于限制 TOV 的幅值。

在这些情况下,非线性电阻足以表示避雷器对 TOV 的影响。

7.4.13 负载

表示负载的主要问题是要知道它们的参数。如果仅知道参数是有功和无功功率,建议(见[2])进行两种 TOV 的研究,一种使用串联的 RL 负载,另一种用并联的 RL 负载。如果两种研究表明使用两种模型的结果差异较大,则应获取有关负载的更多参数并使用更准确的模型。

负载中的电动机可能改变短路功率和频率响应。

文献[56]涉及到谐波计算，提出了用三种方法模拟负载：

——方法1：忽略负载的等效感抗，认为它是无限大。负载可以等效为一个电阻 $R=U^2/P$，这里 U 是标称电压，P 是负载的有功功率。

——方法2：负载的等效电阻可按上述计算，但是，它与一个与其并联的电感有关。电抗值是根据运行中的电动机数量、它们安装的整体功率以及安装的电抗来计算。

——方法3：相应于5次谐波和20次谐波频率之间的频率范围，负载可以通过电感 L_s 和电阻 R 串联，然后再和电感 L_p 并联来表示，因此

$$R=\frac{U^2}{P_{50}}$$

$$L_s=2.3\times 10^{-4}R$$

$$L_p=\frac{R}{100\times\pi(6.7\times\tan\varphi_{50}-0.74)}$$

其中 $\varphi_{50}=Q_{50}/P_{50}$；

P_{50} 和 Q_{50} 分别是总负载在标称频率时吸收的有功功率和无功功率。

7.4.14 滤波器和电容器

对TOV，模拟滤波器和电容器是重要的。它们由集中 R,L,C 元件表示。对于HVDC应用场合，装置的示例可以在GB/T 311.3或文献[64]中找到。

7.4.15 其他设备

FACTS和HVDC的装置可以改变潮流或者注入的谐波，应予以准确模拟，尤其是它们的控制。为了获得真实的情况，必须考虑到保护系统的作用。

7.5 计算缓波前过电压时的电网元件的表示

7.5.1 电源

7.5.1.1 电源网络的表示

按照文献[57]，下述特征对过电压有较大影响，必须正确模拟：

——工频阻抗；

——从充电母线看进去的波阻抗；

——在整个系统(包括被操作的线路)的主要固有频率下的电源性能。

为了在线路合闸充电和重合闸研究中恰当地模拟电源，文献[57]提出了下述一般建议：

——相对于所操作的线路，处于较低的电压等级的电源侧网络的部分，除了它们对短路容量的贡献之外，可以不考虑；

——在网状结构的网络中，至少应模拟从合闸母线至倒退两条母线的全部线路；该系统的剩余部分可以用其短路电抗与其波阻抗并联来表示。

7.5.1.2 同步电机

对于缓波前过电压的计算，同步电机的模拟如图9所示。

必须计算 C(整个系统的外部电容)，并要计及和电机相连的部分。在计算缓波前过电压的情况下，该电容是第二重要的。

从次瞬态电抗到瞬态电抗到同步电抗的过渡仅对短路电流的衰减是重要的[5]。

当仅仅模拟同步电机的外部特性时,$R(f)$通常用一个常数来表示,与频率无关。

7.5.2 架空线路(OHL)

7.5.2.1 残余电荷

这是用来模拟快速重合闸情况。如果线路配有并联电抗器,意味有残余电荷的自由振荡;没有电磁式互感器的无补偿线路,其残余电荷没有自由振荡且按指数衰减,两者相比,性能完全不同。

断路器无截流顺序开断架空线路时,每一相上的残余电荷的极性为正、负和正或者负、正和负。最后开断相上残余电荷的幅值相应于1.0 p.u.。但是,首开相上的残余电荷相应的电压幅值大于1.0 p.u.且可达到1.3 p.u.。该电压升高是由于相间的电容耦合[53]造成的。对于单回路OHL,该电压的升高是C_1/C_0的函数。对于双回路OHL,电压升高是C_1/C_0以及相邻回路耦合的函数。另一方面,第二开断相上的电压幅值小于1.0 p.u.。这一现象已被现场试验所证实。当然,残余电荷随着时间衰减。为了简化对快速重合闸的模拟,在大多数情况下,假定残余电荷为+1.0 p.u.,−1.0 p.u.和+1.0 p.u或者−1.0 p.u,+1.0 p.u.和−1.0 p.u。但是,应该注意在单相故障后的重合闸的情况下健全相的残余电荷可能高于1.0 p.u. ,它和中性点的接地方式有关。在单相重合闸的情况下,残余电荷小于1.0 p.u.。

7.5.2.2 线路模型

可以采用7.3中的模型3、模型4和模型5。

7.5.3 杆塔

由于杆塔对线路的等效电容与线路的电容相比可以忽略,它们不需要在研究中表示,除非在杆塔上发生了闪络。在这种情况下,对于SFO研究,如有必要,杆塔可以用与杆塔塔基接地电阻值相同的电阻来模拟(因为线路故障过电压受到杆塔塔基接地电阻的影响很小)。

7.5.4 电晕效应

在大多数情况下,缓波前过电压太低,不足以导致电晕效应。

7.5.5 地下电缆

可以使用7.3中的模型3、模型4和模型5。

交叉互联和接地应予以仔细考虑。必须模拟所有的导体(芯线、外壳、铠装和附加的导体)。文献[58]给出了适用于表示地下电缆的交叉互联和接地的许多解决方法。

7.5.6 空气间隙、线路绝缘子

7.5.6.1 闪络触发

作为首选的近似方法,可以假定只要电压达到一给定值间隙就马上会闪络。一旦确认了闪络条件,存在几种可能的方法模拟闪络过程。

7.5.6.2 闪络过程

7.5.6.2.1 理想开关

空气间隙的闪络条件一旦被确认,可以简单地用在一个时间步长内合闸的理想开关来表示。如果时间步长不是太小,该模型十分具有代表性。

7.5.6.2.2 电压源

在采用非常小的时间步长进行研究情况下，由于过高的 dv/dt 值，上述模型可导致过高的过电压。这时，可以通过一个电压源模拟空气间隙的闪络，该电压源在给定的时间（等于几个时间步长）内从初始电压逐步衰减到零。

7.5.6.2.3 电感的使用

对于采用小时间步长的研究，空气间隙可以采用小的电感（例如，1 μH/m）与能在一个时间步长内合闸的理想开关串联来模拟。

7.5.7 母线

由于它们的阻抗和导纳太小不足以影响瞬态响应，母线没有单独表示。重要的母线组可以表示为一个集中电容。小的母线段（行波时间仅为几个时间步长）可以表示为集中电容。

7.5.8 变压器

必须使用工频模型，要考虑非线性、损耗、剩余磁通以及原边和付边的杂散电容。在某些情况下，为了获得正确的谐振特性（通过短线给变压器励磁时），准确模拟电容非常重要。和频率相关的变压器模型是有意义的，但是，在大多数实际情况下，由于对变压器的参数的认识不够，并不能准确地模拟变压器。

7.5.9 分闸状态的断路器

分闸状态的断路器表示为末端设备。如果可能，也包括和断路器触头并联的均压电容。

7.5.10 断路器

由于大多数 SFO 都是在开合操作中产生的，因此，断路器在 SFO 中非常重要。根据所研究的现象的类型，应采用不同的断路器模型。

7.5.10.1 理想开关（合闸和分闸）

作为首选的近似方法，可以认为断路器是一个无限大电阻（分闸状态的断路器）或者一个零电阻（合闸状态的断路器），对于合闸，从一个状态转向另一个状态，是在一个时间步长时间内完成。其电流达到零时，就成为分闸状态。

对该模型的几点改进意见如下：

——电流值低于某一给定数值时的非零电流截断的概率。这一数据很难获得。它取决于电流值和负载的特征。当模拟开断感性电流时该特点非常有用[14]。

——高频电流特性（见 IEC 62271-110）。dI/dt、值太高会妨碍断路器的开断。该数据同样难以获得。

——重击穿的可能性。该模型包括了确定断路器分闸后重击穿时间的计算方法。该方法可以是随时间变化的纵向电压和规定的 TRV 波形的简单比较。

——统计开关。断路器的三相的合闸时间对产生的过电压有很大的影响。考虑了两个参数。首先，合闸命令可在任何时间发出，意味着在工频正弦波形上的任一位置。其次，假定三相同时接受合闸指令，由于机械上的分散性和预击穿，对该命令的响应具有随机的时延。最普遍采用的策略是：假定合闸命令在正弦波上均匀分布，而实际的合闸时间跟随它呈高斯（Gaussian）概率分布。这个双重分布如图 10 所示。如果系统的瞬态性能在极性方面呈对称分布，则可以把操作命令时间的偏差限制在三分之一工频周期之内。关于高斯分布，相间时间分布的标准偏差并不一定总是知道的。可以使用 0.8 ms～2 ms 作为典型值。GB 1984 或文献[65]允许 5 ms。

假定三相的合闸时间是唯一的，这是一种简化。如果研究特定的断路器且数据是可得到的，可以给定 3 个不同的合闸命令，如文献[20]所述。

7.5.10.2 断路器电弧模型

精确的模型应尽可能接近地模拟断路器的物理过程。它比理想开关复杂得多，且其参数不易获取，对于大多数研究是不需要的。但在一些研究中，如断路器爆炸研究，其对准确模拟重击穿现象是非常有用的。

大多数数学模型基于在电流衰减至零时的电弧和其周围环境之间能量平衡。最常用的两个方程是 Mayr 和 Cassie 方程[13]。更详细的资料在附录 B 中给出。

如果仅考虑电弧电压的影响，可以使用简化的模型[5]。可以按上述同样方式在该模型中增加统计特性。

7.5.11 金属氧化物避雷器

MOA 用一个非线性电阻表示，采用(30/80)μs 特性(GB/T 16927.1)。避雷器的操作冲击标称放电流为 0.5 kA、1 kA 和 2 kA。

7.5.12 变电站和杆塔的接地电极

如果要求表示接地电极，可以用一个表示小电流下的低频接地电阻值的电阻来模拟。

7.5.13 等效的电网

可以采用类似于 7.4.2 中给出的模型，但应尽可能覆盖更高的频率范围(高达 20 kHz)。

7.6 计算快波前瞬态时电网元件的表示

7.6.1 电源——电压源

在雷击开始时的工频电压可以表示为一个工频电压源和一适合的电阻串联(数值$[R]=[Z_s]$波阻抗的矩阵)。

雷击的相关极性和初始线路电压是重要的。有必要研究两个极性。在某些特定的网络结构中，需要考虑线路初始电压的几个数值。

7.6.2 架空输电线路和地下电缆

7.6.2.1 雷击点附近的线路或电缆

如果建立详细的模型，必须准确地模拟大约 2 000 m 的架空线路。对于地下电缆，尤其是如果电缆的末端处于开路的条件下，入侵波由于在两端的多次正反射可能产生高的过电压。因此，推荐采用全部长度的电缆模型。

7.6.2.2 雷击点远处的线路或电缆

如果不考虑反射，可用其相域内的等效波阻抗来匹配。

7.6.3 杆塔

杆塔通常表示为放射结构[4]；表示为具有常参数的无损传输线路，或者表示为具有阻尼电感的传输线路，或者以一等效的电感表示。

7.6.3.1 用常参数的无损传输线路表示的杆塔

Wagner 和 Hileman[15]提出了下述表达式来计算圆锥体杆塔的波阻抗：

$$Z_{\mathrm{pyl}} = 60 \times \ln \frac{H\sqrt{2}}{r_{\mathrm{pyl}}}$$

式中：

H——等效于杆塔的圆锥的高度；

r_{pyl}——塔基的半径。

注：IEEE 中 $Z_{\mathrm{pyl}} = 60 \times \ln \frac{\sqrt{2(H^2 + r_{\mathrm{pyl}}^2)}}{r_{\mathrm{pyl}}}$

hisholm、Chow 和 Srivastava 发现阻抗和电流注入的方向有关。但他们提出使用平均阻抗 Z_{av}[18]：

$$Z_{\mathrm{av}} = 60 \times \ln(\cot\theta/2)$$

这里 $\theta = \tan^{-1}(r(h)/h)$，$h$ 是沿着杆塔的高度，$r(h)$ 是杆塔高度 h 处的杆塔半径。

他们提出下述实用简化式子：

$$Z_{\mathrm{av}} = 60 \times \ln\{\cot[0.5 \times \tan^{-1}(r_{\mathrm{avg}}/H_{\mathrm{t}})]\}$$

且：

$$r_{\mathrm{avg}} = \frac{r_1 h_2 + r_2(h_1 + h_2) + r_3 h_1}{h_1 + h_2}$$

式中：

r_1——杆塔顶部的半径；

r_2——杆塔中部截面的半径；

r_3——塔基的半径；

h_1——从基础到杆塔中部的高度；

h_2——从中部到顶端的高度；

$H_{\mathrm{t}} = h_1 + h_2$

注：IEEE 中 $Z_{\mathrm{av}} = \sqrt{\pi/4} \times 60 \times \ln\{\cot[0.5 \times \tan^{-1}(r_{\mathrm{avg}}/H_{\mathrm{t}})]\}$

7.6.3.2 用阻尼电感的传输线路表示的杆塔

在对配有地线的 500 kV 输电杆塔(见图 11)测量的基础上建立了多层输电杆塔的模型[16]。该模型由四段构成，在上部、中部以及下部的横担的位置被分开。每一段由无损传输线路和电感与阻尼电阻并联电路串联组成。阻抗取决于空气中雷电流的方向。该模型考虑了最苛刻的条件。电气模型相应的参数根据下述原则计算：

波阻抗：(上部)$Z_{\mathrm{t1}} = Z_{\mathrm{t2}} = Z_{\mathrm{t3}} = 220\ \Omega$，(下部)$Z_{\mathrm{t4}} = 150\ \Omega$

波的传播速度：$v_{\mathrm{t}} = v_{\mathrm{t1}} = v_{\mathrm{t2}} = v_{\mathrm{t3}} = v_{\mathrm{t4}} = 300\ \mathrm{m}/\mu\mathrm{s}$

时间常数(杆塔上的传输时间×2)：$\tau = 2 \times H/v_{\mathrm{t}}$

沿着杆塔的衰减为常数：$\gamma = 0.894\,4$

上部每单位长度的阻尼电阻：$r_1 = -2 \times Z_{\mathrm{t1}} \ln\gamma/(l_1 + l_2 + l_3)$

下部每单位长度的阻尼电阻：$r_2 = -2 \times Z_{\mathrm{t4}} \ln\gamma/l_4$

$R_1 = r_1 l_1$、$R_2 = r_1 l_2$、$R_3 = r_1 l_3$、$R_4 = r_2 l_4$，这里 l_1、l_2、l_3 和 l_4 是实际长度。

与阻尼电阻并联的电感：$L_1 = R_1\tau$、$L_2 = R_2\tau$、$L_3 = R_3\tau$、$L_4 = R_4\tau$

7.6.3.3 感性支路

可以采用的数值为 $0.5\ \mu\mathrm{H/m}$。

7.6.3.4 横担表示

由于长度较短，在FFO研究中不易表示横担中的传播。为了包含横担末端的过电压加倍的影响，横担必须表示为短的、末端开路的传输线[4]、[18]。

因此，横担可以模拟为具有常参数的无损传输线路或者等效电感(1 μH/m)；后一种表示方法并没有给出闪络前横担末端过电压加倍的影响。

7.6.3.5 传输时间

一些实验[18]、[19]表明传输时间长于杆塔高度除以光在真空中的速度，但在实际研究中有理由忽略附加的路径长度。可以考虑来自地线上波传播引起的附加作用[4]。

7.6.4 电晕效应

电晕效应包括由于导线周围的空气电离使得线路电容增大[45]、[4]。这一效应出现在相对地之间和相间。大多数模型考虑了相对地电晕效应。

因为这一效应有降低侵入波陡度的趋势，忽略它是保守的近似。有很多关于模拟电晕效应的方法的建议。下面条款给出了其中的一种方法。

7.6.4.1 分散元件模型

电晕效应可以用分散的传统元件来表示。这可以通过把线路分成给定长度的段，每段连接一个或两个支路，各支路包含一个二极管、一个电容器和一个直流电压源。电源表示了电晕起始电压，电容器表示了因电晕导致的线路附加电容，用二极管是一个技巧，仅在电压达到直流源的数值时，电容器才被连接。该模型仅对过电压的一个极性有效，如在图12所示的例子中，为正极性。

对于计算过程，因为该模型需要将线路分成许多小段，所以，它既耗时间又耗内存。正因为如此，建议仅在网络的最重要部分使用该模型，即距雷击点500 m内。

7.6.4.2 参数值

参数值可在GB/T 311.2—2002的F.1和文献[21]、文献[24]以及文献[4]的5.6中找到。必须注意到电晕效应的参数取决于线路的几何形状(即导线半径、每相导线的分裂数量)、极性甚至瞬态的波形。文献[4]提出了因电晕效应而降低入侵波陡度的一种计算方法。

7.6.5 空气间隙、线路绝缘子

7.6.5.1 闪络触发

7.6.5.1.1 电压阈值

对于此类研究，不推荐采用只要电压达到给定值间隙就闪络的假定。

7.6.5.1.2 伏秒特性曲线[4]，[10](图13)

击穿瞬间被认为是绝缘的伏秒特性曲线和$U(t)$的交点。$U(t)$是空气间隙两端间的电压和时间的关系。但是，仅仅了解承受标准雷电冲击电压作用下的绝缘性能对预测承受其他非标准冲击时绝缘的性能是不够的。而且，假定在任何时间当电压波形刚超过伏秒曲线就会出现闪络并不总是正确的。试验的伏秒特性仅适用于标准冲击电压的峰值和闪络时间之间的关系。对于非标准的冲击，更准确地确定闪络时间可以通过下面给出的两种模型获得。

7.6.5.1.3 采用面积标准的空气间隙模型[4],[30]

面积标准包含采用下述类型的公式去确定击穿瞬间。该方法允许施加要考虑的波形。

积分 $(t)=\int_{T_0}^{t}(U(\tau)-U_0)^k \mathrm{d}\tau$

如果积分(t)等于 DE(常数)时则出现闪络。

$U(t)$是 t 时施加在空气间隙两端的电压;

U_0 是任一击穿过程能够开始或持续之前要超过的最小电压;

k、U_0 和 DE 是对应于空气间隙结构和过电压极性的常数;

T_0 是 $U(\tau)>U_0$ 起始的时间;

参数 k、U_0 和 DE 均使用伏—秒曲线来确定。

该模型对于正极性或负极性的冲击都有效,但是,不适用于端子间的电压大于 U_0 之后、然后又降到小于 U_0 的振荡情况。

在空气间隙小于 1.2 m 的情况下推荐使用该模型。

在文献[59]中,标准冲击试验被用来计算某一些组别的 k、U_0 和 DE 参数,这些参数用来预测绝缘承受非标准冲击的性能并与试验数据进行比较。相应于所考虑的不同结构的参数组在表 4 中列出。

表 4 文献[59]建议的对应于不同结构的 k、U_0 和 DE 值

间隙	试品	极性	k	U_0/kV	DE
56 cm	棒-棒	+	1	306	4.9
56 cm	棒-板	+	1	252.2	306.5
114 cm	棒-棒	+	1	577.5	641.2
8 cm	绝缘子[a)]	+	1	643	369.3
56 cm	棒-棒	—	1	391.6	240.1
56 cm	棒-板	—	0.47	590	7 947
114 cm	棒-棒	—	1	825.8	427.5
8 cm	绝缘子[a)]	—	1	638.7	525.4
a) 8 片 254 mm×146 mm 的悬式绝缘子串安装在铁塔的几何类似物上。					

7.6.5.1.4 基于表示先导传播的空气间隙模型[4],[30]

在长的空气间隙中(即空气间隙长于 1 m)的放电物理过程已经证明,长空气间隙中的击穿包括三个连续的阶段:电晕起始(t_i)、流柱传播(t_s)和先导传播(t_l)。

先导传播模型基于这三个阶段的数字模拟。

a) 击穿过程

当施加到空气间隙上的电压超过电晕起始电压,流柱开始传播,如果电压保持足够高,经过时间 t_s 后,流注贯穿整个间隙。

当流柱贯穿了间隙,先导很快发展,其速度取决于施加的电压。流柱和先导可以从一个或两个电极发展。如果先导贯穿了间隙或者两个先导相遇就出现了击穿。击穿时间可用下式计算:

$$t_c=t_i+t_s+t_l$$

t_i 是流柱存在前的时间。实际应用时可以忽略。

b) t_s(流柱传播时间)的计算

在大多数模型中所做的近似是当施加的电压达到一个导致其平均梯度 E 等于 E_{50}(U_{50}时的平均场强)时，流柱阶段完成。

c) t_l(先导传播时间的计算)

先导速度 $\nu_l(t)$ 可按下述公式[4]计算：

$$\nu_l(t)=g(u(t),d_g)(u(t)-U_0(d_g-l_l))/(d_g-l_l)$$

这里 g、U_0 是函数，d_g 和 l_l 分别对应于间隙长度和先导长度。$u(t)$是间隙中实际电压的绝对值。即使实际上存在两个先导，模型仅考虑从一个电极传播的等效先导。

如果 $u(t)$降低到小于 $U_0(d_g-l_l)$，则认为先导停止。作为实际应用，对于计算先导的速度，提出了两种类型的公式：

$$\nu(t)=170\times d_g(u(t)/(d_g-l_l)-E_0)\exp(0.0015\times u(t)/d_g)\text{ 以及}$$

$$\nu(t)=ku(t)(u(t)/(d_g-l_l)-E_0)$$

参数 k 和 E_0 取决于间隙结构和电压的极性，其数值可以在文献[4]中找到。

对于杆塔中的空气间隙上发生的具有快波前、短波尾的实际冲击电压波形，在文献[31]和文献[32]中提出了计算 t_c 的公式。

d) 先导电流

由于同步问题，很难确定先导电流和先导速度之间的关系。如果 q 值在 300 μC/m～400 μC/m 之间，$i_l(t)=qv_l(t)$的线性关系似乎是可以接受的。

先导模型适用于长空气间隙。

注 1：还存在其他模型[28]。

注 2：7.6.5.1.3 和 7.6.5.1.4 介绍的方法是针对标准大气条件的，未考虑海拔高度的影响。不宜直接应用于工程。

7.6.5.2 闪络过程

7.6.5.2.1 理想开关

一个空气间隙，一旦达到了闪络条件，可以被简单地模拟为能在一个时间步长内闭合的理想开关。如果时间步长不是太短，该模型完全能够表示。对于此类研究，时间步长或许是太短。

7.6.5.2.2 电压源

在所采用的时间步长很短的研究情况下，上述的模型因高的 dV/dt 可能会导致过高的过电压。然后，可以通过一个等于数个时间步长的给定时间内，电压由初始电压逐渐衰减到零的电压源来模拟空气间隙的闪络。

7.6.5.2.3 电感的使用

空气间隙可以表示为一个小的电感(1 μH/m)与理想开关连接。该电感相应于电弧的电感。该模型的物理背景在文献[47]中给出。

7.6.6 母线

母线表示为传播元件。相对于时间步长如果母线太短(仅几个时间步长)，母线可用单个传输元件模拟，其长度为所考虑的母线的总长度。对于非常短的母线，可以使用一个集中电感模拟。

7.6.7 变压器

在不要求计及变压器的内部电压或者从 LV 到 HV、HV 到 LV 的传递电压时，简化的近似方法是使用一个电容。更严密的方法要求确定与频率相关的阻抗矩阵以求用它来计算模型参数[12]、[43]和

[54]。该矩阵根据变压器的内部结构[12]或测量[43]来计算。

如果仅要求变压器的对地电压，变压器可以表示为其对地电容。

对于 Y 形连接的自耦变压器的对地电容可利用下式来计算。对于 D 形连接的变压器，C 应除以 2。

$$C=0.52\times P^{0.4}$$

式中：

C——电容，nF；

P——额定容量，MVA。

表 5 中给出的一组数据是日本推荐的对地电容最小值[44]。

表 5　摘自文献[44]的变压器对地最小电容

标称电压/kV	电容/nF
500	3
187-220-275	2.5
110-155	1.5
66-77	1

表 6 中所示的是参考文献[28]提出的一组数据，为各种变压器类设备的典型对地电容。

表 6　摘自文献[28]的典型变压器类设备对地电容

电压/kV		115	400	500	765
对地电容/pF	电容式电压互感器	8 000	5 000	5 000	4 000
	电磁式电压互感器	500	550		600
	电流互感器	250	680		800
	自耦变压器	3 500	2 700	5 000	5 000
注：500 kV 数据中的自耦变压器对地电容值为计算时比较常用的数值，但不是测量值。					

如果需要计算从一侧传递到另一侧过电压，还需要表示变压器的纵向电容（见 GB/T 311.2—2002）。还需要增加一个电感，电感值则根据变压器的尺寸来确定。

变压器的参数也可以在文献[8]中找到。

7.6.8　断路器和隔离开关

它们被表示为触头间的以及触头和地之间的电容。表 7 给出了电容值的例子。

表 7　摘自文献[28]的断路器和隔离开关对地电容

电压/kV		115	400	500	765
对地电容/pF	隔离开关	100	200	150	160
	断路器/落地罐式断路器	100/	150/	140/650	/600

7.6.9　雷击

各地区是通过它们的地闪密度来表征的。它是每单位面积每年的雷击次数，通常用年平均值表示。

统计的有效信息在文献[4]中给出，从而，有可能利用监测系统来计算雷电统计。但是，截止目前，还没有就此系统提供的数据的准确性达成共识。

注：需注意地闪密度监测灵敏度应和雷电流幅值的监测灵敏度一致，否则会带来误差。

7.6.9.1 电气模型

广泛使用是理想电流源。为了模拟远距离的雷击，也可以采用最大电压值等于输电线路空气间隙的耐受电压的电压源，但是，最好是使用电流源。

7.6.9.2 波形

广泛采用图 14 中所示的电流波形。该波形简单且易于使用。

图 15 中给出的 CIGRE 的中凹波形更准确地表示了雷击的中凹波头，通常给出了更真实的结果。参考文献[4]提出了根据雷电统计数据计算相应的分析表达式的参数的方法。

7.6.9.3 表示首次负极性下行雷击的概率分布

表 8 汇总了摘录自文献[4]的首次负极性下行雷击的对数—正态表达式的参数。已收集了从记录到结构的各种数据，对数—正态概率密度在下面方程中给出：

$$f(x)=\frac{1}{\sqrt{2\pi}\,\beta x}\mathrm{e}^{\frac{z^2}{2}}\text{，此处 } z=\frac{\ln(x/M)}{\beta}$$

式中：

M——中值；

β——斜率参数；

x——对数—正态分布的变量（在表 8 中，它表示 I_{f}，S_{m}）。

对于对数—正态分布，我们有 $E(X)=M\times\exp\left(\frac{\beta^2}{2}\right)$ 和 $\sigma(X)=M\times\exp\left(\frac{\beta^2}{2}\right)\sqrt{\exp(\beta^2)-1}$

$E(X)$是平均值，$\sigma(X)$是标准偏差。

表 8 首次负极性下行雷击的表示

参　　数	3 kA<I<20 kA		I>20 kA	
	M	β	M	β
I_f，最终的电流幅值/kA	61.1	1.33	33.3	0.605
导出的分布				
$S_{\mathrm{m}}/I_{\mathrm{f}}$，有条件的/(kA/μs)	$12.0I_{\mathrm{f}}^{0.171}$	0.554	$6.5I_{\mathrm{f}}^{0.376}$	0.554
注：表中使用的符号在图 15 中表示。				

其他导出的分布可在文献[4]中找到。

IEEE 提出了一个关于电流幅值的分布的简化公式（见文献[10]和文献[11]）：

$$P(I_{\mathrm{f}})=\frac{1}{1+\left(\frac{I_{\mathrm{f}}}{31}\right)^{2.6}}$$

除了在分布的极端情况下，该公式和 CIGRE 的表达式在两个域内给出了非常接近的数据。

注：根据我国的实际测量数据，我国大部分地区防雷计算中的雷电流幅值的分布采用 $\lg P(I_{\mathrm{f}})=-I_{\mathrm{f}}/88$，陕南以外

的西北地区、内蒙古自治区的部分地区(这类地区的平均年雷暴日数一般在 20 及以下)少雷地区的雷电流幅值减半,$\lg P(I_f)=-I_f/44$。

对于持续时间(到达半峰值的时间),文献[4]提出了下列参数,如表 9 所示。

表 9 首次负极性下行雷击的半峰值时间

雷击持续时间 $t_h/\mu s$	30	77.5	200
超过表中数值的比例/%	95	50	5

7.6.9.4 表示随后的负极性下行雷击的概率分布

表 10 给出了后续雷击的对数—正态表示的参数。符号和第一次雷击使用的一样。它们节选自文献[4]。

表 10 负极性下行随后雷击的表示

参　　数	M	β
电流幅值/kA	12.3	0.53
最大波头陡度/(kA/μs)	39.9	0.852

对于持续时间(半峰值时间)参数,文献[4]给出了下述参数,如表 11 所示。

表 11 负极性下行随后雷击的半峰值时间

半峰值时间 $t_h/\mu s$	6.5	30.2	140
超过表列值的比例/%	95	50	5

7.6.9.5 正极性雷击的概率分布

根据文献[4],还没有正极性雷击的参数信息的综合来源。由于非常稀少(正极性雷击的次数小于总的雷击次数的 10%),因此,即使它们具有更高的能量,但是,在雷电研究中通常不予考虑。

7.6.10 金属氧化物避雷器[60]

采用 8/20 μs 特性的非线性电阻(见 GB 11032)带有杂散电容(仅对 GIS 要求)和电感(线性电感 L' 约 1 μH/m)。为了表示时延可以增加电感。文献[49]中提出了将避雷器表示为两个非线性电阻并联的模型。

避雷器的基准为 5 kA、10 kA、20 kA 和 40 kA。

7.6.11 杆塔的接地电极

除了对于简化的理想结构,电流流经接地电极时所涉及的物理现象十分复杂。因此,同时准确表示传导和电离非常困难。下面所示模型的有效性的范围难以评估。

7.6.11.1 简化模型

图 16 中表示了杆塔接地阻抗。

L 和 C 的典型值分别为几个 μH 和几个 pF。塔基接地阻抗也可以仅用电阻来表示。

7.6.11.2 电离模型

由于雷击时大的接地电流,电离效应可以予以考虑且接地连接可以表示为非线性电阻,其数值可以根据下式计算(见文献[4]和GB/T 311.2—2002)。

如果 $I<I_g$,则 $R=R_0$。

如果 $I>I_g$,则 $R(I)=\dfrac{R_0}{\sqrt{1+\dfrac{I}{I_g}}}$。

此处:

$$I_g=\frac{E_0\rho}{2\pi R_0{}^2}$$

式中:

R_0——小电流低频率时的电阻,Ω;

I ——流过杆塔接地阻抗的雷电流,A;

I_g——临界电流值,A;

ρ ——土壤电阻率,Ω·m;

E_0——土壤电离梯度(推荐值:$E_0\approx400$ kV/m)。

根据GB/T 311.2—2002,仅当塔基接地电阻在半径为30 m范围内该模型才有效。

7.6.11.3 高频模型

文献[26]提出把每一个接地网络段表示为一个传导单元。这种形式的模型化仍然受限制和复杂并且不包括电离的表示。

7.6.12 变电站的接地电极

变电站的接地电极面积很大,即使存在电离现象,那也是非常局部且可能产生非常有限的影响。因此,通常不予以考虑。通常认为前面(7.6.11.1)提出的简化模型就足够了。

7.6.13 地线

从模型化的角度出发,地线等效于传导线路。

7.6.14 网络等效

对于快波前过电压是不重要的,但是,应当注意避免不实际的波反射。

7.7 计算特快波前过电压时网络元件的表示

7.7.1 元件的等效回路

表12给出了可以用来表示元件的等效电路。本表中包含的大多数信息来自文献[33]。

表中的无损传输线路考虑了内部模式(导体-外壳)而没有考虑外部模式(外壳-地),且假定外壳良好接地。如果必须考虑外壳瞬态电压,因为高频时接地连接可能具有大的阻抗,则应考虑外部模式。

由于此类过电压的持续时间非常短,能够影响此类过电压的元件是变电站中的元件。出线输电线路的作用仅是波阻抗。

表 12 VFFO 研究中元件的表示

元　　件	等 效 的	注　　解
母线管道	无损分布参数传输线	根据物理尺寸计算波阻抗考虑到支撑绝缘子的影响传播速度接近于真空中光速的 0.95
隔板(盆式绝缘子)	电容	C=10 pF～30 pF
弯管接头、合闸的隔离开关、合闸的负荷开关、合闸的断路器	无损分布参数的传输线	传播速度接近光速的 0.95
分闸的断路器	● 断路器按断口分成很多段，所有的断口均用均压电容连接 ● 通过电容器连接的两个等长度的母线等效于所有均压电容的串联组合	每段的参数根据断路器的物理尺寸计算
分闸的隔离开关	电容器	
电力变压器	见 GB/T 311.2—2002 的附录 E	
电流互感器	可以通过一个 π 段来表示	因为其保护空气间隙的闪络经常可以忽略
充气套管	可以用终端(空气侧)通过电容接地的无损传输线表示	C 为几十 pF $Z_s \approx 250\ \Omega$
套管(电容型)	用集中电阻表示损耗的几个传输线串联	随着传输线的位置靠近套管的顶部，模拟波阻抗的增加是可能的[46]。但是，对于通常的研究，集中电容是合适的。
电力变压器(终端)	根据变压器的频率响应估算出参数的等效网络	
架空线路和电缆(终端)	电阻	其数值等于线路或电缆的波阻抗的值
避雷器	电容，尤其是过电压低于保护水平时	GIS 中的开合操作通常不会引起避雷器的动作

7.7.2 SF_6 中击穿期间波形的上升时间[33]

在相对地故障期间，故障点的电压降与隔离开关两个端子间的电压相似。

过电压的上升时间可近似地表示为：

$$t_r = 13.3\ \frac{k_T}{\Delta u / s}$$

式中：

t_r ——上升时间，ns；

k_T ——Toepler 击穿常数为 50 kV·ns/cm；

s ——击穿距离，cm；

Δu——击穿前的电压值(kV)。

利用近似公式 $\Delta u/s=(E/p)_0 p\eta$，且 $(E/p)_0=860$ kV/(cm×MPa)，p=气体压力(MPa)，以及对于正常的 GIS，$\eta=E_{mean}/E_{max}=0.5\sim0.8$，最短的上升时间可近似为：

$t_{r\ min}$(ns)=(1～1.5)/p　(MPa)

粗糙和粒子会使上升时间增大。

8 暂时过电压分析

8.1 概述

暂时过电压源自下列事件：

——接地故障；

——导致开关操作的系统故障，例如甩负荷和/或系统解列；

——在具有低频谐振点的系统中开合非线性元件，如空载变压器；

——非同期的断路器极操作引起的并联补偿线路谐振；

——平行的并联补偿线路的谐振；

——其他事件。

通常，避雷器额定电压的选择基于预期的暂时过电压的包络线，并考虑到避雷器的能量吸收能力（见 GB/T 311.2—2002）。

GB/T 311.2—2002 的 2.3.2 给出了确定 TOV 代表性过电压的一般信息，包括在接地故障、甩负荷、谐振和铁磁谐振时以及同步期间产生的纵向暂时过电压。

8.2 暂时过电压的快速估算

GB/T 311.2—2002 的附录 B 提出了在忽略与变压器励磁阻抗相关的非线性影响情况下接地故障引起的暂时过电压计算的简化方法。

在很多情况下，为了计算工频过电压而进行了潮流分布和系统稳定性分析，然后选择用于所考虑的系统中的避雷器的额定电压。该方法不允许考虑因谐振和铁磁谐振引起的暂时过电压，因为它可达到非常高的数值，通常在选择避雷器额定电压和绝缘设计时不需考虑（见 GB/T 311.2—2002）。

8.3 暂时过电压的详细计算

8.3.1 方法的介绍

当非线性的影响不能被忽略时，例如，对于弱系统，就需要对暂时过电压进行详细计算。

如果需要计算起源不同于接地故障的事件的暂时过电压，相同的观点适用。

更普遍的情况，在有与非线性有关的谐振危险的情况下，和在与同步发电机以及相关的调节装置的动态特性引起的不可控的工频电压危险的情况下，推荐采用如下所述复杂的暂时过电压计算方法。

该方法是检测可能导致 TOV 的特定事件和相应的条件，然后使用模拟工具计算当发生这些事件时存在的过电压。

该方法的步骤如下：

a） 通过潮流和频域分析来模拟所选择的事件；

b） 确定需要进行时域模拟系统部分；

c） 在相关的电网结构中，与该事件相关的电磁暂态的时域模拟；

d） 结果分析。

8.3.2 要求的数据

对于潮流：

——元件的工频参数；

——负载（有功和无功）；

——区域间的功率交换。

对于频域分析：

——变压器。

对于确定需要详细表示的系统部分：

——变压器、电抗器、负载的非线性特性；

——SVAR(静止无功)补偿。

对于时域模拟：

——发电机控制系统；

——不需要详细表示的系统部分的等效电路；

——需要详细表示的系统部分的与上一步骤相同的信息。

8.3.3 计算工具

TOV 的计算是通过模拟的方法进行的。至此，共有三种可用的方法：

——适用于时域模拟的数字计算机程序，以及作为辅助方法也可用于阻抗——频率分析；

——TNA(暂态网络分析器)，它是物理的(或混合的)模拟装置；

——RTDS(实时数字模拟系统)，它是完全基于系统的数字模型，如同常规的数字程序，但实时运行。

三种工具模拟的准确度实际上是相同的。主要的差别在于它们的效率。

基于空间状态的其他数字程序适用于确定非线性系统的性能，例如，采用分岔理论计算一个状态变量作为另一个状态变量的函数(例如，变压器上的过电压作为此前剩余磁通的函数)。

这些程序在寻找导致最严重的过电压的初始条件方面是有用的辅助方法，然后可对其进行时域模拟。

8.3.4 进行模拟研究的导则

8.3.4.1 需要在时域中模拟的事件的选择

首先，潮流分布和系统稳定性分析适用于开合事件后粗略确定网络中所有节点的工频过电压。然后进行的频域分析研究来确定从变压器的端子看过去的网络正序和零序阻抗的谐振点。频域分析从潮流期间探测到的重要母线以及与电力电子换流器连接的节点开始。谐振点靠近基波或谐波频率时，此谐振点是危险的。典型的弱系统显示低频谐振点靠近基波频率或低次谐波。

重要的谐波范围在 13 次谐波及以下。在非对称情况下，系统阻抗可以在单相基础上计算。如果适用，特征值分析也适用于给出有价值的信息。

通过潮流和/或事后稳态分析检测出过电压的部分系统必须详细地表示。弱系统通常没有复杂的网格结构，因此可以完全详细地模拟。

需要研究的典型事件如下：

——涉及到长线路、低短路电流水平和低的系统稳定性时的甩负荷；

——具有低频谐振点且在开合前潮流分析检测到过电压的弱内部连接系统中的变压器充电；

——具有高补偿度的并联补偿的双回线路中的平行线路谐振；

——高并联补偿度的线路谐振——高并联补偿长线路(大于 100 km)和长电缆(超过 10 km)情况下断路器极的非同期操作；

——反馈；

——发生线路故障，尤其在高接地故障系数情况下；

——故障的清除和线路停运，由于邻近变压器合闸产生严重的 TOV 所致；

——线路合闸充电：尤其应注意长线路合闸后经潮流分析在变压器上产生高的电压的情况；对于由弱系统合闸长线路应仔细研究。

——线路重合闸：和线路合闸适用的条件相同；

——容性负载投入：通常不关注，除非潮流分析表明投入后出现了高的过电压；

——感性电流开合：通常过电压不会持续过长的时间，且从TOV的观点出发不危险。

对于强系统，通常需要考虑的事件，从递降的优先顺序方面依次为甩负荷、变压器充电、故障切除、故障和反馈。

对于弱系统，除了应考虑强系统考虑的事件之外，还应考虑线路合闸充电和线路重合闸充电事件。

为了获取真实的TOV情况，与网络中大多数相关的保护和自动操作系统相联系的全部动作应予以预测和模拟。

8.3.4.2 确定需要模拟的系统部分

通常，发生主要事件的所有网络都应详细地模拟。通过变压器互相连接的处于不同标称电压的网络，可以通过等效电路来表示，等效电路具有从变压器端子看去相同的阻抗——频率关系。

弱系统，即具有低的短路电流水平且通常不是(或是简单的)网格状的系统，从TOV的观点看，是典型的危险系统。即使这些系统具有长的线路，他们也相对简单且元件很少。因此，在这种情况下，对事件发生的电压等级的所有网络进行模拟是相对容易的。

强系统，即具有高的短路电流水平且为典型的网状结构，模拟是复杂的。但是，此类系统，从TOV的观点看危险性较小，因为在一般情况下任何事件在任一母线上引起电压变化较小。如果完全模拟此类型的整个系统过于麻烦，网络的详细模拟可以限制在主要事件附近的部分。

选择这一部分的简化判据包括：简单假定所有元件均为线性，事件后的稳态(潮流)计算；电压超过“系统最高电压”的系统部分以及接有非线性感性元件(变压器、饱和的电抗器)的系统部分，应予以详细模拟。系统的剩余部分可以通过等效电路来模拟。

在这些等效电路中，应包括正序和零序阻抗与频率的关系。重要的因素是谐振点的频率，而其余的并不重要。

8.3.4.3 时域模拟的结构和事件的分析

该分析是必须的，因为它给出暂态的幅值和持续时间。要求足够的模拟持续时间(不小于200 ms且直到1 s)。对这么长的持续时间，要求模拟FACTS装置的控制系统和使用自动电压调节装置(AVR)和调速器来模拟同步机的机械动态特性。最差的网络结果以及相关事件可以用确定性法来检测(通常不需要采用概率法)。

因此，必须进行几次模拟以发现最差的网络结构。所有可能的结构，甚至包括黑起动都应予以考虑。

9 缓波前过电压分析

9.1 概述

9.1.1 缓波前过电压(SFO)的产生

通常，SFO由以下原因引起(见GB/T 311.2—2002中2.3.3)：

——线路合闸充电和重合闸充电；

——故障和故障清除；

——甩负荷；

——开合容性或感性电流；

——远距离雷击架空线路导线。

但是，认为最后一项不危险，因此，在绝缘配合过程中没有考虑。

9.1.2 相间过电压的特殊情况[61]

相对相过电压的研究提出了一个有关绝缘结构方面的特殊问题，在此绝缘结构中，相间绝缘的强度取决于其在电压分量的分配。长的空气间隙（相应于范围Ⅱ）或者三相封闭气体绝缘变电站就是这种情况。

为了简化此种类型过电压的研究，GB/T 311.2—2002 中的附录 D 提出考虑两个时刻的绝缘特性来研究：

a) 相间过电压峰值时刻——给出了最大的相间过电压值；

b) 相对地过电压峰值时刻的相间电压。

绝缘的介电强度和电压分量之间的相关性导致了在上述规定的两个中的每个时刻，需要考虑两个变量，即正极性分量和负极性分量的绝对值。

绝缘配合研究中，有必要综合考虑相—相—地系统（不可能把相间绝缘和相对地绝缘分开处理），并基于两个变量确定代表性过电压。

9.2 SFO 研究的快速方法

GB/T 311.2—2002 在 2.3.3 中给出了一些提示，说明上述哪些事件在绝缘配合研究中必须予以考虑。还给出了缓波前过电压的一些快速计算方法。

a) GB/T 311.2—2002 中的 2.3.3 的图 1 给出了合闸或重合闸时线路末端相对地之间可预期的 2%过电压的范围，同时考虑了决定此过电压的大多数因素的影响。该图可用作说明在某一给定情况下该过电压是否应予以考虑。

b) 按 GB/T 311.2—2002 中的 2.3.3 给出了能够对在故障发生或故障清除时产生的设定的最大相对地过电压进行保守估算的公式进行简化计算。

c) GB/T 311.2—2002 中附录 D 提出了通用的方法，包括了为确定因线路合闸充电和重合闸引起的代表性缓波前过电压而采取的不同程度的简化。该方法可用于计算相-相-地过电压，考虑到空气绝缘的相间耐受能力和相间过电压的两个相对地分量的相关关系，允许将相-相-地过电压分成两个相对地分量。该方法不需进行模拟计算。

然而，也可采用模拟工具的确定性方法，以便快速计算电网遇到操作或故障时可能产生的最大过电压，仅需要进行少量的电气模拟。使用者必须推测能够产生最大过电压的网络结构和确定导致最高过电压的断路器操作时间或故障出现的时间。该方法的局限性是通常不能评估危险性，使用时应注意避免过于乐观的结论。

9.3 采用的方法

通常基于通过一系列时域模拟获得的代表性过电压概率分布的计算，可以计算出危险率。例如，在线路合闸充电情况下，可以采用 Monte-Carlo 法随机地选取断路器不同的合闸时间，并对每一个合闸时间进行一次时域模拟。下一节给出了进行此类研究的导则并介绍了两种方法。第一种方法称为全统计法，因为它考虑了能够影响过电压的所有变量（断路器的合闸时间和网络结构）以及它们出现的概率。第二种方法称为半统计法，在这一方法中，认为网络结构是固定不变的。

实践经验表明半统计法适用于“线路操作”，包括线路重合闸、线路合闸充电和故障。确定性法用于有几个截流值的无功装置的开关操作（电抗器开合和电容器组关合），也可以采用半统计法。

9.4 统计法导则

9.4.1 全统计法

9.4.1.1 计算对象

该方法的结果为过电压分布，并可据此计算出 GB/T 311.2—2002 中描述的危险率。如果能够包括绝缘的统计特性，就可以直接得到故障率的结果。

9.4.1.2 原则

该方法最大限度地模拟了真实的网络结构，考虑了所有可能影响过电压的变量。这些变量主要有断路器的合闸时间、故障发生的时间、故障的位置/类型、网络结构和短路容量。在本方法中，这些变量均不是常数。一旦确定所有变量，就应知道它们数值的可能范围以及每个数值出现（或者数值的子范围）的概率。

进行电气模拟，利用与变量相关的概率和电气模拟的结果评估危险率。例如，可以使用 Monte-Carlo 法。

9.4.1.3 要求的数据

要求的数据如下：

——所有可能的结构和操作清单；

——每种结构的概率；

——故障的位置；

——每年操作的次数；

——主断路器的概率数据：

- 平均合闸时间；
- 合闸时间的标准偏差；
- 合闸时间的分布类型；
- 预击穿信息；

——辅助断路器的统计数据（如果有）：

- 平均接入时间；
- 接入时间的标准偏差；
- 接入时间的分布类型；

——绝缘性能：

- 耐受电压；
- 耐受电压的标准偏差；

——所有元件的电气参数。

9.4.2 半统计法

9.4.2.1 计算对象

本方法给出了针对特定电网结构的过电压分布的评估方法。然后，利用 GB/T 311.2—2002 中给出的方法计算故障率。

如果包括绝缘的统计特性，就可以直接计算故障率（很少这样做）。

9.4.2.2 原则

除了仅仅考虑某些结构之外,本方法与全统计法是类似的。可能存在几种方法。最可能的结构经常被考虑的,但是有时仅考虑最苛刻的情况是有价值的。

9.4.2.3 要求的数据

除了需要与被考虑的几个结构相关的变量外,本方法与全统计法要求的数据相同。

9.4.3 模拟方面

9.4.3.1 需要模拟的网络范围

引起缓波前瞬态事件周围的网络应予以表示。模拟的范围是一个或两个变电站。下图(图 17 和图 18)是表示网络模拟的两个例子。

图 18 称为两个变电站范围,因为除了与出现瞬态的线路直接连接的变电站外,还模拟了两个其他的变电站。这两个变电站以后,网络的其余部分根据正序和零序阻抗模拟为戴维宁(Thevenin)等效电路。

被模拟的网络越广泛,结果将会越精确。通常,网络模拟越大,过电压的阻尼越大。因此,通常一个变电站范围的网络给出的最大值比两个变电站范围的网络的高。但是,在开合容性电流的情况下,两个变电站范围的网络可能导致更高的过电压,因为开合的容性电荷可能与另一个变电站的容性电荷谐振。还应指出的是两个变电站网络将会给出关于谐波谐振方面更多的信息。

通常,对于“线路操作”(线路重合闸、线路合闸带电和故障),被模拟的网络包括从被操作的线路起一直延伸到两个变电站。对于开关装置操作(电抗器开合和电容器组合闸),网络表示非常简单,但开关装置必须精确地模拟。

9.4.3.2 断路器的模拟

统计法中必须使用 7.5.10.1 中叙述的统计开关。

可以采用确定性法作为首次和快速估算。在这种情况下,可以采用符合 7.5.10.1 的理想开关。

为了研究无功元件的开断,推荐采用 7.5.10.2 中的电弧模型,它可以预测给定的断路器开断此电流的可能性。如果有某种能够估算截断电流的方法,可以使用理想开关。

如果可以从实验中获得相关的数据,应用 7.5.10.1 中提出的重击穿断路器模型进行瞬态恢复电压(TRV)研究。

作为简化方法,可以使用理想开关模型,计算的 TRV 可以和断路器的 TRV 耐受水平进行比较。

10 快波前过电压(FFO)分析

10.1 概述

快波前过电压(FFO)主要是因雷电引起的。如果设备通过短连接线(见 GB/T 311.2—2002)与系统连接或断开时,或者外绝缘发生闪络时也可能出现快波前过电压,这两种情况在本节中没有考虑。

快波前过电压(FFO)的研究方法可以根据下述两种方法进行分类:

——是否采用电磁暂态程序;

——是否采用统计方法。

详见表 13。

表 13 FFO 研究方法的类型

	应用电磁暂态程序	不使用电磁暂态程序
统计方法	半统计法; 10.2 中叙述的统计法	—
非统计方法	下面要叙述的确定性法	—
简化统计法	GB/T 311.2—2002 的附录 F 中介绍的方法	GB/T 311.2—2002 的附录 F 中介绍的方法

下面是这些方法的简单表述。

10.1.1 半统计法

10.2 中提出的方法估算了具有设定结构的系统中设备的故障率。电气几何模型用来估算系统架空部分的雷击概率,电磁暂态程序用来计算雷击产生的过电压。

10.1.2 统计法

考虑到所有可能的系统结构,10.2 中提出的方法估算了系统中设备的故障率。

10.1.3 确定性法

目前日本[52]和很多国家采用此类方法。根据经验确定在特定雷击点产生设备必须能够耐受最大雷电流产生的过电压。称该电流值为代表性雷电流,其值通常与系统电压和所考虑的设备类型(GIL)有关。

10.1.4 GB/T 311.2—2002 的附录 F 中所叙述的方法

该方法由下述组成:

a) 无论是考虑绕击还是反击(逆闪),使用雷电数据和在限定距离内的反击率或绕击率,根据要求的预期闪络率计算雷电流;
b) 基于简化假设计算变电站中侵入波过电压的幅值;
c) 使用前面计算的侵入波过电压在变电站内进行行波计算。

在假定变电站的结构非常简单的情况下提出一个完整的分析方法,仅在变电站入口处安装避雷器或火花间隙,杆塔上的过电压也仅由杆塔接地电阻产生,忽略了因杆塔波阻抗导致的过电压进一步提高。

采用电磁暂态程序能够更准确地计算过电压。正因为如此,下面给出的方法将基于应用该程序。

10.2 统计法和半统计法的应用导则

10.2.1 概述

图 19 对此类方法的应用进行了概括。

这两种方法均考虑了雷电的随机特征。两种方法之间的差异与系统可能的结构有关。在半统计法中,认为系统结构是固定不变的。例如,连接到变电站的线路回路数和变电站的结构被认为是固定不变的。相反地,如果采用统计法,可能存在的所有系统结构都应予以考虑。例如,需要考虑变电站的出线回路数和变电站中各种可能的配置。

a) 确定限定的距离:雷击产生的过电压随着行波传输距离的增加而衰减。如果雷击点和设备之间的距离足够,雷击不会在设备端子和所考虑的接地点之间产生足够高的过电压。因此,如果距离超过限定距离，则不需要考虑雷击；

b） 估算在限定距离内每年雷击架空线路的次数以及雷击点和雷电流幅值的概率；

c） 确定一种系统结构的设备故障率；

d） 估算设备故障率，对于统计法应考虑到所有可能的系统结构，对于半统计法仅考虑一种系统结构。

10.2.2 需要的数据

应用这些方法要求下述数据：

——变电站的配置（设备的位置和特性）和更广泛的需要 FFO 防护的系统的配置（电缆等）；

——设备（变压器、断路器和其他设备）的耐受电压；

——保护设备（避雷器、空气间隙）的特性；

——线路回路数；

——相导线的特性；

——导线和避雷线的弧垂；

——杆塔的几何形状（导线和地线的位置）；

——地线的特性；

——杆塔接地体布置；

——绝缘子串和招弧角的闪络特性；

——塔头空气间隙的放电特性；

——线路避雷器的位置和特性；

——对地落雷密度。

10.2.3 限定距离的确定

GB/T 311.2—2002 提出了一个简化的公式来确定限定距离。该公式主要基于：随着接入变电站线路的数量的增加和因电晕效应引起的衰减作用，侵入波的陡度将显著降低。

通常，采用模拟工具来确定限定距离更准确。

10.2.4 在限定距离内、每年雷击线路次数的估算以及与这些雷击相关的峰值电流的概率分布的估算

10.2.4.1 平均的引雷半径——雷击杆塔和地线

参考文献[4]基于引雷半径 R_a 的观点提出了一个用来计算每 100 km。年线路雷击次数的计算式，它与简化的先导模型和实际的输电线路观测有关：

$$R_a(m)=14\times H_T{}^{0.6} \text{ 以及 } N_L=N_g(2\times R_a+b)/10$$

式中：

H_T ——平均杆塔高度，m；

N_L ——每年每 100 km 线路的雷击次数；

N_g ——对地落雷密度，次/km²/年；

b ——架空地线之间的距离（m）。

7.6.9.3 中详述了用于雷击的电气模型的概率分布。通常认为结果是保守的。

对于配备有避雷线的线路，通常认为 40％雷击在档距内，而 60％雷击在杆塔。

10.2.4.2 引雷半径与雷电流幅值之间的关系—雷击杆塔和地线

可以采用下述公式计算每 100 km 每年雷击的次数，N_L：

$$N_L \approx \frac{N_g}{10}\int_{3}^{300}(2\times R(I)+b)f_g(I)\mathrm{d}I$$

式中：

N_g——对地落雷密度，次/km^2/年；

I——雷电流幅值，kA；

$R(I)$——对应雷电流 I 时的线路引雷半径，m；

b——地线之间的距离，m；

f_g——雷击大地雷电流的概率密度函数。

10.2.4.3 电气几何模型的直接应用

7.6.9.3 中给出的用于雷击的电气模型的概率分布对此是有效的(见图 20)。

10.2.5 任一系统结构的故障率的确定

设备故障的概率密度函数 $F(u)$ 等于在电压 u 作用下的绝缘击穿概率 $P(u)$ 乘以观测到的最大幅值为 u 的过电压概率密度 $f_U(u)$，即：

$$F(u)=P(u)f_U(u)$$

因此，考虑全部过电压的故障概率等于(见 GB/T 311.2—2002)：

$$P_F=\int_0^{\infty}f_U(u)P(u)\mathrm{d}u$$

也可以认为 $P(u)$ 是电压 u_d 低于电压 u 的概率：

$$P(u)=P(u_d\langle u)$$

根据定义，u_d 称为破坏性电压。u_d 和 u 是两个独立的概率变量。

$$P_F=\int_U f_U(u)\left(\int_0^u f_{u_d}\mathrm{d}u_d\right)\mathrm{d}u$$

因此，一个等效公式可用于计算故障率：

$$P_F=\iint_{u_d\langle u}f_U(u)f_{U_d}(u_d)\mathrm{d}u\mathrm{d}u_d$$

U 是与雷电流参数、雷击点和运行相电压瞬时相位角相关的基本变量 X 的函数：

$$P_F=\iint_{u_d\langle u_X}f_X(x)f_{U_d}(U_d)\mathrm{d}u_d\mathrm{d}x$$

我们可以定义系统的状态：

——[$u_d-u(x)>0$]时处于安全状态；

——[$u_d-u(x)<0$]时处于故障状态，是概率积分的范围；

——边界[$g(x)=0$]是临界状态边界面。见图 21。

确定过电压概率的步骤如下：前面步骤中已确定函数 f_X：

——限定距离确定变量 X 的范围；

——使用电气几何模型确定 f_X。

采用电磁暂态程序对临界状态下的边界面进行了近似计算。数值模拟得到的波形可能与标准波形(见 GB 311.1—1997)不一致。但是，计算的过电压通常被认为是代表性过电压。临界状态下的边界面的近似计算可以限制在一个感兴趣的范围内，即假定仅仅具有足够的出现概率的基本变量的组合对危险率计算才有意义。计算故障概率，然后利用与特定系统结构相关的对地闪络密度确定故障率。最终的计算可以采用 Monte-Carlo 法或者类似 FORM/SORM[42]法的其他方法。故障率由故障的概率乘以每年雷电过电压出现的平均次数计算得出。

10.2.6 确定所有系统结构的故障率

故障率是按上述步骤所确定的局部故障率之和。

11 特快波前过电压(VFFO)的分析

11.1 概述

气体绝缘变电站(GIS)内部任何一个瞬时的电压变化都会引起特快波前过电压(VFFO)。出现这种变化的绝大多数是隔离开关分合闸的结果,但是,其他事件如断路器的操作(例如,切并联电抗器)、接地开关的合闸或出现故障也可能引起 VFFO。由于 VFFO 极高的上升率,避雷器不能有效地限制这些过电压。

VFFO 的产生和它在整个 GIS 中传播均可能产生内部和外部过电压。最主要关心的是中心导体和外壳之间的内部过电压。但是,外部瞬态过电压能危及二次设备和临近设备。这些外部瞬态过电压包括 GIS—空气界面处的外壳和地之间的瞬态电压、GIS 电流互感器(外部没有金属屏蔽时)附近绝缘隔板上的电压、电压互感器二次端子上的电压以及可能危及临近的控制设备和继电保护设备的辐射电磁场(EMF)。

通常,VFFO 具有非常短的上升时间,在 4 ns～100 ns 范围内,而且,通常伴随着幅值在 1.5～2.0 p.u(线对地电压幅值)的振荡,有时也可达到高至 2.5 p.u 的幅值。这些数值通常低于 GIS 和相连设备的 LIWV。GIS 中的 VFFO 与范围Ⅱ的设备紧密关联,因为他们的 LIWV 与系统电压的比值较低。在电压为 420 kV 及以上的系统,已经发生过某些设备故障和在两接地部件之间起弧问题,这与隔离开关和断路器的操作有关。

11.2 研究的目的

因 VFFO 导致 GIS 的击穿是不容许的,研究着重于发现因 VFFO 导致闪络的结构配置,这包含在 GB 1985—2004[66]中。通常采用确定性法来发现最苛刻的 VFFO,一般而言,其对应于连接的 GIS 间隔数量最少。

11.3 VFFO 的产生和类型

VFFO 主要起因于:

——隔离开关操作;

——断路器操作;

——包括交流和直流闪络的内部故障;

——接地开关操作;

——隔离负荷开关操作。

这些是 VFFO 的主要起因。隔离开关操作期间,由于触头相对较低的运动速度会出现大量的预击穿和重击穿。合闸操作期间,随着触头的接近,触头间的电场升高,直到出现火花放电。由于低的动作速度,第一次击穿必然出现在工频电压峰值处。随后电流将流过火花间隙并给容性负载充电至电源电压,随着不断地充电,触头间的电位差下降,火花最终熄灭且残余电荷将留在绝缘的母线上。随后击穿的 VFFO 可以导致更高的电压幅值。

11.3.1 断路器的操作

断路器操作期间的物理现象与隔离负荷开关操作期间的一样,但是通常不严重。一个特定的情况是断路器在开断小电感电流时出现重燃(见 IEC 62271-110)。

11.3.2 内部故障

除外部过电压(见11.3.5)外,内部故障通常不是关键的。

11.3.3 接地开关的操作

与内部故障的机理相同,但过电压不严重。

11.3.4 内部瞬态

内部瞬态是指内部导体和罐体之间的瞬态。VFFO在GIS内部的传播可以通过将GIS段作为低损耗的分布参数的输电线路来进行分析。瞬态过程中影响最高频率分量的瞬态内部阻尼由火花电阻确定。可以忽略铝外壳的集肤效应。陡波头瞬态的主要衰减部分是由于传递至架空线路时的不匹配。隔离开关负载侧的残余电荷对VFFO的幅值具有重大影响。一般隔离开关操作,最大残余电荷达到0.5 p.u.时导致的过电压在1.7 p.u.范围,特殊情况可达到2.0 p.u.。

11.3.5 外部瞬态

从内部瞬态引起外部瞬态的机理可将GIS和空气的界面考虑为如图22的所示的三条连接的输电线路来进行分析。GIS内部的瞬态到达GIS和空气的界面处时,一部分传输到架空线路,一部分传输到外壳,还有一部分在GIS内部反射。

11.3.5.1 瞬态外壳电压(TEV)

外壳瞬态电压持续时间短,内部瞬态过电压通过对外壳的耦合在外壳不连续处产生高的瞬态过电压。电压出现的部位通常是连接GIS和架空线路的空气套管处,例如外观检查的接口处、电流互感器的绝缘隔板、GIS和GIS电缆接口处的绝缘法兰。通常,TEV波形至少有两个衰减很快的分量:第一个分量具有短的起始上升时间和紧接着的高频(频率范围5 MHz~10 MHz)振荡;第二个分量具有较低的频率(几百kHz)且通常与电容装置对接地系统的放电有关。通常TEV持续几个微秒,其幅值在0.1 p.u.~0.3 p.u.范围内。

11.3.5.2 架空连接上的瞬态

在GIS和空气交界面处入射的部分行波耦合至与之相连的架空连线并向其他元件传播。通常有两个不同的特征:

——上升时间在20 ns范围的快波头部分;

——整个波形具有典型的非常显著的振荡,频率在10 MHz数量级。

11.4 研究用导则

绝缘配合主要关心的是内部瞬态。外部瞬态涉及到电磁兼容性方面(辅助导体上的瞬态感应以及人员健康和安全)。对于现代的GIS,主要关心的是计算主要由操作隔离开关引起的内部放电时出现的VFFO。

为了进行研究,认为系统可以用7.7.1中规定的元件的模型来表示。需要详细模拟的部分仅限于GIS。

12 模拟计算示例

12.1 概述

本章的目的是为了说明前面提出的方法如何应用于实际研究。因此,对每种类型的研究提出了一种试验方案。

附录中还给出了补充的试验方案。

12.2 示例1:包括长线在内的大型输电系统的TOV

本节概述了包含长线路在内的大型735 kV系统上的TOV试验结果。如8.3.4中的建议,示例分两步实施:

——第1步:稳定计算程序用于检测系统结构和可能导致严重TOV的事件;

——第2步:进行电磁暂态模拟更精确地估计系统中可能出现的过电压水平。考虑到在第一步中观测到的严重机电扰动时系统的动态特性,采用动态电源模型进行TOV模拟。

12.2.1 试验方案中系统的描述

如图23中所示的试验方案系统是一个长的辐射式系统。三个主要的发电中心远离负荷中心:第一个(8 100 MW)、第二个(5 600 MW)和第三个(15 600 MW)。两个主要的输电走廊:从第二和第三发电中心到负荷中心的长度约1 000 km,从第一个发电中心到负荷中心的长度大约400 km。下述设备用来进行无功功率补偿:

——能自动切合的并联电抗器(多台165/330 MVAr单元,总计25 000 MVAr);

——调相机(9×250 MVA);

——静态无功补偿装置(SVC)(11×300 MVA);

——串联电容器(32组累加至11 200 MVAr)。

并且,本输电网络中安装了3个全系统自动操作系统:

——并联电抗器自动切合系统,称为MAIS[40];

——自动跳开电源以及自动甩远端负荷系统,称为RPTC[41];

——投切的金属氧化物避雷器(SMOSA)的系统,称为SPSR[39]、[55]。

12.2.2 第一步:采用稳定计算程序确定系统结构和导致严酷TOV的事件

系统稳定研究表明,在RPTC误动作的情况下,输电系统在CHM7处因三相故障及甩掉三条线路后可能不稳定:即甩掉两条CHM7-JCA7和一条CHM7-SAG7线路。这些干扰可能导致连接LVD7和负荷中心的的三条线路处于失步状态。其结果是,距离保护使这最后三条线路同时跳闸,造成整个系统甩掉全部负荷(或解列)。系统解列后,仍然和发电中心连接的长的空载线路就会因法拉第效应而出现严重的TOV。利用稳定计算程序按下述操作顺序对这种系统解列现象进行了模拟:

——$t=0$时,系统处于稳态大潮流状态;

——$t=6$周波时,在CHM7处出现三相故障;

——$t=12$周波时,同时跳开CHM7-JAC7和CHM7-SAG7三条线路切除CHM7处的三相故障;

——$t=27$周波时,通过RPTC的动作成功甩掉TIL7处的4 400 MW发电容量。但是,由于RPTC的动作失误,远端的负荷卸载功能没有发挥作用;

——$t=55$周波时,在失步条件下距离保护动作使得连接LVD7和负荷中心的三条线路跳闸造成系统解列。

稳态程序的结果如图24和图25所示。甩掉CHM7-JAC7和CHM7-SAG7的三条线路和三相故障消除后,各发电中心的频率上升率不同。在$t=55$周波(0.9166 s)时这些发电中心之间的频率差异接近1.0 Hz或0.016 p.u.,此时,第三发电中心和第二发电中心及第一发电中心之间达到了失步条件,如图25所示。同时,在系统解列发生前LVD7和CHE7上的电压达到其最低值(图24)。随后系统解列,仍然和第三发电中心连接的长空载线路和低补偿线路上会出现严重的TOV。结果在LVD7和CHM7处测到的预期TOV为2.5~2.7 p.u.。这些预期的TOV要比那些单相接地故障期间出现在健全相上的 TOV 更为严酷。尽管第三发电中心的电压调节装置可在 30 周波内降低预期 TOV 的幅值，但其作用也不足以将 TOV 降低到系统设备的安全水平以下(图 24)。应该注意的是稳定计算程序的结果没有考虑变压器饱和以及金属氧化物避雷器的非线性效应。这些效应能够限制实际系统中的预期 TOV。因此，为了获得更真实的 TOV，详细的电磁暂态模拟需要包括系统的动态特性、变压器饱和以及金属氧化物避雷器。

12.2.3 第二步：电磁暂态模拟

12.2.3.1 系统建模

利用下述模型，对系统结构和在第一步中被确定的导致严重 TOV 的事件，进行详细的三相电磁暂态模拟。

——动态电源

为了表示系统的动态特性，利用 7.4.1 中描述的动态电源模型对所有的发电厂和所有的戴维宁等效电源进行模拟：如图 26 所示的两个激励信号 $\delta_1(t)$ 和 $V_i(t)$ 是从第一步的稳定模拟结果计算得出的。这一繁衍模拟技术仅能用于包含已用稳定程序确定过的系统动态特性，但是，通过详细地模拟系统的非线性特性(如变压器以及金属氧化物避雷器)，电磁暂态计算可以给出更准确的系统中 TOV 结果。

——输电线路

所有的输电线路采用基频时的正序和零序线路参数的三相分布式线路模型来表示。

——变压器和自耦变压器

饱和变压器模型用来表示系统中所有变压器和自耦变压器。变压器的饱和特性用具有 1.2 p.u. 的拐点和 30%斜率饱和区域的代表性饱和曲线表示。

——负荷

根据系统故障前潮流计算所有的系统有功和无功功率，并通过与变压器二次侧连接下级输电系统来分配这些负荷。这些负荷用 R-L-C 并联支路组成的恒定阻抗来表示。

——调相机

所有的调相机采用具有等效内阻抗的动态电源模型来表示。控制这些动态电源必要的数据都是从第一步的稳定模拟的结果收集而来的。

——静止无功装置(SVS)和 HVDC 的内部连接

所有的 SVS 和 HVDC 的内部连接也由等效的动态电源模型来表示。这些动态电源模型的内阻抗的设定较高以便使它们不会改变系统的强度。控制这些动态电源必要的数据都是从第一步的稳态模拟的结果收集而来的。

——保护串联电容组的金属氧化物电阻片

所有保护串联电容组的金属氧化物电阻器用非线性模型来模拟，其 $V\text{-}I$ 特性用低频注入电流(ms 级波前)的方式获得。

——避雷器

在试验方案中采用了两种类型的金属氧化物避雷器：

- 额定电压 588 kV 或 612 kV 长期运行的金属氧化物避雷器

  额定电压 588 kV 或 612 kV 的长期运行的金属氧化物避雷器安装在每一个 735 kV 变电站不同的位置，如并联电抗器端头、变压器端头、线路断路器的线路侧等。其操作冲击保护水平约为 1.9～2.0 p.u.。这些金属氧化物避雷器用表示其在低频注入电流(ms 级波头)时的 $V\text{-}I$ 特性的非线性模型来模拟；
- 额定电压为 484 kV 自动投切的金属氧化物避雷器(SMOSA)[39]、[55]

SMOSA 安装在 ABI7、CHB7、LVD7、CHM7 和 SAG7 的线路端子处，在系统甩掉全部负荷(或系统解列)的工况下可以把 TOV 幅值限制到大约 1.6 p.u.。因为其额定电压太低而不能固定地连接在系统上，因此它们必须在系统扰动期间短时间(≈15 s)内自动投入，而这些扰动或由本地的功率摇摆检测出，或由远方的频率升高检测出，或者输电走廊开断条件引起的。这些金属氧化物避雷器也用表示其在低频注入电流(ms 级波前时间)时的 *V-I* 特性的非线性模型来模拟。

——操作顺序

在电磁暂态模拟中通过采用时间控制开关来重演第一步模拟中导致严重 TOV 的操作顺序。

12.2.3.2 结果

电磁暂态模拟的结果在图 27、图 28、图 29 和图 30 中表示。

——固定连接的避雷器的影响

图 27 和图 28 表示了采用 588 kV 和 612 kV 固定连接的避雷器后，在 LVD7 和 CHM7 处根据电磁暂态模拟获得的代表性 TOV。可以看出：系统中避雷器的非线性特性可以限制系统解列后的 TOV 在 1.9～2.0 p.u，而稳态模拟 TOV 则达到 2.7 p.u。

——自动投切型金属氧化物避雷器的影响

图 29 和图 30 表示的电磁暂态模拟结果表明存在 484 kV 自动投切的金属氧化物避雷器时 LVD7 和 CHM7 处的 TOV 进一步降低到小于 1.6 p.u.。

12.2.4 模拟和方法方面的结论

根据这些 TOV 试验方案的结果可以得出下述结论：

——在大型输电系统中，甩掉全部负荷(或系统解列)后的 TOV 可以利用包含系统动态特性和线路非线性特性如变压器饱和、金属氧化物避雷器等的电磁暂态程序进行精确模拟；

——为了获得实际的 TOV，与网络中最关联的保护和自动分合系统相关的所有动作都应予以预测和模拟；

——为了获得真实的 TOV 结果，发生扰动的输电网中主要部分应在电磁暂态模拟中详细表示。

12.3 示例 2(SFO)——500 kV 线路充电(合闸)

本试验工况描述了利用半统计法(见 9.4.2)研究一条假想的 500 kV 线路的充电(合闸)。研究了残余电荷和接入电阻对过电压水平的影响。用故障率比较了不同的线路结构。

12.3.1 输入的数据和模型

12.3.1.1 图形(图 31)

12.3.1.2 短路功率

电源通过一个理想的电压源和频率为 1 500 Hz 的谐振回路来表示(见表 14)。

表 14 电源侧参数

U_n	标称电压/V	525 000
P_{cc3}	三相短路功率/VA	3.0×10^9
P_{cc1}	单相短路功率/VA	9.52×10^8
f	谐振频率/Hz	1 500

表 14（续）

电源的 τ	时间常数/s	5.00×10^{-2}
I_{cc3}	三相短路电流/A	3 299
I_{cc1}	单相短路电流/A	1 047
L_1	正序电感/mH	9.74
L_0	零序电感/mH	72.6
R_1	正序电阻/Ω	0.195
R_0	零序电阻/Ω	1.45
C_1	相杂散电容/μF	1.15
C_n	中性点杂散电容/μF	0.537
R	阻尼电阻/Ω	73.5

12.3.1.3 变电站接地(7.5.12)

接地阻抗由 5 Ω 电阻来表示。

12.3.1.4 避雷器(7.5.11)

避雷器由其 $U(I)$ 特性来模拟。关于操作瞬态，通过其额定电压 U_r、持续运行电压 U_c、线路放电等级 CI 以及操作冲击残压 U(2 kA)来表征。U_r 取决于网络上可能出现的稳态电压(见表 15)。

表 15 避雷器的特性

U_r	额定电压/kV	444
U_c	持续运行电压/kV	324
CI	线路放电等级/CEI	5
U(2 kA)	2 kA 时的残压/kV	907

12.3.1.5 并联电抗器

本研究的补偿系数为 70%，这是 EHV 线路的典型值，在线路的两端各接总补偿容量 1/2 的电抗器(见表 16)。

表 16 并联电抗器的特性

C_{line}	线路电容/μF	5.28
α	补偿系数	0.7
L_s	并联电抗器的电感/H	5.488
R_{sh}	阻尼电阻/Ω	3.45

12.3.1.6 线路合闸断路器

为了考虑相间合闸时间的标准偏差，采用了统计操作(见 7.5.10.1)。

如果使用合闸电阻(400 Ω)就会引入辅助触头。该辅助触头合闸也有统计性质,即在主触头合闸前 10 ms 合闸。相间时间分布的标准偏差对于辅助触头为 0.66 ms,对于主触头为 1 ms(见图 32)。

12.3.1.7 线路末端变电站断路器

假定该断路器一直处于分闸位置并研究了所有的电压:相对地、相间和纵向(极间)电压。

对相对地和纵向(极间)杂散电容进行了模拟(见表 17)。

表 17 断路器的电容

C_a	相对地杂散电容/pF	120
C_p	纵向杂散电容/pF	200

12.3.1.8 线路(7.5.2.2)

线路用分布元件模拟,为了获得沿线路的电压,按每 40 km 分段。用一个非常简单的模型来表示线路,即所谓的 K. C. LEE 模型[29]。模型的代表频率为 500 Hz。

12.3.1.9 残余电荷(7.5.2.1)

稳态计算期间,线路通过辅助电压源充电并在第一个时间步长之后切断(见表 18)。

表 18 残余电荷

U_n	标称电压/V	525 000
I_a	截断电流/A	0

12.3.2 采用的方法

采用半统计法,仅考虑一个网络状态,唯一的变量是断路器的合闸时间。对系统四种结构配置采用了该方法,如表 19 所示。

表 19 系统结构

网络配置	并联补偿	避雷器	残余电荷	合闸电阻
基本的	√	√		
残余电荷	√	√	√	
合闸电阻	√	√		√
残余电荷+合闸电阻	√	√	√	√

对每一种系统结构,进行 300 次的开关操作模拟。

对每一种系统研究了 3 个子系统(网络):变电站 0、线路和变电站 F(表 20)。每一个子系统是总系统的一部分且可以由一个或多个节点组成。

在每次变电站 0 的断路器的合闸期间(每个模拟)以及对每个子系统,记录了两种或三种过电压:相对地、相间及纵向(极间)。

表 20 记录的过电压

	相对地	相间	纵向(极间)
变电站 0	√	√	
线路	√	√	
变电站 F	√	√	√

对于每次模拟仅考虑峰值并输入到每个子系统的概率中(见 GB/T 311.2—2002 中的 2.3.3)。当然,这要一个绝缘一个绝缘地分别计算。

例如,对于基本系统结构,考虑了 3 个子系统(变电站 0、线路和变电站 F)。"线路"子网络包括 10 组三相节点,因此,对每次模拟和每种绝缘,10 组三相节点中最高的峰值被添加到电压分布中。

然后对每种过电压分布就可以计算故障率 。

12.3.3 结果和解释

对表 21 和图 33 中所示的故障率进行了分析比较。可以发现合闸电阻对其产生的影响:不论有无残余电荷,合闸电阻会显著地降低过电压,甚至导致故障率为零。

表 21 1 000 次操作的故障次数

1 000 次操作的故障次数	变电站 0		线路		变电站 F		
	相对地	相间	相对地	相间	相对地	相间	纵向(极间)
基本情况	0.00	0.00	0.39	0.00	0.36	0.22	0.00
预接入电阻(PIR)	0.00	0.00	0.00	0.00	0.00	0.00	0.00
残余电荷(TC)	0.00	0.00	318.16	0.00	7.08	81.66	0.00
PIR+TC	0.00	0.00	0.00	0.00	0.00	0.00	0.00
耐受水平/kV	950	1 615	1 050	2 000	950	1 615	950

此类统计研究可以用来优化设备的绝缘耐受水平。重要的是研究故障率和绝缘耐受水平之间的关系。当然,随着绝缘耐受水平的提高故障次数会降低。

图 34 是假定不同的设备耐受水平和带残余电荷的故障率。

为了寻求最优技术经济指标,该故障率的降低必须和绝缘成本的提高进行比较。

12.4 示例 3(FFO)——500 kV GIS 变电站的雷电防护

本条款中介绍的研究是 GIS 对雷击地线和杆塔引起的侵入波过电压的防雷保护。采用了 10.2 中提出的用于计算每年绝缘故障率的半统计法。该方法包括采用下面几个步骤:

——确定限定距离;

——计算雷击线路的次数和与这些雷击相关的随机分布;

——计算在一种网络结构下的 GIS 的故障风险。

本节主要集中在最后一步,对第一步仅仅简单提及。为了便于对该方法的理解,假定条件被有意简化。

12.4.1 输入数据和模型

12.4.1.1 系统模型图(图 35)

在正常运行条件下一个 500 kV GIS 变电站进行雷电研究的电路图。

12.4.1.2 雷电流

雷击是用几个不同峰值电流的双斜率波形来模拟。

到达峰值的时间由下式(见附录 C)给出的峰值电流的函数来定义,它考虑到电流峰值大于 20 kA 时,给出了到达峰值的最小等效中间时间(μs)与雷电流峰值(kA)的关系:

$$t_{m}=0.154\times i^{0.624}$$

不论雷电流峰值是多少,雷电流尾部的持续时间固定为 150 μs(图 36)。

采用数值模拟确定极限距离。假定雷击地线和雷击杆塔产生相同的过电压。因此,为了简化,雷击点限定于最靠近变电站的几基输电线路杆塔的顶部(不包括和接地网连接的终端杆塔)。

假定起始时间的交流电压是确定的,并且其相角固定在使雷击过电压为最大时的数值(保守的情况)。

12.4.1.3 元件模型

表 22 给出了系统的模型。

表 22 系统的模型

变电站的结构	特征见图 35	模 型
电力变压器		10 nF 的相对地电容(见 7.6.7)
电容式电压互感器		5 nF 的相对地电容(见 7.6.7)
GIS	耐受电压(正态分布) 中间值=1 550 kV 标准偏差:10%	波阻抗:60 Ω 传播速度:真空中速度的 0.95 倍
变电站中的连接导体		3 m 和 15 m 之间的连接段用 1 μH/m 的集中电感模型化
杆塔		150 Ω 的传播元件(见 7.6.3.1)
档距	具有两根地线的双回线路	与频率相关的线路模型(见 7.6.2)
杆塔的接地电极		10 Ω 的集中电阻
变电站的接地电极		零阻抗
避雷器		用其 8/20 μs 的特性表示[a]
空气间隙		等同地区标准

[a] 避雷器的连接以及避雷器自身的高度用等效电感表示,但是,在给出的研究中,作为简化,忽略了陡度大于 8/20 μs 时残压的增加。如果相关特性已知,它们也已在研究中作了考虑。

12.4.1.4 用于落雷计算的数据

表 23 中给出了 EGM 所需要的数据。

表 23 应用 EGM 法需要的数据

数　据	杆塔高度:57 m 档距中间处避雷线高度:45.5 m 对地闪络密度:每平方公里每年闪络 4 次
EGM 模型	洛夫(Love)的 EGM[4]

12.4.2 方法

12.4.2.1 限定距离的估算

用瞬态模拟进行计算。

12.4.2.2 雷击线路次数和与这些雷击相关的随机分布的估算

采用引雷半径与雷电流峰值的关系(见 10.2.4),计算每段线路的雷击次数,见表 25。使用 Love 的电气几何模型,根据表 24 中提供的参数建立一对数——正态分布关系来计算雷击于地面的雷电流峰值的概率密度。

表 24 峰值电流分布

中　间　值	33 kA
对数标准偏差	0.605 kA

表 25 两条架空进线上不同区段的雷击次数

段	杆塔 2	杆塔 3	杆塔 6	杆塔 7	杆塔 8
每年的雷击次数	0.14	0.14	0.11	0.2	0.25

雷电流峰值的统计分布将是上面给出了的“结构上的统计分布”。

12.4.2.3 风险估算

12.4.2.3.1 临界状态下界面的公式化表示

如果雷电过电压 U 大于破坏性放电电压 U_d,近似认为 GIS 绝缘处于故障状态。因此,当 $U_d=U$ 时,即达到临界状态。

对于每一雷击点,都把雷电过电压作为峰值电流 i_k 的函数模拟。对于 GIS 的每一段都可以获得由模拟电流幅值和相应过电压组成的一组对偶数据(i_k,u_k)。通过对这组数据进行插值就可以获得临界状态函数 $u_d=u(i)$。见图 37。

12.4.2.3.2 故障风险公式化表示(见附录 C 和 10.2.5)

绝缘故障的风险就是故障域的概率的集合:

$$P_F=P(U(I)>U_d)=\iint_{u_d-u(i)\leqslant 0} f_{I,U_d}(i,u_d)\,\mathrm{d}i\mathrm{d}u_d$$

变量的定义在10.2.5中给出。

因为峰值电流和GIS的破坏性放电电压是相互独立的随机变量，联合的概率密度函数 $f_{I,U_d}(\cdots)$ 是峰值电流边界概率密度函数 $f_I(\cdot)$ 和破坏性放电电压概率密度函数 $f_{U_d}(\cdot)$ 的简单乘积。如下式：

$$f_{I,U_d}(i,u_d)=f_I(i)f_{U_d}(u_d)$$

此后，假定峰值电流和GIS的破坏性放电电压分别为具有表26中给出参数的对数——正态分布。

表26 GIS破坏性放电电压分布和雷电流峰值分布的参数

GIS破坏性放电电压分布	中间值/kV	1 550
	标准偏差/kV	155(中间值的10%)
雷电流峰值分布	中间值/kA	33
	对数标准偏差	0.605
注：对于GIS的破坏性放电电压标准偏差取为中间值的10%，但是，实际上通常考虑较低的数值。		

根据图38中给出的联合概率密度函数 $f_{I,U_d}(\cdots)$ 的等值曲线，可以做出其三维图形。同图中曲线上的各点具有相同的密度值。正因为如此，高概率值处于安全区域。

采用FORM方法(见附录C)可以积分计算出总的风险。

12.4.3 结果和解释

12.4.3.1 对于GIS的每一段和每一部分的FORM估算结果

表27摘要了GIS用FORM估算的结果。

表27 FORM的风险估算(杆塔接地电阻=10 Ω)

风　险	雷击点					
	杆塔2	杆塔3	杆塔6	杆塔7	杆塔8	杆塔9
GIS11的风险	2.5E-5	3.1E-4	1.2E-4	1.9E-4	1.8E-5	9.8E-5
GIS21的风险	1.4E-5	2.3E-4	1.2E-4	1.7E-4	1.8E-5	6.7E-5
GIS31的风险	2.5E-5	5.1E-4	1.4E-4	2.1E-4	1.7E-5	7.4E-5
GIS12的风险	4.6E-6	2.2E-4	1.3E-4	8.5E-5	7.8E-6	4.9E-5
GIS22的风险	4.4E-6	1.9E-4	1.2E-4	6.2E-5	8.7E-6	3.9E-5
GIS32的风险	1.3E-5	2.0E-4	1.5E-4	1.4E-4	1.4E-5	6.2E-5
GIS1的风险	2.0E-5	2.7E-4	1.3E-4	2.0E-4	1.7E-5	8.0E-5
GIS2的风险	6.5E-6	2.2E-4	1.3E-4	1.0E-4	9.5E-6	4.9E-5

12.4.3.2 GIS每一部分的总故障率

对某一特定结构的GIS，其一部分的绝缘故障率是与不同雷击点相关的单个故障率之和。每个故障率是雷击频率与给出的该点故障风险(见表28)的乘积。

表 28 对于 GIS11 的故障率估算

雷击于	杆塔 2	杆塔 3	杆塔 6	杆塔 7	杆塔 8
每年雷击次数	0.14	0.14	0.11	0.2	0.25
故障率	2.5E-5	3.1E-4	1.165E-4	1.9E-4	1.8E-5
与每个线路段关联的故障率	0.34E-5	0.43E-4	0.1E-4	0.4E-4	0.45E-5
总的故障率(故障次数/年)	1.019E-4/年				

总的故障率为 1.0E-4/年。它等于该线路每段线路相应的故障率之和。

注意:如果 GIS 某一部分的故障率高出另一部分故障率一个数量级,则可以假定该部分的故障风险就是整个变电站的故障风险;如果不满足该条件,则总的风险可以保守地近似为局部风险的算术和。

12.5 工况 4(VFFO)——765 kV GIS 中瞬态的模拟

本试验介绍了已进行的验证 GIS 模型的研究的某些方面[51]。通过对一个 765 kV 变电站数字模拟的结果进行说明。

12.5.1 输入的数据和模型

图 39 和图 40 表示了 765 kV 试验间隔的单线接线图。表 29 中给出了表示这种工况的元件的模型。遵循 7.7.1 的推荐进行元件的模拟。

表 29 GIS 元件的模拟:765 kV GIS 的数据

支 路	Z/Ω	传播时间/ns
UC1-J3	75	6.40
J3-J4	75	48.0
J4-T22	75	2.20
T22-T23	51	1.90
J4-D9	78	2.20
D9-D88	68	1.80
D88-D66	59	4.20
D44-D22	33	5.80
D22-Di	330	9.10
J3-T21	75	2.20
T21-T20	51	1.90
T20-T19	160	0.67
T19-T18	65	1.70
T19-T17	75	6.80
T17-T16	65	1.70
T17-J7	75	8.50
J7-T24	75	2.20

表 29（续）

支　　路	Z/Ω	传播时间/ns
T24-T25	51	1.90
J7-T25	75	2.20
T26-T27	51	1.90
T17-T14	160	0.67
T14-T13	51	1.90
T13-T11	75	9.90
T11-T12	65	1.70
T11-J2	75	7.50
J2-T9	75	2.20
T9-T10	51	1.90
T10-T28	160	0.67
T28-J6	75	7.10
J6-UK	75	6.40
T28-T29	65	1.70
T28-J5	75	8.80
J5-T30	75	2.20
T30-T32	51	1.90
J2-J1	75	6.70
J1-T4	75	2.20
T4-T3	51	1.90
J1-T5	75	2.20
T5-T6	51	1.90

12.5.2　用于验证模型的方法

为了验证 GIS 模型进行了确定性研究，其步骤综述如下：

——采用波前为 4 ns 和 20 ns 的波对单个元件进行低压模拟；

——根据其物理尺寸计算系统中所有元件对应的模型参数。模拟时假定传播速度等于真空中光速的 0.96 倍。

对于一般的研究，输入波形应是下述三种中的一种：

——由开关断口间的电压确定其峰值的斜角波电压；

——开关两侧的两个斜角波电流，当输入电流波到达峰值时，开关断口间的电压等于零；

——把开关两侧均充电到要求值，然后合闸。

12.5.3 结果和解释

在图 40 的结构中，通过 75 Ω 的匹配阻抗在 UC1 处注入低压阶跃，采用两个不同的阶跃电压模型进行数值模拟。

——第一个电压源模型，在 $t=0$ 时刻施加最大值为 100 V 的斜角波电压；

——第二个电压源模型，也施加了最大值为 100 V 斜角波电压，但是，瞬态起始时刻在斜角波电压达到其最大值时开关合闸之后。

图 41 和图 42 表示了两种情况下在两个节点处获得的波形。可以看出：对于两种情况，除了在输入节点 UC1 附近最初几个纳秒内，它们基本上是相同的。这些模拟结果与实际低压测量非常吻合[51]。

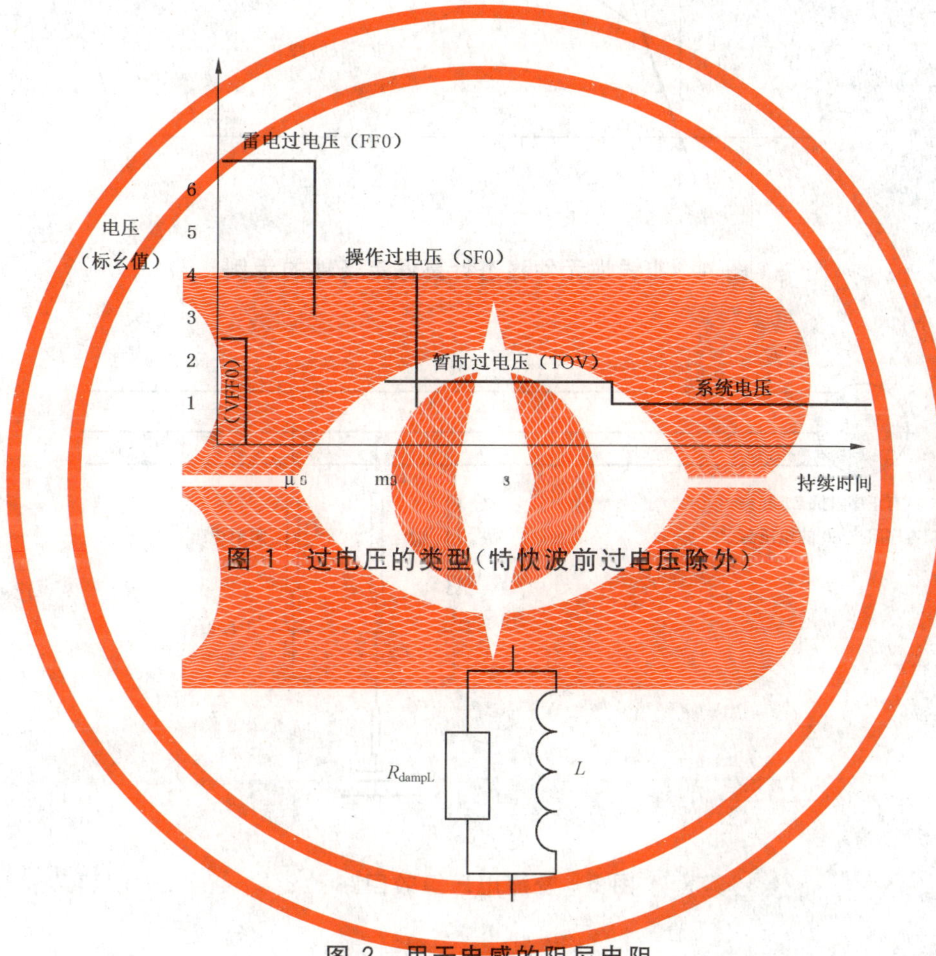

图 1 过电压的类型(特快波前过电压除外)

图 2 用于电感的阻尼电阻

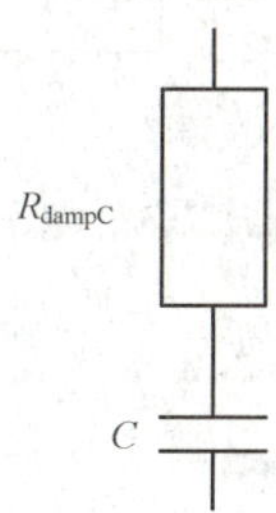

图 3 用于电容的阻尼电阻

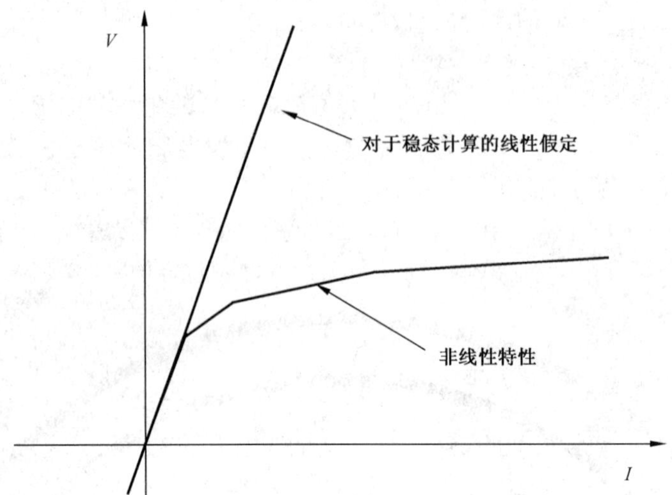

图 4　非线性元件稳态计算假定条件的示例

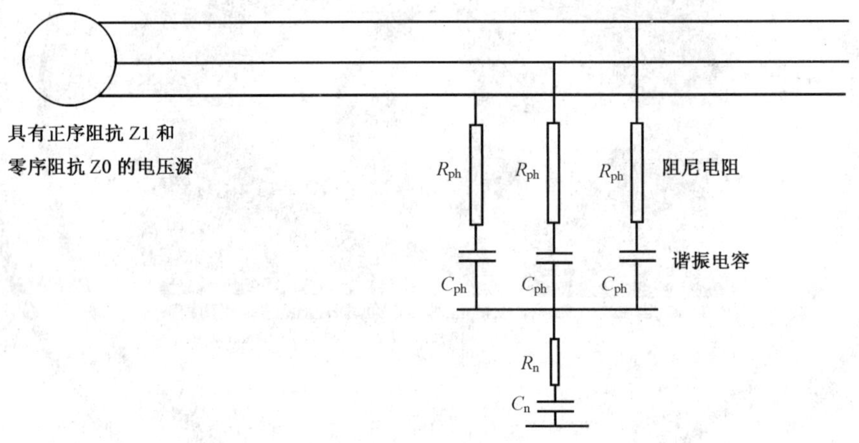

图 5　交流电压等效回路

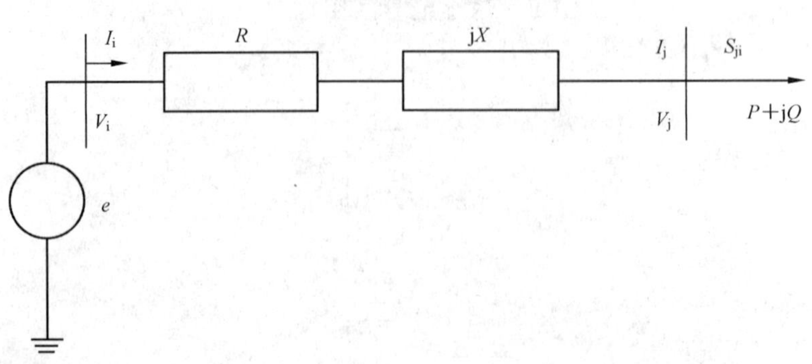

图 6　动态电源模型

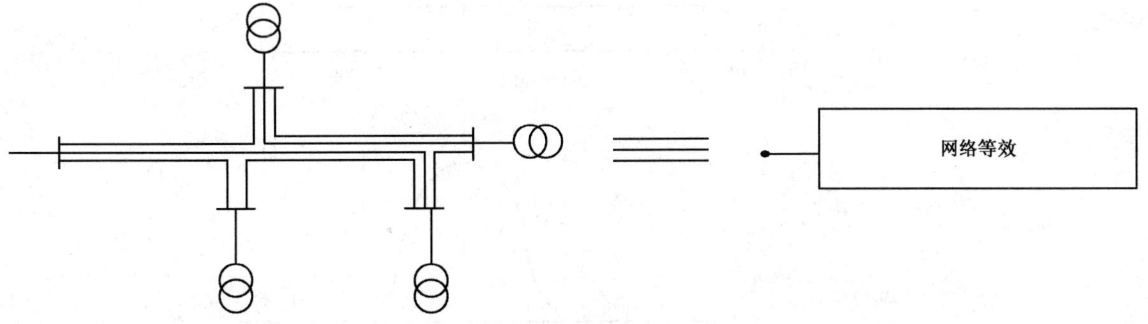

图 7　线性网络的等效表示

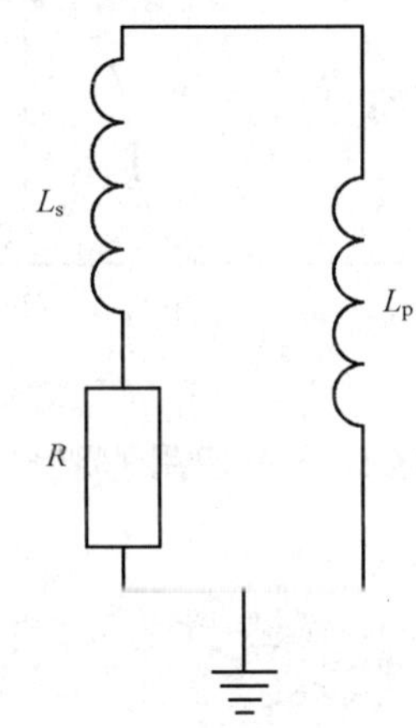

图 8　[56]中负载的表示

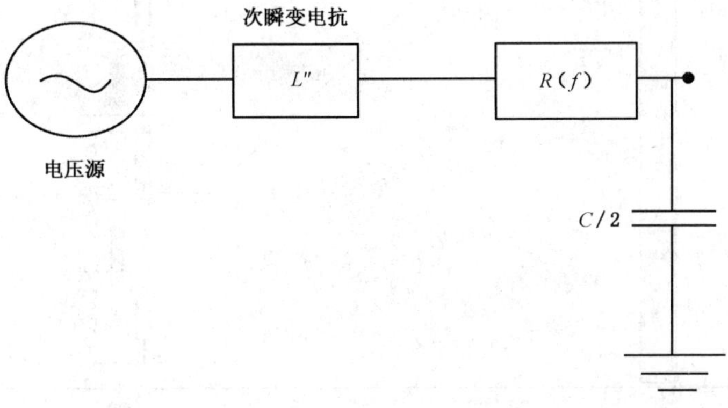

图 9　同步电机的表示

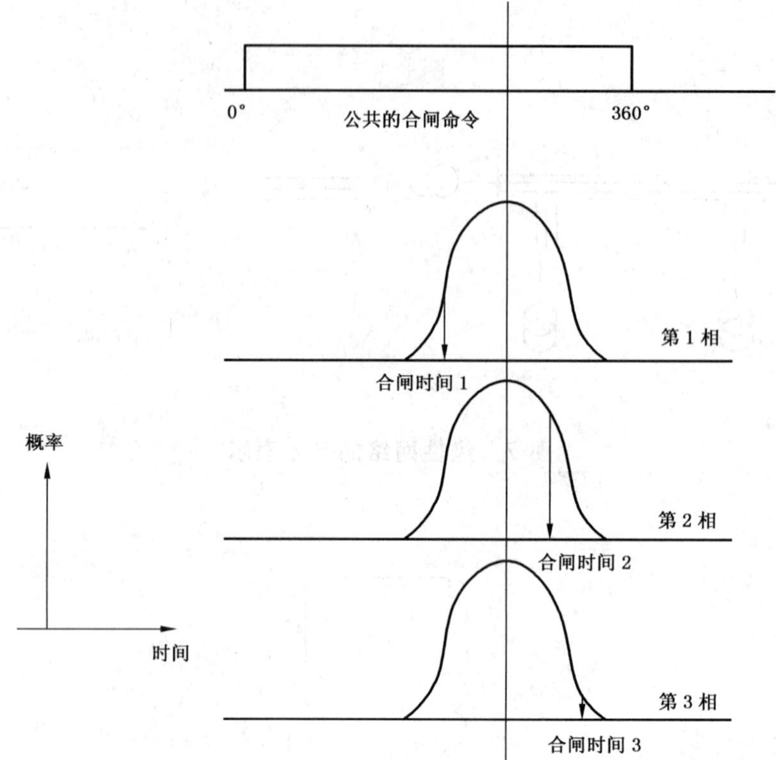

图 10　统计开关使用的双分布图解

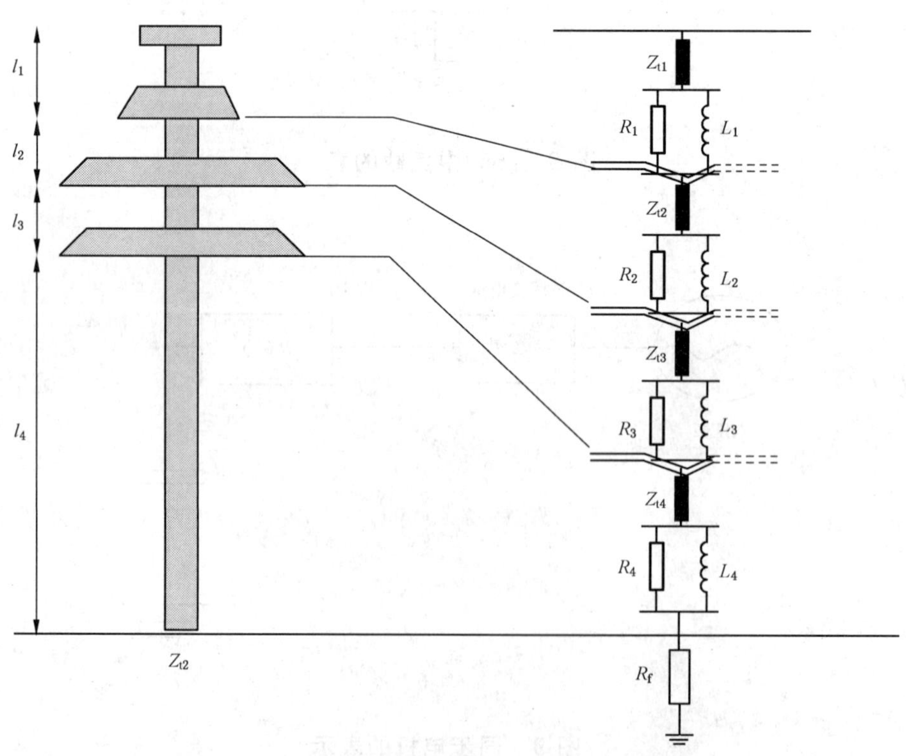

图 11　多段输电杆塔[16]，$H = l_1 + l_2 + l_3 + l_4$

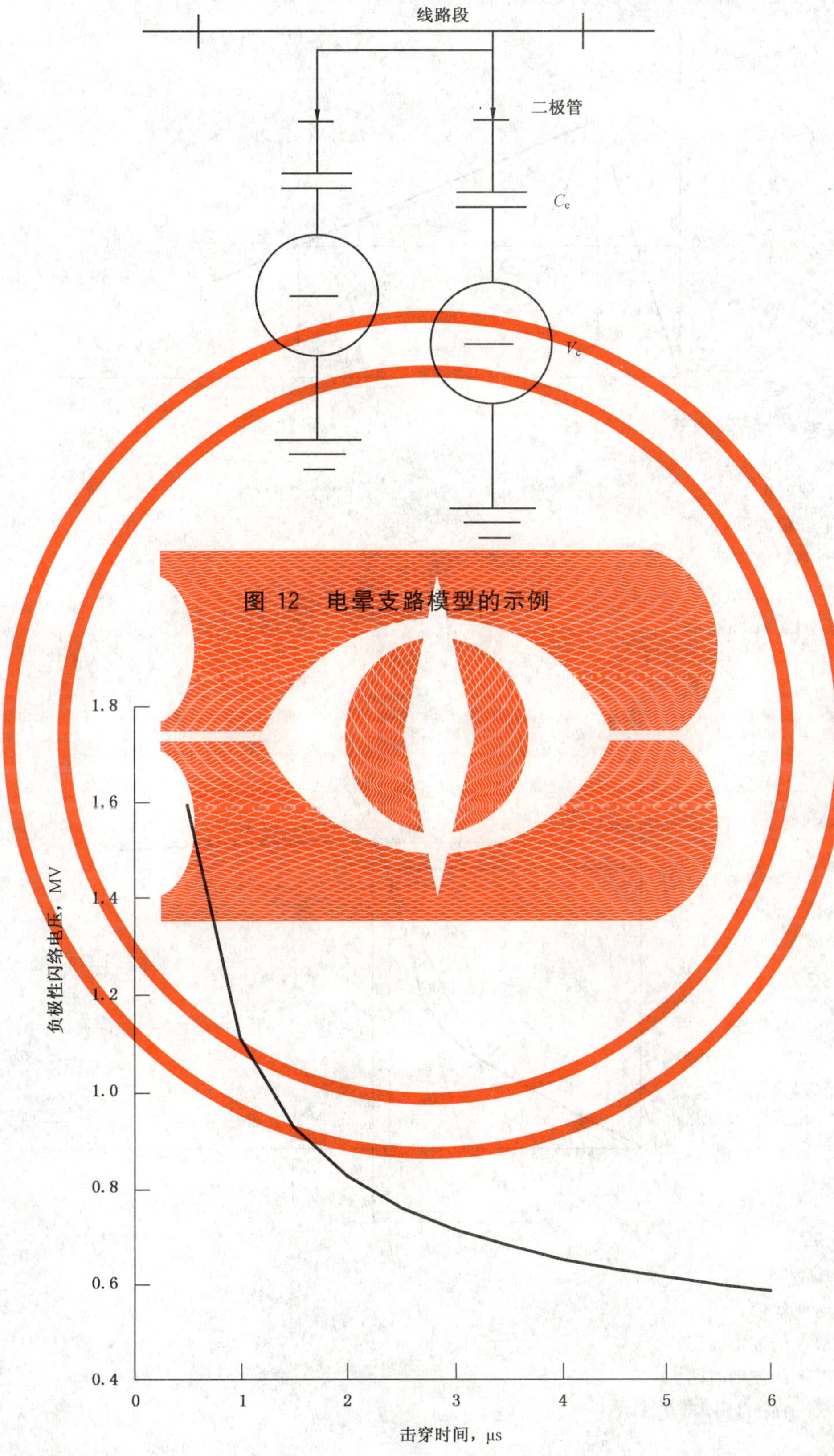

图 12 电晕支路模型的示例

图 13 伏秒特性曲线的示例

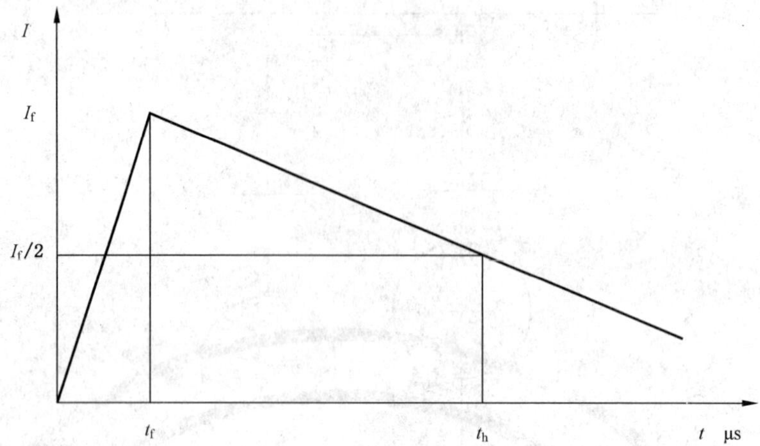

t_f——波前时间；
t_h——半峰值时间；
I_f——电流幅值。

图 14 双斜线波形

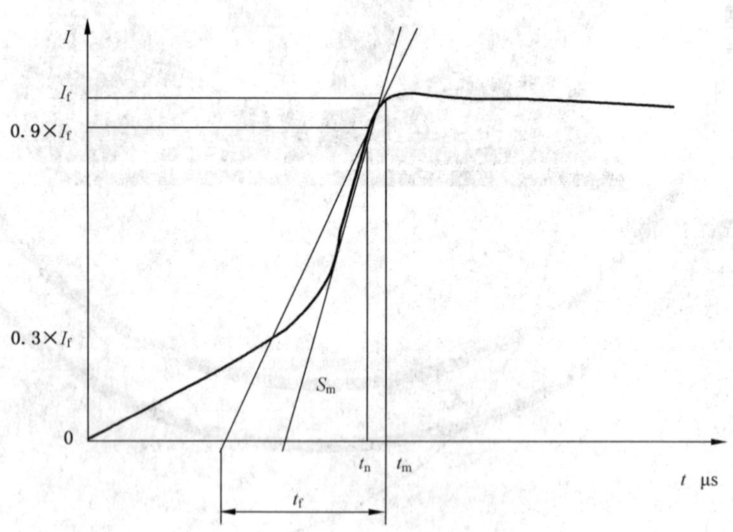

I_f——电流幅值；
S_m——最大的波前陡度；
t_f——等效的波前时间。

注：I_f、S_m、t_f 来自图 13[4]。

图 15 CIGRE 的中凹波形

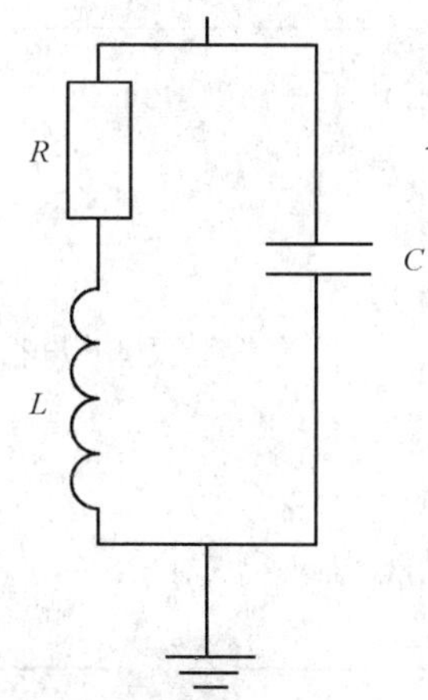

图 16 接地电极的简化模型

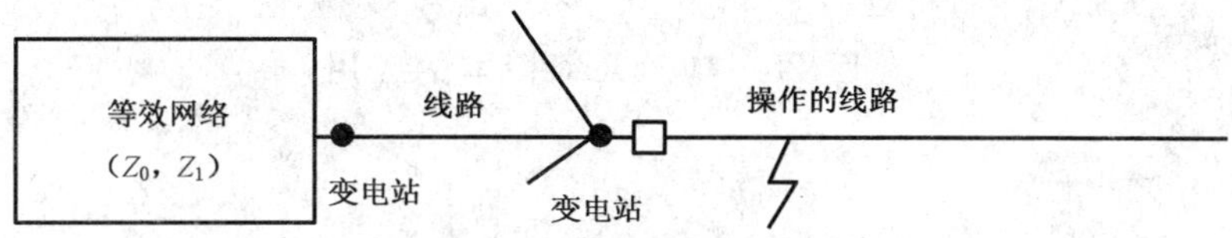

图 17 一个变电站纵深的网络模拟示例

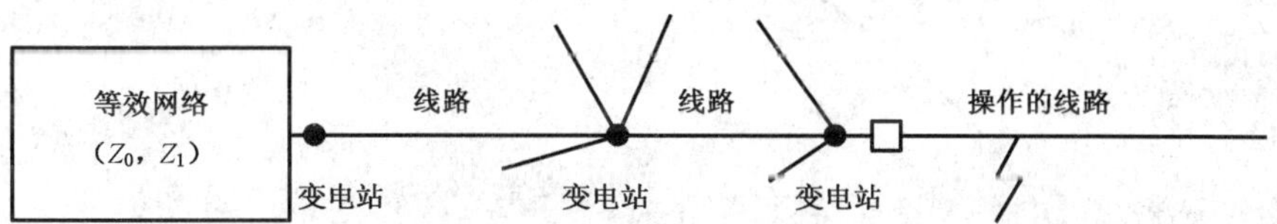

图 18 两个变电站纵深的网络模拟示例

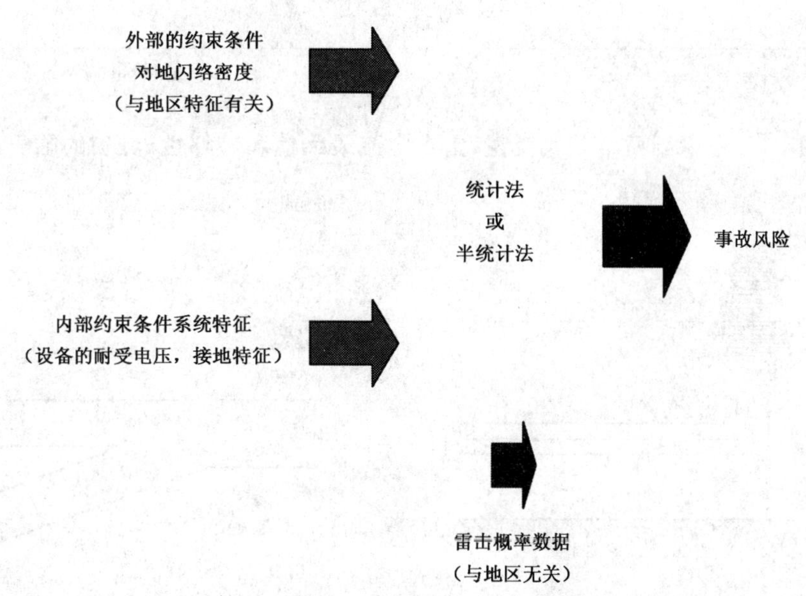

图 19 统计法和半统计法的应用

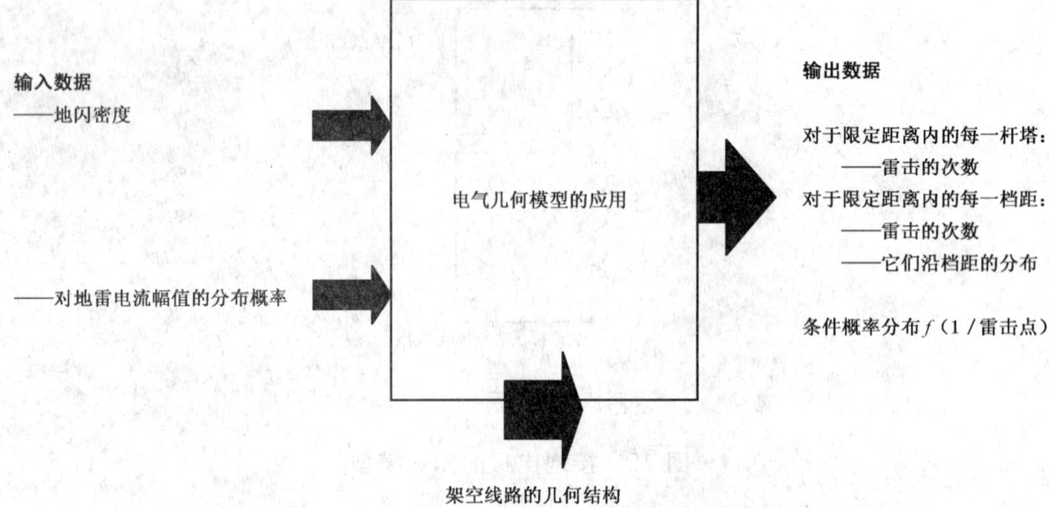

图 20 电气几何模型的应用

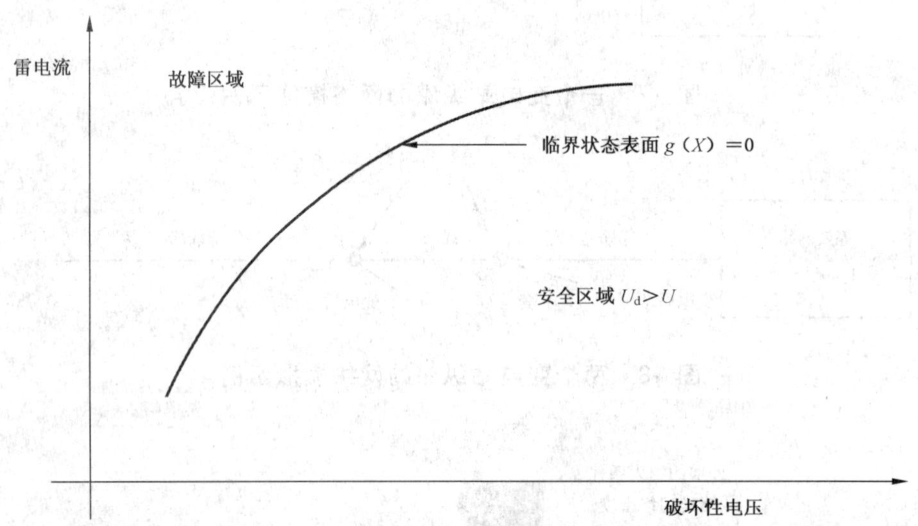

图 21 考虑到两个随机变量（雷击电流最大值和破坏性电压）的临界函数

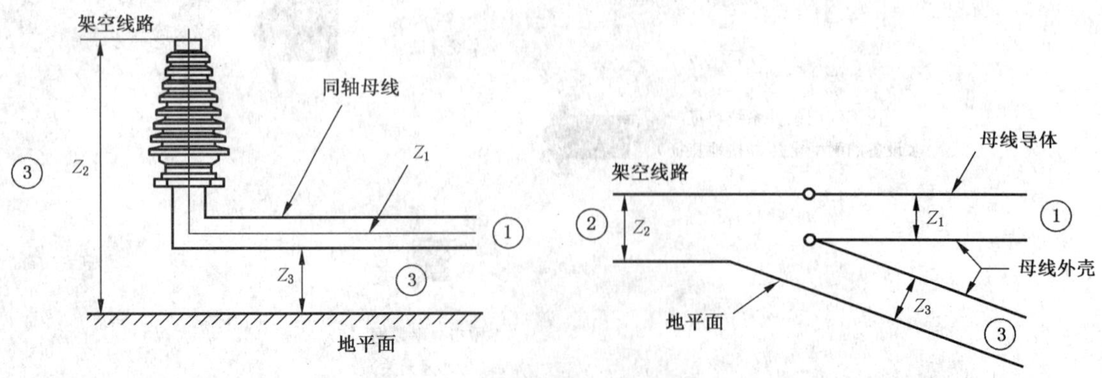

图 22 GIS 和空气的界面处：外壳和地之间的耦合（Z_3），架空线路和地之间（Z_2）以及母线导体和外壳之间（Z_1）[33]

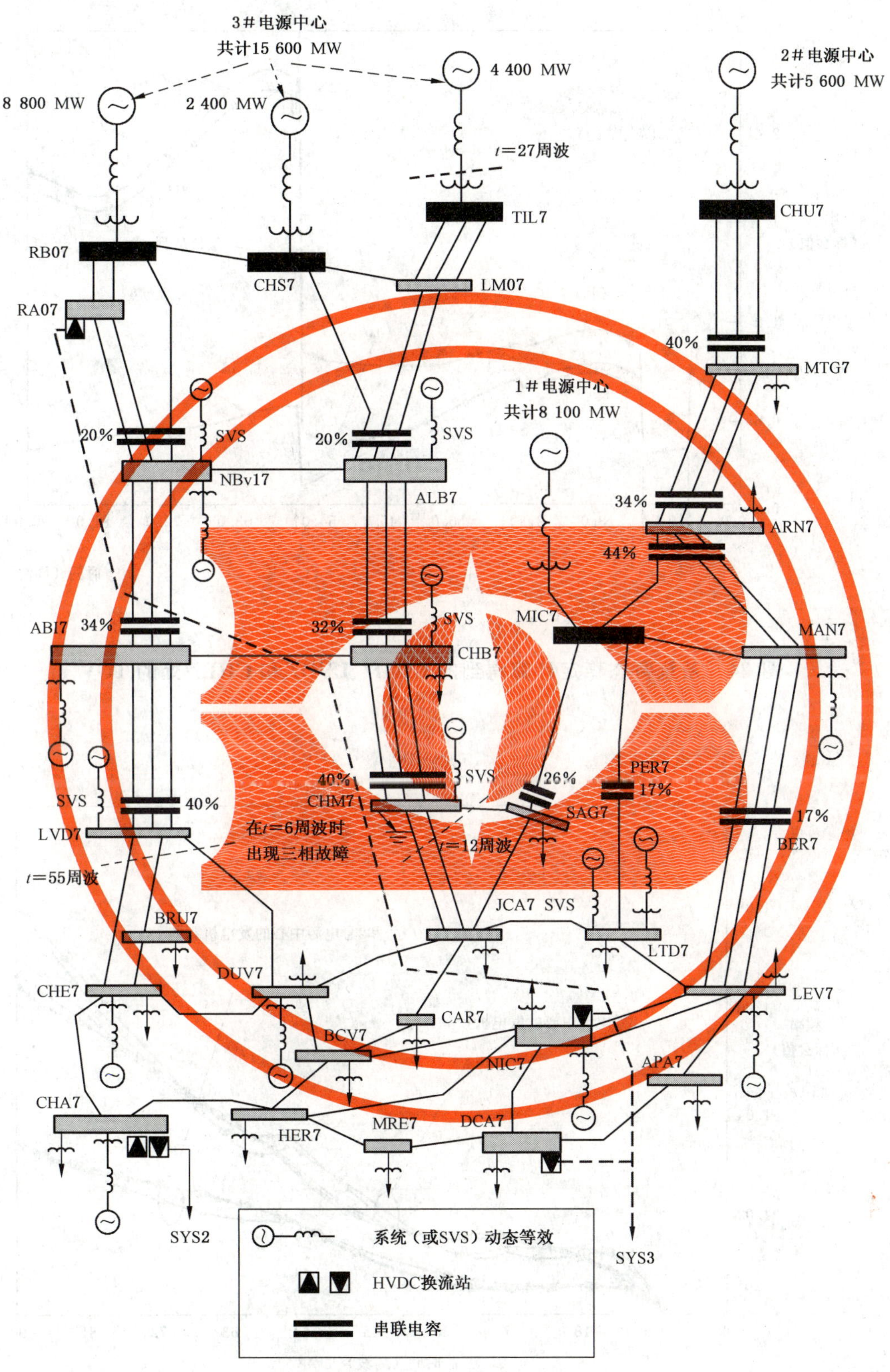

图 23　试验系统的单线图

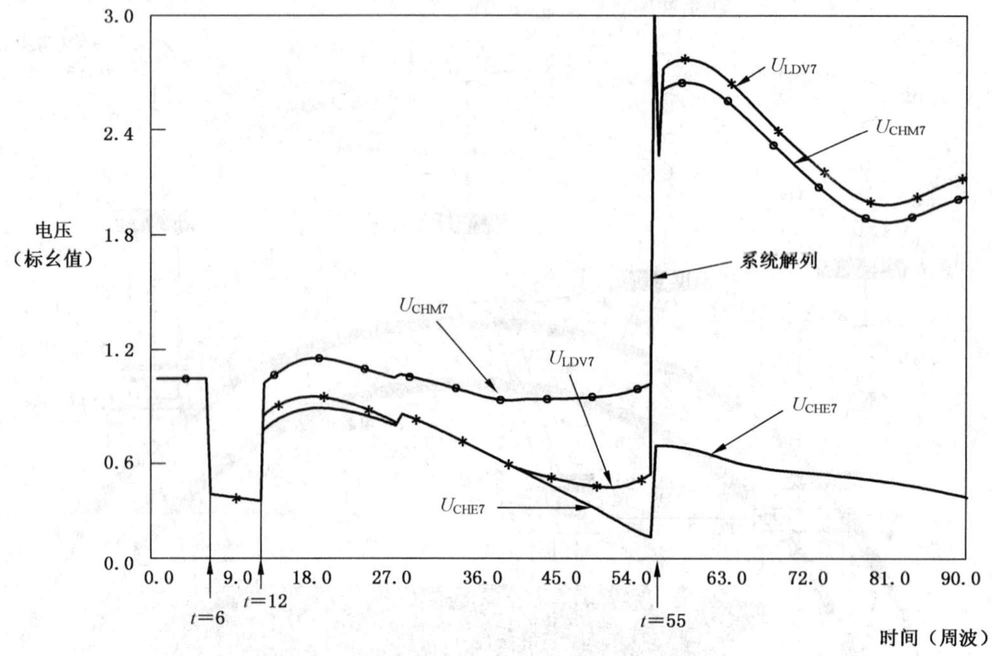

图 24 系统暂态稳定计算得到的 CHM7、LVD7 和 CHE7 处的 TOV

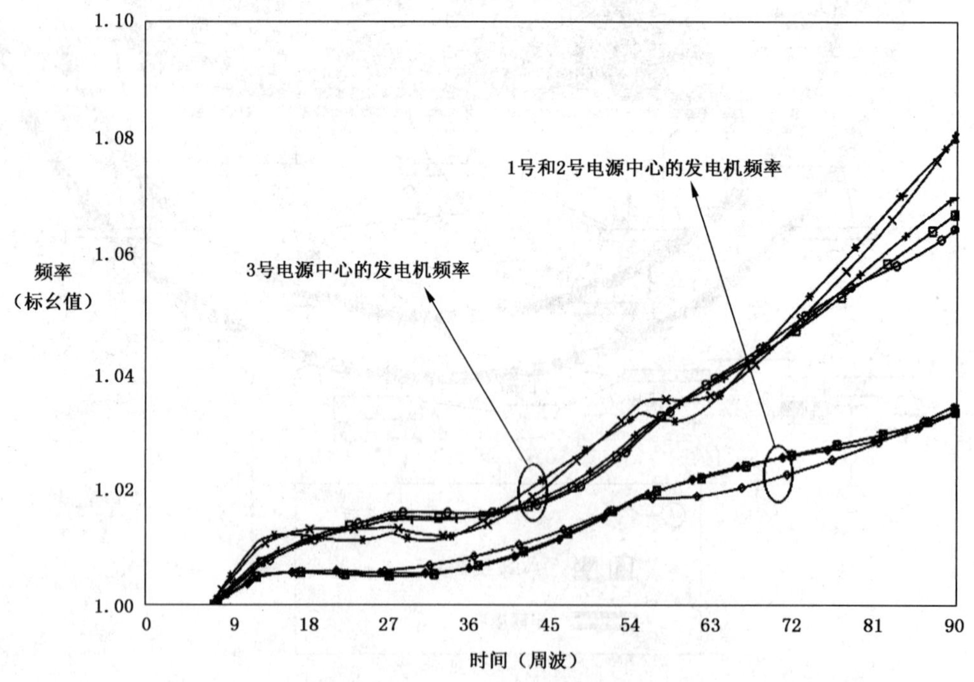

图 25 系统暂态稳定模拟得到的第 1、第 2 和第 3 电源中心的发电机频率

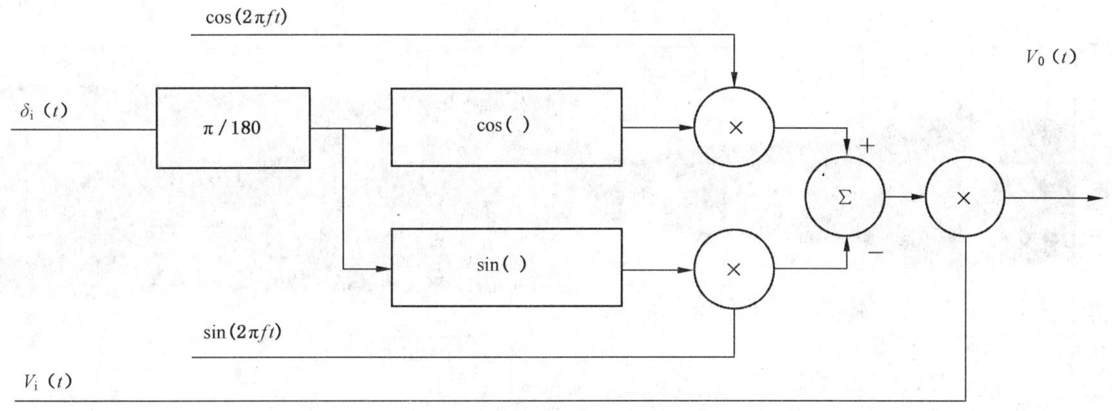

f——系统频率；

$V_0(t)=V_i(t)\cos(2\pi ft)+\delta_i(t)$；

式中：$V_i(t)$和$\delta_i(t)$为暂态稳定模拟获得的发电机内部电压的幅值和相角。

图 26　动态电源模型的方框图[55]

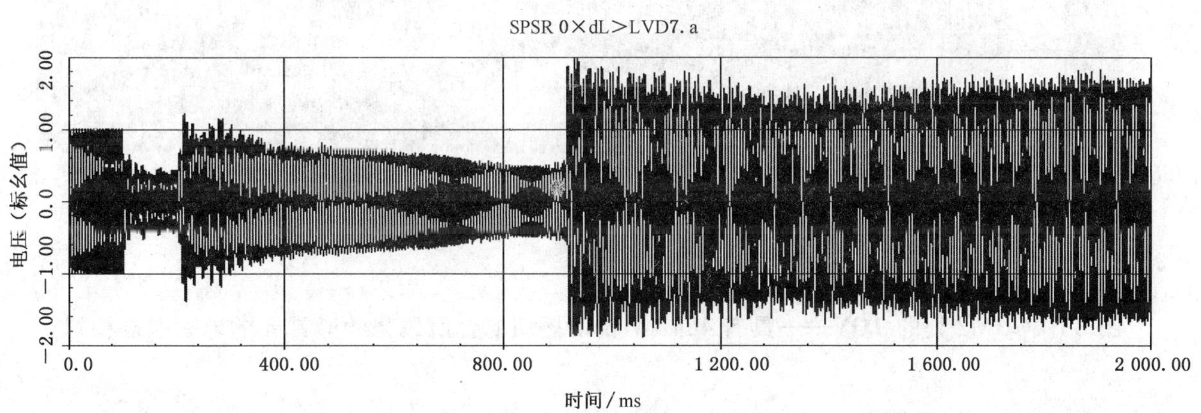

图 27　LVD7 处的 TOV——具有 588 kV 和 612 kV 固定连接的避雷器的电磁瞬态模拟

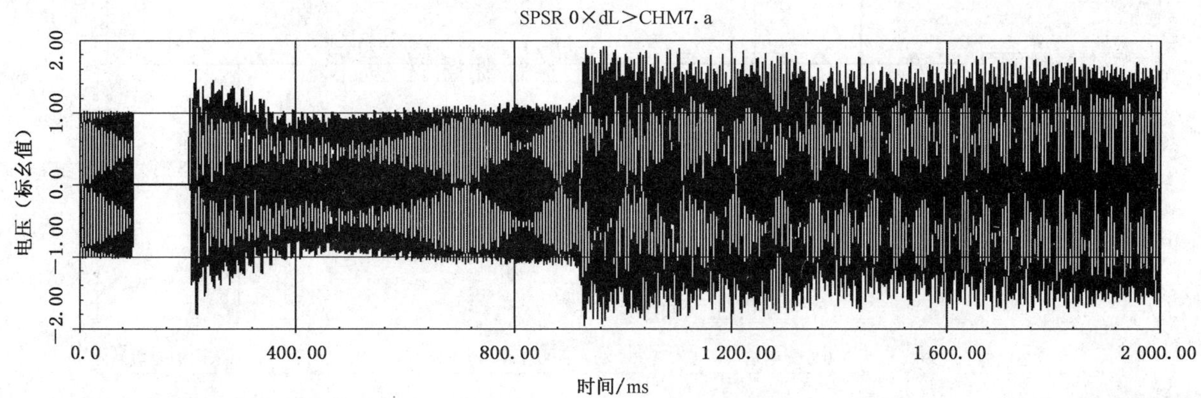

图 28　CHM7 处的 TOV——具有 588 kV 和 612 kV 固定连接的避雷器的电磁瞬态模拟

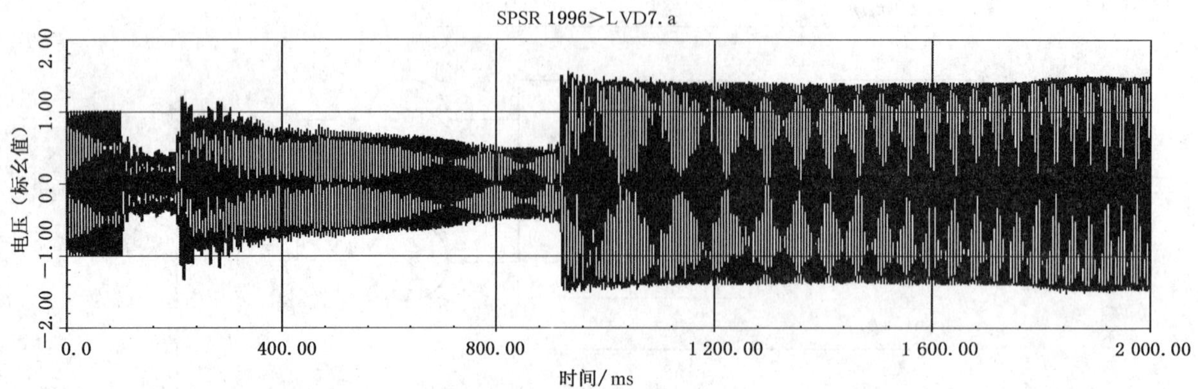

图 29 LVD7 处的 TOV——具有 484 kV 自动投切的金属氧化物避雷器的电磁瞬态模拟

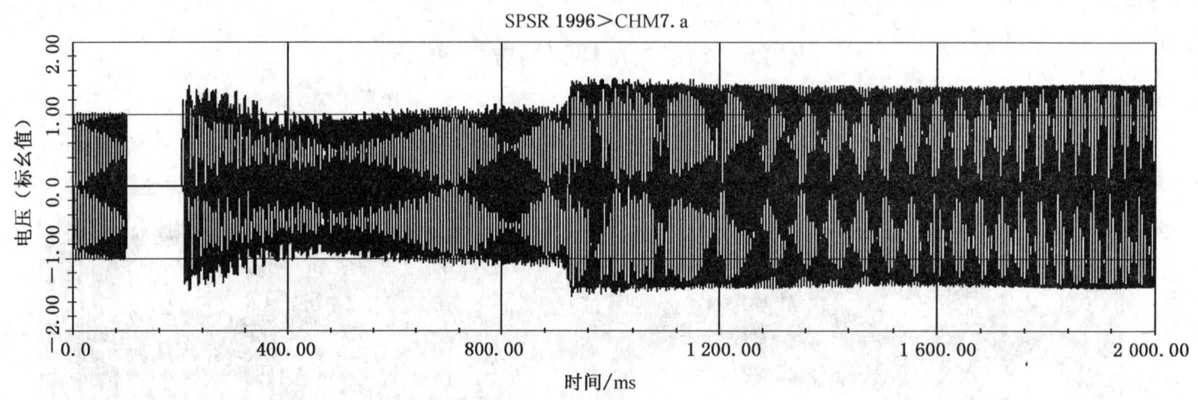

图 30 CHM7 处的 TOV——具有 484 kV 自动投切的金属氧化物避雷器的电磁瞬态模拟

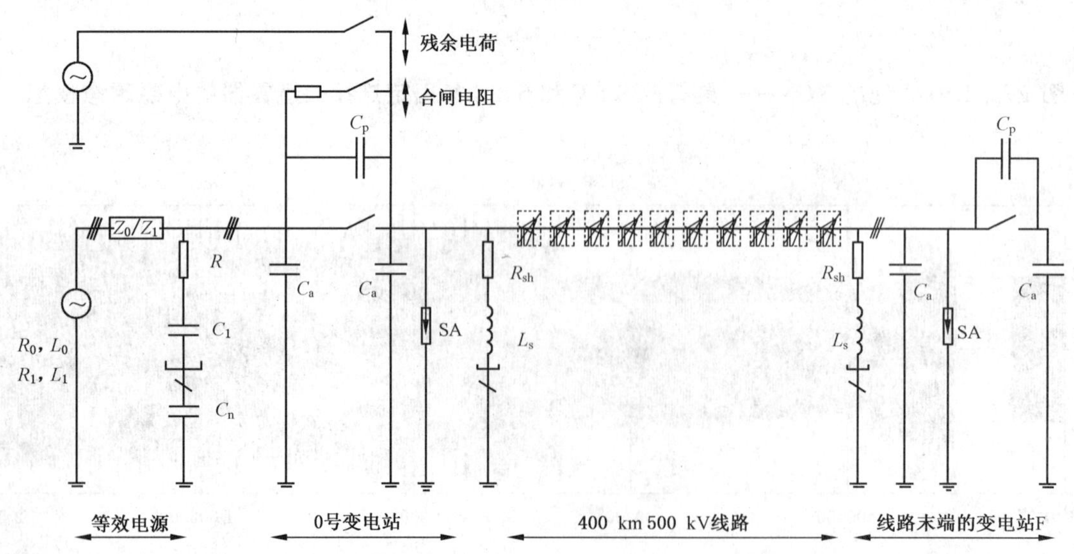

图 31 系统的模拟

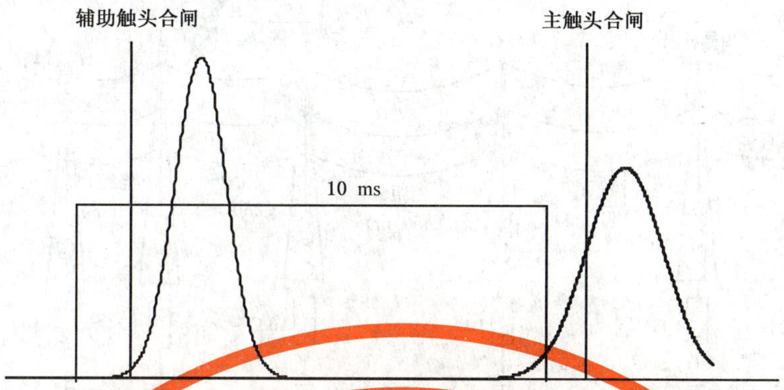

辅助触头合闸

主触头合闸

10 ms

图 32　辅助触头和主触头

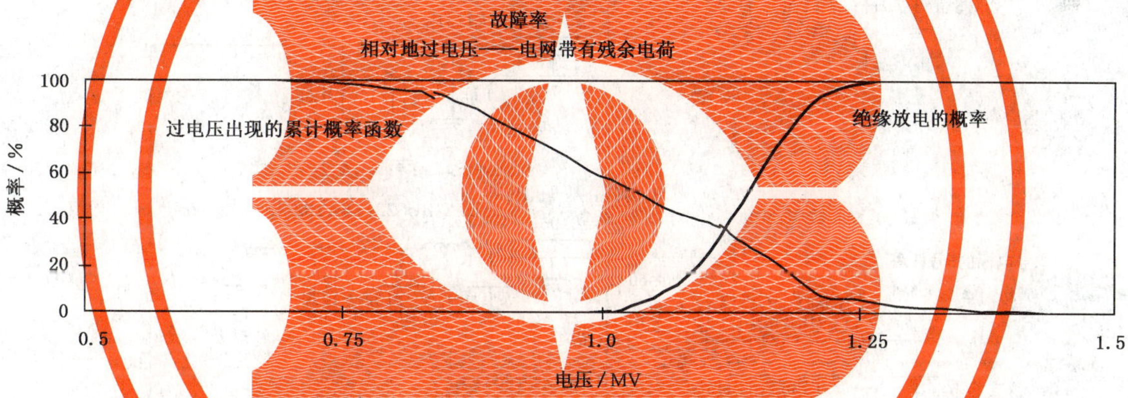

故障率

相对地过电压——电网带有残余电荷

过电压出现的累计概率函数

绝缘放电的概率

概率/%

100
80
60
40
20
0

0.5　0.75　1.0　1.25　1.5

电压/MV

图 33　具有残余电荷和合闸电阻的配置中的相对地过电压累积概率函数和绝缘放电概率示例

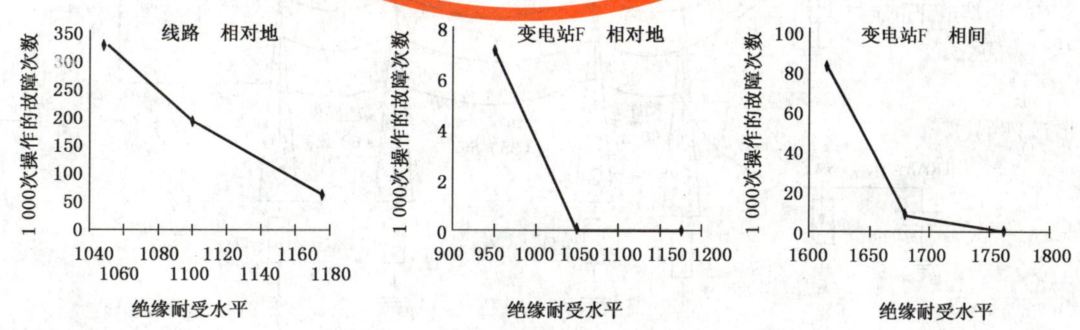

图 34　1 000 次操作的故障次数与设备耐受电压之间的关系

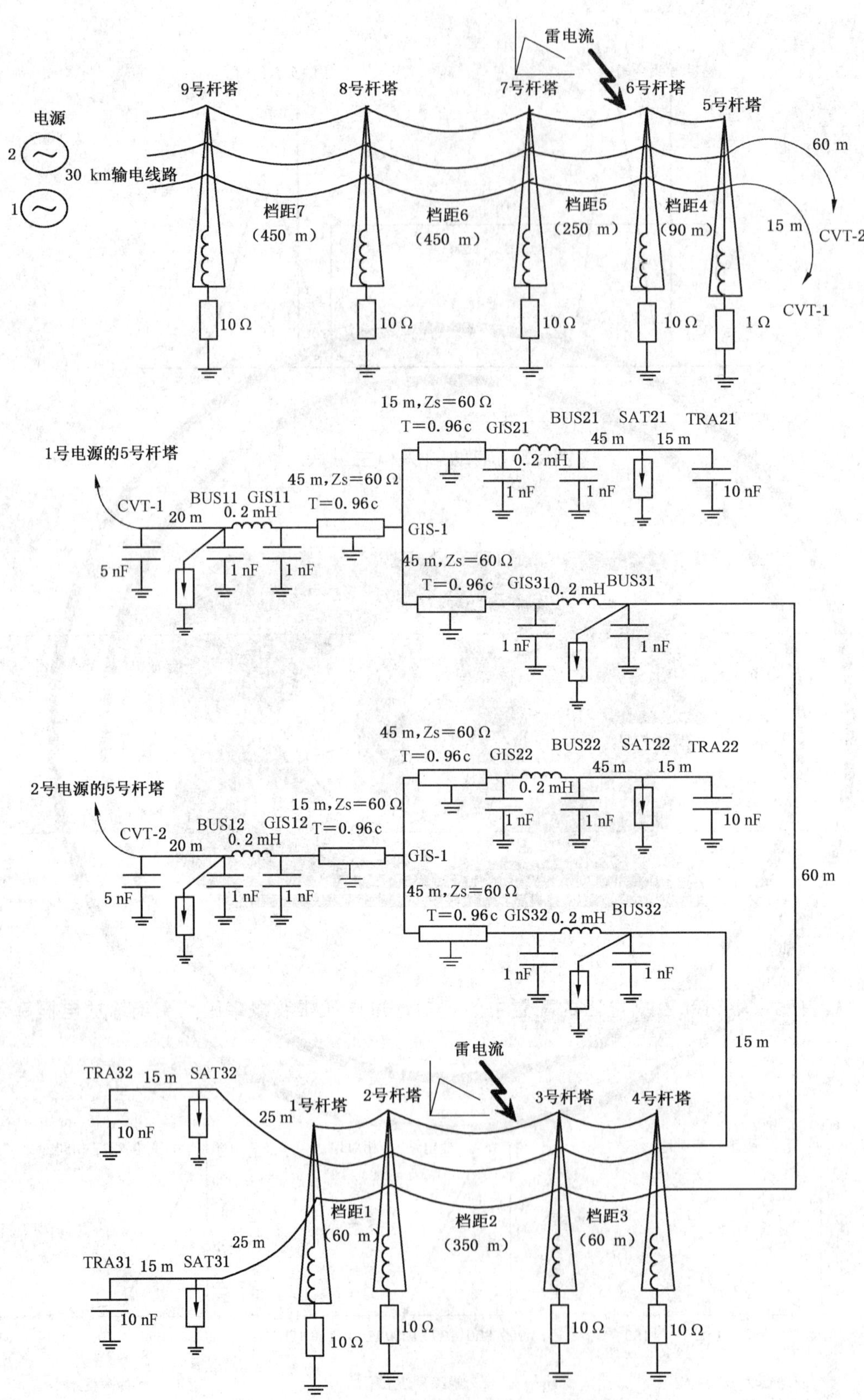

图 35 用于雷击研究的 500 kV GIS 变电站的电路图

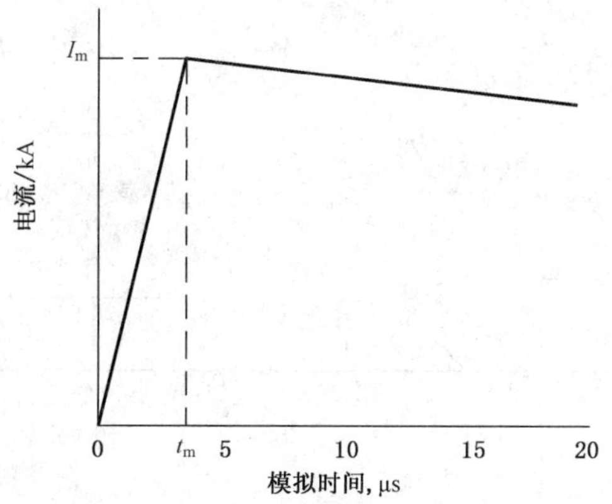

图 36　雷电流的波形

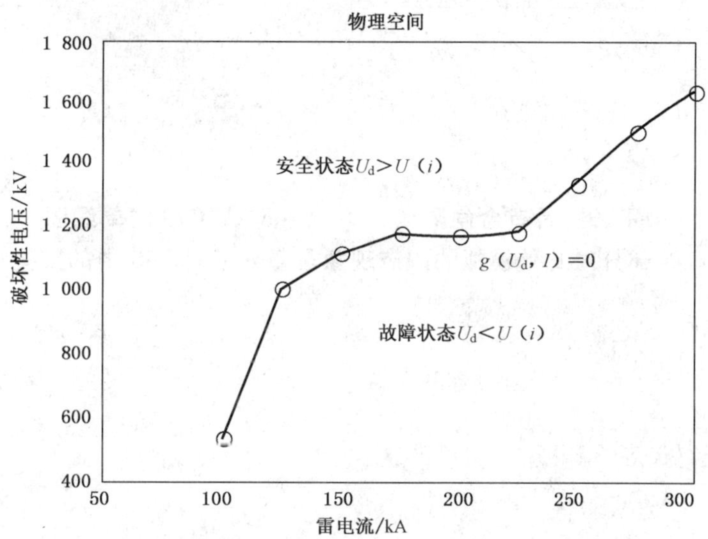

图 37　一个 GIS 段(节点)故障和安全状态的界面的近似表示

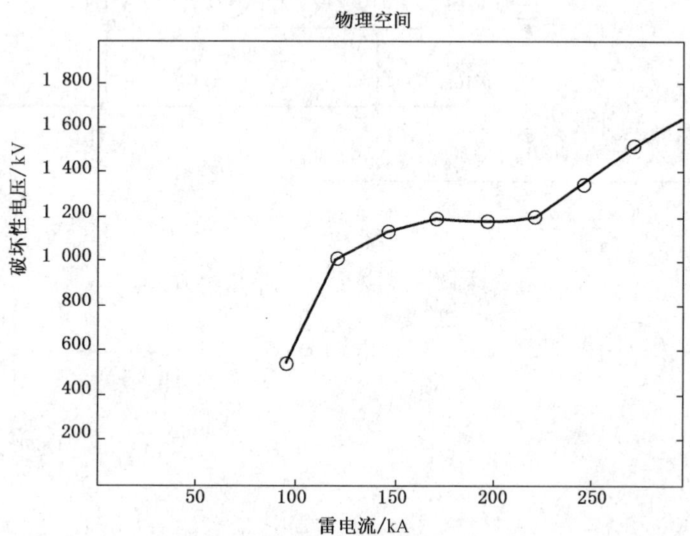

注：圈点描绘了 EMTP 的模拟结果，线段是内插值表示的界面。

图 38　联合概率密度函数等值曲线

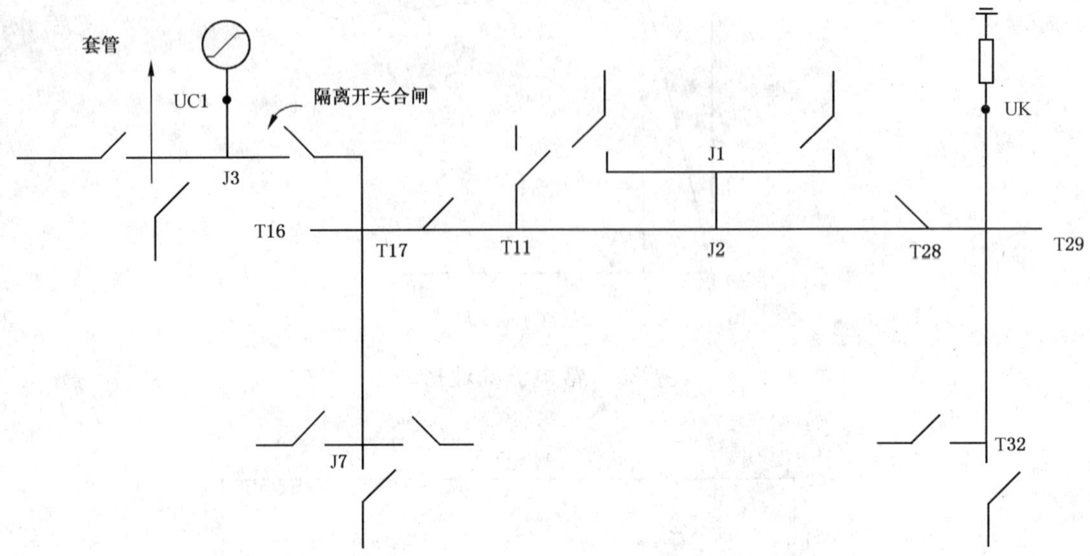

图 39　具有合闸隔离开关的 765 kV GIS 的单线图
（仅用粗线表示的 GIS 部分对此处模拟的瞬态现象是重要的；图 40 中的某些点也在此处表示出）

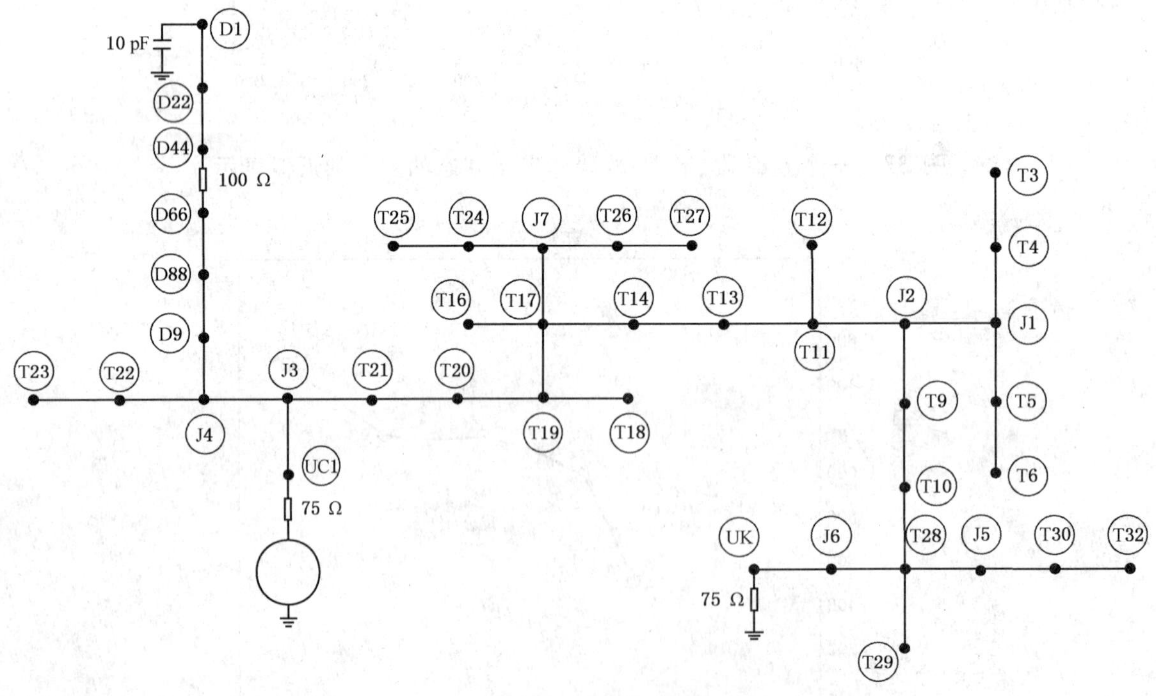

图 40　研究瞬态现象的 765 kV GIS 部分的模拟图

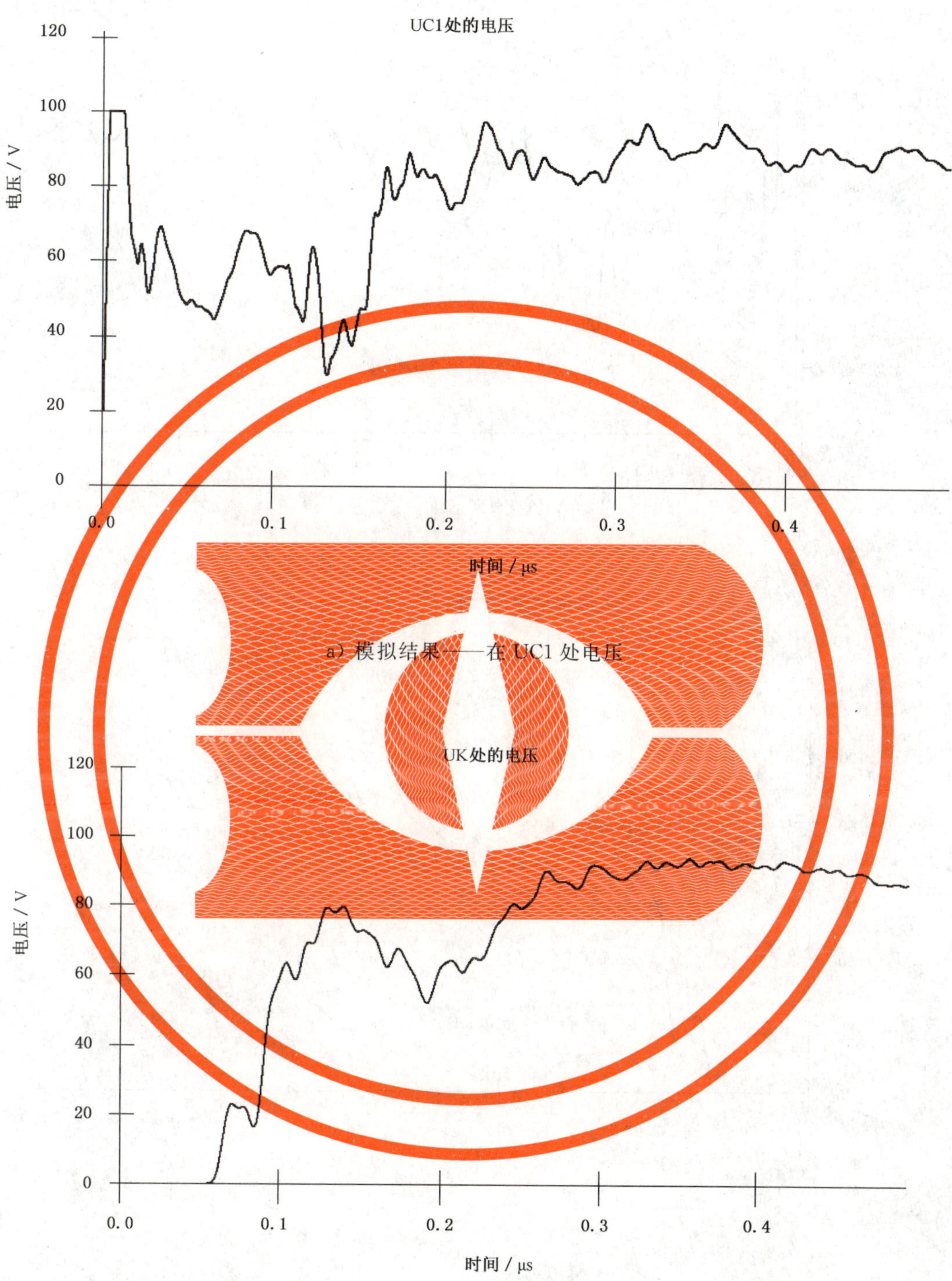

a）模拟结果——在 UC1 处电压

b）模拟结果——在 UK 处电压

图 41　4 ns 的斜波

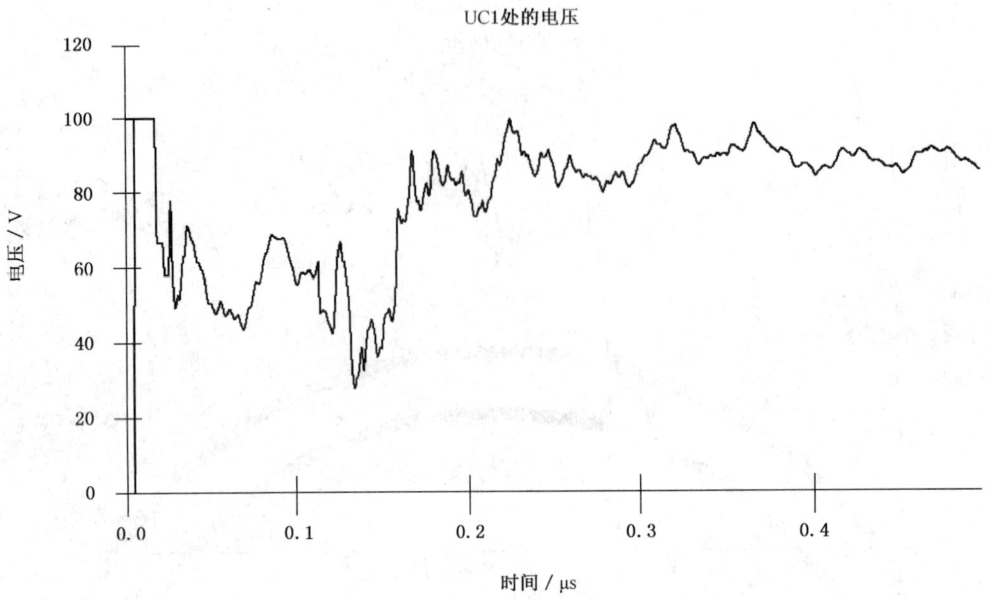

a）模拟结果——在 UC1 处电压

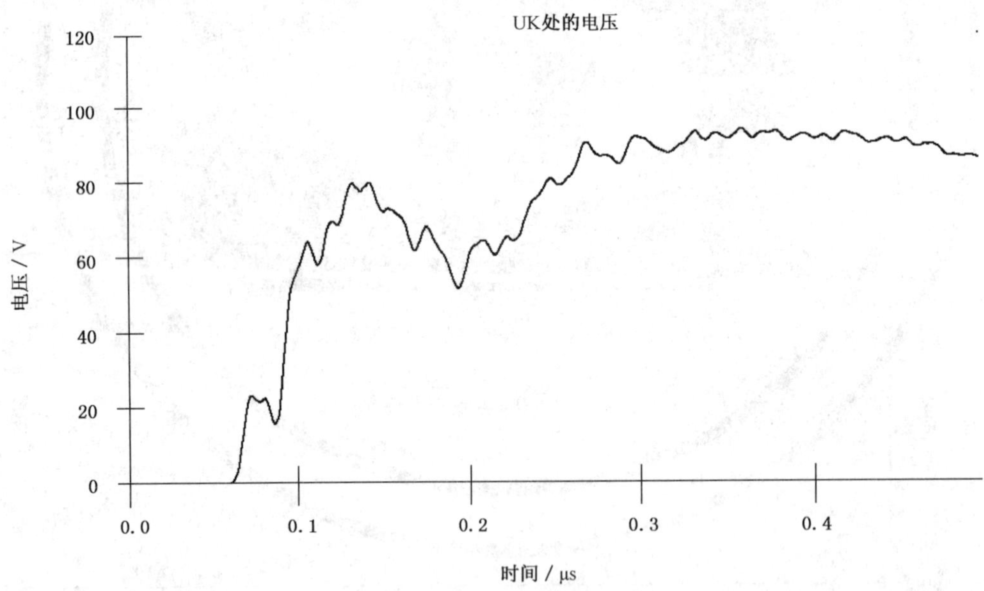

b）模拟结果——在 UK 处电压

图 42 开关操作

附 录 A
（资料性附录）
架空线路和地下电缆的表示

架空线路和地下电缆采用同一种电气模型。计算波沿线路传播的模型是依据所谓的波动方程：

$$-\frac{\partial V}{\partial x}=RI+\frac{\partial (LI)}{\partial t}$$

$$-\frac{\partial I}{\partial x}=GV+C\frac{\partial V}{\partial t}$$

式中 R、L、C 和 G 分别为单位长度线路的电阻、电感、电容和电导矩阵。x 为距线路某一端点的距离，t 为时间。除了需要考虑残余电荷的衰减外，对于架空线路，G 通常忽略不计。

A.1 单导体线路的精确 Π 模型

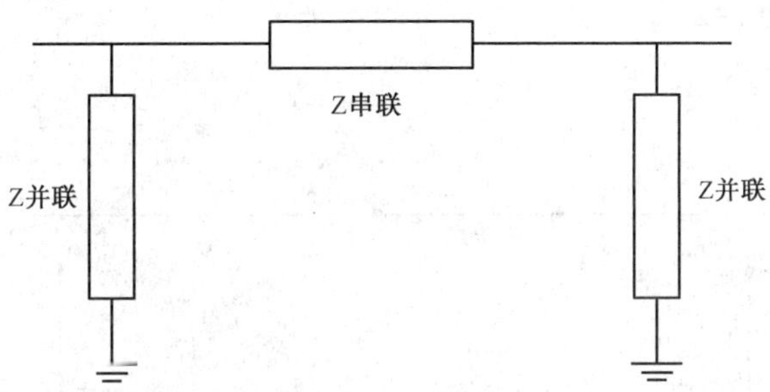

图 A.1 π 模型

一条长度为 l 的线路可以通过一个 π 模型来表示，其参数如下：

$$Z_{并联}=\frac{Z_c}{\tanh\left(\frac{rl}{2}\right)} \text{ 和 } Z_{串联}=Z_c\sinh(rl)$$

Z_C 为线路的波阻抗，r 为传播常数，分别由下式给出：

$$Z_C=\sqrt{\frac{R+jL\omega}{G+jC\omega}} \text{ 和 } r=\sqrt{(R+jL\omega)(G+jC\omega)}$$

该模型对于直接基于频域或拉普拉斯变换的程序十分有效，因为可以直接计算出线路电阻和电感随着频率的变化。而在大多时域程序中，该模型参数是按单一频率计算。

A.2 常规 Π 回路

如果 rl 较小，串联阻抗和并联导纳可以近似为：

$$Z_{串联}=(R+j\omega L)l \text{ 和 } Y_{并联}=\frac{1}{2}j\omega Cl=\frac{1}{Z_{并联}}$$

一条线路可用多节链形 π 电路表示。如果由一节 π 电路代表的每一部分线路长度不太长（架空线路在 60 Hz 时＜150 km，600 Hz 时＜15 km……），那么该模型对于稳态解是准确的。但它不能表示谐波情况下与频率相关的 R 和 L。

该模型可用于瞬态计算。

A.3 行波法:常电感的单相无损线

在这种特殊状态下,波动方程有一个达朗贝尔的解:

$$I = F_1(x - \nu t) - F_2(x + \nu t)$$

$$V = Z_c[F_1(x - \nu t) + F_2(x + \nu t)]$$

该方程的解导出下述公式:

$$V(x,t) + Z_c I(x,t) = 2 \times Z_C F_1(x - \nu t)$$

当 l(线路长度)/ν 等于沿线路的行波时间时,该公式可以写成:

$$V(t) + Z_c I(t) = 2 \times Z_C F_1[-\nu(t - l)]$$

线路一端的 $V(t)$ 和 $I(t)$ 可以采用历史项加以计算,该历史项由先前计算出的线路另一端的 $V(t)$ 和 $I(t)$ 的值得出。

可以用在线路两端和线路中间按与长度成比例加入等值集中电阻的方法来考虑损耗。应限制该模型模拟的线路长度,以避免在这些电阻处发生非真实的反射。

A.4 与频率相关的单导线线路模型

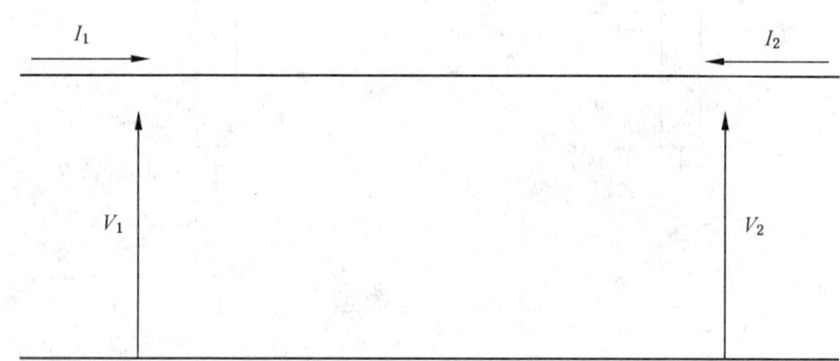

图 A.2 单导线的表示法

$$V_1(t) - F^{-1}(Z_C) * I_1(t) = F^{-1}(e^{-\gamma l}) * (V_2(t) + F^{-1}(Z_C) * I_2(t))$$

式中:

F ——傅立叶变换;

$*$ ——卷积算子;

$e^{-\gamma l}$——传播系数。它包括了一个衰减系数和一个相位移因子,它们均为频率的函数。

为了进行方程计算,$Z_C(p)$ 可简化为 p 的有理函数,$e^{-\gamma(p)l}$ 可简化为 p 的有理函数乘以 $e^{-\tau \cdot p}$ 来近似。在数学术语中,它相应于问题的线性化。

这一模型在很宽的频率范围内考虑了衰减特性和特性阻抗因频率变化的影响。

A.5 多导体线路的模型

A.5.1 模型参数

在多导体线路的情况下,$V(x)$ 和 $I(x)$ 为矢量。$V(x)$ 和 $I(x)$ 的每个坐标分别对应于距线路端头 x 处导线电压和电流。

波动方程式:

$$-\frac{\mathrm{d}V(p,x)}{\mathrm{d}x}=Z(p)I(p,x)$$

$$-\frac{\mathrm{d}I(p,x)}{\mathrm{d}x}=Y(p)V(p,x)$$

可变换为：

$$\frac{\mathrm{d}^2V(p,x)}{\mathrm{d}x^2}=Z(p)Y(p)V(p,x)$$

$$\frac{\mathrm{d}^2I(p,x)}{\mathrm{d}x^2}=Y(p)Z(p)I(p,x)$$

为求解该方程组，可将变量 $V(p,x)$ 和 $I(p,x)$ 线性变换为变量 $V_{\mathrm{mod}}(p,x)$ 和 $I_{\mathrm{mod}}(p,x)$，如此，方程组中的方程将互相独立。$V_{\mathrm{mod}}(p,x)$ 和 $I_{\mathrm{mod}}(p,x)$ 被称为模量。$V_{\mathrm{mod}}(p,x)=T_{\mathrm{v}}(p)\times V(p,x)$ 且 $I_{\mathrm{mod}}(p,x)=T_{\mathrm{i}}(p)\times I(p,x)$。$T_{\mathrm{v}}$ 和 T_{i} 称为转换矩阵。

A.5.2 转换矩阵的近似

如果将 T_{v} 和 T_{i} 近似为常数矩阵，那么用于单相线路的计算方法可直接用于各个模量。在多相平衡线路情况下，相模变换可用 $\alpha\beta0$ 分量准确完成，并且不存在由变换引起的误差。在没有进行换位的多相线路情况下，许多程序中将 T_{v} 和 T_{i} 近似为实数，这在某些情况下可能是不恰当的。

除了低频下的多回路架空线路和地下电缆的模拟外，该近似方法通常被认为足够精确。对于电缆模拟，当频率大于 2 kHz 时，常常认为 T_{v} 和 T_{i} 是常数，而对较低频率而言它们变化会非常大。

对于架空线路，在导体垂直布置时，考虑上述矩阵随频率变化非常重要。这与导体水平布置不是同一种工况。

如果考虑 T_{v} 和 T_{i} 随频率变化，则从频域转换为相域需计算 $n\times n$ 次的卷积。通过 p 的有理函数得出的求每个系数的近似法可用于此计算。

另外还有其他方法模拟线路，例如，可直接使用相域解法[9]、[38]和[39]或应用天线理论。

附 录 B
（资料性附录）
断路器电弧模型

B.1 开断步骤

断开一个回路前，断路器处于合闸位置，即触头保证回路的电气连续性。当检测到异常大电流时，断路器接到指令开断回路。

开断电流时，断路器在工频波形上任一瞬间将两个接触的导电元件分开，因此产生电弧。电弧是电力系统中主要的回路断开“装置”。随着触头运动分开，电流下降到零且电弧熄灭，与此同时，在电网的两个部分之间建立起电气分离。电弧熄灭过程所伴随的热现象应在准确模拟断路器时予以考虑。

随着电流降到零，断路器的介电强度增加和瞬态恢复电压（TRV）之间有一个时间竞赛。瞬态恢复电压是灭弧时断路器两触头之间的电压，也为网络断路器两侧线路之间的电压差。欲将断路器保持断开状态，它的瞬态恢复电压必须低于它的介电强度。否则间隙将被击穿，即产生新电弧，当电流下一次降到零时将进行另一次开断回路的尝试。

事实上，有各种不同的开断形式，它取决于切断电流的幅值及有关物理特性，即如发热和介质方面的因素。对于大电流，称为“电弧功率开断”，在这种开断中，热起主要作用，如断开故障线路；但是，对于小电流，主要考虑断口的介质方面，如小电感电流开断的情况。作为验证断路器模型有效性的例子，将要研究的两种情况说明了这两个方面。但在所有情况下，该模型主要依赖于尽可能准确地模拟电弧性能。

B.2 电弧的数学模型

大多数的数学模型建立在当电流降到零时，电弧和周围环境的能量平衡上。最常用的两个方程为 Mayr 和 Cassie 方程[13]：

$$\text{Mayr 方程}：\frac{\mathrm{d}g}{\mathrm{d}t}=\frac{1}{T}\left(\frac{i^2}{P}-g\right)$$

$$\text{Cassie 方程}：\frac{\mathrm{d}g}{\mathrm{d}t}=\frac{1}{T}\left(\frac{iu}{U_0^2}-g\right)$$

式中：

g ——电弧电导；

T ——时间常数；

u ——电弧电压；

i ——电弧电流；

P ——电弧功率损耗；

U_0 ——稳态电弧电压。

这两个方程以及由其得出的结果，描述了与电压和电流特性一致的电弧电导（或电阻）的变化过程。当电弧电流很大时，电阻非常低，大约几欧姆，但当电流接近零时，电阻沿着非常陡的梯度迅速上升达到或超过 $10^8\ \Omega$，相当于开路状态。这两个方程不是传统的电气方程。因此，它们必须求通常意义的解，而这要伴随电网求解一步一步地进行。

B.3 回路断开的特殊情况

B.3.1 开断线路故障

开断线路故障时会开断大电流并伴随有严重的热现象。当检测到线路故障时，断路器接到分闸指令断开线路，开断过程如上述。

但是，随着第一次熄弧，触头间隙的介质强度必须快速重新建立以防止电弧重燃。通过改进以下几个参数可以达到这一点：绝缘气体的温度（吹弧）和压力（真空和气吹断路器）、触头分闸速度等。

例如，当吹弧不充分时，电弧会加热，并因此增加了因电弧发热产生的等离子气体的导电性。因此，根据焦耳效应增加了待消耗的能量，其结果将导致再次燃弧。这一现象称为热重燃。

线路断开后的瞬间，灭弧后的开始几个微秒内，断路器中会产生约 1 A 的弧后电流。如果断开成功，该电流几微秒后降到零，否则将出现热失效事件后弧后电流增加[26]。

B.3.2 开断小电感电流

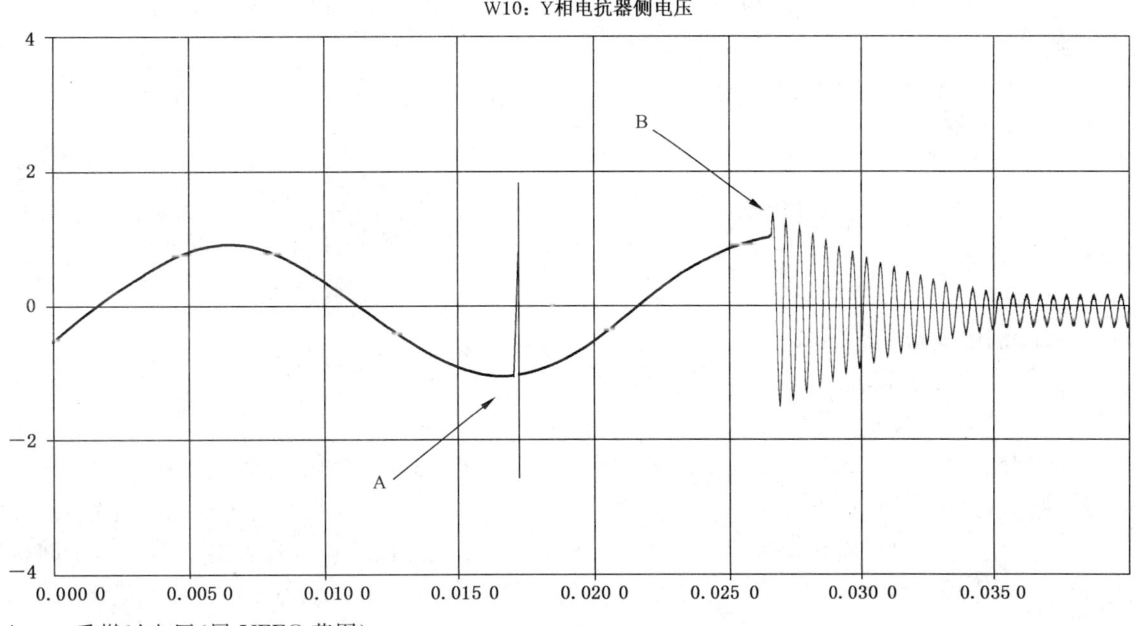

A ——重燃过电压（属 VFFO 范围）；

B ——抑制过电压（属 SFO 范围）。

图 B.1 六氟化硫断路器开合

在这种小电流开断的特殊情况下，介质问题占主导地位。例如，在切断空载变压器、无功补偿电抗器或电动机时会出现这种类型的开断。主要是因为截流和击穿，会在开断的设备一端产生相当高的过电压。因此，模拟这种类型的开断有助于研究这种可能会造成设备损坏的过电压。

一般情况下，断路器中的触头分离产生电弧。当电流下降到接近零时，电弧和回路的相互作用，产生高频电流，该电流附加在工频分量上，使电流快速下降到零。这一现象称为截流。

一旦电流达到零，电弧熄灭，电路两端自由变化。由于被开断的元件在断路器开断时有电感贮能，电流在 1.0 p.u. 或更大的幅值下振荡，电流的大小与截流有关。瞬态恢复电压（TRV）是断路器两端的电压差。如果 TRV 超过断路器的介质强度，将会击穿。断路器再次导通电流，并在电路中出现一个高频瞬态电流附加在工频电流上。在下一次工频电流到达零电流最终开断之前，这一现象可能快速连续出现几次[14]。

附　录　C
（资料性附录）
计算电力系统设备雷害故障率的概率法

C.1　简介

雷击事件可以由不同的随机变量组表征。因此，建立雷击电力系统设备故障率首先应从选择最相关的随机变量以及它们的概率分布公式开始。这些将构成数值计算用的输入随机参量，并需通过计算来评估相应的雷电过电压（输出随机变量）。

故障率计算过程包括下述三个步骤：

a）确定用于计算雷击输电线路现象的概率模式；

b）模拟电力系统对某些用户定义的雷击的响应，以鉴别该雷击是否引起故障；

c）积分整个定义的故障范围内的雷击危险概率。

每一步详述如后。

C.2　概率模式的确定

预测雷电引起的电力系统设备故障率的第一步是确定概率模式，目的在于给出雷击输电线路的数学表达式。概率模式由一组随机变量及它们的概率分布组成。典型的随机变量应包括：

——雷击电流波形的特征变量，通常由其峰值、峰值时间以及波尾持续时间描述；

——沿着输电线路可能的雷击点；

——输电线路交流电压的变化；

——设备耐受能力的变化。

一方面，考虑如此多的随机变量可以准确的模拟某些参数的自然变化，尽管它可能与少量的雷电数据不一致；但是，另一方面，用电磁暂态程序模拟计算电力系统对各种定义的雷击模式响应很费机时。

另外，它使总体雷击危险率计算问题过于复杂化，因为传统的数值积分计算对于超过两个随机变量的问题无法完成。在这种情况下，可以采用更专业的计算方法，例如，Monte Carlo 方法或近似方法（一阶或二阶可靠性法）。

因此，需要对随机变量进行一些简化。原则上可以仅集中于最具影响和主要的随机变量并假设其他的随机参数作为确定的量值（固定值）。实际简化建议说明如下：

C.2.1　雷击点

雷击点可被看作离散的随机变量，用符号 x 代表，其数值（$x_1,x_2,\cdots x_n$）由计算者沿线路选取。其概率分布（概率群函数），$P_x(x)$根据雷击于不同的雷击点的比例给出，并应用三维电气几何模型估算。

对于有避雷器保护的变电站，GB/T 311.2—2002 提出的限定距离有助于计算者确定沿线路的雷击点。通常认为在限定距离内按跨度使用有限的雷击点是适宜的。

C.2.1.1　雷电流波形

通常将雷电流表示为具有双斜率的理想的电流源或者由下列参数表征的 CIGRE 的凹波形：

——峰值电流的幅值，I 是连续的随机变量。用户可以在两种概率分布之间选择：

- 对数——正态分布 $f_{\mathrm{I}}(i)$，$f_{\mathrm{I}}(i)=\frac{1}{\sqrt{2\pi}\sigma_{\mathrm{I}}i}\mathrm{e}^{-1/2(\frac{\ln(i/\mu_{\mathrm{I}})}{\sigma_{\mathrm{I}}})^{2}}$，$\mu_{\mathrm{I}}$ 和 σ_{I} 由用户确定。缺省值在文献[4]给出的数值中选取。

雷电流峰值 I/kA	$3\leqslant I\leqslant 20$	$I>20$
中间值 μ_{I}/kA	61.1	33.3
对数标准偏差 σ_{I}/kA	1.33	0.605

- 或者条件概率分布 $f_{\mathrm{I/x}}(i,x)$，其 X 是由电气几何模型获得的雷击点。

应该注意到：考虑条件概率分布更准确，尤其在研究绕击时。

——假定波头时间是由其条件中间值给出的峰值电流幅值的函数：

当 $3\leqslant I\leqslant 20$ kA，$T_{\mathrm{m}}=0.0834\times I^{0.828}$；当 $I>20$ kA，$T_{\mathrm{m}}=0.154\times I^{0.624}$。

——波尾时间可由其半峰值时间 T_{d} 表征，建议 T_{d} 为：

- 如果研究重点为雷电过电压，确定的量值为其中间值 77.5 μs。
- 如果研究重点集中在避雷器吸收的能量时，可以选择一个固定值，或者是一个呈对数正态分布的连续随机变量，其数值 $\mu_{T_{\mathrm{d}}}=77.5$ μs 和 $\sigma_{T_{\mathrm{d}}}=0.577$。

关于波形，通常认为优先采用 CIGRE 的凹波形。也可以采用双斜率波形，但大多数情况，双斜率波形会给出更保守的结果。

C.2.1.2 AC 电压

建议对交流电压的相角仅考虑一固定数值。但是，用户也可以考虑多种数值，在这种情况下交流电压相角成为离散随机变量，用 q 表示，其数值 $(J_1,J_2,\cdots,J_n)$ 为等概率分布。

C.2.1.3 电气设备绝缘强度或耐受能力

按照雷电作用类型，可用电压或能量表示。设备绝缘强度或耐受能力 W，分别由其破坏性电压 U_{d} 和能量吸收能力 E_{c} 表征，它们或为固定值或为随机变量。对于后者，计算者可在两种分布之间选择，正态分布或 Weibull 分布，并需准确的定义这些参数。对于随机变量 W、U_{d} 和 E_{c}，概率分布函数由 $f_{\mathrm{W}}(.)$、$f_{\mathrm{U_d}}(.)$ 和 $f_{\mathrm{E_c}}(.)$ 表示。

C.2.1.4 代表性过电压

通常认为由数值模拟计算获得的过电压幅值就是代表性过电压。

C.3 强度函数的计算和故障域的确定(见图 C.1)

当确定了概率模式后，为了界定整体危险率(故障域)积分的积分边界，必须评估哪些雷击事件会导致设备的故障。这需要通过大量的 EMTP 模拟计算获得。对每一个雷击点 $X=x_{\mathrm{k}}$ 和每个相角 $\theta=\theta_{\mathrm{t}}$，用户将定义一组雷电流数值 $(i_1,i_2\cdots i_n)$ 和波尾持续时间 $(t_{\mathrm{d1}},t_{\mathrm{d2}},\cdots,t_{\mathrm{dn}})$，并进行模拟计算。

通过对模拟结果插值(分段线性插值已经足够准确)，然后在给定它的雷击点 $x=x_{\mathrm{k}}$ 及交流电源电压相角值 $\theta=\theta_{\mathrm{t}}$ 可得到一个设备"雷击强度函数" $h_{\mathrm{x},\theta}(\cdot)$：

如果假定 T_{d} 为某一特定值：$S=h_{\mathrm{x},\theta}(I)$ ……………………………（C.1）

如果认为 T_{d} 是随机变量：$S=h_{\mathrm{x},\theta}(I,T_{\mathrm{d}})$ ……………………………（C.2）

式中 I、T_d 和 S 分别为输入的随机变量“雷电流幅值”、“波尾时间”和输出的随机变量“电气设备上的雷电强度”。

过电压数值大于电气设备耐受能力$\{h_{x,\theta}(i,t_d)>w\}$的概率范围就是故障域。$\{h_{x,\theta}(i,t_d)<w\}$给出的域就是安全域，边界$\{h_{x,\theta}(i,t_d)=w\}$就是临界状态。

C.4 故障率的积分计算

如果获得了每个雷击点和所有相角值的强度函数 $h_{x,\theta}(.)$，线路在点 $x=x_k$处受雷击且交流电压角度 $\theta=\theta_t$ 时的设备故障率由以下两种形式的积分给出：

如果设备耐受水平由一个随机变量来确定，则由(C.3)给出：

$$R_{x,\theta}(x_k,\theta_t)=\iiint\limits_{\{h_{x_k,\theta_t}(i,t_d)>w\}} f_W(w)f_I(i)f_{T_d}(t_d)\mathrm{d}w\mathrm{d}i\mathrm{d}t_d \qquad \text{(C.3)}$$

或者，如果设备耐受水平是确定的并固定为 w_0，则由(C.4)给出：

$$R_{x,\theta}(x_k,\theta_t)=\iint\limits_{\{h_{x_k,\theta_t}(i,t_d)>w_0\}} f_I(i)f_{T_d}(t_d)\mathrm{d}i\mathrm{d}t_d \qquad \text{(C.4)}$$

如果波尾时间 T_d 不是随机变量，上述方程分别简化为：

$$R_{x,\theta}(x_k,\theta_t)=\iint\limits_{\{h_{x_k,\theta_t}(i)>w\}} f_W(w)f_I(i)\mathrm{d}w\mathrm{d}i \qquad \text{(C.5)}$$

$$R_{x,\theta}(x_k,\theta_t)=\int\limits_{\{h_{x_k,\theta_t}(i)>w_0\}} f_I(i)\mathrm{d}i \qquad \text{(C.6)}$$

然后，离散变量“交流电压相角”就可以用其数值为等概率分布的特点消去：

$$R_X(x_k)=\frac{1}{n_\theta}\sum_{t=1}^{n_\theta}R_{x,\theta}(x_k,\theta_t) \qquad \text{(C.7)}$$

式中：

$R_X(x_k)$——雷击于线路段 x_k 时的电气设备故障率；

n_θ ——相角值的数量。

应该注意到计算上述危险率积分时可采用以下 3 个主要的计算方法：

——标准的数值积分方法；

——FORM/SORM 近似方法；

——Monte Carto 模拟或数值计算方法。

第一个方法比较直接且对具有几个简单随机变量的简单问题易于实施。但是，对于更高级的问题，已证明其通常不适用，因为其计算时间会严重超出，且其准确性可能会受到数值噪音的影响，对于非常低的故障率尤其如此。

第二个方法通过考虑积分域的几何形式给出了故障率的计算。它基于状态边界的一阶(FORM)或者二阶(SORM)近似，然后将后者转化为标准的概率空间。该技术的主要优点在于它不太依赖于可靠性的水平或者简单随机变量的个数。它还可用来确定最有可能造成风险的故障域的范围。

在第三个方法中，很多雷击事件都是随机产生的。经过大量的模拟计算和对计算结果分析后，故障概率将由设备故障次数与模拟次数的比例给出。其优点是具有明确误差收敛性计算过程且边界状态的复杂性不会影响计算的准确性。该方法的缺点是需作大量模拟计算而成为一种繁重的计算方法。

后面两个方法更详细的描述可在关于可靠性理论方面的学术书籍中找到。然而，经过证明，第一种方法在大多数研究中已经足够。

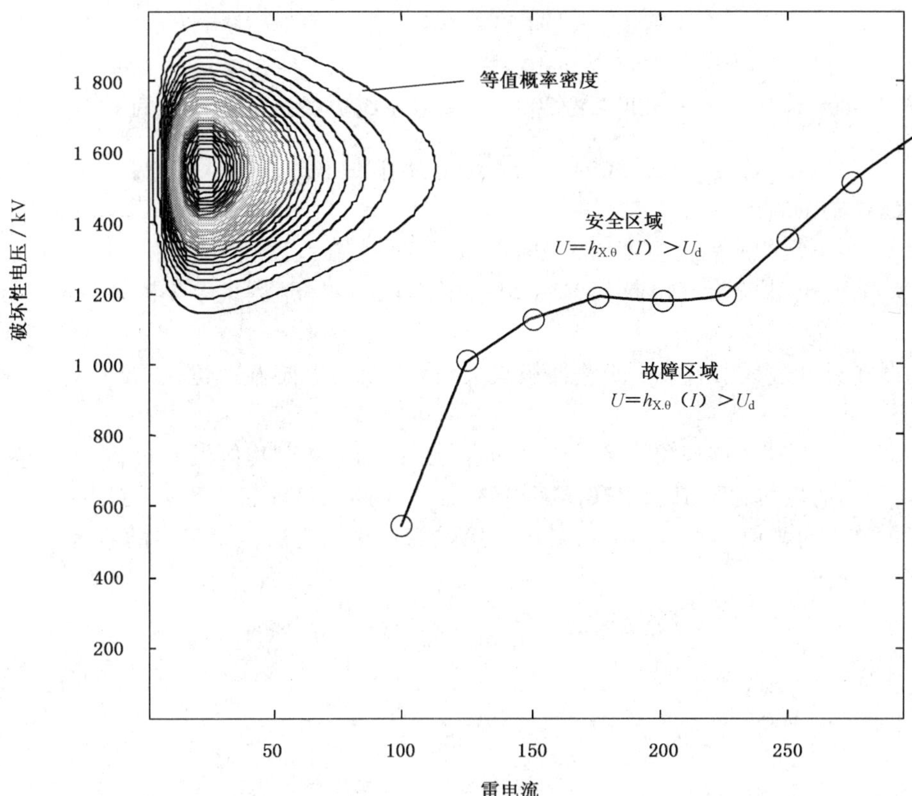

注：点表示 EMTP 的模拟结果，线段是插值函数 $U=h_{x,\theta}(I)$。

图 C.1 故障域示例

C.5 预期的年故障次数

首先定义 N_k 和 R_x：

N_k 对应于离散雷击点 $X=x_k$ 时线路段每年所受到的雷击次数；

R_x 电力系统电气设备故障率的结果。

预期的因雷击引起的年故障次数 N 可按下式计算：

$$N=\sum_{k=1}^{n} N_k \times R_x(x_k) \qquad \text{(C.8)}$$

预期的故障时间 T：

$$T=\frac{1}{N} \qquad \text{(C.9)}$$

附 录 D
（资料性附录）
计算示例 5(TOV)——400 kV/200 kV 输电系统中线路和电抗器间的谐振

本示例描述了恢复运行时合空载长线的工况。这种操作由小短路容量系统合空线（有时为长线），因此增加了产生高过电压的概率。

在所示的示例中，正常的线路充电产生的过电压太高，必须在线路充电前将一电抗器接入线路的末端（图 D.1）。在受端变电站安装有电抗器来控制这个区域的电压，因此，该电抗器可用于解决这一问题。

线路和电抗器在充电过程中当某一断路器极失灵时，可能发生谐振。建议采用不同的操作方案进行线路充电（图 D.2）。

利用图 D.3 可以了解其物理现象。断路器某极拒动（例如 A 极）其他极通过极间电容耦合向该极供电。这样，就与该相的电抗器形成了串联谐振回路，而产生高的过电压。

以下来计算过电压的幅值。本示例给出了应用第 8 章提出的方法的第三步的示例。所考虑的事件是“断路器的非全相操作”。

D.1 输入参数和模拟

D.1.1 线路图

由于图 D.1 中提出的充电方案存在谐振问题，可以研究图 D.2 中提出的另一种充电方案。充电前，变电站 B 中的线路和电抗器连接到变压器的二次侧，然后，为了限制暂时过电压，在变压器的一次侧励磁。从图 D.6 中可以看出断路器合闸失败相中的电压。包含的变压器的阻抗足以避免出现谐振。

D.1.2 线路参数

将线路表示为分布参数模型，其参数如表 D.1 中所示。

表 D.1 线路参数

	电阻/Ω	电感/mH	电容/μF
零序	87.4	819	2.23
正序	9.25	299	3.27
注：线路长度为 276 km。			

D.1.3 发电机

考虑了 2 台特性一样的 113 MVA 的发电机。它们被模拟为具有下述参数的戴维宁等效电路。

电压（相对地）：11 kV；

电感：1.72 mH；

电阻：85.6 Ω。

电感和电阻为并联，这种方式可以避免电抗的突然带电引起的数值振荡（见 7.2.4）。

D.1.4 变压器

每台三相变压器被模拟为 3 个单相单元，如表 D.2 和表 D.3 所示。

表 D.2 400 kV/220 kV/33 kV 变压器

绕组/kV	电阻/Ω	电感/mH
400	0.16	107
220	0.048 4	−4
33	0	3.8

表 D.3 220 kV/13.8 kV 变压器

绕组/kV	电阻/Ω	电感/mH
220	0.556 6	90
13.8	0.006 6	1.06

为模拟 400 kV/220 kV/33 kV 变压器的励磁阻抗，表 D.4 给出了变压器励磁曲线两点的电流和磁通(峰值)。

表 D.4 400 kV/220 kV/33 kV 变压器电流和磁通的点

电流/A	磁通/(V·s)
2.67	148
8	163

这些数值是按耦合到第三绕组进行计算的。

为模拟 220 kV/13.8 kV 变压器的励磁阻抗，表 D.5 给出了变压器励磁曲线两点的电流和磁通(峰值)。

表 D.5 220 kV/13.8 kV 变压器电流和磁通的点

电流/A	磁通/(V·s)
6.4	62
19	68

D.1.5 电抗器

400/150 Mvar 的电抗器模拟为一个可饱和的电抗和电阻(损耗)以及电容(杂散电容)并联。

为模拟电感，其励磁曲线的两点的电流和磁通(峰值)，如表 D.6 所示。

表 D.6 400 kV/150 Mvar 的电流和磁通点

电流/A	磁通/(V·s)
367	1 248
5 000	6 612

R=400 kΩ;C=6 nF。

D.2 方法

为了发现谐振的可能性，模拟了充电断路器的单相误动作。没有合闸的那一相通过其他相的耦合供电与电抗器形成了一个串联谐振回路(图D.3)。

仅考虑了两种的充电方式确定谐振。第一种是线路和电抗器同时带电(图D.1)，第二种是440/220 kV变压器和线路以及电抗器同时带电(图D.2)。

D.3 结果和解释

图D.4和图D.5中给出了变电站B中三相中的两相电压波形。在图D.4中，给出了未合闸相(A相)上的电压波形，图D.5给出了正常合闸相(B相)上的电压波形。这些图与图D.1相对应。由于线路和电抗器之间的谐振，电压达到稳态时为初始值的1.4 p.u.。

因为图D.1的充电操作存在谐振问题，研究了图D.2的充电操作。图D.6中给出了断路器合闸故障相上的电压波形。由于包含了变压器阻抗足以避免谐振情况。

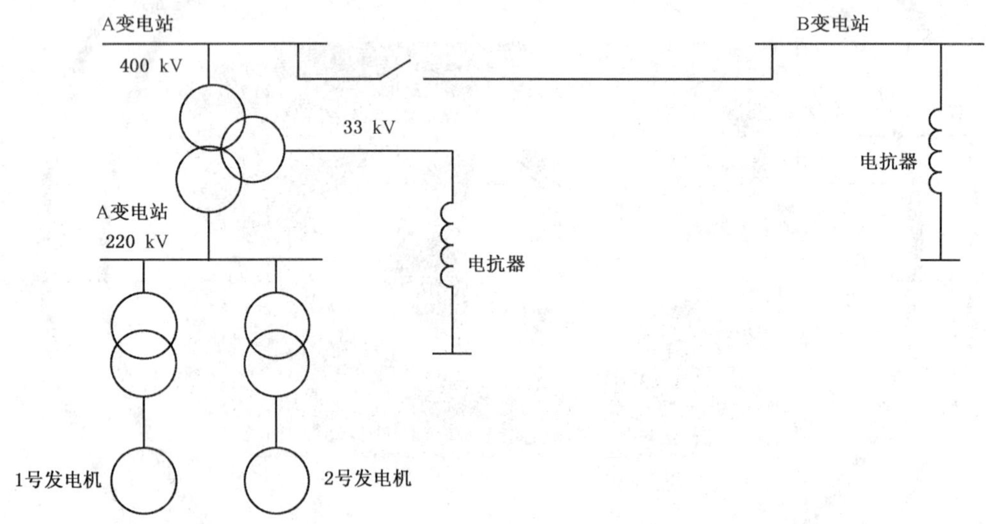

图 D.1 线路和电抗器同时充电

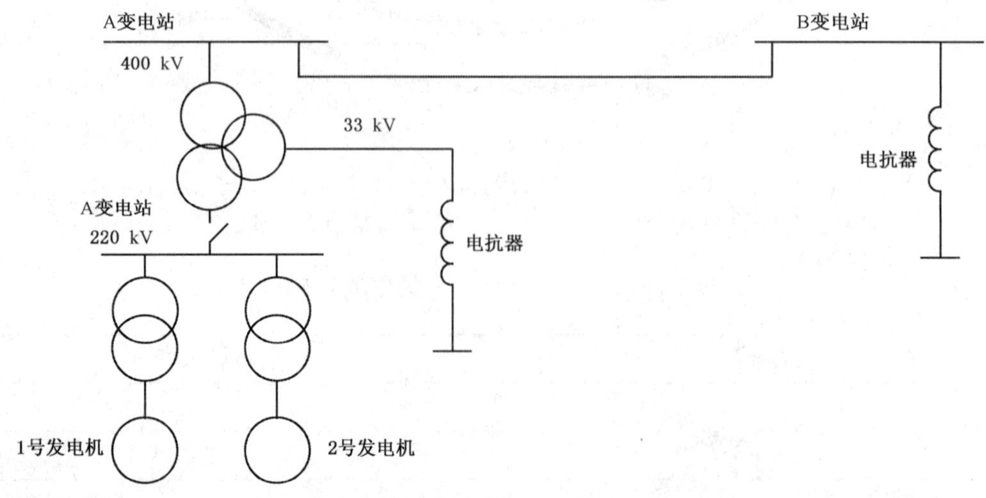

图 D.2 暂时过电压风险最小化的线路充电方案

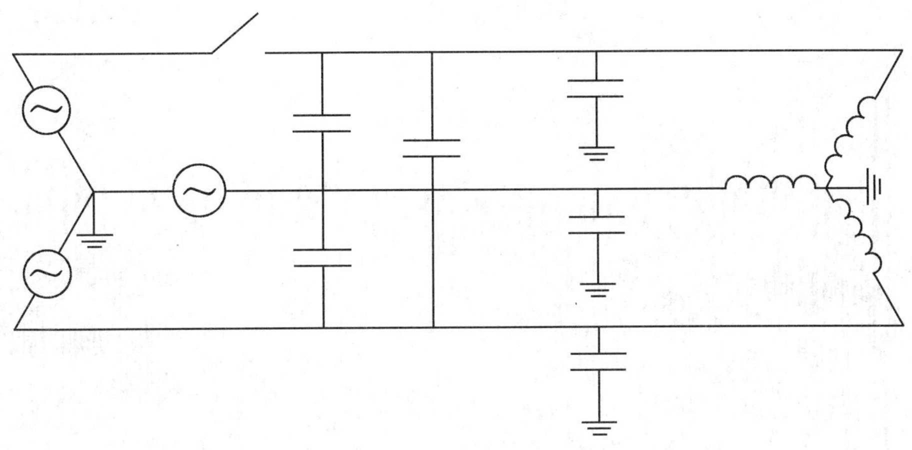

图 D.3 变压器励磁过程中断路器单相拒动

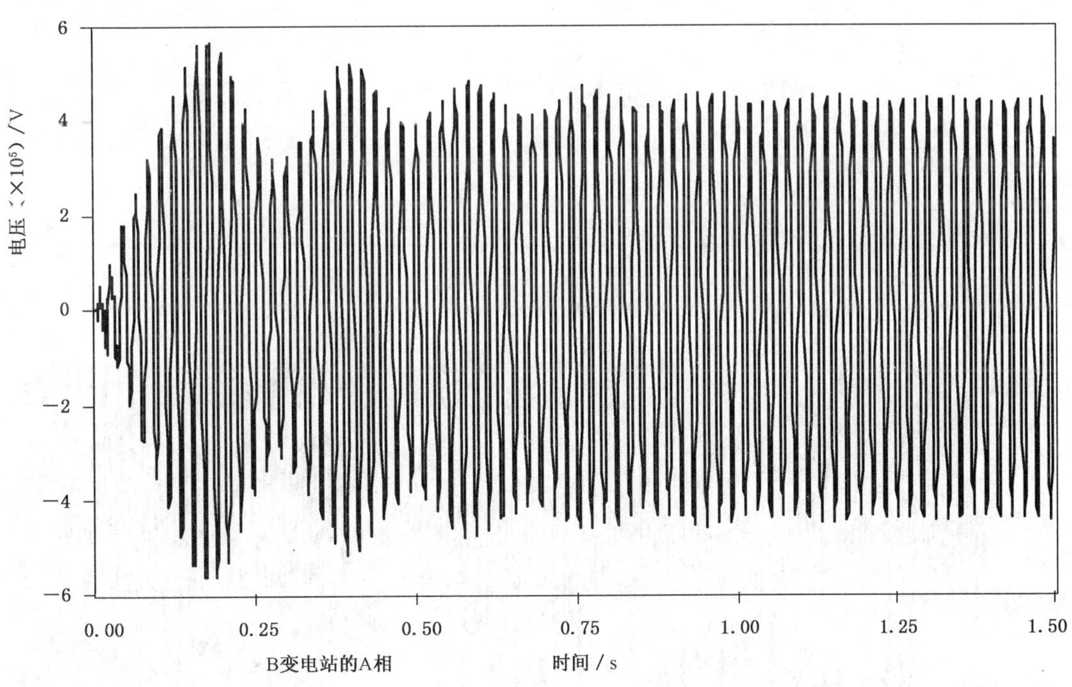

图 D.4 变电站 B 中未合闸相 A 相上的电压

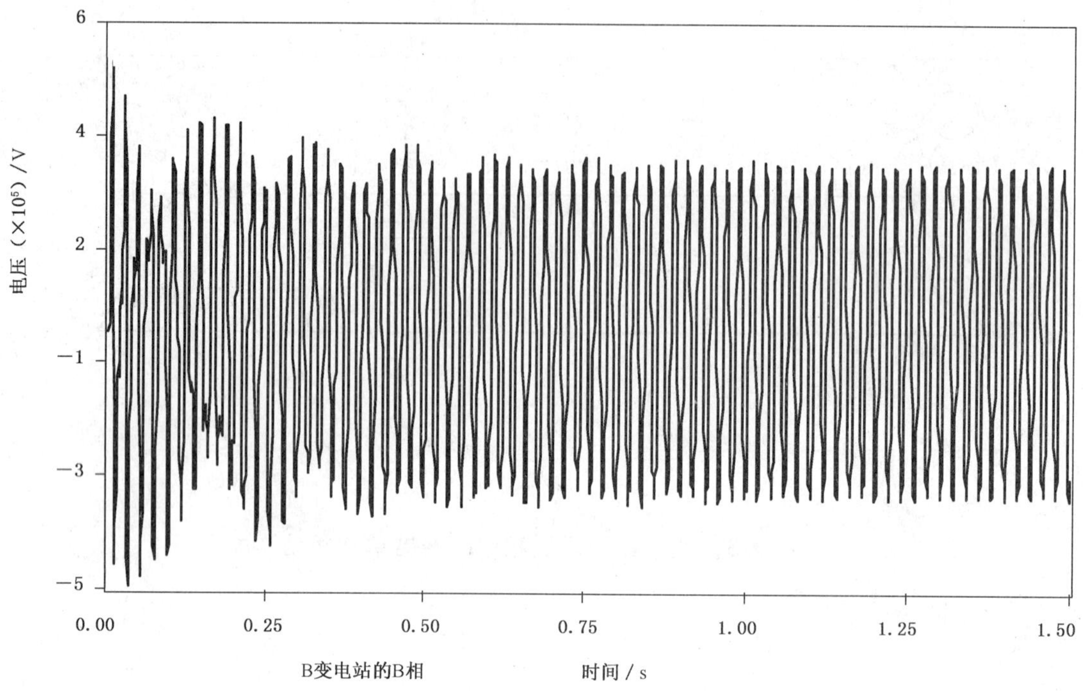

图 D.5 变电站 B 中正常合闸相 B 相上的电压

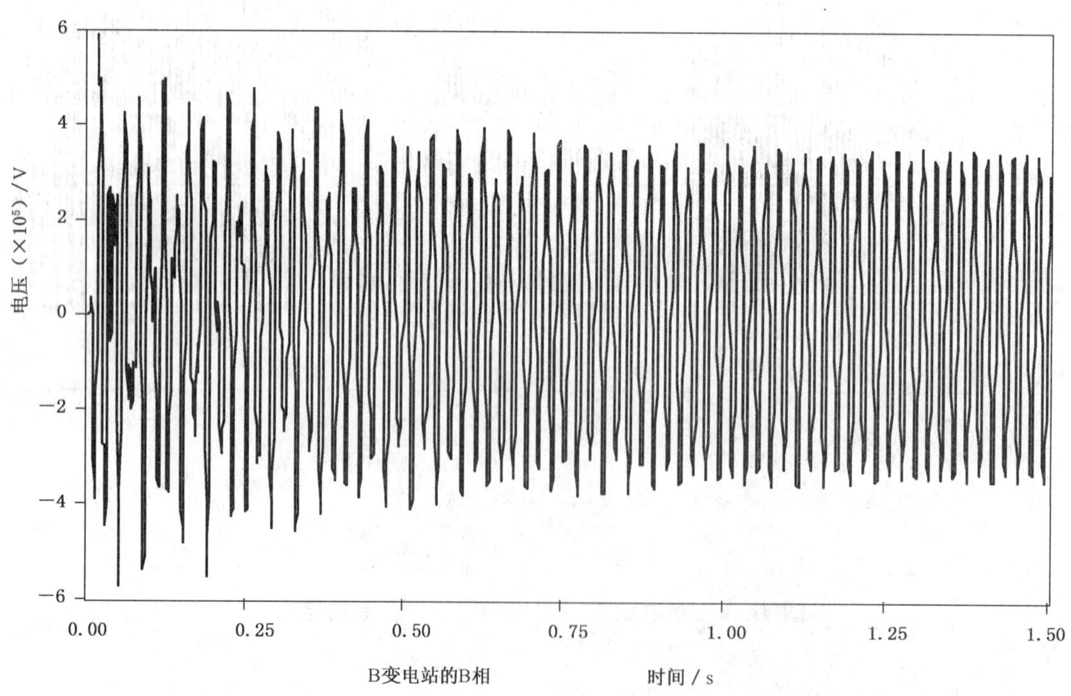

图 D.6 变电站 B 中断路器合闸失败的 A 相上的电压(图 D.2 的电压变化)

附　录　E
（资料性附录）
计算示例6（SFO）——因SFO引起的气体绝缘线路故障率的计算

本示例工况是为了计算因SFO导致气体绝缘线路的故障率所进行的统计研究示例。本示例包括一段有或无残余电荷时的420 kV气体绝缘线路（GIL）。所进行的故障计算是为了确定与绝缘限制条件相关的允许故障率。可研究几种结构和参数：短路电流水平、架空线路长度和气体绝缘线路（GIL）的长度。目的是给出M个并联绝缘故障率计算方法的典型应用，以及2%过电压幅值和操作波耐受电压SIWV的性能。

E.1　输入的数据和模型

E.1.1　线路图（图E.1）

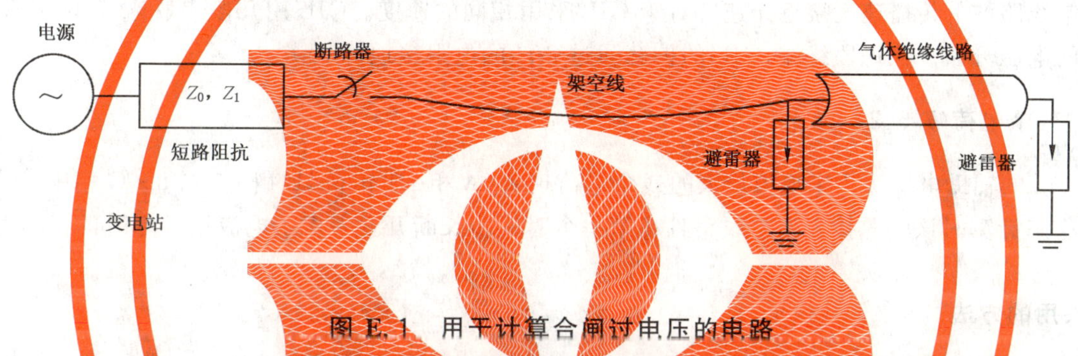

图E.1　用于计算合闸过电压的电路

对于重合闸过电压计算，在暂态过程发生之前将线路连接于50 Hz的电源，以模拟线路残余电荷（7.5.2.1）。对于存在单相接地故障的合闸过电压，在断路器后（断路器和架空线路之间）用一个连接单相导线与地之间的开关来模拟。

E.1.2　电源

在（7.4.1）中介绍了变电站的模型，模型与SFO特殊要求的模拟电源类型一致。表E.1中给出了相关参数。

表E.1　电源的参数

U_n	运行线电压（rms）	420 kV
I_{cc3}	三相短路电流	63 kA和36 kA（根据系统结构）
Z_0/Z_1	零序-正序阻抗比	3（对全部系统结构）
F	谐振频率	2 000 Hz（对全部系统结构）
τ	时间常数	0.07 s（对全部系统结构）

E.1.3　避雷器（7.5.11）

避雷器安装在气体绝缘线路（GIL）的两端，根据它们的伏安（V/A）特性曲线予以模拟。额定电压为360 kV（有效值）。最大持续运行电压为267 kV，工频暂时耐受电压TOV为418 kV（1 s）。1 kA时的残压为 650 kV。从系统设计者的观点出发，和过电压一样，可以通过数值计算估算能量。

E.1.4 断路器

为了模拟三相合闸，如 7.5.10 中所示采用了 3 个统计开关。所有三相的合闸时间具有相同的 Gauss 分布标准偏差，在 $\pm 3\sigma$ 之间，$\sigma = 1.5$ ms。对于每种系统结构，进行了 500 次模拟计算。

三相的合闸时间由“平均时间控制器 ”所控制，即在 50 Hz 的一个周期时间内随模拟次数的增加而增加 Δt(20 ms/500)。对于每一次模拟计算，断路器的三相均具有相同的“平均时间控制器”，它对应于 $t_{50\%}$，但各相按各自的高斯分布具有不同的随机合闸时间。该程序允许在 50 Hz 的一个周期内合闸时间完整的分布。

E.1.5 架空线路和气体绝缘线路(GIL)

架空线路和气体绝缘线路所采用的模型是频率相关的模型(7.5.2)。在这两个模型中，转化矩阵的频率固定在 5 kHz。在本试验工况中，架空线路和 GIL 的参数($Y(s)$和 $\gamma(s)$)在 0.01 Hz 和 200 kHz 之间(频率限值的选择必须依据系统研究)进行计算。根据系统结构采用了几个长度。物理上，辐射式结构的架空线路波的传播速度接近光速。对于 GIL 采用相同的速度。GIL 用几段串联来模拟，以便测量 GIL 中的电压分布。在每段终端，GIL 的护套通过 2 Ω 的电阻接地。

E.1.6 残余电荷(7.5.2)

1 p.u. 的辅助电压源用来模拟最大的残余电荷现象(A 相+1 p.u.，B 相-1 p.u.，C 相+1 p.u.)。在初始稳态计算时该电源接入架空线路且在第一个时间步长断开。考虑了电流接近零时的截断电流。

E.2 采用的方法

用统计法计算电压概率密度函数，然后进行危险率计算。根据断路器的合闸时间用拟随机序列控制每次模拟。对每一个研究的系统结构进行了 500 次模拟计算，可以直接获得 GB/T 311.2—2002 中提出的 $U_{2\%}$ 和 $U_{10\%}$ 或 $U_{16\%}$ 过电压。较高的 $U_{2\%}$(按照 GB/T 311.2—2002 的 2.3.3.2，即所谓的相峰值法)过电压分布用于计算危险率。仅研究了相对地过电压。

对过电压分布进行危险率计算，采用了下述通用公式：

$$R = \int_{\pm 4\sigma} f(u) P(u) \mathrm{d}u$$

这两个函数是：

——$f(u)$：计算得到的过电压概率密度函数；

——$P(u)$：在冲击电压 u 下绝缘闪络的概率。

第一个函数通过随机的数值计算获得(图 E.2 给出了具有两个不同的拟合判据的过电压分布的例子)。第二个函数是估算的，如果可能需要经过实验室试验确认。该估算必须反映设备的经验数据。

因为 M 是现场受试 GIL 的单元数量，所以可以认为 GIL 是 M 个绝缘的并联。在此基础上，对于 100 m 长的 GIL 单元(现场通常对 500 m 到 1 000 m 单元进行试验)可以考虑 3%的标准偏差(基于过去的绝缘试验经验)。其他的假定条件必须考虑到现场保证的耐受电压。一种假定为 $U_{10\%}$(100 m)= 80%的 SIWV。下面两个方程可能有助于估算整个 GIL 长度的等效概率函数(见 GB/T 311.2—2002 的公式(C.12))：

$$Z_{\mathrm{M}} = \frac{Z}{\sqrt[5]{M}} \text{ 以及 } U_{50\mathrm{M}} = U_{50} - 4Z\left(1 - \frac{1}{\sqrt[5]{M}}\right)$$

式中：

Z ——一个单元的放电概率的标准偏差值；

Z_M ——并联的 M 个单元的标准偏差值；

U_{50} ——一个单元的 50%放电电压值；

U_{50M}——M 个并联单元部分的 50%放电电压值。

给出的公式仅在沿着 GIL 的过电压分布平缓时才有效。

下面的表 E.2～表 E.4 摘要叙述了所用的参数(按所考虑长度的标准偏差和 $U_{50\%}$)：

$$U_{10\%}(100\ \mathrm{m}) = 80\%\mathrm{SIWV} = 0.8 \times 1\ 050\ \mathrm{kV} = 840\ \mathrm{kV}$$

表 E.2 不同长度的标准偏差和 $U_{50\,M}$(SIWV＝1 050 kV)

SIWV＝1 050 kV	U_{50}的标准偏差/%	U_{50M}/kV
100 m	3	874
0.6 km	2.1	842
1.4 km	1.8	830
3 km	1.5	821
5 km	1.4	817
10 km	1.2	810

$$U_{10\%}(100\ \mathrm{m}) = 80\%\mathrm{SIWV} = 0.8 \times 950\ \mathrm{kV} = 760\ \mathrm{kV}$$

表 E.3 不同长度的标准偏差和 U_{50M}(SIWV＝950 kV)

SIWV＝950 kV	U_{50}的标准偏差/%	U_{50M}/kV
100 m	3	790
0.6 km	2.1	762
1.4 km	1.8	752
3 km	1.5	744
5 km	1.4	739
10 km	1.2	733

$$U_{10\%}(100\ \mathrm{m}) = 80\%\mathrm{SIWV} = 0.8 \times 850\ \mathrm{kV} = 680\ \mathrm{kV}$$

表 E.4 不同长度的标准偏差和 $U_{50\,M}$(SIWV＝850 kV)

SIWV＝850 kV	U_{50}的标准偏差/%	U_{50M}/kV
100 m	3	707
0.6 km	2.1	682
1.4 km	1.8	672
3 km	1.5	665
5 km	1.4	661
10 km	1.2	656

为了获得等效的过电压密度函数，可对GIL的绝缘特性采用Weibull概率函数，而过电压拟合采用Gauss分布。

E.3 系统结构

考虑了几种GIL的长度：600 m，1 400 m，3 km，5 km和10 km。

A系统结构：短路电流63 kA+GIL(几个长度)；

B系统结构：短路电流36 kA+58 km的单回路架空线路+GIL(几个长度)；

C系统结构：短路电流63 kA+84 km的双回路架空线路+GIL(几个长度)。

E.4 结果和分析

图E.3给出了GIL两相上的过电压。图E.4给出了沿GIL过电压分布的例子。由于GIL两端均装有避雷器，沿GIL的电压分布不均匀。根据GIL的长度，最大和最小电压的比值可能有所变化。对于长度小于10 km的GIL，该比值低于1.01，对于50 km，该比值为1.10。由于这些原因，对于小于10 km的GIL，可以认为电压分布是均匀的。否则，危险率计算需要考虑沿GIL的电压不均匀分布。

对于考虑的每种结构，表E.5给出了$U_{2\%}$和$U_{10\%}$的统计过电压计算的结果。避雷器的能量也可以根据相同的模拟获得。

表E.5 每一考虑结构的$U_{2\%}$和$U_{10\%}$统计过电压

GIL长度	600 m			1 400 m			3 km			5 km			10 km		
结构(充电时带有残余电荷)	A	B	C	A	B	C	A	B	C	A	B	C	A	B	C
$U_{10\%}$/kV	1.18	1.34	2.07	1.47	1.68	2.05	1.87	1.94	2.06	1.96	1.99	2.07	2.04	2.05	2.08
$U_{2\%}$/kV	1.28	1.44	2.09	1.63	1.83	2.07	1.93	1.96	2.09	2.00	2.02	2.09	2.09	2.09	2.10
结构(单相接地故障)	A	B	C	A	B	C	A	B	C	A	B	C	A	B	C
$U_{10\%}$/kV	1.59	1.71	2.02	1.77	1.86	2.03	1.92	1.95	2.02	1.99	1.99	2.03	2.03	2.06	2.05
$U_{2\%}$/kV	1.62	1.73	2.04	1.80	1.89	2.04	1.94	1.96	2.05	1.99	2.00	2.06	2.04	2.07	2.06
结构(充电)	A	B	C	A	B	C	A	B	C	A	B	C	A	B	C
$U_{10\%}$/kV	1.17	1.23	1.94	1.32	1.39	1.94	1.47	1.58	1.94	1.55	1.73	1.95	1.77	1.83	1.95
$U_{2\%}$/kV	1.21	1.31	1.97	1.39	1.53	1.97	1.58	1.71	1.97	1.71	1.80	1.98	1.84	1.89	1.99

过电压的幅值和振荡频率取决于很多因数：网络的拓扑结构(网络内部相互连接的程度、连接到母线上架空线路的回路数、母线的短路容量、Z_0/Z_1、架空线路长度、断路器特性、避雷器保护距离等)。

过电压的振荡起因于电源侧谐振频率和回路中的线路和其他设备的固有频率的相匹配。

涉及到GIL中操作过电压的某些结论来源于以上有限的试验工况：

——架空线路越长，GIL中的过电压越高；

——架空线路越长，GIL长度就越不重要。相反地，对于长度较短的架空线路，GIL的长度变的非常重要。GIL越长，过电压越高。

E.5 故障率计算

由于单相对地故障产生过电压概率很小,可以不考虑。如果要求考虑这一故障,就应该估算或者假定接地故障条件下,出现断路器合闸的概率(见表 E.6)。

表 E.6 每个系统结构的风险

线路长度/km	SIWV=1 050 kV $U_{10\%}$=840 kV		SIWV=950 kV $U_{10\%}$=760 kV		SIWV=850 kV $U_{10\%}$=680 kV	
A 结构	R En	R_En_TCh	R En	R_En_TCh	R En	R_En_TCh
0.6	0.0E+00	6.0E-25	0.0E+00	7.7E-19	4.5E-27	2.5E-13
3	1.7E-13	1.5E-11	2.4E-09	4.3E-06	6.0E-06	2.7E-02
10	7.0E-12	5.8E-07	9.3E-07	1.0E-02	4.7E-03	7.0E-01
B 结构	R En	R_En_TCh	R En	R_En_TCh	R En	R_En_TCh
0.6	1.0E-28	5.0E-19	2.0E-21	7.0E-14	7.0E-15	3.0E-09
3	2.0E-09	3.0E-14	2.0E-06	9.8E-07	4.6E-04	2.2E-01
10	6.0E-13	1.5E-07	7.0E-07	9.5E-03	1.6E-02	8.4E-01
C 结构	R En	R_En_TCh	R En	R_En_TCh	R En	R_En_TCh
0.6	2.0E-13	5.8E-10	9.8E-07	6.6E-04	4.4E-02	8.3E-01
3	7.0E-13	4.8E-09	3.4E-06	3.0E-03	1.4E-01	9.6E-01
10	1.0E-11	3.0E-08	3.4E-05	2.5E-02	4.0E-01	9.9E-01

故障风险可以解释为每 $1/R$ 次操作的故障率。小于 10E-08 的故障率并不表示零风险。前面的风险计算可以帮助系统设计人员选择要求的 SIWV。必须确定可接受的故障率。

对于 10 km 长的 GIL,考虑到可能存在的残余电荷(重合闸),可以把估算的故障率作为所选择的 SIWV 的函数来获得。设计必须考虑设备的性能指标和其他可能存在的未在本例处理的问题。涉及到避雷器的吸收能量,可以进行同样类型的分析。如果不知避雷器的介质击穿特性且缺乏较好的估算,可以进行 $E_{2\%}$(如果能量的累积的概率分布是 $F_E(.)$,$F_E(E_{2\%}=0.02)$ 和 $E_{10\%}$ 的计算,并与规定的能量耐受能力相比较。

作为例子,表 E.7 给出了 20 000 次操作中介质击穿的次数(N),并可以导出下述结果:

表 E.7 对于每种系统结构,20 000 次操作中介质击穿的次数

长度/km	SIWV=1 050 kV $U_{10\%}$=840 kV	SIWV=950 kV $U_{10\%}$=760 kV	SIWV=850 kV $U_{10\%}$=680 kV
长度(A 结构)	N	N	N
0.6	1.2E-20	1.5E-14	5.0E-19
3	3.0E-07	8.6E-02	5.4E+02
10	1.2E-02	2.0E+02	1.4E+04

表 E.7 对于每种系统结构,20 000 次操作中介质击穿的次数(续)

长度/km	SIWV=1 050 kV $U_{10\%}$=840 kV	SIWV=950 kV $U_{10\%}$=760 kV	SIWV=850 kV $U_{10\%}$=680 kV
长度(B结构)	N	N	N
0.6	1.0E-14	1.4E-09	6.0E-05
3	6.0E-10	2.0E-02	4.3E+03
10	3.0E-03	1.9E+02	1.7E+04
长度(C结构)	N	N	N
0.6	1.2E-05	1.3E+01	1.7E+04
3	9.5E-05	6.0E+01	1.9E+04
10	6.0E-04	5.0E+02	2.0E+04

根据性能判据以及技术和经济分析,可以选取最优的SIWV。

E.6 建议

——方法的选择:事件峰值和相峰值可能给出不同的结果;

——为了优化选择GIL(认为是自恢复绝缘)或架空线路的SIWV,必须进行统计故障率的计算。IEC 60071-2中对于M个并联的绝缘提出了风险计算方法。如果沿着GIL的电压分布是线性的,可以采用简化的方法(如本试验工况)。相反地,如果沿着GIL的电压分布是非线性的,必须对GIL的每一等距测量点i使用单元风险计算公式。最终的故障风险是M个计算的故障风险的函数;

——过电压分布形状的插值方法不必与最终的结果相关。换言之,选择Gauss或Weibull分布函数、选择$U_{2\%}$、$U_{10\%}$、$U_{16\%}$或者$U_{50\%}$必须进行优化以保持与模拟计算出的过电压分布有良好的拟合;

——为了获得最佳的结果,网络中每个元件的谐振频率应尽可能地准确。如果无测量数据,有些元件很难模拟(变压器,旋转电机)。在这种情况下,可以进行基于文献的假设来获得等效元件。

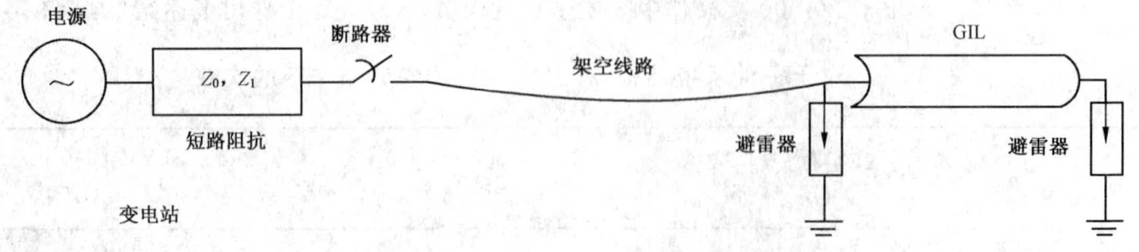

图 E.2 用于计算合闸过电压的电路

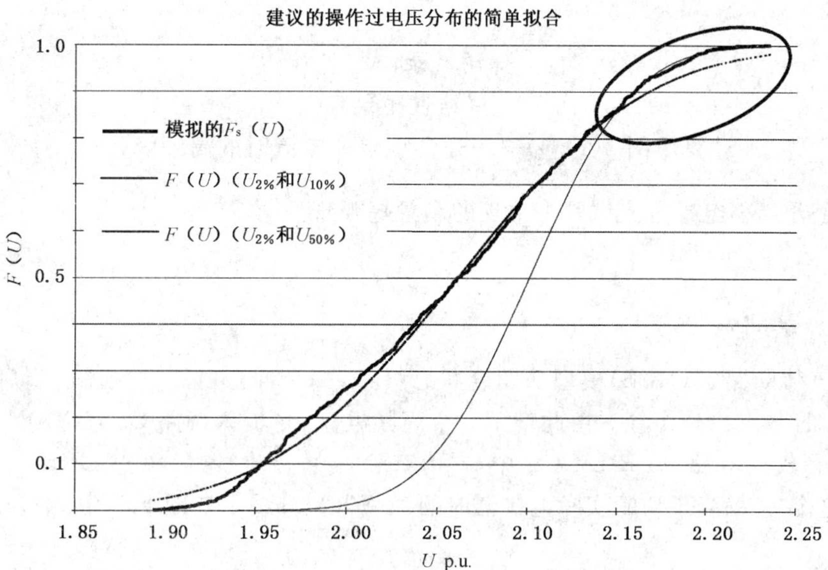

图 E.3　计算的过电压分布——两个不同的拟合判据导出的两个估算的 Gauss 概率函数（$U_{2\%}$和$U_{10\%}$保证了与最危险的过电压良好的拟合）

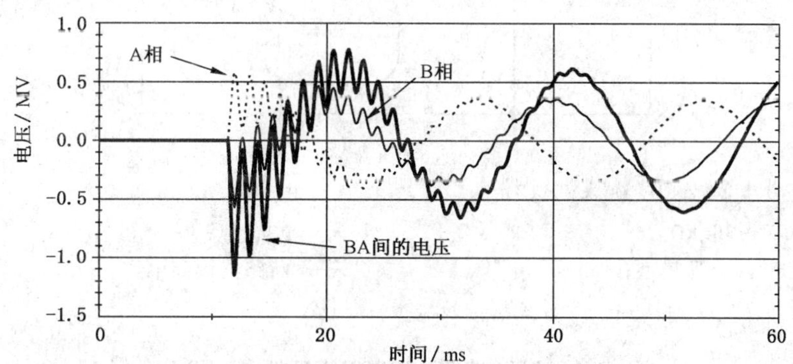

图 E.4　A 相和 B 相间以及相对地(A 相和 B 相)操作过电压的例子

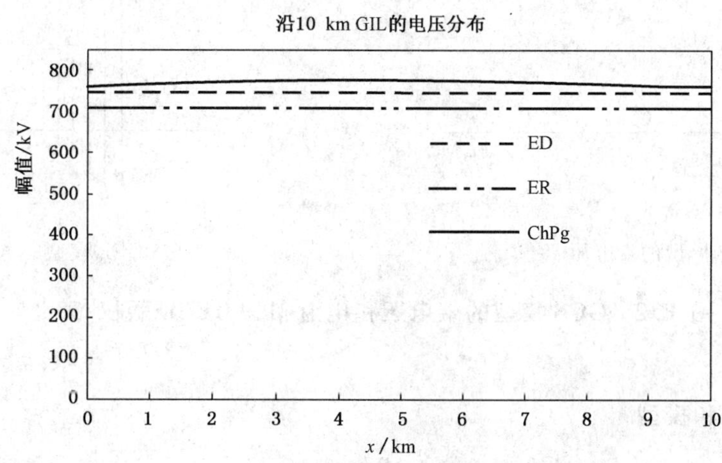

图 E.5　沿 GIL 的电压分布(ER-合闸,ED-单相接地故障下的合闸,ChPg 残余电荷下的合闸)

附 录 F
（资料性附录）
计算示例7(FFO)——开合小电感电流时的高频熄弧

本示例模拟了开合小电感电流试验中出现的高频熄弧现象。

F.1 试验

图F.1中的气体断路器(GCB)模型从闭合状态打开，一个冲击电压发生器同步启动(图F.2中的A点)。图F.2中的B点出现击穿。由此产生一个高频电流 I_{HF} 流入回路CL-GCB。

IG中的电荷释放到电路IG-R-L-GCB中，并有一个准直流电流 I_0 流过GCB。GCB中的电流是 I_{HF} 和 I_0 之和。这个 I_0 相当于切断实际电抗器时的工频电流分量。在图F.2中的C点电弧熄灭。

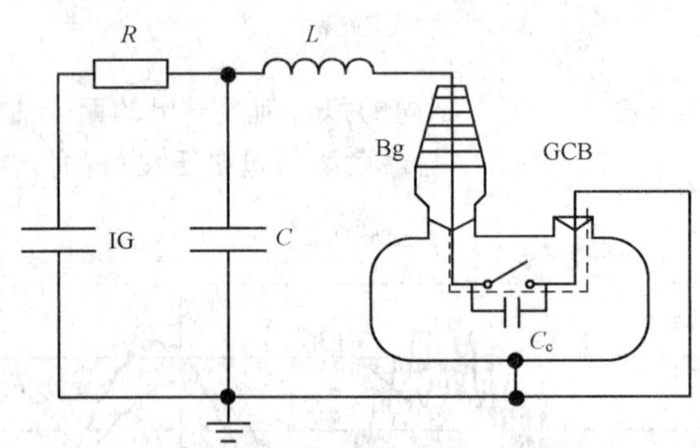

IG ——冲击电压发生器(2 μF,100 kV×12)；
R ——电阻器[(18～36)kΩ]；
GCB——SF_6 300 kV断路器模型；
Bg ——套管；
C ——电容器(5 000～40 000 pF)；
L ——电抗器(180～870 μH)；
C_c—— 断路器极间电容。

图F.1 试验电路(1998IEEE版权[50])

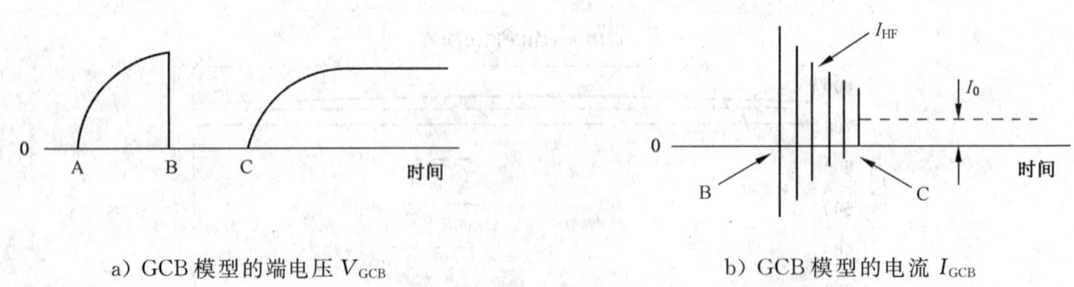

a) GCB模型的端电压 V_{GCB}　　b) GCB模型的电流 I_{GCB}

图F.2 GCB模型的端电压和电流(1998IEEE版权[50])

F.2 模拟的输入数据和模型

F.2.1 电弧模型和电弧参数

Mayr电弧方程(见附件B.2)用来模拟测量结果。图F.3说明了GCB模型测到的电弧时间常数 θ

(B.2 的(1)中的 T)和功率损耗 N_0(附件 B.2 中的 P)。这些参数是频率和断路器的动触头的行程长度的函数(在图中用 p.u. 表示)。

F.2.2 模拟电路

图 F.4 说明了模拟的电路。

针对图 F.4 中所示的电路,非线性方程包括使用图 F.3 中所示的电弧参数的电弧方程,均采用 Runge-Kutta-Gill 方程求解。

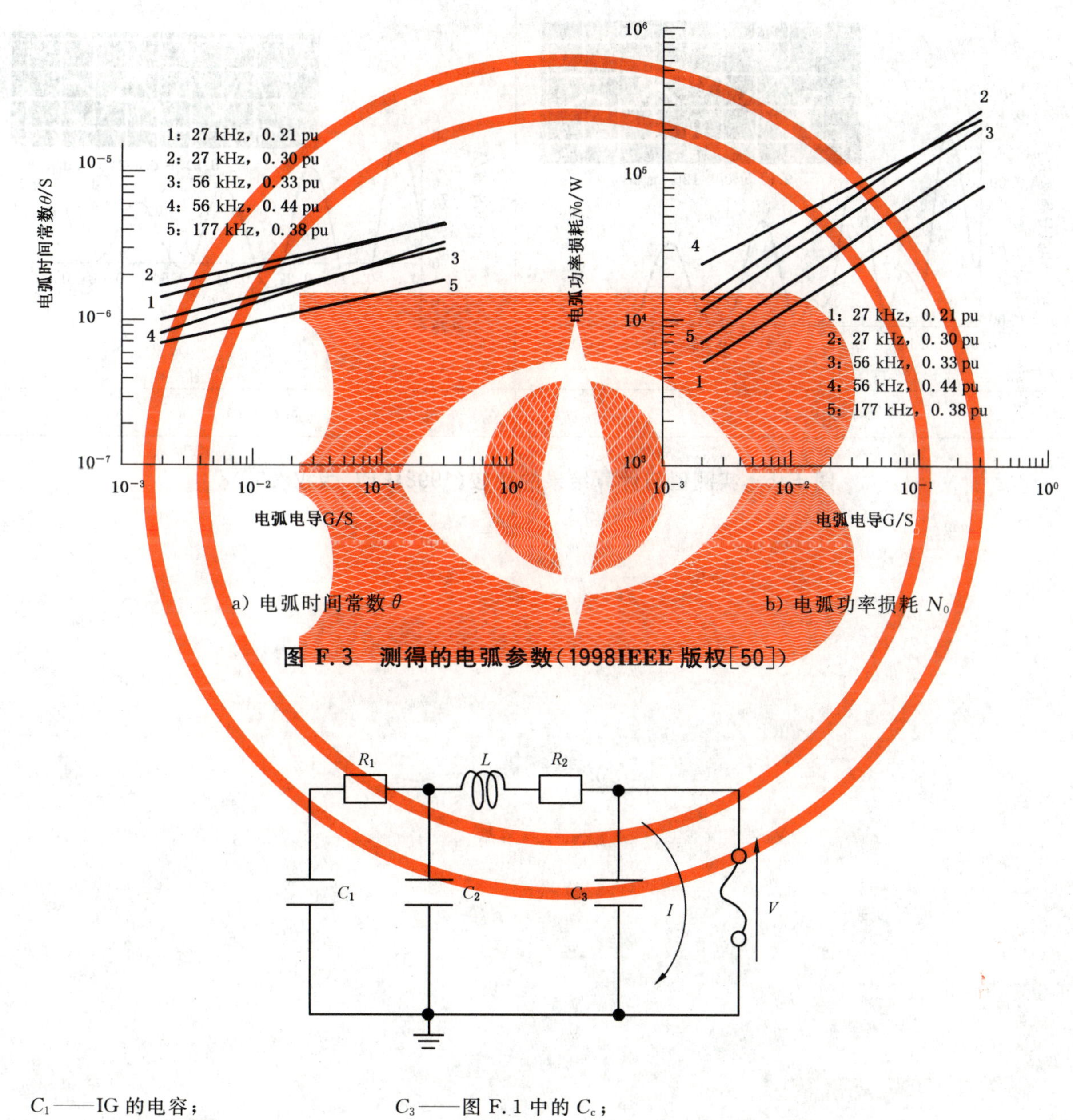

图 F.3 测得的电弧参数(1998IEEE 版权[50])

C_1——IG 的电容;

R_1——图 F.1 中的 R;

C_2——图 F.1 中的 C;

R_2——高频电流的衰减电阻;

C_3——图 F.1 中的 C_c;

V——电弧电压;

L——图 F.1 中的 L;

I——电弧电流。

图 F.4 模拟电路

F.3 结果和说明

图 F.5 为实测值和计算结果之间进行比较的例子。本示例是针对 56 kHz 和 0.44 p.u. 的行程长度，并对应于试验中发生高频熄弧的情况。

据说可以计算高频熄弧发生的可能性，然而，应该注意必须采用相应的电流参数，而这些参数在不同的断路器中有不同的值且依赖于频率和行程等条件。

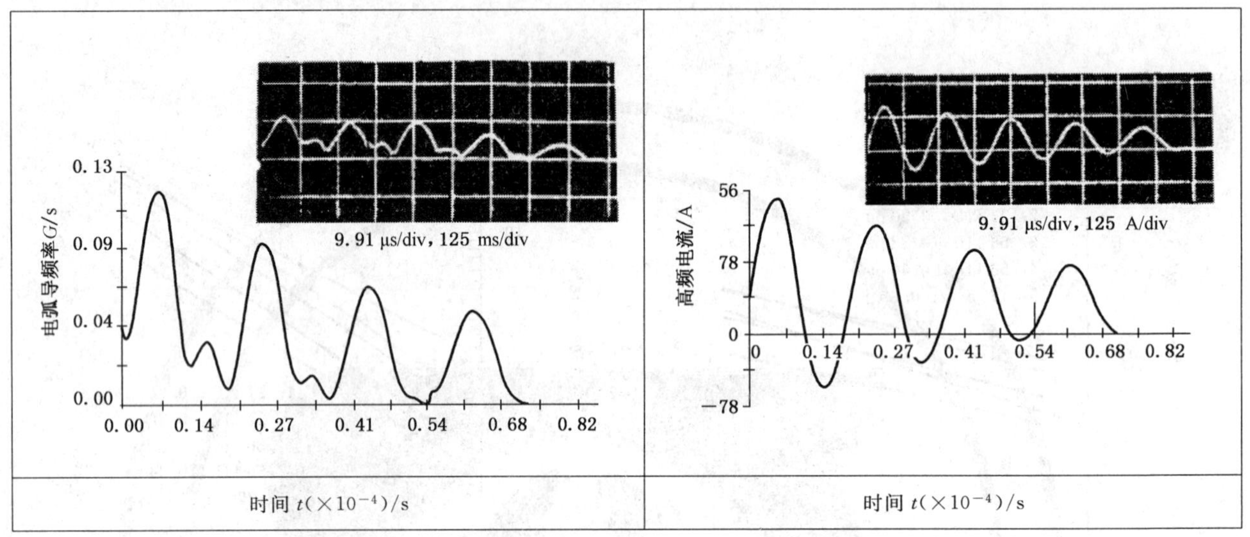

图 F.5 实测值与计算结果的比较(1998IEEE 版权[50])

参 考 文 献

[1] IEC multilingual dictionary,ISBN 2-8273-0003-6,1983

[2] "Temporary overvoltages:causes, effects and evaluation",CIGRE 1990 session,Paris,WG 33-10-Report 33-210,1990

[3] "Monograph on GIS Very Fast Transients",CIGRE report,Working Group 33/13.09,1988

[4] "Guide to procedures for estimating the lightning performance of transmission lines", CIGRE report,reference 63,Working Group 33-01,1991-10

[5] "Guidelines for representation of network elements when calculating transients", type: CIGRE report,reference 39,Working Group 33-02,1991-10

[6] Eriksson A. J. ,Anderson R. N. ,"A summary of lightning parameters for engineering applications". CIGRE,33-06,1980

[7] "A universal model for accurate calculation of electromagnetic transients on overhead lines and underground cables",IEEE Trans on Power Delivery,Vol 14,NO 3,July 1999—A. Morched,B. Gustavsen,M. Tartibi

[8] "Electrical Transients in Power Systems",Greenwood A. ,Wiley-Interscience,1991,ISBN 0-471-62058-0

[9] "Temporary overvoltages—Test Case Results",Electra Nbr 188,February 2000

[10] "Lightning Performance of Transmission Lines", Anderson J. G. , Chapter 12, Transmission Line Reference Book,Electric Power Research Institute,Palo Aito,CA

[11] "A simplified method for estimating lightning performance of transmission lines",IEEE Working Group on lightning performance of transmission lines,1985,IEEE Trans. PAS-104,PP 919-932,April 1985

[12] "Sumer:a software for overvoltage Surges Computation Inside Transformers",MOREAU O. ,Guillot Y. ,ICEM 1998

[13] "Practical application of arc physics in circuit breakers", CIGRE WG 13-01 Electra N°118,1988

[14] Interruption of Small Inductive Currents",CIGRE WG 13-02 Electra N°72,1980

[15] "A new approach for the calculation of the lightning performance of transmission lines III-a,simplified method:stroke to tower",C. F. Wagner and A. R. Hileman,AIEE trans. (Powers Apparatus and Systems),vol 79,October 1960

[16] "Multistory transmission tower model for lightning surge analysis",IEEE Transactions on Power Delivery, Vol 6, No 3, July 1991—Masaru Ishii, Eiichi Ohsaki, Tatsuo Kawamura,Kaneyoshi Murotani,Teruya Kouno,Takemitsu Higuchi

[17] "Number of sections necessary for transmission line model used for transient network analyzer",Electrical Engineering of Japan Vol. 95. NO 5,1975—T. Ono,H. Matsubara

[18] "Lightning Surge Response of Transmission Towers", IEEE Transactions on Power Apparatus and Systems. Vol PAS-102,No 9,September 1983—W. A. Chisholm,Y. L.

[19] "Travel Time of Transmission Towers", IEEE Transactions on Power Apparatus and Systems,Vol PAS-104. No 10. October 1985—W. A. Chisholm,Y. L. Chow

[20] "An investigation on the Closing Dispersion of Circuit Breaker,the Decay Time Constant of Residual Line Voltage and Surge Impedance", CRIEPI report No. 178012, September

1978—T. Ono, H. Matsubara

[21] "L'effet de couronne en tension alternative—Pertes et perturbations radioelectriquesengendrées par les lignes de transport d'énergie électrique"—1976, Eyrolles n°24—C. GARY, M. MOREAU

[22] "Probability Concepts in Engineering Planning and Design—Volume I—Basic Principles", A. Ang, W. H. Tang, 1975, John Wiley and Sons

[23] "Les Propriétés de l'air"—Eyrolles n°51—C. GARY and al.

[24] "EDF Reports on Turbogenerator Saruration Models, DC Converter Station Energization-Transients, Airgap Models, Substation Models, Low-Frequency Corona Models, andHigh-Frequency Corona Models", EPRI document TR-103442s

[25] "Dynamic arc Modeling in EMTP"—July 1985, EMTP Newsletter—M. KIZILCAY

[26] "EMTP-based Model for Grounding System Analysis"—IEEE Winter meeting New-York1994—F. E. Menter, L. Grcev

[27] Juan A. Martinez-Velasco: "Computer Analysis of Electric Power System Transients: Selected Readings", IEEE first edition 1997 (ISBN: 0-7803-2318-1)

[28] "Modeling Guidelines for fast front transients", IEEE Transactions on Power Delivery, Vol 11, No 1. , January 1996

[29] EMTP Theory Book—Hermann Dommel-University of British Columbia, 1992

[30] "Guidelines for the Evaluation of the Dielectric Strength of External I nsulation"—CIGRE Report, Reference 72, Working Group 33-07

[31] "Observation and Analysis of Multiphase Back Flashover on the Ookushishidu Test Transmission Line caused by Winter Lightning"—IEEE PE 304 PWRD 0 12 97—Hideki Motoyama, Kazuo Shinjo, Yasuhiro Matsumoto, NaoKi Itamoto

[32] "Experimental Study and Analysis of Breakdown Characteristics of Long Air Gaps With Transmission Short Tail Lightning Impulse"—IEEE Transactions on Power delivery, Vol 11, No 2, April 1996—H. Motoyama

[33] "Very fast transient phenomena associated with gas insulated substations", CIGRE pape 33/13-09, 1988"

[34] "Switching surges: Part IV: Control and reduction on A. C. transmission Lines"—IEEE PS 101, No 8, August 1982—IEEE Working Group on Switching Surges

[35] "Fast and Accurate Switching Transient Calculations on Transmission Lines with Ground Return Using Recursive Convolutions"—A. Semlyen, A. Dabuleanu—IEEE Transactions on Power Apparatus and Systems, Vol PAS-94, n°2, March/April 1975

[36] "Phase Domain Modeling of Frequency—Depedent Transmission Lines by Means of an ARMA Model"—T. Noda, N. Nagaoka, A. Ametani—IEEE Transactions on Power Delivery , Vol 11, No 1, January 1996

[37] "Direct Phase-Domain Modelling of Frequency-Dependent Overhead Transmission Lines"—H. V. Nguyen, H. W. Dommel, J. R. Marti—IEEE Transactions on Power Delivery-96 SM 458- PWRD

[38] "Damping of numerical noise in the EMTP solution"—V. Brandwajn—EMTP Newsletter, Vol 2, Feb 1982

[39] Solution to the problem of separation of the Hydro-Québec 735-kV system by switchable Metal-oxide surge arresters. By G. Saint-Jean, Y. Latour, M. Landry, J. Belanger

(IREQ) And H. Huynh, P. Czech(Hydro-Qrébec). CIGRÉ 1986 Session . Paper n°33-01

[40] A 735-kV Shunt reactor automatic switching system for Hydro-Québec network. By S. Bernard, G.. Trudel, G. Scott (TransEnergie-Hydro-Québec). IEEE, 96 WM 283-2 PWRS

[41] Hydro-Quebec's defence plan against extreme contingencies. By G. Trudel, S. Bernard, G.. Scott (TransEnergie-Hydro-Québec). IEEE, PE-211-PWRS-0-06:1998

[42] "Estimating the Probability of failure of Equipment as a Result of Direct Lightning Strikes On Transmission Lines"—M. A. Ismaili, P. Bernard, R. Lambert, A. Xemard-PE-071-PWRD-0-01:1999

[43] "A high Frequency Transformer Model for the EMTP"—A. Morched, L. Marti, J. Otterangers—IEEE TPD, Vol 8, No3, July 1993

[44] "Guide to Lightning Protection Design of Power Stations, Substations and Underground Transmission Lines"—CRIEPI REPORT No 40—December 95

[45] "Some fundamentals on Capacitance Switching" I B Johnson et al. , IEEE August 1995, pp 727-736

[46] "Accurate Modeling of Capacitively Graded Bushing for Calculation of Transient Overvoltages in GIS"—A. Ardito. R. Iorio, G.. Santagostino, A, Porrino

[47] "A study of Predischarge Current Characteristics of Long Air Gaps"—T. Shindo and al. —IEEE Trans, Vol PAS-104, pp. 3262-3268, 1985

[48] "Application of dynamic arc equations to high-frequency arc extinctions in SF_6 gas circuit Breakers"—E. ZAIMA, S. Nishiwaki, et al.—IEEE TPD Vol 8, No 3, July 1993, pp 1199-1205

[49] "Modeling of metal Oxyde surge arresters"—IEEE working Group 3. 4. 11—IEEE TPD, Vol 7, January 1992

[50] "Analysis of faulted power systems" P. M. Anderson—IOWA State University Press—1978

[51] "VFFT in a 765 kV substation"—J. Grandl, A. Eriksson, J. Meppelink, C. Van Der Merwe—CIGRE 33. 12-session 1988

[52] "Principles and recent practices of insulation coordination in Japan"—T. Kawamura, S. Sasaki, T. Ueda, T. Kouno, E. Zaima, Y. Kato—CIGRE Session 2000, 33-109

[53] "Some fundamentals on Capacitance Switching" I. B. Johnson and al, IEEE Aug 1955 pp 727-736

[54] "High Frequency Transformer Models" C. R. Zani et al. , CIGRE SC33-97 WG 114 IWD

[55] "Control of Overvoltages on Hydro-Quebec 735-kV Series-Compensated System During Major Electro-Mechanical Transient Disturbance"—Que Bui—Van et al. —International Conference on Power Systems Transients 2001

[56] "Harmonics, characteristic parameters, methods of study, estimates of existing values of the network"—CIGRE study committee 36—Electra nbr 77—July 81

[57] "The calculation of switching surges-Ⅲ. Transmission Line representation for energization and re-energization studies with complex feeding networks"—CIGRE study committee 13 • — Electra Nbr 62

[58] "The design of specially bonded cable systems"—CIGRE study committee 21—Electra Nbr 28—May 73

[59] "Experimental and analytical studies of the effect of non-standard waveshapes on the

impulse strength of external insulation"—R. O. Caldwell, M. Darveniza—IEEE Trans, Pwr App and Syst, Vol 90, pp 1909-1915, 1979

[60] "Metal oxide surge arresters in A. C. systems"- CIGRE brochure 60

[61] "Phase-to-Phase Insulation Co-ordination", Electra Nbr 64, May 1979

[62] "Temporary Overvoltages: causes, effects and evaluation", CIGRE 1990, Report 33-210

[63] "Energization of a no-load transformer for power restoration purposes: modeling and validation by on site tests"—IEEE Winter meeting Singapor 2000—M. Rioual, C. Sicre

[64] IEC 60071-5:2002, Insulation co-ordination—Part 5: Procedures for high-voltage direct current (HVDC) converter stations

[65] C 62271-100:2001, High-voltage switchgear and controlgear—Part 100: High-voltage alternating-current circuit-breakers

[66] GB/T 1985—2004 高压交流隔离开关和接地开关

ICS 55.140
A 82

中华人民共和国国家标准

GB/T 325.2—2010

包装容器　钢桶
第2部分:最小总容量208 L、210 L和216.5 L全开口钢桶

Packaging container—Steel drums—
Part 2:Removable head(open head)drums with a minimum total capacity of 208 L,210 L and 216.5 L

(ISO 15750-1:2002,Packaging—Steel drums—
Part 1:Removable head(open head)drums with a minimum
total capacity of 208 L,210 L and 216.5 L,MOD)

2010-09-26 发布　　　　2011-03-01 实施

中华人民共和国国家质量监督检验检疫总局
中国国家标准化管理委员会　发布

前　言

GB/T 325《包装容器　钢桶》分为5个部分：

——第1部分：通用技术要求；

——第2部分：最小总容量208 L、210 L和216.5 L全开口钢桶；

——第3部分：最小总容量212 L、216.5 L和230 L闭口钢桶；

——第4部分：200 L及以下全开口钢桶；

——第5部分：200 L及以下闭口钢桶。

本部分为GB/T 325的第2部分。

本部分与ISO 15750-1：2002《包装　钢桶　第1部分：最小总容量208 L、210 L和216.5 L全开口钢桶》(英文版)的一致性程度为修改采用，主要差异如下：

——按照国内的实际情况，术语和定义采用GB/T 4122.4中的规定，钢桶材料符合GB/T 325.1的规定，封闭器材料符合GB/T 13251的规定；

——删除了工艺方面的内容；

——删除了对全开口钢桶规格型号的表示方式的规定；

——删除了附录A，全开口钢桶容量的测量方法。

本部分由全国包装标准化技术委员会提出并归口。

本部分起草单位：国家包装产品质量监督检验中心(广州)、杭州中粮包装有限公司、无锡市四方制桶有限公司。

本部分主要起草人：蔡依军、朱丽萍、凌光耀、卢明、鞠春明、章晓尚、郭克文、王晓茹、罗晓茵、姚晓庆、赵季臻、黄广炽。

包装容器　钢桶
第2部分:最小总容量208 L、210 L和216.5 L全开口钢桶

1　范围

GB/T 325的本部分规定了最小总容量为208 L、210 L和216.5 L全开口钢桶的结构和尺寸。

2　规范性引用文件

下列文件中的条款通过GB/T 325的本部分的引用而成为本部分的条款。凡是注日期的引用文件,其随后所有的修改单(不包括勘误的内容)或修订版均不适用于本部分,然而,鼓励根据本部分达成协议的各方研究是否可使用这些文件的最新版本。凡是不注日期的引用文件,其最新版本适用于本部分。

GB/T 325.1　包装容器　钢桶　第1部分:通用技术要求

GB/T 4122.4　包装术语　第4部分:材料与容器

GB/T 13251　包装　钢桶　嵌入式法兰封闭器(GB/T 13251—2008,ISO 15750-3:2002,NEQ)

3　术语和定义

GB/T 4122.4确立的术语和定义适用于GB/T 325的本部分。

4　规格尺寸

4.1　钢桶尺寸标注如图1所示,A型、B型、C型和D型桶的具体尺寸见表1。

表1　全开口钢桶规格尺寸

单位为毫米

尺寸符号	项目说明	A型桶		B型桶		C型桶	D型桶
	总容量	最小210 L	最小216.5 L	最小210 L	最小216.5 L	最小208 L	最小208 L
D_1	内径	571.5±2	571.5±2	571.5±2	571.5±2	566±2	566±2
D_2	环筋外径	≤585	≤585	≤596	≤596	≤585	≤585
D_3	桶底外径	≤585	≤585	≤593	≤593	≤585	≤585
D_4	封闭箍外径	≤585[a]	≤585[a]	≤610	≤610	≤585[a]	≤620
H_1	桶全高	878±5	888±5	878±5	888±5	890±5	890±5
H_5	去盖桶高	868±5	878±5	868±5	878±5	880±5	880±5
h_2	桶盖深[b]	—	—	—	—	—	—
h_3	桶底间隙	≥4	≥4	≥4	≥4	≥4	≥4
h_4	环筋间距	280±3	280±3	280±3	280±3	300±3	300±3
p_1	注入口中心至透气口中心的距离	444±6(或451±1)	444±6(或451±1)	444±6(或451±1)	444±6(或451±1)	400±6	400±6

表 1（续）

单位为毫米

<table>
<tr><td rowspan="2">尺寸符号</td><td>项目说明</td><td colspan="2">A 型桶</td><td colspan="2">B 型桶</td><td>C 型桶</td><td>D 型桶</td></tr>
<tr><td>总容量</td><td>最小
210 L</td><td>最小
216.5 L</td><td>最小
210 L</td><td>最小
216.5 L</td><td>最小
208 L</td><td>最小
208 L</td></tr>
<tr><td>P_2</td><td>注入口 G2(50 mm)中心至桶外壁的距离，离桶顶约 50 mm 处测量</td><td>72±3</td><td>72±3</td><td>72±3</td><td>72±3</td><td>94±3</td><td>94±3</td></tr>
<tr><td colspan="8">按照 GB/T 13251 具有螺纹 G2 封闭器的嵌入应该使中心线尽量垂直。
注 1：表中 4 种类型的钢桶中，A 型桶和 C 型桶的最佳的外径应符合一个标准集装箱能并排堆放 4 个钢桶。
注 2：对于 A 型桶和 C 型桶，外径 D_4 可通过调整桶口结构的方式来实现，两种调整方式如下：
a) 缩小桶口直径。通常情况下，A 型桶的桶口内径应缩至 545 mm，C 型桶的桶口内径应缩至 536 mm；
b) 改变桶口封闭结构（圆边、桶盖和封闭箍）来确保 A 型桶的内径为 571.5 mm、C 型桶的内径为 566 mm 时，桶的外径尺寸不超过 585 mm。</td></tr>
<tr><td colspan="8">[a] 通常情况下，封闭箍外径最大为 585 mm，但如果测量部位含封闭箍销钉，则此值可能稍大些。
[b] 如果桶盖装有封闭器，桶盖深应满足封闭器不高于封闭箍。</td></tr>
</table>

单位为毫米

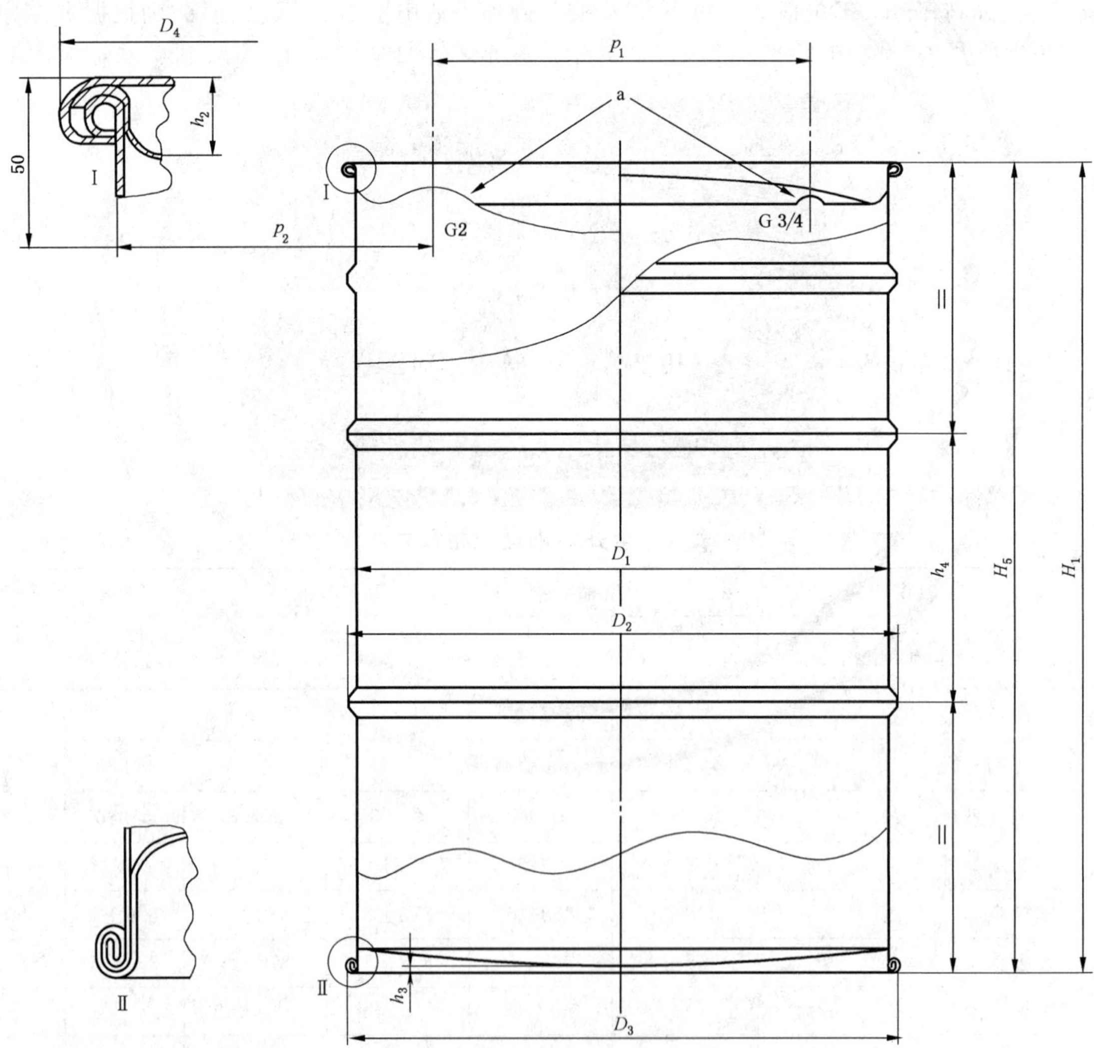

a——桶盖上可安装封闭器。

注 1：桶盖可以是凸面、平面或凹面。

注 2：桶身可选三道环筋。

注 3：Ⅰ放大图为 B 型桶、D 型桶结构示意。

图 1　全开口钢桶

4.2 钢板厚度为0.6 mm～1.6 mm。

5 材料

5.1 钢桶材料符合GB/T 325.1的规定。

5.2 封闭器材料符合GB/T 13251的规定。

6 结构

6.1 应符合GB/T 325.1的规定。

6.2 桶身、桶盖和桶底应该根据钢桶用途用厚度足够的钢板制成。

6.3 桶身通过涨筋或滚压的两道环筋增加强度，位置如图1所示。也可以采用其他允许结构如三道环筋，或者由小波纹代替第三道环筋。

注：优先采用只有两道环筋的钢桶。

6.4 桶盖及桶底的形状可以是凸面、平面或凹面。

6.5 全开口桶盖密封应选用合适材料的密封圈。

6.6 封闭箍的结构应既能使钢桶密封又不会对桶口产生损坏。

6.7 如需在桶盖上增加封闭器，应满足以下要求：

a) 封闭器装在桶盖上的位置如图1所示。可根据供需协议安装注入口一个或注入口和透气口各一个；

b) 封闭器螺纹应符合GB/T 13251中螺纹G3/4和螺纹G2的规定；

c) 除供需双方协议规定外，封闭器结构应符合GB/T 13251的规定；

d) 封闭器除非自身有防漏性能否则应配置衬圈/垫圈或其他密封元件；

e) 金属或塑料桶塞应配置合适材料的衬圈/垫圈。

ICS 55.140
A 82

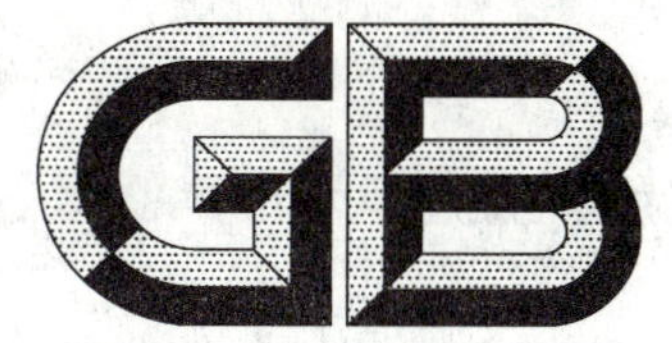

中华人民共和国国家标准

GB/T 325.3—2010

包装容器 钢桶 第3部分:最小总容量212 L、216.5 L和230 L闭口钢桶

Packaging container—Steel drums—Part 3:Non-removable head(tight head)drums with a minimum total capacity of 212 L,216.5 L and 230 L

(ISO 15750-2:2002,Packaging—Steel drums—Part 2:Non-removable head(tight head)drums with a minimum total capacity of 212 L,216.5 L and 230 L,MOD)

2010-09-26 发布　　2011-03-01 实施

中华人民共和国国家质量监督检验检疫总局
中国国家标准化管理委员会　发布

前　言

GB/T 325《包装容器　钢桶》分为5个部分：

——第1部分:通用技术要求；

——第2部分:最小总容量208 L、210 L和216.5 L全开口钢桶；

——第3部分:最小总容量212 L、216.5 L和230 L闭口钢桶；

——第4部分:200 L及以下全开口钢桶；

——第5部分:200 L及以下闭口钢桶。

本部分为GB/T 325的第3部分。

本部分与ISO 15750-2:2002《包装　钢桶　第2部分:最小总容量212 L、216.5 L和230 L闭口钢桶》(英文版)的一致性程度为修改采用,主要差异如下：

——按照国内的实际情况,术语和定义采用GB/T 4122.4中的规定,钢桶材料符合GB/T 325.1的规定,封闭器材料符合GB/T 13251的规定；

——删除了工艺方面的内容；

——删除了对钢桶排空率的要求；

——删除了对闭口钢桶规格型号的表示方式的规定；

——删除了附录A,闭口钢桶容量的测量方法；

——删除了附录B,闭口钢桶排空率的测试方法。

本部分由全国包装标准化技术委员会提出并归口。

本部分起草单位:国家包装产品质量监督检验中心(广州)、杭州中粮包装有限公司、无锡市四方制桶有限公司。

本部分主要起草人:蔡依军、卢明、凌光耀、朱丽萍、鞠春明、章晓尚、郭克文、王晓茹、罗晓茵、姚晓庆、赵季臻、黄广炽。

包装容器 钢桶
第3部分：最小总容量212 L、216.5 L和230 L闭口钢桶

1 范围

GB/T 325的本部分规定了最小总容量为212 L、216.5 L和230 L闭口钢桶的结构和尺寸。

2 规范性引用文件

下列文件中的条款通过GB/T 325的本部分的引用而成为本部分的条款。凡是注日期的引用文件，其随后所有的修改单(不包括勘误的内容)或修订版均不适用于本部分，然而，鼓励根据本部分达成协议的各方研究是否可使用这些文件的最新版本。凡是不注日期的引用文件，其最新版本适用于本部分。

GB/T 325.1 包装容器 钢桶 第1部分：通用技术要求

GB/T 4122.4 包装术语 第4部分：材料与容器

GB/T 13251 包装 钢桶 嵌入式法兰封闭器(GB/T 13251—2008，ISO 15750-3：2002，NEQ)

3 术语和定义

GB/T 4122.4确立的术语和定义适用于GB/T 325的本部分。

4 规格尺寸

4.1 钢桶尺寸标注如图1所示，A型、B型和C型桶的具体尺寸见表1。

单位为毫米

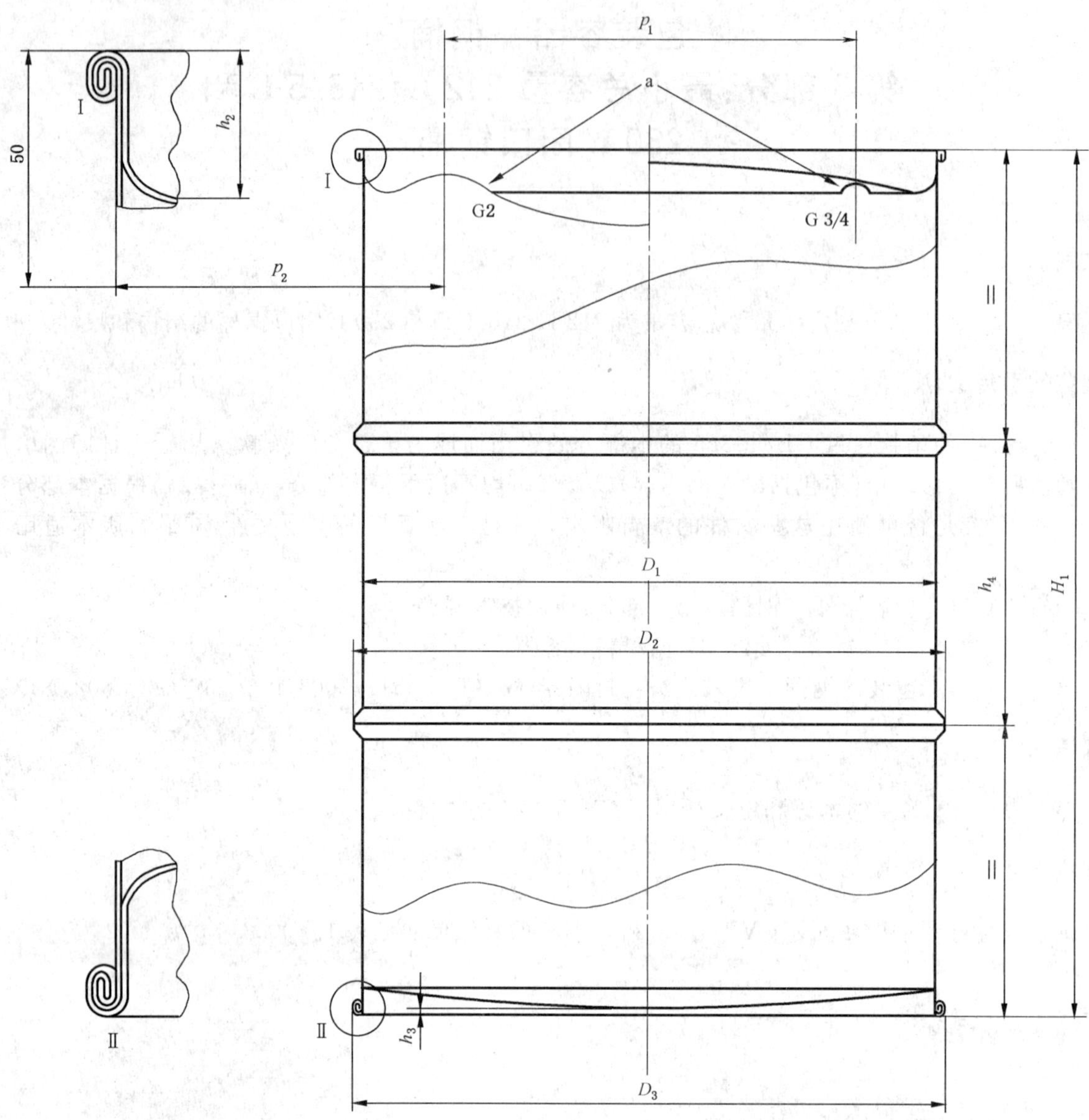

a——封闭器不得高于桶盖卷封边缘。

注：桶盖可以是凸面、平面或凹面。

图 1 闭口钢桶

表 1 闭口钢桶规格尺寸

单位为毫米

尺寸符号	项　　目	A 型桶		B 型桶		C 型桶
	总容量	最小 216.5 L	最小 230 L	最小 216.5 L	最小 230 L	最小 212 L
D_1	内径	571.5±2	571.5±2	571.5±2	571.5±2	566±2
D_2	环筋外径	≤585	≤585	≤596	≤596	≤585
D_3	卷封边缘外径	≤585	≤585	≤593	≤593	≤585
H_1	桶全高	878±5	932±5	878±5	932±5	890±5
h_2	桶盖深[a]	—	—	—	—	—

表 1（续）

单位为毫米

尺寸符号	项目	A 型桶		B 型桶		C 型桶
	总容量	最小 216.5 L	最小 230 L	最小 216.5 L	最小 230 L	最小 212 L
h_3	桶底间隙	≥4	≥4	≥4	≥4	≥4
h_4	环筋间距	280±3	280±3	280±3	280±3	300±3
p_1	注入口中心至透气口中心的距离	444±6（或 451±1）	444±6（或 451±1）	444±6（或 451±1）	444±6（或 451±1）	400±6
p_2	注入口 G2(50 mm)中心至桶外壁的距离，离桶顶约 50 mm 处测量	72±3	72±3	72±3	72±3	94±3

按照 GB/T 13251 具有螺纹 G2 封闭器的嵌入应该使中心线尽量垂直。

注 1：对于桶盖为凹面的钢桶，为了达到规定的容量，桶全高 H_1 可以增加 4 mm。

注 2：表中 3 种类型的钢桶中，A 型桶和 C 型桶的最佳的外径应符合一个标准集装箱能并排堆放 4 个钢桶。

[a] 桶盖深应满足封闭器不高于卷边的要求。

4.2 钢板厚度为 0.6 mm～1.6 mm。

5 材料

5.1 钢桶材料符合 GB/T 325.1 的规定。

5.2 封闭器材料符合 GB/T 13251 的规定。

6 结构

6.1 应符合 GB/T 325.1 的规定。

6.2 桶身、桶盖和桶底应该根据钢桶用途，用厚度足够的钢板制成。

6.3 桶身通过涨筋或滚压两道环筋增加强度，位置如图 1 所示。也可以采用不同结构的环筋和波纹。

6.4 桶盖及桶底的形状可以是凸面、平面或凹面。

6.5 封闭器装在桶盖上的位置如图 1 所示。可根据供需协议安装注入口一个或注入口和透气口各一个。

6.6 封闭器螺纹应符合 GB/T 13251 中螺纹 G3/4 和螺纹 G2 的规定。

6.7 除供需双方协议规定外，封闭器结构应符合 GB/T 13251 的规定。

6.8 封闭器除非自身有防漏性能，否则应配置衬圈/垫圈或其他密封元件。

6.9 金属或塑料桶塞应配置合适材料的衬圈/垫圈。

ICS 75.160.20
E 31

中华人民共和国国家标准

GB/T 386—2010
代替 GB/T 386—1991

柴油十六烷值测定法

Standard test method for cetane number of diesel fuel oil

2011-01-10 发布 2011-05-01 实施

中华人民共和国国家质量监督检验检疫总局
中国国家标准化管理委员会 发布

前　言

本标准修改采用美国试验与材料协会标准 ASTM D613—08《柴油十六烷值测定法》。

本标准根据 ASTM D613—08 重新起草。

为了适合我国国情，本标准在采用 ASTM D613—08 时进行了修改。本标准与 ASTM D613—08 的章条结构差异参见附录 A。本标准与 ASTM D613—08 的主要技术差异如下：

——本标准将 ASTM D613—08 的第 5 章意义与用途修改为引言，为了符合我国的标准编写要求；

——本标准的第 2 章将引用标准修改为我国相应的国家标准和行业标准。本标准增加了 GB/T 265、GB/T 511、GB/T 1884、GB/T 2430、GB/T 6536、GB/T 6540、SH/T 0234、SH/T 0236、SH/T 0604、SH/T 0724 标准的引用；删除了 ASTM D613—08 中 ASTM D975、ASTM D4175、ASTM E456、ASTM E542、ASTM E832 标准的引用；

——本标准第 4 章对 ASTM D613—08 的第 4 章进行了修改。为确保测试精确度，增加了将试样包括在中间的两种标准燃料十六烷值之差范围的要求；

——本标准增加了 7.3.3 关于正标准燃料混合物十六烷值的计算依据，这有利于使用者计算方便；

——本标准增加了 7.3.4 关于正标准燃料质量保证的要求，为了保证测定的准确性；

——本标准 9.1 对 ASTM D613—08 中 10.1 发动机和仪表的安装部分内容进行了修改，主要是删除了对发动机装配或大修后有关调试要求的表述。因为相关内容已表达清楚；

——本标准删除了 ASTM D613—08 中图 3 样品和标准燃料读数顺序。因已有相应的文字表述内容；

——本标准删除了 ASTM D613—08 中 13.2 和 13.2.2 有关十六烷值计算的描述。因为式(4)已给出了计算表达；

——本标准删除了 ASTM D613—08 中图 4 样品十六烷值计算举例。因已有相应的文字表述内容；

——本标准删除了 ASTM D613—08 中 15.1.3、15.1.4 和 15.1.5 有关十六烷值重复性极限值、再现性极限值、偏差的确立过程和出处。因为其介绍和本标准的实际使用没有直接关系；

——本标准删除了 ASTM D613—08 第 16 章关键词。因其不是我国标准的内容；

——本标准附录 B 将 ASTM D613—08 附录 A1 警告性资料修改为资料性附录。因其不是本标准的内容。

本标准在采用 ASTM D613—08 时，还进行了如下编辑性修改：

——本标准将 ASTM D613—08 中 1.4 的内容作为本标准的警告；

——本标准增加了正标准燃料及检验燃料的物理化学性质两个资料性附录。

本标准代替 GB/T 386—1991《柴油着火性质测定法(十六烷值法)》。

本标准与 GB/T 386—1991 相比主要变化如下：

——本标准名称由《柴油着火性质测定法(十六烷值法)》修改为《柴油十六烷值测定法》；

——本标准按照 ASTM D613—08“第 5 章意义与用途”的内容增加了引言；

——本标准“第 1 章范围”中，增加了十六烷值的范围为 0～100，但典型的测试范围为 30～65 的表述；

——本标准增加了“第 2 章规范性引用文件”；

——本标准“第 3 章术语和定义”修改了 GB/T 386—1991 第 2 章定义的有关内容；

——本标准增加了“第 5 章干扰因素”；

——本标准“第 6 章设备”修改了 GB/T 386—1991 第 4 章设备的部分内容，增加了标准燃料配置设备、辅助装置的内容；

——本标准增加了“第 10 章校正和发动机的检定”；

——本标准修改了“第 11 章试验步骤”中的部分内容；

——本标准 14.1.1 和 14.1.2 修改了 GB/T 386—1991 中 14.1 和 14.2 重复性和再现性。

——本标准增加了附录 A、附录 B、附录 C、附录 D 和附录 G；删除了 GB/T 386—1991 中的附录 B、附录 C 和附录 D。

本标准的附录 C 为规范性附录；本标准的附录 A、附录 B、附录 D、附录 E、附录 F 和附录 G 均为资料性附录。

本标准由中国石油化工集团公司提出。

本标准由全国石油产品和润滑剂标准化技术委员会石油燃料和润滑剂分技术委员会(SAC/TC 280/SC 1)归口。

本标准起草单位：中国石油化工股份有限公司石油化工科学研究院。

本标准主要起草人：王利、徐锋。

本标准所代替标准的历次版本发布情况为：

——GB 386—1964、GB/T 386—1991。

引　　言

十六烷值是柴油在压燃发动机中着火性质的量度。

本标准被广泛地应用于石油化工行业、炼油厂、销售商、发动机生产厂，作为燃料和发动机相应的主要指标来测定。

十六烷值在一台预燃室型的压缩燃着的试验发动机内，以恒定的速度测定。试验发动机的性能与全标度、可变速度、可变负荷发动机之间的相关性还不完全清楚。

本标准在测定非常规燃料时，在全标度发动机内与这种油品性质的相关性还不完全清楚。

柴油十六烷值测定法

警告:本标准涉及到某些有危险的材料、操作及设备,但并未对所有的安全问题提出建议。因此,用户在使用本标准前应建立适当的安全防护措施,并确定相关规章限制的适用性。有关安全警告内容详见附录B。

1 范围

本标准规定了用十六烷值试验机测定柴油十六烷值的试验方法。本标准也可用于非常规燃料,如合成燃料、植物油及类似产品。十六烷值的范围为0～100,但典型的十六烷值测试范围为30～65。

本标准适用于压燃式发动机燃料十六烷值的定量测定。样品在特定操作条件下,由一个标准的单缸、四冲程、可变压缩比、间接喷射柴油发动机进行测试。

2 规范性引用文件

下列文件中的条款通过本标准的引用而成为本标准的条款。凡是注日期的引用文件,其随后所有的修改(但不包括勘误的内容)或修订版均不适用于本标准,然而,鼓励根据本标准达成协议的各方研究是否可使用这些文件的最新版本。凡是不注日期的引用文件,其最新版本适用于本标准。

GB/T 265 石油产品运动黏度测定法和动力黏度计算法

GB/T 511 石油产品和添加剂机械杂质测定法(重量法)

GB/T 1884 原油和液体产品密度实验室测定法(密度计法)(GB/T 1884—2000,eqv ISO 3675:1998)

GB/T 2430 航空燃料冰点测定法

GB/T 4756 石油液体手工取样法(GB/T 4756—1998,eqv ISO 3170:1988)

GB/T 6536 石油产品蒸馏测定法

GB/T 6540 石油产品颜色测定法

GB/T 6682 分析实验室用水规格和试验方法(GB/T 6682—2008,ISO 3696:1987,MOD)

GB/T 6986 石油浊点测定法(GB/T 6986—1986,eqv ISO 3015:1974)

SH/T 0234 轻质石油产品碘值和不饱和烃含量测定法(碘-乙醇法)

SH/T 0236 石油产品溴值测定法

SH/T 0604 原油和石油产品密度测定法(U形振动管法)(SH/T 0604—2000,eqv ISO 12185:1996)

SH/T 0724 液体烃的折射率和折射色散测定法

SY/T 5317 石油液体管线自动取样法(SY/T 5317—2006,ISO 3171:1988,IDT)

3 术语和定义

下列术语、定义和缩略语适用于本标准。

3.1 通用术语和定义

3.1.1

认可参考值 accepted reference value

各方同意的、用于比较的参考值,它可以是:

a) 基于科学原理的理论值或实测值;

b) 根据某些国家或国际组织的试验工作而赋予的值;

c) 根据在某一科学或工程小组主持下的合作试验工作,而一致同意的公认值。

注:应用于十六烷值的认可参考值,被理解为在可重复条件下,由国家交换组、或其他被认可的交换试验组织,通过试验测得的特定参比物的十六烷值。

3.1.2

十六烷值 cetane number

表示柴油在柴油机中燃烧时着火性能的指标。在规定操作条件下的标准发动机试验中,将柴油与标准燃料进行比较,而得到的柴油着火性能的测定值。

燃料在一个标准试验发动机内,在控制燃料流速、喷油时间和压缩比的条件下,测定的着火滞后期。

3.1.3

压缩比 compression ratio

活塞在下止点时,包括预燃室在内的燃烧室体积与活塞在上止点时可比较体积之比。

3.1.4

着火滞后期 ignition delay

喷油器开始喷油和燃料开始燃烧之间的时间间隔,以曲轴转角度数表示。

3.1.5

喷油提前角 injection advance

表示喷油器开始喷油到上止点为止的曲轴转角度数。

3.1.6

重复性条件 repeatability conditions

在短的时间间隔内,用相同的方法、在同一个实验室、由同一操作者、使用同一仪器、对同一个试样测得的单一独立试验结果的条件。

在对一个样品燃料的两次测试之间的一段短的时间间隔,被理解为不少于两次测试之间最少对另一个样品作一次测试的时间;但是不允许样品燃料、试验设备或环境有任何明显的变化。

3.1.7

再现性条件 reproducibility conditions

用相同的方法、在不同的实验室、由不同的操作者、使用不同的仪器,对同一试样测得的试验结果的条件。

3.2 专用术语和定义

3.2.1

着火滞后期表 ignition delay meter

测定柴油的十六烷值时,通过从输入的复合变送器脉冲,显示喷油提前角和着火滞后期的电子仪表。

3.2.2

检验燃料 check fuels

一种用于控制试验质量的、性质经过选择的、专门用来检查十六烷值机和评价柴油十六烷值测定准确性的柴油。其十六烷值是在再现性条件下的一系列试验所确定的认可参考值。

3.2.3

燃烧传感器 combustion pickup

暴露在气缸压力下的压力变送器,指示燃烧的开始。

3.2.4

手轮读数 handwheel reading

该数值与测微计标尺上得到的压缩比相关。测微计指示出可变压缩塞在发动机预燃室内的位置。

转动大手轮调节发动机的压缩比时，在标定刻度尺上得到的读数，由该读数计算发动机的压缩比和柴油样品的十六烷值。

3.2.5

喷油器打开压力　injector opening pressure

克服通常使喷油嘴针栓关闭的弹簧阻力的燃料压力。该压力迫使针栓提起，从而从喷油嘴喷出油雾。

3.2.6

喷油传感器　injector pickup

检测喷油嘴针栓运动的变送器，指示开始喷油的时间。

3.2.7

正标准燃料　primary reference fuels

用标准发动机测定柴油十六烷值时，用正十六烷（*n*-cetane）和七甲基壬烷（HMN）及其按体积比配制的混合物。规定正十六烷的十六烷值为100，七甲基壬烷的十六烷值为15。

注1：正标准燃料用来检查副标准燃料、测取及检查由副标准燃料换算为正标准燃料的换算表以及作仲裁试验。见式(1)：

$$\text{正标准燃料十六烷值} = 100 \times \text{正十六烷的体积分数} + 15 \times \text{七甲基壬烷的体积分数} \quad \cdots\cdots(1)$$

注2：十六烷值的最初定义为：当正十六烷与α-甲基萘（AMN）混合时，正十六烷在每百份混合物中占有的体积份数。其中，正十六烷的十六烷值为100，α-甲基萘的十六烷值为0。自从1962年，采用具有较好储存安定性和较易得到的原料，用来生产低十六烷值组份以后，就将α-甲基萘改为七甲基壬烷。使用正十六烷和α-甲基萘的混合物作为正标准燃料，来标定七甲基壬烷的十六烷值。发动机试验证明：七甲基壬烷具有认可标准值（CN_{ARV}）为15的十六烷值。

注3：ASTM柴油国家交换组织由石油工业的、政府的和各自独立的实验室组成。该组织每月定期交换样品试验结果，得出发动机试验标准的精密度数据，确定全部实验室所用标准物的认可参考值（CN_{ARV}）。

3.2.8

副标准燃料　secondary reference fuels

经过精心选择、具有稳定十六烷值、并可代替正标准燃料、用于测算柴油十六烷值的高十六烷值烃类燃料和低十六烷值烃类燃料及其按体积比组成的混合物。这两个燃料分别称为：T燃料（高十六烷值）和U燃料（低十六烷值）。

这两个燃料均经ASTM柴油国家交换组织，使用正标准燃料检验校正，并分别对每一个标准燃料和两个燃料的混合物，确定其十六烷值的认可参考值。

3.2.9

参比传感器　reference pickups

装在发动机飞轮上的变送器。检查着火滞后期表曲轴转角间隔和上止点的位置。

3.3　缩略语

3.3.1　ABDC after bottom dead center　下止点以后

3.3.2　AMN alpha-methylnaphthalene　α-甲基萘

3.3.3　ARV accepted reference value　认可参考值

3.3.4　ATDC after top dead center　上止点以后

3.3.5　BBDC before bottom dead center　下止点以前

3.3.6　BTDC before top dead center　上止点以前

3.3.7　CN cetane number　十六烷值

3.3.8　CR compression ratio　压缩比

3.3.9　HMN heptamethyl nonane　七甲基壬烷

3.3.10 HRF high reference fuel 高十六烷值标准燃料

3.3.11 HW hand wheel 手轮

3.3.12 IAT intake air temperature 吸入空气温度

3.3.13 LRF low reference fuel 低十六烷值标准燃料

3.3.14 NEG National Exchange Group 国家交换组

3.3.15 PRF primary reference fuels 正标准燃料

3.3.16 SRF secondary reference fuels 副标准燃料

3.3.17 TDC top dead center 上止点

3.3.18 UV ultraviolet 紫外线

4 方法概要

4.1 柴油的十六烷值是在试验发动机的标准操作条件下，将着火性质与已知十六烷值的标准燃料混合物的着火性质进行比较来测定的。

4.2 测定采用内插法的手轮法。对于试样和两个将试样包括在中间的标准燃料(要求两种标准燃料十六烷值相差不大于5.5个单位)中的每一个，均改变发动机的压缩比(手轮读数)，以得到特定的着火滞后期，然后根据手轮读数用内插法计算十六烷值。

5 干扰因素

5.1 这些燃料即使短期暴露在波长小于550 nm的紫外线下，都会影响十六烷值的测定结果。

警告：勿让燃料，尤其是标准燃料(正标准燃料和副标准燃料)暴露在高温、日光或紫外荧光灯下，以尽量减少化学反应，确保十六烷值稳定。

5.2 在试验发动机所处区域中的某些气体和烟对十六烷值的测定结果会有影响。

5.3 本标准不适用于其流动性影响燃料向燃料泵无阻力重力流动的，或影响燃料送往喷油嘴的柴油。

6 设备

6.1 发动机

本标准采用一台可连续改变压缩比的专用单缸柴油发动机。见附录C。

发动机包括：一个配有燃料泵的曲轴箱、装有预燃型气缸盖的气缸、热虹吸循环夹套冷却系统、带有切换阀的多燃料罐系统、具有特殊喷嘴的喷油器、电子控制部分以及合适的排气管。发动机用皮带与一台专用的能量吸收电机相连。该电机是用作起动发动机的驱动电机，在燃料发生燃烧时，在恒速下还起着吸收能量的作用。见图1和表1。

6.2 仪表

本标准采用一台电子仪表测量喷油和着火滞后的时间。还有常规的温度计、显示仪表。十六烷值表(着火滞后期表)是关键性配置，应用于本标准中。

6.3 标准燃料配制设备

6.3.1 按体积比调合标准燃料：调合要求精确，因为测试误差与调合误差是成比例的。在调合时，要使用一组两支的量管或精密的容量器具。将一次试验要用的调合油装在一个合适的容器中，在将调合油装入发动机燃料系统之前要充分混匀。

6.3.1.1 应使用容量为400 mL或500 mL、最大体积允许误差为±0.2%、经过校正的量管或容量器具。

6.3.1.2 经过校正的量管配有控制阀和放液尖嘴以用来精确控制配制液体的体积，放液尖嘴的大小和构造应使尖嘴在关闭后漏出的液体的量不超过0.5 mL。

A——燃料罐；
B——空气加热器；
C——空气入口消音器；
D——燃料流速量管；
E——燃烧传感器；
F——安全防护帽；
G——可变压缩塞手轮；
H——V.C.P锁紧手轮；
I——飞轮传感器；
J——滤油帽；
K——喷射泵安全切断螺线管；
L——喷油器；
M——燃料喷油泵；
N——燃料切换阀；
O——滤油器；
P——曲轴箱油加热器控制阀；
Q——空气加热开关；
R——发动机开关键；
S——仪表板；
T——空气入口温度控制器；
U——着火滞后期表。

图1 十六烷值试验发动机

表1 发动机的基本性能和规格

项　　目	说　　　明
曲轴箱	CFR-48型(优先采用),高速或低速型(任选)
气缸类型	单筒,铸铁制,具有整体冷却夹套
气缸盖类型	铸铁制,具有涡流预燃室、可变压缩塞通道、整体冷却液通道、气缸盖内气门总成
压缩比	通过外置手轮可从8:1调节至36:1
气缸筒直径/in	标准为3.250,可再镗孔以扩大直径0.010、0.020、0.030以上
行程/in	4.50

表 1（续）

项　　目	说　　　　明
气缸工作容量/in^3	37.33
气门结构	气缸盖内，具有外壳
进气门与排气门	表面为钨铬钴硬质合金
活塞	铸铁制，顶部为平面
活塞环	
压缩型	4 个，铁制，直边（上部可以是镀铬的一任选）
油控型	1 个，铸铁制，有缝（85 型）
凸轮轴使进气门和排气门同时打开的时间（以曲轴转角度数表示）	5
燃料系统	具有可变定时装置和喷油器的喷油泵
喷油器	装配在具有旁路泄压阀的固定架上
喷油嘴	闭式，差动针，液压操作，针栓型
发动机重量/kg	约 400 （880lb）
试验装置总重/kg	约 1 250（2 750lb）
注：1 in＝0.025 4 m。	

6.3.1.3　从配制系统放出液体的速度应不超过 500 mL/min。

6.3.1.4　用于标准燃料和校正的量管均应按此安装，并且与每一批样品一起提供，在相同的温度下配制。

6.3.1.5　按体积比配制标准燃料的配制仪表，参见附录 D。

6.3.2　用重量法调合标准燃料：也允许各个组分以重量（质量）计量的方法通过密度换算为体积比的混合物。其前提是，配制系统能满足调合的最大允差不大于 0.2%（质量分数）的要求。

根据各组分在 15.56 ℃（60 ℉）的密度，计算体积混合组分的质量。

6.4　辅助装置

6.4.1　喷油嘴试验器：喷油嘴被拆下后就应当解体检查，以确认从喷嘴喷出的初始压力的设定是合适的。观察喷油的图形也很重要。商品喷油嘴试验器包括一个用手柄操作的压力筒、燃料罐和压力表。试验器可从若干种普通柴油发动机维修工具中选取。

6.4.2　专用维修工具：为了使发动机和试验设备维修工作方便简单和有效，要使用一些专用工具和测量仪器。这些工具和仪器的清单和说明可从发动机制造商、提供设计的组织和支持本标准的机构获取。

7　试剂和标准物

7.1　气缸夹套冷却剂

对于安装在实验室内的气缸的夹套应使用水作为冷却剂，其沸点为 100 ℃±2 ℃（212 ℉±3 ℉）。当因实验室的海拔高度变化而对冷却剂有要求时，应使用加有商品二醇类防冻剂的水，加剂量应满足沸点的要求。冷却剂中应加入商品化的多功能水处理剂，以减少腐蚀和降低矿物沉积物的量，这些矿物沉积物会改变热能传递和测试结果。水符合 GB/T 6682 中三级水的要求。

7.2　发动机曲轴箱润滑油

应使用 SF/CD 或 SG/CE 的 SAE30 黏度等级的润滑油。润滑油应含有清净添加剂，其 100 ℃（212 ℉）运动黏度为 9.3 mm^2/s～12.5 mm^2/s，黏度指数不小于 85。不能使用加有黏度指数改进剂的润滑油,也不能使用多级润滑油。其黏度按 GB/T 265 测定。

警告:润滑油为可燃物,其蒸气有害人体健康,参见附录 B。

7.3 正标准燃料

7.3.1 正十六烷:纯度≥99.0%(色谱法测定),十六烷值为 100。

7.3.2 七甲基壬烷(2,2,4,4,6,8,8-七甲基壬烷):纯度≥98.0%(色谱法测定),十六烷值为 15。

7.3.3 正十六烷和七甲基壬烷按体积比进行混合时,对任何体积的混合物,其十六烷值均可按式(1)计算。计算结果取至小数点后两位。

7.3.4 每批正标准燃料应具有产品出厂合格证,其物理-化学性质参见附录 E。

警告:正标准燃料为可燃物,其蒸气有害人体健康,参见附录 B。

7.4 副标准燃料

7.4.1 T 燃料:典型 CN_{ARV} 为 73～75 的柴油。

7.4.2 U 燃料:典型 CN_{ARV} 为 20～22 的柴油。

7.4.3 日常测定柴油的十六烷值时,可用经正标准燃料校正过的副标准燃料及其按体积比组成的混合物,来测求柴油试样的十六烷值。

7.4.4 T 燃料和 U 燃料的储存和使用应在 0 ℃(32 ℉)以上,以防止产生凝固,尤其是 T 燃料。使用处于低温下的容器之前,应该将其加热至最少达到容器内燃料的浊点以上 15 ℃(27 ℉)(见试验方法 GB/T 6986),并保持此温度最少 30 min,然后将容器内燃料重新混合均匀。

警告:副标准燃料为可燃物,其蒸气有害人体健康,参见附录 B。

7.5 检验燃料

7.5.1 低十六烷值检验燃料:典型 CN_{ARV} 为 38～42。

7.5.2 高十六烷值校检验燃料:典型 CN_{ARV} 为 50～55。

7.5.3 检验燃料是经正标准燃料校正过的,具有固定十六烷值的两种典型的燃料。专门用来检查十六烷值机评价柴油十六烷值的准确性,不与其他燃料混合用。

7.5.4 每批检验燃料应具有产品出厂合格证,并测定其物理-化学性质及十六烷值。检验燃料的物理-化学性质参见附录 F。

警告:检验燃料为可燃物,其蒸气有害人体健康,参见附录 B。

8 取样

8.1 按照 GB/T 4756 或 SY/T 5317 的规定取样。

警告:取样和储存样品均应使用不透明容器,如深棕色玻璃瓶、金属罐或反应活性较小的塑料容器,以尽量减小暴露在阳光或紫外线下。

8.2 在发动机试验之前,试样应在室内放置至少几个小时,以与室温接近。典型室温为 18 ℃～32 ℃(69 ℉～90 ℉)。

8.3 在发动机试验之前,试样可在室温和大气压下用定性滤纸过滤。

9 发动机和仪器的工作状况及标准操作条件

9.1 发动机和仪表的安装

安装发动机和仪表的位置需要有一个合适的发动机基础,这需要有工程和技术的支持。

发动机的正确操作要求将许多发动机部件先组装起来,并将一系列发动机参数调至规范的要求。

9.2 基于配件规格的条件

9.2.1 发动机转速

发动机转速为 900 r/min±9 r/min。在燃料燃烧时,发动机转速的最大偏差值不超过 9 r/min。在发动机发生燃烧时,发动机转速不能比未燃烧时电机的转速大 3 r/min。

9.2.2 气门定时

发动机采用四冲程循环，对于每一个完整的燃烧循环，曲轴旋转两圈。在接近上止点(TDC)时，发生两个关键动作：进气门打开，排气门关闭。

9.2.2.1 当曲轴和飞轮旋转一圈，进气门打开在上止点以后(ATDC)10.0°±2.5°，进气门关闭时间在下止点以后(ABDC)34°。

9.2.2.2 当曲轴和飞轮旋转第二圈时，排气门打开在下止点以前(BBDC)40°。排气门关闭时间在飞轮和曲轴旋转第三圈时的上止点以后(ATDC)15.0°±2.5°。

9.2.3 气门提升

当进气和排气凸轮轴形状有差距时，两者的轮廓将从出发循环至凸轮上部时上升 6.223 mm～6.350 mm(0.245 in～0.250 in)，从而导致气门提升 6.045 mm±0.05 mm(0.238 in±0.002 in)。

9.2.4 燃料泵定时

在发动机处于压缩冲程，当燃料流速测微计设在典型的操作位置时，可调定时器手柄位于全提前量位置(最接近操作人员)，当飞轮曲轴角度为 300°～306°时。燃料柱塞入口闭合。

9.2.5 燃料泵入口压力

燃料罐(储油容器)和测量流速的量管形成一个最低燃料压头，从而使燃料油在燃料喷射入口中心线以上 635 mm±25 mm(25 in±1 in)的高度从燃料罐及量管中放出。

9.3 配件的组装和操作条件

9.3.1 发动机旋转方向

从发动机前面看，发动机旋转方向为曲轴的顺时针方向。

9.3.2 喷射定时

测定试样和标准燃料时为上止点之前(BTDC)13°。

9.3.3 喷油器开启压力

10.30 MPa±0.34 MPa。

9.3.4 喷油器流速

13.0 mL/min±0.2 mL/min。

9.3.5 喷油器冷却温度

38 ℃±3 ℃(100 ℉±5 ℉)。

9.3.6 气门间隙

9.3.6.1 停机和冷态时：操作发动机之前，要调节气门杆和气门摇杆半球之间的间隙，使测量结果近似等于以下值：

——进气门：0.075 mm(0.004 in)；

——排气门：0.330 mm(0.014 in)。

这样，通常就能使发动机运行处于受控状态和具有热间隙。这些间隙将保证在发动机升温期间两个气门的阀座具有足够的间隙。应当调整可调行程的气门推杆，使摇杆调节螺丝有足够的移动距离，从而有可能作最后的间隙调整。

9.3.6.2 运行和热态时：当发动机用典型的柴油在平衡的条件下运转时，在标准的操作条件下测量，进气门和排气门的间隙应调整到 0.20 mm±0.025 mm(0.008 in±0.001 in)。

9.3.7 润滑油油压

在标准操作条件下为 172 kPa～207 kPa。

9.3.8 润滑油温度

57 ℃±8 ℃(135 ℉±15 ℉)。

9.3.9 气缸夹套冷却剂温度

100 ℃±2 ℃(212 ℉±3 ℉)。

9.3.10 吸入空气温度

66 ℃±0.5 ℃(150 ℉±1 ℉)。

9.3.11 喷油提前角

上止点前13°。

9.3.12 气缸冷却剂液位

9.3.12.1 发动机停机和冷态时:将经过处理的水(冷却剂)加入冷凝器(气缸夹套),直至能从冷凝器观察窗底部看到。这样的液位一般能使发动机运行处于受控状态,并符合热机操作要求。

9.3.12.2 发动机热运和热态时:冷凝器观察窗内的冷却剂液位应在冷却剂冷凝器上"LEVEL HOT"标记的±1 cm(0.4 in)之内。

9.3.13 发动机曲轴箱润滑油液位

9.3.13.1 发动机停机和冷态时:将润滑油加入曲轴箱至液位接近观察窗顶部,该液位通常能使发动机运行处于受控状态,并符合热机操作的要求。见附录C,关于检查压缩压力的方法。

9.3.13.2 发动机运转和热态时:润滑油液位约在曲轴箱观察窗的中部。

9.3.14 曲轴箱内压

通过计量器或压力计与曲轴箱内通道连接进行测量,缓冲阻尼装置减少震动。表压低于零(真空),比常压低0.25 kPa~1.5 kPa,但不超过2.5 kPa。

9.3.15 排气背压

通过计量器或压力计与排气缓冲罐的出口或主排气烟囱连接进行测量,通过缓冲阻尼装置最大程度减少震动,静压应尽可能的低,但不能造成真空或超过大气压2.5 kPa。

9.3.16 排气口与曲轴箱谐振

排气口与曲轴箱的容积和长度应不至于导致发生气体谐振。

9.3.17 活塞过度移动

将汽缸装进曲轴箱时,应使处于上止点位置的活塞伸出至汽缸表面上端以上0.381 mm±0.025 mm(0.015 in±0.001 in)。使用不同厚度的塑料垫片或纸垫片来达到正确就位,可通过尝试选择垫片来确定气缸和曲轴箱之间的误差。

9.3.18 皮带张力

需要上紧连接飞轮与吸收马达的皮带。经过初始磨合之后,在发动机停止时,悬自飞轮与马达皮带轮之间的2.25 kg重物以使皮带下坠12.5 mm为宜。

9.3.19 调整喷油器打开压力及检查油雾图形

警告:操作人员应避免接触从喷油嘴喷出的油雾,因为压力太高,会穿透皮肤。油雾图形性能的检查应在一个防护罩内或具有足够排风能力,确保避免吸入油蒸气。

9.3.19.1 喷油器打开或释放压力:可使用压力调节螺丝调节,应调节至压力为10.3 MPa±0.34 MPa时放出燃料。每当重新装配喷油器或在清洗以后,都要用喷油嘴试验台检查压力的调节。建议使用商品喷油嘴试验台。见附录C。

9.3.19.2 喷油器油雾图形:通过观察在一张滤纸或其他略有吸附性的材料上单喷的痕迹,来检查油雾图形的对称性质,滤纸距离喷嘴约7.6 cm(3 in)。典型的油雾图形见图2。

9.3.20 标记手轮读数

9.3.20.1 手轮读数是压缩比的简单方便的指示,在十六烷值法中是一个关键的度量。倘若发动机是新的或只是配套的手轮(气缸头组合更换过或重新装配过),均应当采用以下步骤对手轮读数作出记号。

9.3.20.2 手轮测微计转鼓和标度设定:参阅表2,选择用于与之匹配的轮鼓和标准读数。

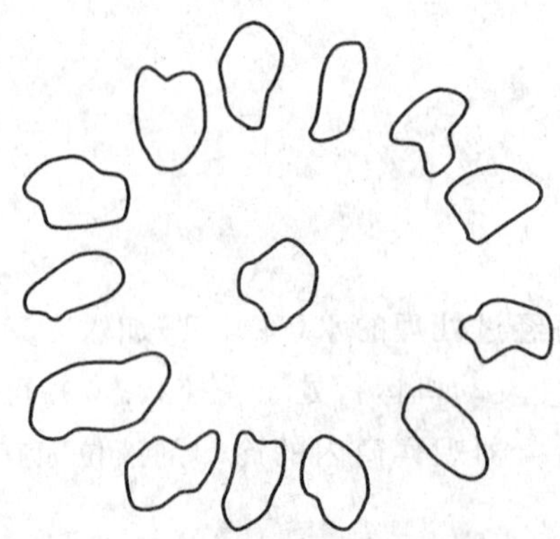

图2 典型的喷油器喷雾图形

表2 用于各种不同气缸内径的手轮设定

气缸直径/cm(in)	手轮读数
8.255(3.250)(标准内径)	1.000
8.280(3.260)(重镗内径,直径增大0.010 in)	0.993
8.306(3.270)(重镗内径,直径增大0.020 in)	0.986
8.331(3.280)(重镗内径,直径增大0.030 in)	0.978

9.3.20.3 可变压缩塞的基本调整:将可变压缩塞就位,使平面刚能看到,而实际上用直尺检查时与燃烧传感器孔的螺纹边缘成一直线。

9.3.20.4 手轮读数的设定:用手旋紧小锁定手轮至刚好拧紧,确保可变压缩塞固定在气缸筒内的位置。放松大手轮的锁紧螺母,取下L型锁紧键,转动大手轮,使转鼓边缘对准水平尺上的1.000分度。用手轮上的短臂将L型键重新装入大手轮上最靠近的键槽中,稍稍抬高手轮,达到与槽平直不会影响分度。拧紧锁紧螺母使键就位。从转鼓上旋下固定螺丝,转动转鼓。使0分度标记与表2选取的读数成一直线。找到转鼓上的螺孔(此孔与手轮转壳上的孔对准)重新装上固定螺丝。用扳手拧紧大手轮上的锁紧螺母,重新检查可变压缩塞是否就位,手轮读数是否与表2中的数值一致。

9.3.21 基础压缩压力

9.3.21.1 在手轮读数为1.000时,当一台在101.33 kPa标准大气压下操作的发动机关闭后应尽快读取数据,这时的压缩压力应该是3 275 kPa±138 kPa。如果操作条件不在此范围内,要重新检查基础的手轮设定,如有必要,进行机械保养。见附录C。

9.3.21.2 对于在标准大气压以外的压力下操作的发动机,压缩压力一般与当地大气压/标准大气压的比值成正比。见式(2)示例,一台位于大气压为95 kPa的地点的发动机,其预期压缩压力约为3 060 kPa±138 kPa。

压缩压力=3 275×当地大气压/标准大气压 ……………………………(2)

例:压缩压力=3 275 kPa×710 mmHg/760 mmHg=3 060 kPa

警告:除了其他注意事项外,压缩压力的试验使用压缩压力表来进行可使试验时间尽量地缩短,以避免因在压力表或燃烧室内存在少量油而可能引起燃烧。

9.3.22 燃料泵润滑油液位

发动机停运后,将足够量的曲轴箱润滑油加入泵的润滑油箱中,液位应在检油棒上的标记处。

警告:由于发动机的运转,尤其是当泵的筒体—柱塞组合开始磨损,油箱的液位将会上升,因为从油箱的外壳的透明塑料侧板壳看到油变稀了,若液位有明显的上升则要将油箱排空,并装入新油。

9.3.23 燃料泵定时齿轮箱中油的液位

发动机停机后,打开齿轮箱顶部和侧面一半高度处的开口,通过顶部的孔加入足量的发动机曲轴箱润滑油，使液位上升到齿轮箱侧面开口处的高度。重新封闭两个开口。

警告：泵和定时齿轮箱的润滑油互不相同，两者的润滑油相互之间没有关系。

9.3.24 **仪表**

9.3.24.1 参比传感器和喷油传感器的位置对于确保喷油定时和着火滞后功能的均匀和正确是很重要的。

9.3.24.2 参比传感器的调整：两个参比传感器是一样的，可以互换，这两个传感器装在飞轮上方的托架中。

9.3.24.3 将两个传感器都安装在托架中，这样就可根据专用传感器的说明书正确地给飞轮指示器做参考。

9.3.24.4 如有必要应使用非磁厚薄规测量传感器与飞轮指示器的间隙。

9.3.25 **喷油传感器间隙的调整**

9.3.25.1 发动机处于停机状态时，一般将间隙调整为 1 mm(0.040 in)。

9.3.25.2 当发动机运转时，为了使仪表稳定地运行，各个传感器可能要求间隙大一些或小一些。但是，间隙太小会造成着火滞后角的显示离开标度。

10 校正和发动机的检定

10.1 发动机合格性

假定发动机已被指定使用，所有的设定和操作变数均处于平衡，且符合基本的发动机设定、仪表设定和标准操作条件。

发动机升温时间一般需要 1 h，这样才能保证所有关键的参数达到稳定。

10.2 检查检验燃料的性质

10.2.1 本发动机试验没有任何完全令人满意的，用来鉴定发动机的标准燃料混合物。用检验燃料可以将发动机调整至良好状态。这需要用一个或多个检验燃料进行试验。

10.2.2 如果用一个按式(3)计算出的允许极限内的检验燃料进行十六烷值试验，则可将发动机的性能调整到令人满意的状态。

$$\text{允许极限} = CN_{ARV} \pm 1.5 \times s_{ARV} \qquad \cdots\cdots(3)$$

式中：

CN_{ARV}——检验燃料可接受参考值的十六烷值；

1.5——达到标准分布的一个选定的允差极限因数(K)；

s_{ARV}——用于确定 CN_{ARV} 的检验燃料数据的标准偏差。

10.2.2.1 在样品测定的基础上得到的统计允差极限因数(K)，在计算的允差极限内，可以用来估算能评价检验燃料的发动机所占的比例。

10.2.2.2 根据测定检验燃料 CN_{ARV} 的一组(17～20 次)数据，以及在 K 值等于 1.5 的前提下，在计算的允差极限内，如果长远观测，估计在 20 次试验中的 19 次试验，最少有 70%的发动机应该可以用来对校验燃料进行评测。

10.2.3 假如结果超出允差极限，就不能用该发动机来试验样品，并有理由按照可能需要更换关键部件的设备保养要求来检查所有的操作条件。喷油嘴可能是非常关键的因素，这应该是检查发动机合格性的第一个项目或更换的第一个部件。

11 试验步骤

11.1 设定参数

检查操作条件，使之符合发动机试验典型柴油时运行的要求。参见附录 G。

警告：除了其他注意事项外，要注意在燃料切换之前将着火滞后期表始终放在“CALIBRATE”档，

这样就不会发生表头指针在全刻度内剧烈地甩动。每次试验前应该检查校正的调整。但是，在测试中绝对不能去改变。

11.2 填加试样

将试样加入第一个燃料罐中，仔细冲洗量管，排除从燃料罐至泵之间管线中的空气，将燃料切换阀置于用此燃料操作发动机的位置。

11.3 燃料流速

检查燃料流速，调整燃料泵的流速测微计，使流速达到 13 mL/min。最终的流速应在 60 s±1 s 时间范围进行测定。记录流速测微计读数作为参考。

11.4 燃料喷射定时

定好燃料流速以后，调节喷油定时器测微计，使之达到 13.0°±0.2°的喷油提前角读数。记录喷油定时测微计读数作为参考。

11.5 着火滞后期

调节手轮改变压缩比，使之达到 13.0°±0.2°的着火滞后期读数。按顺时针方向（从发动机前部看）做最后的手轮调节，以消除手轮机械中的游隙及潜在误差。

11.6 稳定喷油提前角和着火滞后期的读数

11.6.1 测试时间一般在 5 min～10 min 内，读数就会稳定。

11.6.2 试样和每一个副标准燃料的读数时间都应该一致，并且应不小于 3 min。

11.7 手轮读数

记录手轮读数，作为燃料试样燃烧特性的有代表性的指示值。

11.8 1 号标准燃料

11.8.1 选取一个接近试样预期十六烷值的副标准燃料（T 燃料和 U 燃料）混合物。一般配制 400 mL～500 mL。

11.8.2 将 1 号标准燃料加入第二个燃料罐中，仔细冲洗燃料管道。

11.8.3 采取与燃料试样同样的调整和测量步骤，记录得到的手轮读数。

11.9 2 号标准燃料

11.9.1 选取另一个副标准燃料混合物，预期该混合物在手轮上得到的读数可使试样的手轮读数处于两个副标准燃料手轮读数之间。要求这两个副标准燃料混合物的十六烷值，不大于 5.5 个单位。一般情况下，两个混合物之间，T 燃料每相差 5%（体积分数）时，其十六烷值相差 2.7 个单位；T 燃料每相差 10%（体积分数）时，其十六烷值相差 5.3 个单位。配制选定的标准燃料混合物，一般配制 400 mL～500 mL。

11.9.2 将 2 号标准燃料加入第三个燃料罐中，仔细冲洗燃料管道。

11.9.3 采取与燃料试样和 1 号标准燃料同样的调整和测量步骤，记录得到的手轮读数。

一般两个标准燃料的流速应相同，因为两者的组成非常相似。

11.9.4 如果试样的手轮读数在两个标准燃料的手轮读数之间，就可继续进行测试。否则要调配其他标准燃料进行测试，直到满意为止。

11.10 重复读数

在对能满足上述要求的 2 号标准燃料混合物进行试验之后，应对 1 号标准燃料重新进行试验，然后再测试试样。最后再试验 1 号标准燃料。对于每一个燃料，一定要仔细检查所有参数，使操作在记录手轮读数之前达到平衡。如果进行连续试验，两个标准燃料可用于前一个试样，则其手轮读数也可用于后一个试样。

12 十六烷值的计算

12.1 计算试样以及每个副标准燃料混合物手轮读数的平均值。计算值取至小数点后两位。

12.2 试样的十六烷值按式(4)计算：

$$CN = CN_1 + (CN_2 - CN_1)(a - a_1)/(a_2 - a_1) \quad \cdots\cdots(4)$$

式中：

CN——试样的十六烷值；

CN_1——低着火性质标准燃料的十六烷值；

CN_2——高着火性质标准燃料的十六烷值；

a——样品三次测定手轮读数的算术平均值；

a_1——低十六烷值标准燃料三次测定手轮读数的算术平均值；

a_2——高十六烷值标准燃料三次测定手轮读数的算术平均值。

12.3 将计算出试样的十六烷值修约至小数点后一位。

13 报告

13.1 报告计算结果作为试样的十六烷值。

13.2 如果试样在试验前经过过滤，则应在报告中说明。

14 精密度与偏差

14.1 手轮内插法的精密度

本标准的精密度由实验室间的协同试验结果的统计计算得到。由下述规定判定试验结果的可靠性(95%置信水平)。

14.1.1 重复性 *r*

在同一个实验室、使用相同的方法、由同一操作者、使用同一仪器、对同一个试样测得的两个连续试验结果之差不应超出表3中规定。

表3 十六烷值重复性和再现性

平均十六烷值水平	重复性 *r*	再现性 *R*
40	0.8	2.8
44	0.9	3.3
48	0.9	3.8
52	0.9	4.3
56	1.0	4.8
注：在上面列出的数值中间的十六烷值数值可从线性内插法得到。		

14.1.2 再现性 *R*

在不同的实验室、使用相同的方法、由不同的操作者、使用不同的仪器，对同一试样测得的两个单一、独立的试验结果之差不应超出表3中规定。

14.2 偏差

在本标准中，柴油十六烷值的试验步骤无偏差，因为十六烷值的数值只能用本试验方法来定义。

附　录　A
（资料性附录）
本标准章条编号与 ASTM D613—08 章条编号对照表

本标准与 ASTM D613—08 的章条编号对照表参见表 A.1。

表 A.1　本标准与 ASTM D613—08 的章条编号对照表

本标准的章条编号	ASTM D613—08 章条编号
警告	1.4
1	1.1
1	1.2
—	1.3
3.2.8	3.2.9
3.2.9	3.2.8
5	6
5.1	6.1
5.2	6.2
5.3	6.3
6	7
6.1	7.1
6.2	7.2
6.3	7.3
6.3.1	7.3.1
6.3.1.1	7.3.1.1
6.3.1.2	7.3.1.2
6.3.1.3	7.3.1.3
6.3.1.4	7.3.1.4
6.3.1.5	7.3.1.5
6.3.2	7.3.2
6.4	7.4
6.4.1	7.4.1
6.4.2	7.4.2
7	8
7.1	8.1
—	8.1.1
7.2	8.2
7.3	8.3
7.3.1	8.3.2

表 A.1（续）

本标准的章条编号	ASTM D613—08 章条编号
7.3.2	8.3.2
7.3.3	—
7.3.4	—
7.4.1	8.4.1
7.4.2	8.4.2
7.4.3	—
7.4.4	8.4.3
7.5	8.5
7.5.1	8.5.1
7.5.2	8.5.2
7.5.3	—
7.5.4	—
8	9
8.1	9.1
8.2	9.2
8.3	9.3
9	10
9.1	10.1
9.2	10.2
9.2.1	10.2.1
9.2.2	10.2.2
9.2.2.1	10.2.2.1
9.2.2.2	10.2.2.2
9.2.3	10.2.3
9.2.4	10.2.4
9.2.5	10.2.5
9.3	10.3
9.3.1	10.3.1
9.3.2	10.3.2
9.3.3	10.3.3
9.3.4	10.3.4
9.3.5	10.3.5
9.3.6	10.3.6
9.3.6.1	10.3.6.1
9.3.6.2	10.3.6.2

表 A.1（续）

本标准的章条编号	ASTM D613—08 章条编号
9.3.7	10.3.7
9.3.8	10.3.8
9.3.9	10.3.9
9.3.10	10.3.10
9.3.11	10.3.11
9.3.12	10.3.12
9.3.12.1	10.3.12.2
9.3.12.2	10.3.12.2
9.3.13	10.3.13
9.3.13.1	10.3.13.1
9.3.13.2	10.3.13.2
9.3.14	10.3.14
9.3.15	10.3.15
9.3.16	10.3.16
9.3.17	10.3.17
9.3.18	10.3.18
9.3.19	10.3.19
9.3.19.1	10.3.19.1
9.3.19.2	10.3.19.2
9.3.20、9.3.20.1	10.3.20
9.3.20.2	10.3.20.1
9.3.20.3	10.3.20.2
9.3.20.4	10.3.20.3
9.3.21	10.3.21
9.3.21.1	10.3.21
9.3.21.2	10.3.21.1
9.3.22	10.3.22
9.3.23	10.3.23
9.3.24、9.3.24.1	10.3.24
9.3.24.2	10.3.24.1
9.3.24.3	10.3.24.2
9.3.24.4	10.3.24.3
9.3.25	10.3.25
9.3.25.1	10.3.25
9.3.25.2	10.3.25.1

表 A.1（续）

本标准的章条编号	ASTM D613—08 章条编号
10	11
10.1	11.1、11.1.1
10.2	11.2
10.2.1	11.2.1
10.2.2	11.2.2
10.2.2.1	11.2.2.1
10.2.2.2	11.2.2.1
10.2.3	11.2.3
11	12
—	12.1
11.1	12.1.1
11.2	12.1.2
11.3	12.1.3
11.4	12.1.4
11.5	12.1.5
11.6	12.1.6
11.6.1	12.1.6.1
11.6.2	12.1.6.2
11.7	12.1.7
11.8	12.1.8
11.8.1	12.1.8.1
11.8.2	12.1.8.2
11.8.3	12.1.8.3
11.9	12.1.9
11.9.1	12.1.9.1
11.9.2	12.1.9.2
11.9.3	12.1.9.3
11.9.4	12.1.9.4
11.10	12.1.10、12.1.10.1
—	图 3
12	13
12.1	13.1
—	13.2
—	图 4
12.2	13.2.2 中公式

表 A.1(续)

本标准的章条编号	ASTM D613—08 章条编号
—	13.2.2
12.3	13.3
13	14
—	15.1.3
—	15.1.4
—	15.1.5
13	14
13.1	14.1
13.2	14.2
14	15
14.1	15.1
14.1.1	15.1.1
14.1.2	15.1.2
—	15.1.3
—	15.1.4
—	15.1.5
14.2	15.2
—	16
附录 A	—
附录 B	附录 A1
附录 C	附录 A2
附录 D	附录 X1
附录 E	—
附录 F	—
附录 G	附录 X2
注:表中章条编号以外的本标准的其他章条编号,与 ASTM D613—08 的章条编号相同,且内容对应。	

附 录 B
（资料性附录）
安 全 警 告

B.1 概述

在实施本标准试验方法时，存在对操作人员产生危险的材料。有关伤害的详细资料，参见相应的材料安全数据手册，以确定每种材料的危害性。用户在使用本标准前应建立适当的安全防护措施。这些物质在下文中列出。

B.2 可燃物警告

B.2.1 可燃物可引起火灾，其蒸气有害健康。

B.2.2 可燃物包括下列物质。

B.2.2.1 柴油。

B.2.2.2 标准物。

B.2.2.3 正十六烷。

B.2.2.4 七甲基壬烷。

B.2.2.5 甲基萘。

B.2.2.6 T燃料。

B.2.2.7 U燃料。

B.2.2.8 检验燃料。

B.2.2.9 煤油。

B.2.2.10 升温燃料。

B.2.2.11 润滑油。

B.3 易燃物警告

B.3.1 易燃物可引起火灾，其蒸气吸入有害健康。

B.3.2 石油基溶剂。

B.4 毒物警告

B.4.1 毒物吸入或吞下有害人体健康或致命。

B.4.2 商品二醇类防冻剂。

B.5 噪声警告

B.5.1 噪声对人体有害。

B.5.2 采取防护措施：吸声、隔声、消声。

B.5.3 个人防护：耳塞、耳罩等。

附 录 C
（规范性附录）
仪器组装和安装说明

C.1 喷油嘴打开压力的设定

C.1.1 当喷油嘴通道内的压力迫使喷嘴内的针栓克服调节弹簧的力而提升时，就发生喷油。每当喷油嘴拆卸和清洗过，就应对其设定进行检查。

C.1.2 为调节喷射嘴打开压力，将喷油嘴装入一个放在通风橱内的合适的喷油嘴试验器中。

C.1.3 放松压力调节螺丝 A 上的锁紧螺母 B，见 C.1，按要求拧调节螺丝得到规定的 10.3 MPa±0.34 MPa(1 500psi±50psi)的喷射压力。通过使用喷油器试验在每一次调节螺丝后重新拧紧锁紧螺母 B 来检查压力。在进行压力设定时，要检查喷嘴针栓可能的下落，并观察喷雾图形。

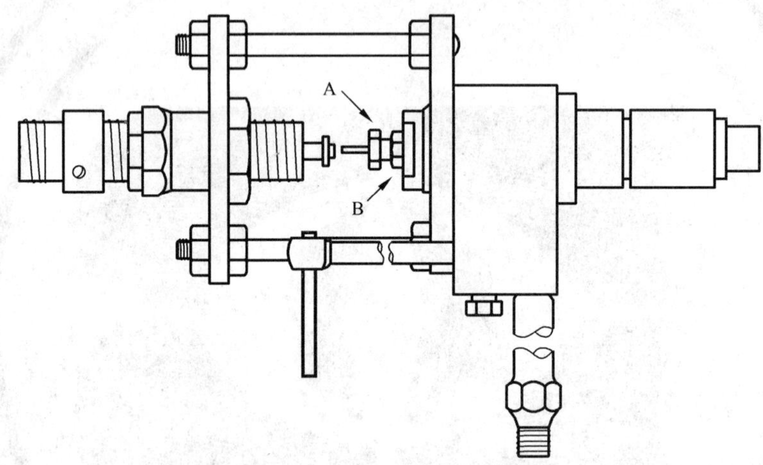

图 C.1 喷油器总成

C.1.4 在设定了喷油器打开压力之后，在将喷油器重新装入发动机之前检查喷油器传感器的间隙，应该是 1 mm(0.040 in)。

C.2 检查压缩压力

C.2.1 确定压缩压力要求使用一个压缩压力表，如图 C.2 所示，可读至 17.2 kPa(2.5psi)并配有合适的检查阀和放气阀或放压阀。

C.2.2 在发动机用典型的柴油，并在该柴油的标准操作条件下完全升温后，进行压缩压力的测量，测量按以下步骤尽快进行，以确认热机状态下的压力读数。

C.2.3 准备一个经过校正的压力表并将所需组合件集中起来，准备好拆卸燃烧传感器和在燃烧室传感器孔中安装压力表所需的工具。

C.2.4 打开喷油器燃料旁路阀以关闭发动机，然后关上发动机的电源。在接着检查压缩压力的以后的步骤中，旁路阀应始终是开着的。

C.2.5 燃料切换阀应确定在合适的位置，这样燃料将能持续输送到燃料泵，使泵体筒内保持正常，柱塞得到润滑。

C.2.6 从气缸盖上拆下燃烧传感器，装上压缩压力表。

警告：操作人员勿接触燃烧传感器，因为其处于高温且可能引起烫伤。

C.2.7 将手轮定在 1.000，不考虑使用中气缸的内径。

C.2.8 重新起动发动机,用电机带动的模式运行,不向气缸喷入任何燃料。

C.2.9 观察压缩压力表读数,用放气阀放压一至两次,记录最后的平衡压力。

警告:除了其他注意事项外,在任何位置读取压缩压力表读数时都要面对压力表,不要转动压力表或扭曲软管,这样会使读数失真。

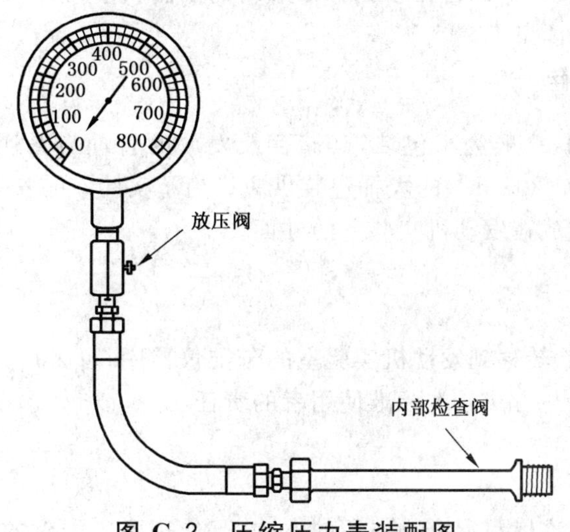

图 C.2 压缩压力表装配图

C.2.10 如果压缩压力为 3 275 kPa±138 kPa(475psi±20psi),这表明基础手轮分度是合适的。

C.2.11 关闭发动机,拆下压缩压力表及附件,重新装上燃烧传感器(要用新的垫片),并用规定的力矩 41 N·m(30 lbf·ft)拧紧。

附 录 D
（资料性附录）
调合体积比标准燃料的仪器和步骤

D.1 标准燃料的包装与储存

正标准燃料不经常使用，一般为小包装，其储存及发放的管理与普通化学品相同；副标准燃料以19 L或208 L(0.019 m^3 或0.208 m^3)的大桶包装供应。为了实验室的安全，桶装的副标准燃料通常储存在专门的燃料储藏室中或放在发动机实验室的外面。

D.2 标准燃料的抽取

将桶装的标准燃料抽取、转移到发动机实验室的分配仪器中，可采用几种方法中的任一种，至于采用何种转移标准燃料的设备与方法是本标准使用者的责任。

D.3 分配设备

一种常用的精密测量标准燃料混合物体积的方法，是使用两支配对的经过校正的玻璃量管。两支玻璃量管分别各用于两个副标准燃料。燃料分配可通过带有玻璃旋塞的量管，也可采用一个单独的阀门的量管。

D.3.1 玻璃量管顶部能自动对零，以做到精确、有效和方便地进行测量。常用的量管见图D.1，其技术条件见表D.1。

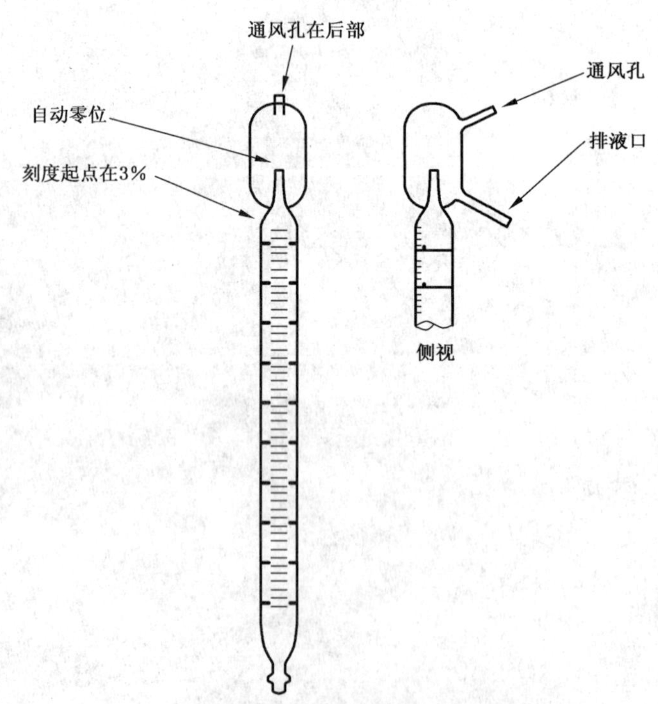

图 D.1 典型的标准燃料分配量管

D.3.2 单独的分配阀：量管不带分配旋塞是使用量管常见的方法。这种量管通过直管排放进行底部放液，方法是将一个如图D.2所示的三通阀用塑料管连接在量管底部的直管上。这种阀的组合的优点是当收集容器偶尔碰到放液管尖时，也只出现极小的液滴。排液管尖采用6 mm的管子，则此阀可将排液的流速控制在规定值。

表 D.1 常用量管技术条件

项目	规格
量管容量/mL	500
自动零位	是
刻度	
主刻度/%	5
分刻度/%	1
量管内径	
最小/mm	32
最大/mm	34
长度(溢流泡顶至5%刻度长)/mm	100/120
总长(包括管口)	
最大/mm	650
刻度误差(最大)/mm	±0.1

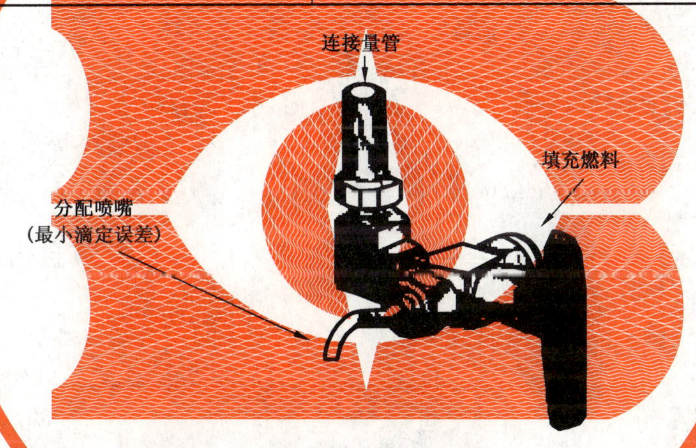

图 D.2 典型的加料分配阀

D.4 安装与操作

D.4.1 使用茶色玻璃量管分配标准燃料,或者在玻璃量管外包上不透明的遮盖物,但是在其校正的刻度区域内仍是透明的。

D.4.2 将量管垂直地安装在一个能水平观测到所有校正的刻度的高度。

D.4.3 每一个标准燃料单独安装一支量管。

D.4.4 安装量管的方法应保证其不震动。

D.4.5 遵照本规范储存标准燃料桶,并用合适的管子将燃料转移到分配量管中。不要用自流的方法向量管中注入标准燃料。

D.4.6 按正常的程序充分洗涤标准燃料量管,使其尽量不挂水珠,或者洗净量管内表面,否则会带来调合误差。

D.4.7 为了减小任何由于暴露在光线中而使燃料性质发生变化的可能性,到需要调合时才向量管中装入燃料。

D.4.8 连接标准燃料桶和分配量管的管子,采用不与标准燃料发生反应的不锈钢管或其他不透明管。

D.5 量管使用步骤

D.5.1 向量管中注入燃料时，先要将阀或旋塞旋到“加料”位置，让燃料在量管中上升，直至在自动对零处溢流。将阀旋至“关”的位置停止加料。检查零位尖端处气泡是否都已被除去，如有必要，则重新向尖端处加料。

D.5.2 分配燃料时先将阀旋至“分配”的位置，让燃料流向收集容器。仔细观察量管校正区的燃料液位，当发现液体弯月面底部在规定的体积分数刻度时，将阀旋至“关”的位置停止分配。

D.5.3 在放出测量过体积的液体时，先要确认分配管的尖端是充满的。在收集测量过体积的液体时，先要确认没有从分配管尖端漏出任何燃料，否则会造成误差。

附　录　E
（资料性附录）
正标准燃料的物理化学性质

正标准燃料的物理化学性质参见表E.1。

表E.1　正标准燃料的物理化学性质

物理化学性质	正十六烷	七甲基壬烷	试验方法
蒸馏试验：5%馏出温度/℃	286.6±1	246.9±1	GB/T 6536
温度范围(20%～80%)	在6℃以内	最大4℃	GB/T 6536
冰点/℃	不低于16.2	—	GB/T 2430
碘值(以I计)/(g/100 g)	无	—	SH/T 0234
颜色/色号	水白	—	GB/T 6540
机械杂质	无	—	GB/T 511
密度(20℃)/(g/cm³)	—	0.784 5±0.000 2	GB/T 1884、SH/T 0604
折光率/nD20	—	1.439 90±0.000 20	SH/T 0724
溴值(以Br计)/(g/100g)	—	最大1.0	SH/T 0236

附　录　F
（资料性附录）
检验燃料的物理化学性质

检验燃料的物理化学性质参见表 F.1。

表 F.1　检验燃料的物理化学性质

检　验　燃　料	高十六烷值检验燃料	低十六烷值检验燃料	试验方法
初馏点/℃	不高于 190	不低于 180	GB/T 6536
馏出 90%体积的温度范围/℃	190～320	180～310	GB/T 6536

附 录 G
（资料性附录）
操作技术——参数调节

G.1 压缩比与手轮读数之比

本标准所用发动机的压缩比是一个变数，取决于可变压缩塞在气缸盖预燃室中的位置。通过手轮螺杆的动作对可变压缩塞进行定位，由一个标有分度的游标尺指示压缩塞的相对位置。手轮读数的分度为0.500～3.000，与压缩比成反比。手轮的低读数对应于高压缩比条件，而手轮的高读数反映了低压缩比条件。

G.1.1 如果手轮上有精细的分度，该发动机的可变压缩塞在任何位置时的压缩比可用式(G.1)计算：

$$CR=\frac{V_s+(V_{cc}+V_{tp}+V_{pu})+V_{pc}}{(V_{cc}+V_{tp}+V_{pu})+V_{pc}} \qquad \text{(G.1)}$$

式中：

CR——压缩比；

V_s——活塞在气缸中所经过的容积；

V_{cc}——在上止点(TDC)时活塞以上主燃烧室的容积，还包括气门凹进的部分和活塞环槽脊的间隙；

V_{tp}——燃烧室与预燃室之间涡流通道的容积；

V_{pu}——装有传感器的有螺纹的传感器孔的容积；

V_{pc}——预燃室容积。

G.1.2 容积V_{cc}、V_{tp}、V_{pu}与气缸筒直径无关，这三者是根据气缸盖的机械尺寸得到的。根据计算和测量，这三个容积之和等于10.8 cm^3(0.659 in^3)。若采用in^3为单位，则计算压缩比的公式见式(G.2)：

$$CR=\frac{V_s+V_{pc}+0.659}{V_{pc}+0.659} \qquad \text{(G.2)}$$

G.2 用手轮调节压缩比

G.2.1 十六烷值法试验要求将压缩比(*CR*)调节在能达到每一个具体的柴油或标准燃料的合适的着火滞后条件。改变手轮设定以改变着火滞后期。低十六烷值燃料本身比高十六烷值燃料具有更长的着火滞后期。本标准的试验步骤要求所有燃料均在规定的着火滞后期试验，所以应改变手轮的设定。

G.2.2 按下列步骤调节手轮。

G.2.2.1 按逆时针方向(从发动机前看)旋松手轮的小锁紧轮，使机械结构松开以转动大手轮，可变压缩塞就可以在预燃室作适当的进出移动。

G.2.2.2 调节大手轮，按着火滞后期表建立所要求的着火滞后期，按顺时针方向转动手轮(从发动机前面看)提高压缩比，减小着火滞后曲轴转角度数的读数。

G.2.2.3 为了尽量减小机械齿隙所带来的误差，最后的手轮调节一定要按顺时针方向。

G.2.2.4 按顺时针方向转动小锁紧轮直至拧紧以锁紧机械结构。

G.3 燃料系统的操作

燃料系统由三个燃料罐组成，各个罐的放液阀均通向切换阀。转动切换阀能将燃料送到燃料泵入口，并充满燃料槽或通道。燃料通道也通过一个空气捕集器连接到流速量管，捕集器装有一个排液阀。量管中燃料的液面与燃料罐的液面处于同一高度。当切换阀指针指向两个燃料罐标记之间时，燃料从罐内流出的通路被切断。在这种情况下，发动机将依靠燃料通道内的燃料和从流速量管过来的管道中的燃料继续运转。这时，可以测量燃料的流速。首先从燃料罐向流速量管充液，方法是：使切换阀的指针指向一个燃料罐，然后再使指针指向两个燃料罐标记之间，这样燃料就从量管沿着立管流向燃料泵。见图 G.1。

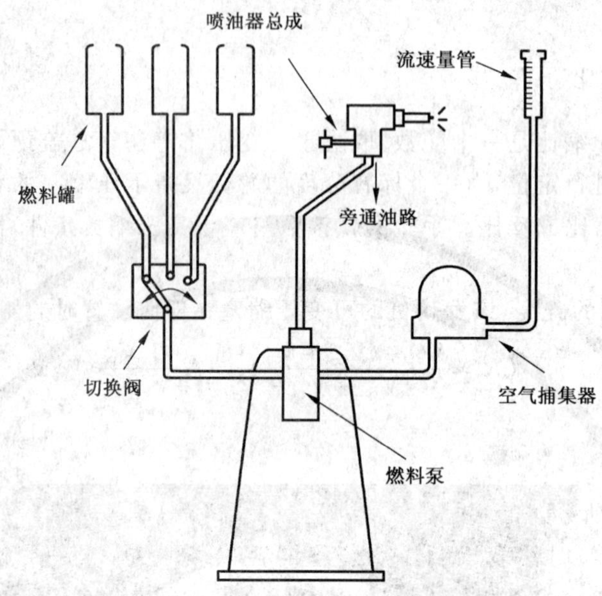

图 G.1　燃料系统示意图

G.3.1　安装燃料流速量管：安装燃料流速量管时，量管顶部的排气孔要稍高于燃料罐顶部的液面，以防止燃料罐装满时燃料从量管溢出。量管上的刻度按每 1 mL 增加，这使燃料流速测量变得简单，只要记下量管中液面下降具体毫升数时发动机所运转的时间即可。

G.3.2　注入新燃料：将柴油注入燃料罐，洗净流速管和空气捕集器立管，置换从泵至喷油器的管线中的燃料。典型的步骤如下。

G.3.2.1　在向燃料罐中注入新的燃料时，先检查量管的立管，立管中要有足够的油用于发动机的操作。

警告：燃料泵运转中不能断油，除非燃料切换间隙很短，因为燃料泵的润滑部分地依靠燃油。

G.3.2.2　转动切换阀，使指针从指向两个燃料罐标记之间改变为指向要装入新燃料的燃料罐。

G.3.2.3　检查选中的燃料罐是否已经打开排空阀并排净了液体。

G.3.2.4　向燃料罐装入燃料，此时排空阀仍打开片刻，然后交替几次关闭和打开此阀，以除去从通道中进入的空气，最后关闭排空阀。

G.3.2.5　当量管中开始出现燃料时，转动切换阀以引入新的燃料，再将切换阀转到两个燃料罐记号之间，此时发动机只依靠量管中的燃料运转。这一操作步骤是清洗除从泵至喷油器以外的燃料。当发动机运转耗尽燃料时，要再次清洗，在清洗步骤中，发动机的运转需要给予足够的时间来完全置换从注油泵至喷油器的管线中的燃料。

G.3.3　按下列步骤测量燃料的流速。

G.3.3.1　向流速量管中注入燃料，将切换阀转到两个燃料罐标记之间。

G.3.3.2　用秒表测量燃料的流量。方法是当燃料弯月面经过量管上的毫升刻度时按动秒表，当燃料液面的弯月面经过选定的消耗燃料的量（一般在开始的刻度以下 13 mL）时按停秒表。将切换阀转回一个罐的标记，以重新从合适的燃料罐中放出燃料。

G.3.3.3　如果用秒表测得的时间不准确（13 mL 时为 60 s±1 s），则重新调节燃料流速测微计，改变泵齿杆的位置，从而改变了注入发动机的燃料的量（见图 G.2）。按顺时针方向（从发动机前面看）转动流速测微计，提高流量。通常消耗 13 mL 燃料时 0.005 的测微计分度将会带来 1 s 的时间变化。

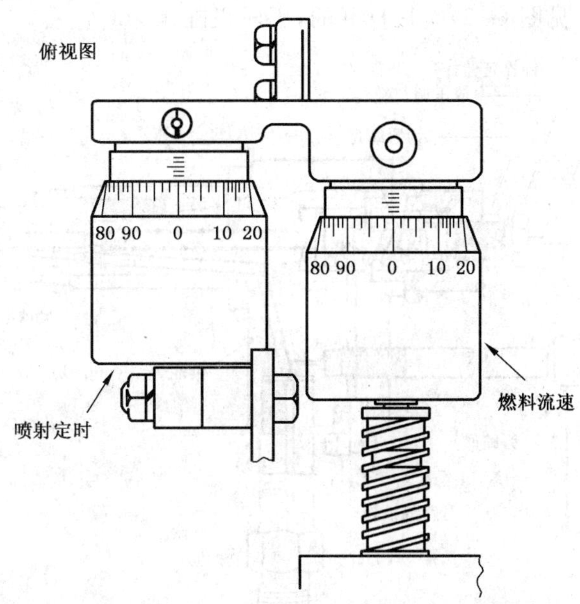

图 G.2 燃料泵流速和喷油器定时测微计

G.3.3.4 重复测量流速的步骤,直至达到规定的燃料流速。

G.3.3.5 若燃料罐中燃料液面较低,流速量管中的液面可能不足以进行满意的流速测量。在这种情况下,可用一个吸球在量管顶部的排气孔抽吸,同时切换阀对准一个燃料罐,将燃料从泵的通道内抽吸出来,使量管液面达到要求。在取下吸球之前快速地将切换阀转到两个燃料罐记号之间的位置。流速的测量一定要立即开始,因为发动机将要从量管中抽取燃料。量管中的液面会很快下降。

G.3.3.6 流速的测量是一个试探性的和不精确的过程。可采用 10 s 时间间隔作初步的检查,在这段时间里消耗的燃料大约是 2 mL。最后还要作 60 s±1 s 时间段的流量测量。

G.3.4 调节燃料喷射定时器:在以合适的燃料流速操作发动机,同时燃料切换阀指向被评价燃料的罐的标记时,观察指示出的喷射器定时器(喷油提前)值,调节燃料喷射定时器测微计达到规定的喷油提前角度数(见图 G.2)。按顺时针方向(从发动机前面看)转动喷射定时器测微计,减小喷油提前角的指示值。

G.4 开机前的准备工作

G.4.1 检查夹套冷凝器观察窗中冷却剂的液面。

G.4.2 检查发动机曲轴箱观察窗中润滑油的液面。

G.4.2.1 检查曲轴箱呼吸器,确认其是干净和可起作用的。

G.4.2.2 启动曲轴箱油加热器或油加热温度控制器。

G.4.3 使用检油棒或通过泵侧面塑料贮油槽盖观察,检查泵润滑油液面。

G.4.4 向一个燃料罐注入适用于暖机的柴油,注意要仔细清洗燃料罐、空气捕集器及连接管道。

G.4.4.1 将燃料切换阀切换至指定的燃料罐,燃料将流向燃料泵的通道和流速量管的立管。

G.4.4.2 打开和关上玻璃空气捕集器排放阀三次,以清除燃料泵通道内任何进入的空气。

G.4.5 打开冷却水阀或检查在发动机启动时冷却水是否可供冷凝器和喷油器冷却剂室使用。

G.4.6 摇动手摇曲柄,使发动机曲轴旋转三至四圈,确认所有零件运动自如。停止摇动曲柄,让飞轮定位在压缩冲程的上止点,使发动机启动时能量吸收电机的负荷降到最小。

G.5 启动发动机

假定发动机已经可以运转并已处于可操作的条件,电气线路和冷却水均满足要求。

G.5.1　检查喷油器旁通阀(见图 G.3)应是打开的,手轮设在 1.000 左右。

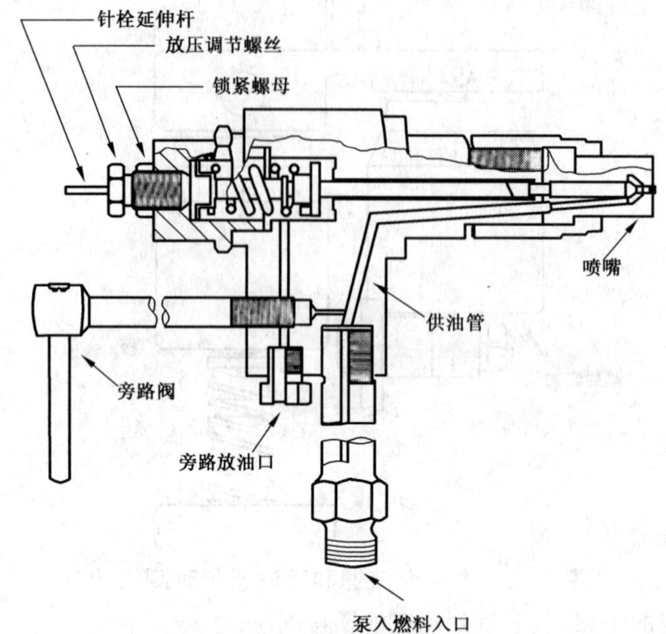

图 G.3　燃料喷射器总成

G.5.2　将停机—运转—启动切换开关转到起动档,并定在起动档几秒钟,让油压升到足以使发动机循环运转起来,在离开启动档并转到运转档时能连续运转下去。

G.5.3　打开吸入口空气加热器。

G.5.4　让发动机—电机多运转几秒钟使燃料管道和喷油器得到清洗。

G.5.5　关闭喷油器旁路阀让发动机内着火。如有必要,通过按顺时针方向(从发动机前面看)转动松开的手轮提高压缩比。在气缸内开始燃烧后,将手轮向高读数方向倒退(按逆时针方向)直至发动机平稳运转。

警告:在手轮按逆时针方向转动提高读数时,可能发出尖锐的爆震声音和喷烟,这是正常的。

G.5.6　根据生产厂的说明打开十六烷表或着火滞后表的电源。

G.5.7　将燃料流速设在接近规定的值。

G.5.8　将喷油定时器设在接近规定的值。

G.5.9　检查着火滞后期达到额定的规定值。

G.5.10　发动机继续暖机约 1 h,注意定时观察,如有必要,要对关键的操作条件进行调整。

G.6　停机

G.6.1　关闭十六烷表或着火滞后表以及吸入口空气加热器。

G.6.2　打开喷油器旁路阀,防止燃料继续喷入燃烧室。

G.6.3　将停机—运转—起动切换开关转到停机档,完成停机操作。

G.6.4　摇动手摇曲柄,使发动机转到压缩冲程的上止点,此时进气门和排气门均关闭。这可大大减小非运转期间燃烧室中气门变形或受腐蚀的可能性。

G.6.5　排净燃料罐和燃料管道。

G.6.6　切断冷却水。

注:在发动机停机后可以继续给冷却水 20 min～30 min,尤其是喷油器的冷却剂,以尽量减少由于针栓上可能有液滴而造成的喷油嘴上硬焦的沉积。

G.7 检查着火滞后与十六烷值灵敏度的关系

图 G.4 中的灵敏度特性提供了对于喷油器，特别是喷油嘴以令人满意的方式进行工作的置信度的测量。这个试验约需要 1 h，特别是当在经过清洗和重装之后测试发动机的不稳定性时，对于判断喷油嘴的合格性是有用的。

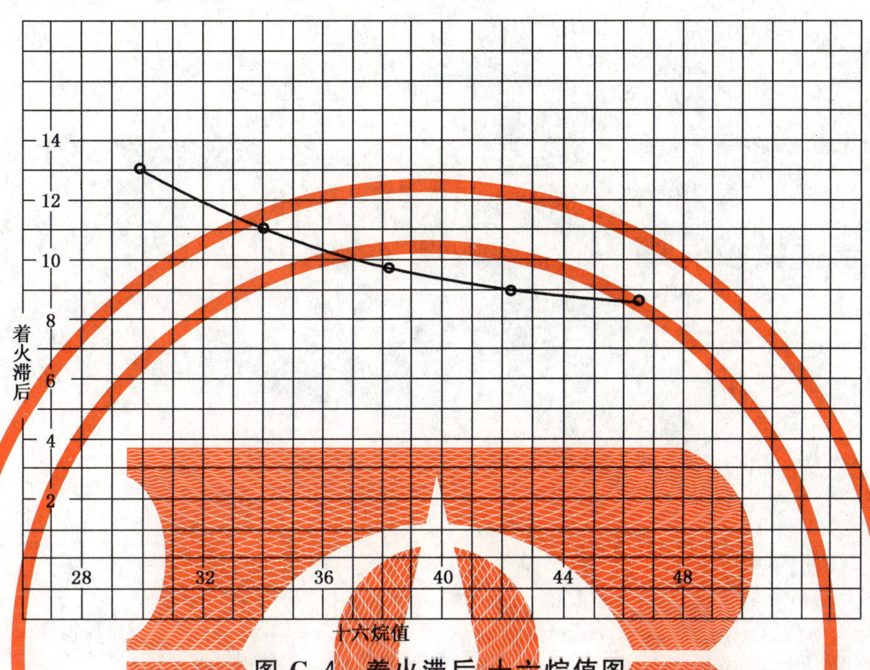

图 G.4 着火滞后-十六烷值图

G.7.1 使用一个十六烷值约为 35 的副标准燃料，调整发动机所有的变数，使操作条件在着火滞后期精确调节到 13.0°时达到标准。

G.7.2 制备一系列高十六烷值的标准燃料(最少在四个以上)，这样就有了 4 个混合物之间的十六烷值差值。这些差值为相临近的两个混合物之间的差值。

G.7.3 不要改变为十六烷值 35 的混合物所设定的手轮读数，燃料流速调节为 13 mL/min，喷射定时为 13.0°，逐个用连续的混合物操作发动机。记录得到的每一个标准燃料混合物的着火滞后值。

G.7.4 在类似图 G.4 那样的图表上画这些数据的曲线，即可看到灵敏度特性。如果用这些数据点不易得到一条平滑的曲线，则多半可认为是喷油嘴的问题，可能需要进一步清洗或更换。如果一个喷嘴已损坏，则可以从操作不稳定和本试验前面步骤中所得结果数据分散而很容易地觉察出来。

ICS 75.140
E 42

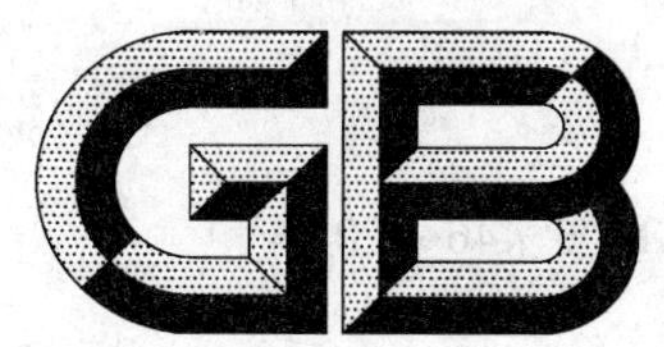

中华人民共和国国家标准

GB/T 446—2010
代替 GB 446—1993

全精炼石蜡

Fully refined paraffin wax

2010-09-02 发布　　2010-12-01 实施

中华人民共和国国家质量监督检验检疫总局
中国国家标准化管理委员会　发布

前　言

本标准代替 GB 446—1993《全精炼石蜡》。

本标准与 GB 446—1993 的主要差异：

——由原强制性标准转化为推荐性标准；

——全精炼石蜡产品不分等级；

——含油量修订为不大于 0.8%(质量分数)；

——52 号至 58 号产品的颜色修订为不小于＋27 号,60 号至 70 号产品的颜色修订为不小于＋25 号；

——52 号至 58 号产品的针入度修订为不大于 19,60 号至 70 号产品的针入度修订为不大于 17；

——嗅味修订为不大于 1 号；

——增加了石油液体手工取样法。

本标准由全国石油产品和润滑剂标准化技术委员会提出。

本标准由全国石油产品和润滑剂标准化技术委员会石油蜡类产品分技术委员会归口。

本标准起草单位:中国石油化工股份有限公司抚顺石油化工研究院。

本标准主要起草人:严益民、杨绍泉。

本标准于 1964 年首次发布,于 1987 年第一次修订,1993 年第二次修订,本次为第三次修订。

全精炼石蜡

1 范围

本标准规定了全精炼石蜡的技术要求、试验方法、标志、包装、贮运、取样。

本标准适用于以含油蜡为原料，经发汗或溶剂脱油，再经加氢精制或白土精制所得到的全精炼石蜡。

本标准所属产品适用于高频瓷、复写纸、铁笔蜡纸、精密铸造、装饰吸音板等用蜡。

2 规范性引用文件

下列文件中的条款通过本标准的引用而成为本标准的条款。凡是注日期的引用文件，其随后所有的修改单(不包括勘误的内容)或修订版均不适用于本标准，然而，鼓励根据本标准达成协议的各方研究是否可使用这些文件的最新版本。凡是不注日期的引用文件，其最新版本适用于本标准。

GB/T 265 石油产品运动黏度测定法和动力黏度计算法

GB/T 2539 石油蜡熔点的测定 冷却曲线法(GB/T 2539—2008,ISO 3841:1977,IDT)

GB/T 3554 石油蜡含油量测定法

GB/T 3555 石油产品赛波特颜色测定法(赛波特比色计法)

GB/T 4756 石油液体手工取样法

GB/T 4985 石油蜡针入度测定法

SH 0164 石油产品包装、贮运及交货验收规则

SH/T 0229 固体和半固体石油产品取样法

SH/T 0404 石蜡光安定性测定法

SH/T 0407 石油蜡水溶性酸或碱试验法

SH/T 0414 石蜡嗅味试验法

3 技术要求和试验方法

全精炼石蜡的技术要求和试验方法见表1。

表1 全精炼石蜡的技术要求和试验方法

项目		质量指标										试验方法
牌号		52号	54号	56号	58号	60号	62号	64号	66号	68号	70号	
熔点/℃	不低于 低于	52 54	54 56	56 58	58 60	60 62	62 64	64 66	66 68	68 70	70 72	GB/T 2539
含油量(质量分数)/%	不大于	0.8										GB/T 3554
颜色/赛波特颜色号	不小于	+27				+25						GB/T 3555
光安定性/号	不大于	4				5						SH/T 0404
针入度(25 ℃)/($\frac{1}{10}$ mm)	不大于	19				17						GB/T 4985
运动黏度(100 ℃)/(mm^2/s)		报告										GB/T 265
嗅味/号	不大于	1										SH/T 0414

表 1（续）

项目	质量指标										试验方法
牌号	52 号	54 号	56 号	58 号	60 号	62 号	64 号	66 号	68 号	70 号	
水溶性酸或碱	无										SH/T 0407
机械杂质及水	无										目测[a]

[a] 将约 10 g 蜡放入容积为 100 mL～250 mL 的锥形瓶内，加入 50 mL 初馏点不低于 70 ℃的无水直馏汽油馏分，并在振荡下于 70 ℃水浴内加热，直到石蜡溶解为止，将该溶液在 70 ℃水浴内放置 15 min 后，溶液中不应呈现眼睛可以看见的浑浊、沉淀或水。允许溶液有轻微乳光。

4 取样

取样按 SH/T 0229 或 GB/T 4756 进行，取 2.5 kg 作为检验及留样用。

5 标志、包装、运输和贮存

本产品的标志、包装、运输、贮存及交货验收按 SH 0164 进行。

ICS 77.150.30
H 62

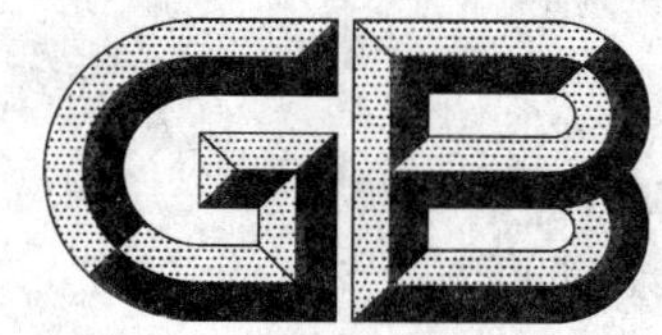

中华人民共和国国家标准

GB/T 467—2010
代替 GB/T 467—1997

阴　极　铜

Copper cathode

2011-01-10 发布　　　　2011-10-01 实施

中华人民共和国国家质量监督检验检疫总局
中国国家标准化管理委员会　发布

前　言

本标准按照GB/T 1.1—2009给出的规则起草。

本标准中，A级铜(Cu-CATH-1)等同采用了EN 1978:1998《铜及铜合金　阴极铜》中牌号(Cu-CATH-1)杂质限量。1号标准铜(Cu-CATH-2)修改采用ASTM B 115—00(R2004)《电解阴极铜》中牌号Grade2A杂质限量；2号标准铜(Cu-CATH-3)修改采用EN 1978:1998《铜及铜合金　阴极铜》中的牌号Cu-CATH-2。

本标准与EN 1978:1998和ASTM B 115—00(R2004)相比，有如下不同：

——1号标准铜(Cu-CATH-2)中铋的限量为≤0.000 5%，高于ASTM B 115—00(R2004)中牌号Grade2A的铋≤0.000 3%；铅的限量为≤0.002%，低于Grade2A的铅≤0.004 0%；未考虑硒、碲、银。增加了磷的限量，其他限量指标相同；

——2号标准铜(Cu-CATH-3)中铋、铅等同采用EN1978:1998中牌号Cu-CATH-2的限量；银等同采用牌号Cu-CATH-1限量。

本标准代替GB/T 467—1997《阴极铜》。与原标准相比，主要有如下变化：

——增加一个牌号2号标准铜(Cu-CATH-3)；

——增加物理性能指标，质量电阻率的规定；

——表面质量进行了统一规定；

——阴极铜化学成分分析方法增加了YS/T 464《阴极铜直读光谱分析方法》；

——增加了阴极铜生产取、制样方法。

本标准由全国有色金属标准化技术委员会(SAC/TC 243)归口。

本标准负责起草单位：江西铜业股份有限公司、中国有色金属工业标准计量质量研究所。

本标准参加起草单位：大冶有色金属公司、铜陵有色金属集团控股有限公司、云南铜业股份有限公司、金川集团有限公司、紫金矿业集团股份有限公司、阳谷祥光铜业有限公司、北方铜业股份有限公司。

本标准主要起草人：吴一微、李保娣、龙子平、赵永善、黄明金、黄宏伟、程彤、涂立新、吴文明、吴志清、陆卫明、瘳占丕、周松林、张光华、颜虹、张永红、李加胜。

本标准所代替标准的历次版本发布情况为：

——GB/T 467—1997；

——GB/T 13585—1992；

——GB/T 467—1982。

阴　极　铜

1　范围

本标准规定了阴极铜的要求、试验方法、检验规则、标志、包装、运输、贮存和质量证明书以及合同(或订货单)内容等。

本标准适用于电解精炼法或电解沉积法生产的阴极铜。通常供重熔用。

2　引用标准

下列文件对于本文件的应用是必不可少的。凡是注日期的引用文件，仅注日期的版本适用于本文件。凡是不注日期的引用文件，其最新版本(包括所有的修改单)适用于本文件。

GB/T 351　金属材料电阻系数测量方法

GB/T 5121(所有部分)　铜及铜合金化学分析方法

GB/T 8170　数值修约规则与极限数值的表示和判定

YS/T 464　阴极铜直读光谱分析方法

3　要求

3.1　产品分类

阴极铜按化学成分分为A级铜(Cu-CATH-1)、1号标准铜(Cu-CATH-2)和2号标准铜(Cu-CATH-3)三个牌号。

3.2　化学成分

3.2.1　A级铜化学成分应符合表1的规定；1号标准铜化学成分应符合表2的规定；2号标准铜化学成分应符合表3的规定。

表1　A级铜(Cu-CATH-1)化学成分(质量分数)　/(%)

<table>
<tr><th>元素组</th><th>杂质元素</th><th>含量，不大于</th><th colspan="2">元素组总含量，不大于</th></tr>
<tr><td rowspan="3">1</td><td>Se</td><td>0.000 20</td><td rowspan="2">0.000 30</td><td rowspan="3">0.000 3</td></tr>
<tr><td>Te</td><td>0.000 20</td></tr>
<tr><td>Bi</td><td>0.000 20</td><td></td></tr>
<tr><td rowspan="6">2</td><td>Cr</td><td>—</td><td colspan="2" rowspan="6">0.001 5</td></tr>
<tr><td>Mn</td><td>—</td></tr>
<tr><td>Sb</td><td>0.000 4</td></tr>
<tr><td>Cd</td><td>—</td></tr>
<tr><td>As</td><td>0.000 5</td></tr>
<tr><td>P</td><td>—</td></tr>
</table>

表 1（续） /(%)

<table>
<tr><th>元素组</th><th>杂质元素</th><th>含量，不大于</th><th>元素组总含量，不大于</th></tr>
<tr><td>3</td><td>Pb</td><td>0.000 5</td><td>0.000 5</td></tr>
<tr><td>4</td><td>S</td><td>0.001 5</td><td>0.001 5</td></tr>
<tr><td rowspan="6">5</td><td>Sn</td><td>—</td><td rowspan="6">0.002 0</td></tr>
<tr><td>Ni</td><td>—</td></tr>
<tr><td>Fe</td><td>0.001 0</td></tr>
<tr><td>Si</td><td>—</td></tr>
<tr><td>Zn</td><td>—</td></tr>
<tr><td>Co</td><td>—</td></tr>
<tr><td>6</td><td>Ag</td><td>0.002 5</td><td>0.002 5</td></tr>
<tr><td colspan="2">表中所列杂质元素总含量</td><td colspan="2">0.006 5</td></tr>
</table>

表 2 1号标准铜(Cu-CATH-2)化学成分（质量分数） /%

<table>
<tr><th rowspan="2">Cu+Ag
不小于</th><th colspan="10">杂质含量，不大于</th></tr>
<tr><th>As</th><th>Sb</th><th>Bi</th><th>Fe</th><th>Pb</th><th>Sn</th><th>Ni</th><th>Zn</th><th>S</th><th>P</th></tr>
<tr><td>99.95</td><td>0.001 5</td><td>0.001 5</td><td>0.000 5</td><td>0.002 5</td><td>0.002</td><td>0.001 0</td><td>0.002 0</td><td>0.002</td><td>0.002 5</td><td>0.001</td></tr>
<tr><td colspan="11">注 1：供方需按批测定 1 号标准铜中的铜、银、砷、锑、铋含量，并保证其他杂质符合本标准的规定。
注 2：表中铜含量为直接测得。</td></tr>
</table>

表 3 2号标准铜(Cu-CATH-3)化学成分（质量分数） /%

<table>
<tr><th rowspan="2">Cu
不小于</th><th colspan="4">杂质含量，不大于</th></tr>
<tr><th>Bi</th><th>Pb</th><th>Ag</th><th>总含量</th></tr>
<tr><td>99.90</td><td>0.000 5</td><td>0.005</td><td>0.025</td><td>0.03</td></tr>
<tr><td colspan="5">注：表中铜含量为直接测得。</td></tr>
</table>

3.2.2 需方如对产品中氧含量有特殊要求，由供需双方协商。

3.3 物理性能

需方如对电学性能有特殊要求，并在合同中注明时，可进行质量电阻率的测试。

其中 A 级铜质量电阻率≤0.151 76 $\Omega g/m^2$，1 号、2 号标准铜质量电阻率≤0.153 28 $\Omega g/m^2$。

3.4 表面质量

3.4.1 阴极铜表面应洁净,无污泥、油污、电解残渣等外来杂物。

3.4.2 阴极铜表面(包括吊耳部分),绿色附着物总面积不大于单面面积的1%。

3.4.3 因潮湿空气的作用,使阴极铜表面氧化而生成一层暗绿色者不作废品。

3.4.4 阴极铜表面及边缘不得有呈花瓣状或树枝状的结粒(允许修整)。

3.4.5 阴极铜表面高5 mm以上圆头密集结粒的总面积不得大于单面面积的10%(允许修整)。

3.5 其他要求

3.5.1 阴极铜以整块供应。需方有特殊需求时可与供方协商。

3.5.2 阴极铜块应经受普通装卸而不脆断。

4 试验方法

4.1 阴极铜化学成分的分析按GB/T 5121、YS/T 464的规定进行。仲裁分析方法为GB/T 5121。

4.2 阴极铜的质量电阻率分析方法按GB/T 351的规定进行。

4.3 表面质量用目视检测。

5 检验规则

5.1 检查和验收

5.1.1 产品应由供方技术监督部门进行检验,保证产品质量符合本标准或合同(或订货单)的规定,并填写质量证明书。

5.1.2 需方可对收到的产品进行质量检验,如检验结果与本标准规定不符,可在收到产品之日起30天内向供方提出,由供需双方协商解决。如需仲裁,仲裁取样在需方由供需双方共同进行。

5.2 组批

产品应成批提交检验,每批应由同一天、同一循环系统产出的相同牌号的阴极铜组成。批重不大于500 t。

5.3 阴极铜取、制样方法

5.3.1 生产取样方法

阴极铜的取样采用钻床取样,也可采用冲床取样。

a) 从该批阴极铜中每10～15捆取一捆(1～3块),每块样取10点,其中9点组成一个完整的3横3纵的棋盘行列式,另有一点位于边缘处,每4捆样组成不同的4边边缘样均应取到。
b) 用直径为10 mm～20 mm的钻头,在距阴极铜四周100 mm的矩形中,以棋盘行列布置钻孔若干处,钻取时,不许用任何润滑剂,钻速以试样不氧化为宜。
c) 取样时表面应清洁,不去除表皮,钻孔深度应钻穿样块。将所得的钻屑过40目(420 μm)筛,筛下物用磁铁除净加工时带入的铁后,对筛上、筛下合并进行称重,并缩分至不少于600 g,均匀分成三份,一份供供方分析用,一份供需方分析用,一份备用。

5.3.2 阴极铜的仲裁取样方法

5.3.2.1 每批阴极铜中随机抽取24捆，再从每捆中任取一块，按自然数编号。

5.3.2.2 将编号的每块阴极铜垂直等分成24个长方条(包括吊耳)，从左到右也按自然数编号，然后按每块的号数选取对应号数的长方条。即第一块切取第一个长方条，第二块切取第二个长方条，第三块切取第三个长方条，依此类推。

5.3.2.3 室温下，将采取的24个长方条切成适当的小块，于10%的盐酸溶液中浸泡15分钟，然后用去离子水充分洗涤，清除全部外来污物，并干燥(避免氧化)。

5.3.2.4 从该批中取出一些阴极铜置于有盖的石墨坩埚内进行熔化，再把熔体倒掉。

5.3.2.5 依据石墨坩埚(5.3.2.4)容量的大小，将清洗过的小块试样(5.3.2.3)按下面的两种方法之一进行熔化。

a) 将清洗过的试样置于石墨坩埚内，在惰性气体保护下于感应炉或电阻炉内加热熔化，用石墨棒充分搅拌熔体，然后按前、中、后顺序过程倒入石墨模中，铸成三个适当尺寸的样锭。

b) 当石墨坩埚容量不够大时，可以将清洗过的试样分成两组或两组以上，然后依照方法a)进行。

5.3.2.6 在熔浇过程中，应避免氧的侵入。

5.3.2.7 除去样锭的表层后，用硬质合金刀具钻、铣或锯切(应防止过热，以免氧化)取样。获得大于600 g的细屑，将细屑仔细混匀，用磁铁除净加工时可能带入的铁，将除铁后的试样缩分成四份(每份量不小于150 g)，一份供供方分析用，一份供需方分析用，一份供仲裁分析用，一份留作备用。

5.4 检验结果判定

5.4.1 检验结果的数值修约和判定按GB/T 8170的规定进行。

5.4.2 化学成分、物理性能与本标准或合同(或订货单)的规定不符时，该批判为不合格。

5.4.3 表面质量检验结果与本标准或合同(或订货单)的规定不符时，按块判为不合格。

6 标志、包装、运输、贮存和质量证明书

6.1 阴极铜应用不易产生污染、强度高的材料包装成适合装卸重量的捆。经供需双方协议，也可不包装。

6.2 每捆阴极铜必须有明显的标志，注明：

a) 生产厂标志；

b) 产品名称和牌号；

c) 批号与重量。

6.3 运输和贮存

运输与贮存时，不得污染产品。

6.4 每批阴极铜应附有质量证明书，注明：

a) 生产厂名称、地址；

b) 产品名称和牌号；

c) 批号；

d) 件数、批重；

e) 分析检验结果和技术监督部门印记；

f) 本标准编号；

g) 出厂日期。

7　合同(或订货单)内容

本标准所列产品的订货单内应包括下列内容：

a)　产品名称、牌号；

b)　数量；

c)　氧含量及质量电阻率的特殊要求；

d)　包装要求；

e)　本标准编号；

f)　其他。

ICS 73.040
D 21

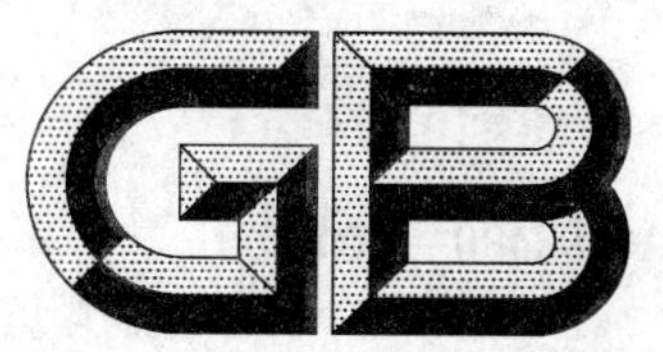

中华人民共和国国家标准

GB/T 480—2010
代替 GB/T 480—2000

煤的铝甑低温干馏试验方法

Test of low temperature distillation of coal by aluminum retort

(ISO 647:1974,Brown coals and lignites—Determination of the yields of tar, water,gas and coke residue by low temperature distillation,MOD)

2010-09-26 发布　　2011-02-01 实施

中华人民共和国国家质量监督检验检疫总局
中国国家标准化管理委员会　发布

前　言

本标准修改采用ISO 647:1974《褐煤　低温干馏法测定焦油、水、气和半焦产率》(英文版)。

本标准根据ISO 647:1974重新起草。与ISO 647:1974相比,在结构上有较多调整,附录A中列出了本标准与ISO 647:1974相比章条编号变化对照一览表。

考虑到我国国情,本标准采用时,与ISO 647:1974相比存在技术性差异,这些差异涉及的条款已通过在其外侧页边空白位置的垂直单线(|)进行了标识,附录B中给出了相应技术性差异及其原因的一览表。

本标准与ISO 647:1974的主要技术性差异如下:

——删除了各项产物产率的计算方法提要;

——加热方式仅保留电加热一种,删除了煤气加热方式;

——增加了水分测定管、冷凝管和天平的技术要求;

——增加了仪器设备装置图、气密性检查方法、对强膨胀性煤预处理方法;

——增加了干馏产物导出方式的规定、测定冷凝物中含水量(干馏总水分)的方法和各项产物产率的计算公式;

——删除了煤气产率的计算;

——增加了干燥无灰基半焦产率结果基的换算和校正公式;

——修改了干馏产物产率测定的精密度。

本标准代替GB/T 480—2000《煤的铝甑低温干馏试验方法》,本标准与GB/T 480—2000相比,除编辑性修改外主要技术变化如下:

——增加了试验报告(本版第11章)。

本标准的附录C为规范性附录,附录A、附录B、附录D和附录E为资料性附录。

本标准由中国煤炭工业协会提出。

本标准由全国煤炭标准化技术委员会(SAC/TC 42)归口。

本标准起草单位:煤炭科学研究总院煤炭分析实验室。

本标准主要起草人:李宏图、于光、刘良驷。

本标准所代替标准的历次版本发布情况为:

——GB 480—1964、GB 480—1987、GB/T 480—2000。

煤的铝甑低温干馏试验方法

1 范围

本标准规定了铝甑低温干馏试验的方法提要、仪器设备、试验步骤和结果表述。

本标准适用于褐煤和烟煤。

2 规范性引用文件

下列文件中的条款通过本标准的引用而成为本标准的条款。凡是注日期的引用文件，其随后所有的修改单(不包括勘误的内容)或修订版均不适用于本标准，然而，鼓励根据本标准达成协议的各方研究是否可使用这些文件的最新版本。凡是不注日期的引用文件，其最新版本适用于本标准。

GB/T 212 煤的工业分析方法(GB/T 212—2008，ISO 11722：1999，Solid mineral fuels—Hard coal—Determination of moisture in the general analysis test sample by drying in nitrogen；ISO 1171：1997，Solid mineral fuels—Determination of ash；ISO 562：1998，Hard coal and coke—Determination of volatile matter，NEQ)

GB/T 218 煤中碳酸盐二氧化碳含量的测定方法(GB/T 218—1996，eqv ISO 925：1997)

GB 474 煤样的制备方法(GB 474—2008，ISO 18283：2006，Hard coal and coke—Manual sampling，MOD)

GB/T 19494.2 煤炭机械化采样 第二部分：煤样制备(GB/T 19494.2—2004，ISO 13909-1：2001 Hard coal and coke—Mechanical sampling—Part 1：General introduction；ISO 13909-4：2001 Hard coal and coke—Mechanical sampling—Part 4：Coal Preparation of test samples，NEQ)

3 方法提要

将煤样装在铝甑中，以一定升温程序加热到 510 ℃，并保持一定时间，测定干馏后所得焦油、热解水、半焦和煤气的产率。

4 材料和试剂

4.1 二甲苯或甲苯：化学纯。

4.2 润滑油及经过精选的鳞片状石墨粉。

5 仪器设备

5.1 铝甑

5.1.1 铝甑体(图 1)，铝制；

5.1.2 铝甑盖(图 2)，铝制；

5.1.3 导出管(图 3)，铜制；

5.1.4 连接螺母(图 4)，钢制。

5.2 加热装置：带控温装置，规格性能应符合以下要求：

a) 最初(15～20)min 内应使温度升到 260 ℃；

b) (260～510)℃期间，升温速度为 5 ℃/min。升温总误差为±10 ℃；

c) 最终温度可达 510 ℃以上。

单位为毫米

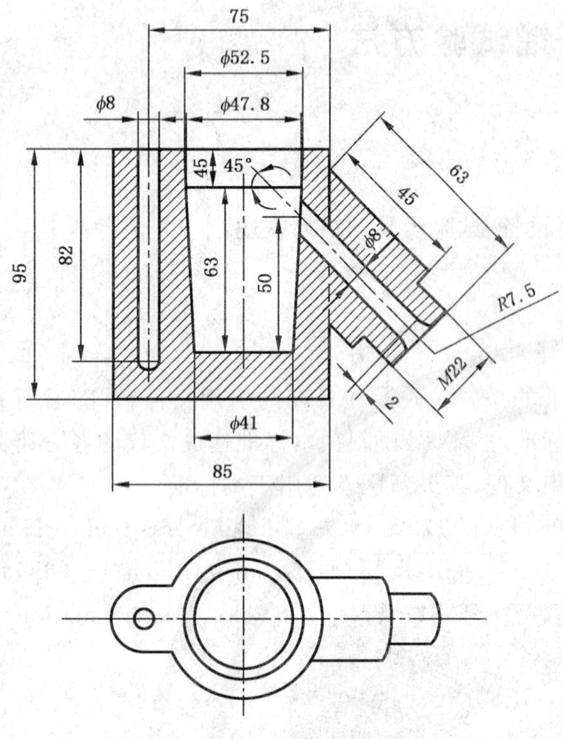

图 1 铝甑体

单位为毫米

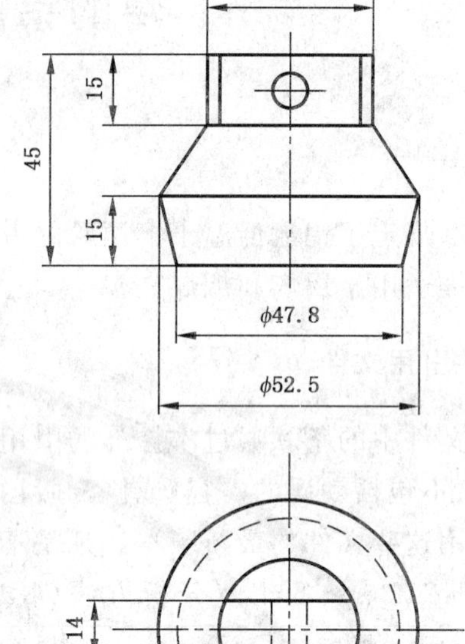

图 2 铝甑盖

单位为毫米

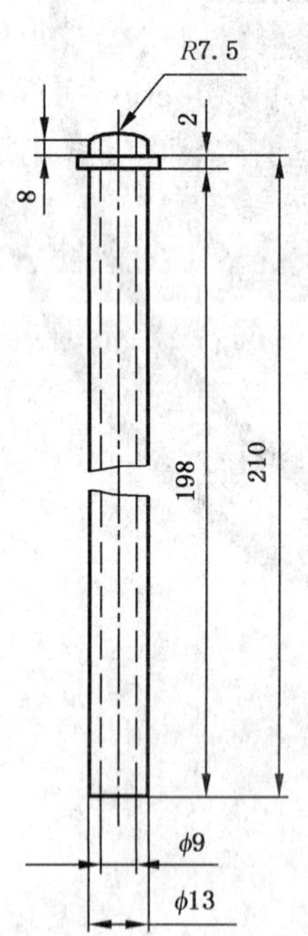

图 3 导出管

单位为毫米

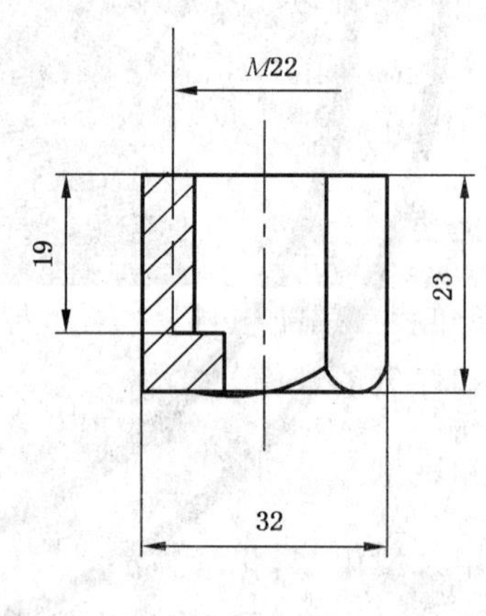

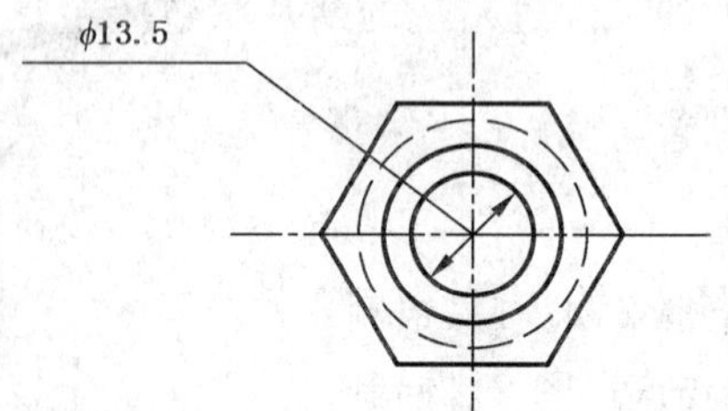

图 4 连接螺母

5.3 锥形瓶：容量 250 mL。

5.4 水分测定管(图 5)量管刻度范围为(0～5)mL 或(0～10)mL，分度值为 0.05 mL。

5.5 冷凝管：直管式。冷凝部分的长度不小于 300 mm。

5.6 天平：感量 0.01 g。

5.7 电炉：加热功率可调。

单位为毫米

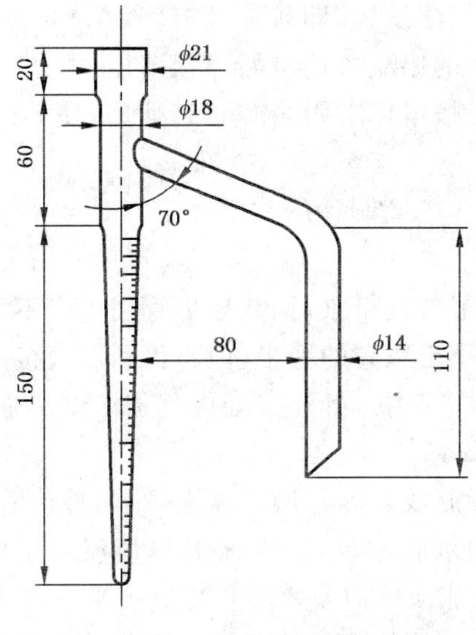

图 5 水分测定管

6 试验前的准备

6.1 仪器组装

仪器按图 6 所示组装。

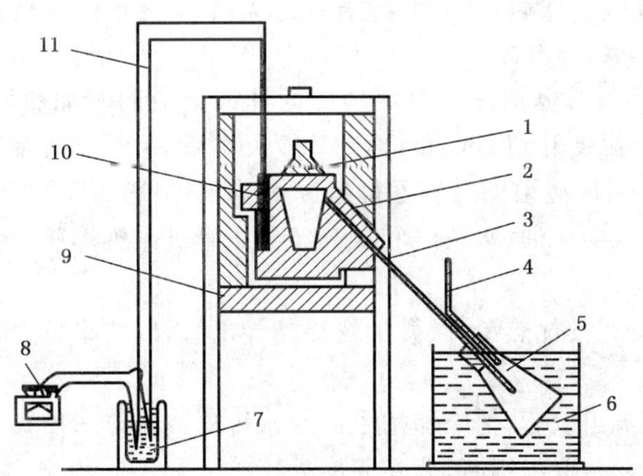

1——铝甑盖；

2——铝甑体；

3——导出管；

4——导气管；

5——锥形瓶；

6——冷却槽；

7——冷接点恒温器；

8——毫伏高温计；

9——加热装置；

10——热电偶套管；

11——热电偶。

图 6 仪器设备装置

6.2 铝甑气密性检查

试验前按下列方法检查铝甑盖与铝甑体气密情况：

6.2.1 标准法:将盖紧的铝甑浸入水中(10～30)mm深,向甑内充气,使甑内气压约达1 961.33 Pa(表压),在此压力下保持约15 s,如无气泡发生,即认为气密。

6.2.2 简捷法:用肥皂水涂在盖紧的铝甑各接口处,然后向甑内充气,如在1 961.33 Pa压力下无气泡发生,即认为气密。如果不气密,可按本标准附录C进行研磨,使其达到气密。

6.3 煤样

煤样为按GB 474或GB/T 19494.2制备的粒度小于0.2 mm的空气干燥煤样。

6.4 仪器组装

6.4.1 盖上甑盖。用小木锤轻轻把甑盖敲紧,铝甑导出管用严密不漏气的软木塞与锥形瓶连接。铝甑导出管应伸入瓶内,伸入的长度不小于瓶高的一半,但不得和瓶底接触。从软木塞的另一个小孔插入一支略微弯曲的玻璃导气管,供导出煤气用。各连接处应气密。锥形瓶在与铝甑连接之前,应事先洗净、干燥并称量,称准至0.01 g。

6.4.2 铝甑放入电炉,同时将锥形瓶放入冷却槽。盖上炉盖,将热电偶或温度计插入铝甑的测温孔中。

6.4.3 在冷却槽中放入一定量的水和冰块,锥形瓶应尽量浸入水中,但瓶口应高出水面。也可以用15 ℃以下的循环水,但循环水流要能使焦油及水蒸气冷凝下来。

6.4.4 试验装置应放在通风柜内,否则应在锥形瓶上的导气管上接一胶皮管,以便将煤气导出室外。

7 试验步骤

7.1 将煤样充分搅拌,并从煤样容器中4～5个不同部位取出(20±0.5)g煤样(称准到0.01 g),放在表面皿中,然后将煤样全部转入铝甑内。

注:如参照附录D进行的预备试验表明煤样的膨胀性很大,可配加适量的砂子,以防止其膨胀。煤样和砂子应混合均匀,放入甑内,并使其表面平整。

7.2 一切准备妥当以后,即可通电加热。铝甑的侧面和底部应同时加热,使瓶体各部温度保持均匀。在最初(15～20)min内应使温度升到260 ℃,达到260 ℃以后,应严格控制升温速度为5 ℃/min,并每10 min检查一次实际温度,与应达温度之差不得超过10 ℃。到达510 ℃时,保温20 min,停止加热。

7.3 试验中煤样受热后产生的焦油、水蒸气和煤气经导出管进入锥形瓶。焦油和水蒸气应冷凝在锥形瓶中。煤气则由胶管导出室外。

7.4 停止加热后,用酒精灯或其他热源,微微加热铝甑导出管,以使附着在导出管壁上的焦油流进锥形瓶中。

7.5 导出管中附着的焦油流出以后,把冷却槽中的冷水排出或把冷却槽移开,取出热电偶或温度计,卸开锥形瓶与甑体连结的软木塞,取出铝甑,放在阴凉处冷却。为了防止半焦吸收空气中的水分,此时应将铝甑的导出管口封住。

7.6 将盛有冷却物的锥形瓶外壁擦干,放置约5 min后称量(称准至0.01 g)。盛有冷凝物的锥形瓶质量与干馏前锥形瓶质量之差即为干馏冷凝物的质量。

7.7 按8所述测定冷凝物中的含水量(干馏总水分)。冷凝物质量与水的质量之差即为焦油的质量。

7.8 铝甑冷却后,取下甑盖,将半焦倒入称量瓶中称量(称准至0.01 g)。注意在刮取甑壁上的半焦时不要刮坏甑体。

7.9 煤样的总量减去冷凝物质量与半焦质量之和为煤气质量和损失量,各项产物的质量对煤样的质量分数,即为各产物的空气干燥基产率。

7.10 热解水产率由干馏总水分(7.6)减去煤样的空气干燥基水分M_{ad}(按GB/T 212测定)而得。

8 干馏总水分的测定

8.1 向盛有干馏冷凝物的锥形瓶中加入约50 mL二甲苯或甲苯(4.1)然后将锥形瓶与水分测定管相接,水分测定管支管的下端进入锥形瓶约15 mm,其上口与冷凝器连接,使冷凝器的下端位于水分测定管支管的横断面中心。水分测定管和冷凝器应洁净、干燥。水分测定管的量管应事先校正。全套装置如图 7 所示。

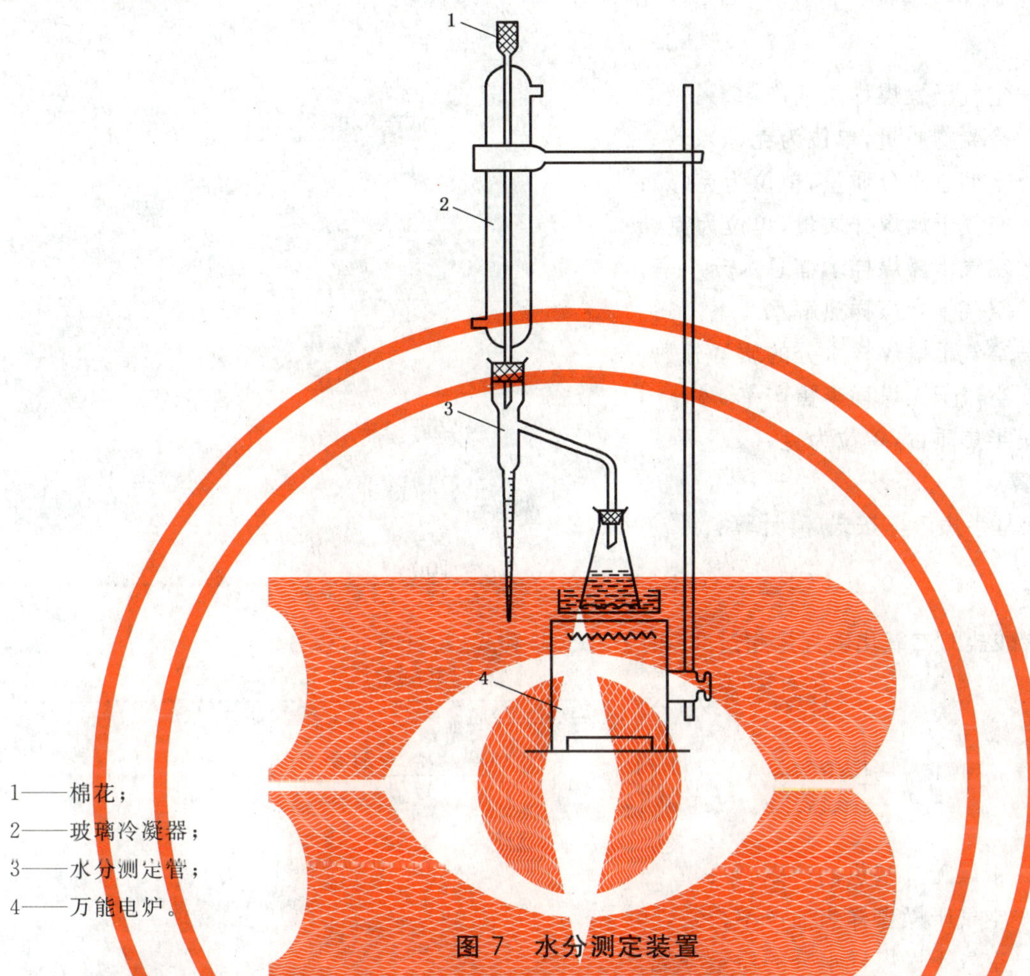

1——棉花；
2——玻璃冷凝器；
3——水分测定管；
4——万能电炉。

图 7　水分测定装置

8.2　冷凝器上端用棉花或以其他方法塞住，以防止尘埃污染及避免空气中水分在冷凝器内凝结。

8.3　用电炉加热控制蒸馏速度，使从冷凝器下端滴下的液滴数为(2～4)滴/s。当水分测定管中的水分不再增加、溶剂变得完全透明时，即可停止蒸馏。

注：如溶剂内有极细小的水滴而呈乳浊状时，可用温度不超过 60 ℃的温水浴微微加热水分测定管，以促使水滴排出，乳浊状态尽快消除。如蒸馏完毕后，有水滴附着在冷凝器内壁，应提高蒸馏速度继续蒸馏，使冷凝下来的溶剂将水滴带入水分测定管中。

8.4　锥形瓶冷却后，将装置拆开，读取水分体积。如有一部分水珠附着在水分测定管内壁上，可用螺旋形金属丝上下搅拌，静置数分钟，待水珠完全沉下后，再读取水分体积。为简化计算，室温下水的密度可取作 1 g/cm^3。因此水分的体积即为干馏总水分的质量。

注：干馏总水也可参照附录 E 的规定采用离心法测定。

9　结果表述

9.1　结果计算

干馏产物的空气干燥基产率按式(1)～(4)计算：

$$焦油产率：Tar_{ad} = \frac{m_1 - m_2}{m} \times 100 \qquad \cdots\cdots(1)$$

$$干馏总水分产率：Water_{ad} = \frac{m_2}{m} \times 100 \qquad \cdots\cdots(2)$$

$$热解水产率：Water_{p,ad}=Water_{ad}-M_{ad} \quad \cdots\cdots(3)$$

$$半焦产率：CR_{ad}=\frac{m_3}{m}\times 100 \quad \cdots\cdots(4)$$

式中：

Tar_{ad}——空气干燥煤样焦油产率，%；

m_1——冷凝物质量，单位为克(g)；

m_2——干馏总水分质量，单位为克(g)；

m——空气干燥煤样质量，单位为克(g)；

$Water_{ad}$——空气干燥煤样干馏总水分产率，%；

$Water_{p,ad}$——空气干燥煤样热解水产率，%；

M_{ad}——空气干燥煤样水分的质量分数，%；

CR_{ad}——空气干燥煤样半焦产率，%；

m_3——半焦质量，单位为克，(g)。

9.2 结果换算

干燥无灰基半焦产率按式(5)计算：

$$CR_{daf}=(CR_{ad}-A_{ad})\times\frac{100}{100-M_{ad}-A_{ad}} \quad \cdots\cdots(5)$$

煤样中碳酸盐的二氧化碳含量超过2%时，按式(6)和式(7)计算：

$$Tar_{daf}=Tar_{ad}\times\frac{100}{100-M_{ad}-A_{ad}-(CO_2)_{ad}} \quad \cdots\cdots(6)$$

$$CR_{daf}=[CR_{ad}-A_{ad}-(CO_2)_{CR,ad}]\times\frac{100}{100-M_{ad}-A_{ad}-(CO_2)_{ad}} \quad \cdots\cdots(7)$$

式中：

Tar_{daf}——干燥无灰基焦油产率，%；

Tar_{ad}——空气干燥煤样焦油产率，%；

M_{ad}——空气干燥煤样水分的质量分数，%；

A_{ad}——空气干燥煤样灰分的质量分数，%；

CR_{daf}——干燥无灰基半焦产率的质量分数，%；

$(CO_2)_{ad}$——空气干燥煤样的二氧化碳含量的质量分数，%，按照GB/T 218煤中碳酸盐二氧化碳含量的测定方法计算；

$(CO_2)_{CR,ad}$——半焦中碳酸盐的二氧化碳含量，以空气干燥煤样为基础的质量分数，%。

9.3 结果报告

计算和换算试验结果时，所有数值保留到小数点后第二位。报出结果时只保留小数点后一位。

10 方法精密度

方法精密度见表1。

表1 干馏产物产率测定的精密度

参数/%		重复性限/%	再现性临界差/%
干馏总水分产率	≥10	1.0	—
	<10	0.7	
半焦产率	≥80	1.0	—
	<80	0.8	
焦油产率	—	0.5	1.0

11 试验报告

试验报告至少应包括以下信息：

a） 试样标识；

b） 依据标准；

c） 使用的方法；

d） 试验结果；

e） 与标准的任何偏离；

f） 试验中出现的异常现象；

g） 试验日期。

附 录 A
（资料性附录）
本标准章条编号与 ISO 647:1974 章条编号对照

表 A.1 给出了本标准章条编号与 ISO 647:1974 章条编号对照一览表。

表 A.1 本标准章条编号与 ISO 647:1974 章条编号对照

本标准章条编号	对应的国际标准章条编号
1	1
2	2
3	3
4.1	4.1
4.2	4.2
5.1	5.1
5.2	5.2
—	5.3
5.3	5.4
5.4～5.6	—
—	5.5～5.6
6.1～6.2	—
6.3	7
6.4	7
7.1	7
7.2	—
7.3～7.5	7
7.6	—
7.7	7
7.8～7.9	—
8	7
9.1	8
9.2	—
9.3	8
10	9
—	9.1～9.2
11	10

附 录 B
（资料性附录）
本标准章条编号与 ISO 647:1974 技术性差异及其原因

表 B.1 本标准章条编号与 ISO 647:1974 技术性差异及其原因的一览表

<table>
<tr><th>本标准的章条编号</th><th>技术性差异</th><th>原因</th></tr>
<tr><td>—</td><td>删除了 ISO 647:1974 的“0 引言”。</td><td>国家标准中不列入该条款。相关技术内容可编辑到别处。</td></tr>
<tr><td>1</td><td>适用于烟煤和褐煤。</td><td>保证与上一版标准的延续性，我国煤炭无“柴煤”(lignite)。</td></tr>
<tr><td>2</td><td>引用了 GB/T 212、GB/T 218 和 GB 474，删除了 ISO/R 1015。</td><td>用我国煤炭检测方法国家标准测定相关项目。</td></tr>
<tr><td>3</td><td>终点温度不同。
删除了 ISO 647:1974 各项产率的计算提要。</td><td>保证与上一版标准的延续性。
和其他煤炭分析国标的方法提要编写方式保持相对一致。</td></tr>
<tr><td>5.1</td><td>结构、尺寸和有效容积等不同。</td><td rowspan="6">保证与上一版标准的延续性，特别是设备的延续性。
煤气加热在我国一般不具备条件。
水分测定管等应规范技术要求。</td></tr>
<tr><td>5.2</td><td>升温速度、终点温度、保温时间等均不同。
加热方式仅有电加热一种，删除了煤气加热方式。</td></tr>
<tr><td>5.3</td><td>冷凝物的收集容器不同。</td></tr>
<tr><td>5.4</td><td rowspan="3">增加了水分测定管、冷凝管和天平的技术要求。ISO 647:1974 中引用其他标准，未规定具体内容。</td></tr>
<tr><td>5.5</td></tr>
<tr><td>5.6</td></tr>
<tr><td>6.1～6.2</td><td>增加了仪器设备装置图和气密性检查方法。</td><td rowspan="6">保证与上一版标准的延续性。
样品粒度等条件按照我国实际情况制定。
强膨胀性的煤在试验过程中的膨胀容易导致试验失败，事先配比一定的沙子可以降低样品的膨胀程度。</td></tr>
<tr><td>6.3</td><td>样品粒度、粒度组成、称样量、状态及保存期限方式等均不同。
增加了对强膨胀性煤事先配沙子的内容。</td></tr>
<tr><td>6.4.2</td><td>增加了将热电偶或温度计插入铝甑的测温孔中的规定。</td></tr>
<tr><td>6.4.3</td><td>冷却方式不同。
将 ISO 647:1974 中 5.5 条关于冷却槽的规定改写到此处。</td></tr>
<tr><td>7.1</td><td>温度控制要求不同。</td></tr>
<tr><td>7.2</td><td>增加了干馏产物导出方式的规定。</td></tr>
<tr><td>7.6</td><td>增加了测定冷凝物中的含水量(干馏总水分)的内容。</td><td rowspan="5">保证与上一版标准的延续性。
增加各项产物产率和基的换算等计算的规定便于标准使用。
重复性限和再现性临界差的定义描述见“煤炭分析试验方法一般规定”。</td></tr>
<tr><td>7.8～7.9</td><td>增加了各项产物产率计算的规定。</td></tr>
<tr><td>8</td><td>规定了 ISO 647:1974 中引用的干馏总水分的测定方法。</td></tr>
<tr><td>9</td><td>删除了煤气产率的计算。
增加了结果基的换算。
增加了碳酸盐二氧化碳校正的内容。</td></tr>
<tr><td>10</td><td>多项结果的精密度与 ISO 647:1974 不同。
删除了 ISO 647:1974 中 9.1 和 9.2 条关于重复性限和再现性临界差的描述。</td></tr>
</table>

附 录 C
（规范性附录）
盖与甑口接触面的研磨方法

发现甑盖与甑口不能严密吻合时，可在甑口内缘和（或）盖边缘上涂上润滑油和石墨粉的混合物(4.2)，将盖与甑连接，一手握盖，一手持甑，使两者互相吻合，用力左右旋转甑盖，左右旋转的角度以达到 90°为宜。每转两次后，应均匀地改变盖与甑的相对位置，使接触面每一部分都得到均匀的研磨。

研磨 10 min 后，擦去润滑油和石墨粉，使接触表面洁净无垢。然后，再涂上润滑油或凡士林，按上述方法再研磨 10 min。擦净研磨表面，进行气密检查表 A.1 本标准章条编号与 ISO 647:1974 章条编号对照。

附 录 D
（资料性附录）
强膨胀性煤中配加砂子的方法

本方法所使用的砂子应先用水洗去泥土，再用10%盐酸浸煮，然后用蒸馏水冲洗到不呈酸性，干燥后在不低于800 ℃下灼烧1 h以上，筛取粒度在(0.10～0.30)mm之间的砂子备用。如用洁净的石英砂，则不必进行浸洗，但仍应进行灼烧及筛选等处理。

煤样的焦渣特征（按GB/T 212测定）为5或5以上时，在干馏试验以前，应配加砂子。只要能达到防止膨胀的目的，砂子配入量应尽可能少。加入20 g煤样中的砂子量，一般不应超过20 g。最好事先进行配砂的焦渣特征试验。选用能使焦渣特征不大于4的配砂比，即能达到防止膨胀的目的。

焦渣特征试验按GB/T 212挥发分测定方法进行，所用煤样固定为1 g，配以不同数量的砂子，并充分混合。

干馏试验用20 g煤样，另按前述试验得出的煤砂配比配入所需的砂子，并混合均匀。

注：遇有膨胀性特强的煤，按规定方法配入20 g砂子仍不能把膨胀降低到要求的限度时，则可酌量减少煤样用量和改变砂子量以改变煤砂的配比，达到降低膨胀的目的。在煤样用量低于标准用量(20 g)时，所得试验结果仅供参考之用，并应在试验报告中注明。

附 录 E
（资料性附录）
干馏总水分的离心测定法

本标准正文所述测定冷凝物中水分（干馏总水分）的蒸馏法，准确可靠，适用于仲裁鉴定等要求较严的场合下使用。本附录所推荐的离心法，则较为便捷，适用于日常例行试验。

E.1 仪器和试剂

E.1.1 集油管：玻璃制，规格见图E.1。

单位为毫米

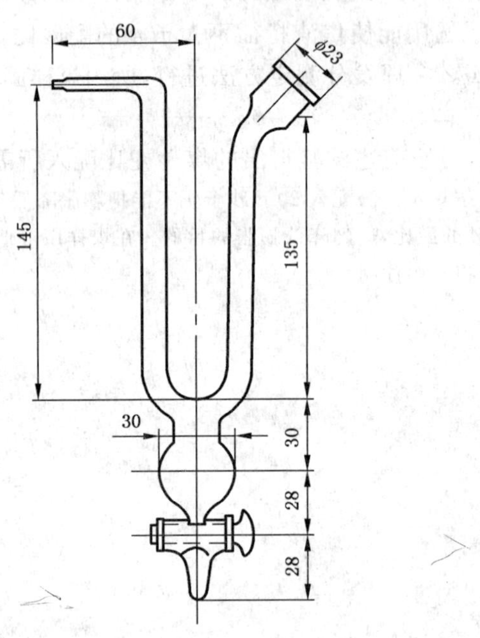

图E.1 集油管

E.1.2 离心管：容积不小于10 mL，分度值0.05 mL。

E.1.3 离心机：转速为2 000 r/min以上。

E.2 如用离心法测定水分，进行干馏时应以本附录E.1所述集油管承接冷凝物。集油管在冷却槽中浸没的深度以放气端高出水面（20～30）mm为准。其他操作事项按本标准第7章所述方法进行。

E.3 用甲苯或二甲苯将集油管中的冷凝物，分数次定量地冲洗到离心管内。甲苯或二甲苯事先应用水饱和，为了提高冲洗效率，甲苯或二甲苯事先可用水浴略微加热（不得超过60 ℃），并可用细软的金属丝通入集油管内搅拌、擦洗，以促使附着于管壁上的冷凝物为甲苯或二甲苯所冲下。冲洗液的总量不应超过10 mL。

E.4 将盛有冲洗液的离心管放在离心机内，在大于2 000 r/min的转速下进行离心分离，离心分离时间不应少于10 min。分离完毕后，取出离心管，读取下部水层的体积。然后，再放入离心机内，离心约（3～5）min，取出，再读取下部水层的体积。如体积不再增加，即可按本标准9.1，求得干馏总水分的质量，否则，应再行离心。

注：为了保护离心机，放入离心机内的离心管的质量应互相对称。在放置离心管的套管中可放入少许软质的衬垫物（如棉花），以减少离心管的破损。

E.5 如离心后水层层面不平整，有块状物浮集于分界面上，难于正确读出水层的体积，则可用细玻璃棒将块状物搅动，使其中界面平整清晰。如液层分界面仍不清晰，则将上层的溶剂吸去一半或三分之二左右，但勿将水吸去，加入新溶剂，重复上述搅拌操作，重新进行离心处理。如此反复进行，直到出现平整清晰之层面，能准确读取水层之体积为止。

E.6 离心处理后，如有块状物沉积于水层下部或附着在水层所在的管壁上，则应用细玻璃棒将其挑入油层。然后，再离心(3～5)min。清除这种现象以后，才可读取水层体积。

E.7 干馏总水分和热解水产率的计算方法，与本标准正文所述相同。

ICS 75.140
E 43

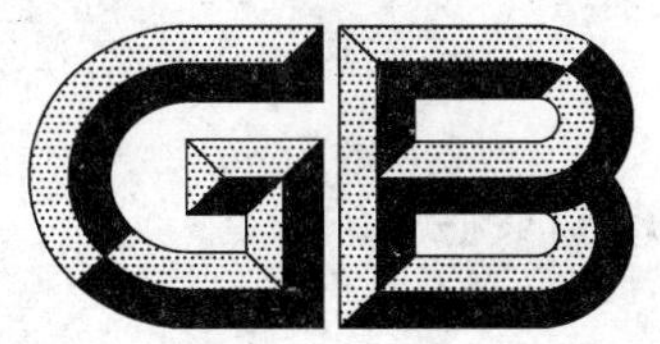

中华人民共和国国家标准

GB/T 494—2010
代替 GB/T 494—1998

建筑石油沥青

Asphalt used in roofing

2011-01-10 发布　　2011-05-01 实施

中华人民共和国国家质量监督检验检疫总局
中国国家标准化管理委员会　发布

前　言

本标准修改采用 ASTM D 312—00(2006 年确认)《房屋建筑用沥青产品规范》(英文版)。

本标准根据 ASTM D 312—00(2006 年确认)重新起草。

本标准与 ASTM D 312—00(2006 年确认)的章条结构变化为:将 ASTM D 312—00 中第 5 章中的取样放入本标准的第 6 章中,将第 5 章中试验方法列入本标准第 4 章的表 1 中;删除了 ASTM D 312—00 中第 9 章,其他章编号依删除后顺序调整。

本标准与 ASTM D 312—00(2006 年确认)的主要技术差异如下:

——本标准中删除 ASTM D 312—00(2006 年确认)第 2 章引用文件 2.1 中 ASTM D 1079 和 ASTM D 3461 两个引用标准,并在第 2 章规范性引用文件中增加 SH 0164;

——ASTM D 312—00 以软化点划分产品类型。因为我国石油沥青均采用针入度分级体系,所以本标准以针入度范围划分产品牌号(见本版的第 4 章,ASTM D 312—00 中 4.2);

——为适合我国国情,本标准 46 ℃针入度指标采用报告值(见本版的第 4 章,ASTM D 312—00 中 4.2);

——为了适应我国建筑石油沥青产品现状,本标准 10 号建筑石油沥青 0 ℃针入度指标改为"不小于 3",30 号和 40 号建筑石油沥青 0 ℃针入度指标改为"不小于 6"(见本版的第 4 章,ASTM D 312—00 中 4.2);

——本标准按照 GB/T 1.1—2000 的要求,删除关键词一章(ASTM D 312—00 中第 9 章)。

本标准对 ASTM D 312—00(2006 年确认)进行的编辑性修改内容如下:本标准删除了 ASTM D 312—00 中非国际单位制单位,保留国际单位制。

本标准代替 GB/T 494—1998《建筑石油沥青》。

本标准与 GB/T 494—1998 的主要差异如下:

——本标准删除了脆点指标及其相关内容(GB/T 494—1998 中的第 2 章和第 4 章);

——本标准增加 10 号建筑石油沥青 0 ℃针入度指标为"不小于 3",30 号和 40 号建筑石油沥青 0 ℃针入度指标为"不小于 6"的技术指标要求(见本版的第 4 章);

——本标准将溶解度指标要求改为不小于 99.0%(见本版的第 4 章,GB/T 494—1998 中的第 4 章);

——本标准将闪点技术指标改为不小于 260 ℃(见本版的第 4 章,GB/T 494—1998 中的第 4 章)。

本标准由全国石油产品和润滑剂标准化技术委员会提出。

本标准由全国石油产品和润滑剂标准化技术委员会石油沥青分技术委员会归口。

本标准由中国石油大学(华东)重质油研究所负责起草。

本标准主要起草人:张小英。

本标准所代替标准的历次版本发布情况为:

——GB/T 494—1965、GB/T 494—1975、GB/T 494—1985、GB/T 494—1998。

建筑石油沥青

1 范围

本标准规定了以天然原油的减压渣油经氧化或其他工艺而制得的石油沥青的技术条件及试验方法以及包装、标志、贮存、运输及交货验收、采样等要求。

本标准适用于建筑屋面和地下防水的胶结料、制造涂料、油毡和防腐材料等产品。

2 规范性引用文件

下列文件中的条款通过本标准的引用而成为本标准的条款。凡是注日期的引用文件，其随后所有的修改单(不包括勘误的内容)或修改版均不适用于本标准，然而，鼓励根据本标准达成协议的各方研究是否可使用这些文件的最新版本。凡是不注日期的引用文件其最新版本适用于本标准。

GB/T 267 石油产品闪点与燃点测定法(开口杯法)

GB/T 4507 沥青软化点测定法(环球法)

GB/T 4508 沥青延度测定法

GB/T 4509 沥青针入度测定法

GB/T 11147 沥青取样法

GB/T 11148 石油沥青溶解度测定法

GB/T 11964 石油沥青蒸发损失测定法

SH 0164 石油产品包装、贮运及交货验收规则

3 产品分类

建筑石油沥青按针入度不同分为10号、30号和40号三个牌号。

4 技术要求及试验方法

本标准的技术要求及试验方法见表1。

表1 建筑石油沥青技术要求

项目		质量指标			试验方法
		10号	30号	40号	
针入度(25 ℃,100 g,5 s)/(1/10 mm)		10～25	26～35	36～50	GB/T 4509
针入度(46 ℃,100 g,5 s)/(1/10 mm)		报告[a]	报告[a]	报告[a]	
针入度(0 ℃,200 g,5 s)/(1/10 mm)	不小于	3	6	6	
延度(25 ℃,5 cm/min)/cm	不小于	1.5	2.5	3.5	GB/T 4508
软化点(环球法)/℃	不低于	95	75	60	GB/T 4507
溶解度(三氯乙烯)/%	不小于	99.0			GB/T 11148
蒸发后质量变化(163 ℃,5 h)/%	不大于	1			GB/T 11964
蒸发后25 ℃针入度比[b]/%	不小于	65			GB/T 4509
闪点(开口杯法)/℃	不低于	260			GB/T 267

a 报告应为实测值。

b 测定蒸发损失后样品的25 ℃针入度与原25 ℃针入度之比乘以100后，所得的百分比，称为蒸发后针入度比。

5 包装、标志、贮运及交货验收

本产品的包装、标志、贮存、运输及交货验收按 SH 0164 进行。

6 采样

采样按 GB/T 11147 进行，取 2 kg 作为检验和留样用。

ICS 75.080
E 30

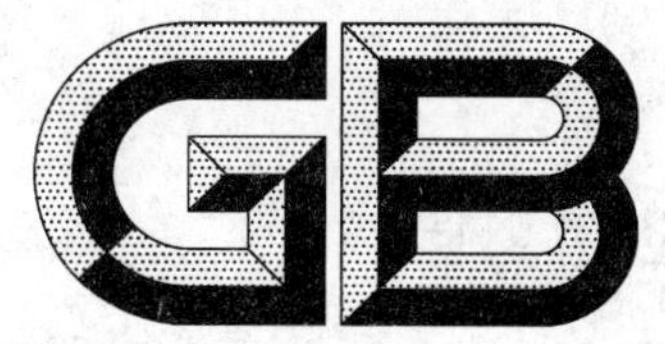

中华人民共和国国家标准

GB/T 511—2010
代替 GB/T 511—1988

石油和石油产品及添加剂机械杂质测定法

Petroleum, petroleum products and additives—Method for determination of mechanical admixtures

2010-09-02 发布　　2010-12-01 实施

中华人民共和国国家质量监督检验检疫总局
中国国家标准化管理委员会　发布

前　言

本标准修改采用原苏联标准 ГОСТ 6370—1983(1997)《石油、石油产品和添加剂机械杂质测定法》。

本标准根据 ГОСТ 6370—1983(1997)重新起草。

为了适合我国国情，本标准在采用 ГОСТ 6370—1983(1997)时进行了修改。本标准与 ГОСТ 6370—1983(1997)的结构差异参见附录 A，技术差异参见附录 B。本标准与 ГОСТ 6370—1983(1997)的主要技术差异如下：

——本标准增加了规范性引用文件章；

——根据我国实际情况在本标准第 4 章“仪器与设备”中对 ГОСТ 6370—1983(1997)中的“设备和材料”进行了适当的修改；

——ГОСТ 6370—1983(1997)要求使用白带牌或红带牌无灰滤纸，仲裁试验采用白带牌滤纸；本标准根据我国国情采用中速、直径 11 cm 的定量滤纸(GB/T 1914)；

——取消了 ГОСТ 6370—1983(1997)标准的 2.4 和 2.5，即滤纸或微孔玻璃过滤器在恒重之前应预先用试验时所用溶剂冲洗这一步骤，增加了 7.9，并且计算中增加空白试验补正的内容；

——本标准在 7.4 下加注，对新的微孔玻璃过滤器的处理及使用后如何清洗进行了描述；

——本标准增加了附录 A“本标准章条编号与 ГОСТ 6370—1983(1997)章条编号对照”和附录 B“本标准与 ГОСТ 6370—1983(1997)技术差异对照”。

本标准代替 GB/T 511—1988《石油产品和添加剂机械杂质测定法(重量法)》，GB/T 511—1988 参照采用 ГОСТ 6370-59《石油产品和添加剂机械杂质测定法》制定的。

本标准与 GB/T 511—1988 相比主要变化如下：

——本标准名称改为《石油和石油产品及添加剂机械杂质测定法》；

——适用范围修改为：石油、液态石油产品和添加剂，不适用于润滑脂和沥青；

——按照 ГОСТ 6370—1983(1997)，在本标准中将微孔玻璃过滤器规格进行了修改；

——将试剂中的甲苯代替苯，乙醇-甲苯混合溶剂(1∶4)代替乙醇-苯混合溶剂(1∶4)；

——恒重滤纸或微孔玻璃过滤器时，烘箱温度由 105 ℃～110 ℃修改为 105 ℃±2 ℃，第一次干燥时间由不少于 1 h，改为不少于 45 min；

——在准备工作中，本标准取消了“使用滤纸时，当试验中用乙醇-苯混合液或乙醇-乙醚混合液冲洗而不继续用蒸馏水冲洗时，应用 50 mL 上述溶剂冲洗滤纸”这一步骤；在计算公式中加入了空白试验修正的计算；

——本标准取样量与溶剂的稀释比例按照 ГОСТ 6370—1983(1997)进行了修改；

——试验步骤中的冲洗溶剂按照 ГОСТ 6370—1983(1997)进行了修改；

——测定石油中机械杂质时，本标准增加了用硝酸银溶液检验滤液中氯离子的内容；

——精密度按照 ГОСТ 6370—1983(1997)进行了修改，重复性要求更加严格，增加了再现性。

本标准的附录 A 和附录 B 为资料性附录。

本标准由全国石油产品和润滑剂标准化技术委员会提出。

本标准由全国石油产品和润滑剂标准化技术委员会石油燃料和润滑剂分技术委员会归口。

本标准起草单位：中国石化销售有限公司华北研究所。

本标准起草人：陈春会。

本标准所代替标准的历次版本发布情况为：

——GB/T 511—1965、GB/T 511—1977、GB/T 511—1988。

石油和石油产品及添加剂机械杂质测定法

1 范围

本标准规定了用已恒重的定量滤纸或微孔玻璃过滤器过滤试样来测定石油和石油产品及添加剂中机械杂质的方法。

本标准适用于测定石油、液态石油产品和添加剂中的机械杂质。

本标准不适用于润滑脂和沥青。

2 规范性引用文件

下列文件中的条款通过本标准的引用而成为本标准的条款。凡是注日期的引用文件，其随后所有的修改单(不包括勘误的内容)或修订版均不适用于本标准，然而，鼓励根据本标准达成协议的各方研究是否可使用这些文件的最新版本。凡是不注日期的引用文件，其最新版本适用于本标准。

GB/T 1914　化学分析滤纸

GB/T 6682　分析实验室用水规格和试验方法(GB/T 6682—2008,ISO 3696:1987,MOD)

SH 0004　橡胶工业用溶剂油

3 方法概要

称取一定量的试样，溶于所用的溶剂中，用已恒重的滤纸或微孔玻璃过滤器过滤，被留在滤纸或微孔玻璃过滤器上的杂质即为机械杂质。

4 仪器与设备

4.1　烧杯或宽颈的锥形烧瓶。

4.2　称量瓶。

4.3　玻璃漏斗。

4.4　保温漏斗。

4.5　洗瓶。

4.6　玻璃棒。

4.7　吸滤瓶。

4.8　水浴或电热板。

4.9　真空泵或水流泵：保证残压不大于 1.33×10^3 Pa。

4.10　干燥器。

4.11　烘箱：可加热到 105 ℃±2 ℃。

4.12　红外线灯泡。

4.13　微孔玻璃过滤器：漏斗式，P_{10}(孔径 4 μm～10 μm)，直径 40 mm、60 mm、90mm。

4.14　分析天平：感量 0.1 mg。

5 试剂与材料

5.1 试剂

5.1.1　95%乙醇：化学纯。

5.1.2　乙醚：化学纯。

5.1.3　甲苯：化学纯。

5.1.4　乙醇-甲苯混合溶剂：用95%乙醇和甲苯按体积比1∶4配成。

5.1.5　乙醇-乙醚混合溶剂：用95%乙醇和乙醚按体积比4∶1配成。

注1：以上所有试剂使用前要用与试验时所采用的型号相同的滤纸或微孔玻璃过滤器过滤，然后做溶剂用。

注2：试验时允许采用等级不低于标准规定的试剂。

5.1.6　硝酸银：分析纯，配成0.1 mol/L的水溶液。

5.1.7　水：符合GB/T 6682中三级水的要求。

5.2　材料

5.2.1　定量滤纸：中速，直径11 cm，符合GB/T 1914标准要求。

5.2.2　溶剂油：符合SH 0004标准要求。

注：使用前要用与试验时所采用的型号相同的滤纸或微孔玻璃过滤器过滤，然后做溶剂用。

6　准备工作

6.1　将容器中的试样(不超过容器容积的四分之三)摇动5 min，使混合均匀。石蜡基和黏稠的石油产品应预先加热到40 ℃～80 ℃，润滑油添加剂加热至70 ℃～80 ℃，然后用玻璃棒仔细搅拌5 min。

6.2　试验用滤纸应放在清洁干燥的称量瓶中称量。

6.3　带滤纸的敞口称量瓶或微孔玻璃过滤器放在烘箱内，在105 ℃±2 ℃下干燥不少于45 min，然后放在干燥器中冷却30 min(称量瓶的瓶盖应盖上)，进行称量，称准至0.000 2 g。重复干燥(第二次干燥时间只需30 min)及称量，直至连续两次称量间的差数不超过0.000 4 g。

7　试验步骤

7.1　按表1的要求将混合好的试样加入烧杯内并称量(至少能容纳稀释试样后的总体积)，并用加热溶剂(溶剂油或甲苯)按比例稀释。

7.1.1　在测定石油、深色石油产品、加添加剂的润滑油和添加剂中的机械杂质时，采用甲苯作为溶剂。

7.1.2　溶解试样的溶剂油或甲苯，应预先放在水浴内分别加热至40 ℃和80 ℃，不应使溶剂沸腾。

表1　不同试样的称取量和稀释比例

试样		样品质量 g	称准至 g	溶剂体积与 样品质量的比例
石油产品：100 ℃运动黏度				
20 mm^2/s	不大于	100	0.05	2～4
20 mm^2/s	大于	50	0.01	4～6
石油：含机械杂质				
1%(质量分数)	不大于	50	0.01	5～10
锅炉燃料：含机械杂质				
1%(质量分数)	不大于	25	0.01	5～10
1%(质量分数)	大于	10	0.01	≤15
添加剂		10	0.01	≤15

7.2　将恒重好的滤纸放在玻璃漏斗中。放滤纸的漏斗或已恒重的微孔玻璃过滤器用支架固定，趁热过滤试样溶液。溶液沿着玻璃棒流入漏斗(滤纸)或微孔玻璃过滤器，过滤时溶液高度不应超过漏斗(滤纸)或微孔玻璃过滤器的四分之三。烧杯上的残留物用热的溶剂油(或甲苯)冲洗后倒入漏斗(滤纸)或微孔玻璃过滤器，粘附在烧杯壁上的试样残渣和固体杂质要用玻璃棒使其松动，并用加热到40 ℃的溶剂油(或加热到80 ℃的甲苯)冲洗到滤纸或微孔玻璃过滤器上。重复冲洗烧杯直到将溶液滴在滤纸上，

蒸发之后不再留下油斑为止。

7.3　若试样含水较难过滤时，将试样溶液静止10 min～20 min，然后将烧杯内沉降物上层的溶剂油(或甲苯)溶液小心地倒入漏斗或微孔玻璃过滤器内。此后向烧杯的沉淀物中加入(5～15)倍(按体积)的乙醇-乙醚混合溶剂稀释，再进行过滤，烧杯中的残渣要用乙醇-乙醚混合溶剂和热的溶剂油(或甲苯)彻底冲洗到滤纸或微孔玻璃过滤器内。

7.4　在测定难于过滤的试样时，允许使用减压吸滤和保温漏斗或红外线灯泡保温等措施。

减压过滤时，可用橡皮塞把过滤漏斗安装在吸滤瓶上，然后将吸滤瓶与真空泵连接。滤纸用溶剂润湿，使它完全与漏斗壁紧贴，倒入的溶液高度不应超过滤纸或微孔玻璃过滤器的四分之三，当前一部分溶液完全流尽后，再加入新的一部分溶液。抽滤速度应控制在使滤液成滴状，而不允许呈线状。

热过滤时不应使所过滤的溶液沸腾，溶剂油溶液加热不超过40 ℃，甲苯溶液加热不超过80 ℃。

注1：新的微孔玻璃过滤器在使用前需用铬酸洗液处理，然后用蒸馏水冲洗干净，置于干燥箱内干燥后备用。在试验结束后，应放在铬酸洗液中浸泡4 h～5 h后再用蒸馏水洗净，干燥后放入干燥器内备用。

注2：当试验中采用微孔玻璃过滤器与滤纸所测结果发生争议时，以用滤纸过滤的测定结果为准。

7.5　在过滤结束后，对带有沉淀物的滤纸或微孔玻璃过滤器，用装有不超过40 ℃溶剂油的洗瓶进行清洗，直至滤纸或微孔玻璃过滤器上不再留有试样痕迹，而且使滤出的溶剂完全透明和无色为止。

7.5.1　在测定石油、深色石油产品、带添加剂的润滑油和添加剂中的机械杂质时，采用不超过80 ℃的甲苯冲洗滤纸或微孔玻璃过滤器。

7.5.2　测定添加剂和带添加剂的润滑油中的机械杂质时，若滤纸或微孔玻璃过滤器中有不溶于溶剂油和甲苯的残渣，可用加热到60 ℃的乙醇-甲苯混合溶剂补充冲洗。

7.6　在测定石油、添加剂和带添加剂润滑油的机械杂质时，允许使用热蒸馏水冲洗残渣。对带有沉淀物的滤纸或微孔玻璃过滤器用溶剂冲洗后，在空气中干燥10 min～15 min，然后用200 mL～300 mL加热到80 ℃的蒸馏水冲洗。

若测定石油中的机械杂质时，应用热水冲洗到滤液中没有氯离子为止，并要用0.1 moL/L的硝酸银溶液检验滤液中氯离子的存在，滤液不混浊即为无氯离子。

7.7　带有沉淀物的滤纸或微孔玻璃过滤器冲洗完毕后，将带有沉淀物的滤纸放入过滤前所对应的称量瓶中，将敞口称量瓶或微孔玻璃过滤器放在105 ℃±2 ℃的烘箱内干燥不少于45 min。然后放在干燥器中冷却30 min(称量瓶的瓶盖应盖上)，进行称量，称准至0.000 2 g。重复干燥(第二次干燥只需30 min)及称量的操作，直至两次连续称量间的差数不超过0.000 4 g为止。

7.8　如果机械杂质的含量不超过石油产品或添加剂的技术标准的要求范围，第二次干燥及称量处理可以省略。

7.9　试验时，应同时进行溶剂的空白试验补正。

8　计算

试样的机械杂质含量$w\%$(质量分数)按式(1)计算：

$$w=\frac{(m_2-m_1)-(m_4-m_3)}{m}\times 100 \qquad \cdots\cdots(1)$$

式中：

m_1——滤纸和称量瓶的质量(或微孔玻璃过滤器的质量)，单位为克(g)；

m_2——带有机械杂质的滤纸和称量瓶的质量(或带有机械杂质的微孔玻璃过滤器的质量)，单位为克(g)；

m_3——空白试验过滤前滤纸和称量瓶的质量(或微孔玻璃过滤器的质量)，单位为克(g)；

m_4——空白试验过滤后滤纸和称量瓶的质量(或微孔玻璃过滤器的质量)，单位为克(g)；

m——试样的质量，单位为克(g)。

9 报告

9.1 取重复测定两个结果的算术平均值作为试验结果。

9.2 机械杂质的含量在0.005%(质量分数)(包括0.005%)以下时,则可认为无机械杂质。

10 精密度

按下述规定判断测定结果的可靠性(95%置信水平)。

10.1 重复性:在同一实验室同一操作者使用同一台仪器,对同一试样连续测得的两个试验结果之差,不应超过表2所规定的数值。

10.2 再现性:不同操作者在不同实验室,使用不同仪器,对同一试样测得两个单一、独立的试验结果之差,不超过表2所规定的数值。

表2 重复性与再现性

机械杂质(质量分数)/%	重复性(质量分数)/%	再现性(质量分数)/%
≤0.01	0.002 5	0.005
>0.01~0.1	0.005	0.01
>0.1~1.0	0.01	0.02
>1.0	0.10	0.20

附　录　A
（资料性附录）
本标准章条编号与 ГОСТ 6370—1983(1997)章条编号对照

表 A.1 给出了本标准的章条编号与 ГОСТ 6370—1983(1997)的章条编号对照一览表。

表 A.1　本标准的章条编号与 ГОСТ 6370—1983(1997)的章条编号对照表

本标准章条编号	ГОСТ 6370—1983(1997)章条编号
1	引言
2	—
3	引言
4	1
5	1
6	2
7	3
8	4
9	4
10	4
附录 A	—
附录 B	—

附　录　B
（资料性附录）
本标准与 ГОСТ 6370—1983(1997)技术差异对照

表 B.1 给出了本标准与 ГОСТ 6370—1983(1997)的技术差异对照一览表。

表 B.1　本标准与 ГОСТ 6370—1983(1997)的技术差异对照

序　号	修订内容	修订原因
1	增加了规范性引用文件章	根据我国标准编写规定
2	ГОСТ 6370—1983(1997)的设备、材料和试剂为第 1 章，现修改为第 4 章仪器与设备，第 5 章试剂与材料。	根据我国标准编写习惯
3	ГОСТ 6370—1983(1997)要求使用白带牌或红带牌无灰滤纸，仲裁试验采用白带牌滤纸；本标准采用中速、直径 11 cm 的定量滤纸(GB/T 1914)。	国内没有与 ГОСТ 6370—1983(1997)标准要求相对应的滤纸；GB/T 511—1988 采用的是中速、直径 11 cm 的定量滤纸(GB/T 1914)，而我国产品标准中机械杂质测定方法均采用 GB/T 511—1988，为避免方法的改动对产品标准中指标产生较大影响，所以本标准采用的滤纸与 GB/T 511—1988 的滤纸保持一致。
4	取消了 ГОСТ 6370—1983(1997)标准的 2.4 和 2.5，即滤纸或微孔玻璃过滤器在恒重之前预先用试验时所用溶剂冲洗这一步骤，增加了 7.9 应进行溶剂的空白试验，并且计算中增加空白试验补正的内容。	第一，很多试样在做试验之前很难确定冲洗溶剂的类型，如果按照 ГОСТ 6370—1983(1997)要求进行试验比较繁琐，有可能多次重做试验；第二，按照 ГОСТ 6370—1983(1997)要求，将滤纸或微孔玻璃过滤器预先用试验中的溶剂冲洗后恒重，与滤纸或微孔玻璃过滤器预先不用溶剂冲洗而同时进行空白试验补正，两种试验方式的结果进行比较，所测试样的机械杂质含量都在重复性范围内。
5	本标准在 7.4 下加注，对新的微孔玻璃过滤器的处理及使用后如何清洗进行了描述	延用原标准 GB/T 511—1988。
6	附录 A	根据我国标准编写规定
7	附录 B	根据我国标准编写规定
注：表中所注修订内容以外的本标准内容和 ГОСТ 6370—1983(1997)的内容均相同。		

ICS 77.120.60
H 62

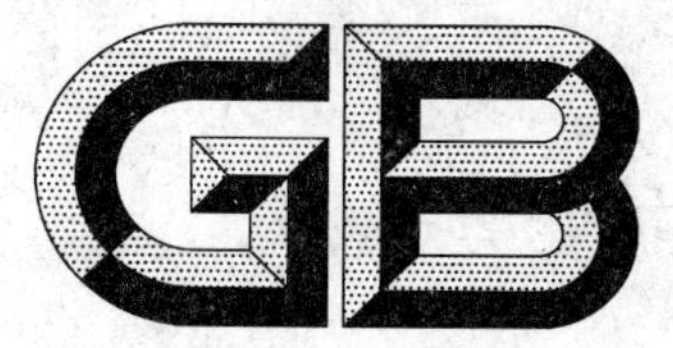

中华人民共和国国家标准

GB/T 728—2010
代替 GB/T 728—1998

锡　　锭

Ingot tin

2011-01-10 发布　　2011-10-01 实施

中华人民共和国国家质量监督检验检疫总局
中国国家标准化管理委员会　发布

前　言

本标准参照美国标准 ASTM B339—2005《锡锭》、欧盟标准 EN610：1995《锡锭》、日本标准 JIS H2018—1996《金属锡》进行修订。

本标准代替 GB/T 728—1998《锡锭》。

本标准与 GB/T 728—1998 相比主要变化如下：

——本标准增加低铅产品，按杂质铅含量分为 A、AA 两个级。锡锭的牌号为：Sn99.90A、Sn99.90AA、Sn99.95A、Sn99.95AA、Sn99.99A；

——本标准化学成分作了部分修改，增加了硫、银、镍、钴四个杂质元素及含量要求；

——本标准增加了产品的取样和制备要求；

——本标准定义中增加锡分子式及相对分子质量；

——本标准将原标准"4　订货合同内容"调整为"8　合同(或订货单)内容"。

本标准由中国有色金属工业协会提出。

本标准由全国有色金属标准化技术委员会归口。

本标准由云南锡业集团(控股)有限责任公司负责起草。

本标准由中国有色金属工业标准计量质量研究所、广西华锡集团股份有限公司参加起草。

本标准主要起草人：白健、曹靖、谭勇、王颜坤、苏杭、赵军锋。

本标准所代替标准的历次版本发布情况为：

——GB/T 728—1998、GB 728—1984、GB 728—1965。

锡　　锭

1 范围

本标准规定了锡锭产品要求、试验方法、检验规则及标志、包装、运输、贮存、质量证明书及合同（或订货单）内容。

本标准适用于火法或电解法精炼所生产的锡锭产品。

2 规范性引用文件

下列文件对于本文件的应用是必不可少的。凡是注日期的引用文件，仅注日期的版本适用于本文件。凡是不注日期的引用文件，其最新版本（包括所有的修改单）适用于本文件。

GB/T 3260　锡化学分析方法

GB/T 8170　数值修约规则与极限数值的表示和判定

3 定义、符号、单位和缩略语

下列定义、符号、单位和缩略语的适用于本标准。

3.1

分子式　Molecule formula

本产品的分子式为：Sn

3.2

相对分子质量　Relative molecular mass

118.710（2007 版）

3.3

锭　Ingot

熔入具有一定形状的金属模铸成的金属块。

4 要求

4.1 产品分类

按锡锭化学成分及杂质铅含量分为三个牌号，每个牌号又分为两个级别。

4.2 锡锭化学成分应符合表 1 规定。

4.2.1 对化学成分有特殊要求的，由供需双方协商确定。

4.2.2 锡含量为 100％减去表中杂质实测总和的余量。

4.3 外观质量：锡锭表面应洁净，无明显毛刺和外来夹杂物。

4.4 锡锭单重为 25 kg±1.5 kg，如有特殊要求，由供需双方协商解决。

5 试验方法

5.1 锡锭化学成分仲裁分析方法按 GB/T 3260 的规定进行。

5.2 如需检测表1规定外的元素含量，由供需双方协商确定方法。

5.3 锡锭外观质量用目视检测。

6 检验规则

6.1 检查与验收

6.1.1 锡锭由供方质量技术监督部门进行检验，保证产品质量符合本标准及合同(或订货单)规定，并填写质量证明书。

表1 锡锭化学成分

牌号			Sn99.90		Sn99.95		Sn99.99
级别			A	AA	A	AA	A
化学成分(质量分数)/%	Sn不小于		99.90	99.90	99.95	99.95	99.99
	杂质不大于	As	0.008 0	0.008 0	0.003 0	0.003 0	0.000 5
		Fe	0.007 0	0.007 0	0.004 0	0.004 0	0.002 0
		Cu	0.008 0	0.008 0	0.004 0	0.004 0	0.000 5
		Pb	0.032 0	0.010 0	0.020 0	0.010 0	0.003 5
		Bi	0.015 0	0.015 0	0.006 0	0.006 0	0.002 5
		Sb	0.020 0	0.020 0	0.014 0	0.014 0	0.001 5
		Cd	0.000 8	0.000 8	0.000 5	0.000 5	0.000 3
		Zn	0.001 0	0.001 0	0.000 8	0.000 8	0.000 3
		Al	0.001 0	0.001 0	0.000 8	0.000 8	0.000 5
		S	0.000 5	0.000 5	0.000 5	0.000 5	0.000 3
		Ag	0.005 0	0.005 0	0.000 1	0.000 1	0.000 1
		Ni+Co	0.005 0	0.005 0	0.005 0	0.005 0	0.000 6
		杂质总和	0.10	0.10	0.05	0.05	0.01
注：表中杂质总和指表中所列杂质元素实测值之和。							

6.1.2 需方对收到产品按本标准的规定进行检验。如检验结果与本标准或合同(或订货单)规定不符时，应在收到产品之日起60日内向供方提出，由供需双方协商解决。如需仲裁，由供需双方共同进行或由供需双方认可的检验机构抽样检验。

6.2 检验项目

每批产品应进行化学成分、外观质量、单锭重的检验。

6.3 取样和制备

6.3.1 产品的取样和制备

6.3.1.1 清洁、预热取样工具，在达到浇铸条件时取样铸成试样。每个子样量不小于150 g。

6.3.1.2 制样时，应除去表皮保证试样光洁、平整，采用锯取法(不得使用任何润滑剂)将样品制成不大于4 mm屑状，用磁铁除净加工时带入的铁屑，混匀缩分至不少于20 g为该批锡锭试样；采用机制法制备时(不得使用任何润滑剂)将样品制成表面光洁、平整的待测试样。

6.3.2 仲裁样取样和制备

6.3.2.1 随机抽取不小于该批产品锭数的2%,但不得少于6个锭,取偶数锭。

6.3.2.2 取样方法:将抽取的锡锭每6个锭为一组,按浇铸面A与底面B交互排成方形(见图1),在其上划两条对角线与每锭纵向中心线相交两点为取样点。

6.3.2.3 取样时,应除去表皮,用钻孔法采取样品,钻孔深度大于取样部位厚的二分之一,不得使用任何润滑剂。采用直径10 mm~5 mm钻头于取样点钻样,其钻速不得使试样氧化。

6.3.2.4 将采取的样品制成不大于4 mm屑状,用磁铁除净加工时带入的铁屑,仔细混匀后,以四分法缩分至不少于200 g作为该批锡锭的仲裁试样。

6.4 检验结果的判定

6.4.1 检验结果数值按GB/T 8170的规定修约、表示和判定。

6.4.2 每批产品化学成分与本标准及合同(或订货单)规定不符时,判该批不合格。

6.4.3 锡锭表面质量及单锭重不符合本标准4.3条规定时,按锭判不合格。

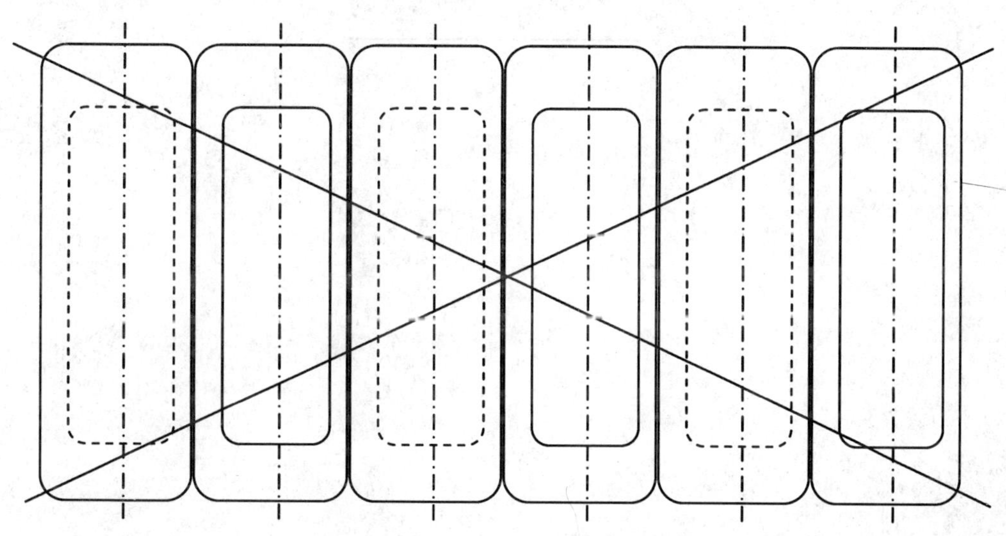

图1 取样部位示意图

7 标志、包装、运输、贮存及质量证明书

7.1 每块锡锭应标有生产企业名称、产品商标、批号、牌号。

7.2 锡锭包装成捆或散装,也可按需方合同要求包装。

7.3 锡锭在运输和贮存时要防止被雨淋及接触化学药剂。长期保管温度不低于13.2 ℃。

7.4 质量证明书

每批锡锭附有质量证明书,注明:

a) 供方名称;

b) 产品名称、商标;

c) 牌号、批号;

d) 净重、件数;

e） 分析检验结果和技术监督部门印记；

f） 本标准编号；

g） 出厂日期。

8 合同(或订货单)内容

本标准所列锡锭的合同(或订货单)应包括下列内容：

a） 产品名称；

b） 牌号；

c） 对杂质含量的特殊要求；

d） 几何形状的不同要求；

e） 包装形式；

f） 数量；

g） 本标准编号；

h） 其他。

ICS 29.160
K 20

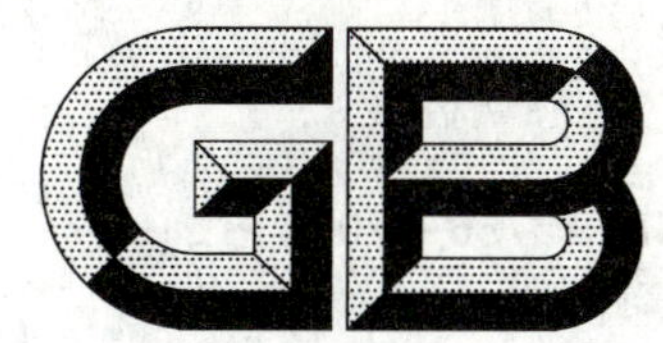

中华人民共和国国家标准

GB/T 756—2010
代替 GB/T 756—1990

旋转电机　圆柱形轴伸

Cylindrical shaft extension for rotating electrical machines

2010-11-10 发布　　2011-05-01 实施

中华人民共和国国家质量监督检验检疫总局
中国国家标准化管理委员会　发布

前　言

本标准修订并代替 GB/T 756—1990《旋转电机　圆柱形轴伸》，与前一版本相比，标准内容无技术性差异，主要变化如下：

——删除了第 2 章中对 GB 1184 以及 GB 1801 的引用，增加了对 GB/T 1800.4—1999 的引用；

——表 1 中 D 尺寸为 240～380 时，F 极限偏差（紧密联结）中的 −0.100 改为 −0.106；

——"一般键联结"改为"正常联结"，"较紧键联结"改为"紧密联结"。

本标准由中国电器工业协会提出。

本标准由全国旋转电机标准化技术委员会（SAC/TC 26）归口。

本标准起草单位：上海电器科学研究所（集团）有限公司、上海电科电机科技有限公司、泰豪科技股份有限公司、哈尔滨大电机研究所、中国电器科学研究院。

本标准主要起草人：黄磊、康茂生、李家麟、林国先、刘莲莲。

本标准所代替标准的历次版本发布情况为：

——GB/T 756—1965；

——GB/T 756—1979；

——GB/T 756—1990。

旋转电机　圆柱形轴伸

1　范围

本标准规定了旋转电机圆柱形轴伸(以下简称轴伸)的尺寸及公差、键槽对称度公差及选用要求。

本标准适用于旋转电机传递转矩端的轴伸,轴伸上带单键槽,并用平键与从动或主动机器联结。

对不带键槽、带双键槽和采用其他型式键联结的轴伸,其键槽尺寸与公差应在该类型电机的标准中作出规定。

2　规范性引用文件

下列文件中的条款通过本标准的引用而成为本标准的条款。凡是注日期的引用文件,其随后所有的修改单(不包括勘误的内容)或修订版均不适用于本标准,然而,鼓励根据本标准达成协议的各方研究是否可使用这些文件的最新版本。凡是不注日期的引用文件,其最新版本适用于本标准。

GB/T 1095—2003　平键　键槽的剖面尺寸

GB/T 1800.2—2009　产品几何技术规范(GPS)极限与配合　第2部分:标准公差等级和孔、轴极限偏差表

3　轴伸的尺寸及公差

3.1　轴伸的基本尺寸及其极限偏差应符合表1的规定,轴伸长度 E 的极限偏差采用 js14(见 GB/T 1800.2—2009)。轴伸结构及剖面图见图1。

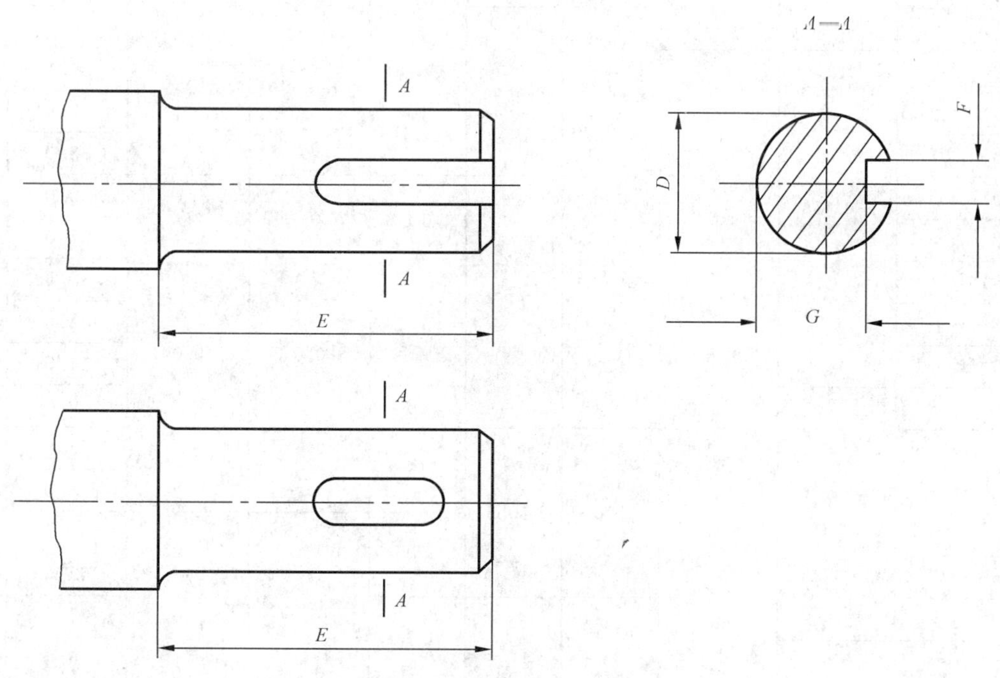

图1　圆柱形轴伸示意图

表 1　轴伸的基本尺寸及其极限偏差

单位为毫米

<table>
<tr><th colspan="3">D</th><th colspan="2">E</th><th colspan="3">F</th><th colspan="2">G</th></tr>
<tr><th rowspan="3">基本尺寸</th><th rowspan="3" colspan="2">极限偏差</th><th colspan="2">基本尺寸</th><th rowspan="3">基本尺寸</th><th colspan="2">极限偏差</th><th rowspan="3">基本尺寸</th><th rowspan="3">极限偏差</th></tr>
<tr><th rowspan="2">长系列</th><th rowspan="2">短系列</th><th>正常联结[a]</th><th>紧密联结[a]</th></tr>
<tr><th>N9</th><th>P9</th></tr>
<tr><td>6</td><td>+0.006
−0.002</td><td rowspan="17">j6</td><td rowspan="2">16</td><td rowspan="2"></td><td rowspan="3">2</td><td rowspan="5">−0.004
−0.029</td><td rowspan="5">−0.006
−0.031</td><td>4.8</td><td rowspan="13">0
−0.1</td></tr>
<tr><td>7</td><td rowspan="4">+0.007
−0.002</td><td>5.8</td></tr>
<tr><td>8</td><td rowspan="2">20</td><td rowspan="2"></td><td>6.8</td></tr>
<tr><td>9</td><td rowspan="2">3</td><td>7.2</td></tr>
<tr><td>(10)</td><td rowspan="2">23</td><td rowspan="2">20</td><td>8.2</td></tr>
<tr><td>11</td><td rowspan="3">+0.008
−0.003</td><td rowspan="2">4</td><td rowspan="8">0
−0.030</td><td rowspan="8">−0.012
−0.042</td><td>8.5</td></tr>
<tr><td>(12)</td><td rowspan="2">30</td><td rowspan="2">25</td><td>9.5</td></tr>
<tr><td>14</td><td rowspan="2">5</td><td>11.0</td></tr>
<tr><td>16</td><td rowspan="2">+0.008
−0.003</td><td rowspan="3">40</td><td rowspan="3">28</td><td>13.0</td></tr>
<tr><td>18</td><td rowspan="4">6</td><td>14.5</td></tr>
<tr><td>19</td><td rowspan="7">+0.009
−0.004</td><td>15.5</td></tr>
<tr><td>(20)</td><td rowspan="3">50</td><td rowspan="3">36</td><td>16.5</td></tr>
<tr><td>22</td><td>18.5</td></tr>
<tr><td>24</td><td rowspan="4">8</td><td rowspan="7">0
−0.036</td><td rowspan="7">−0.015
−0.051</td><td>20.0</td><td rowspan="23">0
−0.2</td></tr>
<tr><td>(25)</td><td rowspan="2">60</td><td rowspan="2">42</td><td>21.0</td></tr>
<tr><td>28</td><td>24.0</td></tr>
<tr><td>(30)</td><td rowspan="4">80</td><td rowspan="4">58</td><td>26.0</td></tr>
<tr><td>32</td><td rowspan="8">+0.018
+0.002</td><td rowspan="8">k6</td><td rowspan="3">10</td><td>27.0</td></tr>
<tr><td>(35)</td><td>30.0</td></tr>
<tr><td>38</td><td>33.0</td></tr>
<tr><td>(40)</td><td rowspan="6">110</td><td rowspan="6">82</td><td rowspan="2">12</td><td rowspan="8">0
−0.043</td><td rowspan="8">−0.018
−0.061</td><td>35.0</td></tr>
<tr><td>42</td><td>37.0</td></tr>
<tr><td>(45)</td><td rowspan="3">14</td><td>39.5</td></tr>
<tr><td>48</td><td>42.5</td></tr>
<tr><td>(50)</td><td>44.5</td></tr>
<tr><td>55</td><td rowspan="6">+0.030
+0.011</td><td rowspan="11">m6</td><td>16</td><td>49.0</td></tr>
<tr><td>60</td><td rowspan="4">140</td><td rowspan="4">105</td><td rowspan="2">18</td><td>53.0</td></tr>
<tr><td>65</td><td>58.0</td></tr>
<tr><td>70</td><td rowspan="2">20</td><td rowspan="8">0
−0.052</td><td rowspan="8">−0.022
−0.074</td><td>62.5</td></tr>
<tr><td>75</td><td>67.5</td></tr>
<tr><td>80</td><td rowspan="4">170</td><td rowspan="4">130</td><td rowspan="2">22</td><td>71.0</td></tr>
<tr><td>85</td><td rowspan="5">+0.035
+0.013</td><td>76.0</td></tr>
<tr><td>90</td><td rowspan="2">25</td><td>81.0</td></tr>
<tr><td>95</td><td>86.0</td></tr>
<tr><td>100</td><td rowspan="2">210</td><td rowspan="2">165</td><td rowspan="2">28</td><td>90.0</td></tr>
<tr><td>110</td><td>100</td></tr>
</table>

表 1(续)

单位为毫米

D			E		F			G	
基本尺寸	极限偏差		基本尺寸		基本尺寸	极限偏差		基本尺寸	极限偏差
			长系列	短系列		正常联结[a] N9	紧密联结[a] P9		
120	+0.035 +0.013	m6	210	165	32	0 −0.062	−0.026 −0.088	109	0 −0.2
130	+0.040 +0.015		250	200				119	
140					36			128	0 −0.3
150								138	
160			300	240	40			147	
170								157	
180					45			165	
190	+0.046 +0.017		350	280				175	
200								185	
220					50			203	
240			410	330	56	0 −0.074	−0.032 −0.106	220	
250								230	
260	+0.052 +0.020							240	
280			470	380	63			260	
300					70			278	
320	+0.057 +0.021							298	
340			550	450	80			315	
360								335	
380								355	
400			650	540	90	0 −0.087	−0.037 −0.124	372	
420	+0.063 +0.023							392	
440								412	
450					100			419	
460								429	
480								449	
500								469	
530	+0.070 +0.026		800	680	b				
560									
600									
630									

[a] 见 GB/T 1095—2003。

[b] 轴伸直径大于 500 mm 者,键槽尺寸及其公差由用户与制造厂协商确定。

3.2　轴伸键槽的对称度公差值应不超过表2的规定。

表2　轴伸键槽的对称度公差

单位为毫米

键槽宽 F	公差值	键槽宽 F	公差值
>1～3	0.020	>18～30	0.050
>3～6	0.025	>30～50	0.060
>6～10	0.030	>50～100	0.080
>10～18	0.040		

4　选用要求

4.1　表1中的轴伸直径 D，凡带括号的数值应尽量不采用。

4.2　轴伸长度 E 一般应采用长系列尺寸。当电机专与某种指定机械配套或有特殊使用要求时，允许采用短系列尺寸，但应在电机的标准中作出规定。

4.3　轴伸键槽宽 F 的极限偏差一般应采用正常联结。当对传动有特殊要求时，如频繁起动或经常承受冲击负载，允许采用紧密联结，但应在电机的标准中作出规定。

ICS 29.160
K 20

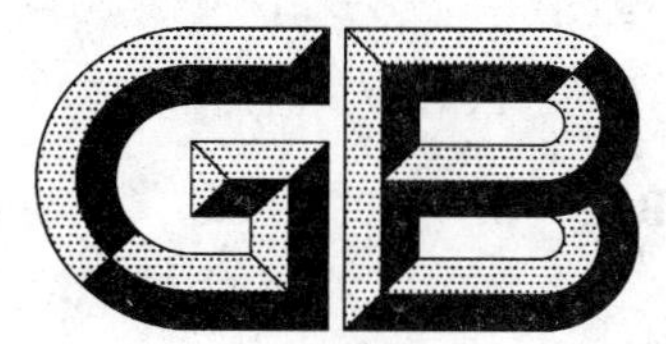

中华人民共和国国家标准

GB/T 757—2010
代替 GB/T 757—1993

旋转电机　圆锥形轴伸

Conical shaft extension for rotating electrical machines

2010-11-10 发布　　2011-05-01 实施

中华人民共和国国家质量监督检验检疫总局
中国国家标准化管理委员会　发布

前　言

本标准修订并代替 GB/T 757—1993《旋转电机　圆锥形轴伸》。与前一版本相比，标准内容无技术性差异，主要变化如下：

——对表 1 和表 2 的排版错误进行了修正；

——4.2 中“*E* 的极限偏差采用 JS14”改为“*E* 的极限偏差采用 js14”；

——第 5 章中“所规定的 2 级精度圆锥环规”改为“锥角公差等级为 2 的圆锥环规”。

本标准由中国电器工业协会提出。

本标准由全国旋转电机标准化技术委员会(SAC/TC 26)归口。

本标准起草单位：上海电器科学研究所(集团)有限公司、上海电科电机科技有限公司、泰豪科技股份有限公司。

本标准主要起草人：黄磊、康茂生、李家麟、瞿祖方。

本标准所代替标准的历次版本发布情况为：

——GB/T 757—1965；

——GB/T 757—1979；

——GB/T 757—1993。

旋转电机　圆锥形轴伸

1　范围

本标准规定了1∶10圆锥形轴伸(以下简称圆锥形轴伸)的型式、尺寸及其公差。

本标准适用于旋转电机传递转矩端的圆锥形轴伸。

2　规范性引用文件

下列文件中的条款通过本标准的引用而成为本标准的条款。凡是注日期的引用文件,其随后所有的修改单(不包括勘误的内容)或修订版均不适用于本标准,然而,鼓励根据本标准达成协议的各方研究是否可使用这些文件的最新版本。凡是不注日期的引用文件,其最新版本适用于本标准。

GB/T 3—1997　普通螺纹收尾、肩距、退刀槽和倒角

GB/T 197—2003　普通螺纹　公差

GB/T 1800.2—2009　产品几何技术规范(GPS)极限与配合　第2部分:标准公差等级和孔、轴极限偏差表

GB/T 11852—2003　圆锥量规公差与技术条件

3　型式和尺寸

3.1　圆锥形轴伸分为A型和B型两种。如图1所示。按照轴伸的长度,又分为长系列和短系列两种。其键槽底面均与轴线平行。

3.2　长系列圆锥形轴伸的尺寸应符合表1的规定。

3.3　短系列圆锥形轴伸的尺寸应符合表2的规定。

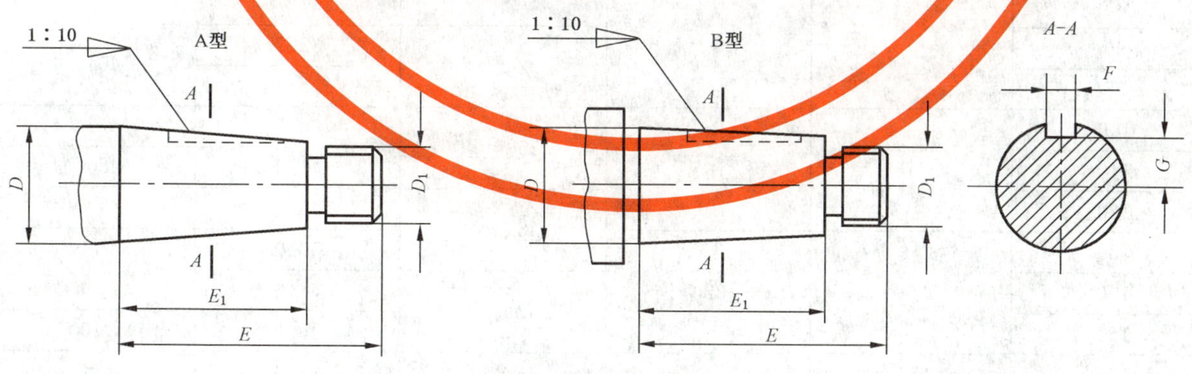

图1　圆锥形轴伸示意图

表 1　长系列圆锥形轴伸的尺寸

单位为毫米

D	E	E_1	F	G	D_1
16	40	28	$3_{-0.029}^{-0.004}$	5.5	M10×1.25
18			$4_{-0.030}^{0}$	5.8	
19				6.3	
20	50	36		6.6	M12×1.25
22				7.6	
24			$5_{-0.030}^{0}$	8.1	
25	60	42		8.4	M16×1.5
28				9.9	
30	80	58		10.5	M20×1.5
32			$6_{-0.030}^{0}$	11.0	
35				12.5	
38				14.0	M24×2
40	110	82	$10_{-0.036}^{0}$	12.9	
42				13.9	
45			$12_{-0.043}^{0}$	15.4	M30×2
48				16.9	
50				17.9	M36×2
55			$14_{-0.043}^{0}$	19.9	
60	140	105	$16_{-0.043}^{0}$	21.4	M42×3
65				23.9	
70			$18_{-0.043}^{0}$	25.4	M48×3
75				27.9	
80	170	130	$20_{-0.052}^{0}$	29.2	M56×4
85				31.7	
90			$22_{-0.052}^{0}$	32.7	M64×4
95				35.2	
100	210	165	$25_{-0.052}^{0}$	36.9	M72×4
110				41.9	M80×4
120			$28_{-0.052}^{0}$	45.9	M90×4
130	250	220		50.0	M100×4
140			$32_{-0.062}^{0}$	54.0	
150				59.0	M110×4
160	300	240	$36_{-0.062}^{0}$	62.0	M125×4
170				67.0	
180			$40_{-0.062}^{0}$	71.0	M140×6
190	350	280		75.0	
200				80.0	M160×6
220			$45_{-0.062}^{0}$	88.0	

表 2　短系列圆锥形轴伸的尺寸

单位为毫米

<table>
<tr><th>D</th><th>E</th><th>E_1</th><th>F</th><th>G</th><th>D_1</th></tr>
<tr><td>16</td><td rowspan="3">28</td><td rowspan="3">16</td><td>$3_{-0.029}^{-0.004}$</td><td>5.8</td><td rowspan="3">M10×1.25</td></tr>
<tr><td>18</td><td rowspan="4">$4_{-0.030}^{0}$</td><td>6.1</td></tr>
<tr><td>19</td><td>6.6</td></tr>
<tr><td>20</td><td rowspan="3">36</td><td rowspan="3">22</td><td>6.9</td><td rowspan="3">M12×1.25</td></tr>
<tr><td>22</td><td>7.9</td></tr>
<tr><td>24</td><td rowspan="4">$5_{-0.030}^{0}$</td><td>8.4</td></tr>
<tr><td>25</td><td rowspan="2">42</td><td rowspan="2">24</td><td>8.9</td><td rowspan="2">M16×1.5</td></tr>
<tr><td>28</td><td>10.4</td></tr>
<tr><td>30</td><td rowspan="4">58</td><td rowspan="4">36</td><td>11.1</td><td rowspan="3">M20×1.5</td></tr>
<tr><td>32</td><td rowspan="3">$6_{-0.030}^{0}$</td><td>11.6</td></tr>
<tr><td>35</td><td>13.1</td></tr>
<tr><td>38</td><td>14.6</td><td rowspan="3">M24×2</td></tr>
<tr><td>40</td><td rowspan="6">82</td><td rowspan="6">54</td><td rowspan="2">$10_{-0.036}^{0}$</td><td>13.6</td></tr>
<tr><td>42</td><td>14.6</td></tr>
<tr><td>45</td><td rowspan="3">$12_{-0.043}^{0}$</td><td>16.1</td><td rowspan="2">M30×2</td></tr>
<tr><td>48</td><td>17.6</td></tr>
<tr><td>50</td><td>18.6</td><td rowspan="2">M36×3</td></tr>
<tr><td>55</td><td>$14_{-0.043}^{0}$</td><td>20.6</td></tr>
<tr><td>60</td><td rowspan="4">105</td><td rowspan="4">70</td><td rowspan="2">$16_{-0.043}^{0}$</td><td>22.2</td><td rowspan="2">M42×3</td></tr>
<tr><td>65</td><td>24.7</td></tr>
<tr><td>70</td><td rowspan="2">$18_{-0.043}^{0}$</td><td>26.2</td><td rowspan="2">M48×3</td></tr>
<tr><td>75</td><td>28.7</td></tr>
<tr><td>80</td><td rowspan="4">130</td><td rowspan="4">90</td><td rowspan="2">$20_{-0.052}^{0}$</td><td>30.2</td><td rowspan="2">M56×4</td></tr>
<tr><td>85</td><td>32.7</td></tr>
<tr><td>90</td><td rowspan="2">$22_{-0.052}^{0}$</td><td>33.7</td><td rowspan="2">M64×4</td></tr>
<tr><td>95</td><td>36.2</td></tr>
<tr><td>100</td><td rowspan="3">165</td><td rowspan="3">120</td><td rowspan="2">$25_{-0.052}^{0}$</td><td>38.0</td><td>M72×4</td></tr>
<tr><td>110</td><td>43.0</td><td>M80×4</td></tr>
<tr><td>120</td><td rowspan="2">$28_{-0.052}^{0}$</td><td>47.0</td><td>M90×4</td></tr>
<tr><td>130</td><td rowspan="3">200</td><td rowspan="3">150</td><td>51.2</td><td rowspan="2">M100×4</td></tr>
<tr><td>140</td><td rowspan="2">$32_{-0.062}^{0}$</td><td>55.2</td></tr>
<tr><td>150</td><td>60.2</td><td>M110×4</td></tr>
<tr><td>160</td><td rowspan="3">240</td><td rowspan="3">180</td><td rowspan="2">$36_{-0.062}^{0}$</td><td>63.5</td><td rowspan="2">M125×4</td></tr>
<tr><td>170</td><td>68.5</td></tr>
<tr><td>180</td><td rowspan="3">$40_{-0.062}^{0}$</td><td>72.5</td><td rowspan="2">M140×6</td></tr>
<tr><td>190</td><td rowspan="3">280</td><td rowspan="3">210</td><td>76.7</td></tr>
<tr><td>200</td><td>81.7</td><td rowspan="2">M160×6</td></tr>
<tr><td>220</td><td>$45_{-0.062}^{0}$</td><td>89.7</td></tr>
</table>

4 尺寸的公差

4.1 尺寸 D 的公差选用 GB/T 1800.2—2009 中的 IT8，尺寸 E_1 的极限偏差应符合表 3 的规定。

表 3 尺寸 E_1 的极限偏差

单位为毫米

直径 D	E_1 的轴向极限偏差	直径 D	E_1 的轴向极限偏差
16～18	0 −0.27	85～120	0 −0.54
19～30	0 −0.33	130～180	0 −0.63
32～50	0 −0.39	190～220	0 −0.72
55～80	0 −0.46		

4.2 尺寸 E 的极限偏差采用 js14。

4.3 尺寸 G 的极限偏差按相应的 F 划分，$F \leqslant 6$ mm 时，G 的极限偏差为−0.1 mm，F 为 10 mm～32 mm 时为−0.2 mm，F 为 36 mm～45 mm 时为−0.3 mm。

4.4 螺纹的公差带选用按 GB/T 197—2003 中的 6 g。

4.5 螺纹退刀槽应符合 GB/T 3—1997 的规定。

5 圆锥形轴伸锥度的检验

采用 GB/T 11852—2003 中锥角公差等级为 2 的圆锥环规作检验。研合的轴向力应不超过 100 N。涂色层厚度按相应的 E_1 划分，$E_1 \leqslant 40$ mm 时不超过 0.5 μm；40 mm$<E_1 \leqslant$100 mm 时不超过 1 μm；100 mm$<E_1<$250 mm 时不超过 1.5 μm；$E_1 \geqslant 250$ mm 时不超过 2 μm。检验中接触率应不小于 70%，并要求接触应靠近大端的圆锥表面。

ICS 13.340.20
C 73

中华人民共和国国家标准

GB 811—2010
代替 GB 811—1998

摩托车乘员头盔

Helmets for motorcyclists

2010-11-10 发布 2011-05-01 实施

中华人民共和国国家质量监督检验检疫总局
中国国家标准化管理委员会 发布

前言

本标准的第4章的4.1.2(d项除外)、4.1.5、4.1.6、4.2,第7章的7.1为强制性的,其余均为推荐性的。

本标准A类头盔的刚度性能、头盔固定装置稳定性等指标参照了ECE 22—2002《摩托车防护头盔》,B类头盔的吸收碰撞能量性能指标参照了日本标准JIS T8133—1994《摩托车和机动自行车的驾驶员和乘客用防护帽》和中国台湾标准CNS 3902—92《骑乘机车用安全帽》。

本标准代替GB 811—1998《摩托车乘员头盔》。

本标准与GB 811—1998相比主要变化如下:

——增加和修改了部分术语及定义(本版第2章)。

——按头盔的性能对头盔进行了分类(本版第3章)。

——增加了头盔刚度性能要求、头盔固定装置稳定性要求,修订了头盔突出物、佩戴装置、护目镜、保护区、视野、吸收碰撞能量性能、穿透性能等部分内容(本版第4章)。

——规定了增加项目的试验要求(本版第5章)。

——重新编写检验规则,对出厂检验和型式检验分别作了规定(1998年版的第7章,本版的第6章)。

——增加对头盔种类的标识(本版第7章)。

本标准由中华人民共和国公安部提出并归口。

本标准负责起草单位:公安部交通管理科学研究所。

本标准参加起草单位:国家道路交通安全产品质量监督检验中心、河北省产品质量监督检验院、上海和汇安全用品有限公司。

本标准主要起草人:俞春俊、秦东炜、杨有涛、郑根朝、徐祥荣。

本标准所代替标准的历次版本发布情况为:

——GB 811—1989、GB 811—1998。

摩托车乘员头盔

1 范围

本标准规定了摩托车乘员头盔(以下简称头盔)的基本结构、种类和规格、技术要求、试验方法、检验规则及标签等。

本标准适用于摩托车乘员(包括驾驶人及乘坐人员)佩戴的头盔。

2 术语和定义

下列术语和定义适用于本标准。

2.1

头盔 helmet

在事故中降低摩托车乘员头部伤害的装具。

2.2

壳体 shell

头盔的外层结构,呈现头盔的基本形状。

2.3

缓冲层 protective padding

吸收冲击能量的适体垫层。

2.4

舒适衬垫 comfort padding

保证头部佩戴舒适的衬垫。

2.5

佩戴装置 retention system

保证头盔牢固地佩戴于头部的部件。

2.6

护目镜 goggles

遮挡眼面部又不影响观察的眼面部防护部件。

2.7

护目镜透过率 luminous transmittance

透过护目镜可见光的光通量与入射光通量之比。

2.8

头型 testing headform

检验头盔时,模拟人头部几何外形和力学性质的头部模型。

2.9

基础平面 basic plane

通过左右外耳孔中心和试验头型眼眶下缘的一个平面,即图1基础平面(O-O')侧视图中 O-O' 平面。

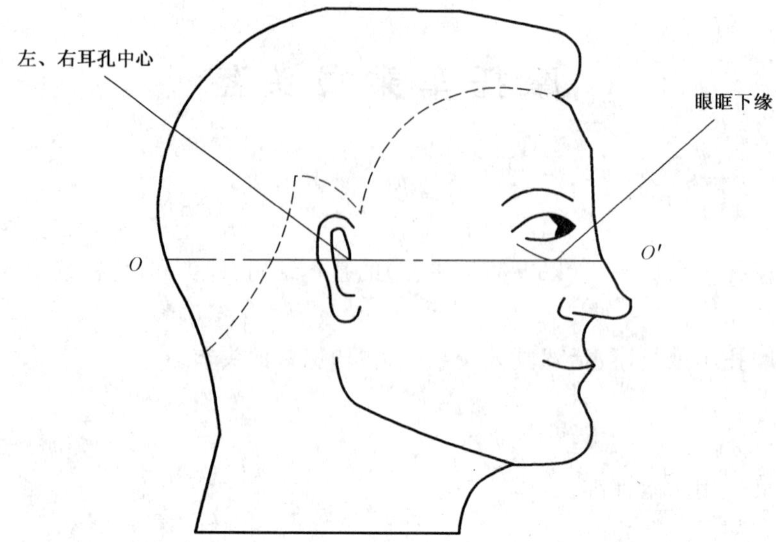

图 1 基础平面(O-O′)侧视图

2.10

参考平面 reference plane

平行于基础平面并距基础平面以上一定距离的平面,见图 2 参考平面。该距离 X(见表 1 头盔规格尺寸)由头型型号决定。

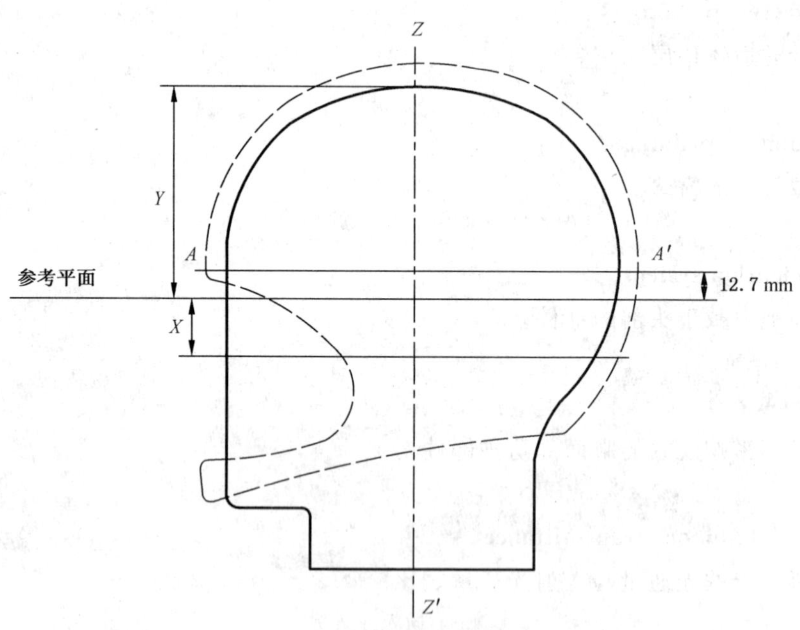

X——基础平面与参考平面的距离;

Y——参考平面与头顶的距离。

图 2 参考平面

2.11

对称平面 vertical median plane

通过参考头型或试验头型的顶点,垂直于基础平面并将参考头型或试验头型分为两个对称部分的一个纵向平面。

2.12

保护区 protect section

头盔保护头部的范围。

2.13

试验区 testing section

头盔吸收碰撞能量性能及耐穿透性能的检验范围。

3 种类、形状和规格

3.1 种类

头盔按性能和使用对象可分为A类盔和B类盔,按结构和形状可分为全盔和半盔。

A类盔的使用对象是总排气量为125 cc以上(含125 cc)的摩托车乘员,形状有全盔和半盔。

B类盔的使用对象是总排气量为125 cc以下的摩托车乘员,形状为半盔。

3.2 形状

头盔形状如图3a)A类(全盔)、图3b)A类(半盔)、图3c)B类(半盔)所示。

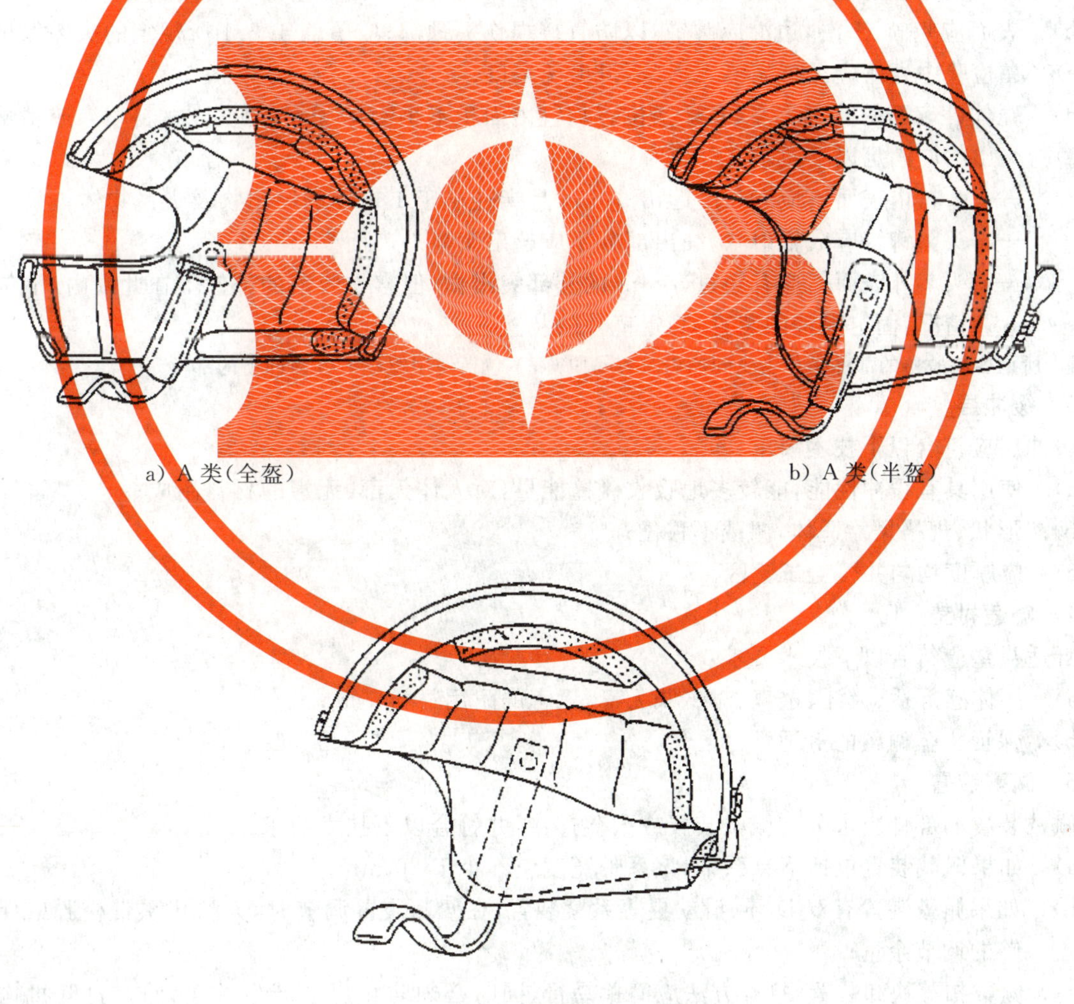

a) A类(全盔)　　b) A类(半盔)

c) B类(半盔)

图3 头盔形状

3.3 规格

按试验头型的头围分为大、中、小三个规格尺寸,见表1。

表 1 头盔规格尺寸

单位为毫米

规格	头围尺寸	X	Y
小	540～560	25±1	93±2
中	560～580	27±1	99±2
大	580～600	29±1	107±2
注：X 表示基础平面到参考平面的垂直距离，Y 表示参考平面到头盔顶部的垂直距离。			

4 要求

4.1 结构

4.1.1 结构组成

头盔应由壳体、缓冲层、舒适衬垫、佩戴装置、护目镜等组成。

4.1.2 壳体

壳体应满足以下技术要求：

a) 使用质地坚韧，具有耐水、耐热、耐寒并能较多地吸收冲击能量的材料制成；

b) 表面应坚固、平滑，边沿应圆钝，以防直接损伤头颈部；应覆盖 4.2.1 所规定的头部保护区；

c) 在检验中壳体应保持完整无损，不得出现裂口；

d) 壳体外表面的前、后、左、右适当位置均宜由面积不小于 18 cm^2 的反光材料喷涂或粘贴；

e) 突出物应满足以下要求：

——头盔内表面不应有长度超出 2 mm 且半径小于 1 mm 的突出物及尖锐物体；

——头盔铆钉应成辐射状，突出部分不应超出头盔外表面 2 mm；

——头盔外表面不应有超过 5 mm 的外部突出物，但容易脱落的部件不在此限内，不包括以下情况：固定眼镜的装置，固定镜片的装置。

注：所谓容易脱落的部件是指当受到冲击时容易脱落，不包括使用螺丝刀容易卸下的部件。

4.1.3 缓冲层

缓冲层应符合以下技术要求：

a) 使用具有缓冲性能，能较多地吸收碰撞能量，对人体无毒、无害的材料制成；

b) 形状、规格尺寸适体，佩戴不移位；

c) 应厚度均匀并覆盖试验区。

4.1.4 舒适衬垫

舒适衬垫应符合以下技术要求：

a) 用体感舒适、吸汗、透气、对皮肤无毒、无害的耐用材料制成；

b) 保证头盔佩戴的舒适性。

4.1.5 佩戴装置

佩戴装置的部件应永久与佩戴装置或头盔连接，并符合以下技术要求：

a) 如果佩戴装置包括下颔系带，该系带宽度应不小于 20 mm；

b) 如果佩戴装置有双 D 环、滑动棍等系紧装置，在佩戴装置调节时，为防止系带松脱应保留其足够的调节余量；

c) 佩戴扣等快卸装置，打开方法应简单易行，同时必须防止可能产生的误操作，打开机构所用的推杆、按钮或其他部件应是红色或橙色的，只有在有意识操作时才能被打开，如果佩戴装置被设计成通过在某些部件上施加压力打开，那么当以 100 N±5 N 的力施加于该部件运动直线方向上时，佩戴扣不应被打开；

d) 所有的锁扣装置按 5.8 试验后，在不使用任何工具的情况下，30 s 内应能够打开。

4.1.6　**护目镜**

护目镜应满足以下技术要求：

a）由满足透光性能和冲击强度性能的材料制成；

b）打开镜片的最高位置，按照图 4 护目镜打开位置中的 *MN* 连线与水平线夹角应不小于 5°；

c）护目镜开合过程中，应能保持非人工外力作用下的定位功能。

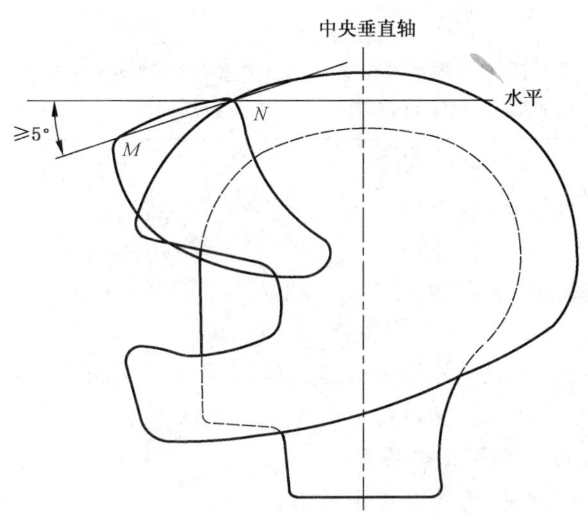

图 4　护目镜打开位置

4.2　**性能**

4.2.1　**保护区及试验区**

A 类：保护区：壳体必须覆盖图 5 保护区及试验区中的 *ACDEF* 包线以上部分；试验区：图 5 中 *A-A* 线以上的区域，不同规格尺寸头盔保护区范围尺寸见表 2。

B 类：保护区：壳体必须覆盖图 5 保护区及试验区中 *A-A* 线以上的区域；试验区：头盔的试验区域应覆盖图 5 保护区及试验区中的划线区域，不同规格尺寸头盔试验区范围尺寸见表 2。

单位为毫米

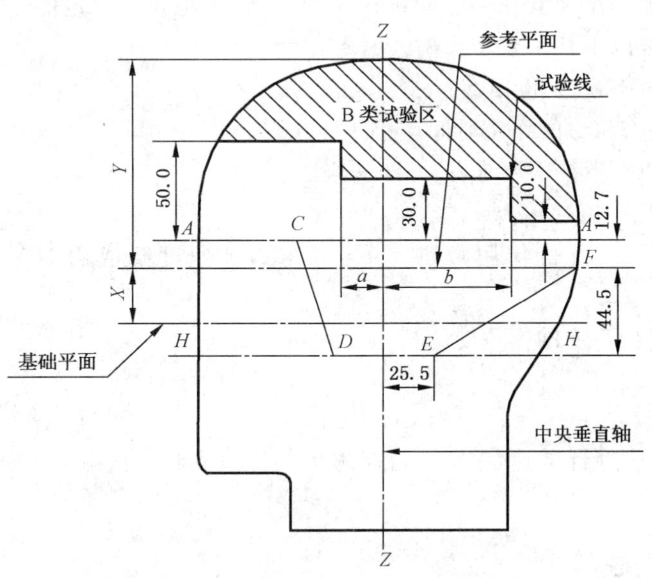

图 5　保护区及试验区

表 2 不同规格尺寸的头型保护和试验范围

规格	尺寸/mm					
	a	b	X	Y	AC	HD
小	20±1	60±1	25±1	93±2	82±2	90±2
中	22±1	64±1	27±1	99±2	86±2	94±2
大	23±1	69±1	29±1	107±2	90±2	98±2
注：a 表示头型中心轴向头型前部方向的水平距离，b 表示头型中心轴向头型后部方向的水平距离，AC 为 AA 平面上，头型前部向后的水平距离，HD 为 HH 平面上头型后部向前的水平距离。						

4.2.2 头盔质量（含附件）

按照 5.3 规定的方法进行检查，A 类应不大于 1.6 kg，B 类应不大于 1.0 kg。

4.2.3 头盔视野

按照 5.4 规定的方法进行测试，左、右水平视野不小于 105°，上视野不小于 7°，下视野不小于 45°。

4.2.4 头盔护目镜

按照 5.5.1 规定的方法进行测试，如果护目镜破碎，不得出现小于 60°的碎片。

按照 5.5.2 规定的方法进行测试，护目镜的可见光透过率不小于 85%。

4.2.5 刚度性能（此项试验只使用于 A 类头盔）

按照 5.6 规定的方法进行测试，应符合以下要求：

a） 在 630 N 的作用力下，沿试验轴的形变量与初始载荷 30 N 的形变量相差不大于 40 mm。

b） 逐渐卸载恢复载荷为 30 N 时，所测得的形变量与初始载荷 30 N 的形变量相差不大于 15 mm。

4.2.6 固定装置稳定性

按照 5.7 规定的方法进行测试，头盔不得与头型分开。

4.2.7 头盔佩戴装置强度性能

按照 5.8 规定的方法进行测试，不得出现伸长量超过 25 mm 或系带撕裂撕断、连接件脱落及搭扣松脱的现象。

4.2.8 头盔吸收碰撞能量性能

以传递到头型上的加速度及其作用时间进行衡量，试验按照 5.9 规定的方法进行，分别满足：

a） A 类头盔应符合以下技术要求：

  1） 加速度峰值不超过 300g；

  2） 加速度超过 150g 的作用时间应小于 4 ms。

b） B 类头盔应符合以下技术要求：

  1） 加速度峰值不超过 400g；

  2） 加速度超过 200g 的作用时间应小于 2 ms（加速度峰值均不超过 300g 时，此项不作要求）；

  3） 加速度超过 150g 的作用时间应小于 4 ms。

注：$g=9.806\ 65\ m/s^2$。

4.2.9 头盔耐穿透性能

按照 5.10 规定的方法进行试验，钢锥不得穿透头盔与头型产生接触。

5 试验方法

5.1 实验室环境条件

温度 21 ℃±5 ℃，相对湿度 40%～80%。

5.2　头盔结构、规格尺寸、保护范围测试

5.2.1　测试工具

分度值为 0.5 mm 的长度测量器具、水平仪、分度值不大于 0.1°的量角器及小、中、大号试验头型。

5.2.2　试验步骤

用测量器具检测壳体内、外表面的连接件，下颌系带、镜片的最高打开位置等。测量头盔规格尺寸及保护范围：将头盔佩戴到相应规格的试验头型上，要求试件的前额边缘与标准头型的参考平面一致，在顶端加 5 kg 载荷，测量头盔的保护范围，并标出试验区。

5.3　头盔质量测试

5.3.1　测试工具

分度值为不大于 0.01 kg 的计重设备。

5.3.2　试验步骤

称量并记录头盔质量，按 kg 计，有效数字取三位。

5.4　头盔视野测试

5.4.1　试验装置

由角度标尺、头型及头型固定架等组成。

5.4.2　试验步骤

按 5.2.2 要求把头盔正确地佩戴在合适的头型上，在实施试验时，选用可能最坏结果的头盔。

a)　左右视野(水平视野)：二面角的两个部分与头型对称平面成对称关系并位于参考面与基础面之间，这些二面角均由头型对称平面与对称平面形成的角度不小于 105°的垂直面构成，其边就是直线 LK，如图 6 视野和图 7 水平视野所示；

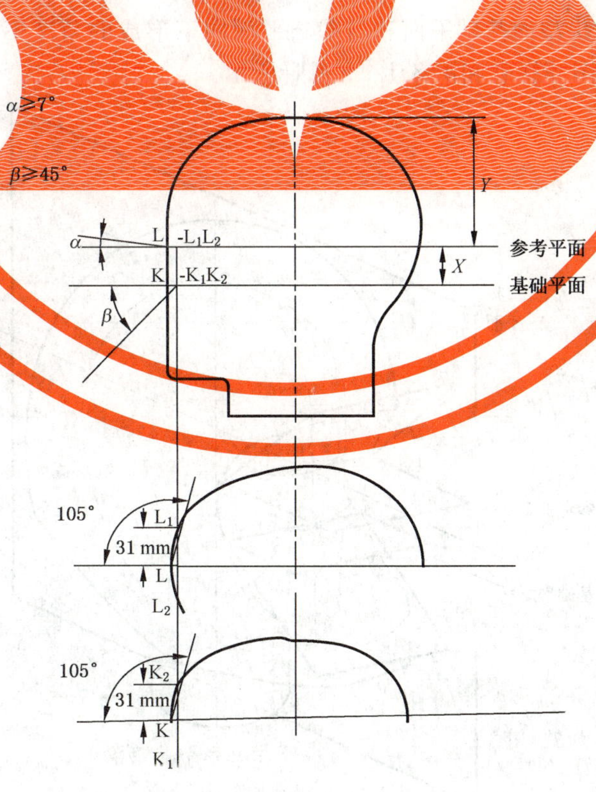

图 6　视野

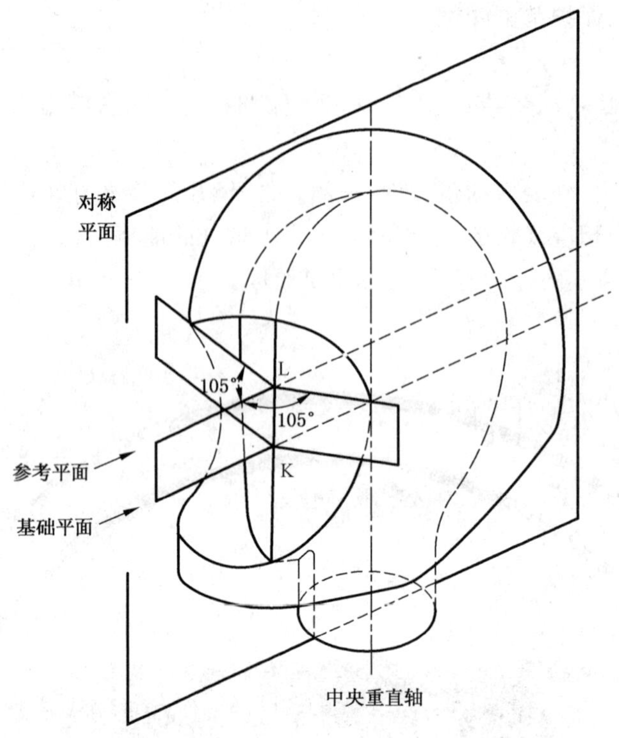

图 7 水平视野

b) 上视野：二面角由头型参考平面和参考平面向上形成角度不小于 7°的平面构成，其边是直线 L_1 L_2，L_1 和 L_2 代表眼睛，如图 6 视野和图 8 上、下视野所示；

c) 下视野：二面角由头型的基础平面和与基础平面向下形成的角度不小于 45°的平面构成，其边为直线 K_1 K_2，如图 6 视野和图 8 上、下视野所示。

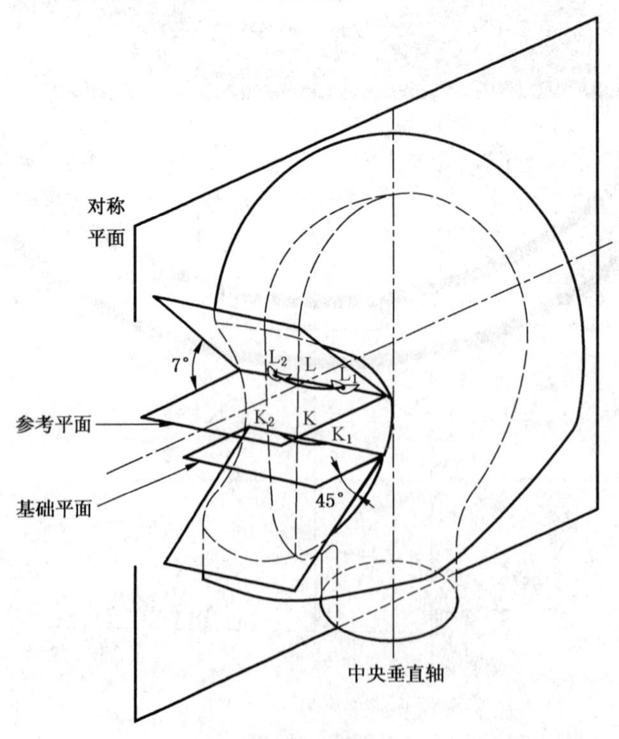

图 8 上、下视野

5.5 头盔护目镜性能测试

5.5.1 护目镜冲击强度性能测试

5.5.1.1 试验装置

穿孔器质量:0.3 kg±10 g;

穿孔器的锥角:60°±1°;

穿孔器的锥尖半径:0.5 mm;

落锤质量:3 kg±25 g;

试验装置应设计成穿孔器能在头型上方不小于5 mm的地方停止。

5.5.1.2 试验步骤

将配有护目镜的头盔按5.2.2的要求佩戴到相应尺寸的试验头型上。将穿孔器垂直置于头型上方,且与镜片对称面的K点垂直并接触,将落锤从1 m±0.005 m的高度冲击穿孔器的顶部(高度是穿孔器的顶部表面至落锤下部表面的距离)。

5.5.2 护目镜透过率性能测试

5.5.2.1 试验装置

透光率测定装置的示值误差应不大于3%。

5.5.2.2 试验步骤

将被检验护目镜置于测量装置上,在护目镜上任选三点进行检验,各点间距80 mm±5 mm。

5.6 刚度性能测试

5.6.1 将头盔放置在2块平行板之间,用已知的负荷加到纵轴(图9中LL)或横轴(图9中TT)上,最初的负荷为30 N,保持2 min后,测量两个平行板之间的距离,然后每2 min载荷增加100 N,直到施加的载荷为630 N为止,保持2 min后,测量2块平行板之间的距离,随后将作用在两块平行板上的载荷以每分钟减小100 N直到减小到30 N,测量两平行板间的距离。

5.6.2 用于纵向轴和横向轴测试的头盔应分别为两个未做过试验的新头盔。

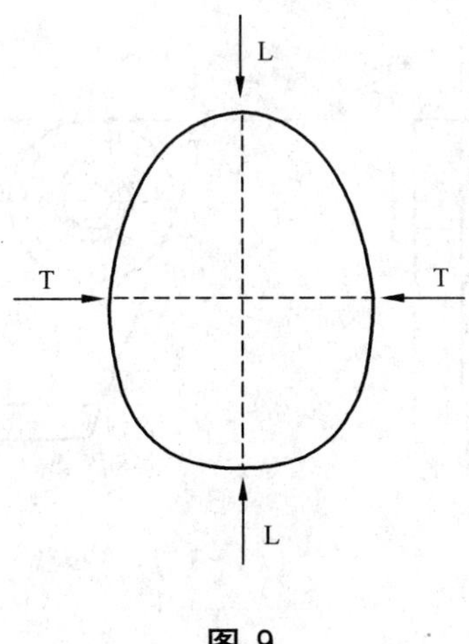

图9

5.7 固定装置稳定性测试

5.7.1 试验装置

由架体、头型、砝码、引导装置与释放装置等组成(见图10稳定性试验台)。

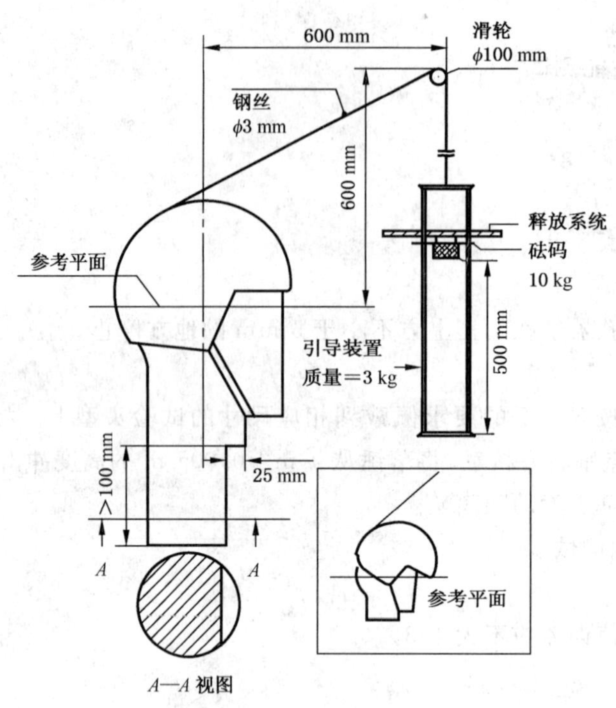

图 10 稳定性试验台

5.7.2 试验步骤

将头盔按 5.2.2 规定佩戴到相应的试验头型上。如图 10 稳定性试验台所示，将引导装置与释放装置(总质量为 3 kg±0.1 kg)的挂钩挂在头盔后部中间的外壳上。将 10 kg±0.01 kg 的下落物体(砝码)从 0.5 m±0.01 m 的高处释放，沿导轨自由坠落，导轨装置应保证冲击速度不小于理论值的 95%。

5.8 头盔佩戴装置强度测试

5.8.1 试验装置

由固定架、头型、标尺、砝码、加载机构及模拟下颏装置(见图 11 模拟下颏装置)等组成。

单位为毫米

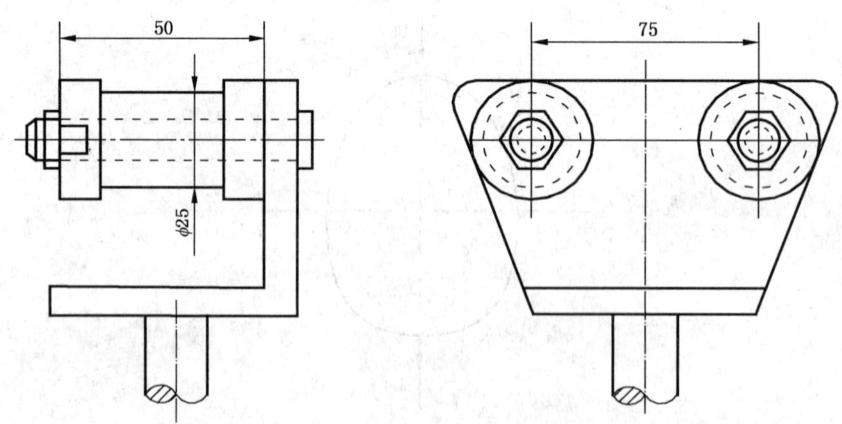

图 11 模拟下颏装置

5.8.2 试验步骤

将头盔按 5.2.2 规定佩戴在相应的试验头型上，系带穿过模拟下颏并系紧。按照表 3 头盔佩戴装置强度试验载荷施加初载荷，维持 30 s，随即确定标尺起始零位。在 1 min 内，缓慢将载荷加至表 3 规定的试验载荷后，维持 2 min，随即读出标尺指示的伸长量。

表 3　头盔佩戴装置强度试验载荷

单位为千克

头盔种类	初载荷	试验载荷
A 类	23±0.5	136±1
B 类	15±0.5	90±1

5.9　头盔吸收碰撞能量性能试验

5.9.1　试验装置

试验装置由碰撞试验台及分析记录仪组成。

5.9.1.1　碰撞试验台

由坠落引导装置、头型、头型固定架、球形接头、砧、砧座、释放系统及座基等部件组成，如图 12 碰撞试验台所示，其主要部件应满足以下技术要求：

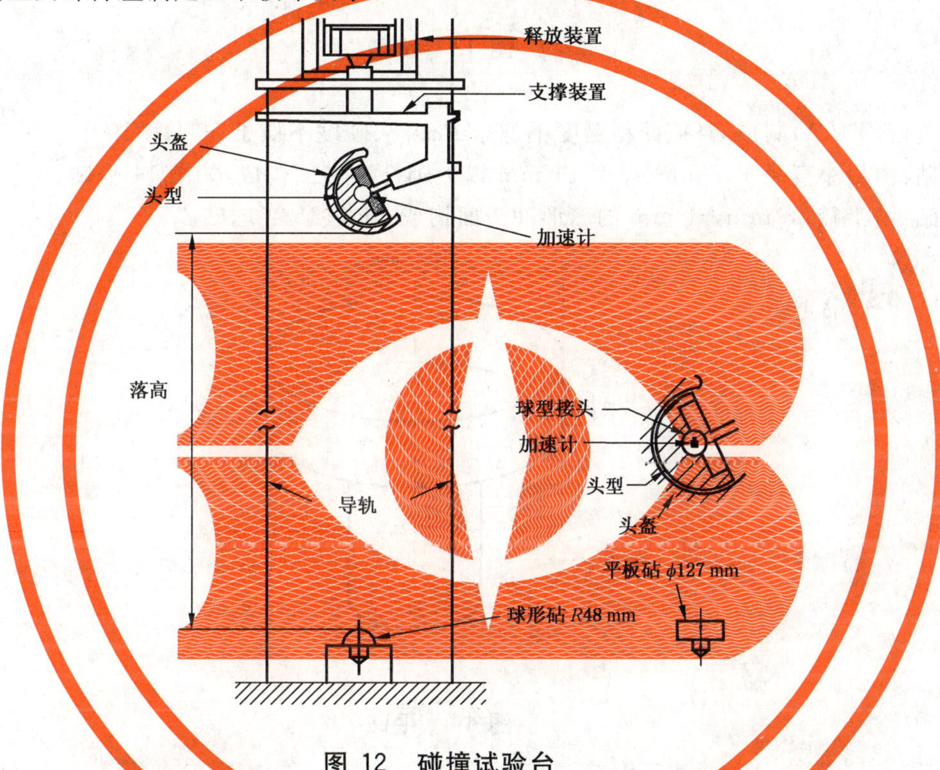

图 12　碰撞试验台

a)　头型：由近似人体头部频率响应的结构及金属材料制成，频率响应 1 400 Hz 以下平坦，最低共振频率为 2 500 Hz。头型分小、中、大三个型号，(见表 4 头型尺寸及图 13 头型)。坠落头型的总质量(含传感器及连接件)分别为小号 $4^{+0.1}_{0}$ kg、中号 $5^{+0.1}_{0}$ kg、大号 $6^{+0.1}_{0}$ kg。其中，传感器及连接件的质量不大于坠落头型总质量的 25%，在头型的重心安装有加速度传感器，传感器敏感轴可校准到 5°以内。

表 4　头型尺寸

单位为毫米

名称	符号	型号			误差
		小	中	大	
头水平围	a	560	580	600	±2
头长	b	180	190	200	
耳额距	c	100	105	110	
头宽	d	155	166	177	
耳顶高	e	120	130	140	

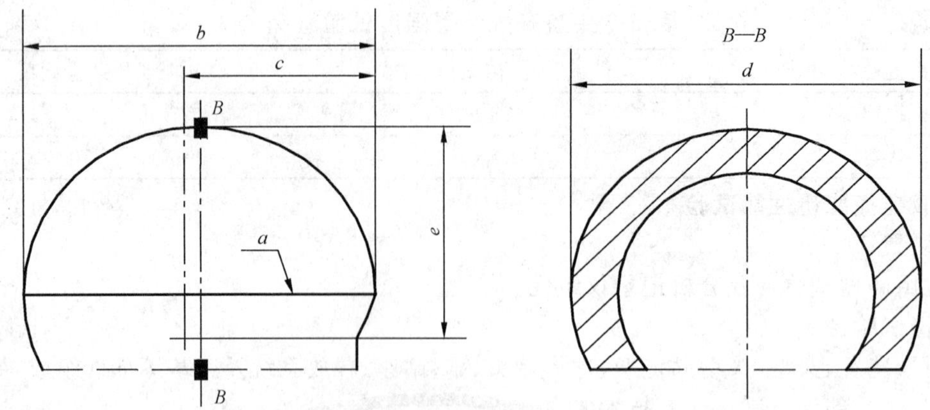

图 13　头型

b)　砧

用工具钢(T10A)制成,碰撞面粗糙度不低于 *Ra*0.8、硬度不低于 50 HRC。

平板砧:由最小直径 127 mm、厚度 15 mm 以上圆柱冲击面构成,如图 14 平砧。

半球砧:由半径 48 mm±1 mm 的球形冲击面构成,如图 15 半球砧。

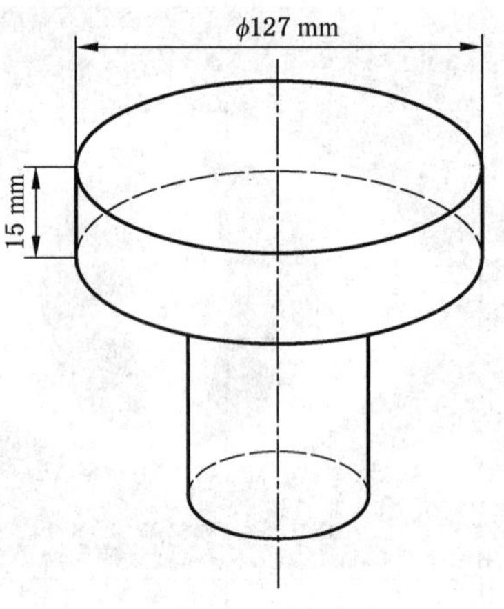

图 14　平砧

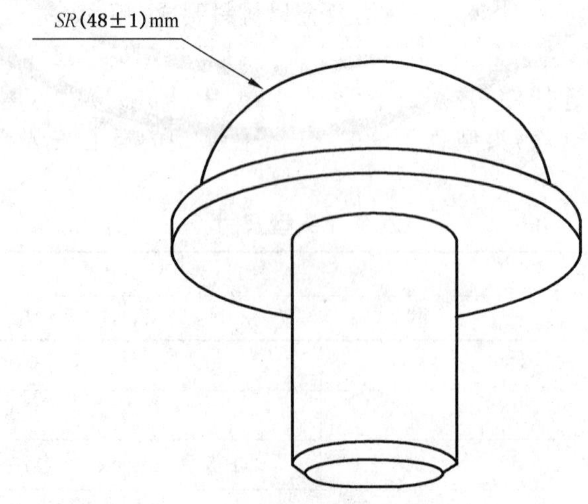

图 15　半球砧

c)　座基:由钢筋混凝土制成,其质量不小于 1.6 t。

5.9.1.2 测试分析仪器系统

由加速度传感器、放大器及数据处理、显示及记录等部分组成，其主要性能应满足以下要求：

a) 频率响应范围($0\sim1\ 000^{+0.2}_{0}$)Hz，频带截止点$-3^{\pm0.5}_{-1}$ dB，衰减斜率(－9～－24)dB/oct；

b) 满足4.2.8提出的加速度值检测要求；

c) 测量不确定度5%。

5.9.2 头盔样品试验前处理

头盔样品必须按照表5头盔试验前处理规定处理后方可进行试验。每顶头盔样品选一项处理。

高温或低温处理后的头盔样品应在5 min内完成一处试验；第二处试验，应将头盔样品放回保温箱中再处理20 min以上，方可进行试验。水浸处理后的头盔样品，应淋干20 min后进行试验。

表5 头盔试验前处理

项目	条件	
	温度/℃	时间/h
高温	50±2	4～6
低温	－20±2	4～6
水浸	23±5	4～24

5.9.3 试验区与碰撞点

5.9.3.1 试验区

A类：试验区即图中的AA'线以上部分(见图5保护区及试验区、表2不同规格尺寸的头型保护和试验范围)。

B类：试验区即图中的试验线以上部分(见图5保护区及试验区、表2不同规格尺寸的头型保护和试验范围)。

5.9.3.2 碰撞点

a) A类头盔的试验区即图5中的AA'线以上范围，在试验区内任意选取4个碰撞部位，每个部位进行连续2次相同的冲击，其中2个部位使用平砧，另外2个使用半球砧，相邻的两个冲击点相距是头盔的最大周长的1/5以上，关于冲击速度与冲击次数见表6头盔吸收碰撞能量性能试验条件；

b) B类头盔的试验区即图5中的试验线以上范围，在试验区内任意选取3个碰撞部位，且相邻的两个冲击点相距是头盔的最大周长的1/4以上，关于冲击速度与冲击次数见表6头盔吸收碰撞能量性能试验条件。

注：冲击点与砧相切的平面为水平面。

5.9.4 试验步骤

5.9.4.1 校准碰撞试验装置：调整碰撞试验台头型落高(落高系头型碰撞点至砧碰撞面之间垂距)，使之与标准试块碰撞。加速度峰值必须达到$400g$，相同条件下连续三次碰撞，每次碰撞加速度峰值偏差不大于3%，$200g$的作用时间偏差不大于0.1 ms，试验前及试验后各进行一次校准，如试验后加速度峰值和$200g$作用时间超出上述要求，则认为试验结果无效。

5.9.4.2 将经过环境处理后的头盔佩戴于相应规格的试验头型上，要求试件的前沿平面与人头模型的参照平面一致，系紧系带，按表6头盔吸收碰撞能量性能试验条件规定的方法进行试验。

表6 头盔吸收碰撞能量性能试验条件

头盔种类		A类	B类
速度/(m/s)	平面钢制砧	6.0 m/s(1 829 mm)	5.6 m/s(1 600 mm)
	半球钢制砧	5.2 m/s(1 384 mm)	
同一冲击点上的冲击次数		2	1
注：冲击速度是在碰撞发生前1 cm～6 cm之间测定的，不小于理论速度的95%。			

5.10 头盔耐穿透性能试验

5.10.1 头盔试验前处理

按表5头盔试验前处理规定，每顶头盔样品选一项处理，或选常温下样品进行试验。

5.10.2 穿透试验台

由坠落台架、钢锥、头型、导轨、升降释放等机构组成，应满足以下技术要求：

a) 坠落台架：实现钢锥沿导轨升降、释放、定向冲击头盔的架体，按表7头盔耐穿透性能试验条件规定的钢锥落高要求。其底部固定于质量为不小于1 t的钢筋混凝土基础上；

b) 钢锥：结构和尺寸见图16钢锥，材料为工具钢(T10A)质量 $3^{+0.05}_{0}$ kg，硬度不低于50 HRC。图16钢锥中L为参与穿透部分的高度，应大于40 mm；

c) 头型：应符合5.9.1.1a)有关头型尺寸的规定，并刚性地固定于坠落台架底部基础上。

单位为毫米

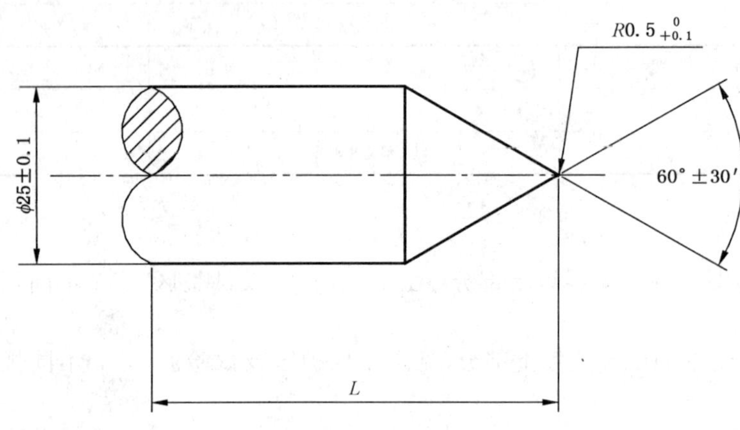

图16 钢锥

5.10.3 试验步骤

将经过试验前处理后的头盔按5.2.2要求佩戴于相应的试验头型上，系紧系带，按5.9.3规定的试验区内选择穿透试验部位，根据表7头盔耐穿透性能试验条件的规定进行试验。

表7 头盔耐穿透性能试验条件

头盔种类	试验条件		
	试验次数	钢锥落高	两次试验部位间距
A类	2	3 000 mm±5 mm	不小于75 mm
B类		1 000 mm±5 mm	
注：落高系钢锥尖至头型试验点间的垂距。			

6 检验规则

6.1 检验分类

正常批量生产的头盔质量检验分为型式检验和出厂检验，检验顺序、项目、要求及方法见表8。

表8 检验顺序、项目、要求及方法

检验顺序	检验项目	要求条款	试验方法条款	检验类别	
				型式检验	出厂检验
1	结构、规格尺寸 保护范围	4.1.2、4.1.3、4.1.5、 4.1.6、4.2.1与表1	5.2	√	√
2	质量	4.2.2	5.3	√	√

表 8（续）

检验顺序	检验项目	要求条款	试验方法条款	检验类别	
				型式检验	出厂检验
3	视野	4.2.3	5.4	√	√
4	护目镜	4.2.4	5.5	√	
5	刚度性能	4.2.5	5.6	√	
6	固定装置稳定性	4.2.6	5.7	√	√
7	佩戴装置强度	4.2.7	5.8	√	√
8	吸收碰撞能量性能[a]	4.2.8	5.9	√	
9	耐穿透性能	4.2.9	5.10	√	√
10	标志内容	7.1	目测	√	√

[a] 高温、低温、水浸各检二顶。

6.2 型式检验

6.2.1 正常批量生产的产品应按标准规定的型式检验项目进行周期性检验。

6.2.2 在产品生产过程稳定的条件下每年应抽样进行一次型式检验。

6.2.3 有下列情况之一时，应进行型式检验：

a) 新产品定型鉴定或老产品转厂生产的定型鉴定；

b) 正常批量生产中，在结构、材料、工艺有较大改变，可能影响产品性能时；

c) 产品停产半年后恢复生产时；

d) 国家质量监督机构提出型式检验要求时。

6.2.4 样盔检验分配，表 8 中第 1 项至第 7 项、第 9 项每批抽取的 6 顶样盔全检，第 9 项在第 8 项试验后进行。

6.3 出厂检验的抽样方案和检查判定规则

6.3.1 每批产品出厂前，都应按标准规定的检验项目进行检验。

6.3.2 按结构、材料（头盔壳体为同一配料）、规格尺寸相同的为一品种，每一品种按 2 000 顶为一检验批（不足者按一批计算），每批抽取样盔 6 顶。采取随机抽样方式，在企业成品库抽取。

6.4 判定规则

6.4.1 对于型式检验，样盔检验中，一项性能的一个单项指标不合格，则判定该检验批产品不合格。

6.4.2 对于出厂检验，如果耐穿透性能不合格，则判定该批产品不合格。如果其他项目不合格，则允许改进产品，提交第二次检验；但抽取样盔数量为第一次的两倍。如第二次检验仍不合格，则判定该批产品不合格。

7 标志、包装、运输和贮存

7.1 标志

每顶头盔应有以下永久性标志：

a) 产品名称；

b) 生产厂名称和厂址；

c) 商标；

d) 产品种类（B 类头盔应使用如图 17 标识）；

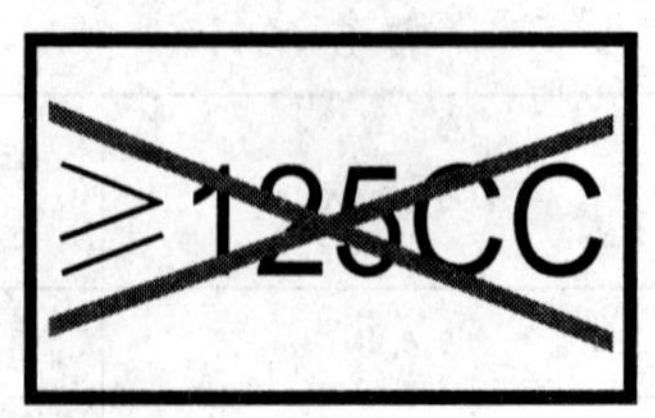

图 17　标识

e）产品型号、规格；

f）生产日期、产品批号或编号；

g）产品生产许可证编号及标识；

h）合格标志。

7.2　包装、运输和贮存

7.2.1　产品包装箱上应有 7.1 规定的有关标志的内容。

7.2.2　产品在运输和贮存时要注明防止碰撞、受潮和有机化学物品的侵蚀。

7.2.3　应附产品中文使用说明书，至少应说明以下几点内容：

a）应提醒购买者挑选适合自己头型尺寸的合格的头盔；

b）使用时必须系紧系带；

c）头盔如果发生过一次较大撞击事故应停止使用或送工厂鉴定是否可继续使用；

d）注意保管，不要用有腐蚀性溶剂擦洗头盔外表，不要撞击头盔；

e）使用期限。

参 考 文 献

［1］ FMVSS(联邦机动车安全标准)NO. 218—2006《摩托车头盔实验室测试程序》.
［2］ ECE 22—2002 摩托车防护头盔.
［3］ AS 1698—2006 交通使用的保护性头盔.
［4］ CNS 3902—1992 骑乘机车用安全帽.
［5］ JIS T8133—1994 摩托车和机动自行车的驾驶员和乘客用防护帽.
［6］ GB/T 10000—1988 中国成年人人体尺寸.

ICS 21.060.10
J 13

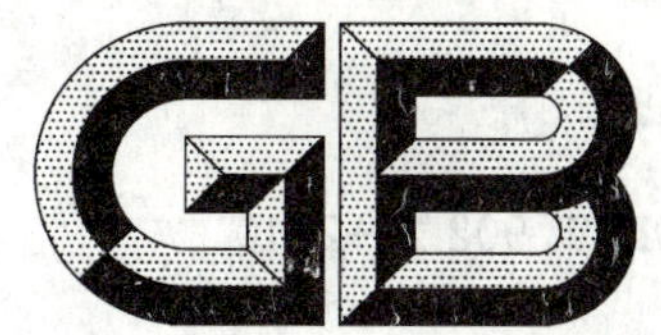

中华人民共和国国家标准

GB/T 902.2—2010
代替 GB/T 902.2—1989

电弧螺柱焊用焊接螺柱

Threaded studs for drawn arc stud welding with ceramic ferrule

(ISO 13918:2008, Welding—Studs and ceramic ferrules for arc stud welding, MOD)

2011-01-10 发布　　2011-10-01 实施

中华人民共和国国家质量监督检验检疫总局
中国国家标准化管理委员会　发布

前　言

GB/T 902 的本部分(以下简称本部分)是国家标准“焊接螺柱及焊钉”产品系列标准之一，该系列包括：

——GB/T 902.1—2008　手工焊用焊接螺柱；

——GB/T 902.2—2010　电弧螺柱焊用焊接螺柱；

——GB/T 902.3—2008　储能焊用焊接螺柱；

——GB/T 902.4—2010　短周期电弧螺柱焊用焊接螺柱；

——GB/T 10432.1—2010　电弧螺柱焊用无头焊钉；

——GB/T 10432.2—2010　短周期电弧螺柱焊用无头焊钉；

——GB/T 10432.3—2010　储能焊用无头焊钉；

——GB/T 10433—2002　电弧螺柱焊用圆柱头焊钉。

本部分是 GB/T 902 的第 2 部分。

本部分修改采用 ISO 13918:2008《焊接　电弧焊用螺柱和磁环》规定的螺纹螺柱(PD 型)、带缩杆的螺纹螺柱(RD 型)和内螺纹螺柱(ID 型)，以及与其配套使用的磁环(PF、RF 和 UF 型)(英文版)。

本部分对 ISO 13918:2008 规定的螺纹螺柱(PD 型)、带缩杆的螺纹螺柱(RD 型)和内螺纹螺柱(ID 型)，以及磁环(PF、RF 和 UF 型)的主要修改如下：

——ISO 13918 规定的涉及产品认证、市场准入检验及工厂生产控制等内容，与 ISO/TC 2《紧固件》已制定的紧固件产品标准截然不同，也与我国目前的实际情况有较大差异，故未予采用；

——在引用文件中，用我国标准代替国际标准(第 2 章)；

——ISO 13918 未规定包装技术要求，本部分予以规定(见表 3)。

——ISO 13918 未规定简化标记，本部分按 GB/T 1237 给出简化的标记(见 6.1.2)。

本部分代替 GB/T 902.2—1989《机动弧焊用焊接螺柱》。

本部分与 GB/T 902.2—1989 相比主要变化如下：

——增加前言；

——调整引用标准(第 2 章)；

——PD 型与旧标准 A 型和 B 型基本相同，新增了 RD 型和 ID 型，并调整了规格(第 3 章)；

——增加不锈钢焊接螺柱，并规定性能等级：碳钢为 4.8 级及不锈钢 A2-50 等(见表 7)。

本部分的附录 A 及附录 B 为资料性附录。

本部分由中国机械工业联合会提出。

本部分由全国紧固件标准化技术委员会(SAC/TC 85)归口。

本部分负责起草单位：中机生产力促进中心。

本部分参加起草单位：北京宏光机电设备厂、宁波九龙紧固件制造有限公司。

本部分所代替标准的历次版本发布情况为：

——GB/T 902.2—1989。

——GB 902—1967、GB 902—1976。

电弧螺柱焊用焊接螺柱

1 范围

GB/T 902 的本部分规定了螺纹规格为 M6～M24 的电弧螺柱焊用螺纹螺柱(PD 型)和带缩杆的螺纹螺柱(RD 型),及 M5～M12 的电弧螺柱焊用内螺纹螺柱(ID 型),以及与其配套使用的磁环(PF、RF 和 UF 型)。

ISO 13918 规定的产品型式与我国标准对照,见附录 A。

2 规范性引用文件

下列文件中的条款通过 GB/T 902 的本部分的引用而成为本部分的条款。凡是注日期的引用文件,其随后所有的修改单(不包括勘误的内容)或修订版均不适用于本部分,然而,鼓励根据本部分达成协议的各方研究是否可使用这些文件的最新版本。凡是不注日期的引用文件,其最新版本适用于本部分。

GB/T 90.1　紧固件　验收检查(GB/T 90.1—2002,idt ISO 3269:2000)

GB/T 90.2　紧固件　标志与包装

GB/T 1237　紧固件标记方法(GB/T 1237—2000,eqv ISO 8991:1986)

GB/T 3098.1　紧固件机械性能　螺栓、螺钉和螺柱(GB/T 3098.1—2010,ISO 898-1:2009,IDT)

GB/T 3098.6　紧固件机械性能　不锈钢螺栓、螺钉和螺柱(GB/T 3098.6—2000,idt ISO 3506-1:1997)

GB/T 3103.1　紧固件公差　螺栓、螺钉、螺柱和螺母(GB/T 3103.1—2002, ISO 4759-1:2000, IDT)

3 尺寸

3.1 通则

——焊后长度(l_2)是设计值。适当地控制焊接,以保持 l_2 在±1 mm 内。在特殊条件下,如穿透装饰物螺柱焊 l_2 可能与公称数值不同。

——对 PD、RD 和 ID 型螺柱尖端中心部分,即在直径 $d_2/3$ 范围内的形状应由制造者确定。在采用焊剂的情况下,尖端装有压配合铝棒的形状由制造者确定,如可带一个不超过 0.5 d_1 的平面。

——图 1～图 3 所示焊接后的尺寸是参考值。

——图 1 的 a)中未规定的尺寸与公差,由制造者确定。这也适用于对焊接部位螺柱外形的修改,如钻孔和开槽均不影响焊接性。

——螺纹螺柱(PD)和带缩杆的螺纹螺柱(RD)的尖端应装有压配合的铝棒或喷涂铝粉。但不锈钢螺柱和直径≤10 mm,以及惰性气体保护焊的情况下,可以省去这种要求。

——磁环的直径 D_7 是影响焊接质量的主要因素;其他尺寸的变化不削弱焊接质量。

——焊接螺柱的质量,见附录 B。

3.2 螺纹螺柱(PD 型)

PD 型螺纹螺柱的型式尺寸见图 1 和表 1。

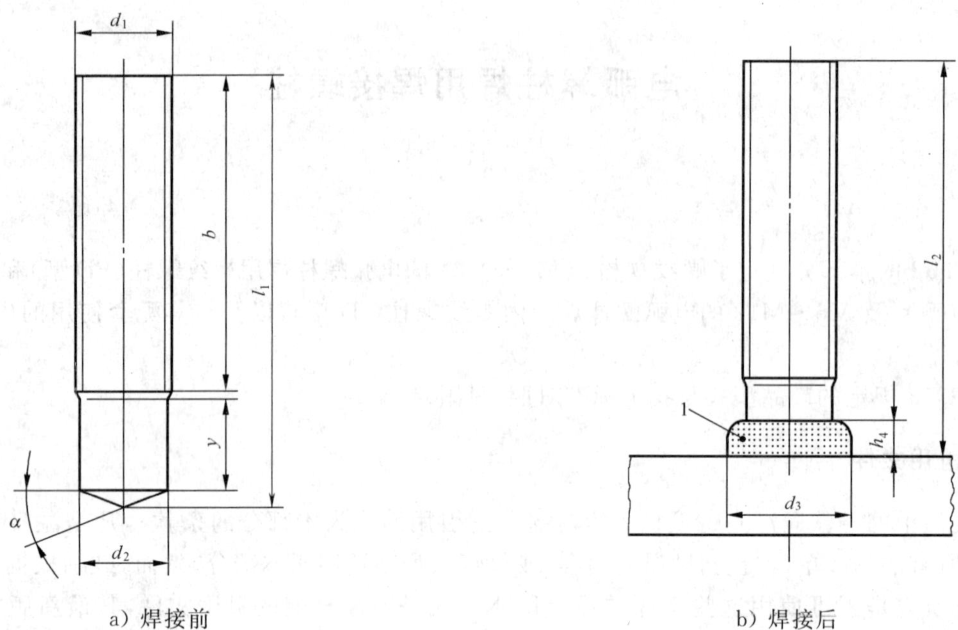

1——焊接部位。

图 1　螺纹螺柱(PD)

表 1　螺纹螺柱(PD)尺寸

单位为毫米

d_1	M6		M8		M10		M12		M16		M20		M24	
d_2	5.35		7.19		9.03		10.86		14.6		18.38		22.05	
d_3	8.5		10		12.5		15.5		19.5		24.5		30	
h_4	3.5		3.5		4		4.5		6		7		10	
$\alpha \pm 2.5°$	22.5°		22.5°		22.5°		22.5°		22.5°		22.5°		22.5°	
$l_1 \pm 1$	$l_2+2.2$		$l_2+2.4$		$l_2+2.6$		$l_2+3.1$		$l_2+3.9$		$l_2+4.3$		$l_2+5.1$	
l_2	y_{min}	b	y_{min}	b	y_{min}	b	y_{min}	b	y_{min}	b	y_{min}	b	y_{min}	b
15	9	—	—	—	—	—	—	—	—	—	—	—	—	—
20	9	—	9	—	9.5	—	—	—	—	—	—	—	—	—
25	9	—	9	—	9.5	—	11.5	—	—	—	—	—	—	—
30	9	—	9	—	9.5	—	11.5	—	13.5	—	—	—	—	—
35	—	20	9	—	9.5	—	11.5	—	13.5	—	15.5	—	—	—
40	—	20	9	—	9.5	—	11.5	—	13.5	—	15.5	—	—	—
45	—	—	9	—	9.5	—	11.5	—	13.5	—	15.5	—	—	—
50	—	—	—	40	—	40	—	40	13.5	—	—	35	20	—
55	—	—	—	—	—	—	—	—	—	40	—	40	—	—
60	—	—	—	—	—	—	—	—	—	40	—	40	—	—
65	—	—	—	—	—	—	—	—	—	40	—	40	—	—
70	—	—	—	—	—	—	—	—	—	—	—	40	—	50
80	—	—	—	—	—	—	—	—	—	—	—	50	—	50
100	—	—	—	—	—	40	—	40	—	80	—	70	—	70
140	—	—	—	—	—	80	—	80	—	80	—	—	—	—
150	—	—	—	—	—	80	—	80	—	80	—	—	—	—
160	—	—	—	—	—	80	—	80	—	80	—	—	—	—

3.3 带缩杆的螺纹螺柱(RD型)

RD型带缩杆的螺纹螺柱的型式尺寸见图2和表2。

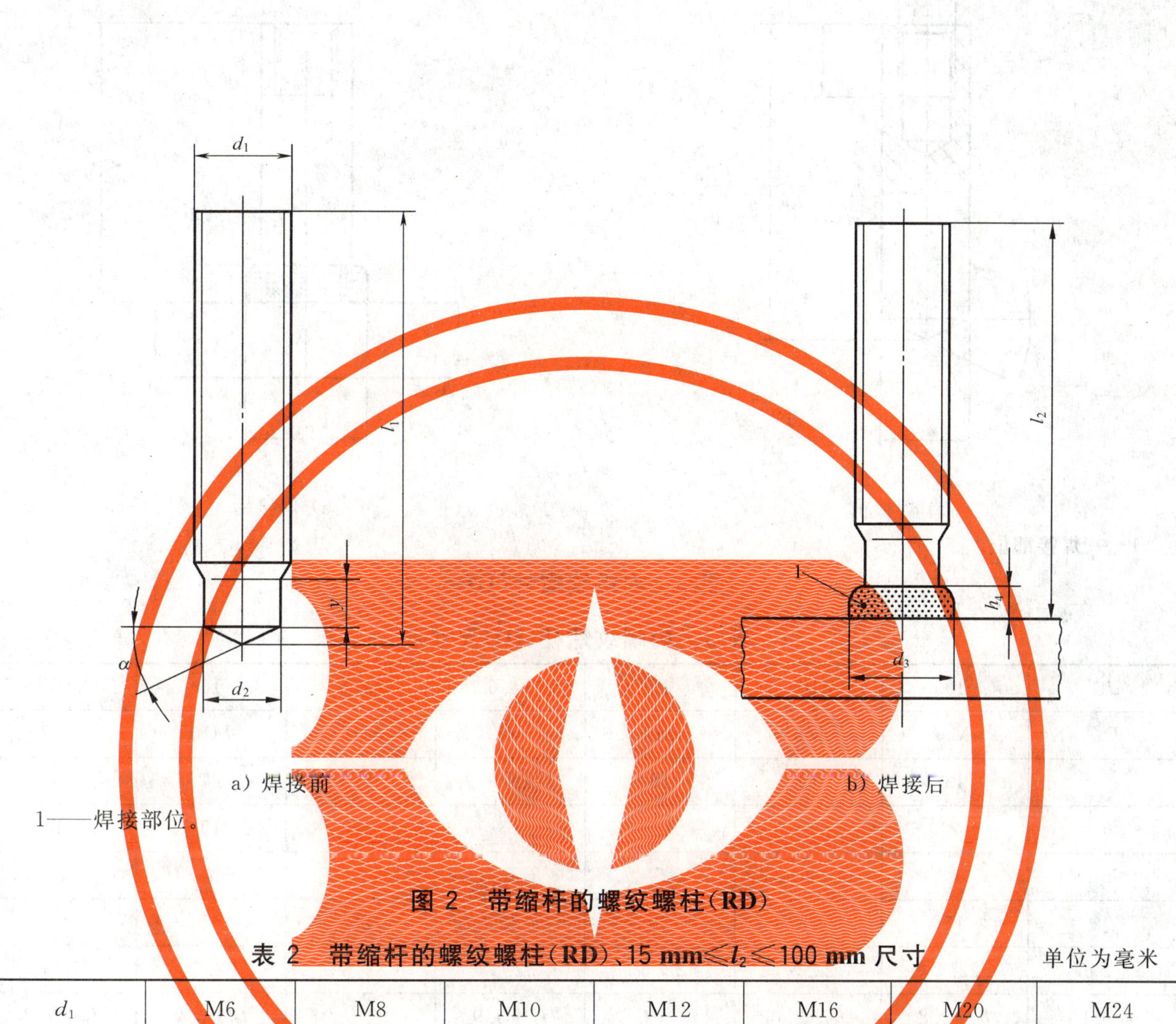

1——焊接部位。

图2 带缩杆的螺纹螺柱(RD)

表2 带缩杆的螺纹螺柱(RD)、15 mm≤l_2≤100 mm尺寸　单位为毫米

d_1	M6	M8	M10	M12	M16	M20	M24
d_2	4.7	6.2	7.9	9.5	13.2	16.5	20
d_3	7	9	11.5	13.5	18	23	28
h_4	2.5	2.5	3	4	5	6	7
y_{min}	4	4	5	6	7.5/11[a]	9/13[a]	12/15[a]
$\alpha\pm2.5°$	22.5°	22.5°	22.5°	22.5°	22.5°	22.5°	22.5°
$l_1\pm1$	$l_2+2.0$	$l_2+2.2$	$l_2+2.4$	$l_2+2.8$	$l_2+3.6$	$l_2+3.9$	$l_2+4.7$
[a] 斜划(/)后的尺寸适用于表5斜划后的磁环。							

3.4 内螺纹螺柱(ID型)

ID型内螺纹螺柱的型式尺寸见图3和表3。

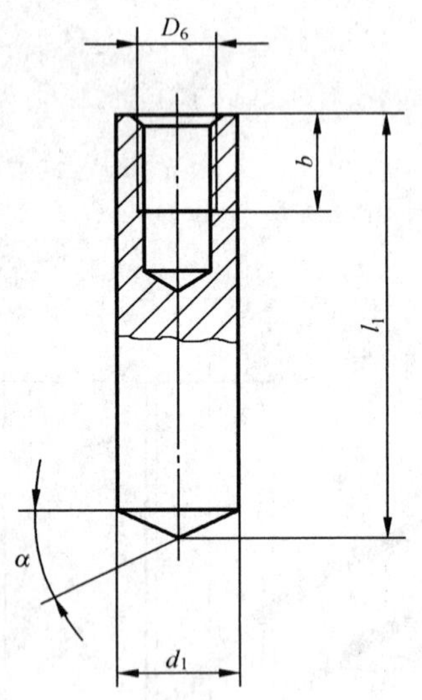

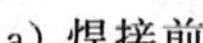

a) 焊接前

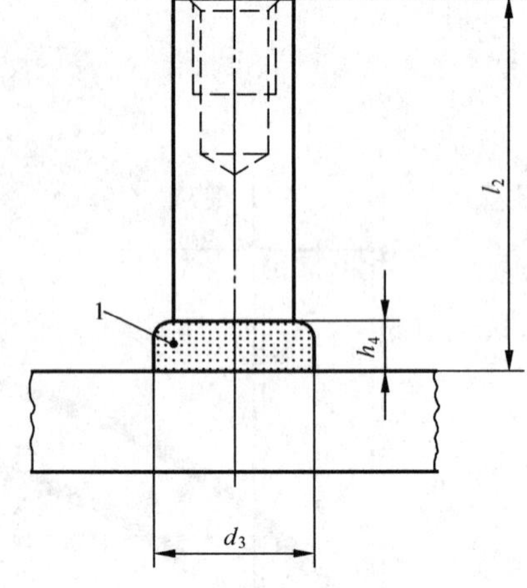

b) 焊接后

1——焊接部位。

图 3 内螺纹螺柱(ID)

表 3 内螺纹螺柱(ID)尺寸

单位为毫米

d_1	10	10	12	14.6	14.6	16	18
D_6	M5	M6	M8	M8	M10	M10	M12
d_3	13	13	16	18.5	18.5	21	23
b	7	9	9.5	15	15	15	18
h_4	4	4	5	6	6	7	7
l_2	15	15	20	25	25	25	30
$\alpha \pm 2.5°$	22.5°	22.5°	22.5°	22.5°	22.5°	22.5°	22.5°
$l_1 \pm 1$	$l_2+2.8$	$l_2+2.8$	$l_2+3.4$	$l_2+3.9$	$l_2+3.9$	$l_2+3.9$	$l_2+4.2$

3.5 磁环(PF 型)

PF 型磁环适用于 PD 型螺纹螺柱，其型式尺寸见图 4 和表 4。

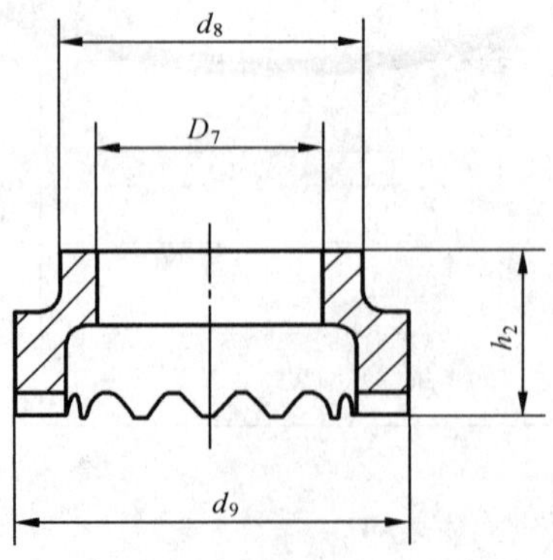

图 4 PF 型磁环

表 4 PF 型磁环尺寸

单位为毫米

型式	$D_7{}^{+0.5}_{0}$	$d_8 \pm 1$	$d_9 \pm 1$	$h_2 \approx$
PF 6	5.6	9.5	11.5	6.5
PF 8	7.4	11.5	15	6.5
PF 10	9.2	15	17.8	6.5
PF 12	11.1	16.5	20	9
PF 16	15.0	20	26	11
PF 20	18.6	30.7	33.8	10
PF 24	22.4	30.7	38.5	18.5

3.6 磁环(RF 型)

RF 型磁环适用于 RD 型带缩杆的螺纹螺柱,其型式尺寸见图 5 和表 5。

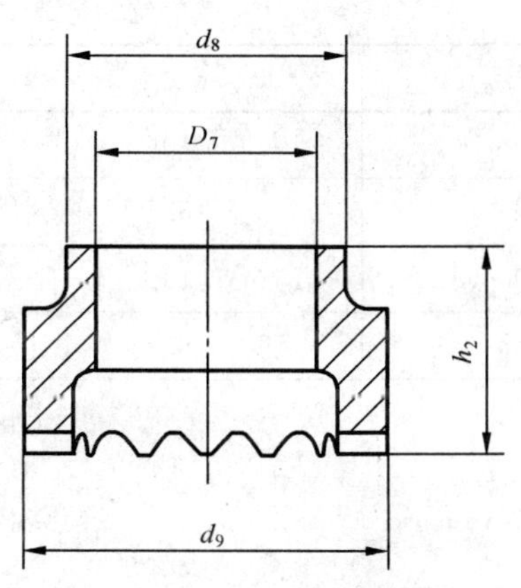

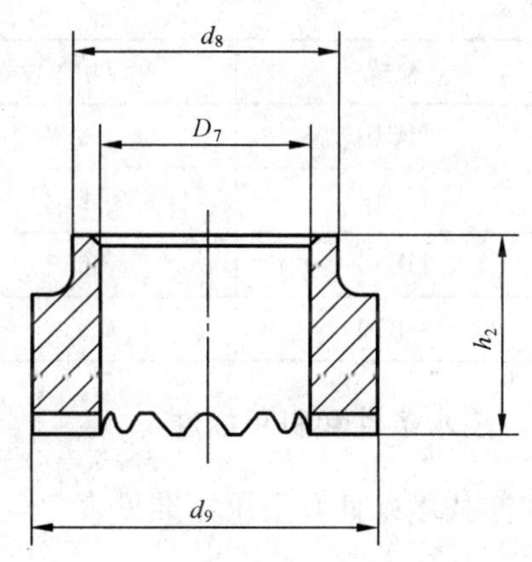

图 5 RF 型磁环

表 5 RF 型磁环尺寸

单位为毫米

型式	$D_7{}^{+0.4}_{0}$	$d_8 \pm 1$	$d_9 \pm 1$	$h_2 \approx$
RF6	6.2	9.5	12.2	10
RF8	8.2	12	15.3	9
RF10	10.2	15	18.5	11.5
RF12	12.2	17	20	13
RF16	16.3/14[a]	20.5/26.2[a]	26.5/32.5[a]	15.3/8.8[a]
RF20	20.3/17.5[a]	26.2/28.5[a]	32	22/9[a]
RF24	24.3/21[a]	26.2/30.4[b]	33/36[b]	25/13[a]

[a] 斜划(/)后的尺寸适用于表 2 斜划后的螺柱。

[b] 由制造者确定。

3.7 磁环(UF 型)

UF 型磁环适用于 ID 型内螺纹螺柱,其型式尺寸见图 6 和表 6。

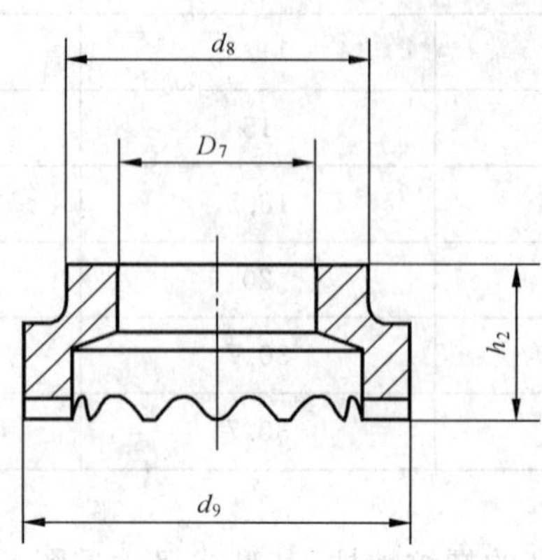

图 6 UF 型瓷环

表 6 UF 型瓷环尺寸

单位为毫米

型式	$D_7{}^{+0.5}_{0}$	$d_8\pm1$	$d_9\pm1$	$h_2\approx$
UF10	10.2	15	17.8	10
UF12	12.2	16.5	20	10.7
UF16	16.3	26	30	13
UF19	19.4	26	30.8	18.7

4 技术条件和引用标准

技术条件和引用标准见表 7。

表 7 技术条件和引用标准

<table>
<tr><td colspan="2">材　料</td><td>钢[a]</td><td>不锈钢[a]</td></tr>
<tr><td rowspan="2">机械性能</td><td>等级</td><td>4.8</td><td>A2-50、A2-70、A4-50
A4-70、A5-50、A5-70</td></tr>
<tr><td>标准</td><td>GB/T 3098.1</td><td>GB/T 3098.6</td></tr>
<tr><td colspan="2">可焊接性</td><td>螺柱仅能使用可焊接性的材料制造。
如果硬度增加的不多,非合金钢焊接螺柱尚具有可焊接性。
通常,碳含量 C≤0.20%是可焊接的,易切钢是不可焊接的,可以使用镇静钢</td><td>通常,不锈钢螺柱是可焊接的,易切钢是不可焊接的</td></tr>
<tr><td rowspan="2">公差</td><td>等级</td><td colspan="2">A</td></tr>
<tr><td>标准</td><td colspan="2">GB/T 3103.1</td></tr>
<tr><td colspan="2">表面处理</td><td>—</td><td>简单处理</td></tr>
<tr><td colspan="2">验收及包装</td><td colspan="2">GB/T 90.1、GB/T 90.2</td></tr>
<tr><td colspan="4">[a] 如有需要,可协议采用螺柱的拉力试验,以校核剪切强度。</td></tr>
</table>

5 标志

5.1 螺柱

下列信息应永久地标志在螺柱的每个包装单元上：

a) 本部分编号，即 GB/T 902.2；

b) 螺柱型式代号；

c) 螺柱公称直径（见表 1 和表 2 中的 d_1，以及表 3 中的 $d_1 \times D_6$）和长度 l_1 或 l_2（应当标志实际使用的长度）；

d) 性能等级（见表 7）；

e) 可追溯性及其标志，如生产批号。

5.2 瓷环

下列信息应永久地标志在瓷环的每个包装单元上：

a) 本部分编号，即 GB/T 902.2；

b) 瓷环型式代号和螺柱公称直径。

6 标记

6.1 螺柱

6.1.1 标记方法

标记方法按 GB/T 1237 的规定。

6.1.2 标记示例

示例 1：公称直径 d_1＝M12、长度 l_2＝40 mm、性能等级为 4.8 级的螺纹螺柱（PD 型）的标记：

焊接螺柱 GB/T 902.2 PD M12×40

示例 2：公称直径 d_1＝M12、长度 l_2＝40 mm、性能等级为 4.8 级的带缩杆的螺纹螺柱（RD 型）的标记：

焊接螺柱 GB/T 902.2 RD M12×40

示例 3：公称直径 d_1＝12 mm、D_6＝M8、长度 l_2＝20 mm、性能等级为 4.8 级的内螺纹螺柱（ID 型）的标记：

焊接螺柱 GB/T 902.2 ID 12×M8×20

6.2 瓷环标记示例

用于螺纹螺柱（PD 型）的 PF10 型瓷环的标记：

瓷环 GB/T 902.2 PF10

附 录 A
（资料性附录）
与ISO产品型式对照

ISO 13918规定的产品型式与我国标准对照，见表A.1。

表A.1 与ISO产品型式对照

序 号	型式(ISO 13918:2008)	相应的国家标准
1	螺纹螺柱(PD)	GB/T 902.2 电弧螺柱焊用焊接螺柱
2	带缩杆的螺纹螺柱(RD)	
3	内螺纹螺柱(ID)	
4	带法兰的螺纹螺柱(PS)	GB/T 902.4 短周期电弧螺柱焊用焊接螺柱
5	内螺纹螺柱(IS)	
6	螺纹焊接螺柱(PT)	GB/T 902.3 储能焊用焊接螺柱
7	内螺纹焊接螺柱(IT)	
8	无螺纹螺柱(UD)	GB/T 10432.1 电弧螺柱焊用无头焊钉
9	无螺纹螺柱(US)	GB/T 10432.2 短周期电弧螺柱焊用无头焊钉
10	无螺纹螺柱(UT)	GB/T 10432.3 储能焊用无头焊钉
11	抗剪栓钉(SD)	GB/T 10433 电弧螺柱焊用圆柱头焊钉

附　录　B
（资料性附录）
电弧螺柱焊用焊接螺柱的质量

表 B.1　螺纹螺柱（PD 型）的质量　　单位为千克

螺柱公称长度 l_2/mm	质量[a]						
	M6	M8	M10	M12	M16	M20	M24
15	2.6	—	—	—	—	—	—
20	3.5	6.4	10.0	—	—	—	—
25	4.4	8.0	12.6	18.2	—	—	—
30	5.3	9.6	15.1	21.8	39.9	—	—
35	6.2	11.1	17.6	25.4	46.6	72.9	—
40	7.1	12.7	20.1	29.1	53.3	83.3	—
45	—	14.3	22.6	32.7	59.9	93.7	—
50	—	15.9	25.1	36.3	66.6	104.1	149.8
55	—	—	—	—	73.2	114.5	—
60	—	—	—	—	79.9	124.9	—
65	—	—			86.6	135.3	—
70	—	—	—	—	—	145.7	—
75	—	—	—	—	—	—	224.7
100	—	—	50.2	72.7	133.2	—	299.6
140	—	—	70.3	101.7	186.4	—	—
150	—	—	75.4	109.0	199.7	—	—
160	—	—	80.4	116.3	21.31	—	—

[a] 由于公差原因，质量数仅是近似值（比重＝7.85 kg/dm^3），以每 1 000 件 kg 计。

表 B.2　带缩杆的螺纹螺柱（RD 型）的质量　　单位为千克

螺柱公称长度 l_2/mm	质量[a]						
	M6	M8	M10	M12	M16	M20	M24
15	2.3	—	—	—	—	—	—
20	3.2	5.7	9.0	—	—	—	—
25	4.1	7.3	11.5	16.5	—	—	—
30	5.0	8.9	14.0	20.2	36.9	—	—
35	5.9	10.5	16.5	23.9	43.5	67.3	—
40	6.8	12.1	19.0	27.5	50.2	77.8	—
45	—	13.7	21.6	31.2	56.9	88.2	—

表 B.2（续）

单位为千克

螺柱公称长度 l_2/mm	质量[a]						
	M6	M8	M10	M12	M16	M20	M24
50	—	15.3	24.1	34.8	63.5	98.6	124.4
55	—	—	26.6	38.5	70.2	109.1	—
60	—	—	—	42.2	76.8	119.5	—
65	—	—	—	—	83.5	129.9	—
70	—	—	—	—	—	140.4	—
75	—	—	—	—	—	—	186.7
100	—	—	—	—	—	—	249.0

[a] 由于公差原因，质量数仅是近似值（比重＝7.85 kg/dm³），以每 1 000 件 kg 计。

ICS 21.060.10
J 13

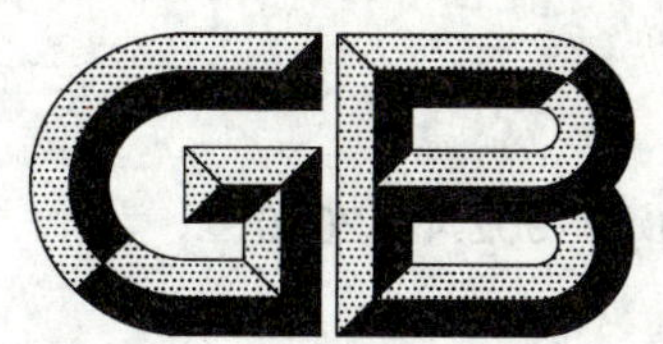

中华人民共和国国家标准

GB/T 902.4—2010

短周期电弧螺柱焊用焊接螺柱

Threaded studs with flange(pitch)and stud with internal thread for short-cycle drawn arc stud welding

(ISO 13918:2008, Welding—Studs and ceramic ferrules for arc stud welding, MOD)

2011-01-10 发布　　2011-10-01 实施

中华人民共和国国家质量监督检验检疫总局
中国国家标准化管理委员会　发布

前言

GB/T 902的本部分(以下简称本部分)是国家标准“焊接螺柱及焊钉”产品系列标准之一,该系列包括:

——GB/T 902.1—2008 手工焊用焊接螺柱;

——GB/T 902.2—2010 电弧螺柱焊用焊接螺柱;

——GB/T 902.3—2008 储能焊用焊接螺柱;

——GB/T 902.4—2010 短周期电弧螺柱焊用焊接螺柱;

——GB/T 10432.1—2010 电弧螺柱焊用无头焊钉;

——GB/T 10432.2—2010 短周期电弧螺柱焊用无头焊钉;

——GB/T 10432.3—2010 储能焊用无头焊钉;

——GB/T 10433—2002 电弧螺柱焊用圆柱头焊钉。

本部分是GB/T 902的第4部分。

本部分修改采用ISO 13918:2008《焊接 电弧螺柱焊用螺柱和磁环》规定的带法兰的螺纹螺柱(PS)和内螺纹螺柱(IS)(英文版)。

本部分对ISO 13918:2008中带法兰的螺纹螺柱(PS)和内螺纹螺柱(IS)的主要修改如下:

——ISO 13918规定的涉及产品认证、市场准入检验及工厂生产控制等内容,与ISO/TC 2已制定的紧固件产品标准截然不同,也与我国目前实际情况有较大差异,故未予采用;

——在引用文件中,用我国标准代替国际标准(第2章);

——ISO 13918未规定包装技术要求,本部分予以规定(见表2);

——ISO 13918未规定简化标记,本部分按GB/T 1237给出简化的标记(见6.2)。

本部分的附录A为资料性附录。

本部分由中国机械工业联合会提出。

本部分由全国紧固件标准化技术委员会(SAC/TC 85)归口。

本部分负责起草单位:中机生产力促进中心。

本部分参加起草单位:北京宏光机电设备厂、宁波九龙紧固件制造有限公司。

短周期电弧螺柱焊用
焊接螺柱

1 范围

GB/T 902 的本部分规定了规格为 M3～M10 的短周期电弧螺柱焊用带法兰的螺纹螺柱(PS 型)和螺纹规格为 M3～M6 的内螺纹螺柱(IS 型)。

ISO 13918 规定的产品型式与我国标准对照,见附录 A。

2 规范性引用文件

下列文件中的条款通过 GB/T 902 的本部分的引用而成为本部分的条款。凡是注日期的引用文件,其随后所有的修改单(不包括勘误的内容)或修订版均不适用于本部分,然而,鼓励根据本部分达成协议的各方研究是否可使用这些文件的最新版本。凡是不注日期的引用文件,其最新版本适用于本部分。

GB/T 90.1　紧固件　验收检查(GB/T 90.1—2002,idt ISO 3269:2000)

GB/T 90.2—2002　紧固件　标志与包装

GB/T 1237　紧固件标记方法(GB/T 1237—2000,eqv ISO 8991:1986)

GB/T 3098.1　紧固件机械性能　螺栓、螺钉和螺柱(GB/T 3098.1—2010,ISO 898-1:2009,IDT)

GB/T 3098.6　紧固件机械性能　不锈钢螺栓、螺钉和螺柱(GB/T 3098.6—2000,idt ISO 3506-1:1997)

GB/T 3103.1　紧固件公差　螺栓、螺钉、螺柱和螺母(GB/T 3103.1—2002, ISO 4759-1:2000,IDT)

3 尺寸

3.1 通则

——焊后长度(l_2)是设计值。适当地控制焊接,以保持 l_2 在±1 mm 内。在特殊条件下,如穿透-装饰物螺柱焊 l_2 可能与公称数值不同。

——图 1、图 2 所示焊接后的尺寸是参考值。

——图 1 的 a)中未规定的尺寸与公差,由制造者确定。这也适用于对焊接部位螺柱外形的修改,如钻孔和开槽均不影响焊接性。

3.2　带法兰的螺纹螺柱(PS 型)

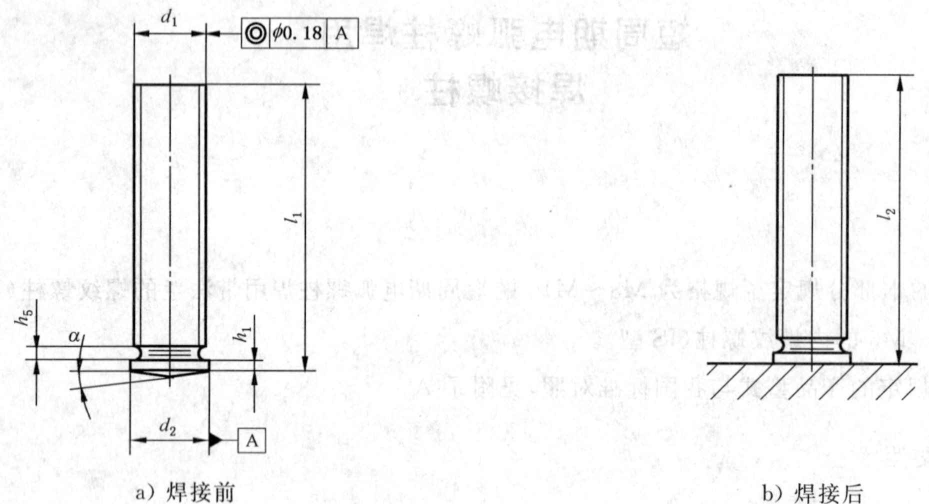

a) 焊接前　　　　b) 焊接后

注：l_2(焊后长度)由 l_1 及焊接能量确定。

图 1　带法兰的螺纹螺柱(PS 型)

表 1　带法兰的螺纹螺柱(PS 型)尺寸

单位为毫米

d_1[a]	l_1	$d_2 \pm 0.2$	h_5 max	h_1	$\alpha \pm 1°$[b]
M3	6	4	0.6	0.7～1.4	7°
	8				
	10				
	12				
	16				
	20				
M4	8	5			
	10				
	12				
	16				
	20				
	25				
M5	10	6	1.0		
	12				
	16				
M6	20	7			
	25				
	30				

表 1（续） 单位为毫米

d_1[a]	l_1	$d_2\pm0.2$	h_5 max	h_1	$\alpha\pm1°$[b]
M8	12	9	1.5	0.8～1.4	7°
	16				
	20				
	25				
	30				
	35				
	40				
M10	16	11	2.0		
	20				
	25				
	30				
	35				
	40				

a 其他螺纹应经协议。

b 用于单板厚度≥2 mm 且焊接时间>60 毫秒(ms)时，α 角可增加到 14°。

3.3 内螺纹螺柱(IS 型)

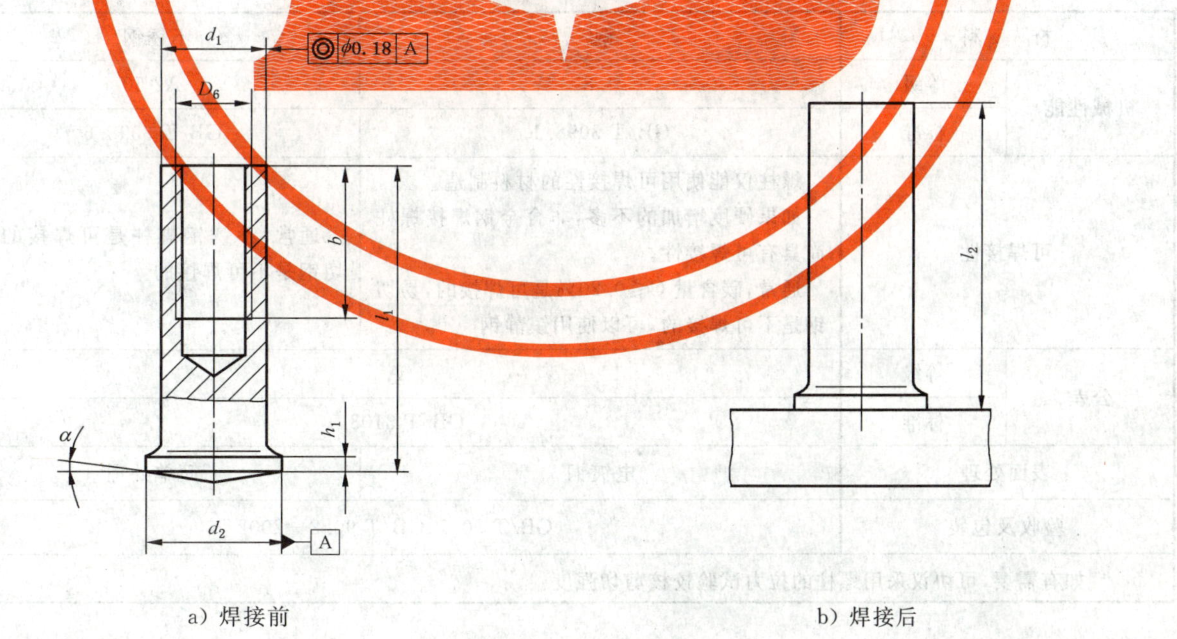

a) 焊接前 b) 焊接后

注：l_2(焊后长度)由 l_1 及焊接能量确定。孔的深度应由制造者确定。

图 2 内螺纹螺柱(IS 型)

<table>
<caption>表 2　内螺纹螺柱(IS 型)尺寸　　单位为毫米</caption>
<tr><th>D_6</th><th>l_1</th><th>b_{min}</th><th>$d_2 \pm 0.2$</th><th>$d_1 \pm 0.1$</th><th>h_1</th><th>$\alpha \pm 1°$[a]</th></tr>
<tr><td rowspan="3">M3</td><td>10</td><td rowspan="3">5</td><td rowspan="3">6.0</td><td rowspan="3">5.0</td><td rowspan="7">0.7～1.4</td><td rowspan="14">7°</td></tr>
<tr><td>12</td></tr>
<tr><td>16</td></tr>
<tr><td rowspan="4">M4</td><td>10</td><td rowspan="2">5</td><td rowspan="4">7.0</td><td rowspan="4">6.0</td></tr>
<tr><td>12</td></tr>
<tr><td>16</td><td rowspan="2">6</td></tr>
<tr><td>20</td></tr>
<tr><td rowspan="4">M5</td><td>10</td><td rowspan="2">6</td><td rowspan="7">9.0</td><td rowspan="4">7.1</td><td rowspan="7">0.8～1.4</td></tr>
<tr><td>12</td></tr>
<tr><td>16</td><td rowspan="2">10</td></tr>
<tr><td>20</td></tr>
<tr><td rowspan="3">M6</td><td>16</td><td rowspan="3">10</td><td rowspan="3">8.0</td></tr>
<tr><td>20</td></tr>
<tr><td>25</td></tr>
<tr><td colspan="7">a 用于单板厚度≥2 mm 且焊接时间>60 毫秒(ms)时,α 角可增加到 14°。</td></tr>
</table>

4　技术条件和引用标准

技术条件和引用标准见表 3。

<table>
<caption>表 3　技术条件和引用标准</caption>
<tr><th colspan="2">材　料</th><th>钢[a]</th><th>不锈钢[a]</th></tr>
<tr><td rowspan="2">机械性能</td><td>等级</td><td>4.8</td><td>A2-50</td></tr>
<tr><td>标准</td><td>GB/T 3098.1</td><td>GB/T 3098.6</td></tr>
<tr><td colspan="2">可焊接性</td><td>螺柱仅能使用可焊接性的材料制造。
如果硬度增加的不多,非合金钢焊接螺柱尚具有可焊接性。
通常,碳含量 C≤0.20%是可焊接的,易切钢是不可焊接的,可以使用镇静钢</td><td>通常,不锈钢螺柱是可焊接的,易切钢是不可焊接的</td></tr>
<tr><td rowspan="2">公差</td><td>等级</td><td colspan="2">A</td></tr>
<tr><td>标准</td><td colspan="2">GB/T 3103.1</td></tr>
<tr><td colspan="2">表面处理</td><td>电镀铜</td><td>简单处理</td></tr>
<tr><td colspan="2">验收及包装</td><td colspan="2">GB/T 90.1、GB/T 90.2—2002</td></tr>
<tr><td colspan="4">a 如有需要,可协议采用螺柱的拉力试验校核剪切强度。</td></tr>
</table>

5　标志

下列信息应永久地标志在螺柱的每个包装单元上:

a)　本部分编号,即 GB/T 902.4;

b)　螺柱型式代号;

c) 公称直径(见表 1 中的 d_1 和表 2 中的 D_6)和长度 l_1 或 l_2(应当标志实际使用的长度);

d) 性能等级(见表 3);

e) 可追溯性及其标志,如生产批号。

6 标记

6.1 标记方法

标记方法按 GB/T 1237 的规定。

6.2 标记示例

示例 1:公称直径 d_1=M4、长度 l_2=20 mm、性能等级为 4.8 级、经电镀铜表面处理(电镀 Cu、3、半光亮-无色)的短周期电弧螺柱焊用带法兰的螺纹螺柱(PS 型)的标记:

焊接螺柱 GB/T 902.4 PS M4×20 C1E

示例 2:内螺纹直径 D_6=M4、长度 l_2=20 mm、性能等级为 4.8 级、经电镀铜表面处理(电镀 Cu、3、半光亮-无色)的短周期电弧螺柱焊用内螺纹螺柱(IS 型)的标记:

焊接螺柱 GB/T 902.4 IS M4×20 C1E

附 录 A
（资料性附录）
与 ISO 产品型式对照

ISO 13918 规定的产品型式与我国标准对照，见表 A.1。

表 A.1 与 ISO 产品型式对照

序 号	型式(ISO 13918:2008)	相应的国家标准
1	螺纹螺柱(PD)	GB/T 902.2 电弧螺柱焊用焊接螺柱
2	带缩杆的螺纹螺柱(RD)	
3	内螺纹螺柱(ID)	
4	带法兰的螺纹螺柱(PS)	GB/T 902.4 短周期电弧螺柱焊用焊接螺柱
5	内螺纹螺柱(IS)	
6	螺纹焊接螺柱(PT)	GB/T 902.3 储能焊用焊接螺柱
7	内螺纹焊接螺柱(IT)	
8	无螺纹螺柱(UD)	GB/T 10432.1 电弧螺柱焊用无头焊钉
9	无螺纹螺柱(US)	GB/T 10432.2 短周期电弧螺柱焊用无头焊钉
10	无螺纹螺柱(UT)	GB/T 10432.3 储能焊用无头焊钉
11	抗剪栓钉(SD)	GB/T 10433 电弧螺柱焊用圆柱头焊钉

ICS 77.150.99
H 62

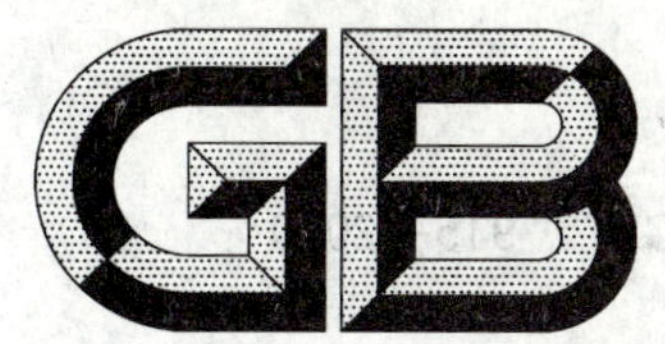

中华人民共和国国家标准

GB/T 915—2010
代替 GB/T 915—1995

2011-01-14 发布　　2011-11-01 实施

中华人民共和国国家质量监督检验检疫总局
中国国家标准化管理委员会　发布

前　言

本标准中 Bi99997 牌号修改采用了国际铋学会提供的药用铋质量证明书，10 个杂质元素限量与国际铋学会的规定等同，砷的技术指标 0.000 3%严于国际铋学会药用铋的规定。

本标准代替 GB/T 915—1995《铋》。与 GB/T 915—1995《铋》相比，本标准主要变化如下：

——Bi99997 中的 As 由 0.000 5%修订为 0.000 3%。

——Bi9995 中的 Pb 由 0.010%修订为 0.008%，Ag 由 0.020%修订为 0.015%，Sb 由 0.002%修订为 0.001%，Cl 由 0.005%修订为 0.004%。

——增加了 Bi998 牌号；

——物理规格增加了铋粒；

——增加了铋针、铋粒仲裁取制样方法；

——取消了标准的附录。

本标准由中国有色金属工业协会提出。

本标准由全国有色金属标准化技术委员会(SAC/TC 243)归口。

本标准由株洲冶炼集团股份有限公司负责起草。

本标准由阳谷祥光铜业有限公司参加起草。

本标准主要起草人：谭仪文、徐永斌、范元俊、姜晴、陈迎武、张惠秀、蒴爱民、周松林。

本标准所代替标准的历次版本发布情况为：

——GB/T 915—1995；GB/T 915—1984；GB/T 915—1966。

铋

1 范围

本标准规定了铋的要求、试验方法、检验规则和标志、包装、运输、贮存及质量证明书与合同(或订货单)内容。

本标准适用于火法精炼或电解精炼所生产的铋。该产品主要用于医药、化工、冶金添加剂及低熔点合金等。

2 规范性引用文件

下列文件中的条款通过本标准的引用而成为本标准的条款。凡是注日期的引用文件,其随后所有的修改单(不包括勘误的内容)或修订版本均不适用于本标准,然而,鼓励根据本标准达成协议的各方研究是否可使用这些文件的最新版本。凡是不注日期的引用文件,其最新版本适用于本标准。

GB/T 8170—2008 数值修约规则与极限数值的表示和判定

YS/T 536(所有部分) 铋化学分析方法

3 要求

3.1 产品分类

按化学成分的不同,产品分为 Bi99997、Bi9999、Bi9995、Bi998 四个牌号。

3.2 化学成分

3.2.1 Bi99997 牌号的化学成分应符合表 1 的规定。

表 1

牌号	化学成分/%												
	Bi 含量不小于	杂质含量,不大于											
		Cu	Pb	Zn	Fe	Ag	As	Sb	Sn	Cd	Hg	Ni	总和
Bi99997	99.997	0.000 3	0.000 7	0.000 1	0.000 5	0.000 5	0.000 3	0.000 3	0.000 2	0.000 1	0.000 05	0.000 5	0.003
注:铋含量为 100%减去表 1 中实测杂质总量的余量。													

3.2.2 Bi9999、Bi9995、Bi998 牌号的化学成分应符合表 2 的规定。

表 2

牌号	化学成分/%										
	Bi 含量不小于	杂质含量,不大于									
		Cu	Pb	Zn	Fe	Ag	As	Te	Sb	Cl	总和
Bi9999	99.99	0.001	0.001	0.000 5	0.00 1	0.004	0.000 3	0.000 3	0.000 5	0.001 5	0.010
Bi9995	99.95	0.003	0.008	0.005	0.001	0.015	0.001	0.001	0.001	0.004	—
Bi998	99.8	0.005	0.02	0.005	0.005	0.025	0.005	0.005	0.005	0.005	—
注:铋含量为 100%减去表 1 中实测杂质总量的余量。											

3.3 锭形和锭重

铋产品呈长方形或长方梯形锭状，或呈针状、粒状。长方形锭单重 15 kg～16 kg，长方梯形锭单重为 4 kg～5 kg；铋粒单重为 5 g～50 g；铋针直径约 3 mm。

3.4 表面质量

铋锭表面应平整，不允许有熔渣及外来夹杂。铋针、铋粒不允许夹带水及外来杂物。

3.5 其他

需方如对铋的化学成分和锭形和锭重等有其他要求时，由供需双方商定。

4 试验方法

4.1 铋的化学成分仲裁分析方法按 YS/T 536 的规定进行。

4.2 铋的重量用称量法检验。

4.3 铋的表面质量用目测法检验。

5 检验规则

5.1 检查与验收

5.1.1 铋应由供方技术监督部门进行检验，保证产品质量符合本标准或合同（或订货单）的规定，并填写质量证明书。

5.1.2 需方可对收到的产品按本标准的规定进行检验，如检验结果与本标准或合同（或订货单）的规定不符时，应在收到产品之日起 30 d 内向供方提出，由供需双方协商解决。如需仲裁，仲裁取样在需方由供需双方共同进行。

5.2 组批

铋产品应成批提交检验，检验批由同一熔炼号（炉、锅）的铋组成，批重不大于 5 000 kg。

5.3 检验项目

每批铋应进行化学成分、表面质量的检验。

5.4 取样和制样

5.4.1 化学成分仲裁试样的抽取和制备

5.4.1.1 取样数量

从该批锭产品的每 20 锭（桶）中抽取 1 锭（桶），或按供需双方商定的比例抽取。但总数必须满足如下要求：长方形锭不得少于 6 锭，长方梯形锭不得少于 12 锭，铋针、铋粒不少于 2 桶。若批量不满足上述要求时，应全数提交检验。

5.4.1.2 长方形铋锭取样方法

从抽取的长方形铋锭任一面的两条对角线上布五点，其中点位于两对角线的交点处，另外四点分别位于对角线交点与对角线顶距的二分之一处（如图 1），用 10 mm～15 mm 的钻头钻取试样。钻样时先弃去布点处 0.5 mm～1 mm 深的表皮钻屑，钻取深度不小于锭厚的三分之二，钻速以钻屑不氧化为宜。

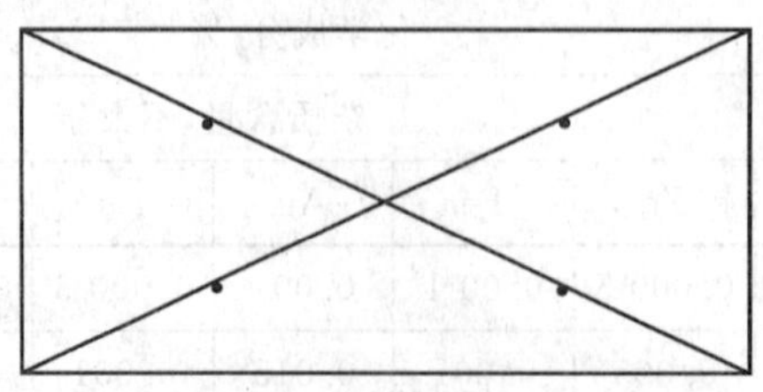

图 1 长方形铋锭钻孔位置示意图

5.4.1.3　**长方梯形铋锭取样方法**

5.4.1.3.1　将抽取的长方梯形铋锭按每6锭一组分组，最后一组不足6锭时补足6锭。当批锭数少于12锭时，取样方法由供需双方商定。

5.4.1.3.2　将每组样锭按锭面一反一正排列成矩形(即一、三、五块锭的正面朝下，二、四、六块锭的正面朝上)。

5.4.1.3.3　在每组矩形排列的锭面划任意对角线，用10 mm～15 mm的钻头在对角线与矩形锭短边三等分线的交点处钻取(如图2)，钻取深度不小于锭厚的三分之二。钻样时先弃去布点处0.5 mm～1 mm深的表皮钻屑，钻速以钻屑不氧化为宜。

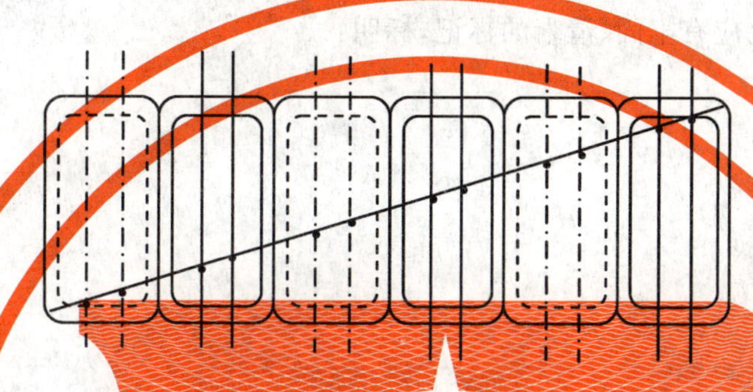

图2　长方梯形铋锭钻孔位置示意图

5.4.1.4　**铋针、铋粒取样方法**

将从该批中抽取的每桶铋针、铋粒，分别倒在清洁的平面上，铺成厚度不大于50 mm的长方形平堆，将平堆划成20个等分的网格(如图3)，用不使试样污染的取样工具从每一个网格内，随机抽取等量试样，集合各桶的试样为该批试样，试样总量不少于1 200 g。用玛瑙研钵将所取试样研碎。

图3　铋针、铋粒网格取样示意图

5.4.1.5　**仲裁试样制备方法**

将所取试样加工至不大于2 mm，用磁铁除尽加工时带入的铁质，充分混匀，缩分至不少于300 g，分为三份，每份不少于100 g，加封后一份用于仲裁分析，另外两份供需双方各保存一份。

5.4.2　**生产样的取、制样方法**

供方用于化学分析的铋试样可以从浇铸时采取。每批铋锭浇铸时，按前、中、后顺序从铋液中浇铸样锭三块，第一块为批产量的1/6时采取，第二块为批产量的1/2时采取，第三块为批产量的5/6时采取。取样按5.4.1.2和5.4.1.5进行。

5.5 检验结果判定

5.5.1 铋杂质测定结果的修约和修约后数值的判定分别按 GB/T 8170—2008 中第 3 章和 4.3.3 的规定进行。

5.5.2 铋的化学成分分析结果与本标准的规定不符时，按批判不合格。

5.5.3 铋的表面质量的检验结果与本标准的规定不符时，按锭(桶)判不合格。

6 标志、包装、运输、贮存和质量证明书

6.1 标志

6.1.1 每块铋锭表面应有供方标志、批号。

6.1.2 产品包装箱(桶)上应有牢固、清晰的标记，标明：

a) 产品名称；

b) 净重；

c) 毛重；

d) 批号；

e) 牌号；

f) 本标准编号；

g) 供方名称(商标)。

6.2 包装

铋锭用内衬防潮纸的包装箱包装。每箱净重：大箱不大于 950 kg，小箱不大于 32 kg。铋针、铋粒用内衬聚乙烯薄膜袋的铁桶包装，每桶净重不大于 25 kg。需方如对包装有其他要求，由供需双方商定。

6.3 运输

铋应用防雨淋工具运输。

6.4 贮存

铋应贮存在清洁、干燥场所。

6.5 质量证明书

每批铋应附有产品质量证明书，注明：

a) 供方名称和商标；

b) 产品名称和牌号；

c) 批号；

d) 净重和件数；

e) 分析检验结果和技术监督部门印记；

f) 本标准编号；

g) 出厂日期。

7 合同(或订货单)内容

订购本标准所列材料的合同(或订货单)内应包括下列内容：

a) 产品名称；

b) 产品牌号；

c） 化学成分及表面质量的特殊要求；

d） 产品数量；

e） 本标准编号；

f） 其他。

ICS 29.080.10
K 48

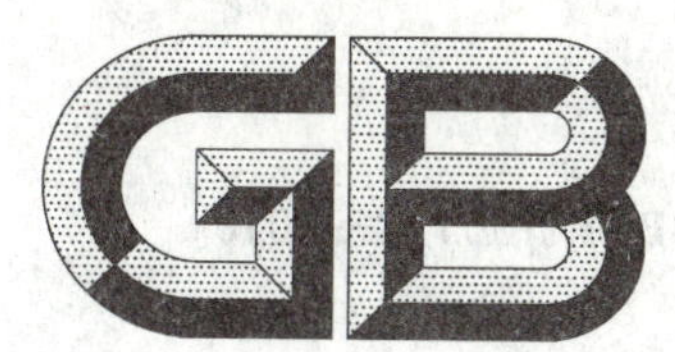

中华人民共和国国家标准

GB/T 1001.2—2010

标称电压高于1 000 V的架空线路绝缘子 第2部分:交流系统用绝缘子串及绝缘子串组 定义、试验方法和接收准则

Insulators for overhead lines with a nominal voltage above 1 000 V— Part 2: Insulator strings and insulator sets for a. c. systems— Definitions, test methods and acceptance criteria

(IEC 60383-2:1993,MOD)

2011-01-14 发布　　　　2011-07-01 实施

中华人民共和国国家质量监督检验检疫总局
中国国家标准化管理委员会　发布

前　言

GB/T 1001《标称电压高于 1 000 V 的架空线路绝缘子》分为 2 个部分：

——第 1 部分：交流系统用瓷或玻璃绝缘子元件　定义、试验方法和接收准则；

——第 2 部分：交流系统用绝缘子串及绝缘子串组　定义、试验方法和接收准则。

本部分为 GB/T 1001 的第 2 部分。

本部分修改采用 IEC 60383-2:1993《标称电压高于 1 000 V 的架空线路绝缘子　第 2 部分：交流系统用绝缘子串及绝缘子串组　定义、试验方法和接收准则》(英文版)。

本部分根据 IEC 60383-2:1993 重新起草。本部分与 IEC 60383-2:1993 条款编号相同。本部分与 IEC 60383-2:1993 的主要差异为：

——第 1 章中"注 3：电弧试验目前正在研究中" 改为"注 3：电弧试验由 GB/T 25084《标称电压高于 1 000 V 的架空线路用绝缘子串和绝缘子串组　交流工频电弧试验》规定"。

——"规范性引用文件"引用了与国际标准对应的国家标准，引用的文件 4 个，比 IEC 60383-2:1993 少一个。

——"参考文献"用相应的国家标准代替了 IEC 60383-2:1993 中的国际标准。与 IEC 60383-2:1993 相比，增加了 GB/T 25084《标称电压高于 1 000 V 的架空线路用绝缘子串和绝缘子串组　交流工频电弧试验》。

上述差异的的原因是：IEC 60383-2:1993 出版时，IEC 尚无关于电弧试验的标准。本部分制定时 IEC 关于电弧试验的标准 IEC 61467:2008 已出版，修改采用此 IEC 标准的国标为 GB/T 25084—2010，因此对第 1 章注 3 进行了上述修改，同时"参考文献"也增加了 GB/T 25084—2010；本部分制定时，IEC 60071-3:1982 已作废，并被并入 IEC 60071-1:1993，本部分引用了 GB 311.1—1997 高压输变电设备的绝缘配合(neq IEC 60071-1:1993)，因而"规范性引用文件"比 IEC 60383-2:1993 中少一个。

为便于使用，本部分做了下列编辑性修改。

a) 将"IEC 60383 的"改为"GB/T 1001 的本部分"；

b) 用小数点"."代替作为小数点的逗号"，"；

c) 删除 IEC 60383-2:1993 的前言。

本部分的附录 A 是资料性附录。

本部分由中国电器工业协会提出。

本部分由全国绝缘子标准化技术委员会(SAC/TC 80)归口。

本部分起草单位：西安高压电器研究院有限责任公司、苏州电瓷厂有限公司、国网电力科学研究院、南京电气集团有限公司、NGK 唐山电瓷有限公司、大连电瓷有限公司、自贡赛迪维尔有限公司、天津迪艾夫绝缘子有限公司。

本部分主要起草人：李大楠、陆洲、吴光亚、王云鹏、石玉秉、董刚、张继军、何勇、张彤、李瑞华、顾瑞云。

标称电压高于1 000 V的架空线路绝缘子 第2部分：交流系统用绝缘子串及绝缘子串组 定义、试验方法和接收准则

1 范围

GB/T 1001的本部分规定了标准电气试验程序及接收规则，以检验本部分范围内的绝缘子串和绝缘子串组的规定特性。

本部分适用于标称电压高于1 000 V、频率不大于100 Hz的架空电力线路用瓷或玻璃绝缘子串元件组成的绝缘子串和绝缘子串组。

本部分也适用于直流架空牵引线路用的绝缘子串和绝缘子串组。

本部分还适用于变电所用的类似结构的绝缘子串和绝缘子串组。

本部分还可作为直流架空电力线路用的绝缘子串和绝缘子串组以及复合绝缘子的暂用标准。

当需要定义、评定及检验这些装备的电气特性时，这些试验及特性给架空线路、绝缘子及线路装备的设计者、用户及供应商提供一个共同的基础。

在这些绝缘子单个地供应，或成串或成串组供应时，这些试验不能作为强制性试验。

注1：绝缘子串元件的试验由GB/T 1001.1规定。复合绝缘子的试验由GB/T 19519规定。

注2：本部分不包括人工污秽试验或无线电干扰试验。人工污秽试验由GB/T 4585规定，无线电干扰试验由GB/T 24623《高压绝缘子无线电干扰试验》规定。

注3：电弧试验由GB/T 25084《标称电压高于1 000 V的架空线路用绝缘子串和绝缘子串组 交流工频电弧试验》规定。

2 规范性引用文件

下列文件中的条款通过GB/T 1001的本部分的引用而成为本部分的条款。凡是注日期的引用文件，其随后所有的修改单(不包括勘误的内容)或修订版均不适用于本部分，然而，鼓励根据本部分达成协议的各方研究是否可使用这些文件的最新版本。凡是不注日期的引用文件，其最新版本适用于本部分。

GB 311.1—1997 高压输变电设备的绝缘配合(neq IEC 60071-1:1993)

GB/T 311.2—2002 绝缘配合 第2部分：高压输变电设备的绝缘配合使用导则(eqv IEC 60071-2:1996)

GB/T 2900.8—2009 电工术语 绝缘子(IEC 60050-471:2007,International Electrotechnical Vocabulary Part 471:Insulators,IDT)

GB/T 16927.1—1997 高电压试验技术 第1部分：一般试验要求(eqv IEC 60060-1:1989)

3 术语和定义

本部分采用下列术语和定义。下列术语和定义是GB/T 2900.8没有的或与GB/T 2900.8不同的。

本部分所用的术语“绝缘子”指试品。

3.1

绝缘子串 insulator string

一个或多个串接的绝缘子元件,作架空线路导线挠性支持用,主要承受张力。

3.2

绝缘子串组 insulator set

一个或多个绝缘子串适当地连在一起的装配,它完整地装有运行中所要求的金具和保护器件。

3.2.1

悬垂绝缘子串组 suspension insulator set

一个在其下端承载一根或多根线路导线并装有完整金具的绝缘子串组。

3.2.2

耐张绝缘子串组 tension insulator set

一个能把一根或多根线路导线保持张紧并装有完整金具的绝缘子串组。

3.3

闪络 flash-over

使正常加有运行电压的两部件连接起来的绝缘外部的破坏性放电。

注:本部分所用的术语“闪络”既包括沿绝缘子表面的闪络,也包括经绝缘子附近空气的火花放电形式的破坏性放电。

3.4

雷电冲击干耐受电压 dry lightning impulse withstand voltage

在规定的试验条件下,绝缘子干燥状态下能耐受的雷电冲击电压。

3.5

50%雷电冲击干闪络电压 50% dry lightning impulse flash-over voltage

在规定的试验条件下,绝缘子在干燥状态下发生闪络概率为50%的雷电冲击电压值。

3.6

工频湿耐受电压 wet power-frequency withstand voltage

在规定的试验条件下,绝缘子在湿状态下能耐受的工频电压。

3.7

工频湿闪络电压 wet power-frequency flash-over voltage

在规定的试验条件下,测得绝缘子在湿状态下闪络电压的算术平均值。

3.8

操作冲击湿耐受电压 wet switching impulse withstand voltage

在规定的试验条件下,绝缘子在湿状态下能耐受的操作冲击电压。

3.9

50%操作冲击湿闪络电压 50% wet switching impulse flash-over voltage

在规定的试验条件下,绝缘子在湿状态下发生闪络概率为50%的操作冲击电压值。

4 表征绝缘子串或绝缘子串组的电气值

绝缘子串或绝缘子串组可以由下列一个或几个电气值表征:

a) 规定的雷电冲击干耐受电压;

b) 规定的操作冲击湿耐受电压;

c) 规定的工频湿耐受电压。

这些特性均为设备最高电压的函数，其适用范围应参照 GB 311.1—1997、GB/T 311.2—2002 中绝缘配合的规定。

运行电压不是绝缘子串或绝缘子串组的特性值。

绝缘子在运行条件下的闪络及耐受电压可能有别于标准状态下的闪络及耐受电压。这种影响在雷电冲击试验时已得到公认，尤其是电压很高的设备，但周围条件和绝缘子布置及配套金具对操作冲击的影响要大得多，这是由于标准试验布置与运行的安装布置之间的电场分布有差异所致。

绝缘子串和绝缘子串组的操作冲击耐受电压没有必要作为规定的特性，因为它在很大程度上取决于杆塔结构及电场形状，该电场形状取决于所有金属部件的形状和相对位置。因此，检验额定操作冲击耐受电压一般均要求其安装布置能够确切地代表运行条件。因此，安装布置的细节应由供需双方在订货时协议。

5 高电压试验的一般要求

a) 雷电及操作冲击电压以及工频电压试验方法应按 GB/T 16927.1—1997 规定。

b) 雷电及操作冲击电压应采用其预期峰值表示，工频电压应采用峰值除以$\sqrt{2}$表示。

c) 在试验时自然大气条件与标准值(见 6.1)不同时，必须按 6.2 采用校正因数。

d) 在高压试验开始前绝缘子应清洁并干燥。

e) 应采取专门措施防止试品表面凝露，尤其在相对湿度很高时。例如，试品应在试验场所的周围温度下放置足够长的时间，使之在试验开始前达到热平衡。

   除非制造商与购方另有协议，如果相对湿度超过 85%，不应进行试验。

f) 连续施加电压的时间间隔应足以使闪络或耐受试验时前次施加电压的影响降至最小。

6 电气试验的标准大气条件及校正因数

6.1 标准参照大气

标准参照大气条件应符合 GB/T 16927.1—1997 的规定。

6.2 大气条件的校正因数

校正因数应符合 GB/T 16927.1—1997 规定。如果在试验时大气条件不同于标准参照大气，则应计算空气密度校正因数(K_1)及湿度校正因数(K_2)并决定其乘积 $K=K_1\cdot K_2$，此时试验电压按下式修正。

耐受电压(冲击及工频)：

施加试验电压$=K\times$规定耐受电压

闪络电压(冲击及工频)：

$$\text{记录的闪络电压}=\frac{\text{测得的闪络电压}}{K}$$

注：对于湿试验，湿度不校正，即 $K_2=1$，$K=K_1$。

7 湿试验的人工雨参数

应采用 GB/T 16927.1—1997 的标准湿试验程序。人工雨的特性应符合 GB/T 16927.1—1997 的要求。当试验在绝缘子水平或倾斜位置试验时，淋雨方向应由供需双方协议。

8 电气试验的安装布置

特定的安装布置在第 12 章中规定。

9 雷电冲击电压试验

应采用 GB/T 16927.1—1997 规定的程序对一个绝缘子串或一个绝缘子串组进行试验。

应采用 1.2/50 标准雷电冲击波(见 GB/T 16927.1—1997)。

绝缘子应按第 5 章和第 6 章规定的条件进行试验。

应采用正、负极性两种冲击波。但当有证据说明某种极性得出的耐受电压较低时,采用此极性试验即可。

测定绝缘子串及绝缘子串组雷电冲击干耐受电压的标准程序应为 GB/T 16927.1—1997 规定的升降法测得 50%闪络水平进行计算。

在绝缘子串及绝缘子串组很长时,其长度取决于污秽性能而不是冲击电压,有必要采用 15 次冲击的耐受程序。

这些试验不应使绝缘子损坏,但在绝缘件表面有轻微的痕迹,或者有水泥或其他胶装材料掉块应是允许的。

10 湿工频电压试验

应采用 GB/T 16927.1—1997 规定程序对一个绝缘子串或绝缘子串组进行试验。

试验回路应符合 GB/T 16927.1—1997。

绝缘子试验条件应按第 5 章、第 6 章、第 7 章规定。

人工雨特性应符合 GB/T 16927.1—1997 的要求。

加在试品上的电压应为按试验时大气条件校正(见 6.2)后的规定工频湿耐受电压。试验电压在此值下保持 1 min。

注:在对架空牵引线路绝缘子进行试验时,此试验电压的频率也适用于工作频率(0～100)Hz 的绝缘子。

试验时不应发生闪络或击穿。

为了提供信息,以及在订货时专门提出要求时,可以测定绝缘子湿闪电压。在电压超过工频湿耐受电压约 75%后,以大约每秒 2%该电压的速度升压。闪络电压为 5 次连续读数的算术平均值,经校正到标准大气条件(见 6.2)后予以记录。

11 湿操作冲击电压试验

应按 GB/T 16927.1—1997 规定的程序对一个绝缘子串或绝缘子串组进行试验。

应采用 250/2500 标准操作冲击波(见 GB/T 16927.1—1997)。

绝缘子试验条件按第 5 章、第 6 章、第 7 章规定。

人工雨的特性应按 GB/T 16927.1—1997 要求。

应采用正、负两种极性冲击。但当有证据说明某种极性得出的耐受电压较低时,采用此极性试验即可。

测定绝缘子串及绝缘子串组湿操作冲击耐受电压的标准程序应为按 GB/T 16927.1—1997 规定的升降法测得 50%闪络水平进行计算。

有时在采用 50%闪络程序时会有些困难,例如由于许多次闪络没有发生在绝缘子串上,或者由于绝缘子串过长需要过高的试验电压。如果出现这些困难,经协议可以采用 15 次冲击耐受程序。

这些试验应不造成绝缘子损坏。但绝缘件表现轻微的痕迹或者有水泥或其他胶装材料的掉块应是允许的。

12 安装方法

绝缘子串和串组的电气试验安装布置取决于是否要进行操作冲击试验(见第4章)以及是否要模拟运行条件。

12.1 不要求进行操作冲击试验的绝缘子串或绝缘子串组的标准安装布置

绝缘子串或串组应采用一根接地钢丝绳或其他合适的导体垂直悬挂在一支持结构上。绝缘子金属附件顶端距离支持结构至少为1 m。离绝缘子1 m或1.5倍绝缘子串长度(两者取大者)范围内不能有其他物品。绝缘子串下端金具应装一根有一定长度的导体(例如直而光滑的金属管或棒),此导体应处于水平位置,导体上表面与瓷件或玻璃件最下一个伞裙的距离应尽可能短,但应大于最下一个绝缘子直径的0.5倍。

此导体的直径应约为绝缘子串长的1.5%,最小为25 mm。

此导体长度应至少为绝缘子串长的1.5倍,并应自垂直轴每一侧伸出至少1 m。

应采取措施防止从导体端部闪络。

试验电压应加在此导体与地之间。

12.2 要求进行操作冲击试验的绝缘子串或绝缘子串组的标准安装布置

绝缘子串或串组应垂直悬挂在模拟塔身及横担的装置上。横担用一个水平构件模拟,绝缘子串挂在其一端,模拟塔身的垂直构件装在其另一端。此两个构件及支持绝缘子串的连接件均应接地。每个构件朝向绝缘子一面的宽度应至少为400 mm至绝缘子串长的20%。绝缘子串轴线至模拟塔身的垂直构件的距离应在绝缘子串长的1.2～1.5倍之间。绝缘子串顶点至模拟横担的水平构件下部之间的距离应约等于300 mm。模拟塔身的构件在模拟横担的构件下部的长度至少为绝缘子串长的2倍。

用两根直而光滑的金属杆或管作为双导线束装在绝缘子串下部金具上,与横担成直角。导线束的两根导线用水平间隔棒使之保持平行,两导线间距应约为绝缘子串长的十分之一。线束应自绝缘子串轴线每一侧伸出,长度应大约为绝缘子串长,每根导线直径应在绝缘子串长的0.75%～1.5%之间。

为了避免从线束两端放电,其每端要用适当的装置保护(例如用金属环)。导线离地高度应约等于绝缘子串长的1.5倍,但不小于6 m。

试验电压应加在导线束与地之间,高电压接在导线束的一端。

试验时,应没有除本条所述以外的物品离绝缘串近于1.5倍串长。

绝缘子串应装有它必须带的所有部件,由制造厂予以规定。

注:对于长度超过5 m的长串,可能需要修改某些标准尺寸,特别是导线束的导线根数及线距。

12.3 模拟运行条件的安装布置

经协议,绝缘子串或绝缘子串组的试验可以在尽可能接近地模拟运行条件下进行,例如,把绝缘子串组安装在模拟运行实际杆塔的金属构架上进行。

模拟运行条件的程度应在考虑到可能影响绝缘子性能的所有因素下由供需双方协议。

注:在这种非标准条件下,其特性可能与标准安装方法测量值有很大差异。

参 考 文 献

[1] GB/T 1001.1—2003 标称电压高于1 000 V架空线路用绝缘子 第1部分:交流系统用瓷或玻璃绝缘子元件 定义、试验方法及接收准则(IEC 60383-1:1993,MOD)

[2] GB/T 4585—2004 交流系统用高压绝缘子的人工污秽试验(IEC 60507:1991,IDT)

[3] GB/T 19519—2004 标称电压高于1 000 V交流架空线路用复合绝缘子 定义、试验方法及接收准则(IEC 61109:1992,MOD)

[4] GB/T 24623 高压绝缘子无线电干扰试验(GB/T 24623—2009,IEC 60437:1997,MOD)

[5] GB/T 25084 标称电压高于1 000 V的架空线路用绝缘子串和绝缘子串组 交流工频电弧试验(GB/T 25084—2010,IEC 61467:2008,Isolator for overhead lines-Isolator strings and sets for lines with a nominal voltage greater than 1 000 V-AC power arc testes,MOD)

ICS 83.080.01
G 31

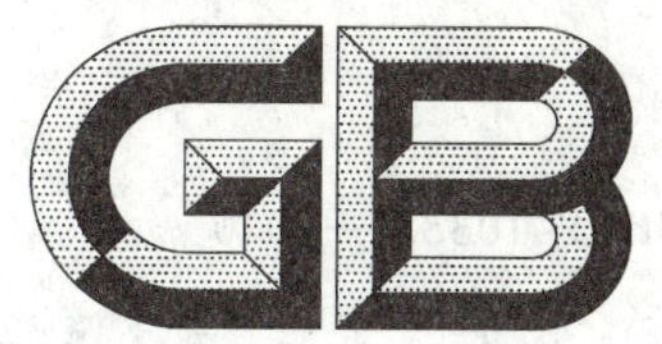

中华人民共和国国家标准

GB/T 1033.2—2010

塑料 非泡沫塑料密度的测定 第2部分:密度梯度柱法

Plastics—Methods for determining the density of non-cellular plastics—Part 2:Density gradient column method

(ISO 1183-2:2004,MOD)

2010-09-26 发布

2011-08-01 实施

中华人民共和国国家质量监督检验检疫总局
中国国家标准化管理委员会 发布

前　言

GB/T 1033《塑料　非泡沫塑料密度的测定》分为以下三个部分：

——第1部分：浸渍法、液体比重瓶法和滴定法；

——第2部分：密度梯度柱法；

——第3部分：气体比重瓶法。

本部分为GB/T 1033的第2部分。

本部分重新起草修改采用ISO 1183-2:2004《塑料　测定非泡沫塑料密度的方法　第2部分：密度梯度柱法》(英文版)。

本部分与ISO 1183-2:2004的技术差异及其原因如下：

——把“规范性引用文件”一章所列的国际标准分别用采用该文件的我国国家标准代替。并在引用文件中增加了GB/T 6379.2—2004 测量方法与结果的准确度(正确度与精密度)　第2部分 确定标准测量方法重复性与再现性的基本方法(ISO 5725-2:1994,IDT)；

——增加了“密度梯度柱”的定义；

——将ISO 1183-2:2004中浮子大小的规定由“直径不大于5 mm”改为“直径不大于8 mm”；

——密度的计算明确了对精度的要求；

——增加了精密度部分；

——增加了“附录C(资料性附录)　GB/T 1033的本部分与GB/T 1033—1986中D法的差异”。

为了便于使用，本部分对ISO 1183-2:2004进行了下列编辑性修改：

——删除了ISO 1183-2:2004的前言；

——根据我国标准编写规格，将英文原文的附录B改为本标准的附录A，英文原文的附录A改为本标准的附录B；

——根据我国标准编写规则，将规范性引用文件中的GB 3102.3—1993放入参考文献中。

本部分的附录A、附录B以及附录C为资料性附录。

本部分由中国石油和化学工业协会提出。

本部分由全国塑料标准化技术委员会塑料树脂通用方法和产品分会(SAC/TC 15/SC 4)归口。

本部分负责起草单位：国家化学建筑材料测试中心(材料测试部)。

本部分参加起草单位：中国石化北京燕山分公司树脂应用研究所、国家合成树脂质量监督检验中心、中蓝晨光化工研究院有限公司、国家石化有机原料合成树脂质量监督检验中心、中国石化上海石化股份有限公司质检中心、中国石化齐鲁分公司研究院、中国石化齐鲁分公司塑料厂、石油化工研究院大庆化工研究中心、中国石油大庆石化公司塑料厂、中国石油吉林石化公司研究院、中国石油吉林石化分公司聚乙烯厂、中国石油辽阳石化分公司烯烃厂、中国石油独山子石化公司乙烯厂、上海赛科石油化工有限责任公司、中海壳牌石油化工有限公司、中国石化茂名分公司、中国石油兰州石化公司。

本部分主要起草人：桂华、者东梅、胡孝义、陈宏愿、王超先、赵平。

塑料　非泡沫塑料密度的测定
第2部分:密度梯度柱法

警告:本部分的应用可能会涉及到一些危险的材料、操作或设备。本部分没有针对可能存在的有关应用的全部安全问题做出说明。本部分的使用者有责任在使用前建立适用于本部分的安全健康条款并确定本部分的使用规范。

1　范围

GB/T 1033 的本部分规定了用密度梯度柱测定非泡沫塑料密度的方法。

本部分适用于模塑或挤出的无孔非泡沫塑料固体颗粒。

注:密度通常用来考查塑料材料的物理结构或组成的变化,也用来评价样品或试样的均一性。塑料材料的密度通常也与试样的制备方法密切相关,这种情况下,试样制备的详细方法应包含在材料的相关规范中。

2　规范性引用文件

下列文件中的条款通过 GB/T 1033 的本部分的引用而成为本部分的条款。凡是注日期的引用文件,其随后所有的修改单(不包括勘误的内容)或修订版均不适用于本部分,然而,鼓励根据本部分达成协议的各方研究是否可使用这些文件的最新版本。凡是不注日期的引用文件,其最新版本适用于本部分。

GB/T 1033.1—2008　塑料　非泡沫塑料密度的测定　第1部分:浸渍法、液体比重瓶法和滴定法(ISO 1183-1:2004,IDT)

GB/T 2035—2008　塑料术语及其定义(ISO 472:1999,IDT)

GB/T 2918—1998　塑料试样状态调节和试验的标准环境(idt ISO 291:1997)

GB/T 6379.2—2004　测量方法与结果的准确度(正确度与精密度)　第2部分:确定标准测量方法重复性与再现性的基本方法(ISO 5725-2:1994,IDT)

3　术语和定义

GB/T 2035—2008 中确立的以及下列术语和定义适用于本部分。

3.1

密度　density

ρ

试样的质量 m 与其在温度 t 时的体积之比,以 kg/m^3、kg/dm^3(g/cm^3)或 kg/L(mg/mL)为单位。

注:根据 GB 3102.3—1993 对以下术语进行明确说明,见表1。

表1　密度术语

术　语	符　号	公　式	单　位
密度	ρ	m/V	kg/m^3 kg/dm^3(g/cm^3) kg/L(g/mL)
比体积	v	$V/m(=1/\rho)$	m^3/kg dm^3/kg(cm^3/g) L/kg(mL/g)
注:比体积是温度 t 时单位质量物质所占有的体积。			

3.2

密度梯度柱 density gradient column

由两种液体组成的、密度从顶部到底部在一定范围内均匀提高的液体柱。

4 状态调节

状态调节和试验应符合 GB/T 2918—1998 或材料相关规范的规定。通常，测试前不需要将样品调节到恒定的测试温度，因为测试本身是在恒定的温度下进行的。

如果测试过程中试样的密度发生变化，且变化范围超过了密度测量所要求的精度，则试样在测试之前应按材料的相关标准规定进行状态调节。如果研究密度随时间或大气环境条件的变化是测试的主要目的，试样应按材料的相关规范的要求进行状态调节。如果没有相关规范，则应按相关各方认可的条件对试样进行状态调节。

5 方法

5.1 仪器

5.1.1 密度梯度柱，直径不小于 40 mm，顶端有一个盖子。液体柱的高度应与所需的精度相匹配，刻度间隔一般为 1 mm。

5.1.2 液体恒温浴，根据灵敏度的要求(参见附录 A)，控温精度为±0.1 ℃或±0.5 ℃。

5.1.3 经校准的玻璃浮子，覆盖整个测试量程并在量程范围内均匀分布。

注：这些浮子可从被认可的单位购买或按 5.4.1 中所描述的方法进行制备。

5.1.4 天平，精度为 0.1 mg。

5.1.5 虹吸管或毛细填充管组合，用于向梯度柱(5.1.1)或其他适宜的装置中注入密度梯度液，如图 A.1或图 A.2 所示。

5.2 浸渍液

由两种密度不同的可互溶的液体制备，若使用纯液体，应为刚蒸馏过的液体。常用液体体系的密度参见附录 B。

在测试过程中浸渍液不应对试样产生影响。

混合液的制备详见 5.4.1.2。

5.3 试样

试样应为从被测材料上切出的形状容易辨认的小粒，控制试样的大小以确保其中心位置容易确定。

当从较大的样品中切取试样时，应确保材料的物理参数不因产生过多的热量而发生变化。试样表面应光滑，无凹陷，从而避免因试样表面有气泡存留而产生误差。

注：通常试样的直径小于 5 mm。

5.4 测试步骤

5.4.1 玻璃浮子的制备和校准

5.4.1.1 玻璃浮子(5.1.3)应为采用任何便利方法制得的、直径不大于 8 mm 且经过充分退火的近似球形物。

5.4.1.2 制备某一密度范围的玻璃浮子，需准备一系列 500 mL 左右由两种浸渍液(5.2)按不同比例配制的混合液。混合液的密度范围应覆盖密度梯度柱(5.1.1)所测密度的整个范围，在室温条件下将浮子轻轻放入到这些混合液中。

选取适宜的玻璃浮子并按下列步骤进行调整使其与相应的混合液的密度近似匹配：

a) 在玻璃板上用粒径小于 38 μm(400 目)的碳化硅的稀浆液或其他适宜的擦拭剂打磨玻璃浮子。

b) 用氢氟酸刻蚀玻璃浮子。

5.4.1.3 确定以上得到的每一个玻璃浮子的精确密度。将浮子轻放到置于液体恒温浴(5.1.2)中的混合液(5.2)中,液体恒温浴的温度(t ℃±0.1 ℃)为密度梯度柱的使用温度(23 ℃或 27 ℃)。如果浮子下沉,加入两种液体中较重的液体(相反如果浮子上浮,加入较轻的液体)然后轻轻地搅拌使混合液均匀。搅拌均匀后观察浮子在混合液中是否稳定不动。如果浮子向上或向下移动,则按上述步骤再次调节混合液的密度,直到浮子可以静止至少 30 min 为止。

5.4.1.4 当浮子达到平衡时混合液的密度记为该浮子的密度,该混合液的密度用 GB/T 1033.1—2008 中的液体比重瓶法(方法 B)或其他适宜的方法确定。每个浮子的密度应精确到 0.000 1 g/cm³。必要时按 GB/T 1033.1—2008 中的第 6 章对浮力进行校准。

注:校准的玻璃浮子也可从被认可的供应商处购买。

5.4.2 密度梯度柱的配制

本部分不详细说明密度梯度柱的配制方法,附录 B 给出了两种参考方法。

5.4.3 密度的测定

用配制密度梯度柱时所用的轻液将 3 个试样进行润湿,而后将试样依次轻轻地放入梯度柱中。试样在梯度柱中达到稳定需要 10 min 或更长时间,厚度小于 0.05 mm 的薄膜试样需要至少 1.5 h 才能达到平衡。薄膜试样建议几小时后应复查一下薄膜试样的位置。

注 1:测试过程中试样表面有气泡是产生误差的最常见的原因之一。

注 2:在梯度柱上施以真空或用一个细铁丝小心地去除试样表面的气泡。

以前测试留在梯度柱中的试样可以用一个铁丝网做的篮子以极慢的速度在不破坏其密度梯度的情况下打捞出来。清干净后,篮子再缓慢放回到梯度柱的底部。需强调的是,为了不破坏密度梯度,这一步骤应以极慢的速度(约 10 mm/min)进行。为方便打捞可以使用一种计时马达,打捞之后应对密度梯度柱进行校准后再使用。

5.4.4 计算

试样的密度可以由曲线法或者根据试样在梯度柱中的位置用计算法得出:

a) 曲线法

绘制浮子密度(ρ)-浮子高度(H)曲线,图要足够大以确保曲线中的点所对应的坐标值可以精确到 ±0.000 1 g/cm³ 和 ±1 mm。然后在曲线上找出试样的高度值,根据试样的高度找到对应的密度值。

b) 计算法

按式(1)用内插法计算每一个试样的密度 $\rho_{s,x}$:

$$\rho_{s,x} = \rho_{F1} + \frac{(x-y)\times(\rho_{F2}-\rho_{F1})}{z-y} \quad \cdots\cdots(1)$$

式中:

ρ_{F2} 和 ρ_{F1}——紧邻试样下端和上端两个浮子的密度;

x——试样距某一基准水平面的垂直距离;

y 和 z——密度为 ρ_{F1} 和 ρ_{F2} 的两个浮子距该基准水平面的垂直距离。

注 1:计算法不能显示出校准误差,只能用曲线法检测出来这些误差。只有相关密度范围内校准为线性时,才可以使用方法 b)。

注 2:两种方法得出的密度都应精确到 0.000 1 g/cm³。

如果每个浮子的位置与其密度不呈线性关系,试样的密度可采用二阶方程曲线内插法求得。

必要时,浮力的校准可参考 GB/T 1033.1—2008 中第 6 章进行。

6 精密度

对密度范围在 0.916 4 g/cm³~0.962 8 g/cm³ 的 8 种聚乙烯树脂所做的密度梯度柱法测定材料密度的精密度实验进行结果分析,分别得出异丙醇-水或乙醇-水两种体系的重复性限和再现性限,见表 2 和表 3。

表 2　密度梯度柱法测定聚乙烯树脂密度的精密度实验结果(乙醇-水体系)

聚乙烯树脂样品	1#	2#	3#	4#	5#	6#	7#	8#
有效实验室数	13	14	17	17	18	21	17	17
总平均值的估计(m)/(g/cm^3)	0.916 40	0.921 00	0.921 66	0.922 91	0.939 07	0.951 14	0.960 81	0.962 82
重复性标准差(S_r)	5.5×10^{-5}	9.0×10^{-5}	5.2×10^{-5}	7.3×10^{-5}	2.6×10^{-4}	2.2×10^{-4}	1.8×10^{-4}	1.9×10^{-4}
重复性限(r)	1.5×10^{-4}	2.5×10^{-4}	1.5×10^{-4}	2.0×10^{-4}	7.3×10^{-4}	6.1×10^{-4}	5.1×10^{-4}	5.2×10^{-4}
再现性标准差(S_R)	4.7×10^{-4}	5.2×10^{-4}	7.0×10^{-4}	5.6×10^{-4}	4.8×10^{-4}	5.6×10^{-4}	6.9×10^{-4}	1.2×10^{-3}
再现性限(R)	1.3×10^{-3}	1.5×10^{-3}	1.9×10^{-3}	1.6×10^{-3}	1.3×10^{-3}	1.6×10^{-3}	1.9×10^{-3}	3.3×10^{-3}

表 3　密度梯度柱法测定聚乙烯树脂密度的精密度实验结果(异丙醇-水体系)

聚乙烯树脂样品	1#	2#	3#	4#	5#	6#	7#	8#
有效实验室数	4	6	7	9	7	10	7	7
总平均值的估计(m)/(g/cm^3)	0.916 34	0.920 83	0.921 61	0.922 87	0.938 96	0.950 95	0.960 42	0.962 96
重复性标准差(S_r)	—	—	—	1.5×10^{-4}	—	2.3×10^{-4}	—	—
重复性限(r)	—	—	—	4.1×10^{-4}	—	6.6×10^{-4}	—	—
再现性标准差(S_R)	—	—	—	6.3×10^{-4}	—	5.5×10^{-4}	—	—
再现性限(R)	—	—	—	1.8×10^{-3}	—	1.5×10^{-3}	—	—

本次精密度实验所得结果只对用于本次试验的相关批次的、特定试验条件下进行试验的 8 种聚乙烯牌号的数据负责。此数据不应简单地作为接受或拒绝某种材料的依据,但对于测试结果根据本结论作出的判定有 95%正确的可能性。

7　试验报告

试验报告应包含以下信息和内容:

a)　注明引用 GB/T 1033 的本部分;

b)　被测材料的全部详细信息,包括试样的制备方法、(可能进行的)预处理;

c)　使用的浸渍液体系;

d)　三个试样的单个测试值及其算术平均值,精确到 0.000 1 g/cm^3;

e)　试验温度;

f)　进行的浮力校准详细说明;

g)　试验日期。

附 录 A
（资料性附录）
密度梯度柱的配制

A.1 将密度梯度柱放到液体恒温浴(5.1.2)中，从附录B的表中选取合适的浸渍液(5.2)体系。若要求精度为0.001 g/cm³，液浴的温度应控制在±0.5 ℃以内，且整个密度梯度柱的上下密度差应小于0.2 g/cm³(最好小于0.1 g/cm³)。若要求精度为0.000 1 g/cm³，液浴的温度应控制在±0.1 ℃以内，且整个密度梯度柱的上下密度差应小于0.02 g/cm³(最好小于0.01 g/cm³)。梯度柱的最顶端和最底端的数据最好不要使用，且校准区域以外的读数不可取。

配制密度梯度柱的方法很多，下面介绍其中的两种方法，见A.2和A.3。

A.2 方法1：将两个相同形状和体积的容器按图A.1组装。选取一定量的两种液体，要求两种液体都经缓慢加热或施真空而排除了气体，超声波清洗器也是一种较为有效的方法。

将一定量的轻液加入到容器2中(总量至少为梯度柱所需浸渍液量的一半，见注1)，打开磁力搅拌，调节搅拌速度使得液面不发生剧烈振动。将同样量的重液加入到容器1中，注意不要将空气带入其中，打开容器2的阀门，用轻液充满毛细填充管(5.1.5)，毛细填充管用来控制液体的流速。向密度梯度柱底部开始缓慢注入液体，直到液面达到梯度柱顶端(注2)。

使用前应将制好的密度梯度柱放置至少24 h。

注1：用式(A.1)来计算某一时刻容器2中液体的密度 ρ_2：

$$\rho_2=\rho_{\max}-\frac{2\times(\rho_{\max}-\rho_{\min})\times V_1}{V} \qquad \text{(A.1)}$$

式中：

$\rho_{\min}$——所配密度范围的下限，其值应比密度梯度柱中最轻的经校准的浮子的密度小0.01 g/cm³。

$\rho_{\max}$——所需密度范围的上限，也就是容器1中液体的密度。应比密度梯度柱中最重的经校准的浮子的密度大0.005 g/cm³；

V——某一时刻密度梯度柱中液体的总体积，单位为立方厘米(cm³)；

V_1——容器1液体的初始体积，单位为立方厘米(cm³)。

注2：配制一个密度梯度柱可能需要1 h～1.5 h，有时需要更长时间，取决于密度梯度柱的体积。

A.3 方法2：按图A.2来组装仪器。此方法除以下几个步骤外其他与方法1相同：

a) 重液放入容器2，轻液放入容器1中；

b) 用虹吸管将液体从容器1吸入到容器2，然后再从容器2虹吸到密度梯度柱中，与梯度柱相连的虹吸管末端应为毛细填充管，填充管上端有阀门以控制液体流速；

c) 浸渍液先虹吸到密度梯度柱顶部，然后顺着密度梯度柱的内壁缓慢流下；

d) 计算密度 ρ_2 的方程式见式(A.2)：

$$\rho_2=\rho_{\min}-\frac{2\times(\rho_{\min}-\rho_{\max})\times V_1}{V} \qquad \text{(A.2)}$$

式中：

$\rho_{\min}$——所配密度范围的下限，其值应比密度梯度柱中最轻的经校准的浮子的密度小0.01 g/cm³；

$\rho_{\max}$——所需密度范围的上限，也就是容器1中液体的密度。应比密度梯度柱中最重的经校准的浮子的密度大0.005 g/cm³；

V——某一时刻密度梯度柱中液体的总体积，单位为立方厘米(cm³)；

V_1——容器1液体的初始体积，单位为立方厘米(cm³)。

A.4 先在轻液中浸湿清洁的浮子，然后依次将浮子轻轻放入到密度梯度柱中，如果浮子聚集而没有在整个梯度柱中均匀地分散开，则应取出浮子废弃混合液并重新配制密度梯度柱。

如果密度测定的精度要求为 0.001 g/cm^3，则应在 0.01 g/cm^3 密度范围内至少分布 1 个浮子；如果密度测定的精度要求为 0.000 1 g/cm^3，则应在 0.001 g/cm^3 的密度范围至少分布 1 个浮子；至少需要 5 个浮子才能形成一条合理的校准曲线。

A.5 密度梯度柱配制好后，盖好盖子，恒温 24 h～48 h。恒温结束后，测量每一个浮子中心位置距离柱子底部的距离，精确到 1 mm，绘制出浮子密度(ρ)-浮子高度(H)曲线。

浮子密度-高度曲线的有效部分应是一条单调的、无间断的、拐点不多于一个的、近似线性的曲线，否则梯度液应废弃并重新配制密度梯度柱。

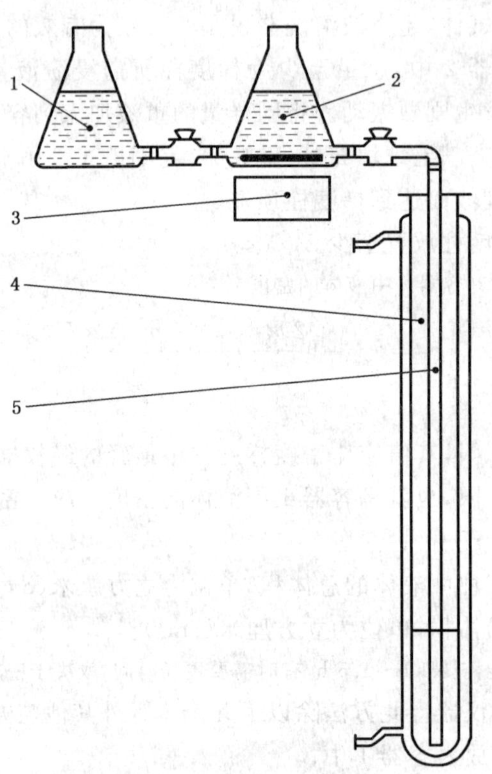

1——容器 1(里面装重液)；

2——容器 2(里面装轻液)；

3——磁力搅拌；

4——密度梯度柱；

5——毛细填充管。

图 A.1 方法 1 所述密度梯度柱的配制装置

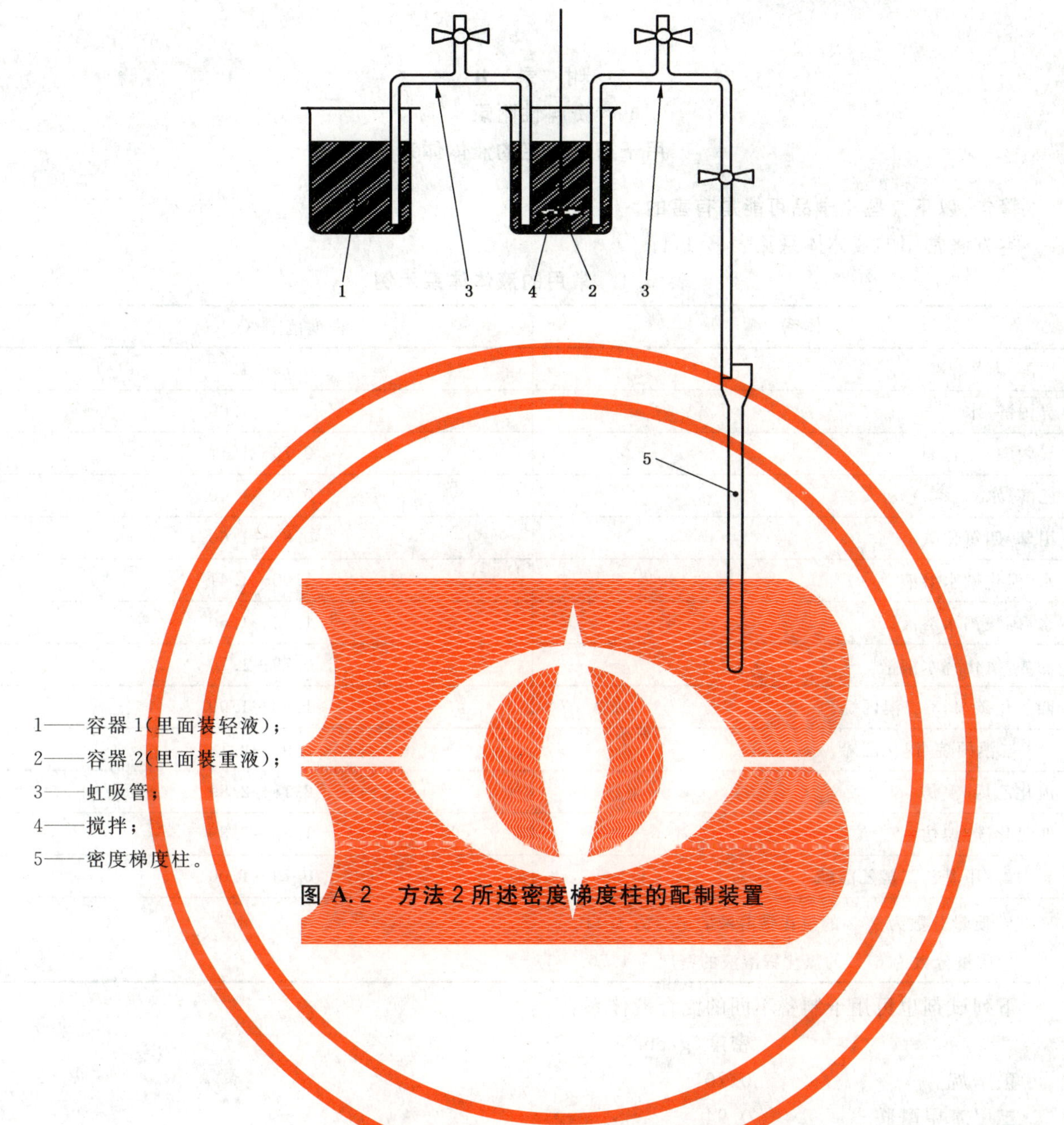

1——容器1(里面装轻液);
2——容器2(里面装重液);
3——虹吸管;
4——搅拌;
5——密度梯度柱。

图A.2 方法2所述密度梯度柱的配制装置

附 录 B
（资料性附录）
用于密度测定的液体体系

警告：以下某些化学品可能是有害的。

本方法常用的液体体系见表B.1。

表B.1 常用的液体体系示例

体系	密度范围/(g/cm^3)
甲醇/苯甲醇	0.79～1.05
异丙醇/水	0.79～1.00
异丙醇/二甘醇	0.79～1.11
乙醇/水	0.79～1.00
甲苯/四氯化碳	0.87～1.60
水/溴化钠水溶液[a]	1.00～1.41
水/硝酸钙水溶液	1.00～1.60
乙醇/氯化锌水溶液[b]	0.79～1.70
四氯化碳/1,3-二溴丙烷	1.60～1.99
1,3-二溴丙烷/溴化乙烯	1.99～2.18
溴化乙烯/溴仿	2.18～2.89
四氯化碳/溴仿	1.60～2.89
异丙醇/甲基乙二醇乙酸酯	0.79～1.00

[a] 质量分数为40%的溴化钠溶液的密度为1.41。

[b] 质量分数为67%的氯化锌溶液的密度为1.70。

下列试剂也可用于制备不同的混合液体系：

	密度(g/cm^3)
正辛烷	0.70
二甲基甲酰胺	0.94
四氯乙烷	1.60
乙基碘	1.93
亚甲基碘	3.33

附 录 C
（资料性附录）
GB/T 1033 的本部分与 GB/T 1033—1986 中 D 法的差异

本部分与 GB/T 1033—1986 中 D 法的主要差异如下：

a） 增加了“密度梯度柱”的定义。

b） 对密度梯度柱（见 5.1.1）的长度没有要求，GB/T 1033—1986 中 D 法规定长度不小于 250 mm（见 GB/T 1033—1986 的 4.4.1.4）。

c） 对浮子的要求为直径不大于 8 mm（见 5.4.1.1），GB/T 1033—1986 中 D 法规定浮子的直径为 3 mm～8 mm（见 GB/T 1033—1986 的 4.4.3.1）。

d） 对每组试样的投样时间间隔取消了规定，GB/T 1033—1986 中 D 法规定每组试样投放时间间隔最好不少于 30 min（见 GB/T 1033—1986 的 4.4.3.3）。

e） 试样在密度梯度柱中的平衡时间为 10 min 或更长时间（见 5.4.3），GB/T 1033—1986 中 D 法规定为 30 min（见 GB/T 1033—1986 中的 4.4.3.3）。

f） 密度梯度柱的配制在附录 A 中说明，GB/T 1033—1986 中 D 法在正文中（见 GB/T 1033—1986 的 4.4.3.2）说明。

g） 密度的计算明确了对精度的要求（见 5.4.4）。

h） 增加了精密度部分（见 6）。

参 考 文 献

[1] GB 3102.3—1993 力学的量和单位(eqv ISO 31-3:1992)

ICS 83.080.01
G 31

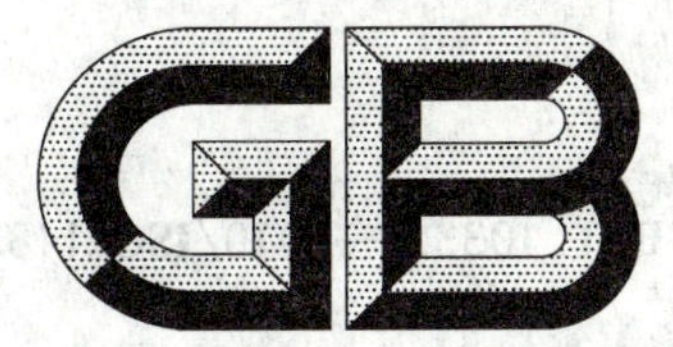

中华人民共和国国家标准

GB/T 1033.3—2010/ISO 1183-3:1999

塑料 非泡沫塑料密度的测定 第3部分:气体比重瓶法

Plastics—Methods for determining the density of non-cellular plastics—Part 3: Gas pyknometer method

(ISO 1183-3:1999, IDT)

2010-09-26 发布　　2011-08-01 实施

中华人民共和国国家质量监督检验检疫总局
中国国家标准化管理委员会　发布

前　言

GB/T 1033《塑料　非泡沫塑料密度的测定》分为以下三个部分：

——第1部分：浸渍法，液体比重瓶法和滴定法；

——第2部分：密度梯度柱法；

——第3部分：气体比重瓶法。

本部分为GB/T 1033的第3部分。

本部分采用翻译法等同采用ISO 1183-3:1999《塑料　非泡沫塑料密度测定方法　第3部分：气体比重瓶法》（英文版）。

为了便于使用，对于ISO 1183-3:1999，本部分还做了下列编辑性修改：

——把“本国际标准”一词改为“本标准”、“本部分”或“GB/T 1033.3—2010”；

——删除了ISO 1183-3:1999的前言；

——增加了本部分的前言；

——增加了规范性引用文件；

——用我国的小数点符号“.”代替国际标准中的小数点符号“,”。

本部分的附录A为资料性附录。

本部分由中国石油和化学工业协会提出。

本部分由全国塑料标准化技术委员会塑料树脂通用方法和产品分会（SAC/TC 15/SC 4）归口。

本部分负责起草单位：国家合成树脂质量监督检验中心、中蓝晨光化工研究院有限公司、广州合成材料研究院有限公司。

本部分参加起草单位：金发科技股份有限公司、中国石化北京燕山分公司树脂应用研究所、中国石化北京化工研究院国家化学建材测试中心。

本部分主要起草人：郑宁、杨育农、刘奇祥、陈宏愿、者东梅。

塑料　非泡沫塑料密度的测定
第3部分:气体比重瓶法

警告:本部分的应用可能会涉及到一些危险的材料、操作或设备。本部分没有针对可能存在的有关应用的全部安全问题做出说明。本部分的使用者有责任在使用前建立适用于本部分的安全健康条款并确定本部分的使用规范。

1　范围

GB/T 1033的本部分规定了内部不含孔隙的任何形状的固体非泡沫塑料的密度或比容的测量方法。

2　术语和定义

下列术语和定义适用于GB/T 1033的本部分。

2.1

试验材料　test material

受试的材料。

2.2

试样　test specimen

实际上受试的试验材料部分。

2.3

质量　mass

m

物体所含物质的量,用千克(kg)或克(g)表示。

2.4

重量　weight

w

作用在质量上的重力产生的力,用牛顿(N)表示。

注:重力因位置而异,重量也如此。

2.5

表观质量　apparent mass

m_{app}

用天平测量所得到的物体的质量,用千克(kg)或克(g)表示。

2.6

体积　volume

V

物体在三维空间不包括孔隙的尺寸,用立方米(m^3)、升(L)、立方厘米(cm^3)或毫升(mL)表示。

注:由于热膨胀,体积随温度 t 变化。

2.7

密度　density

ρ

试样的质量 m 与其在温度 t 时体积之比,用千克每立方米(kg/m^3)、千克每立方分米(kg/dm^3)、克每立方厘米(g/cm³)、千克每升(kg/L)或克每毫升(g/mL)表示。

注：在恒定温度 t 时密度用式(1)计算：

$$\rho^t = \frac{m_{app}}{V} \quad\cdots\cdots(1)$$

2.8

比容　specific volume

v

在给定温度 t 时物质单位质量的体积,用立方米每千克(m^3/kg)、立方分米每千克(dm^3/kg)、立方厘米每克(cm^3/g)、升每千克(L/kg)或毫升每克(mL/g)表示。

注1：在恒定温度 t 时比容用式(2)计算：

$$v^t = \frac{V^t}{m_{app}} = \frac{1}{\rho^t} \quad\cdots\cdots(2)$$

注2：密度不同于比重,比重是在说明的温度 t 时一定体积物质的质量与等体积水的质量之比。

3　原理

3.1　通过放入试样测量气体比重瓶内气体体积变化的方法,测定已知表观质量试样的体积。体积变化可通过滑动活塞的方法直接获得,或通过测量气体比重瓶内压力的变化并使用理想气体压力-体积关系式计算体积的方法间接获得。通过这种方法获得的体积,是物体不含孔隙的实际体积。用式(1)计算密度。

3.2　气体分子越小,可渗入的孔隙也就越小。

3.3　最好使用在试验材料上具有低吸附力的气体。

3.4　测量压力的气体比重瓶方法的准确度,特别适用于理想气体定律(玻依耳-马略特定律)。

注：为了准确测量,推荐使用氦气,因为它最接近理想气体。氦气能渗透的孔隙直径为 1 μm,并在材料表面具有低的吸附趋势。

4　仪器和材料

4.1　分析天平,精度为 0.1 mg。

4.2　气体比重瓶,具有适当的容积,精度为标称容积的 0.01%。

注：如果尽可能地使试样充满空间将会提高准确度。以双室压力型气体比重瓶为例,其校准和操作程序均见附录A。

4.3　测量气体,推荐使用压力为 300 kPa、纯度不小于 99.99%的氦气,也可为其他无腐蚀和无吸附的气体,例如干燥的空气。

4.4　恒温控制浴或小密封室,能够保持所需要的试验温度 t,推荐是(23±1)℃。另外,也可利用带有内插式温度控制装置的气体比重瓶。

5　试样

5.1　若进行状态调节,在体积测量之前,应先将试样干燥至恒重。慎重选择适当的干燥条件以防止试验材料密度的改变。

5.2　试验材料可为粉末状,颗粒状,片状和薄片。其他材料也可切割成适宜于所使用的气体比重瓶容积尺寸的任意形状。避免在切割时由于压缩应力引起密度改变。

含有闭孔的材料要以适宜方法准备试样,例如用磨碎的方法。

5.3　对于状态调节可能使试样密度的变化值大于测定所要求的精度,试验前应按相关材料标准进行状态调节。有时,可能会要求在规定湿度或达到恒定结晶度的条件下进行状态调节。

5.4　如果测量密度随时间或环境条件变化,试样状态调节条件应按各方协商一致的进行校准。

6 校准

调整气体比重瓶的温度到所需值,推荐为(23±1)℃。调节气体比重瓶内容积达到所需值或测量空气体比重瓶容积。测量已知密度的校准试样质量,精度为 0.1 mg,或使用已知体积的校准试样。将校准试样放入测量室内,用测量气体吹扫 3 min 以排除空气和试样表面吸附的湿气。如果有必要,允许追加时间使温度平衡。当达到预设温度时,按照所使用气体比重瓶类型的具体操作方法放入试样,测量容积变化或产生的压力变化。由式(3)或式(4)测量校准因子 k_c。

注:当使用压力型仪器时,试样的体积可根据理想气体压力-体积关系式(玻依耳-马略特定律)通过压力变化计算。某些气体比重瓶可自动算出试样的体积。

$$k_c = \frac{V_c}{V_c^0} \qquad \cdots\cdots(3)$$

$$k_c = \frac{V_c \rho_c^0}{m_c} \qquad \cdots\cdots(4)$$

式中:

k_c——校准因子;

V_c——校准试样的测量体积,单位为毫升(mL);

V_c^0——校准试样的已知体积,单位为毫升(mL);

ρ_c^0——校准试样的已知密度,单位为克每毫升(g/mL);

m_c——校准试样的质量,单位为克(g)。

如果气体比重瓶容积或温度变化,或使用不同的测量气体或测量气体压力有较大变化时,应重新校准气体比重瓶。

7 步骤和计算

按第 6 章所描述的步骤,进行试样测试,用式(5)计算密度。

$$\rho_S^t = \frac{m_S}{V_S^t} \times k_c \qquad \cdots\cdots(5)$$

式中:

ρ_S^t——温度 t 时试样的密度,单位为克每毫升(g/mL);

m_S——试样的质量,单位为克(g);

V_S^t——温度 t 时试验试样的体积,单位为毫升(mL)。

同一材料至少取 3 个样进行测定。

8 精密度

由于尚未得到实验室间试验数据,故未知本试验方法的精密度。如果得到上述数据,则在下次修订时加上精密度说明。

注:预计重复性高于 0.1%时,再现性应高于 0.2%。

9 试验报告

试验报告包括下列内容:

a) 注明引用 GB/T 1033 的本部分;

b) 试验样品的完整标识及说明;

c) 所有试验样品密度的算术平均值及标准偏差;

d) 试验样品的数目及各自的质量;

e) 所用状态调节条件;

f) 所用测量气体及其纯度;

g) 测试温度;

h) 所用校准材料;

i) 所用比重瓶类型及生产厂;

j) 本部分任何操作不明确的说明及任何可能影响结果的说明;

k) 测试日期。

附　录　A
（资料性附录）
双室压力型气体比重瓶

A.1　仪器

仪器由两个内部连接室构成，分别是测量室（容积 V_{meas}）和扩散室（容积 V_{exp}）。阀门 v_1 为气体进气阀，阀门 v_3 为气体出气阀，阀门 v_2 连接两个气室。如图 A.1a）所示。测量室配有压力计。仪器可手动或自动操作。

A.2　校准

开始校准程序前，打开所有阀门以气体清洗仪器，并吹扫两室。使两室充满处于标准大气压的气体。然后，使压力计的读数为零。这些准备工作要在每次校准步骤前进行。

校准步骤一［见图 A.1a）］：关闭阀门 v_2 和 v_3，打开 v_1 使气体充入测量室直至达到所需压力 p_1^0 然后关闭阀门 v_1，打开阀门 v_2 并测量平衡压力 p_2^0。

校准步骤二［见图 A.1b）］：在测量室内放入已知体积 V_c 的校准试样，重复校准步骤一，再次用气体充满测量室，直至达到所需压力 p_1^*，扩散后测量平衡压力 p_2^*。

测量室的容积和扩散室的容积可由式（A.1）和式（A.2）计算，分别为：

$$V_{meas}=\frac{V_c(p_1^*-p_2^*)}{(p_1^*-p_2^*)-\frac{p_2^*}{p_2^0}(p_1^0-p_2^0)} \qquad \cdots\cdots\cdots\cdots(\text{A.1})$$

$$V_{exp}=V_{meas}\frac{p_1^0-p_2^0}{p_2^0} \qquad \cdots\cdots\cdots\cdots(\text{A.2})$$

式中：

p_1^0——扩散到扩散室前测量室的压力，单位为帕斯卡（Pa）；

p_2^0——扩散到扩散室后测量室的压力，单位为帕斯卡（Pa）；

p_1^*——扩散室扩散前放有校准试样的测量室的压力，单位为帕斯卡（Pa）；

p_2^*——扩散室扩散后放有校准试样的测量室的压力，单位为帕斯卡（Pa）；

V_c——校准试样的体积，单位为毫升（mL）；

V_{meas}——测量室的体积，单位为毫升（mL）；

V_{exp}——扩散室的体积，单位为毫升（mL）。

A.3　测试

将试样放入测量室，用与校准步骤一相同的方法测量试样体积，通过测量室的压力 p_1，扩散到扩散室的平衡压力 p_2 获得［见图 A.1c）］。在温度 t 时，试样的体积由式（A.3）给定：

$$V_S^t=V_{meas}\frac{V_{exp}}{\frac{p_1}{p_2}-1} \qquad \cdots\cdots\cdots\cdots(\text{A.3})$$

式中：

p_1——扩散到扩散室前，放有试样时测量室的压力，单位为帕斯卡（Pa）；

p_2——扩散到扩散室后，放有试样时测量室的平衡压力，单位为帕斯卡（Pa）；

V_S^t——温度 t 时试样的体积，单位为毫升（mL）。

密度用试样的质量除以它的体积：

$$\rho_{S}^{t}=\frac{m_{S}}{V_{S}^{t}} \qquad \cdots\cdots\cdots\cdots (A.4)$$

式中：

m_S——试样的质量，单位为克(g)；

ρ_S^t——温度 t 时试样的密度，单位为克每毫升(g/mL)。

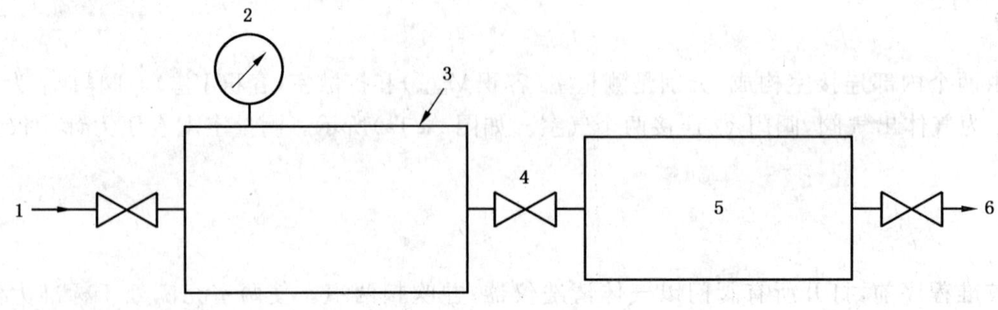

a) 比重瓶示意图

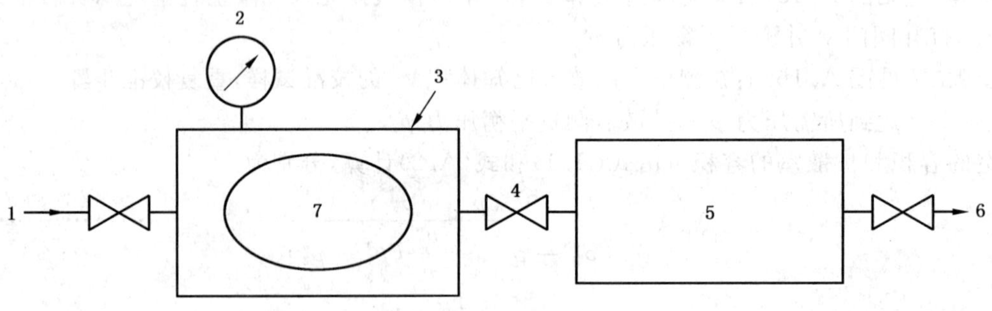

b) 校准

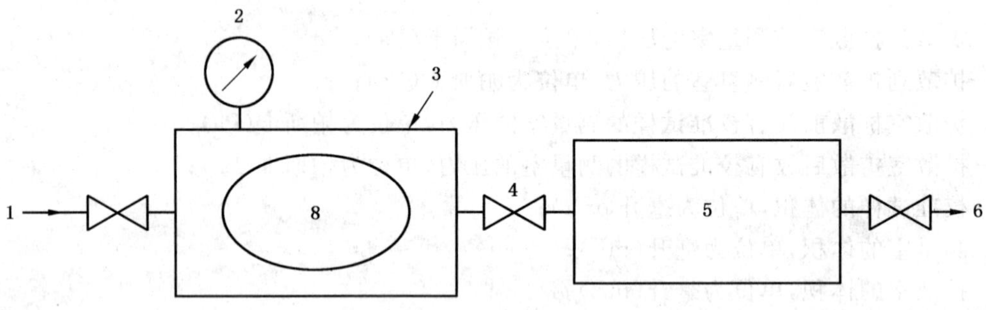

c) 测量

1——气体进气阀 v_1；
2——压力计；
3——测量室；
4——连接阀 v_2；
5——扩散室；
6——气体出气阀 v_3；
7——校准试样；
8——试样。

图 A.1 双室压力型气体比重瓶

ICS 27.020
J 92

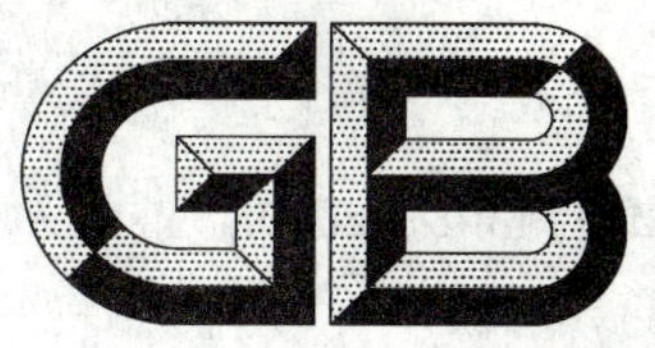

中华人民共和国国家标准

GB/T 1148—2010
代替 GB/T 1148—1993

内燃机 铝活塞 技术条件

Internal combustion engines—Aluminium pistons—Specifications

2010-11-10 发布 2011-03-01 实施

中华人民共和国国家质量监督检验检疫总局
中国国家标准化管理委员会 发布

前 言

本标准是对 GB/T 1148—1993《内燃机铝活塞技术条件》的修订。

本标准与 GB/T 1148—1993 相比，技术内容的主要变化如下：

——更换了第 3 部分的图片，新增了一些部位名称；

——技术要求中增加了环岸外圆直径、环槽底圆直径、环槽宽度的尺寸公差，对燃烧室容积、挡圈槽尺寸以及定位销的尺寸作了规定，并对质量小于 400 g 的活塞质量差作了细化规定；

——技术要求中新增了对内冷油腔、清洁度、表面处理的规定；

——对部分检验方法作了必要的修改和增加。

本标准自实施之日起代替 GB/T 1148—1993。

本标准由中国机械工业联合会提出。

本标准由全国内燃机标准化技术委员会(SAC/TC 177)归口。

本标准起草单位：上海内燃机研究所、山东滨州渤海活塞股份有限公司、成都银河动力股份有限公司、石家庄金刚内燃机零部件集团有限公司。

本标准主要起草人：苏晴华、林风华、马学军、文均、刘津东、姜殿昌、任德忠。

本标准所代替标准的历次版本发布情况为：

——GB 1148—1982、GB/T 1148—1993。

内燃机　铝活塞　技术条件

1　范围

本标准规定了内燃机铸造铝活塞的各部位名称、技术要求、检验方法、检验规则及标识、包装、运输和贮存。

本标准适用于气缸直径不大于200 mm的往复活塞式内燃机铸造铝活塞(以下简称活塞)。

2　规范性引用文件

下列文件中的条款通过本标准的引用而成为本标准的条款。凡是注日期的引用文件,其随后所有的修改单(不包括勘误的内容)或修订版均不适用于本标准,然而,鼓励根据本标准达成协议的各方研究是否可使用这些文件的最新版本。凡是不注日期的引用文件,其最新版本适用于本标准。

GB/T 228　金属材料　室温拉伸试验方法(GB/T 228—2002,eqv ISO 6892:1998)

GB/T 893.1　孔用弹性挡圈——A型

GB/T 893.2　孔用弹性挡圈——B型

GB/T 1149.1　内燃机　活塞环　第1部分:通用规则(GB/T 1149.1—2008,ISO 6621-4:2003)

GB/T 1800.1—2009　产品几何技术规范(GPS)　极限与配合　第1部分:公差、偏差和配合的基础(ISO 286-1:1988,MOD)

GB/T 1958—2004　产品几何量技术规范(GPS)　形状和位置公差　检测规定

GB/T 2828.1　计数抽样检验程序　第1部分:按接收质量限(AQL)检索的逐批检验抽样计划(GB/T 2828.1—2003,ISO 2859-1:1999,IDT)

GB/T 3821　中小功率内燃机清洁度测量方法

GB/T 4957　非磁性基体金属上非导电覆盖层　覆盖层厚度测量　涡流法(GB/T 4957—2003,ISO 2360:1982,IDT)

JB/T 6289　内燃机　铸造铝活塞　金相检验

GJB 1580A　变形金属超声检验方法

3　活塞各部位名称

见表1、图1。

表1

图中标号	名　称		图中标号	名　称
1	火力岸(第1环岸)		10	裙部轴线
2	环槽部		11	止口端面
3	裙部		12	止口内圆
4	火力岸外圆		13	销孔轴线对裙部轴线的偏移
5	环岸外圆	顺序从上至下第2、第3……	14	回油盲孔
6	环槽底圆	槽序从上至下第1、第2……	15	压缩高
7	顶面		16	总高
8	环岸(从上至下第2、第3……)		17	环槽(从上至下第1、第2……)
9	面窗		17a	环槽上侧面

表 1（续）

图中标号	名　　称	图中标号	名　　称
17b	环槽下侧面	29	冷却油腔进油孔
17c	梯形环槽基准直径	30	喷油缺口
17d	梯形环槽基准直径处宽度	31	定位凸台
17e	梯形环槽总角度	32	气门坑
17f	梯形环槽下侧面角度	33	耐磨镶圈
18	燃烧室	34	积炭槽(迷宫槽)
18a	燃烧室内径	35	储油槽
18b	燃烧室口径(又称喉口)	36	刮油槽
18c	燃烧室深度	37	防胀钢片
19	内冷油腔	38	油孔
20	销孔	39	减压腔
21	销孔轴线	40	销座油孔
22	销座上方	41	横槽孔
23	销座下方	42	横槽
24	销孔衬套	43	纵向槽
25	挡圈槽	44	纵向槽孔
25a	挡圈槽距离	45	防转定位销
25b	挡圈槽底圆	46	挡圈槽缺口
25c	挡圈槽宽度	47	扫气槽
26	销座斜度	48	裙部缺口
27	销座内端面中心距离	49	肋
28	冷却油腔出油孔	50	中心孔

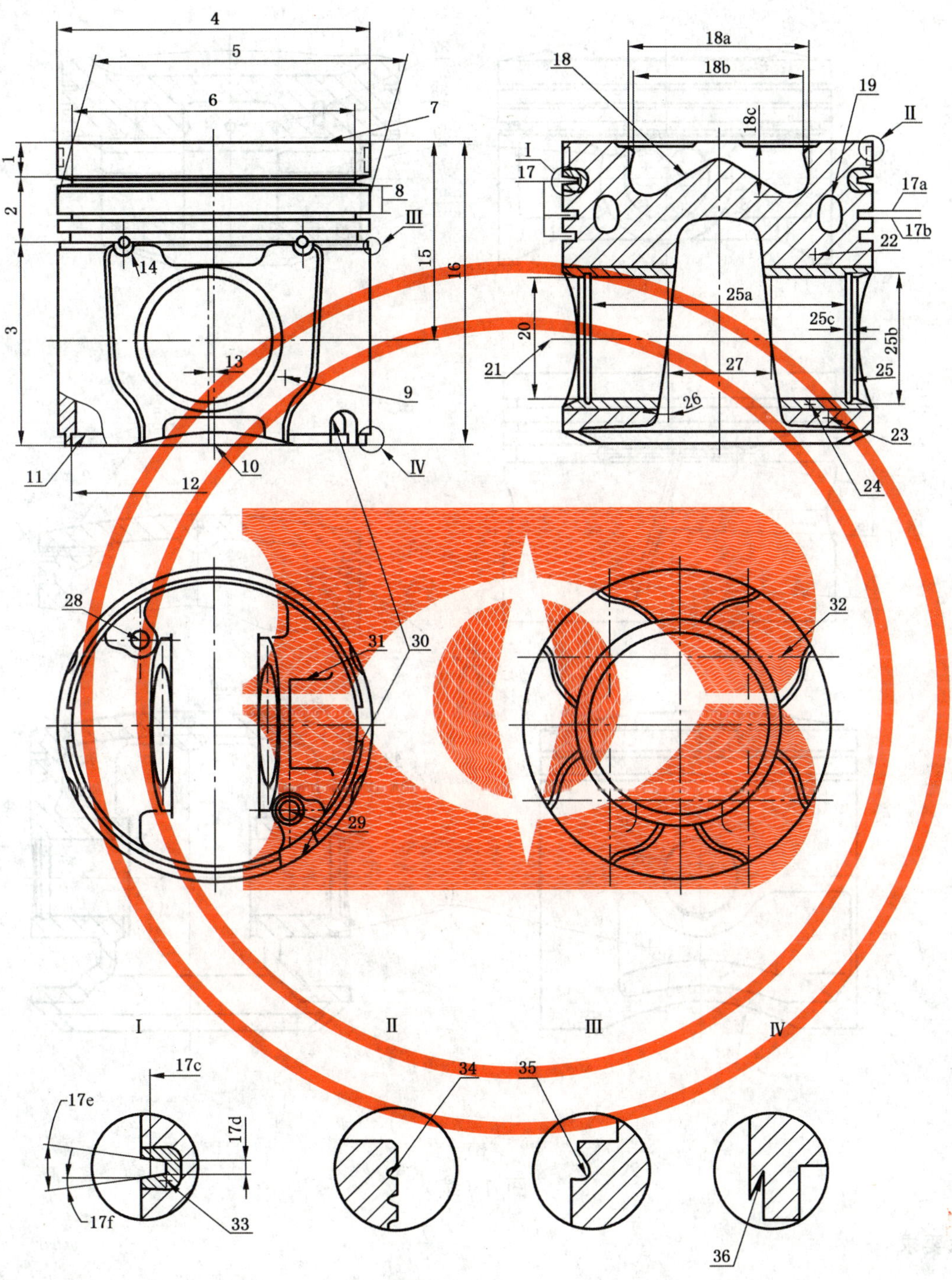
4
5
6
7
1
2
3
8
III
15
16
14
13
9
11
10
12
IV
18a
18
18b
19
II
18c
I
17
17a
17b
22
25a
25c
20
21
25b
27
25
26
23
24
28
31
30
32
29
I
II
III
IV
17c
17e
17d
17f
33
34
35
36

a)

图 1

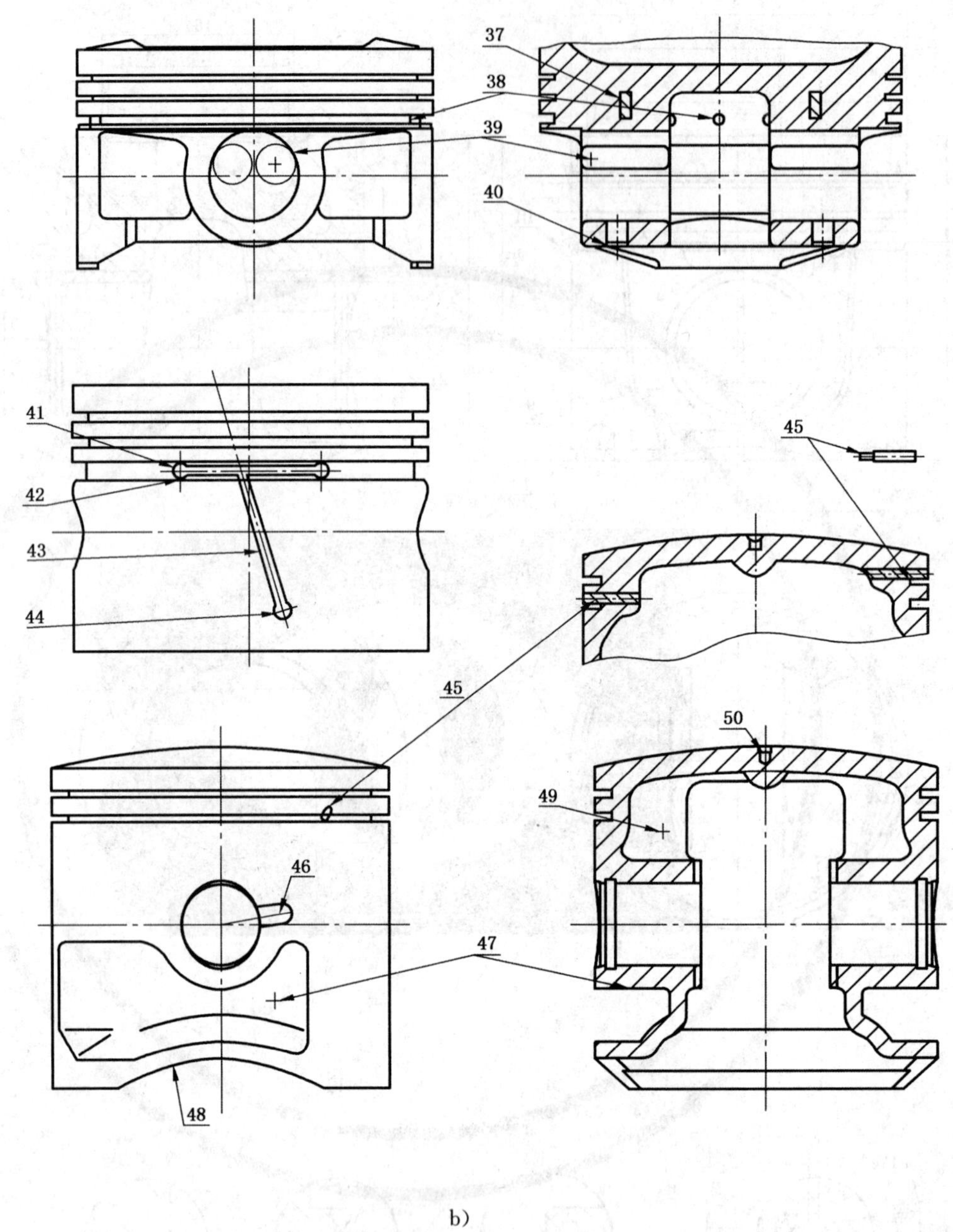

b)

图 1（续）

4 技术要求

4.1 总则

产品应按经规定程序批准的产品图样及技术文件制造。

4.2 材料

本体材料:铸造铝合金。

4.3 力学性能和体积稳定性

活塞应经热处理,其抗拉强度、硬度及体积稳定性(活塞直径 D 的残余胀大量)应符合表 2 规定。但同批活塞,其硬度差应不大于 30 个布氏硬度单位,同一只活塞硬度差不大于 10 个布氏硬度单位。

表 2

材　　料	抗拉强度/MPa		硬度/ HBW	体积稳定性/ %
	常温	300 ℃		
亚共晶铝硅合金	≥167	≥69	95～130	≤0.03D
共晶铝硅合金	≥196	≥69	95～140	≤0.03D
过共晶铝硅合金	≥196	≥83	95～140	≤0.02D

4.4　金相组织

活塞的金相组织应符合 JB/T 6289 或其他有关标准的规定。

4.5　尺寸公差

4.5.1　活塞环岸外圆直径、裙部外圆(控制点)直径、环槽底圆直径公差应符合表 3 规定。

表 3

单位为毫米

直　　径		公　　差
环岸外圆		0.08
裙部外圆(控制点)	D≤120	0.03
	D>120	0.06
环槽底圆		0.2

4.5.2　活塞裙部外圆直径应按最大尺寸分组,分组代号用Ⅰ、Ⅱ、Ⅲ……表示,其顺序由最小尺寸组至最大尺寸组。裙部直径公差小于 0.02 mm 的可不分组。

4.5.3　销孔直径公差应符合以下规定:

a)　销孔直径大于 18 mm 时,其直径公差应符合 GB/T 1800.1 规定的 IT5;销孔直径不大于 18 mm 时,其直径公差为 IT6。

b)　活塞销孔直径应按最小尺寸分组,分组代号用 1、2、3……表示,其顺序由最小尺寸组至最大尺寸组。销孔直径公差小于 0.01 mm 的可不分组。

4.5.4　压缩高度公差:顶部表面机加工的汽油机用活塞为 0.2 mm,柴油机用活塞为 0.1 mm;顶部表面不机加工的活塞为 0.4 mm。

4.5.5　环槽宽度公差:平行环槽的宽度公差为 0.03 mm;梯形环槽的宽度公差为 0.02 mm。

4.6　形状和位置公差

4.6.1　环槽上、下两侧面各素线对裙部轴线的垂直度为 25∶0.07。

4.6.2　环槽上、下两侧面各素线对裙部轴线的端面圆跳动为 0.05 mm。

4.6.3　环槽下侧面的平面度应符合表 4 规定。

表 4

单位为毫米

活塞直径	平　面　度
≤150	0.015
>150	0.025

4.6.4　头部外圆、环岸外圆对裙部轴线的同轴度为 ϕ0.06 mm。

4.6.5　环槽底圆对裙部轴线的径向圆跳动为 0.20 mm。

4.6.6　裙部内表面轴线对裙部轴线的同轴度应符合表 5 规定。

表 5

单位为毫米

壁 厚	同 轴 度
≤3	ϕ0.4
>3～5	ϕ0.5
>5	ϕ0.7

4.6.7 销孔轴线对裙部轴线且垂直于裙部轴线方向的位置度为 0.20 mm。

4.6.8 销孔轴线对裙部轴线的垂直度为 100∶0.035。

4.6.9 销孔圆柱度应符合表 6 规定。

表 6

单位为毫米

销孔直径	圆 柱 度	
≤18	0.003 5	0.005[a]
>18	0.005 0	0.008[a]

[a] 销孔圆周表面上因减压腔、油孔等造成加工时产生断续切削的情况下，应用此数值。

4.6.10 销孔轴线的直线度为 ϕ0.006 Ⓜ mm。

4.6.11 挡圈槽底圆对销孔轴线的圆跳动为 0.30 mm。

4.6.12 裙部为椭圆时，椭圆长轴应与销孔轴线垂直，其最大偏移应符合表 7 规定。

表 7

活塞直径/mm	偏移量
≤150	≤5°
>150	≤3°

4.7 加工表面粗糙度参数值

4.7.1 外圆表面：*Ra* 为 1 μm～5 μm。

4.7.2 销孔表面：*Ra* 应不大于 0.63 μm。

4.7.3 环槽上、下两侧面：*Ra* 应不大于 0.63 μm；耐磨镶圈环槽上、下两侧面：*Ra* 应不大于 1.25 μm。

4.7.4 环槽底圆表面：*Ra* 应不大于 6.3 μm。

4.7.5 其他加工表面：按产品图样规定。

4.8 外观质量

4.8.1 活塞铸造表面应光洁，不允许有裂纹、飞边及高于 1 mm 的分模界线。

4.8.2 加工表面缺陷应符合以下规定：

a) 活塞所有加工表面不允许有裂纹和毛刺。

b) 两段销孔表面，每段自内端至本段全长的 1/4 范围内和挡圈槽部位不允许有任何肉眼可见的孔眼。每段销孔其余部位的孔眼应符合表 8 规定，同时允许在 1 cm^2 面积内存在不超过 10 个直径≤0.3 mm 的微小缩松。

表 8

销孔直径/mm	孔眼最大直径/mm	孔眼深度/mm	孔眼个数/个
≤18	1.0	≤1.0	≤1
>18	1.5	≤1.0	≤1

c) 裙部外圆表面允许存在的孔眼，应符合表9的规定，孔眼间距必须不小于15 mm，距边缘不小于5 mm，同时允许在1 cm^2 面积内存在不超过10个直径≤0.3 mm的微小缩松。

表 9

裙部壁厚/mm	孔眼最大直径/mm	孔眼深度/mm	孔眼个数/个
≤3	1.0	≤0.5	≤3
>3	1.5	≤1.0	≤3

d) 活塞止口端面和止口内圆表面允许各有一个孔眼。其最大直径应不大于1.5 mm，深度应不大于1.0 mm。

e) 活塞顶面和环槽上、下两平面不允许有肉眼可见的孔眼。

f) 头部外圆、环岸外圆、环槽底圆表面上，允许有肉眼可见的最大直径应不大于0.4 mm的孔眼，在1 cm^2 面积内应不大于5个，其分布面积应不大于所在部位面积的5%。

4.9 成品活塞的质量差

4.9.1 单个成品活塞的实际质量与公称质量之差应符合表10规定。

表 10

公称质量/g	实际质量与公称质量之差	
	质量差/g	占活塞公称质量的百分数/%
≤100	±2 g	—
>100～200	±4 g	—
>200～400	—	±3.0%
>400～1 200	—	±2.5%
>1 200	—	±2.0%
注：公称质量即图样规定的质量。		

4.9.2 同一台内燃机所用同一质量组活塞的质量差应符合表11规定。

表 11

单位为克

质　量	质　量　差
≤1 000	≤8
>1 000～3 000	≤10
>3 000	≤15

4.10 燃烧室容积

除非另有规定，燃烧室容积的允许偏差见表12。

表 12

活塞类型	燃烧室容积分类/cm^3	允许偏差	
		顶面加工的	顶面不加工的
汽油发动机活塞	≤10	±0.3 cm^3	±0.5 cm^3
	>10	±3%	±5%
柴油发动机活塞	≤10	±0.3 cm^3	±0.5 cm^3
	10<v≤20	±0.5 cm^3	±1.0 cm^3
	20<v≤50	±0.7 cm^3	±1.4 cm^3
	50<v≤100	±1.0 cm^3	±2.0 cm^3
	>100	±1%	±2%

4.11 挡圈槽

4.11.1 挡圈槽的横截面可以是圆形或矩形，圆形截面挡圈槽尺寸见图 2 和表 13，矩形截面挡圈槽尺寸按 GB/T 893.1、GB/T 893.2 执行。

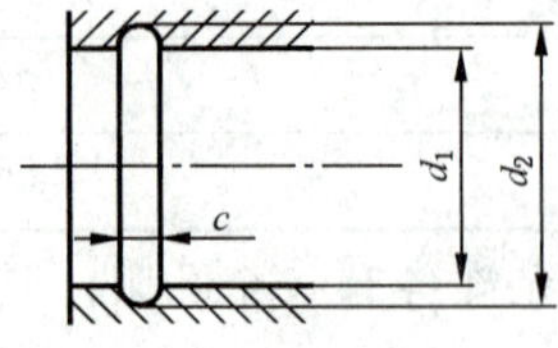

图 2

表 13

单位为毫米

销孔的基本直径 d_1	c		d_2		挡圈槽线径(参考) d
	标准尺寸	允许偏差	标准尺寸	允许偏差	
$d_1 \leqslant 14$	1.1	$^{+0.2}_{0}$	$d_1+1.15d$	$^{+0.2}_{0}$	1.0
$14 < d_1 \leqslant 18$	1.3				1.2
$18 < d_1 \leqslant 23$	1.6				1.4
$23 < d_1 \leqslant 27$	1.8				1.6
$27 < d_1 \leqslant 33$	2.0				1.8
$d_1 > 33$	2.2				2.0

4.11.2 挡圈槽间距公差为 0.3 mm。

4.12 防转定位销

二冲程内燃机活塞环的防转定位销分为侧面防转定位销和内圆面防转定位销。它们的形状和尺寸见图 3 和表 14。

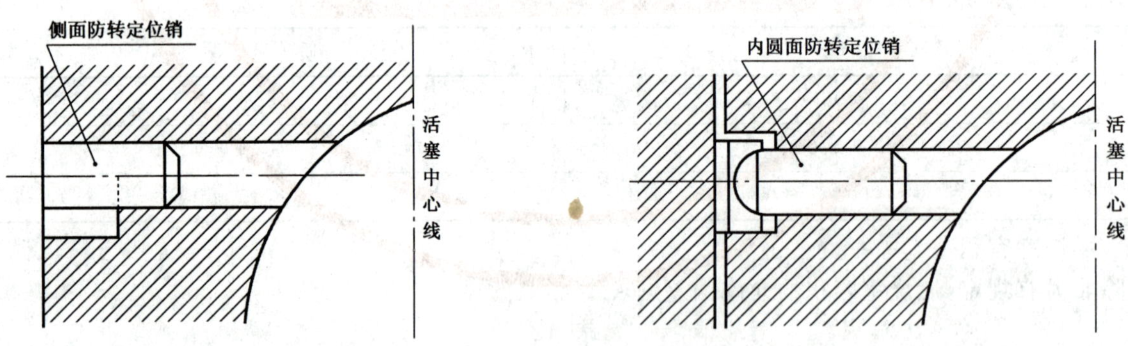

a) 侧面防转定位销　　b) 内圆面防转定位销

图 3

表 14

单位为毫米

类　型	定位切口代号[a]	环槽宽度	定位销直径	定位销的长度(参考)
侧面防转	NE1	1.2 1.5 1.75 2.0 2.5	1.5	8,10

表 14（续）

单位为毫米

类　型	定位切口代号[a]	环槽宽度	定位销直径	定位销的长度(参考)
侧面防转	NE2	1.5 2.0 2.5 3.0	2	8,10
	NE3	2.5 3.0	2.5	
内圆面防转	NH1 NH2 NH3	— — —	1.5 2 2.5	6,8
[a] 定位切口代号参见 GB/T 1149.1 内燃机活塞环通用规则。				

4.13　耐磨镶圈

4.13.1　耐磨镶圈与铝活塞本体的粘结面积率：非增压发动机应不小于 85%，增压发动机应不小于 93%。

4.13.2　耐磨镶圈与铝活塞本体粘结界面单个缺陷长度：非增压发动机应不大于圆周长的 10%，增压发动机应不大于圆周长的 5%。

4.13.3　耐磨镶圈与铝活塞本体粘结处两个缺陷之间的间距：必须不小于圆周长的 9%。

4.13.4　耐磨镶圈与铝活塞本体粘结处上下侧面缺陷的重叠度：非增压发动机应不大于圆周长的 4%，增压发动机应不大于圆周长的 1%。

4.13.5　镶圈活塞加工完毕后，耐磨镶圈环岸的实际宽度应不小于基本宽度的 0.6 倍，且最小不得小于 0.8 mm。

注：耐磨镶圈环岸的基本宽度等于耐磨镶圈的全宽减去环槽宽度，再除以 2。

4.13.6　耐磨镶圈在镶圈活塞上相对于活塞中心线的倾斜度不大于 0.38 mm。

4.14　内冷油腔

4.14.1　内冷油腔中心线相对于活塞中心线的位置度要求：$D \leqslant 150$ mm，不大于 $\phi 2$ mm；$D > 150$ mm，不大于 $\phi 2.5$ mm。

4.14.2　内冷油腔上下位置的偏移要求：$D \leqslant 150$ mm，不大于 ±1 mm；$D > 150$ mm，不大于 ±1.2 mm。

4.15　清洁度

活塞清洁度包括杂质总量和颗粒度。颗粒度值取颗粒任一投影形状的最大对角长度。

4.15.1　汽油机用活塞

清洁度见表 15。

表 15

直径范围/mm	≤70	>70～90	>90
杂质总量/mg	1.2	1.5	2.0
颗粒度/mm	0.4		

4.15.2　柴油机用活塞

清洁度见表 16。

表 16

直径范围/mm			≤100	>100～130	>130～160	>160
整体铝活塞	无内冷	杂质总量/mg	4	6	8	10
		颗粒度/mm	0.5			
	内冷	杂质总量/mg	5	7	9	12
		颗粒度/mm	0.6			

4.16 表面处理

4.16.1 采用硬质阳极氧化处理的活塞，顶面氧化膜厚度为 0.04 mm～0.08 mm，环槽氧化膜厚度为 0.01 mm±0.003 mm。

4.16.2 活塞裙部采用石墨化处理时，石墨层厚度为 0.015 mm±0.005 mm。

4.16.3 活塞采用镀锡处理时，镀锡层厚度为 0.001 mm～0.002 mm。

4.17 维修用活塞

维修用配件活塞外圆尺寸应加大，规格为：+0.25 mm、+0.50 mm、+0.75 mm、+1.00 mm、+1.25 mm 五种。

5 检验方法

5.1 抗拉强度

供检验活塞高温、常温抗拉强度的试样，应在销孔至顶面之间截取，若尺寸不够，允许在头部横向截取。如头部尺寸不够，可以用与活塞同样材料、同样铸造工艺及同样热处理的金属试棒，取所测得值的 0.8 倍，应符合本标准表 2 规定。试样按 GB/T 228 制备，高温抗拉强度必须加热至 300 ℃±5 ℃后保温 0.5 h 测定。

5.2 硬度

硬度的测定部位应在活塞顶面上环槽底圆与内壁之间的实心部位测定。测定点应沿销孔轴线方向测两点，垂直于销孔轴线方向测一点，共测三点，并算出硬度差。

5.3 体积稳定性

在活塞环岸部选择一横截面，在销孔轴线方向和垂直销孔轴线方向测量其外径尺寸。再将活塞加热到 250 ℃±5 ℃，保温 5 h，自然冷却到室温后，在加热前相同的测量点上重新测出二个方向直径各自的变化量，并算出百分比。

5.4 金相组织

金相组织按 JB/T 6289 或其他有关标准规定的方法进行检验。

5.5 销孔直径

销孔直径测量见图 4。

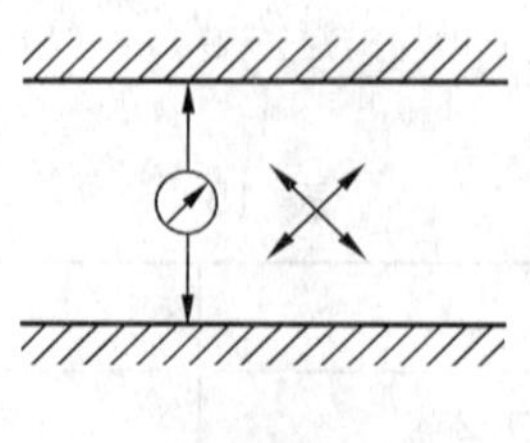

图 4

5.6 形位公差

5.6.1 测量环槽上、下两侧面各素线对裙部轴线的垂直度，以精加工裙部外圆的定位基准作测量基准，见图 5，在对称方向测两处，取其平均值。

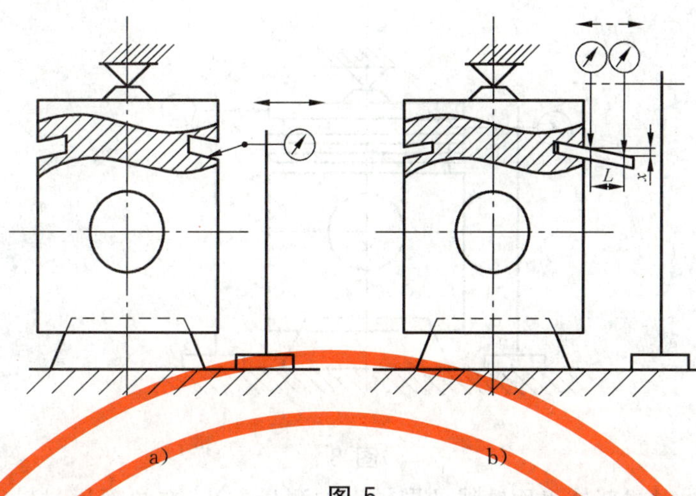

a)　　　　　　　　b)

图 5

5.6.2　测量环槽上、下两侧面对裙部轴线的端面圆跳动，以精加工裙部外圆的定位基准作测量基准，被测活塞应旋转一周，见图 6。

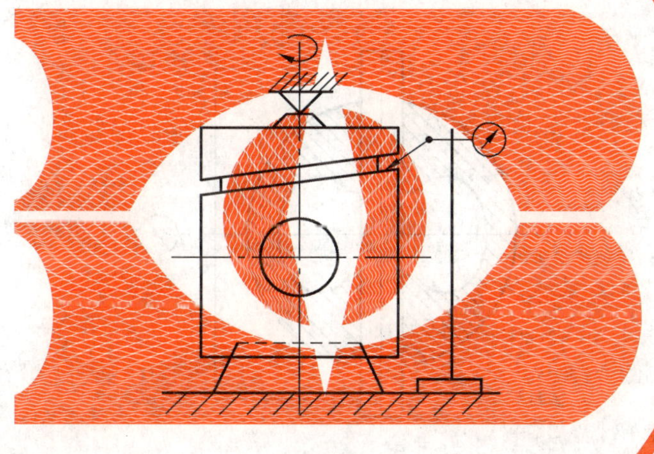

图 6

5.6.3　环槽下侧面的平面度测量方法见图 7。首先将活塞环槽下侧面调平，将活塞支承在平板上，调整被测环槽表面最远三点，使其与平板等高。按一定的布点测量被测环槽表面。

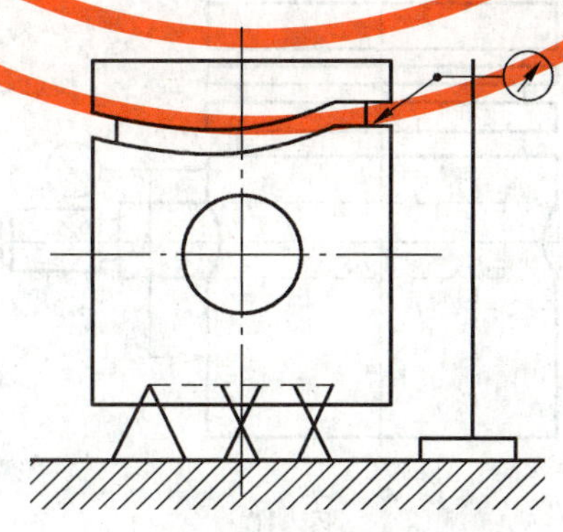

图 7

5.6.4　测量头部外圆、环岸外圆对裙部轴线的同轴度及环槽底圆对裙部轴线的径向圆跳动，以精加工裙部外圆的定位基准作测量基准，被测活塞应旋转一周，见图 8。

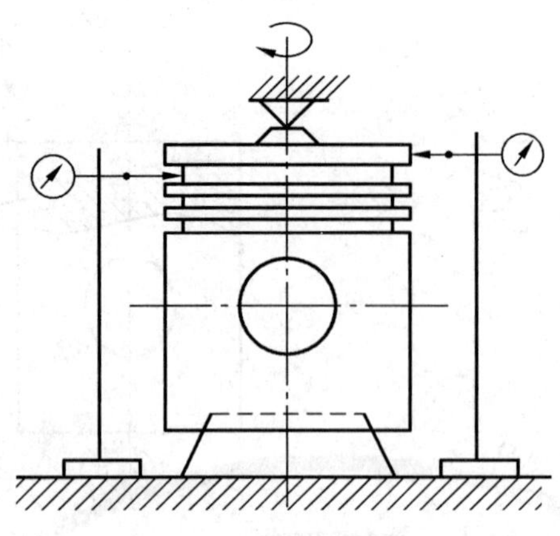

图 8

5.6.5 裙部内表面轴线对裙部外表面轴线的同轴度的测量方法，在裙部通过轴线的对称处，以其壁厚差的最大值作为同轴度。

5.6.6 销孔轴线对裙部轴线的位置度测量方法见图 9，相反方向重复一次。

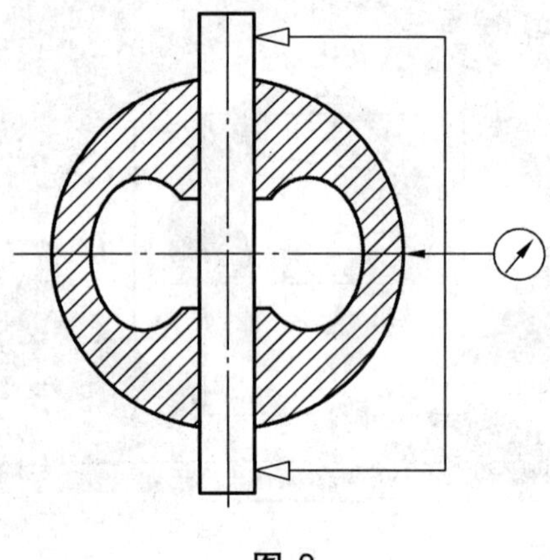

图 9

5.6.7 销孔轴线对裙部轴线的垂直度测量方法见图 10，相反方向重复一次。

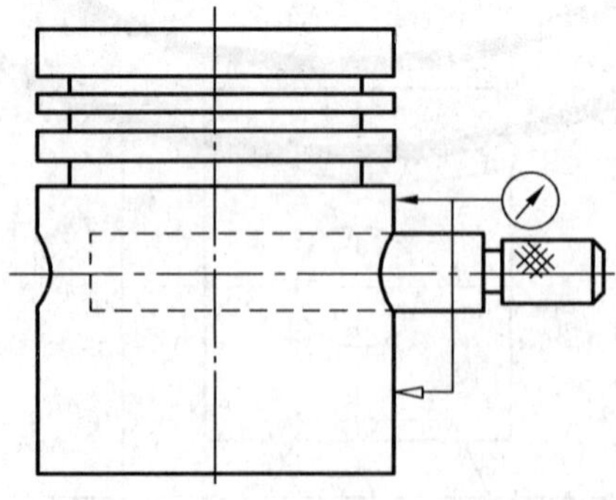

图 10

5.6.8 销孔圆柱度的测量按 GB/T 1958—2004 表 A.5 中代号 1-1 或 2-1 检测方法规定。

5.6.9 销孔轴线直线度的测量按 GB/T 1958—2004 表 A.2 中代号 3-1 或 5-1 检测方法规定。

5.6.10 挡圈槽底圆对销孔轴线的圆跳动测量见图 11。

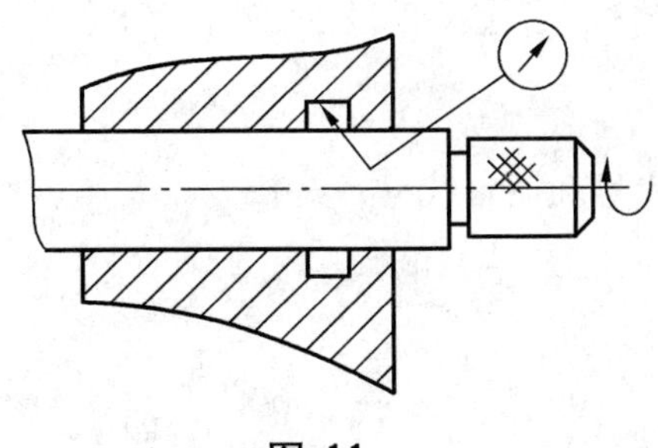

图 11

5.6.11 裙部椭圆长轴与销孔轴线的偏移选用适用于活塞裙部椭圆型线测量的圆度仪进行测量。

5.7 耐磨镶圈

耐磨镶圈的技术要求按 GJB 1580A 规定采用超声波检验,或将活塞沿直径方向剖开检验。

5.8 内冷油腔

内冷油腔的技术要求按 GJB 1580A 规定采用超声波检验,或将活塞沿直径方向剖开检验。

5.9 清洁度

清洁度测量按 GB/T 3821 规定。

5.10 表面处理层厚度

5.10.1 硬质阳极氧化膜和石墨层厚度采用涡流厚度仪测量,按 GB/T 4957 规定。

5.10.2 镀锡膜厚度采用 γ 射线厚度计测量。

注:当生产企业不具备以上测量条件时,表面处理层厚度可用金相显微镜检验。

6 验收规则

6.1 铝活塞产品须经制造厂的质量检验部门按产品图样和有关技术文件检验合格后方能出厂。

6.2 需方抽验产品质量时,按 GB/T 2828.1 的规定进行,检验项目、组批原则、抽样方案、判定与复验规则由供需双方商定。

7 标志、包装、运输、贮存

7.1 标志

7.1.1 在每个产品上应标明:

a) 制造厂名称代号或商标;
b) 分组尺寸代号和维修尺寸;
c) 质量或质量分组代号;
d) 出厂序号或制造日期。

标志应具永久性,标志部位、尺寸和方法按产品图样规定,应注意不使产品受到损伤而影响使用。

7.1.2 包装盒上应标明:

a) 制造厂名称、商标和地址;
b) 产品名称、型号及零件号;
c) 分组尺寸代号;
d) 维修尺寸代号;
e) 质量或质量分组代号;
f) 数量;
g) 执行标准号;
h) 质量认证标志;
i) 包装日期: 年 月。

7.1.3 包装箱外部应标明：

a) 商品分类图示标志；

b) 制造厂名称和地址；

c) 产品名称、型号及尺寸代号和质量代号；

d) 数量；

e) 总质量及外形尺寸；

f) 执行标准号；

g) 质量认证标志；

h) 收货单位及地址；

i) “小心轻放”、“防潮”及“防压”等标记；

j) 出厂日期：　　年　　月。

7.2 包装

7.2.1 每件活塞在包装前必须清洁，并作防蚀处理，用结实不透水的包裹材料包装后再装入包装盒内。每一包装盒内应装入同一机型、同一尺寸组、同一质量组的活塞。

7.2.2 每只包装盒内应附有制造厂技术检验部门检验员签章的产品合格证。

7.2.3 装有活塞的包装盒，必须装入有防蚀措施的包装箱内，并保证在正常运输中不致损伤。箱子总质量应不大于 50 kg。

7.3 运输

在运输过程中，要防磕碰、防雨、防潮。

7.4 贮存

气门应存放在通风和干燥的仓库内。在正常情况下，自出厂之日起，制造厂应保证产品在 12 个月内不致腐蚀。

7.5 其他

包装、运输、贮存也可由供需双方商定。

ICS 27.020
J 92

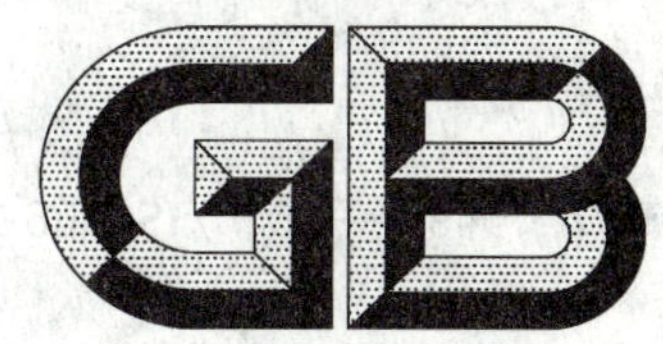

中华人民共和国国家标准

GB/T 1149.2—2010/ISO 6621-1:2007
代替 GB/T 1149.2—1994

内燃机 活塞环
第2部分:术语

Internal combustion cngines—Piston rings—
Part 2:Vocabulary

(ISO 6621-1:2007,IDT)

2010-11-10 发布 2011-03-01 实施

中华人民共和国国家质量监督检验检疫总局
中国国家标准化管理委员会 发布

前　言

GB/T 1149《内燃机　活塞环》分为 16 个部分：

——第 1 部分：通用规则；

——第 2 部分：术语；

——第 3 部分：材料规范；

——第 4 部分：质量要求；

——第 5 部分：检验方法；

——第 6 部分：铸铁刮环；

——第 7 部分：矩形铸铁环；

——第 8 部分：矩形钢环；

——第 9 部分：梯形铸铁环；

——第 10 部分：梯形钢环；

——第 11 部分：楔形铸铁环；

——第 12 部分：楔形钢环；

——第 13 部分：油环；

——第 14 部分：螺旋撑簧油环；

——第 15 部分：薄形铸铁螺旋撑簧油环；

——第 16 部分：钢带组合油环。

本部分为 GB/T 1149 的第 2 部分。

本部分等同采用 ISO 6621-1:2007《内燃机　活塞环　第 1 部分：术语》(英文版)。

本部分等同翻译 ISO 6621-1:2007。

为便于使用，本部分做了如下编辑性修改：

——“ISO 6621 本部分”改为“本部分”；

——删除了国际标准的前言和引言；

——删除了国际标准的资料性附录 A(不同语种的对照表)。

本部分是对 GB/T 1149.2—1994《内燃机活塞环　术语》的修订，与 GB/T 1149.2—1994 相比主要修改内容如下：

——GB/T 1149.2—1994 为等效采用 ISO 6621/1—1986，而本部分为等同采用 ISO 6621-1:2007。

本部分由中国机械工业联合会提出。

本部分由全国内燃机标准化技术委员会(SAC/TC 177)归口。

本部分起草单位：上海内燃机研究所、福建东亚机械有限公司、仪征双环活塞环有限公司、安庆帝伯格茨活塞环有限公司。

本部分主要起草人：苏晴华、吉斌杰、代东华、王星、钟君杰。

本部分所代替标准的历次版本发布情况为：

——GB 1149—1982；

——GB/T 1149.2—1994。

内燃机　活塞环
第2部分:术语

1　范围

GB/T 1149的本部分规定了往复活塞式内燃机活塞环的分类、型式、各部位名称、术语和定义。

本部分适用于往复活塞式内燃机活塞环。在类似条件下工作的压缩机活塞环也可参照使用。

注：检验方法中使用的术语和定义见GB/T 1149.5。

2　规范性引用文件

下列文件中的条款通过GB/T 1149的本部分的引用而成为本部分的条款。凡是注日期的引用文件,其随后所有的修改单(不包括勘误的内容)或修订版均不适用于本部分,然而,鼓励根据本部分达成协议的各方研究是否可使用这些文件的最新版本。凡是不注日期的引用文件,其最新版本适用于本部分。

ISO 286-1　产品几何量技术规范(GPS)　线性尺寸公差的ISO代号系统　第1部分:公差、偏差和配合的基础

3　活塞环分类

活塞环分类如下：

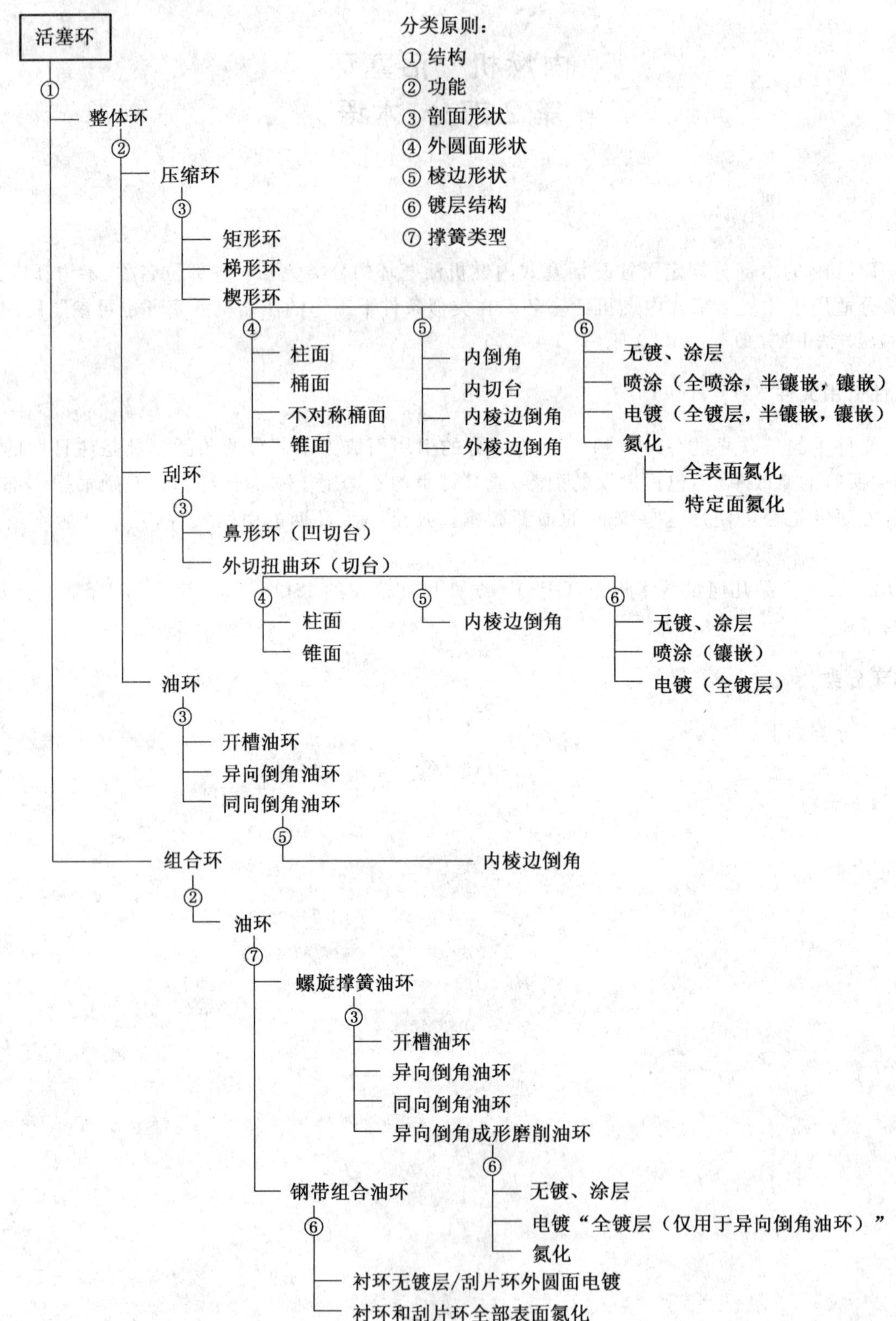

4 活塞环型式

4.1 剖面形状

表 1 为通常采用的剖面形状。由表 2～表 5 所列的形状与表 1 所列的剖面组合为“通用特征”，见相关的国家和国际标准。

4.2　外圆面形状

较常用的外圆面形状见表 2。

4.3　棱边形状

较常用的棱边形状见表 3。

4.4　喷涂层、镀层、氮化层表面结构

较常见的喷涂层、镀层及氮化层表面结构见表 4。

4.5　定位切口形状

较常见的定位切口形状见表 5。

表 1　剖面形状

类　　型	剖　　面	相关国家和国际标准
矩形环	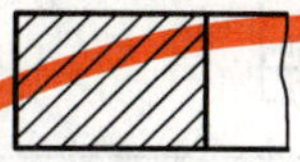	GB/T 1149.7 GB/T 1149.8
梯形环	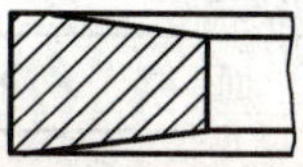	GB/T 1149.9 ISO 6624-3
楔形环	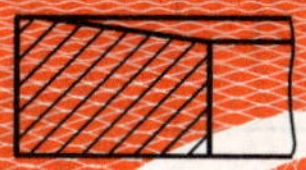	ISO 6624-2 ISO 6624-4
外切扭曲环	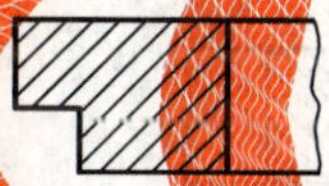	GB/T 1149.6
鼻形环		GB/T 1149.6
开槽油环	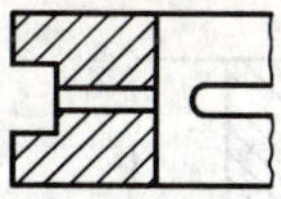	GB/T 1149.13
同向倒角油环		GB/T 1149.13
异向倒角油环	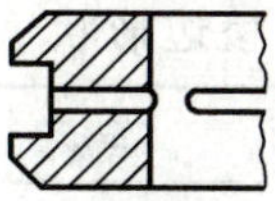	GB/T 1149.13
开槽螺旋撑簧油环	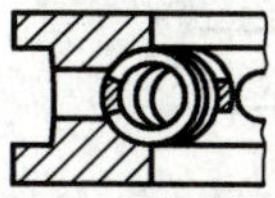	GB/T 1149.14 ISO 6626-2
同向倒角螺旋撑簧油环	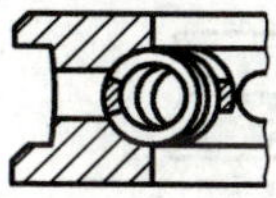	GB/T 1149.14 ISO 6626-2

表 1（续）

类　　型	剖　　面	相关国家和国际标准
异向倒角螺旋撑簧油环	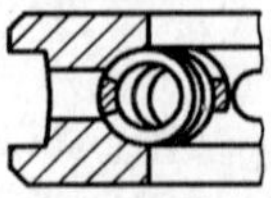	GB/T 1149.14 ISO 6626-2
带 V 形槽的钢带油环	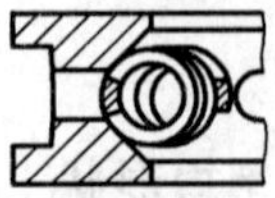	ISO 6626-3
钢带组合油环	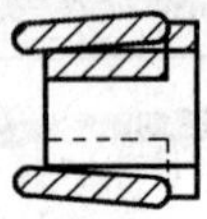	ISO 6627

表 2　外圆面形状

形　　状	剖　　面	相关国家和国际标准
外圆柱面	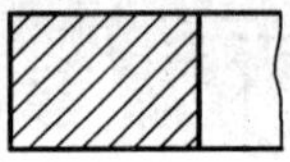	GB/T 1149.7、GB/T 1149.8 GB/T 1149.6 GB/T 1149.9、ISO 6624-2 ISO 6624-3、ISO 6624-4
外圆桶面	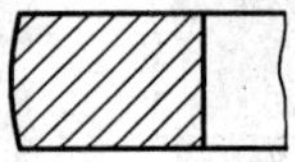	GB/T 1149.7、GB/T 1149.8 GB/T 1149.9、ISO 6624-2 ISO 6624-3、ISO 6624-4
外圆不对称桶面	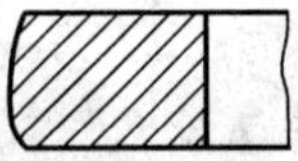	GB/T 1149.7、GB/T 1149.8 GB/T 1149.9、ISO 6624-3
外圆锥面	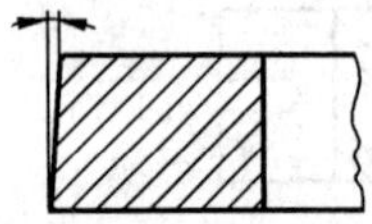	GB/T 1149.7、GB/T 1149.8 GB/T 1149.6 GB/T 1149.9、ISO 6624-3
外圆为部分柱面（即加工或珩磨而成）	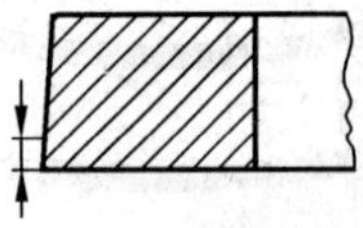	GB/T 1149.7、GB/T 1149.8 GB/T 1149.6 GB/T 1149.9、ISO 6624-3

表 3　棱边形状

形　　状	剖　　面	相关国家标准
上侧面内倒角 （正扭曲）	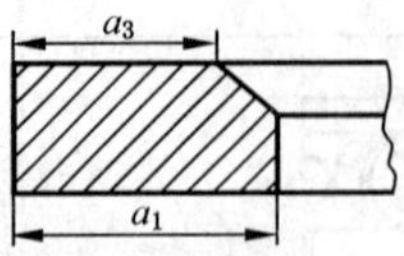 a_3 a_1	GB/T 1149.7、GB/T 1149.8 GB/T 1149.9、ISO 6624-3
上侧面内切台 （正扭曲）	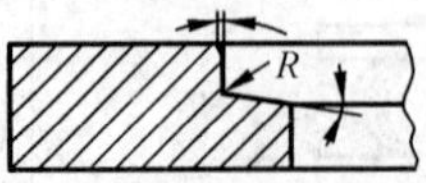 R	GB/T 1149.7、 GB/T 1149.9

表 3（续）

形　　状	剖　　面	相关国家标准
下侧面内倒角（反扭曲）	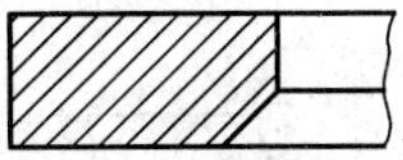	GB/T 1149.7、GB/T 1149.8
下侧面内切台（反扭曲）	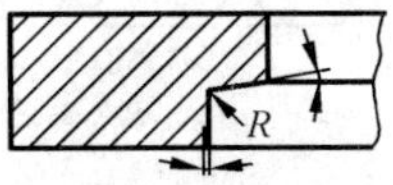 R	GB/T 1149.7
内棱边倒角	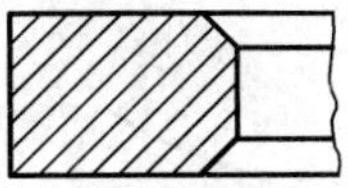	GB/T 1149.7、GB/T 1149.6 GB/T 1149.9、ISO 6624-2 GB/T 1149.13
内棱边倒圆	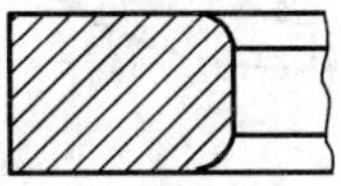	GB/T 1149.8 ISO 6624-3、ISO 6624-4
外棱边倒角	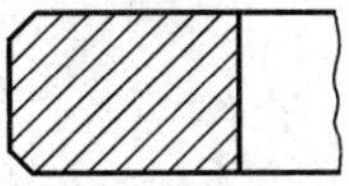	GB/T 1149.7 ISO 6624-2
外棱边倒圆	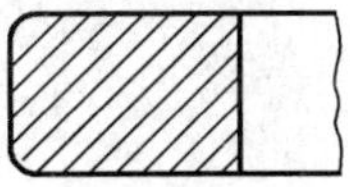	GB/T 1149.8 ISO 6624-3、ISO 6624-4

表 4　表面层结构

结　　构	剖　　面	相关国家标准
外圆面无镀层	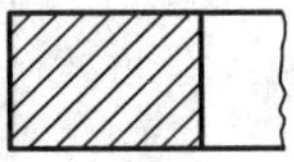	GB/T 1149.6、GB/T 1149.7 GB/T 1149.9、ISO 6624-2 GB/T 1149.13 GB/T 1149.14、ISO 6626-2
外圆面全镀层	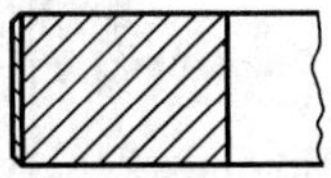	GB/T 1149.6～1149.9、GB/T 1149.14 ISO 6624-2～6624-4 ISO 6626-2、ISO 6627
外圆面镀层“半镶嵌”	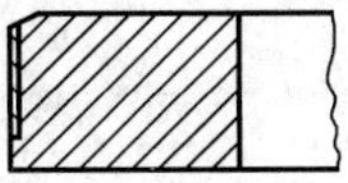	GB/T 1149.7 GB/T 1149.9、ISO 6624-2
外圆面镀层“镶嵌”	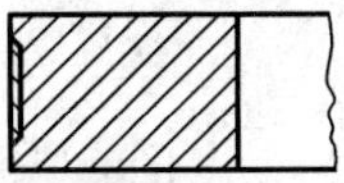	GB/T 1149.6～1149.9、 ISO 6624-2～6624-4
活塞环全部表面氮化	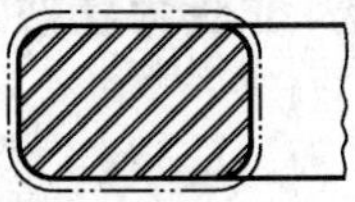	GB/T 1149.8、ISO 6624-3、ISO 6624-4 ISO 6627 ISO 6626-3
活塞环特定面氮化（如只对外圆面）	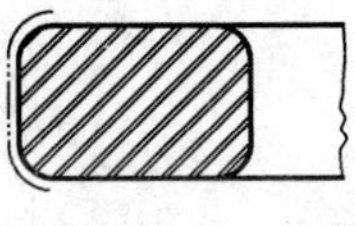	ISO 6624-3、ISO 6624-4

表 5 定位切口形状

形　状	定位切口形状	相关国家标准
侧面定位切口		GB/T 1149.1
内圆面定位切口		GB/T 1149.1

5 活塞环各部位名称

5.1 自由状态(非受力状态)的环

用于描述自由状态(非受力状态)环的术语见图 1。

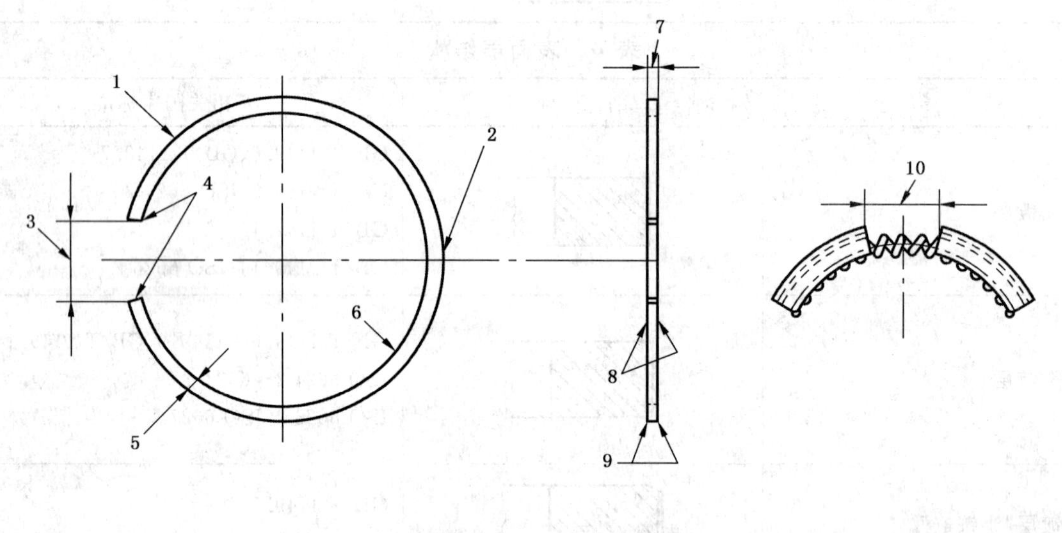

1——外圆面；
2——环背；
3——自由开口尺寸，m；
4——开口两端；
5——径向厚度，a_1；
6——内圆面；
7——环高，h_1；
8——侧面；
9——外圆面棱边；
10——螺旋撑簧的张开量，f_1。

图 1 自由状态(非受力状态)的环

5.2 闭合状态的环

用于描述闭合状态环的附加术语见图 2。

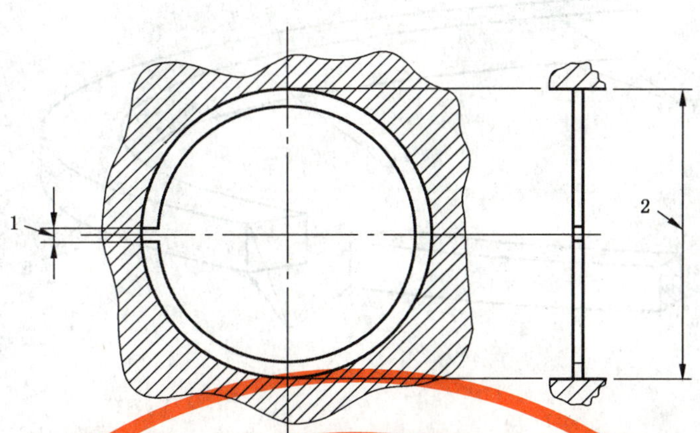

1——闭口间隙,s_1;

2——气缸直径/环的基本直径,d_1。

图 2 闭合状态的环

5.3 装配状态下闭合的环

用于描述装配在活塞环槽中的闭合状态活塞环的术语见图 3。

a) 矩形环　　b) 梯形环

测量方法 A:规定 a_6 值,测量 h_3 值;

测量方法 B:规定 h_3 值,测量 a_6 值。

1——槽底圆角半径;

2——环槽底径;

3——径向间隙;

4——基本直径,d_1;

5——径向厚度,a_1;

6——侧隙;

7——环槽高度;

8——环高,h_1;

9——基本环高,h_1。

图 3 环的间隙

5.4 棱边、表面和侧面

用于描述环的棱边、表面和侧面的术语见图 4。

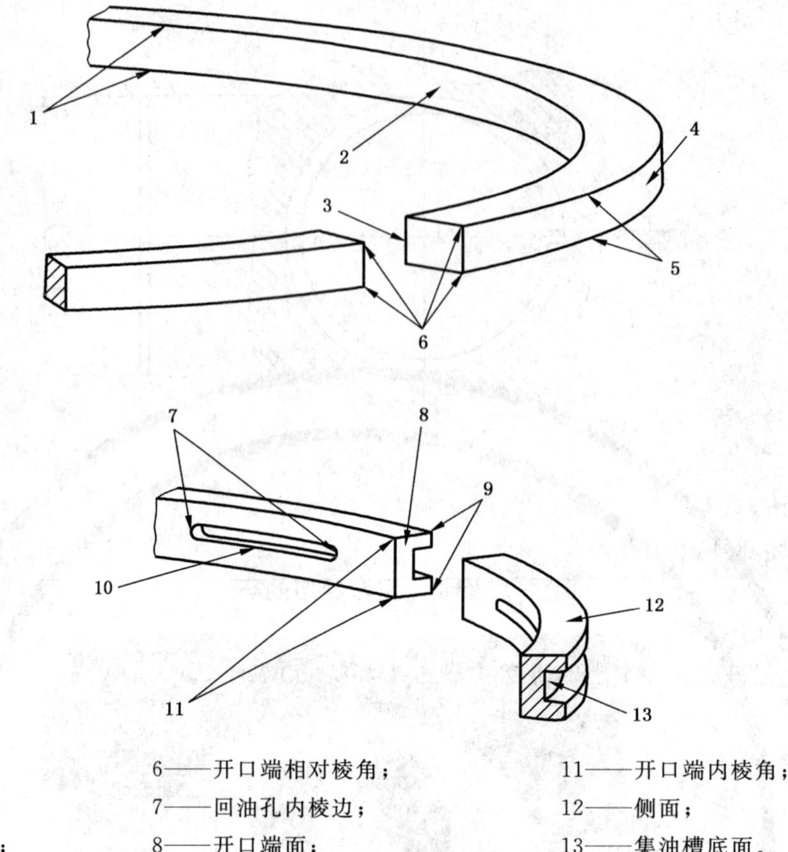

1——内棱边；
2——内圆面；
3——开口端内棱边；
4——外圆面；
5——外圆棱边；
6——开口端相对棱角；
7——回油孔内棱边；
8——开口端面；
9——开口端外棱角；
10——回油孔表面；
11——开口端内棱角；
12——侧面；
13——集油槽底面。

图 4　棱边、表面和侧面

5.5　倒角棱边

用于描述活塞环棱边倒角的术语见图 5。

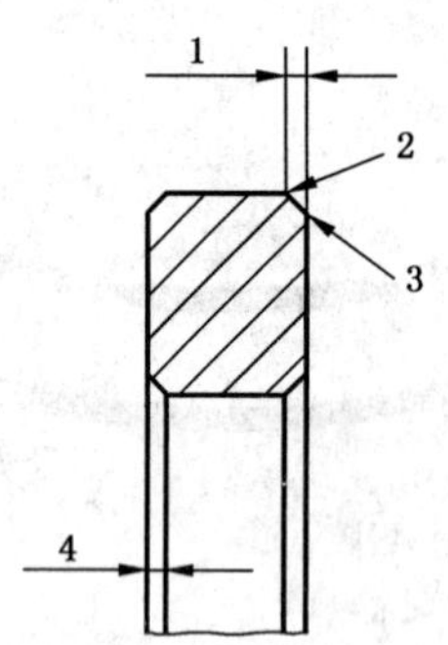

1——外棱边倒角；
2——外圆棱边；
3——侧面棱边；
4——内棱边倒角。

图 5　倒角棱边

5.6　刮环

用于描述外切扭曲环和鼻形环的术语见图 6。

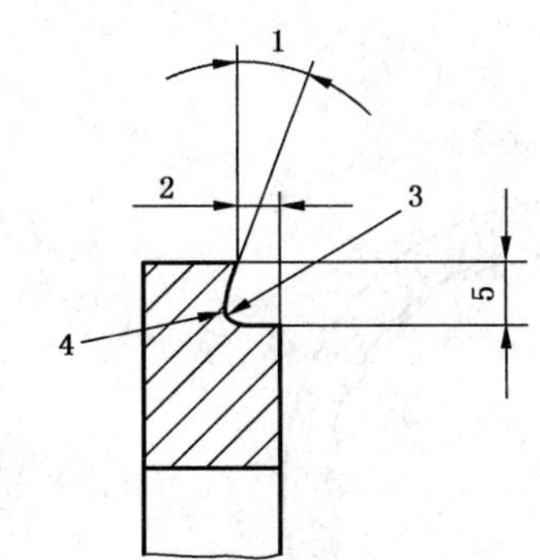

1——鼻形角；
2——切台高度，h_2；
3——切台半径，r_2；
4——鼻形凹切台或切台；
5——切台深度，a_2。

图6　鼻形环剖面

5.7　油环

用于描述开槽螺旋撑簧油环的术语见图7。用于描述钢带组合油环的术语见图8。

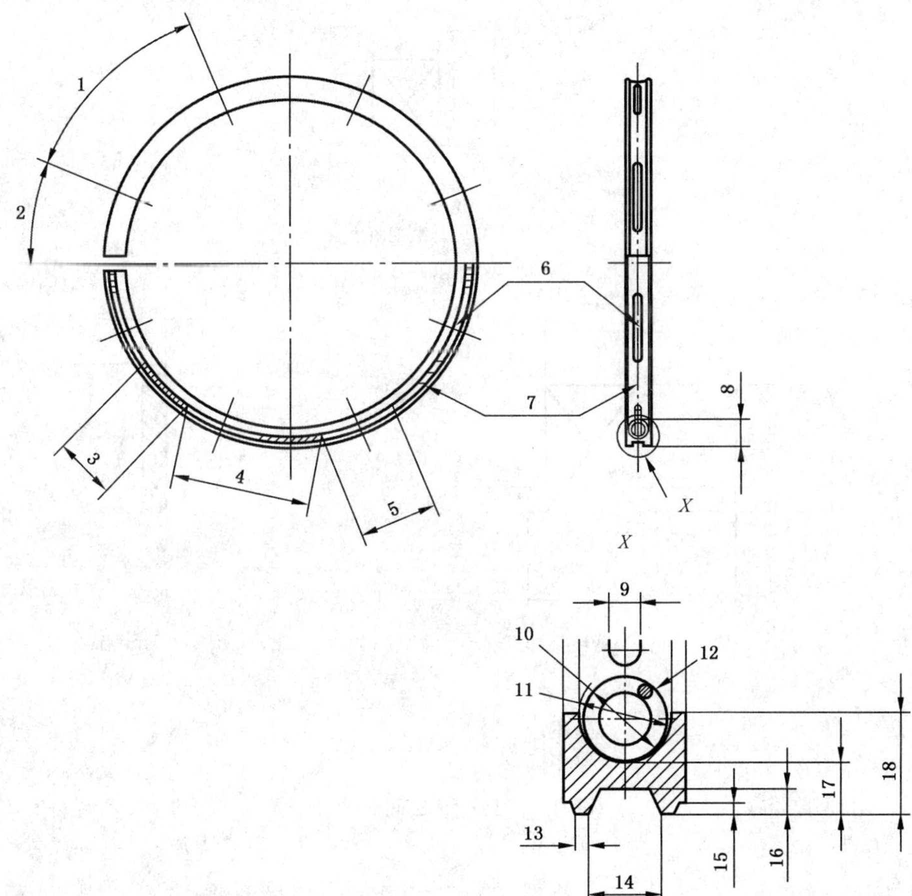

1——回油孔夹角；
2——开口端回油孔角度；
3——实体部位长度，W_2；
4——回油孔间距，W_3；
5——回油孔长度，W_1；
6——回油孔；
7——实体部位；
8——组合径向厚度，a_{12}；
9——回油孔高，c_1；
10——螺旋撑簧外径，d_7；
11——螺旋撑簧槽直径 d_{14}；
12——螺旋撑簧；
13——刮油边高，h_5；
14——刮油边间距，B_3；
15——刮油边凸出高，a_{17}；
16——集油槽深，a_4；
17——集油槽深加实体部位厚度，a_{13}；
18——径向厚度，a_1。

图7　螺旋撑簧油环

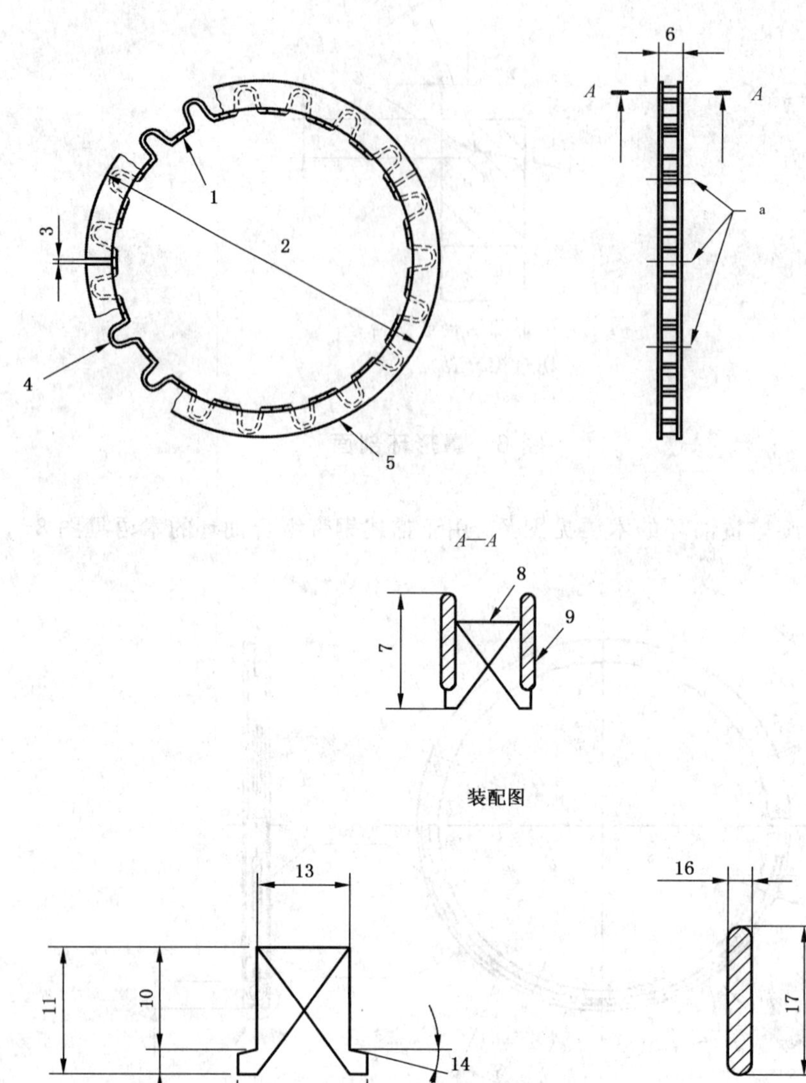

装配图

衬环

刮片环

1——衬环凸台；
2——组合环基本直径，d_1；
3——刮片环闭口间隙，s_1；
4——衬环开口端；
5——外圆面；
6——组合环基本环高，h_1；
7——组合环径向厚度，a_{11}；
8——衬环；
9——刮片环；
10——衬环在刮片环之间的径向厚度，a_8；
11——衬环径向厚度，a_9；
12——衬环凸台厚度，a_{14}；
13——衬环在刮片环之间的高度，h_{13}；
14——凸台角度，θ；
15——衬环环高，h_9；
16——刮片环高度，h_{12}；
17——刮片环径向厚度，a_1。

[a] 刮片环与衬环的开口位置要互相错开(对所有三件组合环)。

图 8　钢带组合油环

6　术语和定义

本部分采用下列的术语和定义。

6.1 活塞环类型

6.1.1

活塞环 piston ring

一种具有较大向外扩张变形的金属弹性环。它被装配到剖面与其相应的环形槽内。往复和/或旋转运动的活塞环,依靠气体或液体的压力差,在环外圆面和气缸以及环和环槽的侧面之间形成密封。

6.1.2

整体环 single-piece ring

在一个环槽中只装配一个零件组成的活塞环。

6.1.3

组合环 multi-piece ring

在一个环槽中装配两个或两个以上零件组成的活塞环。

6.1.4

气环 compression ring

主要用来防止气体泄漏的活塞环。

6.1.5

油环 oil control ring

具有回油孔或等效结构,能从缸壁上刮下机油的活塞环。

6.1.6

矩形环 rectangular ring

剖面呈矩形的气环。几何形状简单,在正常工作条件下具有足够的密封性。

6.1.7

梯形环 keystone ring

两侧面倾斜的气环。

注:梯形环用于环易粘结的场合。由于梯形剖面,环在径向运动时,侧隙将不断变化,因而能使燃烧积炭减到最低程度。

6.1.8

楔形环 half keystone ring

一个侧面倾斜的气环。

注:通常楔形面朝向燃烧室。

6.1.9

外切扭曲环 scraper ring(stepped)

在外圆面下棱边带有起刮油作用的阶梯切台的活塞环。

注:它也能作为较下面的压缩环。

6.1.10

鼻形环 napier ring(undercut step)

切台呈下凹圆弧形的刮环。

6.1.11

开槽油环 slotted oil control ring

侧面平行,具有两个刮油边,并有回油孔的油环。

注:由于这种环具有狭窄的刮油边,可得到高的比压。

6.1.12

异向倒角油环 beveled-edge oil control ring

两刮油边的外侧棱边倒角的开槽油环。

注:两刮油边的外圆棱边倒角以提高比压,从而取得更好的刮油效果。

6.1.13

同向倒角油环　double-bevelled oil control ring

两刮油边的上侧棱边处同向倒角的开槽油环。

注：由于两刮油边的倒角方向相同，其刮油效果更佳。

6.1.14

开槽螺旋撑簧油环　coil spring loaded slotted oil control ring

通过加置螺旋撑簧以提高径向弹力的开槽油环。

注：撑簧在各方向对环体内表面的作用力均等。

6.1.15

异向倒角螺旋撑簧油环　coil spring loaded beveled-edge oil control ring

两刮油边的外侧棱边倒角的开槽螺旋撑簧油环。

6.1.16

同向倒角螺旋撑簧油环　coil spring loaded double-bevelled oil control ring

两刮油边的上侧棱边处同向倒角的开槽螺旋撑簧油环。

6.1.17

异向倒角螺旋撑簧镀铬油环　coil spring loaded beveled-edge chromium plated oil control ring

两刮油边镀铬和其内、外侧棱边均倒角的开槽螺旋撑簧油环。

注：可以成形或非成形磨削。

6.1.18

钢带组合油环　expander/segment oil control ring

由衬环和两个片环组成的多零件组合油环。

注：衬环的设计随生产厂而异。

6.2　活塞环的形态特征

6.2.1

环的基本直径　nominal ring diameter

基本直径 d_1 等于气缸的基本直径，符合 ISO 286 的规定。

6.2.2

珩磨带　witness line

环外圆面上，沿圆周方向肉眼可见的，珩磨形成的狭窄的连续的接触带。

6.2.3

定位切口　joint

环开口两端的接合部位。

6.2.4

抵头　butting

环开口两端面发生接触的现象。

6.2.5

有效自由开口尺寸　effective free gap

自由开口尺寸 m(见图 1)减去闭口间隙测量值 s_1(见图 2)。

注：自有开口尺寸用于计算 E 值、切向弹力 F_t、径向弹力 F_d 和各种应力。

6.2.6

压力分布图形　pressure pattern

当环闭合到气缸基本直径时，沿环外圆面的径向压力分布图。

6.2.7

接触比压　contact pressure

环作用于气缸壁上的径向压力。

注：单位用 N/mm^2。

6.2.8

点状或模糊光线　pin point or burry light

在光密封度检测中，观察到的间断点状明亮光或模糊光(不是明亮的直射光)。

6.3　活塞

6.3.1

环槽　ring groove

活塞上装配活塞环的环形槽。

6.4　检测工具

6.4.1

环规　ring gauge

内径为气缸基本直径的刚性环形量规。

6.4.2

参考面(基准面)　reference plane(datum surface)

测量时放置活塞环的平面，特殊规定除外。

索　引

特性/术语	符号	相关 ISO 标准	章/条
组合径向厚度	a_{11}	6627	5.7
不对称桶面环(见矩形环和梯形环)		6622-1/6622-2 6624-1/6624-3	
桶面度(外圆面上的桶面结构)	t_2、t_3	6621-2 6622-1/6622-2 6624-1～6624-4	
桶面环,见矩形环、梯形环和楔形环		6622-1/6622-2 6624-1～6624-4	
异向倒角油环		6625 6626	
实体部位长度	W_2	6621-1 6626/6626-2/6626-3	5.7 4.2/5.2/5.5
毛刺		6621-5	
铸皮		6621-5	4.5
疏松		6621-5	4.2
倒角		6621-4	10
剥落		6621-5	4.4
铬瘤		6621-5	4.5
镀铬层硬度		6621-4	10.1
活塞环分类		6621-1	3
闭口间隙	s_1	6621-1/6621-4	5.2/7.3
喷涂层结构		6621-1	4.4
喷涂层厚度		6621-4/6622 ff.	10
喷涂层厚度公差		6621-4	10
螺旋撑簧直径	d_7	6621-1/6626/6626-2	5.7/5.1
螺旋撑簧类型		6626	5.1
螺旋撑簧的张开量	f_1	6621-1/6626	5.1/5.2
螺旋撑簧槽直径	d_{14}	6621-1/6626/6626-2	5.7/7
同向倒角螺旋撑簧油环		6626/6626-2	3.3/4.3
螺旋撑簧油环		6626/6626-2/6626-3	
开槽螺旋撑簧油环		6626/6626-2	
基本接触比压	p_0	6626/6626-2 6626-3/6627	6/7 5.7/8
基本接触比压的级别		6626/6626-2 6626-3/6627	7.4/6.4 8.2
F_t 和 F_d 值的修正		6621-4	7.4

特性/术语	符号	相关 ISO 标准	章/条
裂纹		6621-5	4.3
剖面形状		6621-1	4
刀具直径	d_5	6625 6626/6626-2	4.1条表1 4.1条表1/5.2
气缸直径		6621-1	5.2
基准面(参考平面)		6621-1	6.4
去毛刺		6621-5	4.4
定义(术语和定义)		6621-1	6
沉积物(脏物)		6621-5	4.5
凹坑		6621-5	4.3
活塞环标记		6621-4	5
径向弹力	F_d	6621-2/6621-4 6622-1～6625	4.2/7.4
色变		6621-5	4.5.1
同向倒角油环		6625	
划痕		6621-5	4.3
棱边倒角(KA,KI)		6621-1/6621-5/6623 6624-1/6624-2/6625	
棱边特征/形状		6621-1	4.3
内外棱边倒圆	h_X、h_Y	6622-2 6624-3/6624-4	5.7 5.1/5.2
棱边(缺陷)		6621-5	4.4
棱边(镀铬、喷涂、氮化)		6621-4	10
钢带组合油环		6627	
衬环径向厚度	a_9	6621-1	5.7
衬环环高	h_9	6621-1	5.7
刮油边凸出高	a_{17}	6621-1	5.7
氧化处理		6621-4	10.4
侧面平度(不平度)		6621-2 6621-5	4.2 7.3
弹力修正系数		6621-4 6622-1～6626-2	7.4
自由开口尺寸(有效)		6621-1	6.2
自由开口尺寸(总)	m	6621-1/6621-2 6626/6626-2	5.1/4.2 3.2
开口端棱角		6621-5	4.4
开口端棱边倒角		6621-4	10
气孔		6621-5	4.2

特性/术语	符号	相关 ISO 标准	章/条
集油槽深	a_4	6621-1 6626/6626-2/6626-3	5.7
集油槽深加实体部位厚度	a_{13}	6621-1 6626/6626-2/6626-3	5.7
环槽底径(活塞)		6621-1	5.3
槽底圆角半径		6621-1	5.3
环槽高度		6621-1	5.3
楔形环		6624-2/6624-4	
硬度(材料)		6621-3	表 1
硬度试验压痕		6621-5	4.3
耐热特性		6626/6626-2	5.4/6.4
耐热阻力		6621-5	5.2(表 10)
翘度		6621-2/6621-5	4.2/7.4
内棱边倒角,KI		6621-1/6622-1/6623 6624-1/6624-2/6625	5.7 4.2/5.2/5.5
内棱边倒圆	h_y	6622-2 6624-3/6624-4	5.7 5.1/5.2
内圆面		6621-1	5.4
内倒角,IF/IFU		6622-1/6622-2 6624-1/6624-3	
内圆面定位切口		6621-4	8.1
内切台,IW/IWU		6622-1,6624-1	
切口形状		6621-4	8
梯形角		6621-2 6624-1/6624-2 6624-3/6624-4	
梯形环		6624-1/6624-3	
刮油边径向偏移度		6621-2 6626/6626-2/6626-3	4.2 4.4/图 2～图 6
刮油边间距	B_3	6621-1 6626/6626-2/6626-3	5.7
刮油边高度	h_4,h_5	6621-1/6625 6626/6626-2/6626-3	5.5/6 7/8/5.2
光密封度		6621-2 6621-4	4.2 7.2
宏观裂纹(镀铬表面)		6621-5	4.5
宏观裂纹(氮化表面)		6621-5	4.5
标记		6621-4	6
材料去除		6621-5	4.4 条表 4

特性/术语	符号	相关 ISO 标准	章/条
材料		6621-3 6626/6626-2/6626-3 6627	 5.4/6.4/6.4 7
检验方法		6621-2	
弹性模量	E	6621-3 6621-4	3 7.4
鼻形环(见刮环)		6623	
反扭曲		6621-1 6622-1/6622-2	4.3 5.6/5.7
氮化表面		6621-4 6622-2 6624-3,6624-4	10.3
氮化层深度		6621-2/6621-4/6622-2 6624-3/6624-4 6626-3/6627	4.2/10.3/5.9 5.4/5.4 5.6/5.2
活塞环术语		6621-1	5
基本直径	d_1	6621-1	5.2/5.3/6.2
防转定位切口		6621-4	8.1/8.2
偏移角		6621-2	4.2
油环		6621-1 6625～6627	5.7
外棱边倒角,KA		6621-1/6622-1 6624-2	5.5/5.8 5.2
外棱边倒圆		6622-2 6624-3/6624-4	5.7 5.1/5.2
椭圆度(见环形状)	U	6621-2 6621-4	4.2 7.1
包装		6621-4	11.3
外圆面棱边		6621-1 6621-4	5.4/5.5 10
开口端外棱边		6621-1/6621-4 6621-5	5.4/表 16、表 20、表 22 4.4
外圆面		6621-1	5.4
外圆面喷涂		6621-4	10
外圆面形状		6621-1	4.2
外圆面加工		6621-4 6621-5	9 7
外圆面轮廓(偏差)		6621-5	7.2
磷化处理		6621-4	10.4

特性/术语	符号	相关 ISO 标准	章/条
点状或模糊光线		6621-1 6621-2	6.2 4.2
活塞环分类		6621-1	3
活塞环代号及其说明		6621-4	4 章的表 1
活塞环类型		6621-1	4
普通环(无镀层环)		6621-1	4.4
开口端内沉量		6621-2	4.2
气孔/沉积物		6621-5	4.2 中的表 1/4.5
正扭曲		6621-1 6622-1/6622-2 6624-1/6624-2	4.3 5.5 5.2
压力分布图形		6621-1	6.2
质量要求(肉眼可见的缺陷)		6621-5	4.1
组合径向厚度	a_{12}	6621-1	5.7
径向厚度	a_1	6621-1/6621-2 6622 ff.	5.1/5.3
刮片环		6621-1/6627	5.7/5.2
凸起的材料(标记)		6621-5	6
矩形环		6621-1 6622-1/6622-2	6.1
减小的 m/d_1 比值		6621-4	7.4
参考面(基准面)		6621-1	5.3
环背(环的背面)		6621-1	5.3
环的间隙(闭口间隙)	s_1	6621-1/6621-4	5.2/7.3
环规		6621-1	6.4
环槽(在活塞上)		6621-1	6.3
环转动(防止)		6621-4	8
环形状(见椭圆度)		6621-2 6621-4	4.2 7.1
环高	h_1	6621-1/6621-2 6622-1 ff.	5/4.2.1
粗糙度(见表面粗糙度)		6621-2/6621-4	4.2/9
砂眼		6621-5	4.2 条表 1
刮环(鼻形环)		6623	
擦伤		6621-5	4.3
衬环凸台角度	θ	6621-1	5.7
衬环凸台厚度	a_{14}	6621-1	5.7

特性/术语	符号	相关 ISO 标准	章/条
刮片环		6621-1/6627	5.7/5.2
刮片环高度	h_{12}	6627	5.2
侧面		6621-1/6621-4	5/9.2
侧面加工		6621-4	9
侧面定位切口		6621-4	8.2
回油孔分布		6625 6626/6626-2/6626-3	4.1 4.1/5.1/5.5
回油孔长度	W_1	6621-1 6625 6626/6626-2/6626-3	5.7 4.1 4.2/5.2
回油孔间距	W_3	6621-1/6626-3	5.7/5.5
回油孔高	c_1	6621-1 6625 6626/6626-2/6626-3	5.7 6 7/8/5.5
开槽油环		6621-1 6625/6626/6626-2	
衬环在刮片环之间的径向厚度	a_8	6627	4.2
衬环在刮片环之间的高度	h_{13}	6627	4.2
喷涂		6621-4 6622-1/6622-2 6624 ff.	10.2 5.11/5.8
喷涂(缺陷)		6621-5	4.4/4.5
喷涂层硬度		6621-4	10.2
撑簧张开量		6626/6626-2/6626-3	6.2/6.2/6.2
刮片环			
切台深度	a_2	6623	表 8/表 9
切台高度	h_2	6623	表 8/表 9
力学性能(机械性能)		6621-3	3
表面加工,喷涂		6621-4	9
表面粗糙度		6621-2/6621-4	4.2/9
表面处理		6621-4	10.4
切向弹力	F_t	6621-2 6621-4 6622-1 ff.	4.2 7.4/7.5/7.6
切向弹力消失(耐热钢材料)		6621-5	5.2
锥面环		6621-1～6624-4	
锥形外圆面		6621-1～6624-4	
温度影响(耐热钢材料)		6621-5	5.2

特性/术语	符号	相关 ISO 标准	章/条
扭曲		6621-2 6622-1/6622-2 6624-1/6624-3	4.2 5.7/5.5 5.6/5.5
自由开口尺寸	m	6621-1 6621-2	5.1 4.2.3
切台半径	r_2	6621-1	5.6
V形槽(油环)		6626-3	3.4
肉眼可见的缺陷(特征)		6621-5	4
径向厚度	a_1	6621-1/6621-2 6622-1 ff.	5.3/4.2.2
珩磨带		6621-1	6.2.2

参 考 文 献

[1] GB/T 1149.6—2008 内燃机 活塞环 第6部分:铸铁刮环(ISO 6623:2004,IDT).

[2] GB/T 1149.8—2008 内燃机 活塞环 第8部分:矩形钢环(ISO 6622-2:2003,IDT).

[3] GB/T 1149.9—2008 内燃机 活塞环 第9部分:梯形铸铁环(ISO 6624-1:2001,IDT).

[4] GB/T 1149.13—2008 内燃机 活塞环 第13部分:油环(ISO 6625:1986,IDT).

[5] GB/T 1149.14—2008 内燃机 活塞环 第14部分:螺旋撑簧油环(ISO 6626:1989,IDT).

[6] ISO 6622-1:2003 内燃机 活塞环 第1部分:矩形铸铁环.

[7] ISO 6624-2:2003 内燃机 活塞环 第2部分:楔形铸铁环.

[8] ISO 6624-3:2001 内燃机 活塞环 第3部分:梯形钢环.

[9] ISO 6624-4:2003 内燃机 活塞环 第4部分:楔形钢环.

[10] ISO 6626-2:2003 内燃机 活塞环 第2部分:薄形铸铁螺旋撑簧油环.

[11] ISO 6626-3:2008 内燃机 活塞环 第3部分:钢质螺旋撑簧油环.

[12] ISO 6627:2000 内燃机活塞环 钢带组合油环.

参 考 文 献

ICS 27.020
J 92

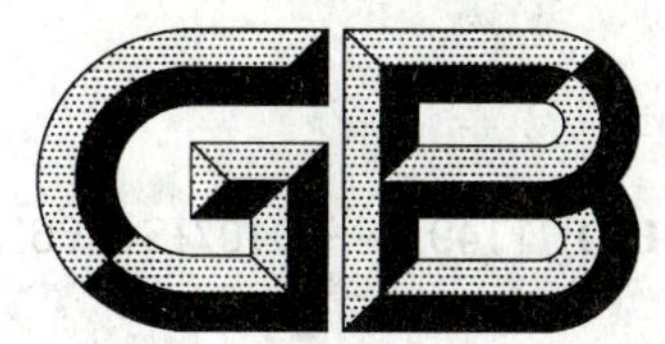

中华人民共和国国家标准

GB/T 1149.3—2010/ISO 6621-3:2000
部分代替 GB/T 1149.4—1994

内燃机　活塞环 第3部分:材料规范

Internal combustion engines—Piston rings—Part 3:Material specifications

(ISO 6621-3:2000,IDT)

2010-11-10 发布　　　　2011-03-01 实施

中华人民共和国国家质量监督检验检疫总局
中国国家标准化管理委员会　发布

前　言

GB/T 1149《内燃机　活塞环》分为16个部分：

——第1部分：通用规则；

——第2部分：术语；

——第3部分：材料规范；

——第4部分：质量要求；

——第5部分：检验方法；

——第6部分：铸铁刮环；

——第7部分：矩形铸铁环；

——第8部分：矩形钢环；

——第9部分：梯形铸铁环；

——第10部分：梯形钢环；

——第11部分：楔形铸铁环；

——第12部分：楔形钢环；

——第13部分：油环；

——第14部分：螺旋撑簧油环；

——第15部分：薄形铸铁螺旋撑簧油环；

——第16部分：钢带组合油环。

本部分为GB/T 1149的第3部分。

本部分等同采用ISO 6621-3:2000《内燃机　活塞环　第3部分：材料规范》(英文版)。

本部分等同翻译ISO 6621-3:2000。

为便于使用，本部分做了如下编辑性修改：

——"ISO 6621本部分"改为"本部分"；

——删除了国际标准的前言和引言。

本部分对ISO 6621-3:2000中采用的其他国际标准，凡已被采用为我国标准的，用我国标准代替相应的国际标准。

本部分代替GB/T 1149.4—1994《内燃机活塞环　技术要求》中的材料规格部分，本部分与GB/T 1149.4—1994材料规格部分相比，主要技术内容变化如下：

——硬度试验按维氏硬度试验方法规定，其值用HV30表示，而洛氏硬度值HRB、HRC仅供参考；

——增加了材料细级别。

本部分由中国机械工业联合会提出。

本部分由全国内燃机标准化技术委员会(SAC/TC 177)归口。

本部分起草单位：上海内燃机研究所、安庆帝伯格茨活塞环有限公司、仪征双环活塞环有限公司、南京飞燕活塞环股份有限公司、福建东亚机械有限公司。

本部分主要起草人：苏晴华、王星、陆有高、卢晋平、吉斌杰、钟君杰。

本部分所代替标准的历次版本发布情况为：

——GB 1149—1982；

——GB/T 1149.4—1994。

内燃机　活塞环
第3部分:材料规范

1　范围

GB/T 1149 的本部分按机械性能和材料许用应力对活塞环用的材料进行了分类。

本部分适用于气缸直径小于或等于 200 mm 的往复活塞式内燃机活塞环。在类似条件下工作的压缩机活塞环也可参照使用。

2　规范性引用文件

下列文件中的条款通过 GB/T 1149 的本部分的引用而成为本部分的条款。凡是注日期的引用文件,其随后所有的修改单(不包括勘误的内容)或修订版均不适用于本部分,然而,鼓励根据本部分达成协议的各方研究是否可使用这些文件的最新版本。凡是不注日期的引用文件,其最新版本适用于本部分。

GB/T 4340.1—2009　金属材料　维氏硬度试验　第1部分:试验方法(ISO 6507-1:2005,MOD)

3　机械性能

选择材料时,应按表1给出的机械性能指标,同时也要考虑活塞环的最终涂层、发动机性能(标定工况,缸套表面处理等)以及显微结构特征,比如石墨、渗碳体和铁素体。

表 1 活塞环材料及其机械性能

级别	机械性能/MPa 或 N/mm²		材料						典型应用
	典型弹性模量	最低抗弯强度	类型	最低硬度值[a] HV30	最低硬度值[a] HRB	最低硬度值[a] HRC	特殊要求	细级别	
10	90 000	300	灰铸铁	200	93	—	不经热处理	MC 11	压缩环，刮环及油环
	90 000	350		205	95	—		MC 12	
	100 000	390		205	95	—		MC 13	
20	115 000	450	灰铸铁	255	—	23	热处理	MC 21	压缩环，刮环
		450		290	—	28		MC 22	
		450		390	—	40		MC 23	
		500		320	—	32		MC 24	
	130 000	650		365	—	37		MC 25	
30	145 000	550	碳化物铸铁	265	—	25	热处理珠光体	MC 31	
		500		300	—	30	热处理马氏体	MC 32	
40	160 000	600	可锻铸铁	210	95	—	热处理珠光体	MC 41	压缩环，刮环及薄形油环
		600		250	—	22	热处理马氏体	MC 42	
		600		300	—	30	热处理马氏体	MC 43	
		1 000		280	—	27	热处理碳化物	MC 44	
50	160 000	1 100	球墨铸铁	255	—	23	热处理马氏体	MC 51	
		1 300		255	—	23	热处理马氏体	MC 52	
		1 300		290	—	28	热处理马氏体	MC 53	
		1 300		210	95	—	珠光体	MC 54	
				225	97	—	铁素体	MC 55	
		13 00		345	—	35	热处理马氏体	MC 56	

表 1（续）

级别	机械性能/MPa 或 N/mm²		材料						典型应用
	典型弹性模量	最低抗弯强度	类型	最低硬度值[a]			特殊要求	细级别	
				HV30	HRB	HRC			
60	210 000	—	钢	370	—	38	铬钼钒合金	MC 61	压缩环
				390	—	40	铬硅合金	MC 62	螺旋撑簧和压缩环
				485	—	48	铬硅合金	MC 63	压缩环
				450	—	45	铬硅合金	MC 64	压缩环
				270	—	26	马氏体（含铬≥11%）	MC 65	压缩环，油环及刮片环
				270	—	26	马氏体（含铬≥17%）	MC 66	压缩环及刮片环
				—[b]	—	—	奥氏体（含铬≥16%）	MC 67	衬环
				450[b]	—	—	非合金	MC 68	衬环及刮片环

[a] 硬度值是三个测量点（开口、离开口 90°和 180°处各一点）的平均值。HV30 硬度试验按 GB/T 4340.1—2009 的规定进行。HRB 和 HRC 仅供参考，采用 HRB 和 HRC 硬度测量方法，受活塞环几何形状和材料的限制，所列硬度值仅适用于各个细级别规定的材料。其他硬度测量法及其相当值均由供需双方协商决定。所有的硬度值是指成品整体环和刮片环。而氮化钢环的硬度值仅适用于其芯部硬度。

[b] 衬环的硬度值取决于制造工艺，成品衬环的硬度值由供需双方协商决定。

参 考 文 献

[1] GB/T 1149.1—2008 内燃机 活塞环 第1部分:通用规则(ISO 6621-4:2003,IDT).

[2] GB/T 1149.2—2010 内燃机 活塞环 第2部分:术语(ISO 6621-1:2007,IDT).

[3] GB/T 1149.4—2008 内燃机 活塞环 第4部分:质量要求(ISO 6621-5:2005,IDT).

[4] GB/T 1149.5—2008 内燃机 活塞环 第5部分:检验方法(ISO 6621-2:2003,IDT).

[5] GB/T 1149.6—2008 内燃机 活塞环 第6部分:铸铁刮环(ISO 6623:2004,IDT).

[6] GB/T 1149.7—2010 内燃机 活塞环 第7部分:矩形铸铁环(ISO 6622-1:2003,IDT).

[7] GB/T 1149.8—2008 内燃机 活塞环 第8部分:矩形钢环(ISO 6622-2:2003,IDT).

[8] GB/T 1149.9—2008 内燃机 活塞环 第9部分:梯形铸铁环(ISO 6624-1:2001,IDT).

[9] GB/T 1149.11—2010 内燃机 活塞环 第11部分:楔形铸铁环(ISO 6624-2:2003,IDT).

[10] GB/T 1149.13—2008 内燃机 活塞环 第13部分:油环(ISO 6625:1986,IDT).

[11] GB/T 1149.14—2008 内燃机 活塞环 第14部分:螺旋撑簧油环(ISO 6626:1989,IDT).

[12] ISO 6624-3:2001 内燃机 活塞环 第3部分:梯形钢环.

[13] ISO 6624-4:2003 内燃机 活塞环 第4部分:楔形钢环.

[14] ISO 6626-2:2003 内燃机 活塞环 第2部分:薄形铸铁螺旋撑簧油环.

[15] ISO 6627:2000 内燃机活塞环 钢带组合油环.

ICS 27.020
J 92

中华人民共和国国家标准

GB/T 1149.7—2010/ISO 6622-1:2003
部分代替 GB/T 14222—1993

内燃机 活塞环
第7部分:矩形铸铁环

Internal combustion engines—Piston rings—
Part 7:Rectangular rings made of cast iron

(ISO 6622-1:2003,IDT)

2010-11-10 发布 2011-03-01 实施

中华人民共和国国家质量监督检验检疫总局
中国国家标准化管理委员会 发布

前　言

GB/T 1149《内燃机　活塞环》分为16个部分：

——第1部分：通用规则；

——第2部分：术语；

——第3部分：材料规范；

——第4部分：质量要求；

——第5部分：检验方法；

——第6部分：铸铁刮环；

——第7部分：矩形铸铁环；

——第8部分：矩形钢环；

——第9部分：梯形铸铁环；

——第10部分：梯形钢环；

——第11部分：楔形铸铁环；

——第12部分：楔形钢环；

——第13部分：油环；

——第14部分：螺旋撑簧油环；

——第15部分：薄形铸铁螺旋撑簧油环；

——第16部分：钢带组合油环。

本部分为GB/T 1149的第7部分。

本部分等同采用ISO 6622-1:2003《内燃机　活塞环　第1部分：矩形铸铁环》(英文版)。

本部分等同翻译ISO 6622-1:2003。

为便于使用，本部分做了如下编辑性修改：

——"ISO 6622本部分"改为"本部分"；

——删除了国际标准的前言和引言；

——对ISO 6622-1:2003中引用的ISO 6621-4:2003，用已被采用为我国的标准代替。

本部分是对GB/T 14222—1993《内燃机活塞环　矩形环》矩形铸铁环内容的修订。本部分与GB/T 14222—1993的主要区别是：

——GB/T 14222—1993为等效采用ISO 6622-1:1986和ISO/TR 6622-2:1988，而本部分为等同采用ISO 6622-1:2003。

本部分自实施之日起代替GB/T 14222—1993中矩形铸铁环内容。

本部分由中国机械工业联合会提出。

本部分由全国内燃机标准化技术委员会(SAC/TC 177)归口。

本部分起草单位：上海内燃机研究所、仪征双环活塞环有限公司、福建东亚机械有限公司、安庆帝伯格茨活塞环有限公司。

本部分主要起草人：苏晴华、孟才喜、吉斌杰、王星、钟君杰。

本部分所代替标准的历次版本发布情况为：

——GB 1149—1982；

——GB/T 14222—1993。

内燃机　活塞环
第7部分:矩形铸铁环

1　范围

GB/T 1149的本部分规定了活塞环型号为R、B、BA和M的矩形铸铁制活塞环(以下简称矩形铸铁环)的基本尺寸特征。

本部分适用于气缸直径不大于200 mm的往复式内燃机用的矩形铸铁环,在类似条件下工作的压缩机用的矩形铸铁环也可参照使用。

2　规范性引用文件

下列文件中的条款通过GB/T 1149的本部分的引用而成为本部分的条款。凡是注日期的引用文件,其随后所有的修改单(不包括勘误的内容)或修订版均不适用于本部分,然而,鼓励根据本部分达成协议的各方研究是否可使用这些文件的最新版本。凡是不注日期的引用文件,其最新版本适用于本部分。

GB/T 1149.1—2008　内燃机　活塞环　第1部分:通用规则(ISO 6621-4:2003,IDT)

3　概述

矩形铸铁环型式见表1～表3及图1～图4,通用特征及其尺寸见表4～表8及图5～图31。不同型式环的弹力系数见表9和表10,矩形铸铁环(径向厚度为"常规"或"$D/22$")的尺寸和弹力分别见表11和表12。

4　型式和标记示例

4.1　R型——柱面矩形环

4.1.1　一般特征

尺寸和弹力见表11和表12。

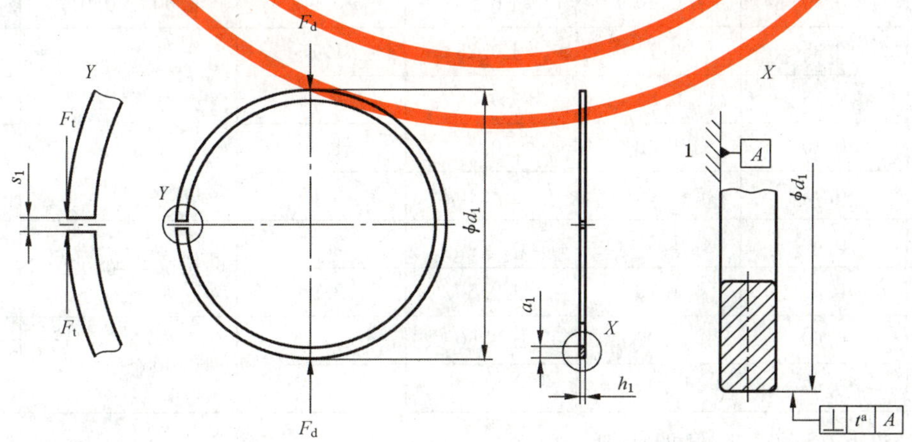

1——基准面。

[a] $t=0.005\times h_1$。

图1　R型

4.1.2 标记示例

柱面矩形环(R),基本直径 $d_1=90$ mm(90),基本环高 $h_1=2.5$ mm(2.5),由不经热处理的灰铸铁制成,材料细级别 12(MC12),全部表面磷化处理(PO),符合本部分要求的铸铁制活塞环标记为:

活塞环 GB/T 1149.7 R-90×2.5-MC12/PO

4.2 B 型——桶面矩形环

4.2.1 一般特征

尺寸和弹力见表 11 和表 12。

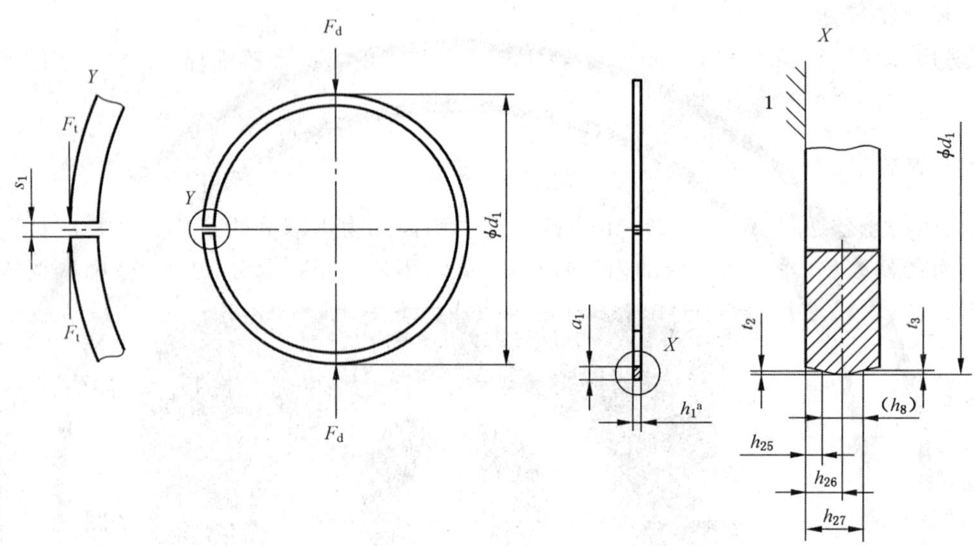

1——基准面。

[a] 见表 1。

图 2 B 型

表 1 对称桶面压缩环测量高度(h_8)和桶面尺寸

单位为毫米

h_1	h_{25}[a]	h_{26}		h_{27}	t_2,t_3[b]	h_8[c]
		基本尺寸	公差			
1.2	0.30	0.60	±0.20	0.90	0.003~0.012	0.60
1.5	0.35	0.75	±0.25	1.15	0.003~0.015	0.80
1.75	0.35	0.85	±0.30	1.35		1.00
2.0	0.40	1.00	±0.30	1.60		1.20
2.5	0.45	1.25	±0.40	2.05		1.60
3.0	0.50	1.50	±0.50	2.50	0.005~0.020	2.00
3.5	0.55	1.75	±0.50	2.95		2.40
4.0	0.60	2.00	±0.60	3.40	0.005~0.023	2.80
4.5	0.65	2.25	±0.60	3.85		3.20

[a] 对于外棱边小倒角的环,h_{25} 值可以降低。

[b] t_2,t_3 可以在棱边尺寸之间变化。

[c] h_8 测量尺寸仅提供参考,只有当供需双方达成一致时,才被使用。

4.2.2 标记示例

桶面矩形环(B),基本直径 d_1=90 mm(90),基本环高 h_1=2.5 mm(2.5),由热处理球墨铸铁制成,材料细级别 51(MC51),外圆面全镀铬,最小厚度为 0.15 mm(CR3),符合本部分要求的铸铁制活塞环标记为:

活塞环 GB/T 1149.7 B-90×2.5-MC51/CR3

4.3 BA 型——不对称桶面矩形环 h_1≥1.5 mm

4.3.1 一般特征

尺寸和弹力见表 11 和表 12。

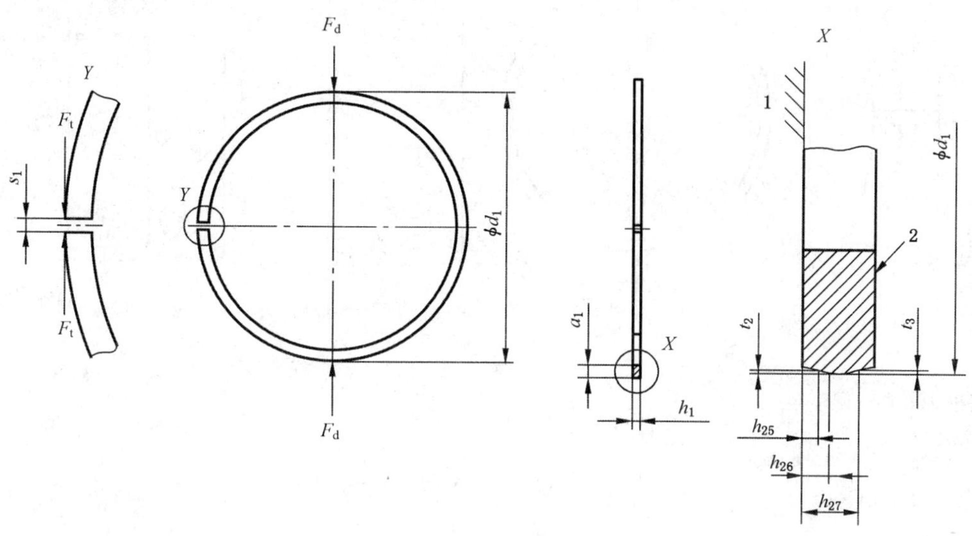

1——基准面;

2——标志。

图 3 BA 型

表 2 桶面尺寸

单位为毫米

h_1	h_{25} [a]	h_{26}		h_{27}	t_2 [b]	t_3 [b]
		基本尺寸	公差			
1.5	0.35	0.50	±0.15	1.15	0～0.005	0.007～0.022
1.75	0.35	0.55	±0.20	1.35	0～0.007	0.008～0.025
2.0	0.40	0.60		1.50		0.009～0.030
2.5	0.45	0.70	±0.25	1.80	0～0.008	0.011～0.035
3.0	0.55	0.80		2.10		0.012～0.038
3.5	0.60	0.90	±0.30	2.40	0～0.009	0.012～0.040
4.0	0.65	0.95		2.80		0.013～0.045
4.5	0.70	1.05	±0.35	3.20	0～0.010	0.015～0.050

a 对于外棱边小倒角的环,h_{25} 值可以降低。

b t_2、t_3 或两者均可根据供需双方协商而改变。

4.3.2 标记示例

不对称桶面矩形环(BA),基本直径 d_1=90 mm(90),基本环高 h_1=2.5 mm(2.5),由热处理马氏体球墨铸铁制成，材料细级别 51(MC51)，外圆面全镀铬，最小厚度为 0.15mm(CR3)，符合本部分要求的铸铁制活塞环标记为：

活塞环　GB/T 1149.7　BA-90×2.5-MC51/CR3

4.4　M 型——锥面矩形环

4.4.1　一般特征

尺寸和弹力见表 11 和表 12。

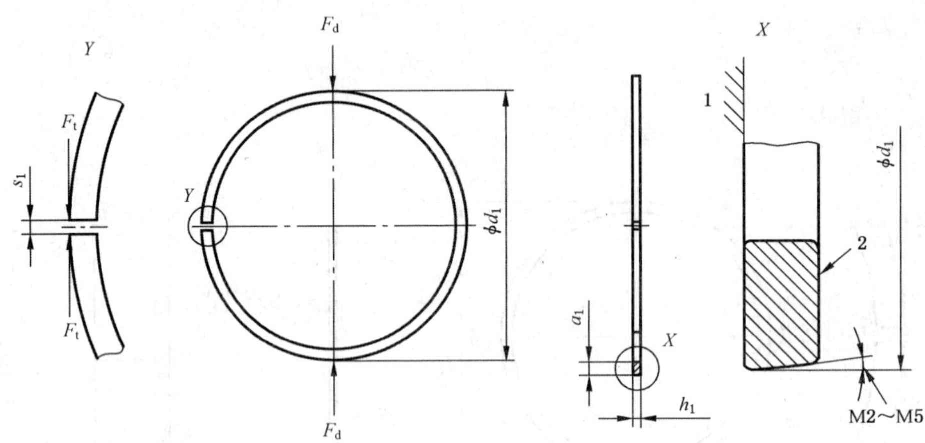

1——基准面；

2——标志。

图 4　M 型

表 3　斜度

单位为分

代号	外圆面车削的无镀层环/外圆面磨削的镀铬/喷涂环/外圆面不经磨削的镀铬环[a]					
	斜度	公差	(上侧面)内倒角或内切台[b]		(下侧面)内倒角或内切台[b,c]	
			斜度	公差	斜度	公差[d]
M1[c]	10	$^{+40}_{0}$	10	$^{+60}_{0}$	—	—
M2	30	$^{+50}_{0}$	30		—	—
M3	60		60		60	$^{+60}_{0}$
M4	90		90		90	
M5	120		120		120	

[a] 对于外圆锥面不经磨削的镀铬环，其公差应增加 10′(例：M3＝60，对 M 型环，其公差为：$^{+60}_{0}$；而对具有 IF 或 IW 和 IFU 或 IWU 特征的环，则公差为：$^{+70}_{0}$)。

[b] IF 或 IW 和 IFU 或 IWU 结构在图 22 和图 25 中说明。

[c] M 斜度不适用于 $h_1 \leqslant 1.5$ mm 的环或外圆面为部分柱面的锥面环。

[d] 对于斜度为 M3、M4 和 M5 的反扭曲的锥面环，其扭曲角度不应超过最小斜度的 90%。

4.4.2　标记示例

外圆面斜度为 10′的锥面矩形环(M1)，基本直径 $d_1=90$ mm(90)，基本环高 $h_1=2.5$ mm(2.5)，由经热处理的灰铸铁制成，材料细级别 23(MC23)，外圆面镶嵌喷涂，最小厚度 0.1 mm(SC2F)，符合本部分要求的铸铁制活塞环标记为：

活塞环　GB/T 1149.7　M1-90×2.5-MC23/SC2F

5　通用特征

5.1　R 型——柱面矩形环

5.1.1　无镀层环

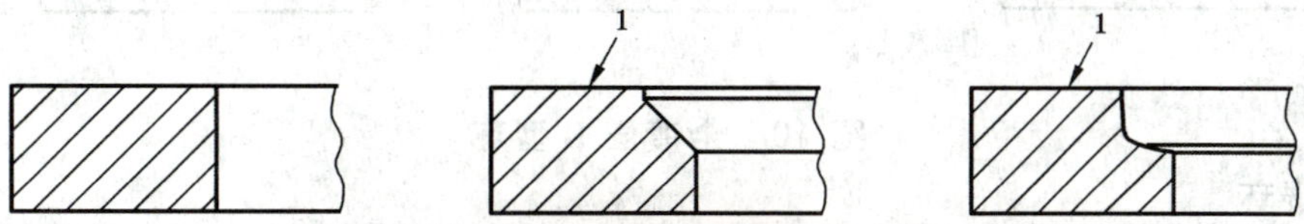

1——标志。

图 5　无镀层 R 型环

5.1.2　镀铬或喷涂环

5.1.2.1　全镀层环

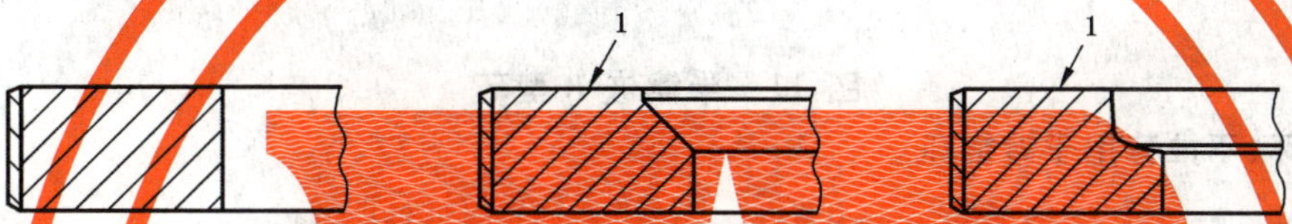

1——标志。

图 6　全镀层 R 型环

5.1.2.2　半镶嵌环

1——标志。

图 7　半镶嵌 R 型环

5.1.2.3　镶嵌环(不推荐用于镀铬环)

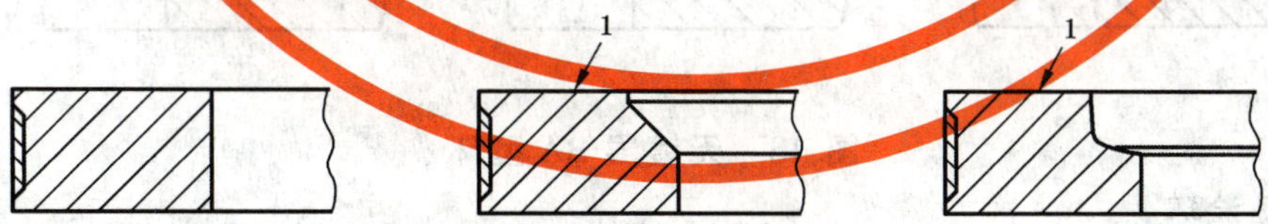

1——标志。

图 8　镶嵌 R 型环

5.2　B 型——桶面矩形环

5.2.1　无镀层环

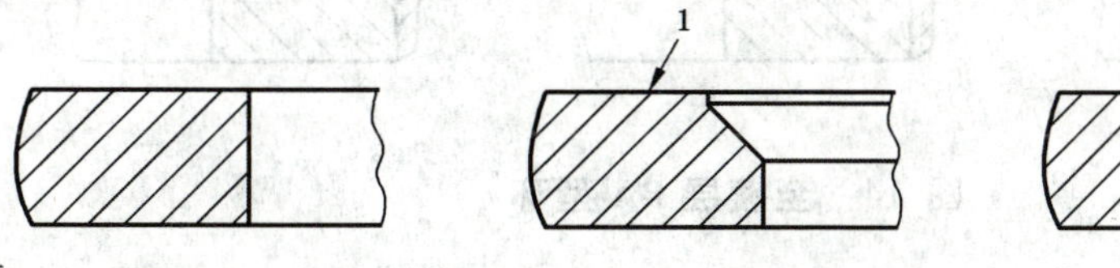

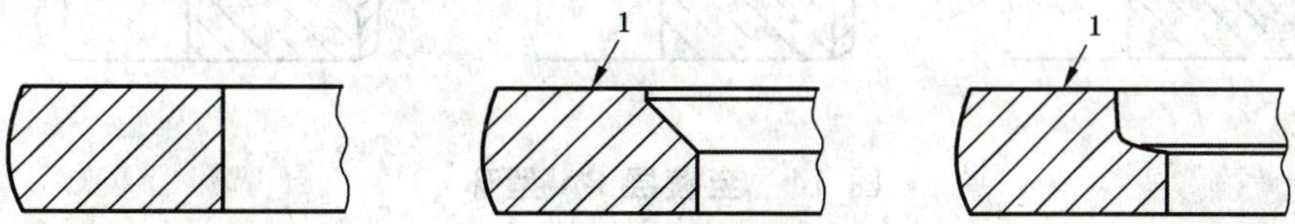

1——标志。

图 9　无镀层 B 型环

5.2.2 镀铬或喷涂环

5.2.2.1 全镀层环

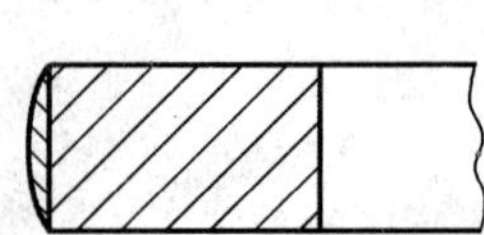
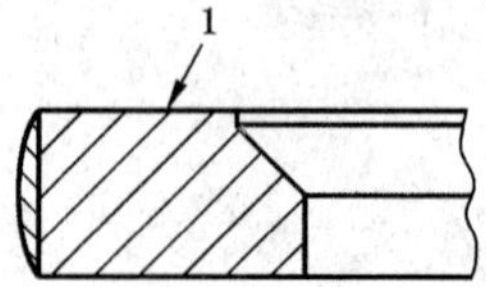

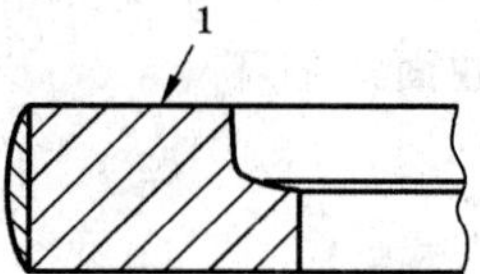

1——标志。

图 10 全镀层 B 型环

5.2.2.2 半镶嵌环

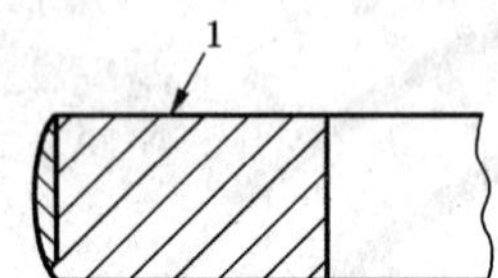

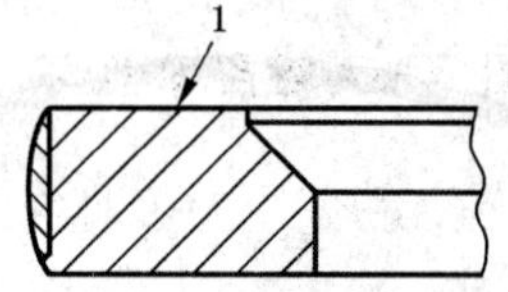

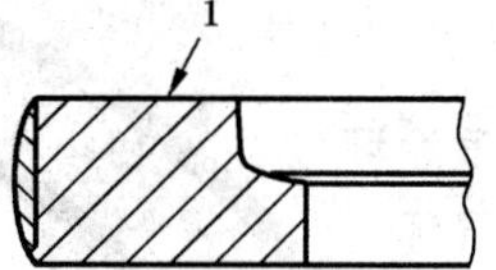

1——标志。

图 11 半镶嵌 B 型环

5.2.2.3 镶嵌环(不推荐用于镀铬环)

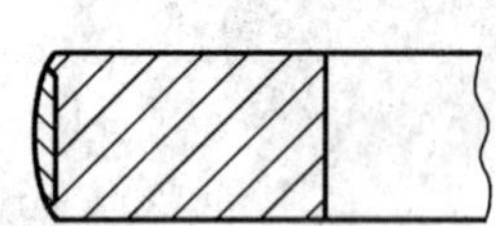
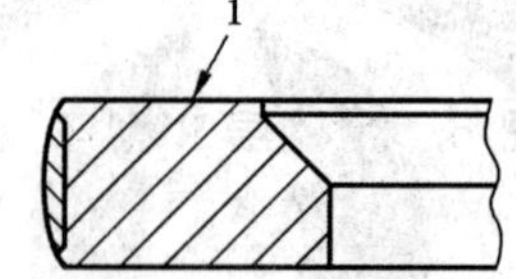

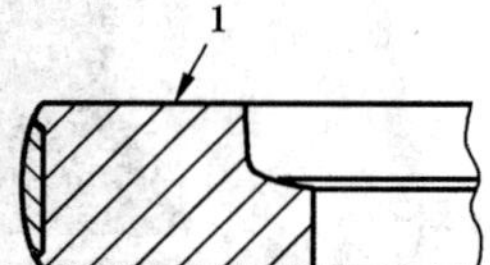

1——标志。

图 12 镶嵌 B 型环

5.3 BA 型——不对称桶面矩形环($h_1 \geqslant 1.5$ mm)

5.3.1 无镀层环

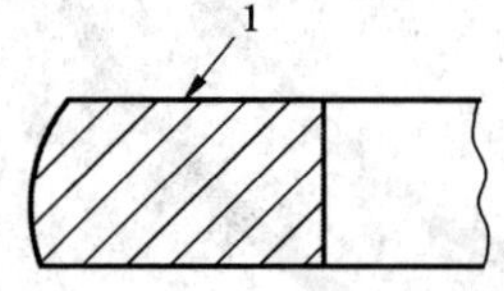

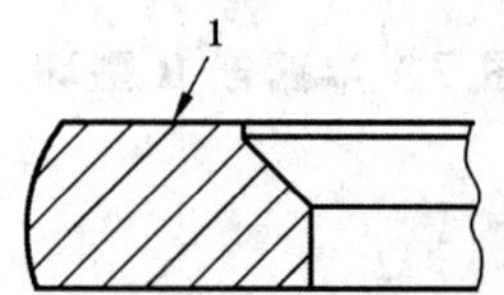

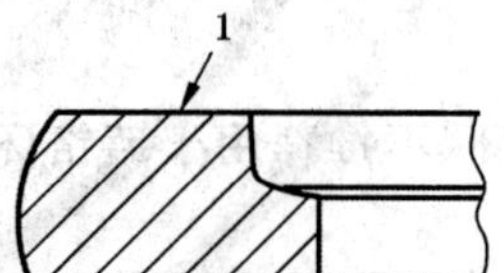

1——标志。

图 13 无镀层 BA 型环

5.3.2 镀铬或喷涂环

5.3.2.1 全镀层环

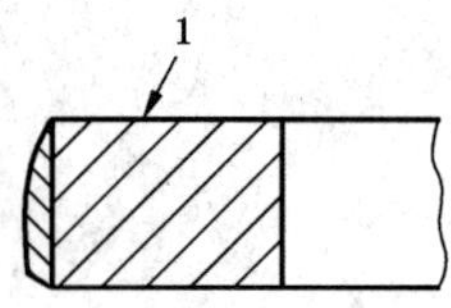

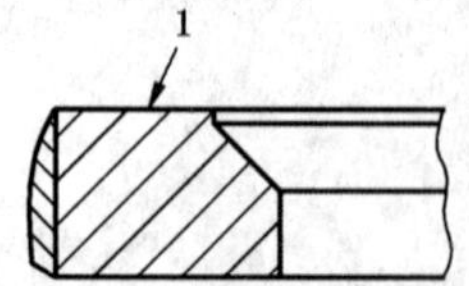

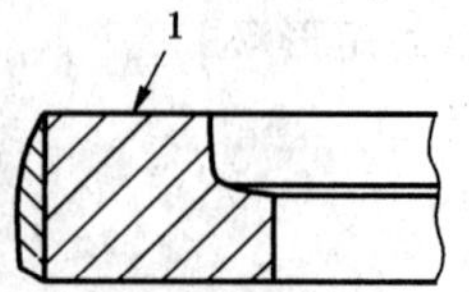

1——标志。

图 14 全镀层 BA 型环

5.3.2.2 半镶嵌环

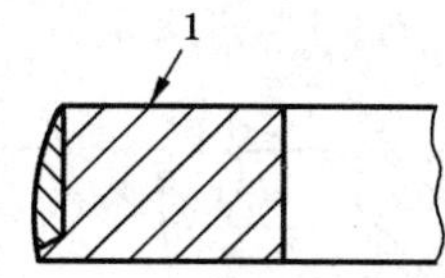

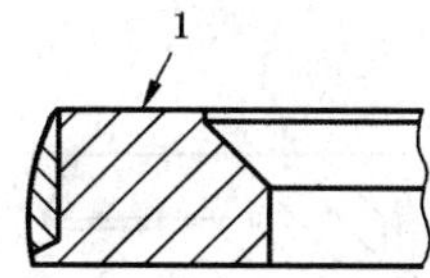

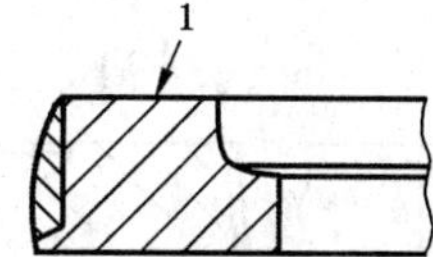

1——标志。

图 15 半镶嵌 BA 型环

5.3.2.3 镶嵌环(不推荐用于镀铬环)

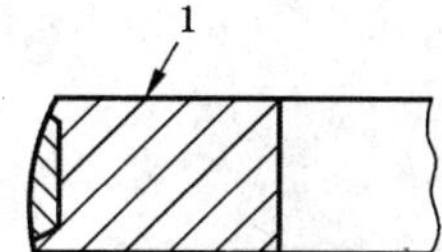

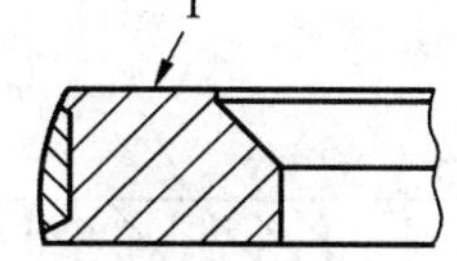

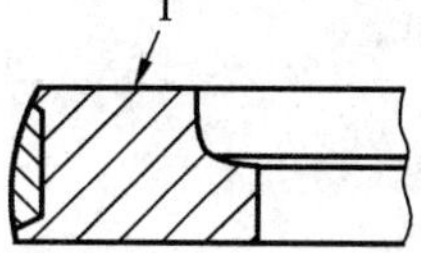

1——标志。

图 16 镶嵌 BA 型环

5.4 M 型——锥面矩形环

5.4.1 外圆面为全锥面

5.4.1.1 无镀层环

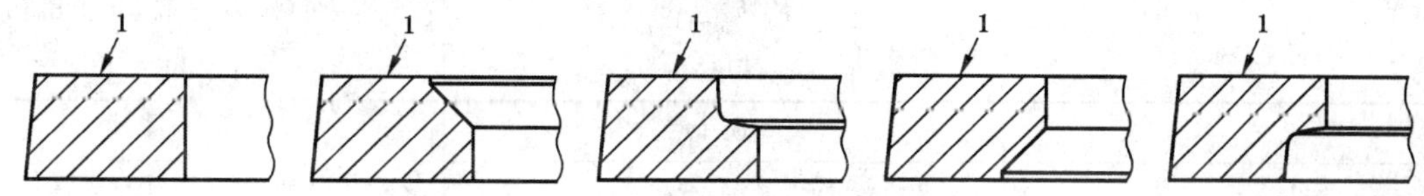

1——标志。

图 17 无镀层 M 型环

5.4.1.2 镀铬或喷涂环

5.4.1.2.1 全镀层环

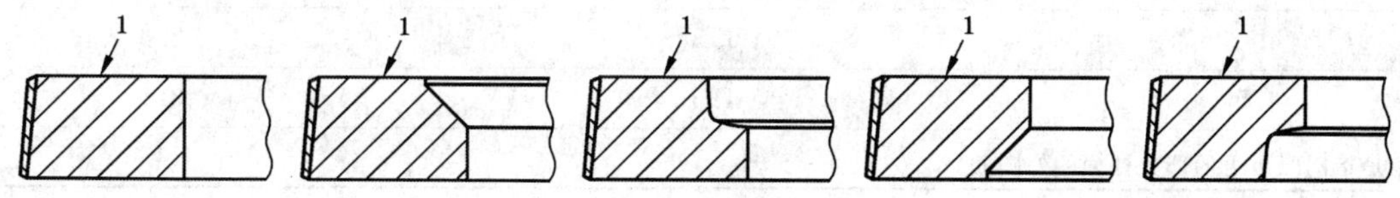

1——标志。

图 18 全镀层 M 型环

5.4.1.2.2 半镶嵌环

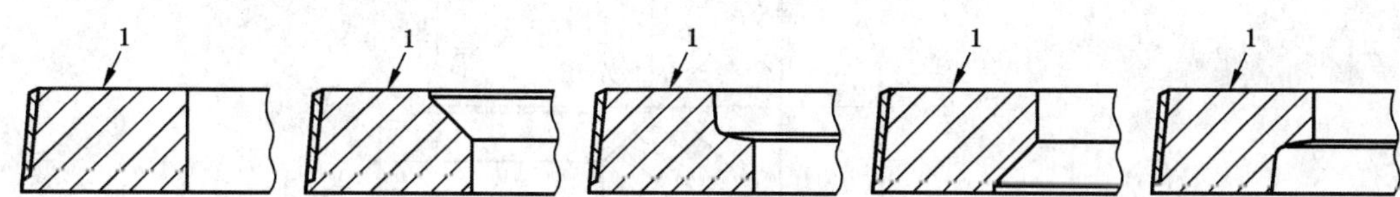

1——标志。

图 19 半镶嵌 M 型环

5.4.1.2.3 镶嵌环(不推荐用于镀铬环)

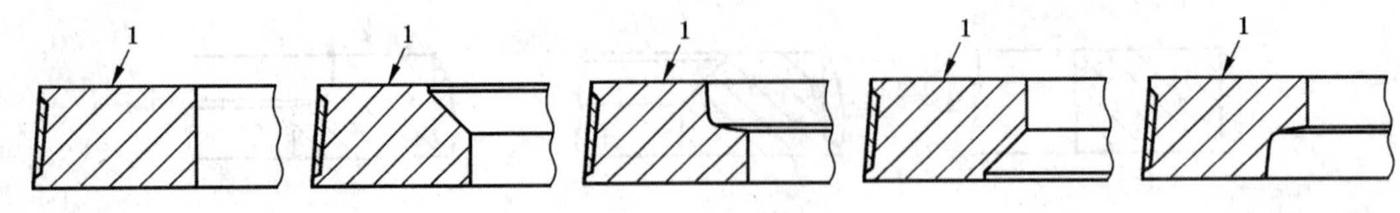

1——标志。

图 20 镶嵌 M 型环

5.4.2 外圆面为部分柱面(机加工 LM 或珩磨 LP)的锥面矩形环

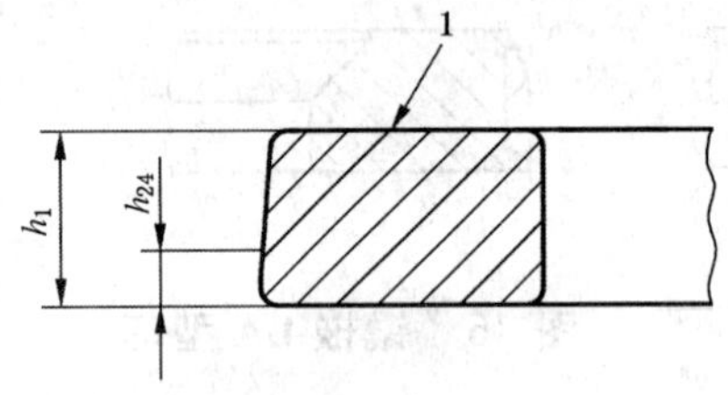

1——标志。

图 21 部分柱面(机加工 LM 或珩磨 LP)的 M 型环

表 4 外圆面柱面部分的轴向尺寸 h_{24}

单位为毫米

h_1	h_{24}[a] max	h_{24}(距开口端 30°范围内) max
1.2	0.4	0.8
1.5	0.5	1.0
1.75	0.6	1.2
2.0	0.7	1.4
2.5	0.8	1.6
3.0	1.0	2.0
3.5	1.2	2.3
4.0	1.3	2.6
4.5	1.5	3.0

[a] h_{24}是指肉眼可见的部分柱面的外圆面。

5.5 R、B、BA 和 M 型环(正扭曲)——上侧面内倒角或内切台

单位为毫米

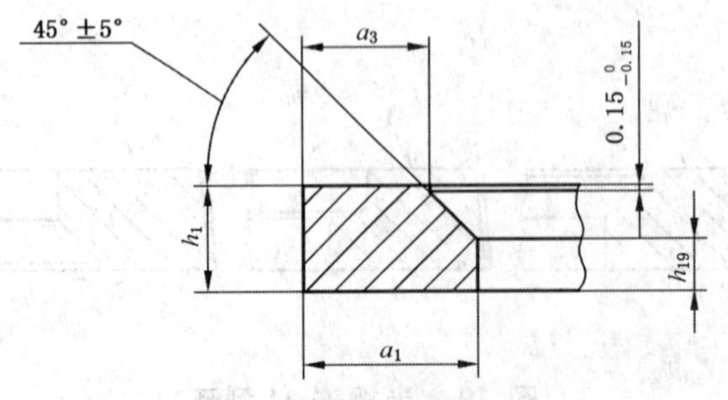

图 22 上侧面内倒角(IF)

单位为毫米

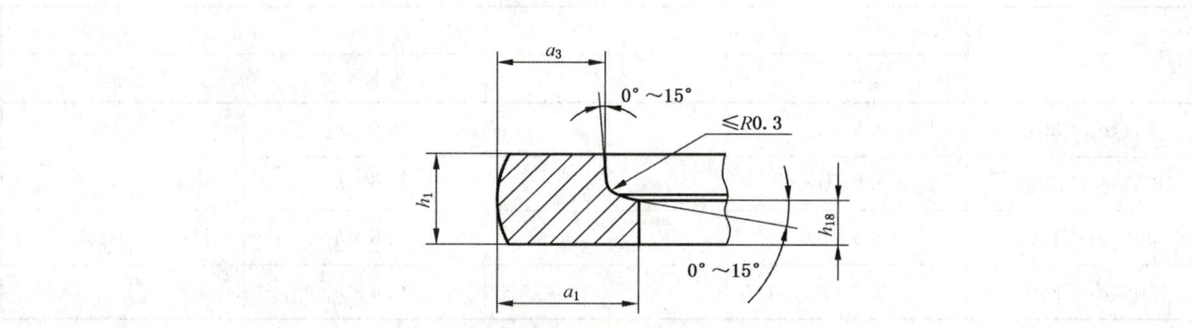

图 23　上侧面内切台(IW)

5.6　斜度为 M3～M5 的 M 型环(反扭曲)——下侧面内倒角或内切台

单位为毫米

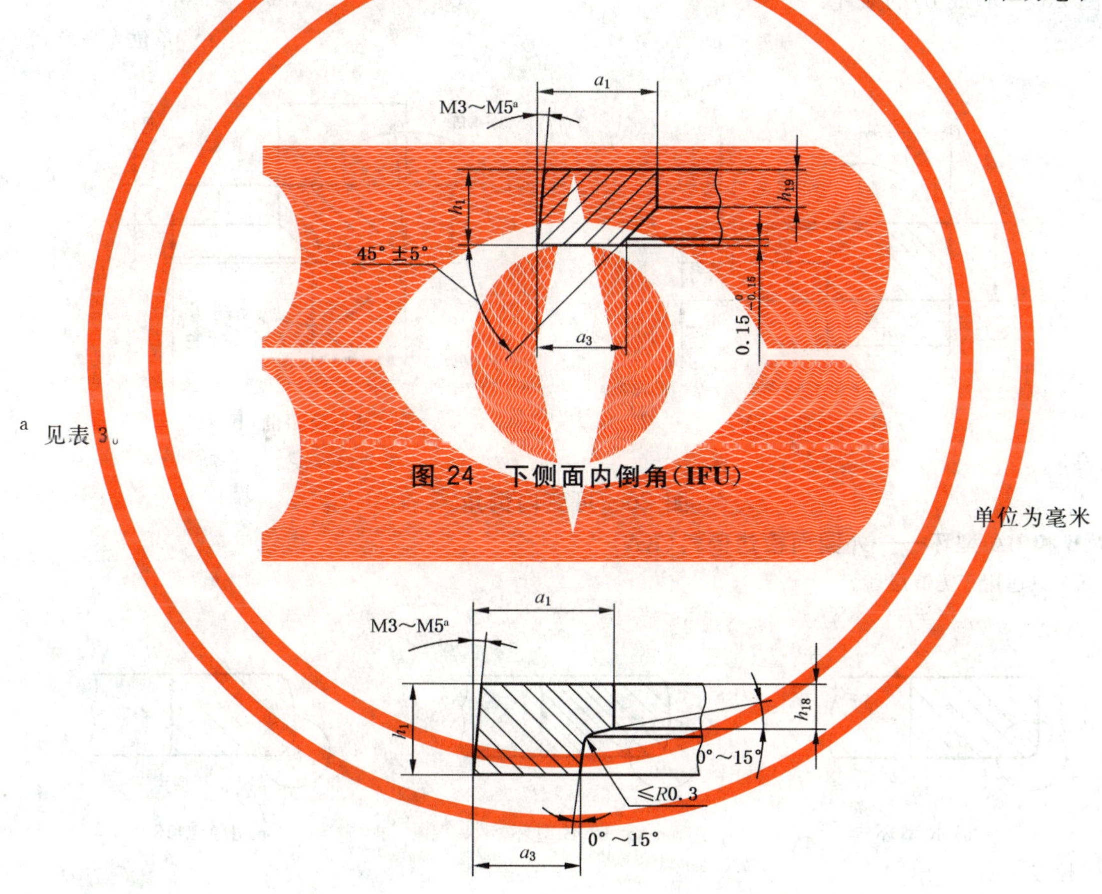

a 见表 3。

图 24　下侧面内倒角(IFU)

单位为毫米

a 见表 3。

图 25　下侧面内切台(IWU)

表 5　尺寸 a_3、h_{18}、h_{19}(h_1<1.5 mm)

单位为毫米

d_1	a_3[a]		h_{18}、h_{19}	
	基本尺寸	公差	基本尺寸	公差
$30 \leqslant d_1 < 60$	$0.85 \times a_1$	0 −0.2	$0.6 \times h_1$	0 −0.25
$60 \leqslant d_1 \leqslant 90$	$0.9 \times a_1$	0 −0.3	$0.6 \times h_1$	0 −0.25

a a_3 不适用于 IF 和 IFU 结构的环,因这种特征的环 h_{19} 是确定的。

表 6 尺寸 a_3、h_{18}（$h_1 \geqslant 1.5$ mm）

单位为毫米

d_1	a_3		h_{18}	
	基本尺寸	公差	基本尺寸	公差
$30 \leqslant d_1 < 80$	$0.8 \times a_1$	$\begin{matrix}0\\-0.2\end{matrix}$	$0.6 \times h_1$	$\begin{matrix}0\\-0.25\end{matrix}$
$80 \leqslant d_1 < 100$	$0.8 \times a_1$	$\begin{matrix}0\\-0.3\end{matrix}$	$0.6 \times h_1$	$\begin{matrix}0\\-0.25\end{matrix}$
$100 \leqslant d_1 < 150$	$0.8 \times a_1$	$\begin{matrix}0\\-0.3\end{matrix}$	$0.6 \times h_1$	$\begin{matrix}0\\-0.35\end{matrix}$
$150 \leqslant d_1 \leqslant 200$	$0.8 \times a_1$	$\begin{matrix}0\\-0.4\end{matrix}$	$0.6 \times h_1$	$\begin{matrix}0\\-0.45\end{matrix}$

5.7 R、B、BA 和 M 型环（正扭曲），M 型环（反扭曲）——可变的内倒角（IFV 和 IFVU）

对环高 $h_1 \leqslant 2$ mm 和 $h_1 > 2$ mm 的环分别规定每 2 mm 径向厚度的标准扭曲度 0.01 mm～0.05 mm 和 0.01 mm～0.04 mm 时，制造厂可自行确定尺寸 a_x、角度 φ 和倒角高度，这种情况下，设计应符合图 26 中 a）或 b）的规定。

单位为毫米

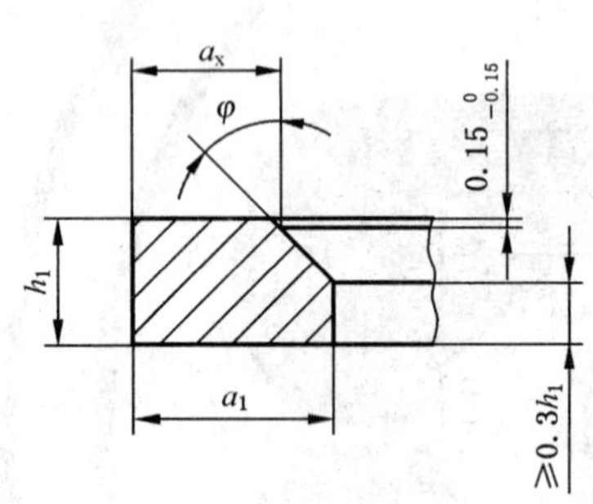

a）正扭曲（IFV）

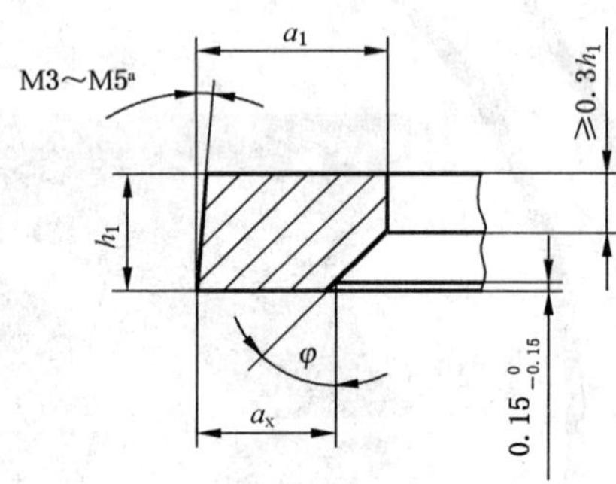

b）反扭曲（IFVU）

[a] 见表 3。

图 26 可变内倒角

5.8 R、B 和 BA 型环——外圆面棱边倒角（KA）

注：KA 只适用于无镀层环。

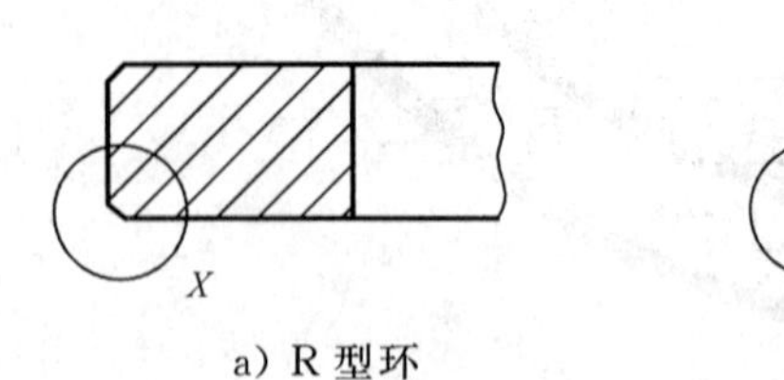

a）R 型环

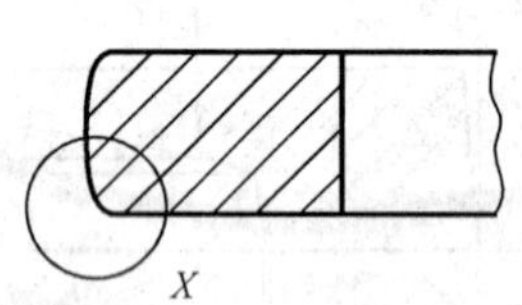

b）B 型环

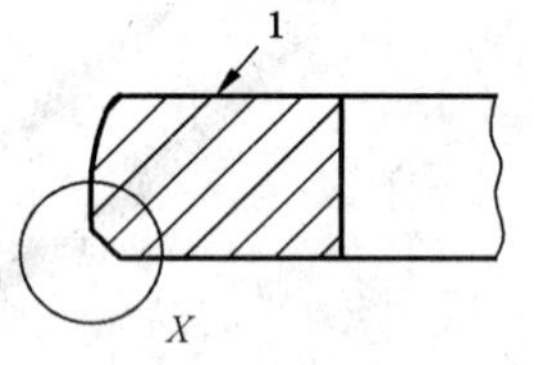

c）BA 型环

1——标志。

图 27 外圆面棱边倒角（KA）

5.9 R、B、BA 和 M 型环——内圆面棱边倒角（KI）

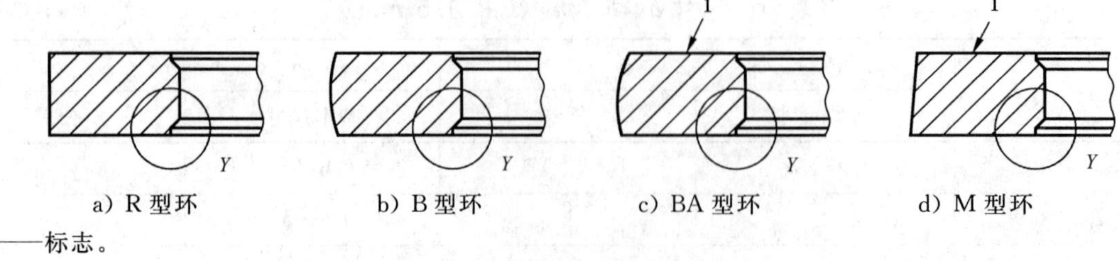

a）R 型环　b）B 型环　c）BA 型环　d）M 型环

1——标志。

图 28 内圆面棱边倒角（KI）

5.10 R、B 和 BA 型环——外、内圆面棱边倒角(KA+KI)

注：KA 只适用于无镀层环。

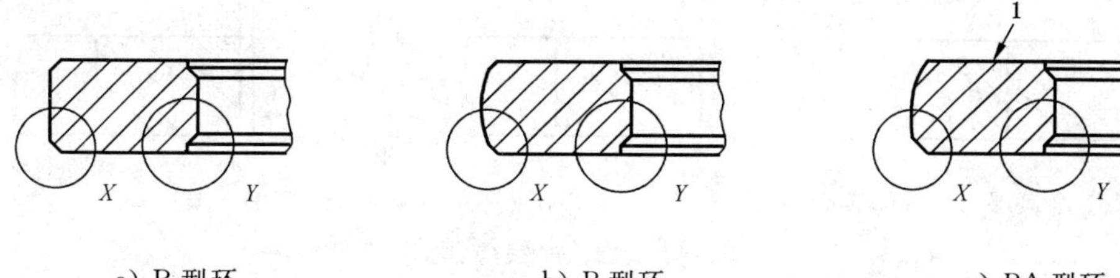

a) R 型环　　b) B 型环　　c) BA 型环

1——标志。

图 29　外、内圆面棱边倒角(KA+KI)

单位为毫米

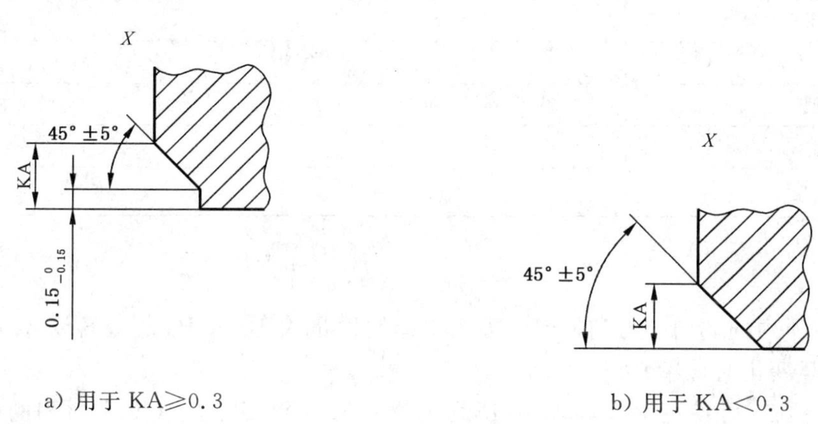

a) 用于 KA≥0.3　　b) 用于 KA<0.3

c) 用于 KI≥0.3　　d) 用于 KI<0.3

图 30　图 27～图 29 中的局部放大图

表 7　尺寸 KA 和 KI

单位为毫米

d_1	KA	KI
$30 \leqslant d_1 < 50$	≤0.2	≤0.2
$50 \leqslant d_1 < 125$	0.3±0.1	0.3±0.15
$125 \leqslant d_1 < 175$	0.4±0.1	0.4±0.15
$175 \leqslant d_1 \leqslant 200$	0.5±0.1	0.6±0.20

5.11 R、B、BA 和 M 型环(全镀层、半镶嵌和镶嵌)——镀/涂层厚度

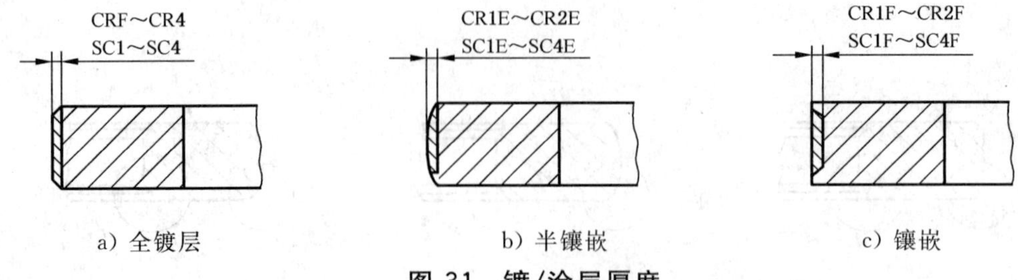

a) 全镀层　　b) 半镶嵌　　c) 镶嵌

图 31 镀/涂层厚度

表 8 镀/涂层厚度

单位为毫米

镀铬代号	喷涂代号	最小厚度
CRF	—	0.005
CR1	SC1	0.05
CR2	SC2	0.1
CR3[a]	SC3[a]	0.15
CR4[a]	SC4[a]	0.2
[a] 不推荐用于 $h_1 \leqslant 1.2$ mm 的环。		

6 弹力系数

表 11 和表 12 所列的切向弹力和径向弹力用于弹性模量为 100 GPa 的灰铸铁环,在具有附加特征和/或材料弹性模量变化时应予修正。

对于通用特征而言,可使用表 9 和表 10 所列的修正系数与 GB/T 1149.1 所列的弹力修正系数的乘积。

表 10 所列系数按镀层/喷涂层的平均厚度计算。

表 9 具有 KA、KI、IF、IW、IFU 和 IWU 特征的 R、B、BA 和 M 型环的弹力修正系数

d_1/mm	KA	KI	斜度		IF IFU	IW IWU
			M2 或 M3	M4 或 M5		
$30 \leqslant d_1 < 50$	1	1	0.97	0.93	0.88	0.75
$50 \leqslant d_1 \leqslant 200$	0.97	0.97	0.98	0.96	0.88	0.78

表 10 镀铬/喷涂层的 R、B、BA 和 M 型环的弹力修正系数(全镀层、半镶嵌和镶嵌)

d_1/mm	系数					
	CRF	CR1	CR2/SC1	CR3/SC2	CR4/SC3	SC4
$30 \leqslant d_1 < 50$	1	0.81	0.70	0.64	—	—
$50 \leqslant d_1 < 75$	1	0.90	0.85	0.81	0.75	0.71
$75 \leqslant d_1 < 100$	1	0.92	0.88	0.85	0.81	0.77
$100 \leqslant d_1 < 125$	1	0.94	0.91	0.88	0.86	0.83
$125 \leqslant d_1 < 150$	1	0.95	0.92	0.90	0.88	0.85
$150 \leqslant d_1 \leqslant 200$	1	0.96	0.93	0.91	0.89	0.87

7 规格

见表 11 和表 12。

表 11 R、B、BA 和 M 型矩形铸铁环的规格(径向厚度为"常规")

基本直径 d_1/mm	径向厚度"常规" a_1/mm		环高 h_1/mm						闭口间隙 s_1/mm		切向弹力 F_t/N						径向弹力 F_d/N					
	基本尺寸	极限偏差	尺寸分栏					极限偏差	基本尺寸	极限偏差	与 h_1 分栏对应					极限偏差	与 h_1 分栏对应					极限偏差
			1	2	3	4	5				1	2	3	4	5		1	2	3	4	5	
30	1.25	±0.15 同一片环上最大差:0.15	1.2	1.5	1.75	2	2.5	−0.010 −0.025 磷化环: −0.005 −0.025	0.15	+0.2 0	—	—	—	—	—	F_t<10 时:±30% F_t≥10 时:±20%	6.0	7.5	8.6	9.9	12.5	F_d<21.5 时:±30% F_d≥21.5 时:±20%
31	1.30																6.2	8.0	9.2	10.5	13.1	
32	1.35																6.7	8.2	9.7	11.0	13.8	
33	1.40																6.9	8.6	10.1	11.6	14.6	
34	1.40																6.5	8.2	9.5	11.0	13.8	
35	1.45																6.9	8.6	10.1	11.4	14.4	
36	1.50																7.1	9.0	10.5	12.0	15.1	
37	1.55																7.5	9.5	11.0	12.7	15.7	
38	1.60																7.7	9.9	11.4	13.1	16.6	
39	1.65																8.2	10.3	12.0	13.8	17.2	
40	1.65																7.7	9.7	11.4	13.1	16.3	
41	1.70																8.2	10.1	11.8	13.5	17.0	
42	1.75																8.4	10.5	12.3	14.2	17.6	
43	1.80																8.8	11.0	12.9	14.6	18.3	
44	1.85																9.0	11.4	13.3	15.3	19.1	
45	1.90																9.2	11.8	13.8	15.7	19.6	
46	1.90																9.0	11.2	13.1	15.1	18.7	
47	1.95																9.2	11.6	13.5	15.5	19.4	
48	2.00																9.7	12.0	14.0	16.1	20.2	
49	2.05																9.9	12.5	14.6	16.6	20.9	

表 11（续）

基本直径 d_1/mm	径向厚度“常规” a_1/mm		环高 h_1/mm						闭口间隙 s_1/mm		切向弹力 F_t/N						径向弹力 F_d/N					
	基本尺寸	极限偏差	尺寸分栏 1	2	3	4	5	极限偏差	基本尺寸	极限偏差	与 h_1 分栏对应 1	2	3	4	5	极限偏差	与 h_1 分栏对应 1	2	3	4	5	极限偏差
50	2.10							−0.010 −0.025			4.8	6.0	7.0	8.0	10.0		10.3	12.9	15.1	17.2	21.5	
51	2.15										4.9	6.2	7.2	8.3	10.3		10.5	13.3	15.5	17.8	22.1	
52	2.15							磷化环：	0.15		4.7	5.9	6.9	7.9	9.9		10.1	12.7	14.8	17.0	21.3	
53	2.20							−0.005 −0.025			4.9	6.1	7.2	8.2	10.3		10.5	13.1	15.5	17.6	22.1	
54	2.25										5.0	6.3	7.4	8.5	10.6		10.8	13.5	15.9	18.3	22.8	
55	2.30										5.2	6.5	7.6	8.7	10.9		11.2	14.0	16.3	18.7	23.4	
56	2.35										5.4	6.7	7.8	9.0	11.2		11.6	14.4	16.8	19.4	24.1	
57	2.40										5.5	6.9	8.1	9.2	11.6		11.8	14.8	17.4	19.8	24.9	
58	2.40										5.3	6.7	7.8	8.9	11.2		11.4	14.4	16.8	19.1	24.1	
59	2.45	±0.15									5.5	6.9	8.0	9.2	11.5	F_t<10 时：±30%	11.8	14.8	17.2	19.8	24.7	F_d<21.5 时：±30%
		同一片环上最大差：0.15	1.2	1.5	1.75	2	2.5			+0.2 0						F_t≥10 时：±20%						F_d≥21.5 时：±20%
60	1.65										5.6	7.0	8.2	9.4	11.7		12.0	15.1	17.6	20.2	25.2	
61	1.70							−0.010 −0.030			5.7	7.2	8.4	9.6	12.1		12.3	15.5	18.1	20.6	26.0	
62	1.75							磷化环：	0.2		5.9	7.4	8.6	9.9	12.4		12.7	15.9	18.5	21.3	26.7	
63	1.80							−0.005 −0.030			6.1	7.6	8.9	10.1	12.7		13.1	16.3	19.1	21.7	27.3	
64	1.85										5.9	7.3	8.6	9.8	12.3		12.7	15.7	18.5	21.1	26.4	
65	1.90										6.0	7.5	8.8	10.1	12.6		12.9	16.1	18.9	21.7	27.1	
66	1.90										6.2	7.7	9.0	10.3	12.9		13.3	16.6	19.4	22.1	27.7	
67	1.95										6.3	7.9	9.3	10.6	13.3		13.3	17.0	20.0	22.8	28.6	
68	2.00										6.5	8.1	9.5	10.9	13.6		14.0	17.4	20.4	23.4	29.2	
69	2.05										6.6	8.3	9.7	11.1	13.9		14.2	17.8	20.9	23.9	29.9	

表 11（续）

基本直径 d_1/mm	径向厚度“常规” a_1/mm		环高 h_1/mm						闭口间隙 s_1/mm		切向弹力 F_t/N						径向弹力 F_d/N					
	基本尺寸	极限偏差	尺寸分栏					极限偏差	基本尺寸	极限偏差	与 h_1 分栏对应					极限偏差	与 h_1 分栏对应					极限偏差
			1	2	3	4	5				1	2	3	4	5		1	2	3	4	5	
70	2.90										6.4	8.1	9.4	10.8	13.5		13.8	17.4	20.2	23.2	29.0	
71	2.95										6.6	8.3	9.7	11.1	13.8		14.2	17.8	20.9	23.9	29.7	
72	3.00								0.2	$^{+0.2}_{0}$	6.7	8.5	9.9	11.3	14.2		14.4	18.3	21.3	24.3	30.5	
73	3.05										6.9	8.6	10.1	11.6	14.5		14.8	18.5	21.7	24.9	31.2	
74	3.10										7.1	8.8	10.3	11.8	14.8		15.3	18.9	22.1	25.4	31.8	
75	3.15										7.2	9.0	10.5	12.0	15.1		15.5	19.4	22.6	25.8	32.5	
76	3.15										7.0	8.8	10.2	11.7	14.7		15.1	18.9	21.9	25.2	31.6	
77	3.20										7.1	8.9	10.5	12.0	15.0		15.3	19.1	22.6	25.8	32.3	
78	3.25										7.3	9.1	10.7	12.2	15.3		15.7	19.6	23.0	26.2	32.9	
79	3.30	±0.15						$^{-0.010}_{-0.030}$			7.4	9.3	10.9	12.5	15.6	F_t<10 时：±30%	15.9	20.0	23.4	26.9	33.5	F_d<21.5 时：±30%
80	3.35	同一片环上最大差:0.15	1.2	1.5	1.75	2	2.5	磷化环：$^{-0.005}_{-0.030}$			7.6	9.5	11.1	12.7	16.0	F_t≥10 时：±20%	16.3	20.4	23.9	27.3	34.4	F_d≥21.5 时：±20%
81	3.40										7.8	9.7	11.4	13.0	16.3		16.8	20.9	24.5	28.0	35.0	
82	3.40								0.25	$^{+0.25}_{0}$	7.6	9.5	11.1	12.7	15.9		16.3	20.4	23.9	27.3	34.2	
83	3.45										7.7	9.7	11.3	12.9	16.2		16.6	20.9	24.3	27.7	34.8	
84	3.50										7.9	9.9	11.5	13.2	16.5		17.0	21.3	24.7	28.4	35.5	
85	3.55										8.0	10.1	11.8	13.5	16.8		17.2	21.7	25.4	29.0	36.1	
86	3.60										8.2	10.3	12.0	13.7	17.2		17.6	22.1	25.8	29.5	37.0	
87	3.65										8.3	10.4	12.2	14.0	17.5		17.8	22.4	26.2	30.1	37.6	
88	3.65										8.1	10.2	11.9	13.6	17.1		17.4	21.9	25.6	29.2	36.8	
89	3.70										8.3	10.4	12.2	13.9	17.4		17.8	22.4	26.2	29.9	37.4	

表 11（续）

基本直径 d_1/mm	径向厚度“常规” a_1/mm 基本尺寸	径向厚度“常规” a_1/mm 极限偏差	环高 h_1/mm 尺寸分栏 1	2	3	4	5	环高 h_1/mm 极限偏差	闭口间隙 s_1/mm 基本尺寸	闭口间隙 s_1/mm 极限偏差	切向弹力 F_t/N 与 h_1 分栏对应 1	2	3	4	5	切向弹力 F_t/N 极限偏差	径向弹力 F_d/N 与 h_1 分栏对应 1	2	3	4	5	径向弹力 F_d/N 极限偏差
90	3.75	±0.15 同一片环上 最大差:0.15	—	1.75	2	2.5	3	−0.010 −0.030 磷化环: −0.005 −0.030	0.3	+0.25 0	—	12.3	14.1	17.6	21.2	F_t<10 时: ±30% F_t≥10 时: ±20%	—	26.4	30.3	37.8	45.6	F_d<21.5 时: ±30% F_d≥21.5 时: ±20%
91	3.80											12.5	14.3	18.0	21.6			26.9	30.7	38.7	46.4	
92	3.85											12.8	14.6	18.3	22.0			27.5	31.4	39.3	47.3	
93	3.90											13.0	14.9	18.6	22.4			28.0	32.0	40.0	48.2	
94	3.90											12.7	14.5	18.2	21.9			27.3	31.2	39.1	47.1	
95	3.95											12.9	14.8	18.5	22.3			27.7	31.8	39.8	47.9	
96	4.00											13.2	15.1	18.8	22.6			28.4	32.5	40.4	48.6	
97	4.05											13.4	15.3	19.2	23.0			28.8	32.9	41.3	49.5	
98	4.10											13.6	15.6	19.5	23.4			29.2	33.5	41.9	50.3	
99	4.15											13.8	15.8	19.8	23.8			29.7	34.0	42.6	51.2	
100	4.15	±0.20 同一片环上 最大差:0.20		—	2	2.5	3	−0.010 −0.030 磷化环: 0 −0.030				—	15.5	19.4	23.3			—	33.3	41.7	50.1	
101	4.20												15.7	19.7	23.7				33.8	42.4	51.0	
102	4.25												16.0	20.0	24.0				34.4	43.0	51.6	
103	4.25												16.2	20.3	24.4				34.8	43.6	52.5	
104	4.30												15.9	19.9	23.9				34.2	42.8	51.4	
105	4.35												16.1	20.1	24.2				34.6	43.2	52.0	
106	4.40												16.3	20.4	24.6				35.0	43.9	52.9	
107	4.40												16.0	20.0	24.1				34.4	43.0	51.8	
108	4.45												16.2	20.3	24.4				34.8	43.6	52.5	
109	4.50												16.4	20.6	24.8				35.3	44.3	53.3	

表 11（续）

基本直径 d_1/mm	径向厚度“常规” a_1/mm		环高 h_1/mm						闭口间隙 s_1/mm		切向弹力 F_t/N						径向弹力 F_d/N					
	基本尺寸	极限偏差	尺寸分栏 1	2	3	4	5	极限偏差	基本尺寸	极限偏差	与 h_1 分栏对应 1	2	3	4	5	极限偏差	与 h_1 分栏对应 1	2	3	4	5	极限偏差
110	4.55												20.8	25.0	29.2				44.7	53.8	62.8	
111	4.55												20.4	24.5	28.6				43.9	52.7	61.5	
112	4.60												20.7	24.9	29.0				44.5	53.5	62.4	
113	4.65												21.0	25.2	29.4				45.2	54.2	63.2	
114	4.70												21.3	25.6	29.8				45.8	55.0	64.1	
115	4.70												20.9	25.1	29.3				44.9	54.0	63.0	
116	4.75												21.1	25.4	29.7				45.4	54.6	63.9	
117	4.80												21.4	25.8	30.1				46.0	55.5	64.7	
118	4.85												21.0	25.3	29.5				45.2	54.4	63.4	
119	4.85	±0.20 同一片环上最大差:0.20	—	—	2.5	3	3.5	−0.010 −0.030 磷化环: 0 −0.030	0.35	+0.25 0	—	—	21.3	25.6	29.9	F_t<10 时: ±30% F_t≥10 时: ±20%	—	—	45.8	55.0	64.3	F_d<21.5 时: ±30% F_d≥21.5 时: ±20%
120	4.90												21.6	25.9	30.3				46.4	55.7	65.1	
121	4.95												21.9	26.3	30.7				47.1	56.5	66.0	
122	4.95												21.5	25.8	30.1				46.2	55.5	64.7	
123	5.00												21.8	26.1	30.5				46.9	56.1	65.6	
124	5.05												22.0	26.5	30.9				47.3	57.0	66.4	
125	5.05												21.6	26.0	30.4				46.4	55.9	65.4	
126	5.10												21.9	26.3	30.7				47.1	56.5	66.0	
127	5.15												22.2	26.7	31.1				47.7	57.4	66.9	
128	5.20												22.5	27.0	31.5				48.4	58.1	67.7	
129	5.20												22.1	26.5	31.0				47.5	57.0	66.7	

表 11（续）

基本直径 d_1/mm	径向厚度“常规” a_1/mm 基本尺寸	径向厚度“常规” a_1/mm 极限偏差	环高 h_1/mm 尺寸分栏 1	2	3	4	5	环高 极限偏差	闭口间隙 s_1/mm 基本尺寸	闭口间隙 极限偏差	切向弹力 F_t/N 与 h_1 分栏对应 1	2	3	4	5	切向弹力 极限偏差	径向弹力 F_d/N 与 h_1 分栏对应 1	2	3	4	5	径向弹力 极限偏差
130	5.25	±0.20 同一片环上 最大差:0.20	—	—	2.5	3	3.5	−0.010 −0.030 磷化环： 0 −0.030	0.4	+0.25 0	—	—	22.3	26.8	31.3	F_t<10 时： ±30% F_t≥10 时： ±20%	—	—	47.9	57.6	67.3	F_d<21.5 时： ±30% F_d≥21.5 时： ±20%
131	5.30												22.6	27.1	31.6				48.6	58.3	67.9	
132	5.30												22.2	26.6	31.1				47.7	57.2	66.9	
133	5.35												22.4	27.0	31.5				48.2	58.1	67.7	
134	5.40												22.7	27.3	31.9				48.8	58.7	68.6	
135	5.40												22.3	26.8	31.3				47.9	57.6	67.3	
136	5.45												22.6	27.2	31.7				48.6	58.5	68.2	
137	5.50												22.9	27.5	32.1				49.2	59.1	69.0	
138	5.50												22.5	27.0	31.6				48.4	58.1	67.9	
139	5.55												22.8	27.3	31.9				49.0	58.7	68.6	
140	5.60				3	3.5	4						27.7	32.3	36.9				59.6	69.4	79.3	
141	5.65												28.0	32.7	37.4				60.2	70.3	80.4	
142	5.65												27.5	32.2	36.8				59.1	69.2	79.1	
143	5.70												27.8	32.5	37.2				59.8	69.9	80.0	
144	5.75												28.2	32.9	37.6				60.6	70.7	80.8	
145	5.75												27.7	32.4	37.0				59.6	69.7	79.6	
146	5.80												28.0	32.7	37.4				60.2	70.3	80.4	
147	5.85												28.3	33.1	37.9				60.8	71.2	81.5	
148	5.85												27.9	32.6	37.3				60.0	70.1	80.2	
149	5.90												28.2	33.0	37.7				60.6	71.0	81.1	

表 11(续)

基本直径 d_1/mm	径向厚度"常规" a_1/mm		环高 h_1/mm						闭口间隙 s_1/mm		切向弹力 F_t/N						径向弹力 F_d/N					
	基本尺寸	极限偏差	尺寸分栏					极限偏差	基本尺寸	极限偏差	与 h_1 分栏对应					极限偏差	与 h_1 分栏对应					极限偏差
			1	2	3	4	5				1	2	3	4	5		1	2	3	4	5	
150	5.95	±0.20 同一片环上 最大差:0.20	—	—	3	3.5	4	$^{-0.010}_{-0.035}$ 磷化环: $^{0}_{-0.035}$	0.5	$^{-0.3}_{0}$	—	—	28.3	33.1	37.8	F_t<10 时: ±30% F_t≥10 时: ±20%	—	—	60.8	71.2	81.3	F_d<21.5 时: ±30% F_d≥21.5 时: ±20%
152	6.00												28.2	32.9	37.7				60.6	70.7	81.1	
154	6.05												28.1	32.8	37.5				60.4	70.5	80.6	
155	6.10												28.4	33.2	37.9				61.1	71.4	81.5	
156	6.15												28.7	33.5	38.3				61.7	72.0	82.3	
158	6.20												28.6	33.4	38.2				61.5	71.8	82.1	
160	6.25												28.5	33.2	38.0				61.3	71.4	81.7	
162	6.35												29.0	33.9	38.8				62.4	72.9	83.4	
164	6.40												28.9	33.8	38.7				62.1	72.7	83.2	
165	6.40												28.5	33.3	38.1				61.3	71.6	81.9	
166	6.45												28.8	33.7	38.5				61.9	72.5	82.8	
168	6.50												28.7	33.5	38.4				61.7	72.0	82.6	
170	6.60												29.3	34.2	39.1				63.0	73.5	84.1	
172	6.65												29.2	34.1	39.0				62.8	73.3	83.9	
174	6.70												29.1	34.0	38.8				62.6	73.1	83.4	
175	6.75				3.5	4	4.5		0.6				34.1	39.0	44.0				73.3	83.9	94.6	
176	6.80												34.5	39.4	44.4				74.2	84.7	95.5	
178	6.85												34.3	39.3	44.2				73.7	84.5	95.0	
180	6.90												34.2	39.1	44.1				73.5	84.1	94.8	
182	6.95												34.1	39.0	43.9				73.3	83.9	94.4	
184	7.05												34.7	39.7	44.7				74.6	85.4	96.1	

表 11（续）

基本直径 d_1/mm	径向厚度“常规” a_1/mm		环高 h_1/mm						闭口间隙 s_1/mm		切向弹力 F_t/N						径向弹力 F_d/N					
	基本尺寸	极限偏差	尺寸分栏					极限偏差	基本尺寸	极限偏差	与 h_1 分栏对应					极限偏差	与 h_1 分栏对应					极限偏差
			1	2	3	4	5				1	2	3	4	5		1	2	3	4	5	
185	7.05	±0.20 同一片环上 最大差:0.20	—	—	3.5	4	4.5	−0.010 −0.035 磷化环: 0 −0.035	0.6	+0.3 0	—	—	34.3	39.2	44.2	F_t<10 时: ±30% F_t≥10 时: ±20%	—	—	73.7	84.3	95.0	F_d<21.5 时: ±30% F_d≥21.5 时: ±20%
186	7.10												34.6	39.6	44.6				74.4	85.1	95.9	
188	7.15												34.5	39.5	44.4				74.2	84.9	95.5	
190	7.20												34.4	39.3	44.3				74.0	84.5	95.2	
192	7.25												34.3	39.2	44.2				73.7	84.3	95.0	
194	7.35												34.9	39.9	44.9				75.0	85.8	96.5	
195	7.35												34.5	39.5	44.4				74.2	84.9	95.5	
196	7.40												34.8	39.8	44.8				74.8	85.6	96.3	
198	7.45												34.7	39.7	44.7				74.6	85.4	96.1	
200	7.50												34.6	39.6	44.5				74.4	85.1	95.7	

注 1：中间尺寸的环(如修理尺寸)，其径向厚度可选用邻近较小基本直径环的尺寸。

注 2：表 11 所列 F_t 和 F_d 适用于典型弹性模量(E_n)为 100 GN/m^2 的灰铸铁环。

不同弹性模量(E_n)材料的环应乘以 GB/T 1149.1 所列的弹力修正系数。

平均弹力按基本径向厚度(a_1)和基本环高(h_1)计算。

注 3：本部分假定 F_d 与 F_t 的平均比值为 2.15。然而直径小于或等于 50 mm 的环，其 F_d/F_t 的比值由供需双方协商决定。

表 12 R、B、BA 和 M 型矩形铸铁环的规格(径向厚度为“D/22”)

基本直径 d_1/mm	径向厚度“D/22” a_1/mm 基本尺寸	径向厚度 极限偏差	环高 h_1/mm 尺寸分栏 1	2	3	4	环高 极限偏差	闭口间隙 s_1/mm 基本尺寸	闭口间隙 极限偏差	切向弹力 F_t/N 与 h_1 分栏对应 1	2	3	4	切向弹力 极限偏差	径向弹力 F_d/N 与 h_1 分栏对应 1	2	3	4	径向弹力 极限偏差
50	2.25	±0.15 同一片环上最大差:0.15	1.5	1.75	2	2.5	−0.010 −0.025 磷化环: −0.005 −0.025	0.15	$^{+0.2}_{0}$	7.4	8.7	9.9	12.4	F_t<10 时:±30% F_t≥10 时:±20%	15.9	18.7	21.3	26.7	F_d<21.5 时:±30% F_d≥21.5 时:±20%
51	2.30									7.6	8.9	10.2	12.7		16.3	19.1	21.9	27.3	
52	2.35									7.8	9.1	10.4	13.1		16.8	19.6	22.4	28.2	
53	2.40									8.0	9.4	10.7	13.4		17.2	20.2	23.0	28.8	
54	2.45									8.2	9.6	11.0	13.8		17.6	20.6	23.7	29.7	
55	2.50									8.4	9.9	11.3	14.1		18.1	21.3	24.3	30.3	
56	2.55									8.6	10.1	11.5	14.5		18.5	21.7	24.7	31.2	
57	2.60									8.8	10.3	11.8	14.8		18.9	22.1	25.4	31.8	
58	2.65									9.0	10.6	12.1	15.2		19.4	22.8	26.0	32.7	
59	2.70									9.3	10.8	12.4	15.5		20.0	23.2	26.7	33.3	
60	2.75						−0.010 −0.030 磷化环: −0.005 −0.030	0.2		9.4	11.0	12.6	15.7		20.2	23.7	27.1	33.8	
61	2.75									9.1	10.6	12.2	15.2		19.6	22.8	26.2	32.7	
62	2.80									9.3	10.9	12.4	15.6		20.0	23.4	26.7	33.5	
63	2.85									9.5	11.1	12.7	15.9		20.4	23.9	27.3	34.2	
64	2.90									9.7	11.3	13.0	16.3		20.9	24.3	28.0	35.0	
65	2.95									9.9	11.6	13.3	16.6		21.3	24.9	28.6	35.7	
66	3.00									10.1	11.8	13.5	16.9		21.7	25.4	29.0	36.3	
67	3.05									10.3	12.1	13.8	17.3		22.1	26.0	29.7	37.2	
68	3.10									10.5	12.3	14.1	17.6		22.6	26.4	30.3	37.8	
69	3.15									10.7	12.5	14.4	18.0		23.0	26.9	31.0	38.7	

表 12（续）

基本直径 d_1/mm	径向厚度"D/22" a_1/mm 基本尺寸	径向厚度 极限偏差	环高 h_1/mm 尺寸分栏 1	2	3	4	环高 极限偏差	闭口间隙 s_1/mm 基本尺寸	闭口间隙 极限偏差	切向弹力 F_t/N 与 h_1 分栏对应 1	2	3	4	切向弹力 极限偏差	径向弹力 F_d/N 与 h_1 分栏对应 1	2	3	4	径向弹力 极限偏差
70	3.20									10.9	12.8	14.6	18.3		23.4	27.5	31.4	39.3	
71	3.25									11.1	13.0	14.9	18.7		23.9	28.0	32.0	40.2	
72	3.25							0.2	+0.2 0	10.8	12.7	14.5	18.1		23.2	27.3	31.2	38.9	
73	3.30									11.0	12.9	14.8	18.5		23.7	27.7	31.8	39.8	
74	3.35									11.2	13.1	15.0	18.8		24.1	28.2	32.3	40.4	
75	3.40									11.4	13.3	15.2	19.1		24.5	28.6	32.7	41.1	
76	3.45									11.6	13.6	15.5	19.4		24.9	29.2	33.3	41.7	
77	3.50									11.8	13.8	15.8	19.8		25.4	29.7	34.0	42.6	
78	3.55									12.0	14.0	16.1	20.1		25.8	30.1	34.6	43.2	
79	3.60	±0.15 同一片环上 最大差:0.15	1.5	1.75	2	2.5	−0.010 −0.030 磷化环： −0.005 −0.030			12.2	14.3	16.3	20.5	F_t<10 时： ±30% F_t≥10 时： ±20%	26.2	30.7	35.0	44.1	F_d<21.5 时： ±30% F_d≥21.5 时： ±20%
80	3.65									12.4	14.5	16.6	20.8		26.7	31.2	35.7	44.7	
81	3.70									12.6	14.8	16.9	21.1		27.1	31.8	36.3	45.4	
82	3.75							0.25	+0.25 0	12.8	15.0	17.2	21.5		27.5	32.3	37.0	46.2	
83	3.75									12.5	14.6	16.7	21.0		26.9	31.4	35.9	45.2	
84	3.80									12.7	14.9	17.0	21.3		27.3	32.0	36.6	45.8	
85	3.85									12.9	15.1	17.3	21.6		27.7	32.5	37.2	46.4	
86	3.90									13.1	15.3	17.6	22.0		28.2	32.9	37.8	47.3	
87	3.95									13.3	15.6	17.8	22.3		28.6	33.5	38.3	47.9	
88	4.00									13.5	15.8	18.1	22.7		29.0	34.0	38.9	48.8	
89	4.05									13.7	16.1	18.4	23.0		29.5	34.6	39.6	49.5	

表 12（续）

基本直径 d_1/mm	径向厚度“D/22” a_1/mm		环高 h_1/mm					闭口间隙 s_1/mm		切向弹力 F_t/N					径向弹力 F_d/N				
	基本尺寸	极限偏差	尺寸分栏				极限偏差	基本尺寸	极限偏差	与 h_1 分栏对应				极限偏差	与 h_1 分栏对应				极限偏差
			1	2	3	4				1	2	3	4		1	2	3	4	
90	4.10	±0.15 同一片环上 最大差:0.15	1.75	2	2.5	3	−0.010 −0.030 磷化环: −0.005 −0.030	0.3	+0.25 0	16.2	18.6	23.2	27.9	F_t<10 时: ±30% F_t≥10 时: ±20%	34.8	40.0	49.9	60.0	F_d<21.5 时: ±30% F_d≥21.5 时: ±20%
91	4.15									16.5	18.8	23.6	28.3		35.5	40.4	50.7	60.8	
92	4.20									16.7	19.1	23.9	28.7		35.9	41.1	51.4	61.7	
93	4.25									16.9	19.4	24.3	29.2		36.3	41.7	52.2	62.8	
94	4.25									16.6	19.0	23.7	28.5		35.7	40.9	51.0	61.3	
95	4.30									16.8	19.2	24.1	28.9		36.1	41.3	51.8	62.1	
96	4.35									17.0	19.5	24.4	29.3		36.6	41.9	52.5	63.0	
97	4.40									17.3	19.8	24.8	29.8		37.2	42.6	53.3	64.1	
98	4.45									17.5	20.1	25.1	30.2		37.6	43.2	54.0	64.9	
99	4.50									17.8	20.3	25.5	30.6		38.3	43.6	54.8	65.8	
100	4.55	±0.20 同一片环上 最大差:0.20	—	2	2.5	3	−0.010 −0.030 磷化环: 0 −0.030			—	20.6	25.8	31.0		—	44.3	55.5	66.7	
101	4.60										20.8	26.1	31.3			44.7	56.1	67.3	
102	4.65										21.1	26.4	31.7			45.4	56.8	68.2	
103	4.70										21.3	26.7	32.1			45.8	57.4	69.0	
104	4.75										21.6	27.0	32.4			46.4	58.1	69.7	
105	4.75										21.1	26.4	31.8			45.4	56.8	68.4	
106	4.80										21.4	26.7	32.1			46.0	57.4	69.0	
107	4.85										21.6	27.1	32.5			46.4	58.3	69.9	
108	4.90										21.8	27.4	32.9			46.9	58.9	70.7	
109	4.95										22.1	27.7	33.2			47.5	59.6	71.4	

表 12（续）

基本直径 d_1/mm	径向厚度“D/22” a_1/mm		环高 h_1/mm					闭口间隙 s_1/mm		切向弹力 F_t/N					径向弹力 F_d/N				
	基本尺寸	极限偏差	尺寸分栏				极限偏差	基本尺寸	极限偏差	与 h_1 分栏对应				极限偏差	与 h_1 分栏对应				极限偏差
			1	2	3	4				1	2	3	4		1	2	3	4	
110	5.00										27.9	33.5	39.1			60.0	72.0	84.1	
111	5.05										28.2	33.8	39.5			60.6	72.7	84.9	
112	5.10										28.5	34.2	40.0			61.3	73.5	86.0	
113	5.15										28.8	34.6	40.4			61.9	74.4	86.9	
114	5.20										29.1	34.9	40.8			62.6	75.0	87.7	
115	5.25										29.4	35.3	41.2			63.2	75.9	88.6	
116	5.25										28.8	34.6	40.4			61.9	74.4	86.9	
117	5.30										29.1	35.0	40.8			62.6	75.3	87.7	
118	5.35										29.4	35.3	41.3			63.2	75.9	88.8	
119	5.40	±0.20					−0.010 −0.030				29.7	35.7	41.7	F_t<10 时：±30%		63.9	76.8	89.7	F_d<21.5 时：±30%
120	5.45	同一片环上最大差：0.20	—	2.5	3	3.5	磷化环：0 −0.030	0.35	+0.25 0	—	30.0	36.0	42.1	F_t≥10 时：±20%	—	64.5	77.4	90.5	F_d≥21.5 时：±20%
121	5.50										30.3	36.4	42.5			65.1	78.3	91.4	
122	5.55										30.6	36.7	42.9			65.8	78.9	92.2	
123	5.60										30.9	37.1	43.3			66.4	79.8	93.1	
124	5.65										31.2	37.4	43.7			67.1	80.4	94.0	
125	5.70										31.4	37.8	44.1			67.5	81.3	94.8	
126	5.75										31.7	38.1	44.5			68.2	81.9	95.7	
127	5.75										31.2	37.5	43.8			67.1	80.6	94.2	
128	5.80										31.5	37.8	44.2			67.7	81.3	95.0	
129	5.85										31.8	38.2	44.6			68.4	82.1	95.9	

表 12（续）

基本直径 d_1/mm	径向厚度"D/22" a_1/mm		环高 h_1/mm					闭口间隙 s_1/mm		切向弹力 F_t/N					径向弹力 F_d/N				
	基本尺寸	极限偏差	尺寸分栏				极限偏差	基本尺寸	极限偏差	与 h_1 分栏对应				极限偏差	与 h_1 分栏对应				极限偏差
			1	2	3	4				1	2	3	4		1	2	3	4	
130	5.90	±0.20 同一片环上最大差:0.20	—	2.5	3	3.5	−0.010 −0.030 磷化环: 0 −0.030	0.4	+0.25 0	—	32.0	38.4	44.8	F_t<10 时: ±30% F_t≥10 时: ±20%	—	68.8	82.6	96.3	F_d<21.5 时: ±30% F_d≥21.5 时: ±20%
131	5.95										32.2	38.7	45.2			69.2	83.2	97.2	
132	6.00										32.5	39.1	45.6			69.9	84.1	98.0	
133	6.05										32.8	39.4	46.0			70.5	84.7	98.9	
134	6.10										33.1	39.8	46.4			71.2	85.6	99.8	
135	6.15										33.4	40.1	46.8			71.8	86.2	100.6	
136	6.20										33.7	40.4	47.2			72.5	86.9	101.5	
137	6.25										33.9	40.8	47.6			72.9	87.7	102.3	
138	6.25										33.4	40.1	46.8			71.8	86.2	100.6	
139	6.30										33.7	40.4	47.2			72.5	86.9	101.5	
140	6.35			3	3.5	4					40.8	47.6	54.5			87.7	102.3	117.2	
141	6.40										41.1	48.0	54.9			88.4	103.2	118.0	
142	6.45										41.4	48.4	55.4			89.0	104.1	119.1	
143	6.50										41.8	48.8	55.8			89.9	104.9	120.0	
144	6.55										42.1	49.2	56.2			90.5	105.8	120.8	
145	6.60										42.4	49.6	56.7			91.2	106.6	121.9	
146	6.65										42.8	49.9	57.1			92.0	107.3	122.8	
147	6.70										43.1	50.3	57.6			92.7	108.1	123.8	
148	6.75										43.4	50.7	58.0			93.3	109.9	124.7	
149	6.75										42.8	49.9	57.1			92.0	107.3	122.8	

表 12（续）

基本直径 d_1/mm	径向厚度“$D/22$” a_1/mm		环高 h_1/mm					闭口间隙 s_1/mm		切向弹力 F_t/N					径向弹力 F_d/N				
	基本尺寸	极限偏差	尺寸分栏				极限偏差	基本尺寸	极限偏差	与 h_1 分栏对应				极限偏差	与 h_1 分栏对应				极限偏差
			1	2	3	4				1	2	3	4		1	2	3	4	
150	6.80	±0.20 同一片环上最大差:0.20	—	3	3.5	4	$^{-0.010}_{-0.030}$ 磷化环: $^{0}_{-0.030}$	0.5	$^{+0.3}_{0}$	—	42.8	50.0	57.1	F_t<10 时: ±30% F_t≥10 时: ±20%	—	92.0	107.5	122.8	F_d<21.5 时: ±30% F_d≥21.5 时: ±20%

注 1：中间尺寸的环(如修理尺寸)，其径向厚度可选用邻近较小基本直径环的尺寸。

注 2：表 11 所列 F_t 和 F_d 适用于典型弹性模量(E_n)为 100 GN/m² 的灰铸铁环。

不同弹性模量(E_n)材料的环应乘以 GB/T 1149.1 所列的弹力修正系数。

平均弹力按基本径向厚度(a_1)和基本环高(h_1)计算。

注 3：本部分假定 F_d 与 F_t 的平均比值为 2.15。然而直径小于或等于 50 mm 的环，其 F_d/F_t 的比值由供需双方协商决定。

参 考 文 献

[1] GB/T 1149.2—2010 内燃机 活塞环 第2部分:术语(ISO 6621-1:2007,IDT).
[2] GB/T 1149.3—2010 内燃机 活塞环 第3部分:材料规范(ISO 6621-3:2000,IDT).
[3] GB/T 1149.4—2008 内燃机 活塞环 第4部分:质量要求(ISO 6621-5:2005,IDT).
[4] GB/T 1149.5—2008 内燃机 活塞环 第5部分:检验方法(ISO 6621-2:2003,IDT).
[5] GB/T 1149.6—2008 内燃机 活塞环 第6部分:铸铁刮环(ISO 6623:2004,IDT).
[6] GB/T 1149.9—2008 内燃机 活塞环 第9部分:梯形铸铁环(ISO 6624-1:2001,IDT).
[7] GB/T 1149.13—2008 内燃机 活塞环 第13部分:油环(ISO 6625:1986,IDT).
[8] GB/T 1149.14—2008 内燃机 活塞环 第14部分:螺旋撑簧油环(ISO 6626:1989,IDT).
[9] GB/T 1182—2008 产品几何技术规范(GPS) 几何公差 形状、方向、位置和跳动公差标注(ISO 1101:2004,IDT).
[10] ISO 6624-2:2003 内燃机 活塞环 第2部分:楔形铸铁环.
[11] ISO 6624-3:2001 内燃机 活塞环 第3部分:梯形钢环.
[12] ISO 6624-4:2003 内燃机 活塞环 第4部分:楔形钢环.
[13] ISO 6626-2:2003 内燃机 活塞环 第2部分:薄形铸铁螺旋撑簧油环.
[14] ISO 6627:2000 内燃机活塞环 钢带组合油环.

ICS 27.020
J 92

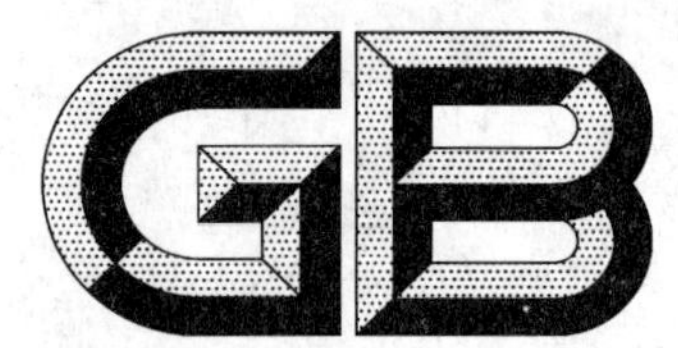

中华人民共和国国家标准

GB/T 1149.11—2010/ISO 6624-2:2003
部分代替 GB/T 14223—1993

内燃机 活塞环
第 11 部分:楔形铸铁环

Internal combustion engines—Piston rings—
Part 11:Half keystone rings made of cast iron

(ISO 6624-2:2003,IDT)

2010-11-10 发布 2011-03-01 实施

中华人民共和国国家质量监督检验检疫总局
中国国家标准化管理委员会
发布

前　言

GB/T 1149《内燃机　活塞环》分为16个部分：

——第1部分：通用规则；

——第2部分：术语；

——第3部分：材料规范；

——第4部分：质量要求；

——第5部分：检验方法；

——第6部分：铸铁刮环；

——第7部分：矩形铸铁环；

——第8部分：矩形钢环；

——第9部分：梯形铸铁环；

——第10部分：梯形钢环；

——第11部分：楔形铸铁环；

——第12部分：楔形钢环；

——第13部分：油环；

——第14部分：螺旋撑簧油环；

——第15部分：薄形铸铁螺旋撑簧油环；

——第16部分：钢带组合油环。

本部分为GB/T 1149的第11部分。

本部分等同采用ISO 6624-2:2003《内燃机　活塞环　第2部分：楔形铸铁环》(英文版)。

本部分等同翻译ISO 6624-2:2003。

为便于使用，本部分做了如下编辑性修改：

——"ISO 6624本部分"改为"本部分"；

——用小数点符号"."代替作为小数点的","；

——删除了国际标准的前言和引言；

——本部分对ISO 6624-2:2003中采用的其他国际标准，凡已被采用为我国标准的，用我国标准代替相应的国际标准。

本部分代替GB/T 14223—1993《内燃机活塞环　梯形环和楔形环》中的楔形铸铁环部分。本部分与GB/T 14223—1993中楔形铸铁环部分相比，主要技术内容变化如下：

——扩大了缸径范围，增加了规格(见第1章和表6，GB/T 14223—1993的表13)；

——增加了通用特征中的尺寸参数值(见表1和表2)；

——将喷钼全部修改为喷涂(见第5章，GB/T 14223—1993的第3章)；

——增加了镀/涂层厚度的规定(见表3)；

——增加了弹力修正系数(见表4和表5)；

——修改了部分尺寸参数(见表6，GB/T 14223—1993的表13)。

本部分由中国机械工业联合会提出。

本部分由全国内燃机标准化技术委员会(SAC/TC 177)归口。

本部分起草单位：上海内燃机研究所、安庆帝伯格茨活塞环有限公司、仪征双环活塞环有限公司、福建东亚机械有限公司、南京飞燕活塞环股份有限公司、山东恒圆活塞环有限公司。

本部分主要起草人:苏晴华、王星、刘千喜、吉斌杰、曹新云、丁业武、钟君杰。

本部分所代替标准的历次版本发布情况为:

——GB 1149—1982;

——GB/T 14223—1993。

内燃机 活塞环 第11部分:楔形铸铁环

1 范围

GB/T 1149的本部分规定了活塞环型号为HK、HKB的楔形铸铁活塞环(以下简称楔形铸铁环)的基本尺寸特征。

本部分适用于气缸直径从38 mm到160 mm的往复活塞式内燃机用的楔形铸铁环。

2 规范性引用文件

下列文件中的条款通过GB/T 1149的本部分的引用而成为本部分的条款。凡是注日期的引用文件,其随后所有的修改单(不包括勘误的内容)或修订版均不适用于本部分,然而,鼓励根据本部分达成协议的各方研究是否可使用这些文件的最新版本。凡是不注日期的引用文件,其最新版本适用于本部分。

GB/T 1149.1—2008 内燃机活塞环 第1部分:通用规则(ISO 6621-4:2003,IDT)

3 概述

楔形环型式见图1、图2和表1,通用特征及其尺寸见图3～图8和表2、表3,不同型式环的弹力系数见表4和表5,楔形环的规格和弹力见表6。

4 型式和标记示例

注:楔形环的侧面角,其定义和测量方法同梯形环(见GB/T 1149.5)。

4.1 HK型——柱面7°楔形环

4.1.1 通用特征

尺寸和弹力见表6。

h_3 值由 $h_1+0.05$ mm计算而得。

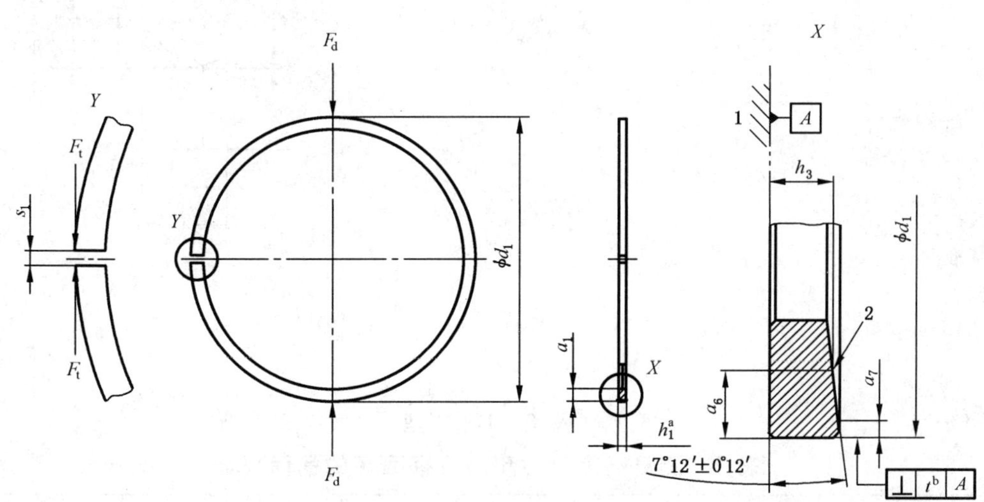

1——基准面。

2——标志。

[a] 基本尺寸。

[b] $t=0.006\times h_1$。

图1 HK型

4.1.2 标记示例

楔形角为 7°的铸铁柱面楔形环(HK),基本直径 d_1=90 mm(90),基本环高 h_1=1.5 mm(1.5),热处理马氏体球墨铸铁——材料细级别 53(MC53)制造,外圆面镀铬,最小厚度 0.1 mm(CR2),符合本部分要求的活塞环标记为:

活塞环 GB/T 1149.11 HK-90×1.5-MC53/CR2

4.2 HKB 型——桶面 7°楔形环

4.2.1 通用特征

尺寸和弹力见表 6。

h_3 值由 h_1+0.05 mm 计算而得。

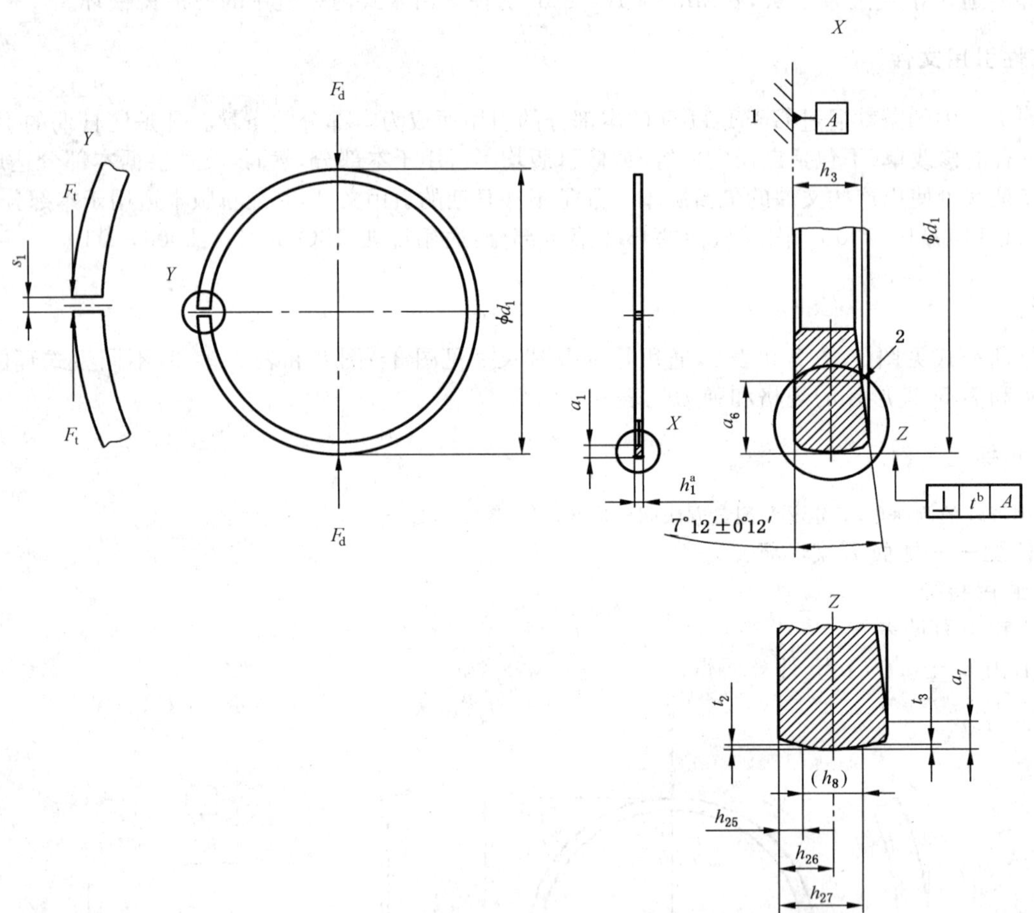

1——基准面。

2——标志。

[a] 基本尺寸。

[b] $t=0.006\times h_1$。

图 2 HKB 型

表 1 测量高度(h_8)和对称桶面环的桶面尺寸

单位为毫米

h_1	h_{25}	h_{26}		h_{27}	t_2,t_3	h_8[a]
		基本尺寸	公差			
1.0	0.25	0.50	±0.15	0.75	0.003~0.012	0.50
1.2	0.30	0.60	±0.20	0.90		0.60

表 1（续）

单位为毫米

h_1	h_{25}	h_{26}		h_{27}	t_2,t_3	h_8[a]
		基本尺寸	公差			
1.5	0.35	0.75	±0.25	1.15	0.003～0.015	0.80
1.75	0.35	0.85	±0.30	1.35		1.00
2.0	0.40	1.00	±0.30	1.60		1.20
2.5	0.45	1.25	±0.40	2.05		1.60
3.0	0.50	1.50	±0.50	2.50	0.005～0.020	2.00
3.5	0.55	1.75	±0.50	2.95		2.40

[a] 测量高度(h_8)仅供参考，由供需双方协商决定。

4.2.2 标记示例

楔形角为7°的铸铁桶面楔形环(HKB)，如基本直径 $d_1=90$ mm(90)，基本环高 $h_1=1.5$ mm(1.5)，不经热处理灰铸铁——材料细级别12(MC12)制造，外圆面全镀铬，最小厚度0.1 mm(CR2)，符合本部分要求的活塞环标记为：

活塞环 GB/T 1149.11 HKB-90×1.5-MC12/CR2

5 通用特征

5.1 HK 型和 HKB 型——楔形环

5.1.1 无镀层环

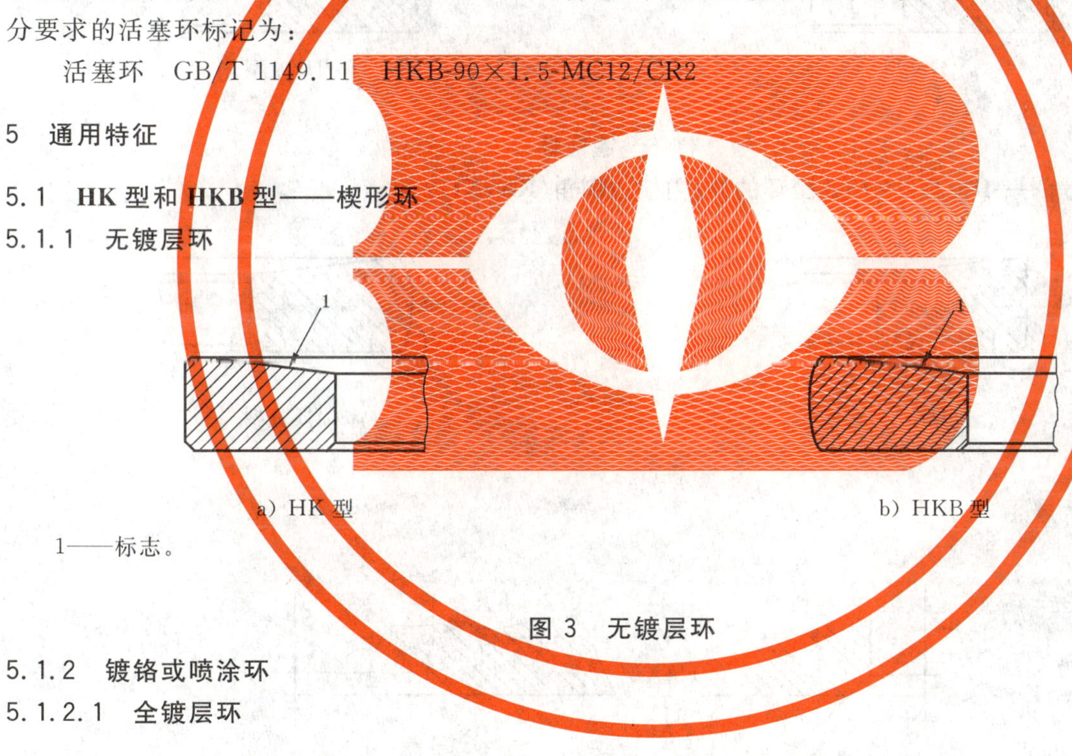

a) HK 型　　b) HKB 型

1——标志。

图 3 无镀层环

5.1.2 镀铬或喷涂环

5.1.2.1 全镀层环

a) HK 型　　b) HKB 型

1——标志。

图 4 全镀层环

5.1.2.2 半镶嵌环

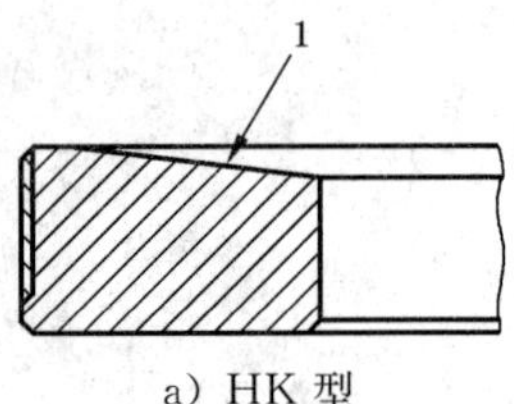

a) HK 型

b) HKB 型

1——标志。

图 5 半镶嵌环

5.1.2.3 镶嵌环

镀铬环不推荐采用镶嵌结构。

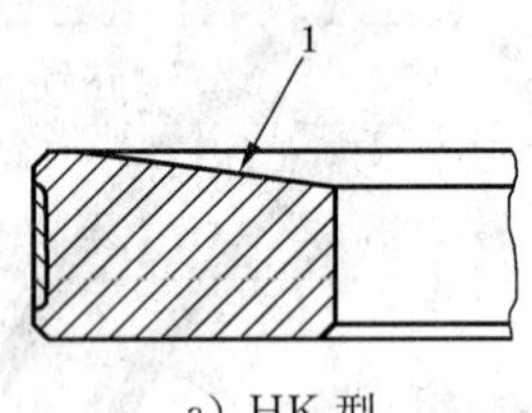

a) HK 型

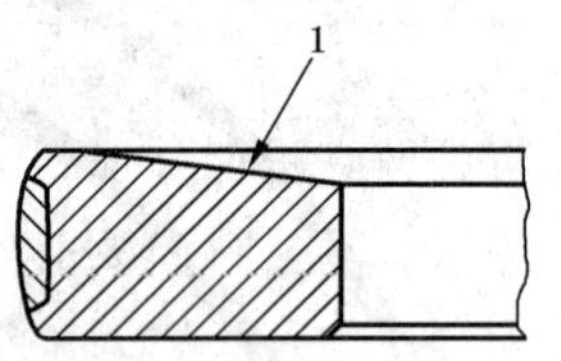

b) HKB 型

1——标志。

图 6 镶嵌环

5.2 棱边倒角——HK 型和 HKB 型环的外/内棱边倒角(KA,KI)

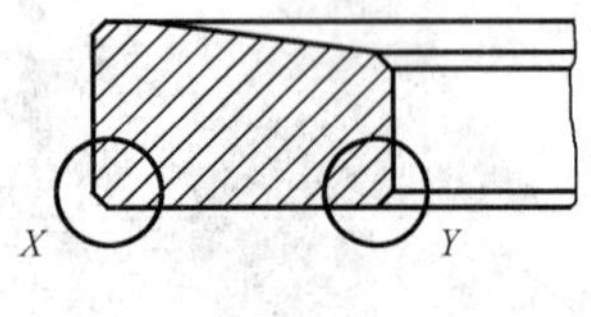

a) HK 型

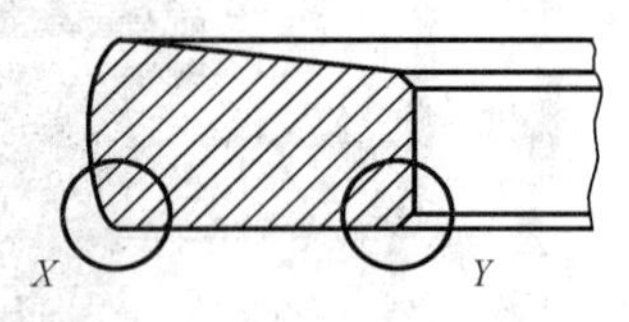

b) HKB 型

X

Y

KA

45°±5°

KI

45°±5°

图 7 外/内棱边倒角(KA,KI)

表 2 尺寸 KA 和 KI

单位为毫米

d_1	KA	KI
$38 \leqslant d_1 < 50$	0.2 max	0.2 max
$50 \leqslant d_1 < 125$	0.3±0.1	0.3±0.15
$125 \leqslant d_1 \leqslant 160$	0.4±0.1	0.4±0.15

5.3 HK 型和 HKB 型环(全镀层、半镶嵌)——镀/涂层厚度

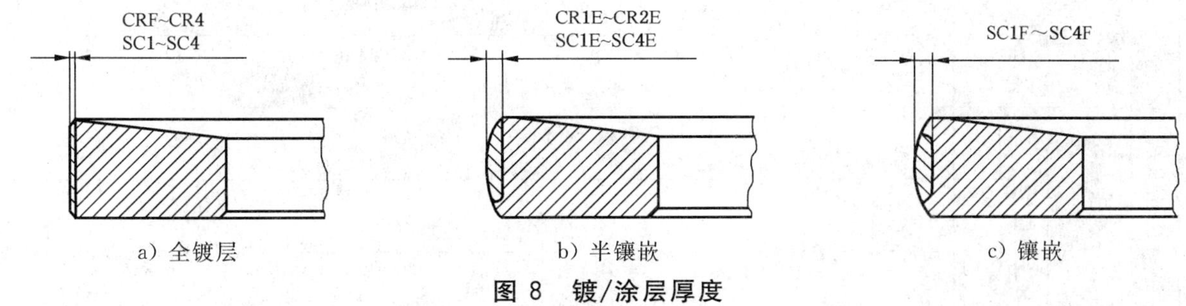

a) 全镀层　　b) 半镶嵌　　c) 镶嵌

图 8 镀/涂层厚度

表 3 镀/涂层厚度

单位为毫米

镀铬代号	喷涂代号	最小厚度
CRF	—	0.005
CR1	SC1	0.05
CR2	SC2	0.10
CR3[a]	SC3[a]	0.15
CR4[a]	SC4[a]	0.20
[a] 对 $h_1 \leqslant 1.5$ 的环不推荐。		

6 弹力系数

表 6 所列的切向弹力和径向弹力用于弹性模量为 100 GPa 的灰铸铁环,在具有附加特征和/或材料弹性模量变化时应予修正。

对于通用特征而言,可使用表 4 和表 5 所列的修正系数与 GB/T 1149.1 所列的弹力修正系数的乘积。

表 4 弹力修正系数——具有 KA 和 KI 特征的 HK 型和 HKB 型环用

KA	KI
0.98	0.98

表 5 弹力修正系数——HK 型和 HKB 型镀铬/喷涂环用
(全镀层、半镶嵌和镶嵌)

d_1/mm	系数					
	CRF	CR1	CR2/SC1	CR3/SC2	CR4/SC3	SC4
$38 \leqslant d_1 < 50$	1	0.81	0.70	0.64	—	—
$50 \leqslant d_1 < 75$	1	0.90	0.85	0.81	0.75	0.71
$75 \leqslant d_1 < 100$	1	0.92	0.88	0.85	0.81	0.77
$100 \leqslant d_1 < 125$	1	0.94	0.91	0.88	0.86	0.83
$125 \leqslant d_1 \leqslant 160$	1	0.95	0.92	0.90	0.88	0.85

7 规格

见表 6。

表 6　HK 型和 HKB 型楔形环的规格

基本直径 d_1/mm	径向厚度 a_1/mm		基本环高 h_1/mm					a_6/mm（参考）	a_7/mm（max）	方法 A						方法 B						
										被测值 h_3[a]/mm						h_3（参考）/mm					被测值 a_6/mm	
	基本尺寸	极限偏差	分栏							与 h_1 分栏对应					极限偏差	与 h_1 分栏对应					基本尺寸	极限偏差
			1	2	3	4	5			1	2	3	4	5		1	2	3	4	5		
38	1.6	±0.15 同一环片上最大差：0.15	1.2	—	—	—	—	0.6	0.5	1.169	—	—	—	—	0 −0.024 磷化环： +0.010 −0.024	1.16	—	—	—	—	0.69	0 −0.19 磷化环： +0.08 −0.19
39	1.65																					
40	1.65							0.8		1.143						1.13					0.90	
41	1.7																					
42	1.75																					
43	1.8																					
44	1.85																					
45	1.9																					
46	1.9																					
47	1.95																					
48	2																					
49	2.05																					
50	2.1			1.5				1.0		1.118	1.418					1.11	1.41				1.10	
51	2.15																					
52	2.15																					
53	2.2																					
54	2.25																					
55	2.3																					
56	2.35																					
57	2.4																					
58	2.4																					
59	2.45																					

表 6（续）

闭口间隙 s_1/mm		切向弹力 F_t/N						径向弹力 F_d/N						基本直径 d_1/mm
基本尺寸	极限偏差	与 h_1 分栏对应 1	2	3	4	5	极限偏差	与 h_1 分栏对应 1	2	3	4	5	极限偏差	
0.15	$^{+0.2}_{0}$	—	—	—	—	—	F_t<10 N时：±30% F_t≥10 N时：±20%	7.3	—	—	—	—	F_d<21.5 N时：±30% F_d≥21.5 N时：±20%	38
								7.7						39
		—	—					7.3	—					40
								7.5						41
								8.0						42
								8.4						43
								8.6						44
		—	—					8.8	—					45
								8.4						46
								8.6						47
								8.8						48
								9.2						49
		4.4	5.6					9.5	12.0					50
		4.5	5.8					9.7	12.5					51
		4.3	5.5					9.2	11.8					52
		4.5	5.8					9.7	12.5					53
		4.6	5.9					9.9	12.7					54
		4.7	6.1					10.1	13.1					55
		4.8	6.2					10.3	13.3					56
		5.0	6.4					10.8	13.8					57
		4.8	6.2					10.3	13.3					58
		4.9	6.3					10.5	13.5					59

表 6（续）

<table>
<tr><th rowspan="4">基本直径 d_1/mm</th><th colspan="2" rowspan="2">径向厚度 a_1/mm</th><th colspan="5" rowspan="2">基本环高 h_1/mm</th><th rowspan="4">a_6/mm (参考)</th><th rowspan="4">a_7/mm (max)</th><th colspan="6">方法 A</th><th colspan="7">方法 B</th></tr>
<tr><th colspan="6">被测值 h_3[a]/mm</th><th colspan="5">h_3(参考)/mm</th><th colspan="2">被测值 a_6/mm</th></tr>
<tr><th rowspan="2">基本尺寸</th><th rowspan="2">极限偏差</th><th colspan="5">分栏</th><th colspan="5">与 h_1 分栏对应</th><th rowspan="2">极限偏差</th><th colspan="5">与 h_1 分栏对应</th><th rowspan="2">基本尺寸</th><th rowspan="2">极限偏差</th></tr>
<tr><th>1</th><th>2</th><th>3</th><th>4</th><th>5</th><th>1</th><th>2</th><th>3</th><th>4</th><th>5</th><th>1</th><th>2</th><th>3</th><th>4</th><th>5</th></tr>
<tr><td>60</td><td>2.5</td><td rowspan="20">±0.15
同一环片上最大差 0.15</td><td rowspan="20">1.2</td><td rowspan="20">1.5</td><td rowspan="10">—</td><td rowspan="10">—</td><td rowspan="20">—</td><td rowspan="10">1.0</td><td rowspan="10">0.6</td><td rowspan="10">1.116</td><td rowspan="10">1.416</td><td rowspan="10">—</td><td rowspan="10">—</td><td rowspan="20">—</td><td rowspan="20">0
−0.024
磷化环：
+0.010
−0.024</td><td rowspan="10">1.10</td><td rowspan="10">1.40</td><td rowspan="10">—</td><td rowspan="10">—</td><td rowspan="20">—</td><td rowspan="10">1.09</td><td rowspan="20">0
−0.19
磷化环：
+0.08
−0.19</td></tr>
<tr><td>61</td><td>2.55</td></tr>
<tr><td>62</td><td>2.6</td></tr>
<tr><td>63</td><td>2.65</td></tr>
<tr><td>64</td><td>2.65</td></tr>
<tr><td>65</td><td>2.7</td></tr>
<tr><td>66</td><td>2.75</td></tr>
<tr><td>67</td><td>2.8</td></tr>
<tr><td>68</td><td>2.85</td></tr>
<tr><td>69</td><td>2.9</td></tr>
<tr><td>70</td><td>2.9</td><td rowspan="10">1.75</td><td rowspan="10">2.0</td><td rowspan="10">1.5</td><td rowspan="10">0.7</td><td rowspan="10">1.053</td><td rowspan="10">1.353</td><td rowspan="10">1.603</td><td rowspan="10">1.853</td><td rowspan="10">1.04</td><td rowspan="10">1.34</td><td rowspan="10">1.59</td><td rowspan="10">1.84</td><td rowspan="10">1.60</td></tr>
<tr><td>71</td><td>2.95</td></tr>
<tr><td>72</td><td>3</td></tr>
<tr><td>73</td><td>3.05</td></tr>
<tr><td>74</td><td>3.1</td></tr>
<tr><td>75</td><td>3.15</td></tr>
<tr><td>76</td><td>3.15</td></tr>
<tr><td>77</td><td>3.2</td></tr>
<tr><td>78</td><td>3.25</td></tr>
<tr><td>79</td><td>3.3</td></tr>
</table>

表 6（续）

闭口间隙 s_1/mm		切向弹力 F_t/N						径向弹力 F_d/N						基本直径 d_1/mm
基本尺寸	极限偏差	与 h_1 分栏对应 1	2	3	4	5	极限偏差	与 h_1 分栏对应 1	2	3	4	5	极限偏差	
0.2	$^{+0.2}_{0}$	5.0	6.5	—	—	—	F_t<10 N 时：±3%；F_t≥10 N 时：±20%	10.8	14.0	—	—	—	F_d<21.5 N 时：±30%；F_d≥21.5 N 时：±20%	60
		5.2	6.6					11.2	14.2					61
		5.3	6.8					11.4	14.6					62
		5.4	7.0					11.6	15.1					63
		5.2	6.7					11.2	14.4					64
		5.3	6.9					11.4	14.8					65
		5.4	7.0					11.6	15.1					66
		5.6	7.2					12.0	15.5					67
		5.7	7.4					12.3	15.9					68
		5.8	7.5					12.5	16.1					69
		5.6	7.3	8.6	10.0			12.0	15.7	18.5	21.5			70
		5.8	7.5	8.9	10.3			12.5	16.1	19.1	22.1			71
		5.9	7.6	9.1	10.5			12.7	16.3	19.6	22.6			72
		6.0	7.8	9.2	10.7			12.9	16.8	19.8	23.0			73
		6.1	7.9	9.4	10.9			13.1	17.0	20.2	23.4			74
0.25	$^{+0.25}_{0}$	6.2	8.0	9.5	11.1			13.3	17.2	20.4	23.9			75
		6.0	7.8	9.3	10.8			12.9	16.8	20.0	23.2			76
		6.2	8.0	9.5	11.1			13.3	17.2	20.4	23.9			77
		6.3	8.1	9.7	11.2			13.5	17.4	20.9	24.1			78
		6.4	8.3	9.8	11.4			13.8	17.8	21.1	24.5			79

表 6（续）

基本直径 d_1/mm	径向厚度 a_1/mm		基本环高 h_1/mm					a_6/mm (参考)	a_7/mm (max)	方法 A						方法 B						
										被测值 h_3[a]/mm						h_3(参考)/mm					被测值 a_6/mm	
	基本尺寸	极限偏差	分栏							与 h_1 分栏对应					极限偏差	与 h_1 分栏对应					基本尺寸	极限偏差
			1	2	3	4	5			1	2	3	4	5		1	2	3	4	5		
80	3.35	±0.15 同一环片上最大差：0.15	1.2	1.5	1.75	2.0	—	1.5	0.7	1.053	1.353	1.603	1.853	—	0 −0.024 磷化环： +0.010 −0.024	1.04	1.34	1.59	1.84	—	1.60	0 −0.19 磷化环： +0.08 −0.19
81	3.4																					
82	3.4																					
83	3.45																					
84	3.5																					
85	3.55																					
86	3.6																					
87	3.65																					
88	3.65																					
89	3.7																					
90	3.75		—				2.5	2.0		—	1.289	1.539	1.789	2.289		—	1.28	1.53	1.78	2.28	2.07	
91	3.8																					
92	3.85																					
93	3.9																					
94	3.9																					
95	3.95																					
96	4																					
97	4.05																					
98	4.1																					
99	4.15																					

表 6（续）

闭口间隙 s_1/mm		切向弹力 F_t/N						径向弹力 F_d/N						基本直径 d_1/mm
基本尺寸	极限偏差	与 h_1 分栏对应					极限偏差	与 h_1 分栏对应					极限偏差	
		1	2	3	4	5		1	2	3	4	5		
0.25	$^{+0.25}_{0}$	6.4	8.4	10.0	11.6	—	F_t<10 N 时：±30% F_t≥10 N 时：±20%	13.8	18.1	21.5	24.9	—	F_d<21.5 N 时：±30% F_d≥21.5 N 时：±20%	80
		6.6	8.6	10.3	11.9			14.2	18.5	22.1	25.6			81
		6.4	8.4	10.0	11.6			13.8	18.1	21.5	24.9			82
		6.5	8.5	10.1	11.8			14.0	18.3	21.7	25.4			83
		6.6	8.6	10.3	12.0			14.2	18.5	22.7	25.8			84
		6.8	8.8	10.5	12.3			14.6	18.9	22.6	26.4			85
		6.8	8.9	10.7	12.4			14.6	19.1	23.0	26.7			86
		6.9	9.1	10.9	12.6			14.8	19.6	23.4	27.1			87
		6.8	8.9	10.6	12.3			14.6	19.1	22.8	26.4			88
		6.9	9.0	10.8	12.6			14.8	19.4	23.2	27.1			89
0.3		—	9.1	10.9	12.7	16.3		—	19.6	23.4	27.3	35.0		90
			9.2	11.0	12.9	16.5			19.8	23.7	27.7	35.5		91
			9.4	11.2	13.1	16.8			20.2	24.1	28.2	36.1		92
			9.5	11.4	13.3	17.1			20.4	24.5	28.6	36.8		93
			9.3	11.1	13.0	16.7			20.0	23.9	28.0	35.9		94
			9.5	11.3	13.2	17.0			20.4	24.3	28.4	36.6		95
			9.6	11.5	13.5	17.3			20.6	24.7	29.0	37.2		96
			9.7	11.7	13.6	17.5			20.9	25.2	29.2	37.6		97
			9.9	11.9	13.9	17.8			21.3	25.6	29.9	38.3		98
			10.0	12.0	14.0	18.0			21.5	25.8	30.1	38.7		99

表 6(续)

<table>
<tr><th rowspan="4">基本直径 d_1/mm</th><th colspan="2" rowspan="2">径向厚度 a_1/mm</th><th colspan="5" rowspan="2">基本环高 h_1/mm</th><th rowspan="4">a_6/mm(参考)</th><th rowspan="4">a_7/mm(max)</th><th colspan="6">方法 A</th><th colspan="7">方法 B</th></tr>
<tr><th colspan="6">被测值 h_3[a]/mm</th><th colspan="5">h_3(参考)/mm</th><th colspan="2">被测值 a_6/mm</th></tr>
<tr><th rowspan="2">基本尺寸</th><th rowspan="2">极限偏差</th><th colspan="5">分栏</th><th colspan="5">与 h_1 分栏对应</th><th rowspan="2">极限偏差</th><th colspan="5">与 h_1 分栏对应</th><th rowspan="2">基本尺寸</th><th rowspan="2">极限偏差</th></tr>
<tr><th>1</th><th>2</th><th>3</th><th>4</th><th>5</th><th>1</th><th>2</th><th>3</th><th>4</th><th>5</th><th>1</th><th>2</th><th>3</th><th>4</th><th>5</th></tr>
<tr><td>100</td><td>4.15</td><td rowspan="20">±0.20
同一环片上最大差：0.20</td><td rowspan="10">1.75</td><td rowspan="20">2.0</td><td rowspan="20">2.5</td><td rowspan="20">3.0</td><td rowspan="10">—</td><td rowspan="20">2.0</td><td rowspan="20">0.7</td><td rowspan="10">1.539</td><td rowspan="20">1.789</td><td rowspan="20">2.289</td><td rowspan="20">2.789</td><td rowspan="10">—</td><td rowspan="20">0
−0.024
磷化环：
+0.010
−0.024</td><td rowspan="10">1.53</td><td rowspan="20">1.78</td><td rowspan="20">2.28</td><td rowspan="20">2.78</td><td rowspan="10">—</td><td rowspan="20">2.07</td><td rowspan="20">0
−0.19
磷化环：
+0.08
−0.19</td></tr>
<tr><td>101</td><td>4.2</td></tr>
<tr><td>102</td><td>4.25</td></tr>
<tr><td>103</td><td>4.25</td></tr>
<tr><td>104</td><td>4.3</td></tr>
<tr><td>105</td><td>4.35</td></tr>
<tr><td>106</td><td>4.4</td></tr>
<tr><td>107</td><td>4.4</td></tr>
<tr><td>108</td><td>4.45</td></tr>
<tr><td>109</td><td>4.5</td></tr>
<tr><td>110</td><td>4.55</td><td rowspan="10">—</td><td rowspan="10">3.5</td><td rowspan="10">—</td><td rowspan="10">3.289</td><td rowspan="10">—</td><td rowspan="10">3.28</td></tr>
<tr><td>111</td><td>4.55</td></tr>
<tr><td>112</td><td>4.6</td></tr>
<tr><td>113</td><td>4.65</td></tr>
<tr><td>114</td><td>4.7</td></tr>
<tr><td>115</td><td>4.7</td></tr>
<tr><td>116</td><td>4.75</td></tr>
<tr><td>117</td><td>4.8</td></tr>
<tr><td>118</td><td>4.85</td></tr>
<tr><td>119</td><td>4.85</td></tr>
</table>

表 6（续）

闭口间隙 s_1/mm		切向弹力 F_t/N						径向弹力 F_d/N						基本直径 d_1/mm
基本尺寸	极限偏差	与 h_1 分栏对应 1	2	3	4	5	极限偏差	与 h_1 分栏对应 1	2	3	4	5	极限偏差	
0.3	$^{+0.25}_{0}$	11.8	13.7	17.7	21.6	—	F_t<10 N 时：±30% F_t≥10 N 时：±20%	25.3	29.5	38.1	46.4	—	F_d<21.5 N 时：±30% F_d≥21.5 N 时：±20%	100
		11.9	13.9	17.9	21.9			25.6	29.9	38.5	47.1			101
		12.1	14.1	18.2	22.3			26.0	30.3	39.1	47.9			102
		12.2	14.3	18.4	22.5			26.3	30.7	39.6	48.4			103
		12.0	14.0	18.1	22.1			25.8	30.1	38.9	47.5			104
		12.1	14.2	18.3	22.3			26.0	30.5	39.3	47.9			105
		12.2	14.3	18.5	22.6			26.3	30.7	39.8	48.6			106
		12.0	14.0	18.1	22.2			25.8	30.1	38.9	47.7			107
		12.1	14.2	18.3	22.4			26.1	30.5	39.3	48.2			108
		12.2	14.3	18.5	22.7			26.3	30.7	39.8	48.8			109
0.35		—	14.5	18.7	22.9	27.1		—	31.2	40.2	49.2	58.3		110
			14.2	18.4	22.5	26.6			30.5	39.6	48.4	57.2		111
			14.4	18.6	22.8	27.0			31.0	40.0	49.0	58.1		112
			14.6	18.8	23.1	27.3			31.4	40.4	49.7	58.7		113
			14.7	19.1	23.4	27.7			31.6	41.1	50.3	59.6		114
		—	14.5	18.7	23.0	27.2		—	31.2	40.2	49.5	58.5		115
			14.6	18.9	23.1	27.4			31.4	40.6	49.7	58.9		116
			14.8	19.1	23.4	27.8			31.8	41.1	50.3	59.8		117
			14.5	18.7	23.0	27.2			31.2	40.2	49.5	58.5		118
			14.7	19.0	23.3	27.6			31.6	40.9	50.1	59.3		119

表 6（续）

基本直径 d_1/mm	径向厚度 a_1/mm		基本环高 h_1/mm					a_6/mm	a_7/mm	方法 A						方法 B						
										被测值 h_3[a]/mm						h_3（参考）/mm					被测值 a_6/mm	
	基本尺寸	极限偏差	分栏					（参考）	（max）	与 h_1 分栏对应					极限偏差	与 h_1 分栏对应					基本尺寸	极限偏差
			1	2	3	4	5			1	2	3	4	5		1	2	3	4	5		
120	4.9	±0.20 同一环片上最大差：0.20	—	2.0	2.5	3.0	3.5	2.0	0.7	—	1.789	2.289	2.789	3.289	$^{0}_{-0.024}$ 磷化环：$^{+0.010}_{-0.024}$	—	1.78	2.28	2.78	3.28	2.07	$^{0}_{-0.19}$ 磷化环：$^{+0.08}_{-0.19}$
121	4.95																					
122	4.95																					
123	5																					
124	5.05																					
125	5.05																					
126	5.1																					
127	5.15																					
128	5.2																					
129	5.2																					
130	5.25			—							—						—					
131	5.3																					
132	5.3																					
133	5.35																					
134	5.4																					
135	5.4																					
136	5.45																					
137	5.5																					
138	5.5																					
139	5.55																					

表 6（续）

闭口间隙 s_1/mm		切向弹力 F_t/N						径向弹力 F_d/N						基本直径 d_1/mm
基本尺寸	极限偏差	与 h_1 分栏对应					极限偏差	与 h_1 分栏对应					极限偏差	
		1	2	3	4	5		1	2	3	4	5		
0.35	$^{+0.25}_{0}$		14.8	19.2	23.6	28.0	F_t<10 N 时：±30% F_t≥10 N 时：±20%		31.8	41.3	50.7	60.2	F_d<21.5 N 时：±30% F_d≥21.5 N 时：±20%	120
			15.0	19.5	23.9	28.3			32.3	41.9	51.4	60.8		121
		—	14.7	19.1	23.5	27.8		—	31.6	41.1	50.5	59.8		122
			14.9	19.3	23.8	28.2			32.0	41.5	51.2	60.6		123
			15.0	19.5	23.9	28.4			32.3	41.9	51.4	61.1		124
			14.7	19.1	23.5	27.9			31.6	41.1	50.5	60.0		125
			14.9	19.4	23.8	28.2			32.0	41.7	51.2	60.6		126
		—	15.1	19.6	24.1	28.6		—	32.5	42.1	51.8	61.5		127
			15.3	19.8	24.4	29.0			32.9	42.6	52.5	62.4		128
			15.0	19.5	24.0	28.4			32.3	41.9	51.6	61.1		129
0.4				19.6	24.2	28.7				42.2	51.9	61.7		130
				19.9	24.4	29.0				42.7	52.6	62.4		131
		—	—	19.5	24.0	28.5		—	—	41.9	51.6	61.3		132
				19.7	24.2	28.7				42.3	52.0	61.7		133
				19.9	24.5	29.1				42.8	52.7	62.6		134
				19.5	24.1	28.6				42.0	51.7	61.5		135
				19.8	24.4	28.9				42.5	52.4	62.1		136
		—	—	20.0	24.6	29.3		—	—	43.0	53.0	63.0		137
				19.6	24.2	28.8				42.2	52.1	61.9		138
				19.9	24.5	29.1				42.7	52.7	62.6		139

表 6（续）

基本直径 d_1/mm	径向厚度 a_1/mm		基本环高 h_1/mm					a_6/mm（参考）	a_7/mm（max）	方法 A						方法 B						
										被测值 h_3[a]/mm						h_3（参考）/mm					被测值 a_6/mm	
	基本尺寸	极限偏差	分栏							与 h_1 分栏对应					极限偏差	与 h_1 分栏对应					基本尺寸	极限偏差
			1	2	3	4	5			1	2	3	4	5		1	2	3	4	5		
140	5.6	±0.20 同一环片上最大差：0.20	—	—	2.5	3.0	3.5	2.0	0.7	—	—	2.289	2.789	3.289	$^{0}_{-0.024}$ 磷化环：$^{+0.010}_{-0.024}$	—	—	2.28	2.78	3.28	2.07	$^{0}_{-0.19}$ 磷化环：$^{+0.08}_{-0.19}$
141	5.65																					
142	5.65																					
143	5.7																					
144	5.75																					
145	5.75																					
146	5.8																					
147	5.85																					
148	5.85																					
149	5.9																					
150	5.95				—							—						—				
151	5.95																					
152	6																					
153	6																					
154	6.05																					
155	6.1																					
156	6.15																					
157	6.15																					
158	6.2																					
159	6.2																					
160	6.25																					

表 6（续）

闭口间隙 s_1/mm		切向弹力 F_t/N						径向弹力 F_d/N						基本直径 d_1/mm
基本尺寸	极限偏差	与 h_1 分栏对应					极限偏差	与 h_1 分栏对应					极限偏差	
		1	2	3	4	5		1	2	3	4	5		
0.4	$^{+0.25}_{0}$			20.1	24.7	29.4				43.1	53.2	63.2		140
				20.2	25.0	29.7				43.5	53.7	63.9		141
		—	—	19.9	24.5	29.2		—	—	42.8	52.7	62.8		142
				20.1	24.8	29.5				43.1	53.3	63.4		143
				20.3	25.1	29.8				43.7	53.9	64.1		144
				20.0	24.6	29.3				42.9	53.0	63.0		145
				20.1	24.9	29.6				43.3	53.5	63.6		146
		—	—	20.3	25.1	29.9		—	—	43.7	54.0	64.3		147
				20.0	24.8	29.5				43.1	53.2	63.4		148
				20.2	25.0	29.8	F_t<10 N 时：±30% F_t≥10 N 时：±20%			43.5	53.7	64.1	F_d<21.5 N 时：±30% F_d≥21.5 N 时：±20%	149
0.5	$^{+0.3}_{0}$				25.0	29.8					53.9	64.1		150
					25.0	29.8					53.9	64.1		151
		—	—	—	24.9	29.7		—	—	—	53.6	63.9		152
					24.9	29.7					53.6	63.9		153
					24.8	29.5					53.3	63.4		154
					25.0	29.8					53.8	64.1		155
					25.3	30.1					54.3	64.7		156
		—	—	—	25.3	30.1		—	—	—	54.3	64.7		157
					25.1	30.0					54.1	64.5		158
					25.1	30.0					54.1	64.5		159
		—	—	—	25.0	29.8		—	—	—	53.8	64.1		160

注 1：中间尺寸的环（如修理尺寸），其径向厚度可选用邻近较小的基本直径的环尺寸。

注 2：本表所列 F_t 和 F_d 适用于典型弹性模量（E_n）为 100 GN/m^2 的灰铸铁环。不同弹性模量（E_n）的材料应选用弹力修正系数，见 GB/T 1149.1。平均弹力按径向厚度的基本尺寸（a_1）和基本环高（h_1）计算。

注 3：本部分假定 F_d 与 F_t 的平均比值为 2.15。然而直径小于或等于 50 mm 的环，其 F_d/F_t 的比值由供需双方协商决定。

[a] h_3 值由 h_1+0.05 mm 计算而得。

参考文献

[1] GB/T 1149.2—2010 内燃机 活塞环 第2部分:术语(ISO 6621-1:2007,IDT).

[2] GB/T 1149.3—2010 内燃机 活塞环 第3部分:材料规范(ISO 6621-3:2000,IDT).

[3] GB/T 1149.4—2008 内燃机 活塞环 第4部分:质量要求(ISO 6621-5:2005,IDT).

[4] GB/T 1149.5—2008 内燃机 活塞环 第5部分:检验方法(ISO 6621-2:2003,IDT).

[5] GB/T 1149.6—2008 内燃机 活塞环 第6部分:铸铁刮环(ISO 6623:2004,IDT).

[6] GB/T 1149.7—2010 内燃机 活塞环 第7部分:矩形铸铁环(ISO 6622-1:2003,IDT).

[7] GB/T 1149.8—2008 内燃机 活塞环 第8部分:矩形钢环(ISO 6622-2:2003,IDT).

[8] GB/T 1149.13—2008 内燃机 活塞环 第13部分:油环(ISO 6625:1986,IDT).

[9] GB/T 1149.14—2008 内燃机 活塞环 第14部分:螺旋撑簧油环(ISO 6626:1989,IDT).

[10] ISO 1101 产品几何量技术规范(GPS) 形位公差 形状、方向、位置及跳动公差.

[11] ISO 6626-2:2003 内燃机 活塞环 第2部分:薄形铸铁螺旋撑簧油环.

[12] ISO 6627:2000 内燃机活塞环 钢带组合油环.

ICS 27.020
J 92

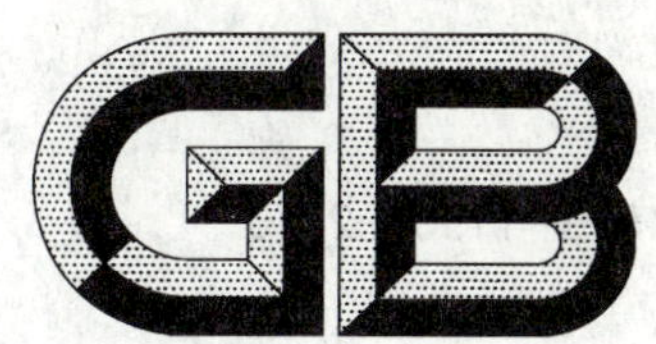

中华人民共和国国家标准

GB/T 1150—2010
代替 GB/T 1150—1993

内燃机　湿式铸铁气缸套　技术条件

**Internal combustion engines—
Cast iron wet cylinder liners—Specifications**

2010-11-10 发布　　2011-03-01 实施

中华人民共和国国家质量监督检验检疫总局
中国国家标准化管理委员会　发布

前言

本标准是对GB/T 1150—1993《内燃机湿式铸铁气缸套技术条件》的修订。

本标准与GB/T 1150—1993相比,技术内容的主要变化如下:

——提高了抗拉强度、内外圆直径尺寸的分组组距和极限尺寸的要求;

——取消了磁力探伤要求,增加了无损检测的要求;

——增加了产品图样及技术文件所规定的特殊要求;

——对部分检验方法作了必要的修改和增加;

——修改了对抗拉强度试样尺寸的规定;

——对硬度试样的取样位置重新作了规定;

——增加了化学成分分析方法;

——对支承肩高度的测量方法作了修改;

——增加了水压试验、无损检测和产品图样及技术文件所规定的特殊要求的检验方法。

本标准自实施之日起代替GB/T 1150—1993。

本标准由中国机械工业联合会提出。

本标准由全国内燃机标准化技术委员会(SAC/TC 177)归口。

本标准起草单位:上海内燃机研究所、河南省中原内配股份有限公司、江苏爱吉斯海珠机械有限公司、浙江开山缸套有限公司、湖南鑫源缸套有限责任公司、成都银河动力股份有限公司、浙江三人有限公司。

本标准主要起草人:苏晴华、刘治军、王明泉、余华成、谭本国、文均、陈刚强。

本标准所代替标准的历次版本发布情况为:

——GB 1150—1982、GB/T 1150—1993。

内燃机 湿式铸铁气缸套 技术条件

1 范围

本标准规定了内燃机湿式铸铁气缸套的术语、技术要求、检验规则与检验方法、标志、包装、运输和贮存。

本标准适用于气缸直径不大于 200 mm 的往复活塞式内燃机湿式铸铁气缸套(以下简称气缸套)。

2 规范性引用文件

下列文件中的条款通过本标准的引用而成为本标准的条款。凡是注日期的引用文件,其随后所有的修改单(不包括勘误的内容)或修订版均不适用于本标准,然而,鼓励根据本标准达成协议的各方研究是否可使用这些文件的最新版本。凡是不注日期的引用文件,其最新版本适用于本标准。

GB/T 223(所有部分) 钢铁及合金化学分析方法

GB/T 228 金属材料 室温拉伸试验方法(GB/T 228—2002,eqv ISO 6892:1998)

GB/T 230.1 金属材料 洛氏硬度试验 第1部分:试验方法(A、B、C、D、E、F、G、H、K、N、T标尺)(GB/T 230.1—2009,ISO 6508-1:2005,MOD)

GB/T 231.1 金属材料 布氏硬度试验 第1部分:试验方法(GB/T 231.1—2009,ISO 6506-1:2005,MOD)

GB/T 1031 产品几何技术规范(GPS) 表面结构 轮廓法 表面粗糙度参数及其数值

GB/T 1182 产品几何技术规范(GPS) 几何公差 形状、方向、位置和跳动公差标注(GB/T 1182—2008,ISO 1101:2004,IDT)

GB/T 1800.1 产品几何技术规范(GPS) 极限与配合 第1部分:公差、偏差和配合的基础(GB/T 1800.1—2009,ISO 286-1:1988,MOD)

GB/T 1958 产品几何量技术规范(GPS) 形状和位置公差 检测规定

GB/T 2828.1 计数抽样检验程序 第1部分:按接收质量限(AQL)检索的逐批检验抽样计划(GB/T 2828.1—2003,ISO 2859-1:1999,IDT)

JB/T 2330 内燃机高磷铸铁气缸套 金相检验

JB/T 5082.1 内燃机 气缸套 第1部分:硼铸铁金相检验

JB/T 9768 内燃机 气缸套平台珩磨网纹 技术规范及检测方法

3 术语和定义

下列术语和定义适用于本标准。

3.1

湿式气缸套 wet cylinder liners

内燃机的冷却液直接与气缸套的外圆表面相接触的气缸套。

湿式气缸套典型结构的主要部位见图1。

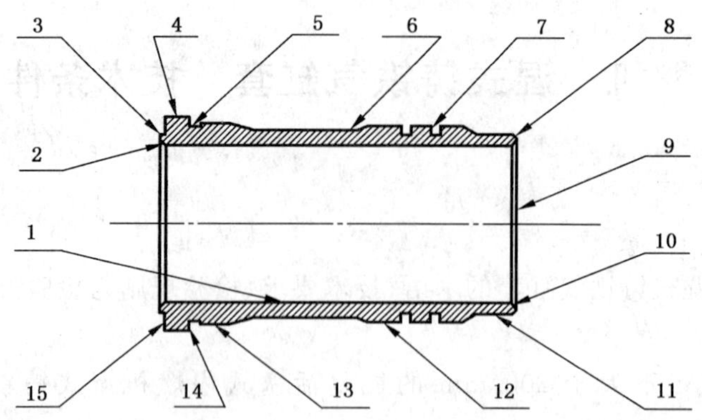

1——内圆表面；
2——上端内圆倒角；
3——挡焰环；
4——支承肩外圆；
5——退刀槽；
6——水套壁外圆面；
7——封水圈槽；
8——下端外圆倒角；
9——下端面；
10——下端内圆倒角；
11——裙部外圆面；
12——下腰带；
13——上腰带；
14——支承肩下端面；
15——支承肩上端面。

图 1

4 技术要求

4.1 总则

产品应按经规定程序批准的产品图样及技术文件制造。

4.2 力学性能

4.2.1 气缸套材料的抗拉强度应不小于 220 MPa。

4.2.2 气缸套内圆表面活塞环行程范围内的硬度：

a) 不经表面处理的柴油机：应不小于 207HBW2.5/187.5(95HRB)；

b) 不经表面处理的汽油机：应不小于 190HBW2.5/187.5(91HRB)或按产品图样规定；

c) 经整体淬火的气缸套内圆表面硬度应在 39HRC～47HRC 范围内或按产品图样规定；

d) 其他表面强化处理的气缸套内圆表面硬度和硬化层深度应符合产品图样规定。

4.2.3 同一只气缸套内圆表面的硬度差

a) 不经表面处理的气缸套硬度差应不大于 30HBW(5HRB)；

b) 经整体淬火或其他表面强化处理的气缸套的硬度差应符合产品图样规定。

4.3 气缸套内圆表面活塞环行程范围内的金相组织

4.3.1 高磷铸铁气缸套应符合 JB/T 2330 的规定。

4.3.2 硼铸铁气缸套应符合 JB/T 5082 的规定。

4.3.3 其他材料的气缸套应符合产品图样规定。

4.4 化学成分

气缸套材料的化学成分由制造厂决定，但必须保证气缸套材料的机械性能和金相组织。对化学成分有特殊要求的气缸套，应由供需双方商定，并在协议书或有关技术文件上作出规定。

4.5 尺寸公差

4.5.1 气缸套内圆表面活塞环行程范围内的内圆直径的尺寸公差应符合 GB/T 1800.1 规定的

IT7 级。

4.5.2 气缸套内圆表面活塞环行程外的内圆直径尺寸，允许因珩磨引起两端口的直径尺寸增量：

a) 非淬火气缸套应不大于 0.02 mm 或按产品图样规定；

b) 淬火气缸套按产品图样规定。

4.5.3 当气缸套按内圆直径尺寸分组时，应在产品图样规定的内圆直径尺寸公差范围内分组，并以产品的上中下三个横向截面中的最小尺寸划归组别，尺寸分组组距应不大于内圆直径尺寸公差带的 1/2，气缸套的内圆直径的最大尺寸可以超越该组别的上限尺寸，在极限的情况下，小尺寸组超越值应不大于 4.7 中规定的圆度公差的两倍；大尺寸组超越值应不大于 4.7 中规定的圆度公差。

分组代号按产品图样规定。

4.5.4 气缸套上、下腰带直径的尺寸公差应符合 GB/T 1800.1 规定的 IT7 级。

4.5.5 气缸套支承肩高度公差：

a) 气缸直径小于 150 mm 的气缸套，应不大于 0.03 mm；

b) 气缸直径不小于 150 mm 的气缸套，应不大于 0.05 mm。

4.6 形位公差

气缸套的形状和位置公差应符合 GB/T 1182 的规定，其主要工作面的形状和位置公差见表 1。

表 1

单位为毫米

气缸直径	内圆表面（活塞环行程范围内）		上、下腰带对内圆表面中心线的跳动		支承肩下端面对内圆表面中心线的端面圆跳动
	圆　度	纵向切面的轮廓度	径向圆跳动	径向圆跳动之差	
≤120	0.010	0.010	0.06	0.05	0.03
>120	0.012	0.012	0.08	0.06	

4.7 表面粗糙度

气缸套各部位的表面粗糙度参数值应符合 GB/T 1031 和 JB/T 9768 规定。

4.7.1 内圆表面粗糙度

a) 内圆表面为一般珩磨时，在活塞环行程范围内 Ra 应不大于 0.63 μm，其余 Ra 应不大于 1.25 μm；

b) 内圆表面为平台珩磨网纹时，在活塞环行程范围内按 JB/T 9768 或产品图样规定。

4.7.2 上、下腰带配合表面 Ra 应不大于 2.0 μm。

4.7.3 支承肩下端面 Ra 应不大于 2.5 μm。

4.7.4 支承肩上端面 Ra 应不大于 3.2 μm。

4.7.5 封水圈槽底及两侧表面 Ra 应不大于 4.0 μm。

4.8 外观质量

4.8.1 气缸套内外表面应清洁。

4.8.2 气缸套内圆表面在活塞环行程内及上、下腰带表面不允许有裂纹、龟裂、锈蚀、碰伤及铸造等缺陷，但在不影响使用性能的条件下，允许有下列缺陷：

a) 内圆表面在活塞环行程范围内，允许长度小于 0.7 mm，深度小于 0.5 mm，孔距大于 30 mm 的孔眼，其数量不大于 5 个；

b) 内圆表面上长度小于 0.3 mm，深度小于 0.15 mm 的孔眼可以略去不计，但不允许存在密集型孔眼；当呈密集型分布时，允许在活塞环行程范围外和下腰带及裙部外圆面各存在一处，其面积应小于 1 cm^2；

c) 上、下腰带外圆表面，允许长度小于 1.0 mm，深度小于 1.0 mm，孔距大于 30 mm 的孔眼，其数量不大于 4 个；

d) 允许因珩磨油石的磨粒脱落所造成的磨粒拉伤的划痕一处，其深度小于 0.05 mm，宽度小于 0.2 mm，长度小于 50 mm，且该划痕不得与气缸套轴心线平行。

4.8.3 支承肩上、下端面、退刀槽和封水圈槽部位的表面，不允许有铸造缺陷存在。

4.8.4 其他各部位，允许长度小于 1.5 mm，深度小于 1.0 mm，孔距大于 30 mm 的孔眼，其数量不大于 6 个。

4.8.5 在非主要配合表面，允许长度不大于 5 mm，宽度不大于 2 mm，深度不大于0.2 mm的轻度碰伤，其数量不大于 3 处。

4.9 水压试验

砂型铸造的气缸套经水压试验后不允许有渗漏和浸润现象。

4.10 无损检测

气缸套表面不允许有裂纹。

4.11 产品图样及技术文件所规定的特殊要求

产品图样及技术文件所规定的特殊要求应符合产品图样及有关技术文件的规定。

5 检验方法

5.1 检验项目

a) 抗拉强度；

b) 硬度；

c) 金相组织；

d) 化学成分；

e) 尺寸公差；

f) 形状和位置公差；

g) 表面粗糙度或平台珩磨网纹质量；

h) 外观质量；

i) 产品图样及技术文件所规定的特殊要求。

5.2 检验方法

5.2.1 抗拉强度

气缸套的抗拉强度试样，应从成品或气缸套毛坯上取样，同一气缸套上制取三件试样，以三件试样的平均值作为该气缸套的判定数值，试样在距气缸套上端平面 25 mm～165 mm 范围内制取，试样尺寸见图 2，对于小缸径缸套无法制取图 2 所示的试样，可按 GB/T 228 规定。

单位为毫米

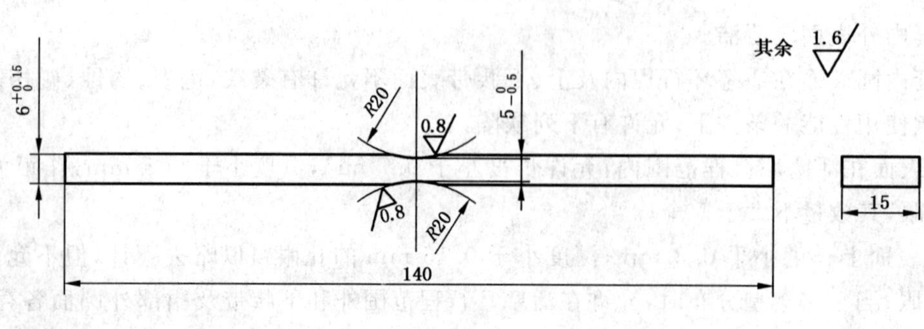

图 2

5.2.2 硬度

试验方法按 GB/T 231.1 和 GB/T 230.1 规定。

5.2.2.1 试样在气缸套于活塞在上止点位置时第一道环所对应的位置至以下 25 mm 范围内制取(当产品图样未加标注时,一般在距上端面 15 mm~50 mm 范围内制取),测三点取平均值作为该气缸套的判定数值。

5.2.2.2 硬度差在气缸套的同一径向截面内测定。

5.2.3 金相组织

5.2.3.1 高磷铸铁气缸套按 JB/T 2330 规定的方法检验。

5.2.3.2 硼铸铁气缸套按 JB/T 5082 规定的方法检验。

5.2.3.3 其他材料的气缸套按产品图样规定的方法检验。

5.2.4 化学成分

化学成分分析按 GB/T 223 规定的方法进行。

5.2.5 尺寸公差

5.2.5.1 内圆直径尺寸的测量,应测量内圆上、中、下三个横向截面内任意两个相互垂直的直径。上、下两个截面应是活塞环行程的两个极限位置(当产品图样未加标注时,一般取上极限位置距上端面 15 mm处,下极限位置距下端面 30 mm 处),但下极限位置距下端面小于 30 mm 者,应在距下端面 30 mm 处测量。

5.2.5.2 上、下腰带直径尺寸,测量任意两个互相垂直的直径尺寸。

5.2.5.3 支承肩高度的测量,至少在圆周方向上均匀测量三点。

5.2.5.4 封水圈槽底径尺寸测量任意两个互相垂直的直径尺寸。

5.2.6 形状和位置公差

5.2.6.1 内圆表面的圆度,测量部位同 5.2.5.1,按 GB/T 1958 中规定的圆度误差检测方法。当检测设备及条件不能满足时,允许测量同一径向截面内任意两个相互垂直的直径,取其差值的 1/2 计算。

5.2.6.2 内圆表面纵向切面的轮廓度,测量部位同 5.2.5.1,按 GB/T 1958 中规定的圆柱度误差检测方法。当检测设备及条件不能满足时,允许测量内圆表面同一轴向截面内任意两个相互垂直的直径,取其最大差值的 1/2 计算。

5.2.6.3 上、下腰带对内圆表面中心线的径向圆跳动的测量,按 GB/T 1958 中规定的圆跳动检测方法。

5.2.6.4 上、下腰带对内圆表面中心线的径向圆跳动差的测量,按 5.2.6.3 方法。将两个量表分别调到气缸套外径跳动的最小值(或最大值)后,测定同一个轴向截面内的差值,取其最大差值计算。

5.2.6.5 支承肩下端面对内圆表面中心线的端面圆跳动的测量,按 GB/T 1958 中规定的圆跳动检测方法进行检测。

5.2.7 表面粗糙度

5.2.7.1 表面粗糙度的测量,按 GB/T 1031 的规定。内圆表面应在活塞环行程范围内测量五点,取其平均值;其余表面任测一点。

5.2.7.2 内圆表面平台珩磨网纹的检测按 JB/T 9768 或产品图样规定的方法评定。

5.2.8 外观质量

外观质量采用目测方法检验。

5.2.9 水压试验

砂型铸造的气缸套需经水压试验,在 0.45 MPa 压力下,经历 3 min 的水压试验。离心浇铸的气缸套可免检。

5.2.10　无损检测

无损检测的方法按照客户要求或供需双方商定。

5.2.11　产品图样及技术文件所规定的特殊要求

按产品图样和有关技术文件规定或由供需双方商定的方法检验。

6　检验规则

6.1　气缸套产品须经制造厂的质量检验部门按产品图样和有关技术文件检验合格后方能出厂。

6.2　订货单位抽验产品质量时，按 GB/T 2828.1 的规定进行，检验项目、抽样方法、评定方法和复验规则由供需双方商定。

7　标志、包装、运输、贮存

7.1　标志

7.1.1　在每个产品上应标明：

a)　制造厂名称代号或商标；

b)　分组尺寸代号；

c)　出厂序号或制造日期。

标志应具永久性，标志部位、尺寸和方法按产品图样规定，应注意不使产品受到损伤而影响使用。

7.1.2　包装盒上应标明：

a)　制造厂名称、商标和地址；

b)　产品名称、型号及零件号；

c)　分组尺寸代号；

d)　数量；

e)　执行标准号；

f)　质量认证标志；

g)　包装日期：　　年　　月。

7.1.3　包装箱外部应标明：

a)　商品分类图示标志；

b)　制造厂名称和地址；

c)　品名规格；

d)　数量；

e)　总质量及外形尺寸；

f)　执行标准号；

g)　质量认证标志；

h)　收货单位及地址；

i)　“小心轻放”、“防潮”及“防压”等标记；

j)　出厂日期：　　年　　月。

7.2　包装

7.2.1　产品在包装前必须清洁，并作防蚀处理，用结实不透水的包裹材料包装后再装入包装盒内。每一包装盒内应装入同一机型、同一尺寸组的气缸套。

7.2.2　每只包装盒内应附有制造厂技术检验部门检验员签章的产品合格证。

7.2.3　用包装盒装好的气缸套必须装入有防蚀措施的干燥包装箱内，并保证在正常运输过程中不致损伤,箱子总质量不得超过 50 kg。

7.3 运输

在运输过程中,要防磕碰、防雨、防潮。

7.4 贮存

气门应存放在通风和干燥的仓库内。在正常情况下,自出厂之日起,制造厂应保证产品在 12 个月内不致锈蚀。

7.5 其他

包装、运输、贮存也可由供需双方商定。

ICS 17.100
N 11

中华人民共和国国家标准

GB/T 1226—2010
代替 GB/T 1226—2001

一般压力表

General pressure gauge

2010-09-02 发布　　　2010-12-01 实施

中华人民共和国国家质量监督检验检疫总局
中国国家标准化管理委员会　发布

前　言

本标准代替 GB/T 1226—2001《一般压力表》。

本标准与 GB/T 1226—2001 相比，主要变化如下：

——标准的编写格式按 GB/T 1.1—2000 的要求进行了修改；

——扩大了标准的适用范围，将不锈钢压力表、异型外壳的仪表纳入本标准；

——扩大了仪表的测量范围；

——明确了“环境温度”含介质温度；

——对于直接安装的仪表，主要安装尺寸增加了接头尺寸处对四方、六方或对方长度的要求。

——修改了仪表超压性能要求；

——修改了仪表交变负荷性能要求。

本标准的附录 A、附录 B 为规范性附录，附录 C 为资料性附录。

本标准由中国机械工业联合会提出。

本标准由全国工业过程测量和控制标准化技术委员会(SAC/TC 124)归口。

本标准负责起草单位：西安工业自动化仪表研究所。

本标准起草单位：西仪集团有限责任公司仪表制造厂、秦川机床集团宝鸡仪表有限公司、北京布莱迪仪器仪表有限公司、红旗仪表有限公司、重庆昆仪仪表有限责任公司、北京康斯特仪表科技股份有限公司、宁波隆兴焊割科技股份有限公司、浙江中恒仪器仪表有限公司、安徽蓝德集团股份有限公司、浙江普赛迅仪器仪表有限公司、雷尔达仪表有限公司。

本标准主要起草人：范丽俊、张远道、张少平、甘大方、周春龙、王小平。

本标准所代替标准的历次版本发布情况：

——GB/T 1226—1986；

——GB/T 1226—2001。

一 般 压 力 表

1 范围

本标准规定了一般压力表的术语及定义、产品分类、技术要求、试验方法、检验规则和标志、包装与贮存要求。

本标准适用于弹簧管(C形管、盘簧管、螺旋管)等机械指针式压力表、真空表及压力真空表(以下简称仪表)。本标准包含了不锈钢压力表、外壳为异型(如方形)的压力表。

对于测量氧、氢等特殊介质仪表的附加要求见本标准的附录A的规定。

2 规范性引用文件

下列文件中的条款通过本标准的引用而成为本标准的条款。凡是注日期的引用文件,其随后所有的修改单(不包括勘误的内容)或修订版均不适用于本标准,然而,鼓励根据本标准达成协议的各方研究是否可使用这些文件的最新版本。凡是不注日期的引用文件,其最新版本适用于本标准。

GB/T 2423.10 电工电子产品环境试验 第2部分:试验方法 试验Fc:振动(正弦)(GB/T 2423.10—2008,IEC 60068:1995,IDT)

GB/T 13384 机电产品包装通用技术条件

GB/T 17214.3—2000 工业过程测量和控制装置的工作条件 第3部分:机械影响(idt IEC 60504-3:1998)

JB/T 5528 压力表标度及分划

JB/T 9252 工业自动化仪表 指针指示部分的基本型式、尺寸及指针的一般技术要求

JB/T 9329 仪器仪表运输、运输贮存基本环境条件及试验方法

3 术语和定义

下列术语和定义适用于本标准。

3.1

绝对压力 absolute pressure

以绝对真空为零位基准的压力(见图1)。

3.2

正压[力] positive pressure

以大气压力为基准,大于大气压力的压力(见图1)。

3.3

负压(力)(真空) negative pressure

以大气压力为基准,小于大气压力的压力(见图1)。

3.4

差压(力) differential pressure

两个压力之间的差值(见图1)。

3.5

表压(力) gauge pressure

以大气压力为基准,大于或小于大气压力的压力。

3.6

压力表 pressure gauge

以大气压力为基准,用于测量正压力的仪表。

3.7

真空表 vacuum gauge

以大气压力为基准,用于测量负压力的仪表。

3.8

压力真空表 compound pressure gauge

以大气压力为基准,用于测量正压力和负压力的仪表。

3.9

一般压力表 general pressure gauge

精确度等级等于或低于1.0级的压力表、真空表及压力真空表。

3.10

轻敲位移 distance after tapping

在输入不变的情况下,仪表所显示的被测量经轻敲仪表外壳以后的变化量。

3.11

超压 over-pressure

对仪表施加大于其测量上限值的负荷。

3.12

交变压力 cyclic pressure

对仪表施加以一定幅度、频率,按一定规律往复交变的负荷。

3.13

回差 hysteresis error

在测量范围内,当输入压力上升或下降时,仪表在同一测量点的两个相应的输出值间轻敲后示值的最大差值。

3.14

温度影响 temperature effect

当环境条件的其他参数均保持在参比值时,由于温度参数的变化影响引起的误差。

3.15

测量范围 measuring range

按规定精确度进行测量的被测量的范围。

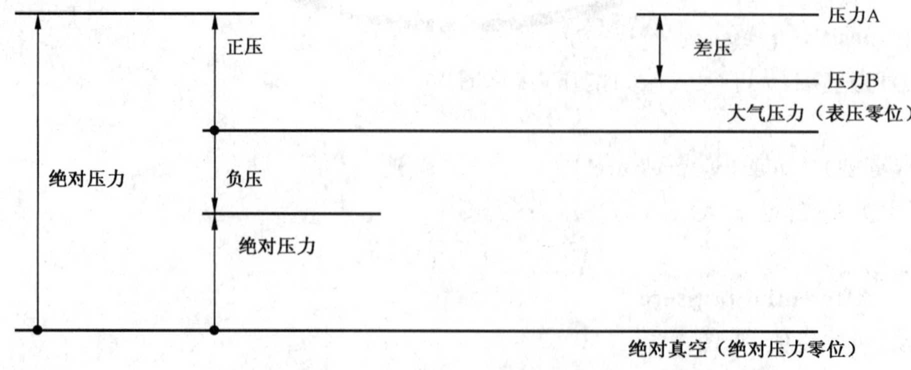

图1 压力的定义示意图

3.16

标度范围　scale span

由标度始点值和终点值所限定的范围。

4　产品分类

4.1　型式

4.1.1　仪表按测量类别分为：压力表、真空表、压力真空表。

注：在仪表标度盘上的标度能正确识别出测量类别者，可统称为压力表。

4.1.2　仪表按螺蚊接头及安装方式分为：直接安装压力表、嵌装（盘装）压力表、凸装（墙装）压力表（见表1及图2～图8）。

表 1

名　　称	螺蚊接头及安装方式		
直接安装压力表	径向直接式（Ⅰ）	轴向偏心直接式（Ⅱ）	轴向同心直接式（Ⅲ）
嵌装（盘装）压力表	轴向偏心嵌装式（Ⅳ）		轴向同心嵌装式（Ⅴ）
凸装（墙装）压力表	径向凸装式（Ⅵ）		轴向同心凸装式（Ⅶ）

4.2　仪表的精确度等级

仪表的精确度等级分为：1.0 级；1.6 级；2.5 级；4.0 级。

4.3　基本参数

4.3.1　仪表外壳公称直径(mm)系列：

40、60、100、150、200、250。

注：外壳为异型（如方形）的压力表的外壳尺寸由生产商与用户协商确定。

4.3.2　仪表测量范围应符合表2的规定。

表 2　　单位为兆帕

类　　型	测量范围
压力表	0～0.1；　0～1；　0～10；　0～100；　0～1 000 0～0.16；　0～1.6；　0～16；　0～160 0～0.25；　0～2.5；　0～25；　0～250 0～0.4；　0～4；　0～40；　0～400 0～0.6；　0～6；　0～60；　0～600
真空表	−0.1～0
压力真空表	−0.1～0.06；　−0.1～0.15；　−0.1～0.3；　−0.1～0.5；　−0.1～0.9； −0.1～1.5；　−0.1～2.4

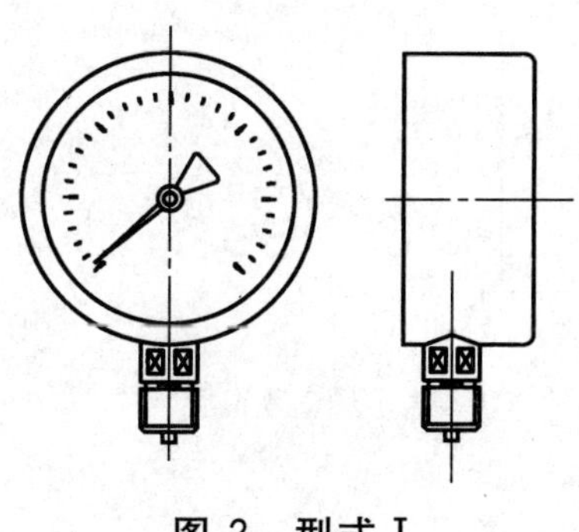

图 2　型式Ⅰ

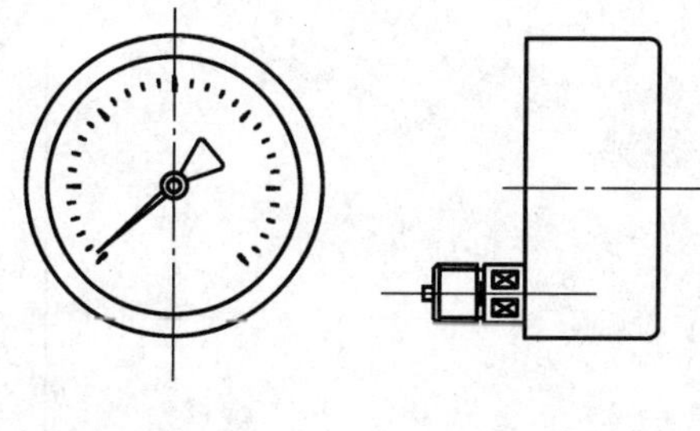

图 3　型式Ⅱ

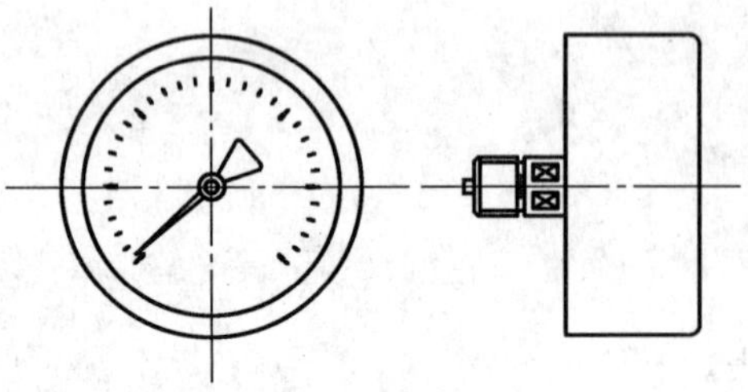

图 4　型式Ⅲ

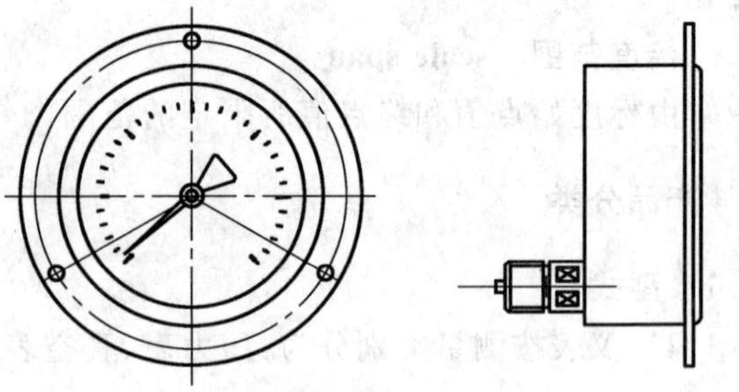

图 5　型式Ⅳ

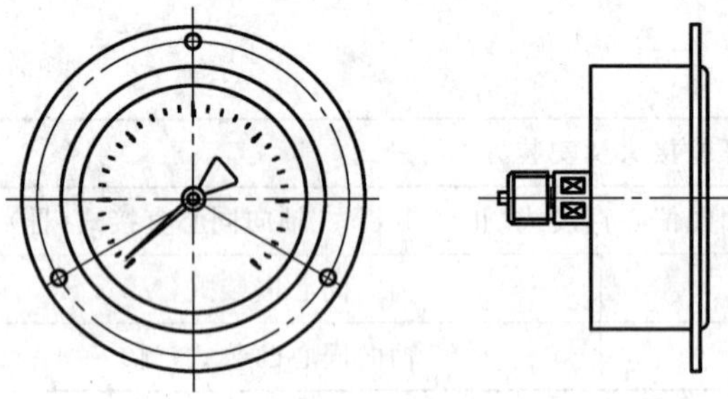

图 6　型式Ⅴ

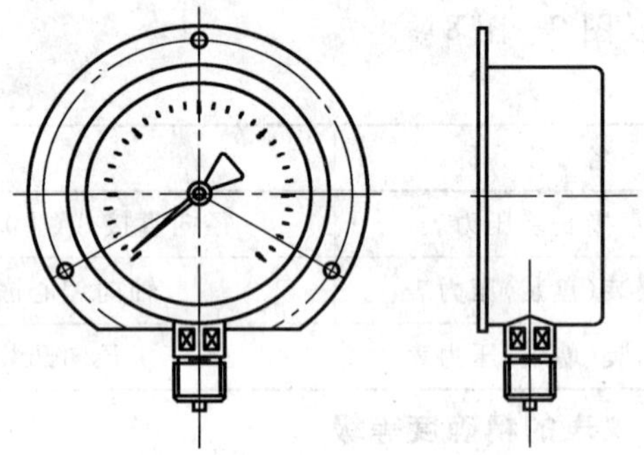

图 7　型式Ⅵ

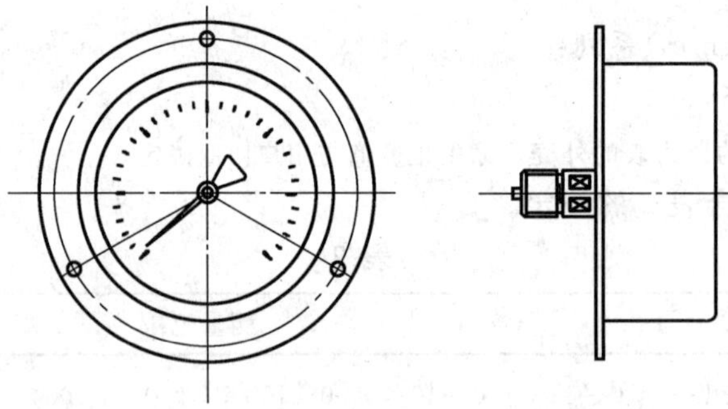

图 8　型式Ⅶ

4.3.3　仪表的标度、标度分划及分格值应符合 JB/T 5528 中的有关规定。

4.3.4　直接安装式仪表的主要安装尺寸应符合图 9 和表 3 的规定。

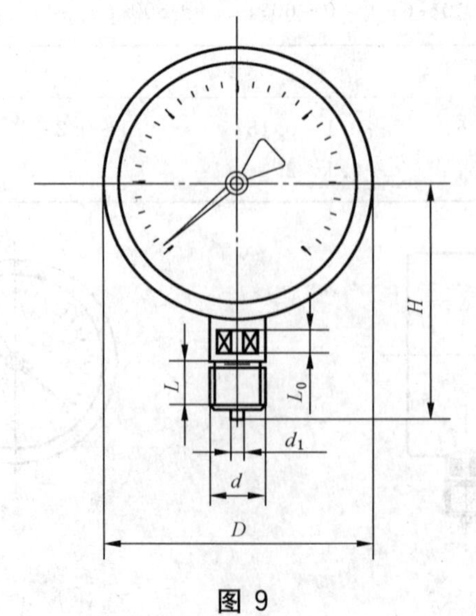

图 9

表 3

单位为毫米

D	H 不小于	接头尺寸			
		d	L	d_1	L_0
40	55	M10×1	10	4	9
60	70	M14×1.5	14	5	
100	100	M20×1.5	20	6	12
150	125				
200	150				
250	175				
注 1：当对仪表接头螺纹有特殊要求时，用户与生产商协商解决。 注 2：图 9 中接头尺寸 L_0 处可为四方、六方或对方，图示为四方。					

4.3.5 嵌装(盘装)压力表及凸装(墙装)压力表 安装尺寸应符合图 10 和表 4 的规定。

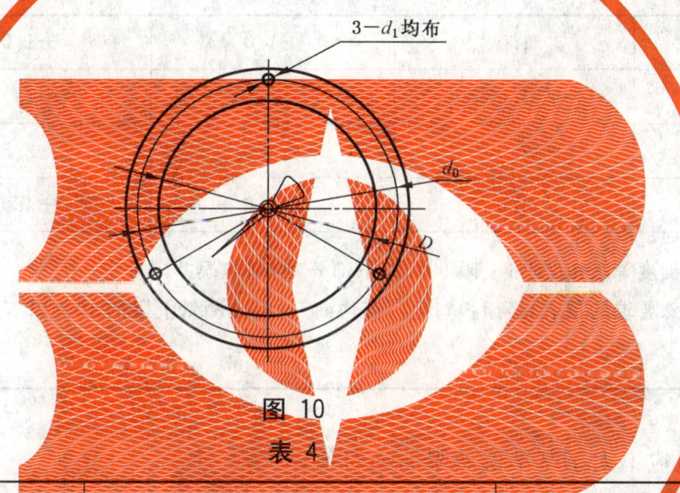

图 10

表 4

单位为毫米

外壳公称 直径 D	装配螺栓中心圆 直径 d_0	外壳螺栓孔 直径 d_1
40	50	4
60	72	5
100	118	6
150	165	6
200	215	6
250	272	7

注：仪表的接头尺寸及 H 尺寸(表盘中心到接头下缘的距离)应与 4.3.4 一致。

4.3.6 对在一定测量范围的仪表，应采取相应的安全措施。安全措施参见附录 C 的规定。

5 技术要求

5.1 正常工作条件

5.1.1 仪表正常工作环境温度(含介质温度)为－40 ℃～＋70 ℃；

5.1.2 仪表正常工作环境振动条件应不超过 GB/T 17214.3—2000 规定的 V.H.3 级。

5.1.3 仪表的压力部分一般使用至压力测量范围的 3/4。

5.2 参比工作条件

在下列条件下，仪表的基本误差、回差、轻敲位移及指针偏转的平稳性应符合本标准有关的规定。

a) 环境温度为 20 ℃±5 ℃；

b) 仪表处于正常工作位置；

c) 负荷变化均匀。

注：未指明时，正常工作位置系指垂直安装。

5.3 基本误差

仪表的基本误差以引用误差表示，其值应不大于表 5 规定的基本误差限。

表 5 基本误差限

精确度等级	基本误差限 （以量程的%计）			
	零点		测量上限 90% 以下部分(含 90%)	测量上限 90% 以上部分
	带止销	不带止销		
1.0	1.0	±1.0	±1.0	±1.6
1.6	1.6	±1.6	±1.6	±2.5
2.5	2.5	±2.5	±2.5	±4.0
4.0	4.0	±4.0	±4.0	±4.0

注 1：仪表的精确度等级由"测量上限 90%以下部分"的基本误差限确定。

注 2：对于有特殊要求的仪表，经用户与生厂商协商后，可在测量上限的 10%以下，90%以上区域内降低一个精确度等级。

5.4 回差

仪表示值回差应不大于基本误差限的绝对值。

5.5 指针偏转的平稳性

在测量过程中，仪表的指针不应有跳动和停滞现象。

5.6 轻敲位移

在测量范围内的任何位置上，用手指轻敲(使指针能自由摆动)仪表外壳时，指针指示值的变动量应不大于基本误差限绝对值的 1/2。

5.7 温度影响

当使用环境温度偏离 20 ℃±5 ℃时，仪表的示值误差(包括零点)应不超过式(1)规定的范围：

$$\Delta=\pm(\delta+K\Delta t) \quad \cdots\cdots(1)$$

式中：

δ——本标准 5.3 规定的基本误差限绝对值，%；

Δt——$|t_2-t_1|$，℃；

t_2——本标准 5.1.1 规定的环境温度范围内的任意值，℃；

t_1——当 t_2 高于 25 ℃时，为 25 ℃；当低于 15 ℃时，为 15 ℃；

K——温度影响系数，其值为 0.04%/℃；

Δ——环境温度偏离 20 ℃±5 ℃时的示值误差允许值，表示方法与基本误差相同，%。

5.8 超压

压力表及压力真空表的压力部分应按表 6 的规定，承受超压试验。

表 6

压力上限值 U/MPa	负荷(压力上限值%)	时间/h
U≤10	125	0.5
10<U≤60	115	
60<U≤160	110	
U>160	90～100	4

5.9　**交变压力**

仪表应按表 7 的规定承受交变压力试验。

表 7

量程 S MPa	交变幅度 (量程的%)	交变频率 次/min	交变次数
S≤2.5	(20%±5%)～(75%±5%) 范围内幅度不小于 50%	30～60	30 000
2.5<S≤160			20 000

5.10　**指示装置**

5.10.1　**标度**

仪表的标度应符合 JB/T 5528 的规定。

5.10.2　**指针**

仪表的指针应符合 JB/T 9252 的规定。

5.10.3　**指针与标度盘间的距离**

仪表指针与标度盘之间的距离应符合表 8 的规定。

表 8

外壳公称直径 mm	指针与标度盘之间的距离 mm
40;60	0.5～2.5
100;150	1～3
200;250	1～4

5.11　**外观**

仪表的可见部分应无明显的瑕疵、划伤,接头螺纹应无明显的毛刺和损伤;标度、标示等应清晰、正确和完整。

5.12　**耐工作环境振动性能**

仪表应能承受符合 GB/T 17214.3—2000 中规定的 V.H.3 振动等级的振动。

5.13　**抗运输环境性能**

仪表在包装、运输条件下应能承受 JB/T 9329 的规定。其中:

a)　高温、低温和相对湿度项目不要求做;

b)　自由跌落高度为 250 mm。

6　试验方法

仪表的试验顺序及各试验项目之间的间歇时间按附录 B 进行。

6.1　**试验条件**

按 5.2 参比工作条件。

注:出厂检验可以不在参比温度条件进行,但在参比工作条件下仪表仍应符合本标准 5.3～5.6 的规定。

6.2　试验仪器

试验用标准仪器基本误差限的绝对值不大于被检仪表基本误差限的绝对值的1/4。

6.3　检验点

以标有数字的标度线作为检验点。

6.4　测试方法

采用被检仪表与标准仪器比较的方法进行测试。

6.5　基本误差试验

6.5.1　试验时应由零点均匀缓慢地增负荷，试验各规定的检验点至测量上限(真空表不低于当地可抽得极限真空的90%)，并保持3 min，然后再均匀缓慢地减负荷到零点，检验各检验点。

6.5.2　检验时各检验点应进行两次读数，一次是在负荷平稳达到规定检验点的值(即轻敲仪表外壳前)时进行，另一次是在轻敲仪表外壳后进行读数。

6.5.3　基本误差应在正反行程中，轻敲前后各测量一次，考察轻敲前后示值与检验点的值之差均应符合5.3的规定。

6.6　回差试验

在6.5试验中，其值应符合5.4的规定。

6.7　零点误差试验

在6.5试验中，负荷为零时目测被检仪表指针轻敲前后所处位置。

6.7.1　有止销仪表，指针应紧靠在止销上。

6.7.2　无止销仪表，指针应位于零点标度线内。

6.8　指针偏转平稳性试验

由零点均匀缓慢地增负荷至测量上限，再均匀缓慢地减负荷到零点，观察指针偏转的平稳性。

6.9　轻敲位移试验

在6.5试验中，其值应符合5.6的规定。

6.10　温度影响试验

将仪表放入恒温箱中，逐渐升(降)温度至本标准5.1.1规定的温度范围上(下)限值，并使仪表承受测量范围上限值3/4的负荷，待温度稳定且保持不少于3 h后，进行温度影响示值误差试验。其值应符合5.7的规定。

6.11　超压试验

在6.1规定条件下，仪表按5.8规定进行超压试验。卸掉负荷后在30 min内按6.5～6.9检验。其值应符合5.3～5.6的规定。

6.12　交变压力试验

在6.1规定条件下，将仪表安装在能产生正弦波形的交变压力实验机上，经试验后在30 min内按6.5～6.9检验。其值应符合5.3～5.6的规定。

6.13　指示装置试验

目测。

6.14　外观检验

目测。

6.15　耐工作环境振动试验

按GB/T 2423.10规定进行，耐久性试验采用定频试验，振动等级为1—B级(位移幅值0.075 mm，加速度10 m/s^2)；

6.15.1　初始振动响应检查时，施加测量范围上限值的50%的负荷。

6.15.2　耐久性试验采用定频试验，施加测量范围上限值的50%的负荷，定频振动时间为1 h。

6.15.3　试验结束后，仪表应无机械损伤。在参比条件下放置1 h，然后按6.5～6.9进行检验。其值应符合 5.3～5.6 的规定。

6.16 抗运输环境性能试验

按 5.13 要求及 JB/T 9329 规定的方法进行，试验后应按 6.5～6.9 进行检验。其值应符合 5.3～5.6 的规定。

7 检验规则

7.1 出厂检验

7.1.1 检验项目

仪表应按本标准 5.3～5.6 及 5.10～5.11 的规定进行逐台检验，经判定仪表合格并发有合格证明文件后方能出厂。

7.1.2 判定规则

仪表按所规定的出厂检验项目逐台进行检验。若某台仪表中有一个检验项目不合格时，即判定该台仪表为不合格品；只有在所规定的出厂检验项目全部合格后，才能判定为合格品。合格品应附有合格证才能出厂。

7.2 型式检验

7.2.1 检验类别

下列任一情况，仪表应按本标准全部技术要求进行型式检验：

a) 新产品试制定型；

b) 成批生产的仪表定期检验；

c) 当设计、工艺和材料等方面有重大变更时；

d) 停止生产的仪表再次生产时。

7.2.2 抽样及判定规则

在 7.2.1 中 a)、c)项的情况下，在试制品中任意抽取 3 台仪表，作为被检样本；在 7.2.1 中 b)、d)项情况下，应随机抽取同一批产品中的 4 台仪表，作为被检样本。被检样本只有在所规定的检验项目全部符合本标准时，则型式检验通过。但对 b)、d)项的情况，若某台仪表中有一个检验项目不符合要求时，则应加倍抽取样本进行复检，复检样本只检验被检样本的不合格项目；经检验合格后，则型式检验通过，否则为不通过。

8 标志、包装与贮存

8.1 标志

仪表的标度盘上应标有：

a) 生产商或商标；

b) 仪表名称；

c) 计量单位；

d) 精确度等级；

e) 制造年月及仪表编号。

8.2 包装

仪表包装应符合 GB/T 13384 的规定，其防护类型由生产商自定。

8.3 贮存

仪表应贮存于干燥通风的室内，室内空气应洁净并对仪表无腐蚀作用。

附　录　A
（规范性附录）
用于特殊介质仪表的附加要求

A.1　测量氧、氢、乙炔等其他可燃性气体的仪表，应在标度盘上标示出测量介质的名称或测量介质的颜色警示标记。

A.2　特殊测量介质的仪表在采用颜色警示标记时，应在标度盘上的仪表名称下面画一标示横线。标示横线的颜色见表A.1。

表 A.1

测量介质	标示横线的颜色
氧	天蓝色
氢	绿色
乙炔	白色
其他可燃性气体	红色

A.3　测量氧压力的仪表，应在标度盘上标以红色“禁油”字样或者有如下禁油标志，严格禁油。

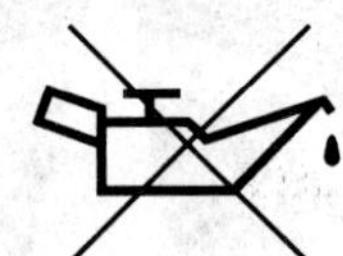

附　录　B
（规范性附录）
试验顺序及项目之间间歇时间

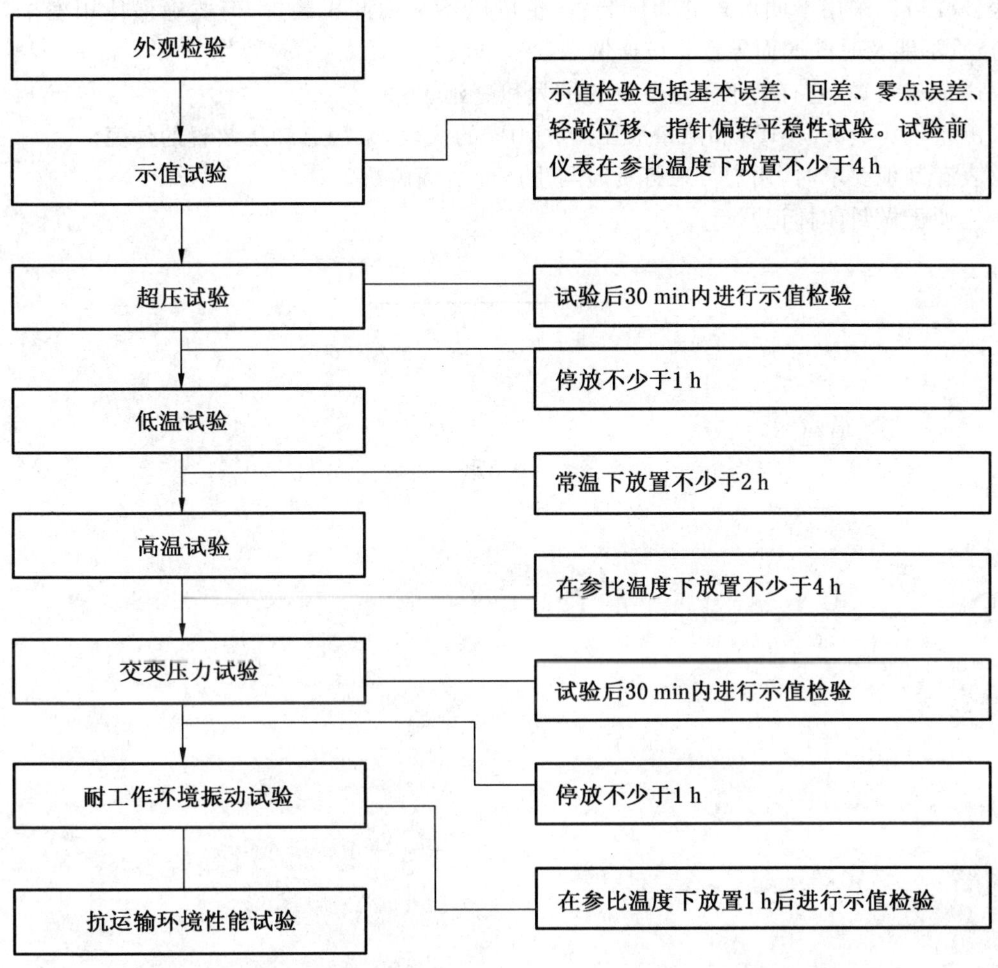

附　录　C
（资料性附录）
安　全　措　施

C.1　仪表外壳可以采用不同形式的卸压装置，也可以不采用卸压装置，但要确保使用安全，以防弹簧管破裂时介质不能及时散逸而导致表玻璃爆裂发生事故。

C.2　建议用节流装置，它有助于防止事故的扩大和蔓延。

C.3　建议测量气压≥2.5 MPa和测量液压≥6 MPa的仪表，采用有卸压装置的外壳。

C.4　对仪表有其他要求时，用户可在订货时与生产商协商解决。

C.5　仪表应便于做封印标记。

ICS 17.100
N 11

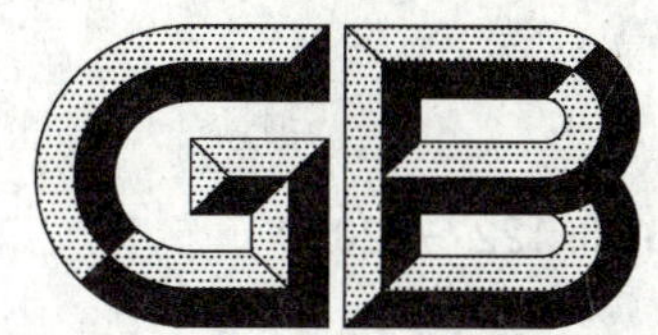

中华人民共和国国家标准

GB/T 1227—2010
代替 GB/T 1227—2002

精密压力表

Accurate pressure gauge

2010-09-02 发布　　　　2010-12-01 实施

中华人民共和国国家质量监督检验检疫总局
中国国家标准化管理委员会　发布

前　言

本标准代替GB/T 1227—2002《精密压力表》。

本标准与GB/T 1227—2002相比主要变化如下：

——扩大了标准的适用范围，将不锈钢压力表、异型外壳的压力表纳入本标准；

——对于直接安装的压力表，安装尺寸增加了接头处对于四方、六方或对方长度的要求。

——提高了仪表超压性能的要求。

——修改了仪表交变负荷性能的要求。

——修改了仪表的测量范围。

本标准的附录A为规范性附录，附录B、附录C为资料性附录。

本标准由中国机械工业联合会提出。

本标准由全国工业过程测量和控制标准化技术委员会(SAC/TC 124)归口。

本标准负责起草单位：西安工业自动化仪表研究所。

本标准起草单位：西仪集团有限责任公司仪表制造厂、浙江中恒仪器仪表有限公司、红旗仪表有限公司、宁波隆兴焊割科技股份有限公司、北京康斯特仪表科技股份有限公司、宁波威克仪表有限公司、雷尔达仪表有限公司。

本标准主要起草人：范丽俊、张远道、何欣、刘赛红、黄勤俭、温宝福。

本标准所代替标准的历次版本发布情况为：

——GB/T 1227—1986；

——GB/T 1227—2002。

精 密 压 力 表

1 范围

本标准规定了精密压力表的产品分类、技术要求、试验方法、检验规则和标志、包装与贮存。

本标准适用于弹簧管(C形管、盘簧管、螺旋管)等机械指针式精密压力表及真空表(以下简称仪表)。本标准包含了不锈钢压力表、外壳为异型(如方形)的压力表。

2 规范性引用文件

下列文件中的条款通过本标准的引用而成为本标准的条款。凡是注日期的引用文件,其随后所有的修改单(不包括勘误的内容)或修订版均不适用于本标准,然而,鼓励根据本标准达成协议的各方研究是否可使用这些文件的最新版本。凡是不注日期的引用文件,其最新版本适用于本标准。

GB/T 2423.10 电工电子产品环境试验 第2部分:试验方法 试验Fc:振动(正弦)(GB/T 2423.10—2008,IEC 60068-2-6:1995,IDT)

GB/T 13384 机电产品包装通用技术条件

GB/T 17214.3—2000 工业过程测量和控制装置的工作条件 第3部分:机械影响(idt IEC 606534-3:1983)

JB/T 5528 压力表标度及分划

JB/T 9252 工业自动化仪表 指针指示部分的基本型式、尺寸及指针的一般技术要求

JB/T 9329 仪器仪表运输、运输贮存基本环境条件及试验方法

3 产品分类

3.1 型式

3.1.1 仪表按测量类别分为:压力表、真空表、压力真空表。

3.1.2 仪表安装方式为直接安装式、嵌装式。

3.2 仪表的精确度等级

仪表的精确度等级分为:0.1级;0.16级;0.25级;0.4级。

3.3 基本参数

3.3.1 仪表外壳公称直径(mm)系列:

150、200、250、300、400。

注:外壳为异型(如方形)的压力表的外壳尺寸由生产商与用户协商确定。

3.3.2 仪表测量范围应符合表1的规定。

表1

单位为兆帕

类 型	测 量 范 围
压力表	0～0.1; 0～1; 0～10; 0～100; 0～1 000 0～0.16; 0～1.6; 0～16; 0～160 0～0.25; 0～2.5; 0～25; 0～250 0～0.4; 0～4; 0～40; 0～400 0～0.6; 0～6; 0～60; 0～600
真空表	−0.1～0
压力真空表	−0.1～0.06; −0.1～0.15; −0.1～0.3; −0.1～0.5; −0.1～0.9; −0.1～1.5; −0.1～2.4

3.3.3 仪表的标度、标度划分及分格值应符合 JB/T 5528 中的有关规定。

3.3.4 仪表标度盘上的标度为直读式。

直接安装式仪表的主要安装尺寸应符合图 1 和表 2 的规定。

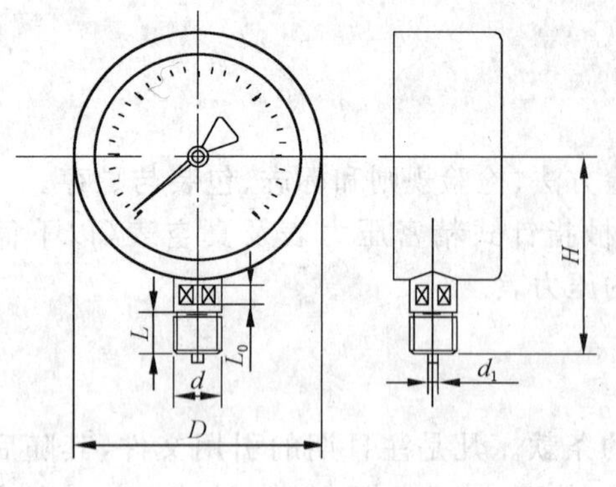

图 1

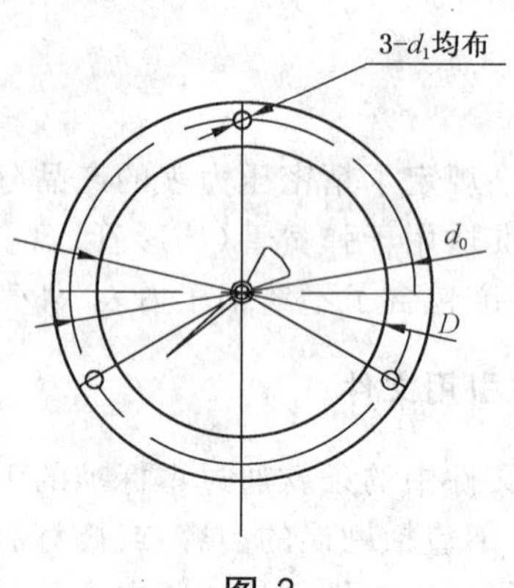

图 2

表 2

单位为毫米

D	H 不小于	接头尺寸			
		d	L	d_1	L_0
150	125	M20×1.5	20	6	12
200	150				
250	175				
300	200				
400	250				

注：图 1 中接头尺寸 L_0 处可为四方、六方或对方，图示为四方。

3.3.5 嵌装式仪表的主要安装尺寸应符合图 2 和表 3 的规定。

表 3

单位为毫米

D	d_0	d_1
150	165	6
200	215	6
250	272	7
300	自定	7
400	自定	7

注：仪表的接头尺寸及 H 尺寸(表盘中心到接头下缘的距离)应与 3.3.4 一致。

3.3.6 建议仪表采取相应的安全措施。安全措施参见附录 B。

4 技术要求

4.1 正常工作条件

4.1.1 仪表正常工作环境温度(含介质温度)为 5 ℃～40 ℃；

4.1.2 仪表正常工作环境振动条件应不超过 GB/T 17214.3—2000 规定的 V.H.2 级。

4.2 参比工作条件

在下列条件下，仪表的基本误差、回差、零点误差、轻敲位移及指针偏转的平稳性应符合本标准有关的规定。

a) 环境温度:0.1 级、0.16 级仪表为 20 ℃±1 ℃;0.25 级仪表为 20 ℃±2 ℃;0.4 级仪表为 20 ℃±3 ℃。

b) 仪表应处于正常工作位置。

c) 负荷变化均匀。

注:未指明时,正常工作位置系指垂直安装。

4.3 基本误差

仪表的基本误差以引用误差表示,其值应不大于表 4 规定的基本误差限。

表 4

精确度等级	基本误差限(以量程的%计)
0.1	±0.1
0.16	±0.16
0.25	±0.25
0.4	±0.4

4.4 回差

仪表示值回差应不大于基本误差限的绝对值。

4.5 指针偏转的平稳性

在测量过程中,仪表的指针不应有跳动和停滞现象。

4.6 零点误差

4.6.1 仪表按正常位置安装,弹簧管内无外加负荷时,零点误差的绝对值应不大于示值基本误差限的绝对值。

4.6.2 无调零装置的仪表,不应设有抑制零位的装置。

4.6.3 装有调零装置的仪表,零点调节范围应不小于其量程的 2%。实现零点校准后,仪表仍应符合 4.3 的规定。

4.7 轻敲位移

在测量范围内的任何位置上,用手指轻敲(使指针能自由摆动)仪表外壳时,指针指示值的变动量应不大于基本误差限绝对值的 1/2。

4.8 温度影响

当使用环境温度偏离 20 ℃±1 ℃(0.1 级、0.16 级)、20 ℃±2 ℃(0.25 级)、20 ℃±3 ℃(0.4 级)时,仪表的示值误差(包括零点)分别不应超过式(1)规定的范围:

$$\Delta = \pm(\delta + K\Delta t) \qquad \cdots\cdots(1)$$

式中:

Δ——环境温度偏离 20 ℃±1 ℃(0.1 级、0.16 级)、20 ℃±2 ℃(0.25 级)、20 ℃±3 ℃(0.4 级)时的示值误差允许值,表示方法与基本误差限相同,%。

δ——4.3 规定的基本误差限绝对值,%。

Δt——$|t_2 - t_1|$,℃。

t_2——4.1.1 规定的环境温度范围内的任意值,℃。

t_1——对于 0.1 级、0.16 级的仪表,当 t_2 高于 21 ℃时,为 21 ℃,当 t_2 低于 19 ℃时,为 19 ℃;对于 0.25 级的仪表,当 t_2 高于 22 ℃时,为 22 ℃,当 t_2 低于 18 ℃时,为 18 ℃;对于 0.4 级的仪表,当 t_2 高于 23 ℃时,为 23 ℃,当 t_2 低于 17 ℃时,为 17 ℃。

K——温度系数,其值为 0.04%/℃。

4.9 超压

仪表应按表 5 的规定,承受超压试验。

表 5

压力上限值 U/MPa	负荷(压力上限值%)	时间/h
$U \leqslant 10$	125	0.5
$10 < U \leqslant 60$	115	0.5
$60 < U \leqslant 160$	110	0.5
$U > 160$	90～100	4

4.10 交变压力

仪表应按表 6 的规定承受交变压力试验。

表 6

<table>
<tr><th>量程 S
MPa</th><th>交变幅度
(量程的%)</th><th>交变频率
次/min</th><th>交变次数</th></tr>
<tr><td>S≤2.5</td><td rowspan="2">(20%±5%)～(75%±5%)
范围内幅度不小于 50%</td><td rowspan="2">30～60</td><td>30 000</td></tr>
<tr><td>2.5<S≤160</td><td>20 000</td></tr>
</table>

4.11 指示装置

4.11.1 标度

仪表的标度应符合 JB/T 5528 的规定。

4.11.2 指针

仪表的指针应符合 JB/T 9252 的规定。

4.11.3 指针与标度盘间的距离

仪表指针与标度盘之间的距离应在 0.5 mm～1.5 mm 范围内。

4.12 外观

仪表的可见部分应无明显的瑕疵、划伤，接头螺纹应无明显的毛刺和损伤；标度、标示等应清晰、正确和完整。

4.13 耐工作环境振动性能

仪表应能承受符合 GB/T 17214.3—2000 中规定的 V.H.2 振动等级的振动。

4.14 抗运输环境性能

仪表在包装、运输条件下应能承受 JB/T 9329 规定的抗运输环境性能试验。其中：

a) 相对湿度项目不要求做；

b) 高温＋55 ℃；

c) 低温－40 ℃；

d) 自由跌落高度为 100 mm。

5 试验方法

仪表的试验顺序及各试验项目之间的间歇时间按附录 A 的规定进行。

5.1 试验条件

按 4.2 参比工作条件。

5.2 试验仪器

试验用标准仪器基本误差限的绝对值不大于被检仪表基本误差限的绝对值的 1/4。

5.3 试验用工作介质

压力上限值不大于 0.25 MPa 的精密表，工作介质为清洁的空气或无毒无害、化学性能稳定的气体。

压力上限值大于 0.25 MPa 的精密表，工作介质可为无腐蚀性的液体。对于压力上限值大于 0.25 MPa 但不大于 2.5 MPa，实际是用于测量气体压力的精密表，工作介质也可为清洁的空气或无毒无害、化学性能稳定的气体。

5.4 检验点

以标有数字的标度线作为检验点。

5.5 检验方法

采用被检仪表与标准仪器比较的方法进行检验。

5.6 基本误差试验

5.6.1 仪表在试验前，由零点平稳地增负荷到测量范围上限(真空表不低于当地可抽得极限真空的 90%)，并保持 3 min，然后再均匀缓慢地减负荷到零点，此后在 5 min 内开始检验。

5.6.2 检验时由零点均匀缓慢地增负荷，检验各规定的检验点至测量上限(真空表不低于当地可抽得极限真空的 90%)，并保持 3 min，然后再均匀缓慢地减负荷至零点，检验各检验点。

5.6.3 检验时各检验点应进行两次读数，一次是在负荷平稳达到规定检验点的值，即轻敲仪表外壳前时读数，另一次是在轻敲仪表外壳后读数。

5.6.4 基本误差应在正反行程中，轻敲前后各检验一次，轻敲前后示值与检验点的值之差应符合 4.3 的规定。

5.6.5 对 0.4 级的仪表应按上述方法进行一次检验；对 0.16 级、0.25 级的仪表应按上述方法连续进行两次检验；对 0.1 级的仪表应按上述方法连续进行三次检验。每次检验的示值基本误差均应符合 4.3 的规定。

5.7 回差试验

在 5.6 试验中，其值应符合 4.4 的规定。

5.8 指针偏转平稳性试验

在 5.6 试验中，观察指针偏转的平稳性，应符合 4.5 的规定。

5.9 轻敲位移试验

在 5.6 试验中，其值应符合 4.7 的规定。

5.10 零点误差试验

5.10.1 当仪表不带有调零装置时，在 5.6 试验中，负荷为零时，目测被检仪表指针轻敲前后所处位置，其值应符合 4.6.1 的规定。

5.10.2 调零装置试验

当仪表有调零装置时，应给仪表加压至上限值，保持 3 min，降压至上限值 2% 的负荷，调节调零装置校准零位。然后增负荷并对各个规定检验点附加上限值 2% 的负荷检至上限值。再检验相同点，再减负荷至零，检验结果应符合 4.3 的规定。

5.11 温度影响试验

将仪表放入恒温箱中，逐渐升(降)温度至本标准 4.1.1 规定的温度范围上(下)限值，并使仪表承受上限值 3/4 的负荷，待温度至规定值时保温不少于 3 h，然后减负荷至零。按 5.6.1、5.6.2、5.10.1 条进行检验，其结果应符合 4.8 的规定。

5.12 超压试验

在 5.1 规定条件下，仪表按 4.9 规定进行超压试验。卸掉负荷后在 30 min 内按 5.6～5.10 检验。其结果应符合 4.3～4.7 的规定。

5.13 交变压力试验

在 5.1 规定条件下，将仪表安装在能产生正弦波形的交变压力试验机上，按表 6 规定的交变次数进行试验。试验后在 30 min 内按 5.6～5.10 检验。其结果应符合 4.3～4.7 的规定。

5.14 指示装置试验

目测检验，其结果应符合 4.11 的规定。

5.15 外观检验

目测检验，其结果应符合 4.12 的规定。

5.16 耐工作环境振动试验

按 GB/T 2423.10 规定进行，耐久性试验采用定频试验，振动等级为 1—A 级。

5.16.1 初始振动响应检查时，施加测量上限值的 50%的负荷。

5.16.2 耐久性试验采用定频试验，施加测量上限值的 50%的负荷，定频振动时间为 1 h。

5.16.3 试验结束后，仪表应无机械损伤。在参比条件下放置 1 h，按 5.6～5.10 进行检验。其结果应符合 4.13 的规定。

5.17 抗运输环境性能试验

按 4.14 的要求及 JB/T 9329 规定的方法进行，试验后应按 5.6～5.10 进行检验。其结果应符合 4.3～4.7 的规定。

6 检验规则

6.1 出厂检验及判定规则

仪表应按本标准 4.3～4.7 及 4.11～4.12 规定进行逐台检验。若某台仪表中有一个检验项目不合格，即判定该台仪表为不合格品；只有在所规定的出厂检验项目全部合格后，才能判定为合格品。合格品应附有合格证才能出厂。

6.2 型式试验及判定规则

下列任一情况，仪表应按本标准全部技术要求进行型式试验：

a) 新产品试制定型；

b) 成批生产的仪表定期检验；

c) 当设计、工艺和材料等方面有重大变更时；

d) 停止生产的仪表再次生产时。

在 a)、c)项的情况下，从试制品中任意抽取三台仪表，作为被检样本；在 b)、d)项情况下，应随机抽取同一批产品中的四台仪表，作为被检样本。被检样本只有在所规定的检验项目全部符合本标准时，则型式试验通过。但对 b)、d)项的情况，若某台仪表中有一个检验项目不符合要求时，则应加倍抽取样本进行复检，复检样本只检验样本的不合格项目；经检验合格后，则型式试验通过，否则为不通过。

7 标志、包装与贮存

7.1 标志

仪表的标度盘上应标有：

a) 生产商或商标；

b) 仪表名称；

c) 计量单位；

d) 精确度等级；

e) 制造年月及仪表编号。

7.2 包装

仪表包装应符合 GB/T 13384 的规定，其防护类型由生产商自定。

7.3 贮存

仪表应贮存于干燥通风的室内，室内空气应洁净，并对仪表无腐蚀作用。

附　录　A
（规范性附录）
试验顺序及项目之间间歇时间

A.1　试验顺序及项目之间间歇时间如下：

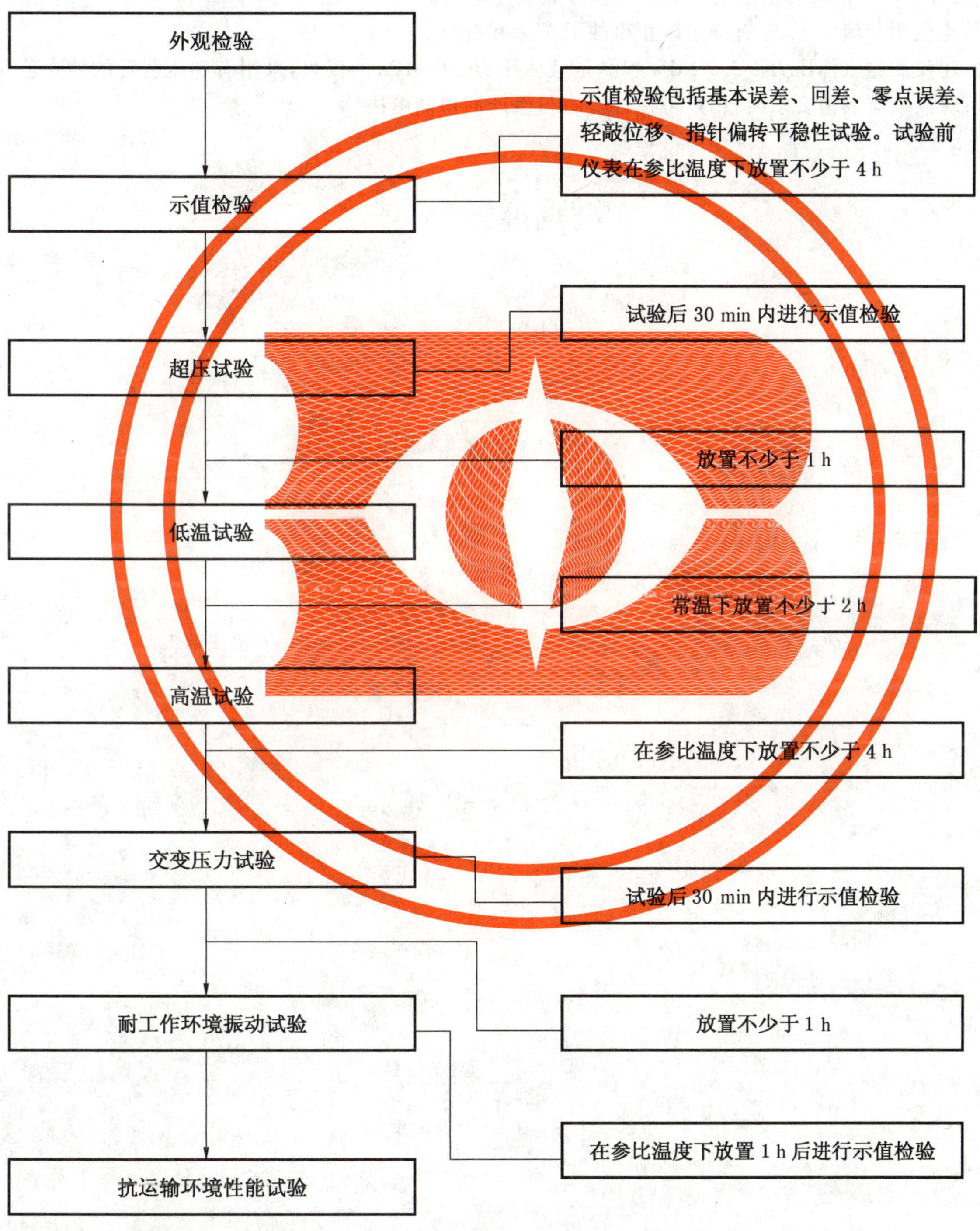

A.2　各项试验之前允许调零，但在项目试验进行中不允许调零。

A.3　5.10.2的试验在示值检验后接着进行。

附 录 B
（资料性附录）
安全措施

B.1 仪表外壳可以采用不同形式的卸压装置，也可以不采用卸压装置，但要确保使用安全，以防弹簧管破裂时介质不能及时散逸而导致表玻璃爆裂发生事故。

B.2 建议用节流装置，它有助于防止事故的扩大和蔓延。

B.3 建议测量气体压力≥2.5 MPa和测量液体压力≥6 MPa的仪表，采用有卸压装置的外壳。

B.4 对仪表有其他要求时，用户可在订货时与生产商协商解决。

附　录　C
（资料性附录）
检验注意事项

C.1　检验用介质为液体时，必须注意液位差的影响。如有液位差影响必须考虑对测量结果加以修正。

C.2　检验用介质为液体时，必须排除弹簧管内的气体，以免影响测量结果。

ICS 29.280
S 35

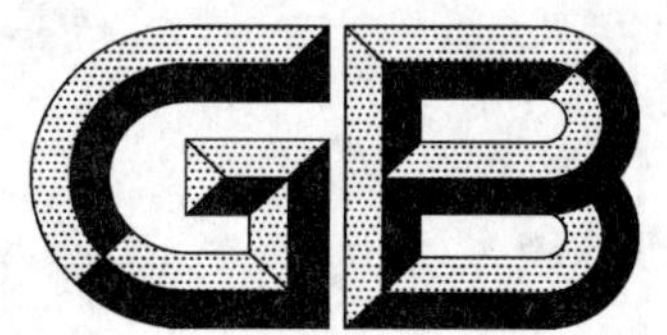

中华人民共和国国家标准

GB/T 1402—2010
代替 GB 1402—1998

轨道交通　牵引供电系统电压

Railway applications—Supply voltages of traction systems

(IEC 60850:2007,MOD)

2011-01-10 发布　　2011-06-01 实施

中华人民共和国国家质量监督检验检疫总局
中国国家标准化管理委员会　发布

前言

本标准按照 GB/T 1.1—2009 给出的规则起草。

本标准代替 GB 1402—1998《铁路干线电力牵引交流电压》。

本标准与 GB 1402—1998 相比，主要变化如下：

——应用范围增加了城市轨道交通和工矿企业电气化运输（第 1 章）；

——增加了术语和定义（3.2～3.5、3.7～3.20）；

——标称电压增加了直流电压的相关内容（表 1）；

——增加了电压和频率的要求和测试内容（第 4 章、第 5 章、第 6 章）；

——增加了持续时间电压最大值说明（附录 A）和电压的变化、中断和畸变说明（附录 B）。

本标准采用重新起草法修改采用 IEC 60850:2007《铁路应用　牵引系统的供电电压》（英文版）。

本标准与 IEC 60850:2007 存在技术性差异，这些差异涉及的条款的页边空白处用垂直单线（|）进行标示。本标准与 IEC 60850:2007 的技术性差异及其原因如下：

——参照 GB/T 999—2008，第 1 章将"井下巷道运输"从不适用范围改为适用范围，表 1 增加现有的井下巷道运输通用电压；

——第 1 章不适用范围中去除了"funicular railways"，因为国内不存在这样的运输系统；

——关于规范性引用文件，本部分做了具有技术性差异的调整，以适应我国的技术条件，调整的情况集中反映在第 2 章"规范性引用文件"中，具体调整如下：

- 增加 GB/T 15945—2008（4.2 内容变动引入）；
- 删除了 IEC 60913 和 IEC 62128-1（改写了有关正文，不再引用）；

——第 3 章增加术语"短时限电压"和"中时限电压"，以便于说明电压最大值的 A 区和 B 区；

——根据我国供电频率只存在 50 Hz 的特点，表 1、表 2 和 4.2 删除了涉及其他频率的有关内容；

——根据我国牵引供电系统电压使用情况，表 1 删除了我国未采用的电压有关内容，如 DC 3 000 V 和 AC 20 kV 所对应的内容；

——根据我国工矿运输情况，表 1 增加了适用于工矿企业运输的电压有关内容，如 DC 250 V 和 DC 550 V 所对应的内容；

——根据我国供电电压偏差使用情况，表 1 增加了最高电压的推荐意见（表 1 中上角注 b）；

——根据我国供电管理情况，4.2 重新编写，频率变化范围引用 GB/T 15945—2008；

——附录 A 增加了电压最大值的 A 区和 B 区的内容，以全面标准对电压的规定；

——删除 IEC 60850:2007 规范性附录 B（国外特殊情况的电压，不适用于国内），原附录 C 变为附录 B。

本标准还做了下列编辑性修改：

——第 1 章最后一句话改为注 1，该句属于对标准局部内容提示，采用注的形式更适宜；增加注 2 对"铁路"范围说明，便于准确理解；

——因为增加了术语"短时限电压"和"中时限电压"，原文的 3.8～3.18，在本标准中编号依次改为 3.10～3.20；

——6.1.1 中引用了 IEC 61133 的第 9 章，明确版本号为 IEC 61133:2006；

——参考文献中技术资料为欧洲指令、标准，不适用于我国，故删除。

本标准由中华人民共和国铁道部提出。

本标准由全国牵引电气设备与系统标准化技术委员会（SAC/TC 278）归口。

本标准负责起草单位:中铁第四勘察设计院集团有限公司。

本标准参加起草单位:中铁电气化勘测设计研究院有限公司、永济新时速电机电器有限责任公司、南车青岛四方机车车辆股份有限公司、铁道第一勘察设计院集团有限公司。

本标准主要起草人:黄足平、戚广枫、李红梅、王猛。

本标准参加起草人:王肃清、邓桂美、陈敏、苏鹏程、周源、李晋、曲尚开。

本标准所代替标准的历次版本发布情况为:

——GB 1402—1978、GB 1402—1998。

轨道交通　牵引供电系统电压

1　范围

本标准规定了电力牵引供电系统电压的主要特性参数，如电力牵引地面装置(包括由接触网供电的各个辅助设备)和机车车辆(含动车组)的电压特性参数。

本标准应用于以下范围：

——铁路；

——城市轨道交通，如地铁车辆、轻轨车辆、无轨电车、有轨电车、低速磁悬浮车辆；

——工矿企业电气化运输(包括井下巷道运输)。

本标准不适用于以下范围：

——在轨道上的升降设备、传送平台与类似的运输设备，暂时性的构架(例如展览会构架)，因为它们不通过接触网直接或经由变压器供电，不会受到牵引供电系统的危害；

——缆车。

注 1：附录 A 列出了本标准相关长时限过电压的内容。

注 2：铁路包括各类铁路干线、城际铁路等。

2　规范性引用文件

下列文件对于本文件的应用是必不可少的。凡是注日期的引用文件，仅注日期的版本适用于本文件。凡是不注日期的引用文件，其最新版本(包括所有的修改单)适用于本文件。

GB/T 2900.36—2003　电工术语　电力牵引(IEC 60050-811:1991,MOD)

GB/T 15945—2008　电能质量　电力系统频率允许偏差

IEC 61133:2006　铁道设施　铁道车辆　车辆组装后和运行前的整车试验(Testing of rolling stock on completion of construction and before entry into service)

3　术语和定义

GB/T 2900.36—2003 确立的以及下列术语和定义适用于本文件。

3.1

(电力)牵引供电系统　electric traction system

给机车车辆(含动车组)提供电能的配电网系统。

注：该系统可以包括：

——接触网系统；

——电力牵引供电系统的回流系统；

——与电气化运行轨道相邻且相连的非电气化运行轨道；

——由接触网直接或经由变压器供电的电气装置；

——发电站和变电站内单独直接给接触网供电的发电和配电的电气装置；

——开关站的电气装置。

3.2

电压　voltage

U

受电弓(集电靴)取流处或非取流处接触网与回流回路间的电位差。

注：此标准中的电压值是指直流电压的平均值或者交流电压基波的方均根值。

3.3

标称电压　nominal voltage

U_n

系统设计所选定的电压。

注：本标准的"系统"是指联结在一个共同的标称电压下工作的导线(线路)和设备的组合。

3.4

最高持续电压　highest permanent voltage

U_{max1}

可能出现的长期电压最大值。

3.5

最高非持续电压　highest non-permanent voltage

U_{max2}

短时可能出现的电压最大值。

3.6

过电压　overvoltage

峰值电压超过正常工作状况下的相应最大稳态电压值的电压。

3.7

长时限过电压　long-term overvoltage

由于低阻抗现象，通常瞬时升高持续时间在 20 ms 以上的大于 U_{max2} 的电压，如变电所原边电压的升高。

注：此过电压与线路负载无关，可以由电压-时间曲线来描述。

3.8

中时限过电压　middle-term overvoltage

由于电流随着开关的变换(如断路器的断开)引起瞬时升高，通常持续时间少于 20 ms 的电压。

注：此过电压与线路负载有关，且不能由电压-时间曲线来单独描绘。

3.9

短时限过电压　short-term overvoltage

瞬时升高持续时间少于 20 μs 的电压(如由于闪电袭击引起的过电压)。

3.10

最高长时限过电压　highest long term overvoltage

U_{max3}

在长时限过电压持续时间 20 ms 所出现的电压最高值，此电压值与频率无关。

3.11

最低持续电压　lowest permanent voltage

U_{min1}

可能出现的长期电压最小值。

3.12

最低非持续电压　lowest non-permanent voltage

U_{min2}

短时可能出现的电压最小值。

3.13

电压变化　voltage variation

起因于整个配电系统或部分的负载变化所引起的电压升高或者降低情况。

3.14

电压突变　rapid voltage change

在两个连续电压级之间的电压平均值的单个突变，该连续级维持一定的但未明确的持续时间。

3.15

供电电压骤降　supply voltage dip

供电电压突然下降至低于 U_{min2} 的值，接着要一短时间以后又恢复。通常电压降的持续时间在 10 ms～1 min之间。压降的幅度按压降期间电压最小平均值和标称电压 U_n 之间的差来定义。供电电压未降至 U_{min2} 以下的电压变化不看作是压降。

3.16

供电中断　supply interruption

供电端电压低于标称电压 1%的情况。供电中断可以分为以下几类：

——预先安排的供电中断。提前告知用户允许配电系统按计划执行的供电中断；

——突发性的供电中断。起因于永久或暂时故障，多数情况下与外部因素、设备故障或干扰有关。突发供电中断又分为以下几类：

- 永久故障引起的长时间供电间断(持续时间 3 min 以上)；
- 短时故障引起的短时间供电间断(持续时间不超过 3 min)。

3.17

接触网　contact line

通过受电弓(集电靴)为交通工具提供电能的导电系统。

注：接触网包括架空接触网和接触轨。

3.18

(牵引)变电所　(traction) substation

其主要作用是给接触网提供电能。在变电所里，原边供电电压被转换成接触网所需频率的电压。

3.19

正常运行情况　normal operational conditions

运营按照设计的时间表和编组，照此设计的供电固定设备按照标准规则运行。

注：标准规则由基础设施主管部门制定。

3.20

非正常运行情况　abnormal operational conditions

交通荷载超过标准规则或者电能供应设备工作中断超过标准规则。

注：在这些情况下，交通运营可以不按设计的时间表运行。

4　牵引供电系统电压和频率

4.1　电压

表 1 详细阐述了电压(过电压除外)的主要特性。

表 1 标称电压及其容许的极限值

牵引供电系统	最低非持续电压 U_{min2}/V	最低持续电压 U_{min1}/V	标称电压 U_n/V	最高持续电压 U_{max1}/V	最高非持续电压 U_{max2}/V
直流平均值	(170)[a] (370)[a] (400)[a] 500 1 000	(170)[a] (370)[a] (400)[a] 500 1 000	(250)[a] (550)[a] (600)[a] 750 1 500	(300)[a] (660)[a] (720)[a] 900 1 800	— — (800)[a] 1 000 1 950
交流方均根值	17 500	19 000	25 000	27 500	29 000[b]

[a] 对未来建造的电力牵引的直流供电系统，不推荐采用 250 V、550 V、600 V 标称电压。

[b] 考虑到现场实际，推荐设备可以承受的最高非持续电压为 30 500 V。

电压应满足以下要求：

a) U_{min1} 和 U_{min2} 之间的持续时间不超过 2 min；

b) U_{max1} 和 U_{max2} 之间的持续时间不超过 5 min；

c) 变电所在空载条件下的母线电压应小于或等于 U_{max1}，直流变电所在无负荷条件下的母线电压应小于或等于 U_{max2}。只要有列车，其受电弓(集电靴)应符合表 1 的要求；

d) 在正常运行情况下，电压应处于 $U_{min1}=U=U_{max2}$ 范围内变化；

e) 在非正常运行情况下，电压如果处于区间 $U_{min2}=U=U_{min1}$，不应造成任何用电设备的损坏和失效；

注 1：使用车载列车功率限制装置可以限制接触网低电压的出现。

f) 如果电压处在 U_{max1} 和 U_{max2} 之间，在紧接着的一个非特定时间内，电压不应高于 U_{max1}；只有在非持续情况下，电压才会处于 U_{max1} 和 U_{max2} 之间，例如以下情况：

——再生制动；

——电压调节，如机械抽头调整；

g) 最低运行电压：在非正常运行情况下，U_{min2} 是能维持列车运行的极限最低接触网电压。

注 2：地面装置或机车车辆的欠电压继电器自动跳闸的整定值宜设定为(85%～95%)U_{min2}。

4.2 频率

牵引供电系统采用交流电时，其标称频率为 50 Hz，根据 GB/T 15945—2008，其偏差允许值如下：正常频率偏差允许值为±0.2 Hz，当系统容量较小时，偏差值可以放宽到±0.5 Hz。

5 测试

根据线路类型及需要，试验的详细说明见表 2。

注：与电压变化有关的测试参见附录 B。

表 2　测试

测试项目	技术要求	测试方法
接触网电压	见 4.1	机车车辆见 6.1.1
		地面装置见 6.1.2
频率	见 4.2	

6　测试方法

6.1　接触网电压的测量

6.1.1　机车车辆

机车车辆试验按照 IEC 61133:2006 中第 9 章进行测试。

6.1.2　地面装置

地面装置试验测试见表 3。

表 3　接触网电压测试

地点	时间	方法	验收条件
变电站 母线、线路断路器打开，正常操作条件。需要加上一个小的电阻负载	在调试中	——电压记录装置； ——数字数据记录仪； ——测量周期 1 min	见 4.1c)
如果电压调节装置沿线路安装 在无负载及正常的操作条件下，在装置的任意一侧测量	在调试及操作中	无负载　⇨ 见“变电站”； 当在操作中 ⇨ 见专门测量	无负载　⇨ 见变电站； 当在操作中 ⇨ 见专门测量
专门测量 测量位置，在问题存在的现场	响应问题时	——电压记录装置； ——频率范围=2 kHz 的数字数据记录仪； ——测量周期最少 1 小时，最大 1 周	——所有的电压值都大于或等于 U_{min2}； ——在 U_{min1} 以下的所有电压持续时间小于或等于 4.1a)规定的持续时间； ——电压的平均值介于 U_{min1} 和 U_{max1} 之间； ——在 U_{max1} 以上的所有电压持续时间小于或等于 4.1b)规定的持续时间； ——所有的电压值都小于或等于 U_{max2}

6.2 在线频率测量

表 4 在线频率测量

地 点	时 间	方 法	验收条件
持续监测 仅为不由三相供电的网络 在发电站或电网控制中心,同频率闭环控制一起持续监测	调试和操作中	频率范围=2 kHz 的数字数据记录仪	所有频率应在 4.2 规定的范围内

附 录 A
（规范性附录）
对应持续时间电压 *U* 的最大值

对应持续时间电压 U 的最大值如图 A.1 所示。

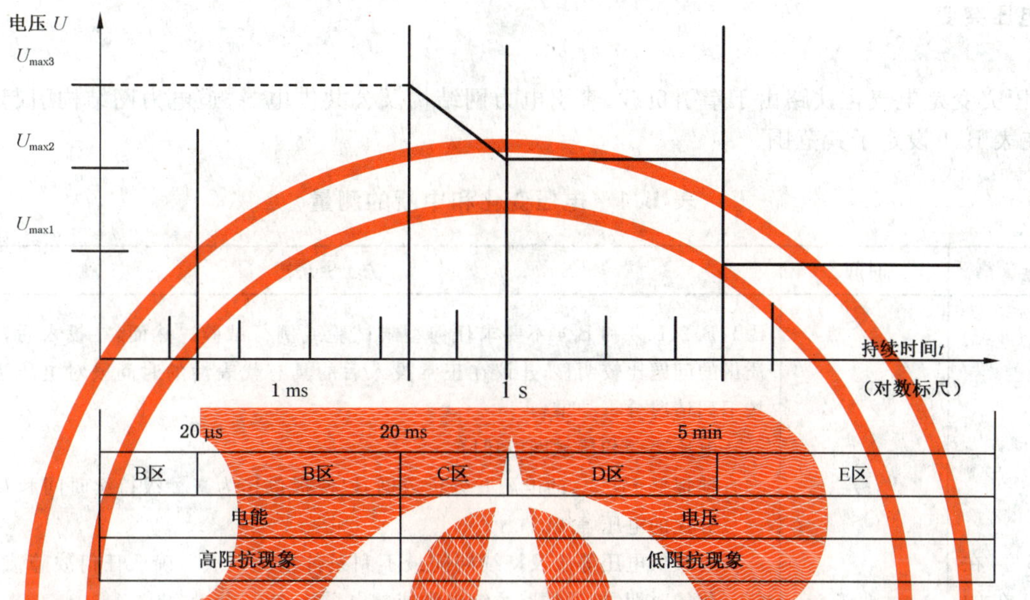

图中：

A 区——短时限过电压（雷电冲击过电压）；

B 区——中时限过电压，由于高阻抗现象（在感性电路中关断电流）所致；

注：A 区和 B 区的电压不予考虑，是因为它们基本上取决于电源和线路负载特性。

C 区——长时限过电压；

相对持续时间，U/U_{max2} 比率的变化由式（A.1）确定：

$$U = U_{max2} \times t^{-k} \qquad \cdots\cdots（A.1）$$

式中：

- t——时间（$0.02\ s \le t \le 1\ s$）；
- k——系数，见表 A.1；

这个关系式在对数坐标系中是一条直线，斜率为 k。

D 区——最高非持续电压 U_{max2}；

E 区——最高持续电压 U_{max1}。

图 A.1 对应持续时间电压 *U* 的最大值

表 A.1 给出了 U_{max1}、U_{max2} 和 U_{max3} 的值，这些介于 U_{max2} 和 U_{max3} 的值是根据式（A.1）计算出的。

表 A.1 过电压

标称电压 U_n/V	750	1 500	25 000
系数 k	0.061 1	0.067 6	0.074 1
U_{max1}/V	900	1 800	27 500
U_{max2}/V	1 000	1 950	29 000
U_{max3}/V	1 270	2 540	38 750

附 录 B
（资料性附录）
电压的变化、中断和畸变

B.1 电压突变

电压突变是电气化铁路由于牵引负载、牵引电力网结构及公共供电、铁道电力网结构引起变化所固有的，在表 B.1 设定了其范围。

表 B.1 电压变化和中断的测量

地点	时间	方 法
测量部位，在问题存在的现场专门测量	响应问题时	B.1、B.2、B.3 和 B.4 不要求任何型式试验或例行试验。然而，在投入后，如果电压质量的问题比较明显，建议在正常投入后的具有代表性的时间段对电压进行监视，按下列情况分析结果： ——电压突变和接触网电压降 捕捉低于 U_{min2} 的电压并分析数据，以便提供作为毫秒级持续时间和 U_n 变化百分比的电压等级。 对最低电压等级及持续期间最不利条件情况列表。确认任何故障或在所列变化的时期，接通铁路系统电源或配电系统。 ——短期和长期的电压中断 捕捉所有电压中断并记录每次中断时间，在下列时间段按顺序将电压中断情况列表： • ＜10 s； • 10 s～1 min； • 1 min～3 min； • ＞3 min。 提供 3 min 以上的中断次数时应忽略任何预先安排的中断

B.2 接触网骤降

电压降由接触网或公共配电系统的故障引起。

绝大多数压降有不足 1 s 的持续时间和不足 U_n 的 50％幅度。

B.3 电压短时中断

通常运行状况下，电压的短时中断一般由断路器跳闸和故障检测后自动重合引起的。

全年发生电压短时中断的范围从数十次到数百次，大约 70％的短时中断持续时间可能小于 10 s。

B.4 电压长时中断

事故中断通常由外在的事件或行为引起，而该事件或行为通常不能预先由施工经营者控制。

对于长时中断的持续时间不可能指出典型值。

在正常运行状况下，超过 3 min 的中断电压的全年频次可能少于某些装置。

对于预先安排的中断，因为已预先通知，故不提供显示值。

B.5 电压畸变

电压畸变是因牵引系统、辅助负载、变流变电站和公共配电系统引起的。

B.6 测试

B.6.1 概述

电压变化的参数设定于 B.1、B.2、B.3 和 B.4，测试和验收要求详叙如下。

B.6.2 机车车辆

在制造完成以后和投入运行前，机车车辆测试的要求参照 IEC 61133:2006 中第 9 章的说明，也可见产品标准。

B.6.3 地面装置

地面装置试验测试参见表 3。

ICS 77.160
H 16

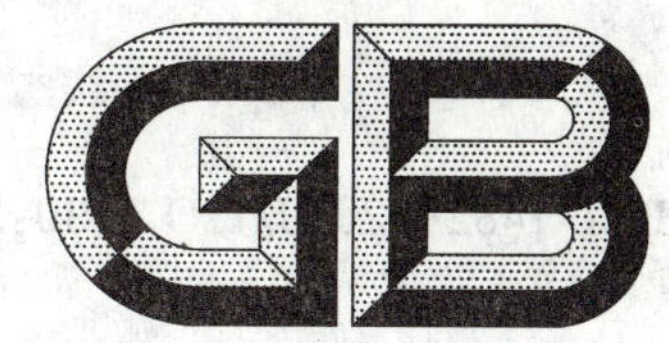

中华人民共和国国家标准

GB/T 1482—2010/ISO 4490:2001
代替 GB/T 1482—1984

金属粉末　流动性的测定　标准漏斗法(霍尔流速计)

Metallic powders—Determination of flow time by means of a calibrated funnel (Hall flowmeter)

(ISO 4490:2001,IDT)

2010-12-23 发布　　　　2011-09-01 实施

中华人民共和国国家质量监督检验检疫总局
中国国家标准化管理委员会　发布

前　言

本标准等同采用 ISO 4490:2001《金属粉末　流动性的测定　标准漏斗法(霍尔流速计)》。

为便于使用,本标准做了下列编辑性修改:

a) "本国际标准"一词改为"本标准";

b) 用小数点"."代替作为小数点的逗号",";

c) 删除国际标准的前言;

d) 去除了国际标准中的注释 1,即商业性质的金刚砂介绍。

本标准代替 GB/T 1482—1984《金属粉末　流动性的测定　标准漏斗法(霍尔流速计)》。

本标准与 GB/T 1482—1984 相比,主要变化如下:

——3.1 中,删除了"选用黄铜材料制作";

——将烘干温度范围由原来"105 ℃"改为"110 ℃",将烘干时间由原"30 min"改为"60 min";

——将秒表的精确时间"±0.2 s"改为"±0.1 s"。

本标准由全国有色金属标准化技术委员会(SAC/TC 243)归口。

本标准起草单位:钢铁研究总院、济宁市无界科技有限公司、中国有色金属工业标准计量质量研究所。

本标准主要起草人:朱黎冉、蒋永乐、邓晓妍、赵鹏、李忠全。

本标准所代替标准的历次版本发布情况为:

——GB/T 1482—1984。

金属粉末　流动性的测定
标准漏斗法(霍尔流速计)

1 范围

本标准规定了用标准漏斗(霍尔流速计)测定金属粉末(包括硬质合金粉末)的流动性的方法。

本标准只适用于能自由流过规定的孔径的粉末。

2 原理

测量 50 g 金属粉末流过标准尺寸漏斗孔所需的时间。

3 仪器

3.1 标准漏斗

标准漏斗尺寸见图 1 及第 4 章。

标准漏斗应由非磁性耐腐蚀的金属材料制成,并具有足够的壁厚和硬度,以防止变形和过度磨损。

单位为毫米

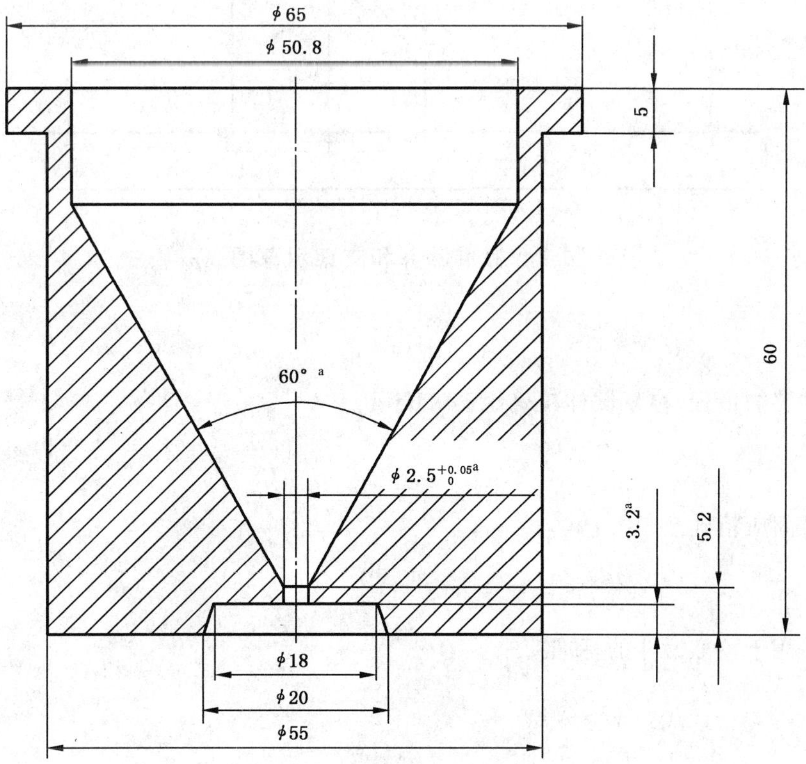

a 这些尺寸为硬性规定值。

图 1　标准漏斗(霍尔流速计)

3.2 支架和无振动水平底座

支架和无振动水平底座应稳定地支撑漏斗，如图 2 所示。

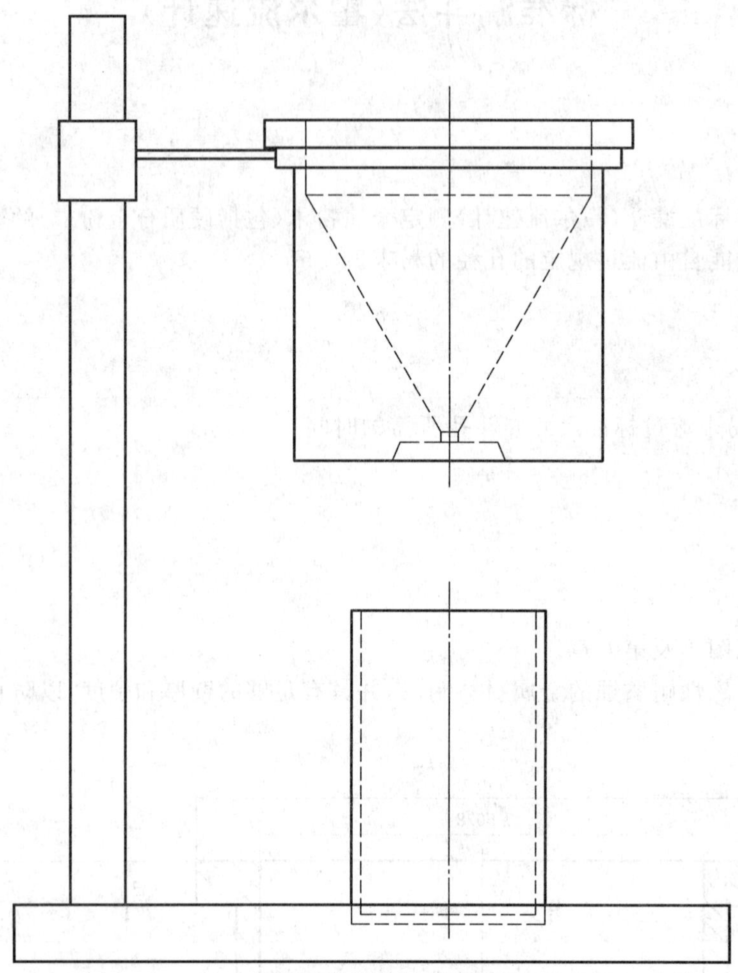

图 2 标准漏斗和支架示意图

3.3 天平

天平应具有足够的量程，称量试样精确至±0.05 g。

3.4 秒表

秒表的测量时间应精确至±0.1 s。

3.5 中国金刚砂

中国金刚砂是用于校准漏斗的标准粉末。

4 漏斗的校准

4.1 漏斗的制造商校准

漏斗的制造商应按下列步骤校准漏斗。

a) 将中国金刚砂(3.5)置于清洁的开口瓶内，于110 ℃，烘干60 min；

b) 在干燥器内将中国金刚砂冷却至室温；

c) 称量50 g金刚砂；

d) 按第6章的步骤操作；

e) 取同样50 g金刚砂重复上述步骤，直到五次测量结果的偏差在0.4 s内；

f) 五次测量结果的平均值，应在40.0 s±0.5 s内，并标示在漏斗上。

4.2 使用者对漏斗的校准

标准漏斗的流动时间是由上述方法测定。如果流动时间超出40.0 s±0.5 s，当测量不同的粉末时必须考虑使用校正因子。对于中国金刚砂来说，校正因子是用中国金刚砂的新值除以40得到。

注1：无论是否需要修正，建议用户应定期地校验。

注2：建议在采用校正因子前，应先查清引起变化的原因。如果流动时间变短，可能是由于多次的重复使用已将出口磨损，这时应调整校正因子。如果流动时间变长，说明有软的粉末附在孔壁上，应把这些附着物仔细清除，然后重新校验。

注3：建议在标准样品的流动时间小于37 s时，此漏斗应停止使用。

5 取样

5.1 至少应取200 g试样。

5.2 通常，粉末按接收样状态进行试验。在某些情况下，经供需双方协议后，粉末可进行烘干。但是，如果粉末易被氧化，干燥处理应在真空或惰性气体下进行。如果粉末含有挥发物质，则不允许被烘干。

5.3 试验前，称出50 g±0.1 g的试料。

5.4 测量在三份试料上进行。

6 步骤

用手指堵住漏斗出口，将试料放入漏斗。要确保将粉末充满漏斗底部。当打开漏斗的孔时，启动秒表，当漏斗中的粉末全部流尽，终止秒表(3.4)。记录时间，精确到0.1 s。

另外，漏斗的出口也可以是在不堵的状态下，将试料倒入漏斗，其他操作步骤同上。

注：如果当出口开启时，粉末不流动，则允许在漏斗上轻敲一下，使其开始流动。如果这样做了仍无效或流动中途停止，则认为该试样不适用本标准。

7 结果的表示

计算三个测试结果的算术平均值，报出每50 g试料所用的时间，单位为秒。如果引入校正因子(见4.2)，其算术平均值应乘以该校正系数。

8 精确度

8.1 重复性

同一操作者使用同一设备对同批均匀的粉末(该粉末为流动时间小于20 s/50 g的球形粉末)做重复试验，置信水平在95%时，如果其差值大于0.1 s，其结果值得怀疑。

8.2 再现性

本标准不要求。

9 试验报告

试验报告应包括下列内容：

a） 本标准编号；

b） 鉴别试样的必要说明；

c） 计算结果；

d） 开孔的使用；

e） 本标准未作规定的操作和选项(如:是否被干燥和粉末的流动是否由于经敲打漏斗所引起的)；

f） 任何可能影响试验结果的情况。

ICS 77.140.60
H 44

中华人民共和国国家标准

GB/T 1499.3—2010
代替 GB/T 1499.3—2002

钢筋混凝土用钢 第3部分:钢筋焊接网

Steel for the reinforcement of concrete—Part 3:Welded fabric

(ISO 6935-3:1992,NEQ)

2010-12-23 发布　　2011-09-01 实施

中华人民共和国国家质量监督检验检疫总局
中国国家标准化管理委员会　发布

前　言

GB/T 1499 分为三个部分：

——第 1 部分：热轧光圆钢筋；

——第 2 部分：热轧带肋钢筋；

——第 3 部分：钢筋焊接网。

本部分为 GB 1499 的第 3 部分，对应国际标准 ISO 6935-3：1992《钢筋混凝土用钢　第 3 部分　钢筋焊接网》，与 ISO 6935-3：1992 的一致性程度为非等效。

本部分按照 GB/T 1.1—2009 给出的规则起草。

本部分代替 GB/T 1499.3—2002《钢筋混凝土用钢筋焊接网》。

本部分与 GB/T 1499.3—2002 相比，主要变化如下：

——标准名称变更；

——在图 2 中增加并筋焊接网的图示；

——钢筋焊接网用钢筋的直径范围改为 5 mm～18 mm；

——钢筋焊接网实际重量与理论重量的允许偏差改为±4.0％；

——对于公称直径不小于 6 mm 的冷轧带肋钢筋用于焊网时，增加了冷轧带肋钢筋的最大力伸长率和强屈比的要求；

——修改重量偏差取样方法；

——增加 7.2.1 检验项目；

——增加重量偏差计算公式；

——增加特征值检验；

——修改验收批次重量；

——增加附录 A 定型钢筋焊接网型号 F 系列；

——增加附录 C“桥面、建筑用标准钢筋焊接网”。

本部分的附录 A 为规范性附录，附录 B、附录 C 为资料性附录。

本部分由全国钢铁工业协会提出。

本部分由全国钢标准化技术委员会(SAC/TC 183)归口。

本部分起草单位：中冶建筑研究总院有限公司、冶金工业信息标准研究院、安徽马钢比亚西钢筋焊网有限公司、北京邢钢焊网科技发展有限责任公司、中国建筑科学研究院、广州市番禺裕丰钢铁有限公司、山西和易金属制品有限公司、天津市建科机械制造有限公司、安阳市合力高速冷轧有限公司、江苏联峰实业股份有限公司、莱芜钢铁集团有限公司、国家金属制品质量监督检验中心、首钢总公司。

本部分主要起草人：朱建国、冯超、张莹、徐尚华、乔国军、顾万黎、刘宝石、文济、董春海、陈振东、翟文、陈华斌、高俊庆、洪涛、江涛。

本部分所代替标准的历次版本发布情况为：

——GB/T 1499.3—2002。

钢筋混凝土用钢
第3部分：钢筋焊接网

1 范围

GB/T 1499的本部分规定了钢筋混凝土用钢筋焊接网的定义、分类与标记、订货内容、技术要求、试验方法、检验规则、包装标志及质量证明书。

本部分适用于采用冷轧带肋钢筋或(和)热轧带肋钢筋以电阻焊接方式制造的钢筋焊接网，采用光面或其他类别钢筋焊接而成的钢筋焊接网可参考使用。

2 规范性引用文件

下列文件对于本文件的应用是必不可少的。凡是注日期的引用文件，仅注日期的版本适用于本文件。凡是不注日期的引用文件，其最新版本(包括所有的修改单)适用于本文件。

GB/T 228.1 金属材料 拉伸试验 第1部分：室温试验方法(GB/T 228.1—2010，ISO 6892-1：2009，MOD)

GB/T 232 金属材料 弯曲试验方法(GB/T 232—1999，eqv ISO 7438：1985(E))

GB 1499.2 钢筋混凝土用钢 第2部分：热轧带肋钢筋

GB 13788 冷轧带肋钢筋

GB/T 17505 钢及钢产品交货一般技术要求

YB/T 081 冶金技术标准的数值修约与检测数值的判定原则

3 术语和定义

下列术语和定义适用于本文件。

3.1

钢筋焊接网 welded fabric

纵向钢筋和横向钢筋分别以一定的间距排列且互成直角、全部交叉点均用电阻点焊方法焊接在一起的网片，如图1所示。

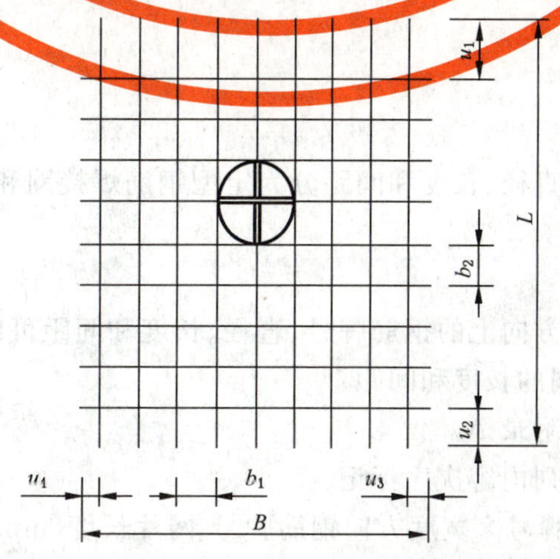

图1 钢筋焊接网形状

3.2

纵向钢筋　longitudinal bars

与焊接网制造方向平行排列的钢筋。

3.3

横向钢筋　transverse bars

与焊接网制造方向垂直排列的钢筋。

3.4

并筋　twin bars

焊接网中并列紧贴在一起的同类型、同直径的两根钢筋。并筋仅适用于纵向钢筋。

3.5

间距　spacing

焊接网中同一方向相邻钢筋中心线之间的距离，对于并筋，中心线为两根钢筋接触点的公切线，如图 1 中 b_1、b_2 和图 2 中 b。

3.6

伸出长度　overhang

纵向、横向钢筋超出焊接网片最外边横向、纵向钢筋中心线的长度，如图 1 中 u_1、u_2、u_3、u_4 和图 2 中u。

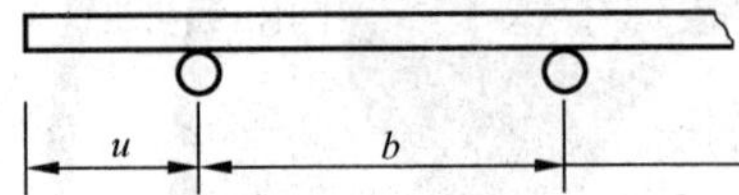

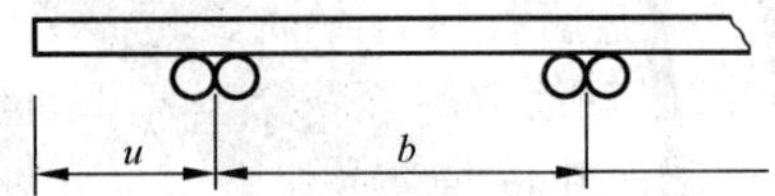

图 2　间距(b)与伸出长度(u)

3.7

网片长度　length of fabric

焊接网片平面长边的长度(与制造方向无关)。

3.8

网片宽度　width of fabric

焊接网片平面短边的长度(与制造方向无关)。

4　分类与标记

4.1　分类

钢筋焊接网按钢筋的牌号、直径、长度和间距分为定型钢筋焊接网和定制钢筋焊接网两种。

4.2　定型钢筋焊接网及标记

4.2.1　定型钢筋焊接网在两个方向上的钢筋牌号、直径、长度和间距可以不同，但同一方向上应采用同一牌号和直径的钢筋并具有相同的长度和间距。

4.2.2　定型钢筋焊接网型号见附录 A。

4.2.3　定型钢筋焊接网应按下列内容次序标记：

焊接网型号-长度方向钢筋牌号×宽度方向钢筋牌号-网片长度(mm)×网片宽度(mm)

例如：A10-CRB550×CRB550-4 800 mm×2 400 mm。

4.2.4　用于桥面、建筑的钢筋焊接网可参考附录 B。

4.3 定制钢筋焊接网及标记

定制钢筋焊接网采用的钢筋及其长度和间距应根据需方要求，由供需双方协商确定，并以设计图表示。

5 订货内容

按本部分订货的合同至少应包括下列内容：

a) 本部分编号；

b) 产品名称；

c) 产品类别及标记（或附设计图）；

d) 重量（或数量）；

e) 特殊要求。

6 技术要求

6.1 钢筋

6.1.1 钢筋焊接网应采用 GB 13788 规定的牌号 CRB550 冷轧带肋钢筋和符合 GB 1499.2 规定的热轧带肋钢筋。采用热轧带肋钢筋时，宜采用无纵肋的热轧钢筋。

6.1.2 钢筋焊接网应采用公称直径 5 mm～18 mm 的钢筋。经供需双方协议，也可采用其他公称直径的钢筋。

6.1.3 钢筋焊接网两个方向均为单根钢筋时，较细钢筋的公称直径不小于较粗钢筋的公称直径的 0.6 倍。

当纵向钢筋采用并筋时，纵向钢筋的公称直径不小于横向钢筋公称直径的 0.7 倍，也不大于横向钢筋公称直径的 1.25 倍。

按供需双方协议可供应直径比超出上述规定的钢筋焊接网。

6.2 制造

6.2.1 钢筋焊接网应采用机械制造，两个方向钢筋的交叉点以电阻焊焊接。

6.2.2 钢筋焊接网焊点开焊数量不应超过整张网片交叉点总数的 1%，并且任一根钢筋上开焊点不应超过该支钢筋上交叉点总数的一半。

钢筋焊接网最外边钢筋上的交叉点不应开焊。

6.3 尺寸及允许偏差

6.3.1 钢筋焊接网纵向钢筋间距宜为 50 mm 的整倍数，横向钢筋间距宜为 25 mm 的整倍数，最小间距宜采用 100 mm，间距的允许偏差取±10 mm 和规定间距的±5%的较大值。

6.3.2 钢筋的伸出长度不宜小于 25 mm。

6.3.3 网片长度和宽度的允许偏差取±25 mm 和规定长度的±0.5%的较大值。

6.4 重量及允许偏差

6.4.1 钢筋焊接网宜按实际重量交货，也可按理论重量交货。

6.4.2 钢筋焊接网的理论重量按组成钢筋公称直径和规定尺寸计算，计算时钢的密度采用 7.85 g/cm^3。

钢筋焊接网实际重量与理论重量的允许偏差为±4%。

6.5 性能要求

6.5.1 焊接网钢筋的力学与工艺性能应分别符合相应标准中相应牌号钢筋的规定。对于公称直径不小于 6 mm 的焊接网用冷轧带肋钢筋，冷轧带肋钢筋的最大力总伸长率(A_{gt})应不小于 2.5%，钢筋的强屈比 $R_m/R_{p0.2}$ 应不小于 1.05。

6.5.2 钢筋焊接网焊点的抗剪力应不小于试样受拉钢筋规定屈服力值的 0.3 倍。

6.6 表面质量

6.6.1 钢筋焊接网表面不应有影响使用的缺陷。当性能符合要求时，钢筋表面浮锈和因矫直造成的钢筋表面轻微损伤不作为拒收的理由。

6.6.2 钢筋焊接网允许有因取样产生的局部空缺。

7 试验方法

7.1 试样选取与制备

7.1.1 钢筋焊接网试样均应从成品网片上截取，但试样所包含的交叉点不应开焊。除去掉多余的部分以外，试样不得进行其他加工。

7.1.2 拉伸试样如图 3 所示，应沿钢筋焊接网两个方向各截取一个试样，每个试样至少有一个交叉点。试样长度应足够，以保证夹具之间的距离不小于 20 倍试样直径或 180 mm(取二者之较大者)。对于并筋，非受拉钢筋应在离交叉焊点约 20 mm 处切断。

拉伸试样上的横向钢筋宜距交叉点约 25 mm 处切断。

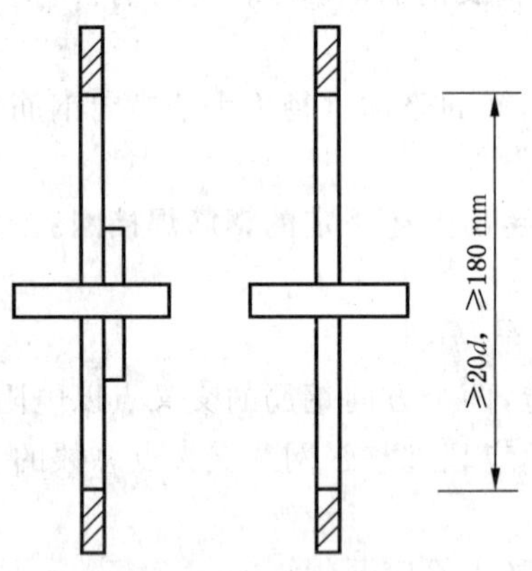

图 3 拉伸试样

7.1.3 应沿钢筋网两个方向各截取一个弯曲试样，试样应保证试验时受弯曲部位离开交叉焊点至少 25 mm。

7.1.4 抗剪试样如图 4。应沿同一横向钢筋随机截取 3 个试样。钢筋网两个方向均为单根钢筋时，较粗钢筋为受拉钢筋；对于并筋，其中之一为受拉钢筋，另一支非受拉钢筋应在交叉焊点处切断，但不应损伤受拉钢筋焊点。

抗剪试样上的横向钢筋应距交叉点不小于 25 mm 之处切断。

7.1.5 重量偏差试样如图 5，应截取 5 个试样，每个试样至少有 1 个交叉点，纵向并筋与横筋的每一交叉处只算一个交叉点。试样长度应不小于拉伸试样的长度。

仲裁检验时，重量偏差试样取不小于 600 mm×600 mm 的网片，网片的交叉点应不少于 9 个，纵向并筋与横筋的每一交叉处只算一个交叉点。

试样上钢筋的端部应加工平齐，钢筋试样的长度偏差为±1 mm。

试样重量和钢筋长度的测量精度至少应为±0.5%。

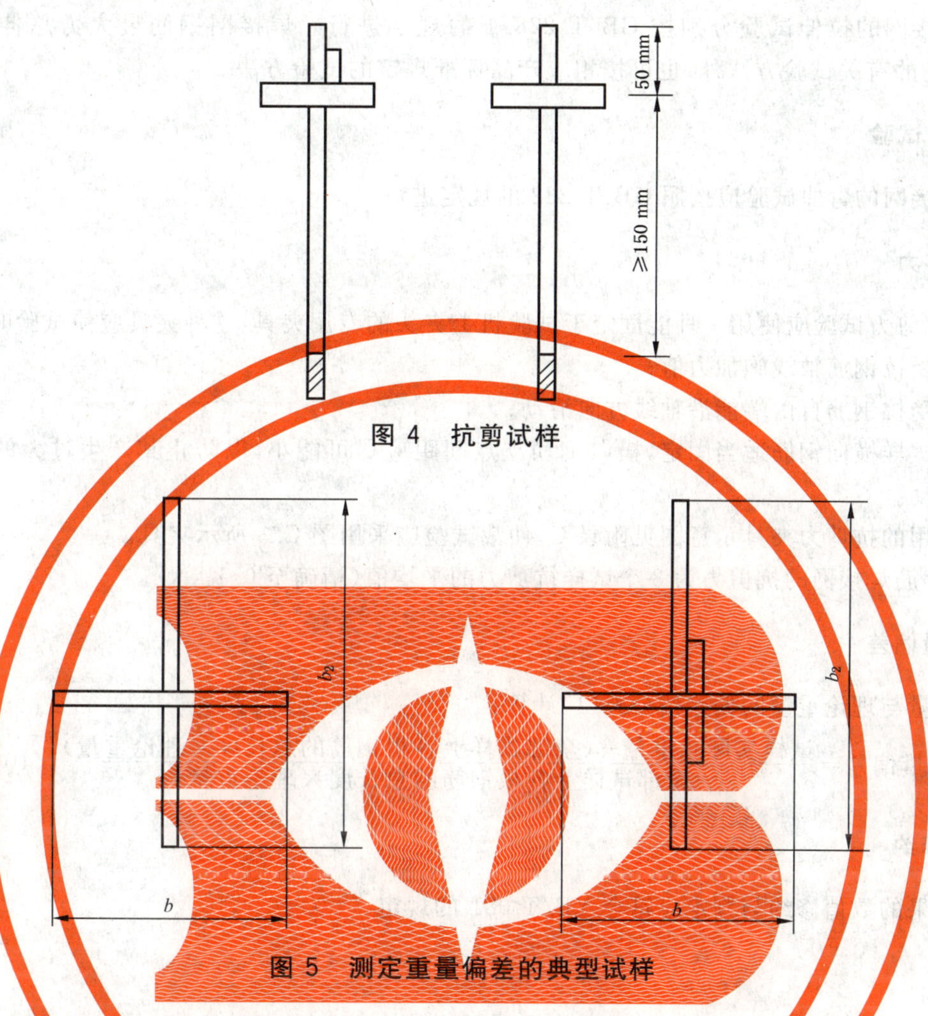

图 4 抗剪试样

图 5 测定重量偏差的典型试样

7.2 试验方法

7.2.1 检验项目

每批钢筋焊接网的检验项目，取样方法和试验方法应符合表 1 的规定。

表 1 钢筋焊接网的试验项目、取样方法及试验方法

序 号	试验项目	试验数量	取 样 方 法	试验方法
1	拉伸试验	2 个	两个方向各截取一个试样	GB/T 228.1 本部分 7.2.2
2	弯曲试验	2 个		GB/T 232
3	抗剪力试验	3 个	两个方向任意截取三个试样	GB/T 228.1 本部分 7.2.3
4	重量偏差	本部分 7.1.5	本部分 7.1.5	按本部分 7.2.4
5	网片尺寸	逐片		按本部分 6.3
6	网片表面			目视

7.2.2 拉伸试验

钢筋焊接网的拉伸试验分别按 GB/T 228.1 的规定进行。焊接网钢筋最大力总伸长率除采用 GB/T 228.1 的有关试验方法外，也可按相应产品标准规定的试验方法。

7.2.3 弯曲试验

钢筋焊接网的弯曲试验应按照 GB/T 232 的规定进行。

7.2.4 抗剪力

7.2.4.1 抗剪力试验应使用一种能固定于试验机上夹头的专用夹具，这种夹具应使试验时能

——沿受拉钢筋轴线施加力值；
——使受拉钢筋自由端能沿轴线方向滑动；
——对试样横向钢筋适当固定，横向钢筋支点间距应尽可能小，以防止其产生过大的弯曲变形和转动。

推荐使用的抗剪力夹具示意图见附录 C，仲裁试验应采用图 C.3 所示夹具。

7.2.4.2 钢筋焊接网的抗剪力为 3 个试样抗剪力的平均值(精确至 0.1 kN)。

7.2.5 重量偏差

实际重量与理论重量的偏差按公式(1)计算：

$$\text{重量偏差}=\frac{\text{试样实际总重量}-(\text{全部试样上各根钢筋的总长度}\times\text{理论重量})}{\text{全部试样上各根钢筋的总长度}\times\text{理论重量}}\times 100\% \quad\cdots\cdots(1)$$

7.3 数值修约

检验结果的数值修约与判定应符合 YB/T 081 的规定。

8 检验规则

8.1 一般规定

钢筋焊接网的出厂检验和用户验收应按 8.2 的规定进行，当需要采用其他方案检查验收时，应按 GB/T 17505 的规定，由供需双方协商确定抽样检查方案的主要内容，如组批规则、检验项目、抽样数量、合格评定准则等，并在合同中注明。

8.2 常规检验

8.2.1 组批规则

钢筋焊接网应按批进行检查验收，每批应由同一型号、同一原材料来源、同一生产设备并在同一连续时段内制造的钢筋焊接网组成，重量不大于 60 t。

8.2.2 检验项目

除对开焊点数量进行检查外，每批钢筋焊接网均应按第 7 章规定的项目进行试验。

8.2.3 复验

钢筋焊接网的拉伸、弯曲和抗剪力试验结果如不合格，则应从该批钢筋焊接网中任取双倍试样进行

不合格项目的检验,复验结果全部合格时,该批钢筋焊接网判定为合格。

8.3 特征值检验

8.3.1 特征值检验适用于下列情况:

a) 供方对产品质量控制的检验;

b) 需方提出要求,经供需双方协议一致的检验;

c) 第三方产品认证及仲裁检验。

8.3.2 试验结果的评定

8.3.2.1 参数检验

为检验规定的性能,如特性参数 $R_{p0.2}$、R_m、A 或 A_{gt},应确定以下参数:

a) 15 个试样的所有单个值 $X_i(n=15)$;

b) 平均值 $m_{15}(n=15)$;

c) 标准偏差 $S_{15}(n=15)$。

如果所有性能满足公式(2)给定的条件则该试验批符合要求。

$$m_{15}-2.33\times S_{15}\geqslant f_K \qquad (2)$$

式中:

f_K ——要求的特征值;

2.33——当 $n=15$,90%置信水平($1-\alpha=0.90$),不合格率 5%($P=0.95$)时验收系数 K 的值。

如果上述条件不能满足,系数 $K'=\frac{m_{15}-f_K}{S_{15}}$ 由试验结果确定。式中 $K'\geqslant 2$ 时,试验可继续进行。在此情况下,应从该试验批的不同钢筋网上切取 45 个试样进行试验,这样可得到总计 60 个试验结果($n=60$)。

如果所有性能满足公式(3)条件,则应认为该试验批符合要求。

$$m_{60}-1.93\times S_{60}>f_K \qquad (3)$$

式中:

1.93——当 $n=60$,90%置信水平($1-\alpha=0.90$),不合格率 5%($P=0.95$)时验收系数 K 的值。

8.3.2.2 属性检验

当试验性能规定为最大或最小值时,15 个试样测定的所有结果应符合本部分的要求,此时,应认为该试验批符合要求。

当最多有两个试验结果不符合条件时,应继续进行试验,此时,应从该试验批的不同根钢筋上,另取 45 个试样进行试验,这样可得到总计 60 个试验结果,如果 60 个试验结果中最多有 2 个不符合条件,该试验批符合要求。

9 包装、标志及质量证明书

9.1 钢筋焊接网应捆扎整齐、牢固,必要时应加刚性支撑或支架,以防止运输吊装过程中钢筋焊接网产生影响使用的变形。

9.2 捆扎交货的钢筋焊接网均应吊挂标牌,标明生产厂名、本部分号、钢筋焊接网型号、尺寸、批号、片数或重量、生产日期、检验印记等内容。

9.3 钢筋焊接网交货时应附有质量证明书,注明生产厂名、需方名称、本部分号、交货钢筋焊接网的型号、批号、尺寸、片数或重量、各检验项目检验结果、供方质检部门印记等内容。

附　录　A
（规范性附录）
定型钢筋焊接网型号

表 A.1

钢筋焊接网型号	纵向钢筋			横向钢筋			重　量/(kg/m²)
	公称直径/mm	间　距/mm	每延米面积/(mm²/m)	公称直径/mm	间　距/mm	每延米面积/(mm²/m)	
A18	18	200	1 273	12	200	566	14.43
A16	16		1 006	12		566	12.34
A14	14		770	12		566	10.49
A12	12		566	12		566	8.88
A11	11		475	11		475	7.46
A10	10		393	10		393	6.16
A9	9		318	9		318	4.99
A8	8		252	8		252	3.95
A7	7		193	7		193	3.02
A6	6		142	6		142	2.22
A5	5		98	5		98	1.54
B18	18	100	2 545	12	200	566	24.42
B16	16		2 011	10		393	18.89
B14	14		1 539	10		393	15.19
B12	12		1 131	8		252	10.90
B11	11		950	8		252	9.43
B10	10		785	8		252	8.14
B9	9		635	8		252	6.97
B8	8		503	8		252	5.93
B7	7		385	7		193	4.53
B6	6		283	7		193	3.73
B5	5		196	7		193	3.05
C18	18	150	1 697	12	200	566	17.77
C16	16		1 341	12		566	14.98
C14	14		1 027	12		566	12.51
C12	12		754	12		566	10.36
C11	11		634	11		475	8.70
C10	10		523	10		393	7.19
C9	9		423	9		318	5.82
C8	8		335	8		252	4.61
C7	7		257	7		193	3.53
C6	6		189	6		142	2.60
C5	5		131	5		98	1.80

表 A.1（续）

钢筋焊接网型号	纵向钢筋			横向钢筋			重　量/(kg/m²)
	公称直径/mm	间　距/mm	每延米面积/(mm²/m)	公称直径/mm	间　距/mm	每延米面积/(mm²/m)	
D18	18		2 545	12		1 131	28.86
D16	16		2 011	12		1 131	24.68
D14	14		1 539	12		1 131	20.98
D12	12		1 131	12		1 131	17.75
D11	11		950	11		950	14.92
D10	10	100	785	10	100	785	12.33
D9	9		635	9		635	9.98
D8	8		503	8		503	7.90
D7	7		385	7		385	6.04
D6	6		283	6		283	4.44
D5	5		196	5		196	3.08
E18	18		1 697	12		1 131	19.25
E16	16		1 341	12		754	16.46
E14	14		1 027	12		754	13.99
E12	12		754	12		754	11.84
E11	11		634	11		634	9.95
E10	10	150	523	10	150	523	8.22
E9	9		423	9		423	6.66
E8	8		335	8		335	5.26
E7	7		257	7		257	4.03
E6	6		189	6		189	2.96
E5	5		131	5		131	2.05
F18	18		2 545	12		754	25.90
F16	16		2 011	12		754	21.70
F14	14		1 539	12		754	18.00
F12	12		1 131	12		754	14.80
F11	11		950	11		634	12.43
F10	10	100	785	10	150	523	10.28
F9	9		635	9		423	8.32
F8	8		503	8		335	6.58
F7	7		385	7		257	5.03
F6	6		283	6		189	3.70
F5	5		196	5		131	2.57

附　录　B
（资料性附录）
桥面、建筑用标准钢筋焊接网

表 B.1　桥面用标准钢筋焊接网

序号	网片编号	网片型号		网片尺寸		伸出长度				单片钢网		
						纵向钢筋		横向钢筋				
		直径	间距	纵向	横向	u_1	u_2	u_3	u_4	纵向钢筋根数	横向钢筋根数	重量
		mm	mm	mm	mm	mm	mm	mm	mm	根	根	kg
1	QW-1	7	100	10 250	2 250	50	300	50	300	20	100	129.9
2	QW-2	8	100	10 300	2 300	50	350	50	350	20	100	172.2
3	QW-3	9	100	10 350	2 250	50	400	50	400	19	100	210.4
4	QW-4	10	100	10 350	2 250	50	400	50	400	19	100	260.2
5	QW-5	11	100	10 400	2 250	50	450	50	450	19	100	319.0

表 B.2　建筑用标准钢筋焊接网

序号	网片编号	网片型号		网片尺寸		伸出长度				单片钢网		
						纵向钢筋		横向钢筋				
		直径	间距	纵向	横向	u_1	u_2	u_3	u_4	纵向钢筋根数	横向钢筋根数	重量
		mm	mm	mm	mm	mm	mm	mm	mm	根	根	kg
1	JW-1a	6	150	6 000	2 300	75	75	25	25	16	40	41.7
2	JW-1b	6	150	5 950	2 350	25	375	25	375	14	38	38.3
3	JW-2a	7	150	6 000	2 300	75	75	25	25	16	40	56.8
4	JW-2b	7	150	5 950	2 350	25	375	25	375	14	38	52.1
5	JW-3a	8	150	6 000	2 300	75	75	25	25	16	40	74.3
6	JW-3b	8	150	5 950	2 350	25	375	25	375	14	38	68.2
7	JW-4a	9	150	6 000	2 300	75	75	25	25	16	40	93.8
8	JW-4b	9	150	5 950	2 350	25	375	25	375	14	38	86.1
9	JW-5a	10	150	6 000	2 300	75	75	25	25	16	40	116.0
10	JW-5b	10	150	5 950	2 350	25	375	25	375	14	38	106.5
11	JW-6a	12	150	6 000	2 300	75	75	25	25	16	40	166.9
12	JW-6b	12	150	5 950	2 350	25	375	25	375	14	38	153.3

附　录　C
（资料性附录）
推荐采用的抗剪力试验专用夹具示意图

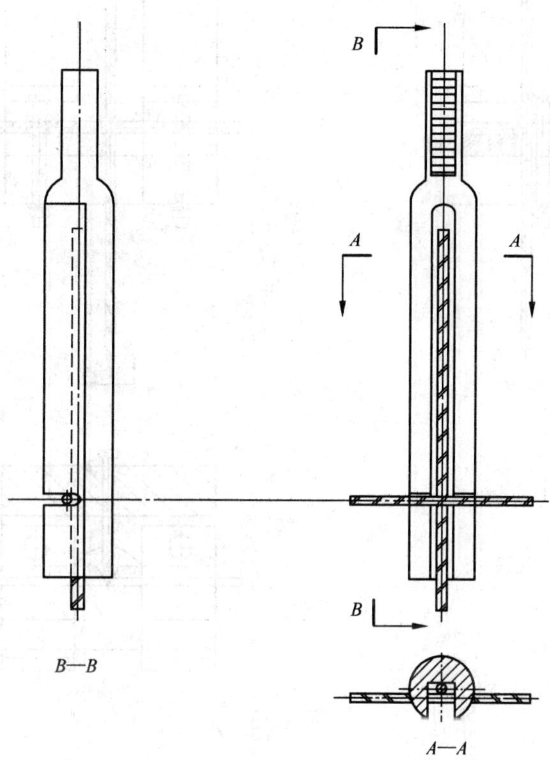

图 C.1

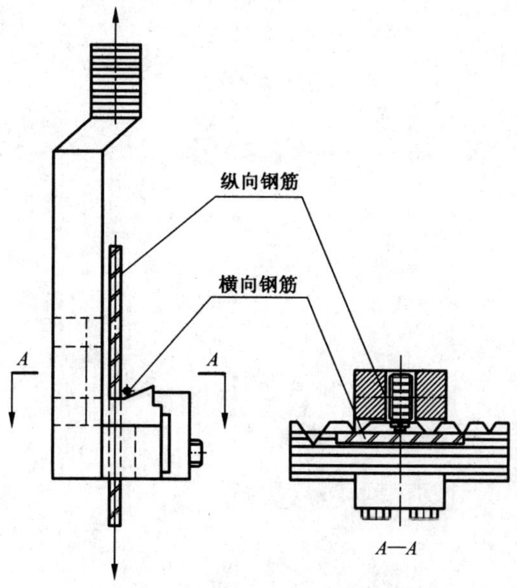

图 C.2

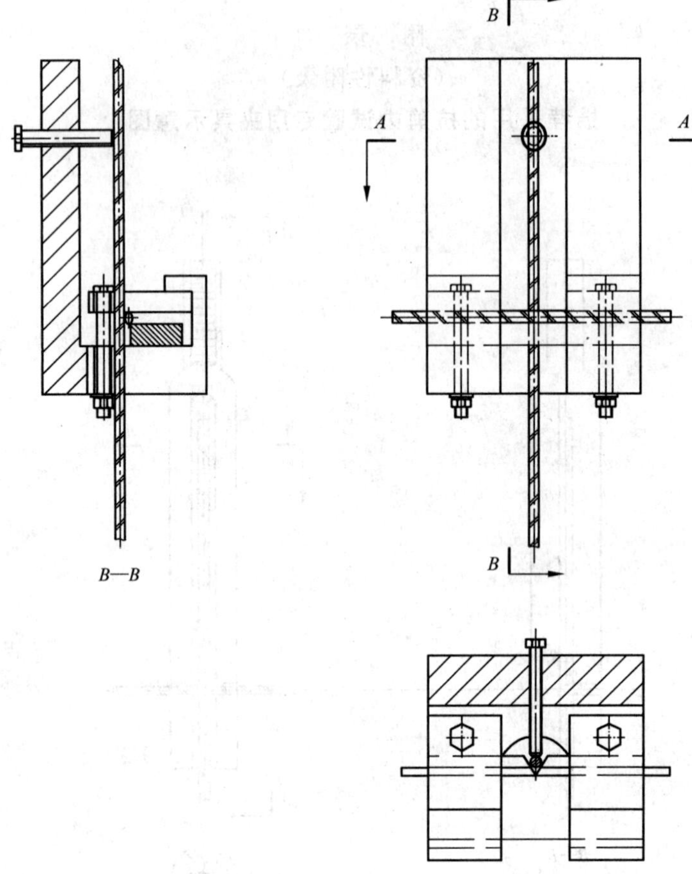

图 C.3

ICS 17.200.20
N 11

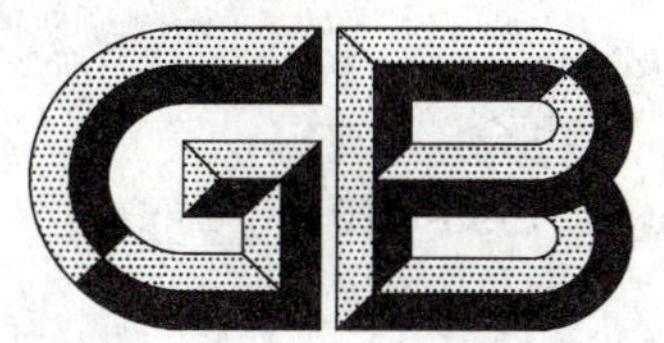

中华人民共和国国家标准

GB/T 1598—2010
代替 GB/T 1598—1998、GB/T 2902—1998、GB/T 3772—1998

铂铑 10-铂热电偶丝、铂铑 13-铂热电偶丝、铂铑 30-铂铑 6 热电偶丝

Platinum-10%Rhodium/Platinum thermocouple wires—
Platinum-13%Rhodium/Platinum thermocouple wires—
Platinum-30%Rhodium/Platinum-6%Rhodium thermocouple wires

2010-12-01 发布　　　　2011-05-01 实施

中华人民共和国国家质量监督检验检疫总局
中国国家标准化管理委员会　发布

前　言

本标准代替 GB/T 3772—1998《铂铑 10-铂热电偶丝》、GB/T 1598—1998《铂铑 13-铂热电偶丝》和 GB/T 2902—1998《铂铑 30-铂铑 6 热电偶丝》，本标准与 GB/T 3772—1998、GB/T 1598—1998、GB/T 2902—1998 三个标准相比主要变化如下：

——本次修订是将三个标准整合为一个标准；

——热电动势允差采用 ASTM E230—2003 中的相关规定；

——不均匀性热电动势测试由两端取样测试改为连续测试。

本标准的附录 A 和附录 B 为资料性附录。

本标准由中国机械工业联合会提出。

本标准由全国仪表功能材料标准化技术委员会(SAC/TC 419)归口。

本标准负责起草单位：重庆仪表材料研究所。

本标准参加起草单位：贵研铂业股份有限公司、宁波奥崎自动化仪表设备有限公司、乐清市华东仪表厂、昆山万通仪表材料有限公司、上海派朗德贵金属有限公司、中国测试技术研究院、重庆川仪自动化股份有限公司金属功能材料分公司、绍兴春晖自动化仪表有限公司、安徽蓝德集团股份有限公司、中国航空工业第一集团公司北京航空材料研究院、甘肃白银西北铜加工有限责任公司、昆明大方自动控制科技有限公司。

本标准主要起草人：谌立新、刘庆宾、何伦英、黄韶华、孙炯、吴兴华、余大才、薛征回、陈桂生、万伟建、邹华、殷成楼、刘大博、杨永刚、李福洪。

本标准所代替标准的历次版本发布情况为：

——GB 3772—1983、GB/T 3772—1998；

——GB 1598—1979、GB/T 1598—1986、GB/T 1598—1998；

——GB 2902—1982、GB/T 2902—1998。

铂铑 10-铂热电偶丝、
铂铑 13-铂热电偶丝、
铂铑 30-铂铑 6 热电偶丝

1 范围

本标准规定了铂铑 10-铂热电偶丝、铂铑 13-铂热电偶丝、铂铑 30-铂铑 6 热电偶丝的产品分类、技术要求、试验方法、检验规则、供应方式、包装及标志。

本标准适用于制造铂铑 10-铂热电偶、铂铑 13-铂热电偶和铂铑 30-铂铑 6 热电偶用合金丝(以下简称偶丝)。

2 规范性引用文件

下列文件中的条款通过本标准的引用而成为本标准的条款。凡是注日期的引用文件,其随后所有的修改单(不包括勘误的内容)或修订版均不适用于本标准,然而,鼓励根据本标准达成协议的各方研究是否可使用这些文件的最新版本。凡是不注日期的引用文件,其最新版本适用于本标准。

GB/T 5977 电阻温度计用铂丝

GB/T 16701 贵金属、廉金属热电偶丝热电动势测试方法

GB/T 16839.1 热电偶 第 1 部份:分度表

JB/T 6819.2 仪表材料术语 测温材料

3 术语和定义

JB/T 6819.2 确立的术语和定义适用于本标准。

4 产品分类

4.1 产品名称及化学成分

产品名称、代号及名义化学成分如表 1 所示。

表 1 产品分类及化学成分

产品名称	极性	代号	名义化学成分/%	
			Pt	Rh
铂铑 10 合金丝	正极	SP	90	10
铂丝	负极	SN、RN	100	—
铂铑 13 合金丝	正极	RP	87	13
铂铑 30 合金丝	正极	BP	70	30
铂铑 6 合金丝	负极	BN	94	6

4.2 偶丝等级

按使用要求和热电特性的不同,S 型偶丝、R 型偶丝分为标准级、Ⅰ级、Ⅱ级、Ⅲ级,B 型偶丝分为标准级、Ⅱ级、Ⅲ级。

4.3 偶丝推荐使用温度上限

各种型号的偶丝推荐使用温度上限如表 2 所示。

表 2 偶丝推荐使用温度上限

偶丝直径 mm	产品型号	长期使用温度上限 ℃	短期使用温度上限 ℃
0.5	S	1 400	1 600
0.5	R	1 400	1 600
0.5	B	1 600	1 700

4.4 标记示例

产品的标记按下列格式表示：

铂铑 10-铂热电偶丝 GB/T 1598-SP-Ⅰ-0.5

标记中各要素的含义如下：

铂铑 10-铂——热电偶名称(铂铑 10-铂、铂铑 13-铂、铂铑 30-铂铑 6)

SP——产品代号(SP、SN、RP、RN、BP、BN)；

Ⅰ——允差等级(Ⅰ、Ⅱ、Ⅲ)；

0.5——偶丝直径。

4.5 物理参数

产品有关物理参数参见附录 A。

5 技术要求

5.1 表面质量

偶丝表面应颜色均匀，平整、光洁、无油污、无折叠、无裂纹、无毛刺及夹层。允许有不超过直径允差的细小划痕和凹陷及个别暗色斑点。

5.2 尺寸

偶丝的直径及允许偏差应符合表 3 的规定。偶丝的圆度不应超过直径的允许偏差。

表 3 偶丝直径及允差

单位为毫米

偶丝直径	允许偏差
0.5	−0.015

5.3 铂丝纯度

铂丝纯度用电阻比(R_{100}/R_0)表示。SN、RN 的纯度应满足：

标准级：$R_{100}/R_0 \geqslant 1.392\ 2$，Ⅰ级、Ⅱ级：$R_{100}/R_0 \geqslant 1.392\ 0$

注：R_{100}、R_0 为铂丝分别在 100 ℃和 0 ℃时的电阻。

5.4 不均匀热电动势

当参考端温度为 0 ℃，测量端温度为表 4 规定的温度时，每卷(盘)偶丝的不均匀热电动势应不超过表 4 的规定。

表 4 偶丝不均匀热电动势

产品名称	测量端温度/℃	不均匀热电动势/μV			
		标准级	Ⅰ级	Ⅱ级	Ⅲ级
铂铑 10 合金丝	1 084.62	9	9	18	—
铂丝	1 084.62	3	3	6	—
铂铑 13 合金丝	1 084.62	10	10	20	—
铂铑 30 合金丝	1 200	10	—	10	20
铂铑 6 合金丝	1 200	12	—	13	25

5.5 热电动势

5.5.1 工业热电偶用偶丝

由偶丝构成的工业热电偶，当参考端温度 0℃时，温度与热电动势的关系应符合 GB/T 16839.1 中相应型号热电偶分度表的规定，S、R、B 型热电偶允差应分别符合表 5、表 6、表 7 的规定(热电偶在主要温度点的热电动势率参见附录 B)。

表 5 铂铑 10-铂热电偶热电动势及允差

单位为微伏

测量端温度/℃	热电动势标称值	Ⅰ级		Ⅱ级	
		允差	热电动势范围	允差	热电动势范围
100	646	±4	642～650	±11	635～657
200	1 441	±5	1 436～1 446	±13	1 428～1 454
300	2 323	±5	2 318～2 328	±14	2 309～2 337
400	3 259	±6	3 253～3 265	±14	3 245～3 273
419.527	3 447	±6	3 441～3 453	±14	3 433～3 461
500	4 233	±6	4 227～4 239	±15	4 218～4 248
600	5 239	±6	5 233～5 245	±15	5 224～5 254
630.63	5 553	±6	5 547～5 559	±16	5 537～5 569
660.323	5 860	±6	5 854～5 866	±17	5 843～5 877
700	6 275	±7	6 268～6 282	±18	6 257～6 293
800	7 345	±9	7 336～7 354	±22	7 323～7 367
900	8 449	±10	8 439～8 459	±25	8 424～8 474
961.78	9 148	±10	9 138～9 158	±27	9 121～9 175
1 000	9 587	±12	9 575～9 599	±29	9 558～9 616
1 064.18	10 334	±12	10 322～10 346	±31	10 303～10 365
1 084.62	10 575	±13	10 562～10 588	±32	10 543～10 607
1 100	10 757	±13	10 744～10 770	±33	10 724～10 790
1 200	11 951	±14	11 937～11 965	±36	11 915～11 987
1 300	13 159	±16	13 147～13 175	±39	13 120～13 198
1 400	14 373	±17	14 356～14 390	±42	14 331～14 415
1 500	15 582	±18	15 564～15 600	±45	15 537～15 627
1 554.8	16 239	±19	16 220～16 258	±46	16 193～16 285
1 600	16 777	±19	16 758～16 796	±47	16 730～16 824

表 6 铂铑 13-铂热电偶热电动势及允差

单位为微伏

测量端温度/℃	热电动势标称值	Ⅰ级		Ⅱ级	
		允差	热电动势范围	允差	热电动势范围
100	647	±4	643～651	±11	636～658
200	1 469	±5	1 464～1 474	±13	1 456～1 482
300	2 401	±6	2 395～2 407	±15	2 386～2 416
400	3 408	±6	3 402～3 414	±16	3 392～3 424

表 6（续）

单位为微伏

测量端温度/℃	热电动势标称值	Ⅰ级		Ⅱ级	
		允差	热电动势范围	允差	热电动势范围
419.527	3 611	±6	3 605～3 617	±16	3 595～3 627
500	4 471	±7	4 464～4 478	±16	4 455～4 487
600	5 583	±7	5 576～5 590	±17	5 566～5 600
630.63	5 934	±7	5 927～5 941	±18	5 916～5 952
660.323	6 277	±8	6 269～6 285	±19	6 258～6 296
700	6 743	±8	6 735～6 751	±21	6 722～6 764
800	7 950	±10	7 940～7 960	±25	7 925～7 975
900	9 205	±12	9 193～9 217	±29	9 176～9 234
961.78	10 003	±13	9 990～10 016	±31	9 972～10 034
1 000	10 506	±13	10 493～10 519	±33	10 473～10 539
1 064.18	11 364	±14	11 350～11 378	±36	11 328～11 400
1 084.62	11 640	±15	11 625～11 655	±37	11 603～11 677
1 100	11 850	±15	11 835～11 865	±37	11 813～11 887
1 200	13 228	±17	13 211～13 245	±42	13 186～13 270
1 300	14 629	±18	14 611～14 647	±46	14 583～14 675
1 400	16 040	±20	16 020～16 060	±49	15 991～16 089
1 500	17 451	±21	17 430～17 472	±53	17 398～17 504
1 554.8	18 219	±22	18 197～18 241	±54	18 165～18 273
1 600	18 849	±22	18 827～18 871	±56	18 793～18 905

表 7　铂铑 30-铂铑 6 热电偶热电动势及允差

单位为微伏

测量端温度/℃	热电动势标称值	Ⅱ级		Ⅲ级	
		允差	热电动势范围	允差	热电动势范围
600	1 792	±9	1 783～1 801	±24	1 768～1 816
700	2 431	±12	2 419～2 443	±27	2 404～2 458
800	3 154	±15	3 139～3 169	±31	3 123～3 185
900	3 957	±19	3 938～3 976	±38	3 919～3 995
1 000	4 834	±23	4 811～4 857	±46	4 788～4 880
1 064.18	5 434	±25	5 409～5 459	±51	5 383～5 485
1 084.62	5 630	±26	5 604～5 656	±52	5 578～5 682
1 100	5 780	±27	5 753～5 807	±54	5 726～5 834
1 200	6 786	±31	6 755～6 817	±62	6 724～6 848
1 300	7 848	±35	7 813～7 883	±71	7 777～7 919
1 400	8 956	±39	8 917～8 995	±79	8 877～9 035
1 500	10 099	±43	10 056～10 142	±87	10 012～10 186

表 7（续） 单位为微伏

测量端温度/℃	热电动势标称值	Ⅱ级		Ⅲ级	
		允差	热电动势范围	允差	热电动势范围
1 554.8	10 735	±45	10 690～10 780	±91	10 644～10 826
1 600	11 263	±47	11 216～11 310	±94	11 169～11 357
1 700	12 433	±50	12 383～12 483	±99	12 334～12 532

5.5.2 标准热电偶用偶丝

由S型热电偶丝构成的标准偶，当参考端温度为0 ℃、测量端温度为1 084.62 ℃时，其热电动势应符合：10 575 μV±15 μV；由R型热电偶丝构成的标准偶，当参考端温度为0 ℃、测量端温度为1 084.62 ℃时，其热电动势应符合：11 640 μV±18 μV；由B型热电偶丝构成的标准偶，当参考端温度为0 ℃、测量端温度为1 100 ℃时和1 500 ℃，其热电动势和允差应分别符合：5 780 μV±25 μV和10 099 μV±40 μV。

5.6 稳定性

5.6.1 由偶丝构成的工业热电偶，在空气中按表8规定的温度连续使用200 h，在规定温度点测量其热电动势变化的绝对值应不超过表8的规定。

表8 工业热电偶稳定性

产品型号	使用温度 ℃	测量温度 ℃	热电动势变化 μV	相当于温度值 ℃
S	1 400	1 084.62	12	1
R	1 400	1 084.62	14	1
B	1 500	1 500	46	4

5.6.2 由偶丝构成的标准热电偶，由热电偶退火前后按表9规定的温度下测量热电动势的变化值，应不超过表9的规定。

表9 标准热电偶稳定性

产品型号	测量温度 ℃	热电动势变化 μV	
		一等	二等
S	1 084.62	3	5
R	1 084.62	4	6
B	1500	6	8

6 试验方法

6.1 表面质量

表面质量用目力观察或满足要求的检测设备检测。

6.2 尺寸

偶丝的直径和圆度用精确度不低于0.001 mm的千分尺在偶丝的同一截面两个垂直的方向上进行测量，每卷（盘）偶丝至少应测量三个不同部位。

6.3 铂丝纯度

铂丝纯度（电阻比）的试验用直接测量电阻法测量，也可用同名极比较法测量。如对测量结果有异议时，应以直接测量电阻法为准。直接测量电阻法可按GB/T 5977的规定进行。

6.4 不均匀热电动势

将同一卷(盘)偶丝清洗退火处理后,采用同名极比较法进行连续不均匀性测量,S 型偶丝、R 型偶丝测量温度为 1 084.62 ℃,B 型偶丝测量温度为 1200 ℃;热电动势的最大差值为该卷(盘)偶丝的不均匀热电动势值。

6.5 热电动势

6.5.1 工业热电偶用偶丝

按 GB/T 16701 规定的方法进行,测量温度按表 10 规定。

表 10 热电偶丝测量温度

产品型号	测量温度 ℃
S	419.527 660.323 1 084.62
R	419.527 660.323 961.78 1 084.62
B	1 100 1 300 1 500

6.5.2 标准热电偶用偶丝

按 GB/T 16701 规定的方法进行。对一、二等标准热电偶用偶丝分别采用相应的高一等级标准器进行测量。测量温度按表 10 规定的温度进行。

6.6 稳定性

6.6.1 工业热电偶用偶丝

试样按 6.5.1 规定的方法测完热电动势后,将 S 型工业用偶丝、R 型工业用偶丝放进 1 400 ℃±20 ℃的高温管状炉内保温 200 h;B 型工业用偶丝放进 1 500 ℃±20 ℃的高温管状炉内保温 200 h,取出后再次测量热电动势值,S 型工业用偶丝、R 型工业用偶丝保温前后在 1 084.62 ℃的热电动势差值作为工业级偶丝的稳定性值;B 型工业偶丝保温前后在 1 500 ℃的热电动势差值作为工业级偶丝的稳定性值。

6.6.2 标准热电偶用偶丝

试样按 6.5.2 规定的方法测完热电动势后,再放入退火炉中,S 型偶丝、R 型偶丝在 1 100 ℃±20 ℃的温度下退火 4 h;B 型偶丝在 1 100 ℃±20 ℃的温度下退火 6 h,取出后再次测量热电动势值,S 型偶丝、R 型偶丝退火前后在 1 084.62 ℃的热电动势差值作为标准级偶丝的稳定性值;B 型偶丝退火前后在 1 500 ℃的热电动势差值作为标准级偶丝的稳定性值。

7 检验规则

7.1 检验分类

产品检验分为出厂检验和型式检验。

7.1.1 出厂检验

偶丝应经过制造厂质量检验部门进行出厂检验合格并附有产品质量合格证,方可出厂。

出厂检验项目:

a) 表面质量;

b) 尺寸;

c) 不均匀热电动势;

d) 热电动势;

e) 稳定性(工业热电偶用偶丝不作此项检验)。

7.1.2 型式检验

按本产品标准规定的全部试验项目进行。有下列情况之一时,一般应进行型式检验:

a) 新产品或老产品转厂生产的试制定型鉴定;

b) 正常生产后，如原材料、工艺有较大改变时；

c) 正常生产时，每年应不少于一次检验；

d) 产品长期停产后，恢复生产时；

e) 出厂检验结果与上次型式检验有较大差异时；

f) 国家质量监督机构提出进行型式检验的要求时。

7.2 抽样规则

7.2.1 出厂检验应从生产的每卷(盘)偶丝的头尾两端各取 1.1 m 进行检验，其中表面质量[7.1.1a)]、尺寸[7.1.1b)]和不均匀热电动势[7.1.1c)]三项应对整卷(盘)偶丝检验。

7.2.2 型式检验应从生产厂的成品库中任意抽取正、负极各不少于 3 卷(盘)的偶丝，在头部取约 5.5 m、尾部取约 1.1 m 试样进行检验。其中表面质量和尺寸应对整卷(盘)偶丝检验。

7.3 判定规则

7.3.1 出厂检验时，只要有一项不合格，则判定该卷(盘)产品为不合格产品。

7.3.2 型式检验时，只要有一项不合格，则应加倍抽样进行全部复验。若仍有一项不合格，则判定型式检验不合格。

8 供应方式、包装及标志

8.1 供应方式

偶丝以加工半硬化状态供应。每卷(盘)偶丝应由一根丝绕成，中间不得有接头，其重量不得小于 100 g，若用户需要，允许供应小于 100 g 的偶丝。

8.2 包装

偶丝应分别绕成卷状或绕在线盘上，绕卷或盘的直径约 100 mm，每卷偶丝至少捆扎两处，绕盘上的丝头应牢固固定，用防潮材料包装好。

8.3 标志

8.3.1 每卷(盘)偶丝的标志应包括下列内容：

a) 制造厂名称或商标；

b) 产品名称；

c) 产品编号；

d) 尺寸规格或标记；

e) 每卷(盘)偶丝的毛质量和净质量；

f) 出厂日期。

8.3.2 每卷(盘)偶丝的产品质量合格证上应标明：

a) 制造厂名或商标；

b) 产品名称；

c) 产品编号；

d) 尺寸规格或标记；

e) 本产品标准号；

f) 每卷(盘)偶丝的毛质量和净质量；

g) 出厂日期。

附 录 A
（资料性附录）
热电偶合金丝的物理参数

A.1 合金丝的熔点、密度、电阻率、平均电阻温度系数、抗拉强度和伸长率如表A.1所示。

表 A.1 热电偶合金丝的物理参数

名 称	铂铑10	铂	铂铑13	铂铑30	铂铑6
熔点/℃	1 847	1 769	1 860	1 927	1 826
密度/(g/cm^3)	20.00	21.46	19.61	17.60	20.60
每米偶丝质量(Φ0.5 mm)/g	3.93	4.21	3.82	3.45	4.04
在20 ℃时的电阻率/(μΩ·cm)	18.9	10.4	19.6	19.0	17.5
在0 ℃～1 200 ℃范围内平均电阻温度系数/(×10^{-4}/℃)	14.0	31.0	13.3	13.3	20.6
抗拉强度/MPa	314	137	344	483	276
伸长率(L_0=100 mm)/%	35	40	35	30	35

附 录 B
（资料性附录）
热电偶在主要温度点的热电动势率

B.1 铂铑10-铂热电偶在主要温度点的热电动势率(赛贝克系数 S)如表B.1所示。

表 B.1 铂铑10-铂热电偶在主要温度点的热电动势率

温度 ℃	S μV/℃	温度 ℃	S μV/℃	温度 ℃	S μV/℃
100	7.39	700	10.53	1 300	12.13
200	8.46	800	10.87	1 400	12.13
300	9.13	900	11.21	1 500	12.04
400	9.57	961.78	11.42	1 554.8	11.95
419.527	9.64	1 000	11.54	1 600	11.85
500	9.90	1 064.18	11.74	1 700	11.45
600	10.21	1 084.62	11.80	1 768.1	10.31
630.63	10.30	1 100	11.84	—	—
660.323	10.40	1 200	12.03	—	—
注：参考端温度为0 ℃。					

B.2 铂铑13-铂热电偶在主要温度点的热电动势率(赛贝克系数 S)如表B.2所示。

表 B.2 铂铑13-铂热电偶在主要温度点的热电动势率

温度 ℃	S μV/℃	温度 ℃	S μV/℃	温度 ℃	S μV/℃
100	7.48	700	11.83	1 300	14.08
200	8.84	800	12.31	1 400	14.13
300	9.74	900	12.78	1 500	14.06
400	10.37	961.78	13.06	1 554.8	13.98
419.527	10.48	1 000	13.23	1 600	13.88
500	10.88	1 064.18	13.50	1 700	13.46
600	11.36	1 084.62	13.58	1 768.1	12.26
630.63	11.50	1 100	13.63	—	—
660.323	11.64	1 200	13.92	—	—
注：参考端温度为0 ℃。					

B.3 铂铑30-铂铑6热电偶在主要温度点的热电动势率(赛贝克系数 S)如表B.3所示。

表B.3 铂铑30-铂铑6热电偶在主要温度点的热电动势率

温度 ℃	S μV/℃	温度 ℃	S μV/℃	温度 ℃	S μV/℃
600	5.96	1 084.62	9.68	1 554.8	11.65
700	6.81	1 100	9.77	1 600	11.69
800	7.64	1 200	10.36	1 700	11.67
900	8.41	1 300	10.87	1 768.1	11.56
1 000	9.12	1 400	11.28	—	—
1 064.18	9.55	1 500	11.56	—	—
注：参考端温度为0℃。					

B.4 铂铑30-铂热电偶在主要温度点的热电动势见表B.4。

表B.4 铂铑30-铂热电偶在主要温度点的热电动势

温度 ℃	0	10	20	30	40	50	60	70	80	90
	热电动势/μV									
0	0	50	103	158	217	278	341	407	476	546
100	619	694	771	850	931	1 013	1 098	1 184	1 272	1 361
200	1 452	1 544	1 638	1 734	1 831	1 929	2 028	2 129	2 232	2 335
300	2 440	2 546	2 653	2 762	2 871	2 982	3 094	3 207	3 321	3 437
400	3 553	3 671	3 790	3 910	4 031	4 153	4 276	4 400	4 525	4 651
500	4 779	4 907	5 037	5 167	5 299	5 431	5 565	5 699	5 835	5 972
600	6 109	6 248	6 387	6 528	6 670	6 812	6 956	7 100	7 245	7 392
700	7 539	7 687	7 837	7 987	8 138	8 291	8 444	8 598	8 754	8 910
800	9 067	9 225	9 385	9 545	9 706	9 868	10 031	10 195	10 360	10 526
900	10 693	10 860	11 029	11 198	11 369	11 540	11 712	11 885	12 058	12 233
1 000	12 409	12 585	12 762	12 940	13 119	13 298	13 478	13 659	13 841	14 024
1 100	14 207	14 391	14 576	14 762	14 948	15 135	15 323	15 511	15 700	15 890
1 200	16 080	16 271	16 462	16 655	16 847	17 041	17 234	17 429	17 624	17 819
1 300	18 015	18 212	18 409	18 606	18 804	19 002	19 200	19 399	19 598	19 798
1 400	19 998	20 198	20 398	20 599	20 799	21 000	21 201	21 402	21 604	21 805
1 500	22 006	22 208	22 409	22 610	22 811	23 013	23 214	23 415	23 615	23 816
1 600	24 016	24 216	24 416	24 616	24 815	25 014	25 213	25 411	25 609	25 806
1 700	26 004	26 200	26 396	26 592	26 788	26 983	27 177	27 371		
注：参考端温度为0℃。										

B.5 铂-铂铑6热电偶在主要温度点的热电动势见表B.5。

表B.5 铂-铂铑6热电偶在主要温度点的热电动势

温度/℃	0	10	20	30	40	50	60	70	80	90
	热电动势/μV									
0	0	52	105	160	217	275	335	396	458	522
100	586	651	718	785	853	921	991	1 061	1 131	1 202
200	1 274	1 346	1 418	1 491	1 564	1 564	1 638	1 785	1 860	1 934
300	2 009	2 084	2 159	2 235	2 310	2 386	2 462	2 538	2 462	2 538
400	2 767	2 843	2 920	2 997	3 074	3 151	3 228	3 305	3 382	3 459
500	3 537	3 614	3 692	3 770	3 848	3 926	4 004	4 082	4 160	4 239
600	4 317	4 396	4 475	4 553	4 632	4 711	4 791	4 870	4 949	5 029
700	5 108	5 188	5 268	5 348	5 348	5 428	5 509	5 589	5 670	5 751
800	5 913	5 995	6 077	6 158	6 240	6 322	6 405	6 487	6 570	6 653
900	6 736	6 819	6 902	6 986	7 069	7 153	7 237	7 321	7 405	7 490
1 000	7 574	7 659	7 744	7 829	7 914	7 999	8 085	8 170	8 256	8 342
1 100	8 428	8 514	8 600	8 686	8 773	8 859	8 946	9 033	9 119	9 206
1 200	9 293	9 381	9 468	9 555	9 642	9 730	9 817	9 905	9 992	10 080
1 300	10 167	10 255	10 342	10 430	10 517	10 605	10 692	10 780	10 867	10 954
1 400	11 042	11 129	11 216	11 303	11 389	11 476	11 563	11 649	11 735	11 821
1 500	11 907	11 993	12 078	12 164	12 249	12 333	12 418	12 502	12 586	12 670
1 600	12 753	12 836	12 919	13 002	13 084	13 166	13 248	13 329	13 410	13 491
1 700	13 571	13 651	13 731	13 810	13 889	13 968	14 047	14 125		
注：参考端温度为0℃。										

ICS 83.080.01
G 31

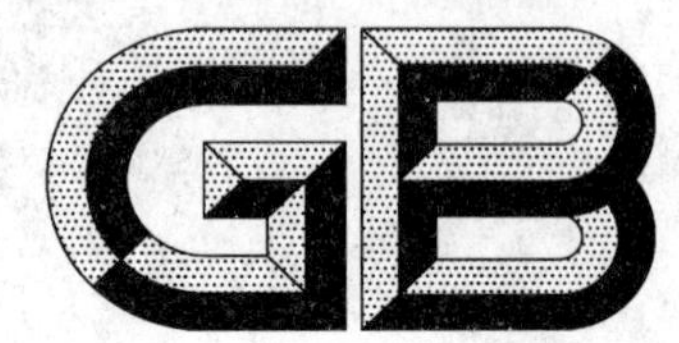

中华人民共和国国家标准

GB/T 1632.3—2010
代替 GB/T 1841—1980

塑料 使用毛细管黏度计测定聚合物稀溶液黏度 第3部分:聚乙烯和聚丙烯

Plastics—Determination of the viscosity of polymers in dilute solution using capillary viscometer—Part 3: Polyethylenes and polypropylenes

(ISO 1628-3:2001,MOD)

2010-09-26 发布 2011-08-01 实施

中华人民共和国国家质量监督检验检疫总局
中国国家标准化管理委员会 发布

前　言

GB/T 1632《塑料　使用毛细管黏度计测定聚合物稀溶液黏度》分为如下几个部分：

——第1部分：通则；

——第2部分：聚氯乙烯树脂；

——第3部分：聚乙烯和聚丙烯；

——第4部分：聚碳酸酯模塑和挤出材料；

——第5部分：热塑性均聚和共聚型聚酯(TP)；

——第6部分：甲基丙烯酸甲酯聚合物。

本部分为GB/T 1632的第3部分。

本部分修改采用ISO 1628-3:2001《塑料　使用毛细管黏度计测定聚合物稀溶液的黏度　第3部分：聚乙烯和聚丙烯》(英文版)。

本部分根据ISO 1628-3:2001重新起草。

本部分与ISO 1628-3:2001的主要技术性差异如下：

——增加了规范性引用文件GB/T 8170(见2和8.2)

——增加了对溶剂过滤的要求(见4.1和5.11)；

——增加了主要技术要求表，黏度计使用ISO 3105中表B.4的0B型或表B.9的0a DIN型乌氏黏度计(见5.1和表1)；

——改变了高温乌氏黏度计的过滤方式(见图1)；

——使用机械混合加热器具用于溶液的配制(见5.8和7.4.3)；

——增加了溶液转移的操作步骤(见7.5.1)；

——增加了如溶液不过滤，需在报告中说明的要求[见7.5.1和第9章f)]。

为便于使用，本部分做了下列编辑性修改：

——删除了ISO 1628-3:2001的前言；

——增加了国家标准的前言；

——对ISO 1628-3:2001中引用的国际标准，用已被采用为我国的标准代替对应的国际标准，未被采用为我国标准的直接引用国际标准。

本部分代替GB/T 1841—1980《聚烯烃树脂稀溶液黏度试验方法》。

本部分与GB/T 1841—1980的主要技术差异如下：

——黏度计使用ISO 3105:1994中表B.4的0B型或表B.9的0a DIN型乌氏黏度计，增加了主要技术要求表(5.1和表1)；

——溶液需过滤，使用高温乌氏黏度计(图1)；

——使用机械混合加热器具用于溶液的配制(5.8和7.4.3)；

——溶剂体积利用公式计算(7.4.1,7.4.3)；

——增加了如溶液不过滤，需在报告中说明的要求[7.5.1和第9章f)]。

本部分由中国石油化工集团公司提出。

本部分由全国塑料标准化技术委员会石化塑料树脂产品分会(SAC/TC 15/SC 1)归口。

本部分负责起草单位：中国石油化工股份有限公司北京北化院燕山分院。

本部分参加起草单位：北京东方石油化工有限公司助剂二厂、无锡富坤化工有限公司、上海化工研究院、中国石化齐鲁股份有限公司齐鲁分公司研究院。

本部分主要起草人：王超先、王燕来、杨力、胡晶石、王治春、代丽斌。

本部分所代替标准的历次版本发布情况为：

——GB/T 1841—1980。

塑料　使用毛细管黏度计测定聚合物稀溶液黏度 第3部分:聚乙烯和聚丙烯

1　范围

GB/T 1632的本部分规定了聚乙烯和聚丙烯稀溶液135 ℃时的比浓黏度(也称为黏数)和特性黏度测定的方法。

本部分适用于聚乙烯及聚丙烯材料。

试样中存在的添加剂可能会对聚合物稀溶液黏度的测量结果产生影响。如果样品带有填料或其他添加剂,用本方法测定的黏度结果是不可靠的。

注:比浓黏度也称为施陶丁格函数(J_v),特性黏度也称为施陶丁格指数(J_g)。

2　规范性引用文件

下列文件中的条款通过GB/T 1632的本部分的引用而成为本部分的条款。凡是注日期的引用文件,其随后所有的修改单(不包括勘误的内容)或修订版均不适用于本部分,然而,鼓励根据本部分达成协议的各方研究是否可使用这些文件的最新版本。凡是不注日期的引用文件,其最新版本适用于本部分。

GB/T 1632.1—2008　塑料　使用毛细管黏度计测定聚合物稀溶液黏度　第1部分:通则(ISO 1628-1:1998,IDT)

GB/T 8170　数值修约规则与极限数值的表示和判定

ISO 3105:1994　玻璃毛细管运动黏度计的规格和操作规程

3　原理

在135 ℃下测定溶剂以及规定浓度的聚合物溶液的流出时间。根据这些测定的流出时间和聚合物溶液的已知浓度计算比浓黏度和特性黏度。

在室温下,聚乙烯和等规聚丙烯不溶于任何目前所知的溶剂。因此,在试验中必须采取措施以防止因聚合物析出而导致溶液浓度发生改变。

4　溶剂

4.1　十氢萘

分析纯试剂。在温度不高于65 ℃及压力约500 Pa条件下重新蒸馏。应采取适当方法防止十氢萘发生过氧化反应,例如,在对苯二酚存在的条件下蒸馏。

重新蒸馏完成后立即加入抗氧剂,防止在黏度测量时聚合物溶液发生氧化,抗氧剂的质量分数0.2%,适用的抗氧剂有:

——4,4'硫化-双(6-叔丁基-3-甲基)酚;

——双(2-羟基-3-叔丁基-5-甲基)苯甲烷;

——十八烷基-3(3',5'-二叔丁基-4'-苯基)正丙酯;

——四[亚甲基3-(3',5'-二叔丁基-4'-羟苯基)正丙酯]甲烷。

将溶剂用 P100 玻璃砂芯漏斗过滤。用这种稳定方法处理的溶剂可使聚合物溶液在 135 ℃下的几个小时内不发生氧化。

5 仪器

5.1 乌氏黏度计

使用 ISO 3105：1994 中表 B.4 的 0B 型或表 B.9 的 0a DIN 型乌氏黏度计，黏度计结构图如 GB/T 1632.1—2008 中图 1 和图 2 所示，主要技术要求见表 1。如果测定结果与上述规定的乌氏黏度计的测定结果一致，也可使用在 ISO 3105：1994 中列出的其他类型的黏度计。有争议时，使用乌氏黏度计。

表 1 乌氏黏度计主要技术要求

型号	标称黏度计常数 $(mm^2/s)/s$	毛细管 R 内径(±2%) mm	C 球体积(±5%) mL	管 P 内径(±5%) mm
0B	0.005	0.46	3.0	6.0
0a	0.005	0.53	5.7	6.0

如聚合物溶液需过滤，使用图 1 推荐的高温乌氏黏度计。其基本尺寸与 0B 型或 0a 型乌氏黏度计相同，装液的 L 管进行了调整。过滤前黏度计要保持在 135 ℃的恒温浴内。

单位为毫米

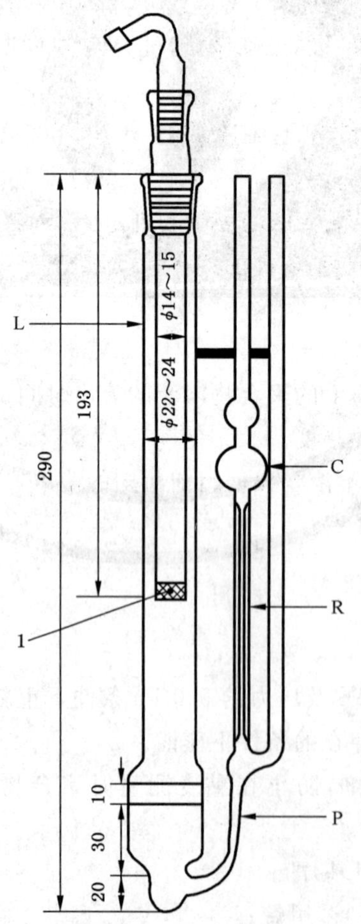

1——P100 砂芯。

图 1 高温乌氏黏度计

5.2 黏度计支架

能将黏度计稳定地固定在恒温浴中的正确位置上。

5.3 恒温浴

根据 GB/T 1632.1—2008 中 5.3 恒温浴要求，温度能控制在 135.0 ℃±0.2 ℃。

5.4 恒温浴

温度能控制在 20.0 ℃±0.1 ℃。

5.5 测温装置

符合 GB/T 1632.1—2008 中 5.4 的规定，分度为 0.1 ℃。

5.6 计时器

可采用最小刻度值至少为 0.1 s，并在 15 min 内其速率稳定在±0.1%的任何计时器。

5.7 分析天平

称量精度为 0.1 mg。

5.8 机械混合加热器

温度能控制在 150 ℃±2 ℃，可使用旋转、振荡或搅拌方式混合溶液。

注：搅拌的方式不适于超高分子量聚乙烯溶液的配制。

5.9 烧瓶

玻璃塞磨口瓶，100 mL。

5.10 移液管

50 mL。

5.11 过滤器

P100 玻璃砂芯漏斗。

6 试样

6.1 为便于溶解，试样应为干燥的粉末或细小的碎片。

6.2 样品为制品时，要把它切削成细小碎块或用干冰冷却研磨。

试样表面和内部材料的比浓黏度可能不同，可以用以下两种方法取样：

—— 将整块材料磨碎并混合均匀，测量其比浓黏度；

—— 从表面和内部分别切下小块，将它们分别研磨，测量表面和内部各自的比浓黏度。

7 试验步骤

7.1 黏度计的清洗

7.1.1 黏度计需要定期清洗，同时在黏度计投用前或者测量结果超差时也要清洗黏度计，黏度计的清洗按照 GB/T 1632.1—2008 中附录 A 的规定进行。

7.1.2 在两次连续的测量之间，用十氢萘(4.1)清洗黏度计。清洗时，十氢萘和黏度计都放在 135 ℃恒温浴(5.3)里。清洗完毕，将十氢萘抽出，用无粉尘、无油污的空气或氮气吹扫黏度计至其干燥。

7.2 溶剂流出时间的测量

用 7.5 中的步骤测定溶剂流出时间，连续三次流出时间之差小于 0.2 s，取其平均值作为溶剂的流出时间。

7.3 聚合物浓度的选择

选择聚合物溶液浓度使溶液流出时间 t 与溶剂流出时间 t_0 之比在 1.2～2.0 之间。

7.3.1 如果知道聚合物的比浓黏度的近似值，可由表 2 选择浓度。

表 2 测量比浓黏度所用的聚合物溶液浓度

比浓黏度(I) mL/g	浓度(c) g/mL
$40 \leqslant I < 200$	0.005
$200 \leqslant I < 1\,000$	0.001
$1\,000 \leqslant I \leqslant 5\,000$	0.000 2

7.3.2 如果不知道聚合物的比浓黏度的近似值，则选择浓度为 0.001 g/mL 的溶液。

如果所得的比浓黏度不在表 2 给出的范围内，则根据所得的值在表 1 中找出相应浓度，重做试验。

7.4 溶液的制备

7.4.1 试样的质量(m)按式(1)计算，单位为克，准确到 1 mg。

$$m = cV\gamma \qquad \cdots\cdots(1)$$

式中：

c——135 ℃时溶液浓度，单位为克每毫升(g/mL)；

V——20 ℃时溶剂的体积，单位为毫升(mL)，通常为 50 mL；

γ——20 ℃和 135 ℃时溶剂的膨胀系数，等于在相应温度时的密度之比，如式(2)所示：

$$\gamma = \frac{\rho_{20}}{\rho_{135}} = \frac{0.888}{0.802} = 1.107 \qquad \cdots\cdots(2)$$

实验表明即使 20 ℃的溶剂密度(ρ_{20})与 0.888 g/mL 不完全一致，γ 值也是常数。

7.4.2 按照计算值称量试样，精确至 0.1 mg，放入磨口玻璃烧瓶(5.9)，例如 m 等于 0.055 3 g 时浓度为 0.001 g/mL。转移操作中要小心，避免试样粘附在烧瓶壁上。

7.4.3 用移液管(5.10)将 V 体积的溶剂从保持在 20.0 ℃±0.1 ℃的恒温浴中(5.4)的磨口玻璃烧瓶(5.9)中取出并注入另一个 100 mL 的磨口玻璃烧瓶中，将烧瓶装到温度为 150 ℃的机械混合加热器上(5.8)静止保持 1 h，而后用机械装置缓慢混合溶液时间为 1 h，目视检查溶液中无不溶粒子、凝胶或异物粒子。

如果试样在 2 h 内没有完全溶解，可继续加热 2 h 直至试样完全溶解，该现象要记录在试验报告中。

7.5 溶液流出时间的测量

7.5.1 将黏度计垂直安装在 135 ℃的恒温浴(5.3)中并保持 15 min。然后，迅速(在 30 s 内)将所需体积的热溶液(150 ℃)倒入黏度计的过滤器内，转移时黏度计露出浴液的部分应采取保温措施。待溶液过滤后取出过滤器，安装转换塞。溶液恒温 15 min。如果溶液不过滤，则要在报告中说明。

注 1：可在过滤棒上端缓慢加压，以加快过滤速度。

注 2：在漏斗上加装加热罩可使转移方便地进行，这样可防止试样析出。

7.5.2 用抽吸的方法将液面提高至高于黏度计球部的上刻度标记约 10 mm 处。让溶液经毛细管流出，当溶液的弯月面到达测量球的上标记时，打开记时装置(5.6)开始计时，测定溶液面到达该球下标记的时间。

重复测量溶液流出时间，直到连续 3 次的读数与它们平均值相差不大于 0.2 s。

以这三次测量结果的算术平均值作为测定结果。

8 结果表示

8.1 比浓黏度 *I*

比浓黏度(I)按式(3)计算，用毫升每克(mL/g)表示：

$$I = \frac{t - t_0}{t_0 c} \qquad \cdots\cdots(3)$$

式中：

t——溶液的平均流经时间，单位为秒(s)；

t_0——溶剂的平均流经时间，单位为秒(s)；

c——135 ℃时溶液浓度，单位为克每毫升(g/mL)。

135 ℃时溶液浓度 c 按式(4)计算，式中 m、V 和 γ 的定义同 7.4.1。

$$c=\frac{m}{V\cdot\gamma} \tag{4}$$

8.2 特性黏度[η]

特性黏度[η]按式(5)计算，用毫升每克(mL/g)表示：

$$[\eta]=\frac{I}{1+kcI} \tag{5}$$

式中：

k——同聚合物浓度和结构有关的系数；

c 和 I——意义同 8.1。

[η]的近似值可用 $k=0.27$ 计算。若要精确的 η 值，则 k 值必须对各个浓度范围和每个系列试样的测定来确定。

计算结果按 GB/T 8170 规定修约到整数。

8.3 精密度

因未获得实验室间数据，本试验方法的精密度尚不可知。待得到实验室间数据后，将在下次修订中增加有关精密度的内容。

9 试验报告

试验报告应包括以下各项：

a) 注明引用 GB/T 1632 的本部分；

b) 被测样品的完整标识，包括型号、来源、制造厂商标；

c) 试验前对样品的处理方法(切碎、研磨等)；

d) 如果适用，指明受试制品的部位(整体，表面或内部)；

e) 溶解时间，如果超过 2 h；

f) 过滤方法，溶液不过滤时应注明；

g) 比浓黏度，圆括号中写明所用浓度，例如 $I(0.001)=380$ mL/g；

h) 特性黏度，圆括号中写出相同浓度时的常数 k 值；

i) 试验日期。

ICS 83.060
G 40

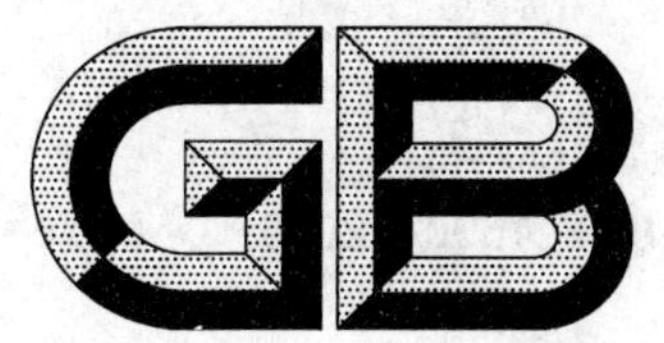

中华人民共和国国家标准

GB/T 1690—2010
代替 GB/T 1690—2006

硫化橡胶或热塑性橡胶耐液体试验方法

Rubber, vulcanized or thermoplastic—Determination of the effect of liquids

(ISO 1817:2005, Rubber, vulcanized—Determination of the effect of liquids, MOD)

2011-01-14 发布　　　　2011-12-01 实施

中华人民共和国国家质量监督检验检疫总局
中国国家标准化管理委员会　发布

前　言

本标准按照 GB/T 1.1—2009 给出的规则起草。

本标准代替 GB/T 1690—2006《硫化橡胶或热塑性橡胶耐液体试验方法》，与 GB/T 1690—2006 相比，主要技术差异如下：

——增加了一种“测量体积变化与质量变化”的试样类型，Ⅱ型：25 mm×25 mm 的正方形(见 5.2)；

——将式(1) $\Delta m_{100}=\frac{m_i-m_0}{m_i}\times 100$ 更正为 $\Delta m_{100}=\frac{m_i-m_0}{m_0}\times 100\%$(见 7.2)；

——增加了一个公式(见 7.3)；

——增加了附录 B“参考液体”，以规定国产 1 号、2 号、3 号标准油的主要性能。

本标准使用重新起草法修改采用 ISO 1817:2005《硫化橡胶　耐液体测定方法》(英文版)。

本标准与 ISO 1817:2005 技术性差异及其原因如下：

——标准名称改为《硫化橡胶或热塑性橡胶　耐液体试验方法》，因为在标准范围中已包含热塑性橡胶。

——关于规范性引用文件，本标准做了具有技术性差异的调整，以适应我国的技术条件，调整的情况集中反映在第 2 章“规范性引用文件”中，具体调整如下：

- 用修改采用国际标准的 GB/T 262 代替了 ISO 2977(见表 A.3 和表 B.1)；
- 用等同采用国际标准的 GB/T 528 代替了 ISO 37(见 5.2 和 7.7)；
- 用修改采用国际标准的 GB/T 1884 代替了 ISO 3675(见表 A.3；表 B.2)；
- 用等同采用国际标准的 GB/T 2941—2006 代替了 ISO 23529:2004(见 3.4、5.1、5.3、5.4 和 6.1)；
- 用修改采用国际标准的 GB/T 3535 代替了 ISO 3016:1994(见表 A.4)；
- 用修改采用国际标准的 GB/T 3536 代替了 ISO 2592:2000(表 A.3)；
- 用等同采用国际标准的 GB/T 6031 代替了 ISO 48:1994(见 7.6)；
- 用修改采用国际标准的 GB/T 11547 代替了 ISO 175:1999(见 A.4)。

——第 2 章“规范性引用文件”中增加了三个文件：GB/T 265，GB/T 267，GB/T 388。其原因是本标准增加的附录 B 中提及这三个文件。

——测试质量变化、体积变化试样尺寸规定不同。本标准规定试样尺寸为Ⅰ型：25 mm×50 mm 的长方形；Ⅱ型：25 mm×25 mm 的正方形(本版 5.2)。而 ISO 1817:2005 规定试样为 1 cm^3～3 cm^3(ISO 1817 版 5.2)。这是由于 ISO 标准规定范围过宽，不利于统一标准和进行数据比对。

——在选择试验液体时，除了按 ISO 1817:2005 规定的 ASTM No.1、IRM902、IRM903 标准油(本版附录 A)外，还重新增加了 GB/T 1690—1992 中的国产 1 号、2 号、3 号标准油(本版附录 B)。由于所采用的 ISO 1817:2005 中规定的 ASTM No.1、IRM902、IRM903 三种标准油还未实现国产化，需要进口，购买渠道较窄，特别是试验结果与国产 1 号、2 号、3 号标准油的试验结果有所差异，因此，重新增加了 GB/T 1690—1992 中的国产 1 号、2 号、3 号标准油(本版附录 B)。

——删除附录 A.1 中对制定标准模拟液体的原因说明(本版附录 A，ISO 1817 附录 A 中第一段)；因为表 A.1 中规定已很明确。

——增加了附录 B“参考液体”，以规定国产 1 号、2 号、3 号标准油的主要性能。

本标准由中国石油和化学工业联合会提出。

本标准由全国橡标委通用试验方法分技术委员会(SAC/TC 35/SC 2)归口。

本标准主要起草单位:中橡集团沈阳橡胶研究设计院、北京橡胶工业研究设计院、西北橡胶塑料研究设计院。

本标准主要起草人:费康红、赵博丹、谢君芳、朱伟。

本标准所代替标准的历次版本发布情况为:

—— GB/T 1690—1987、GB/T 1690—1992、GB/T 1690—2006。

引　言

液体对硫化橡胶或热塑性橡胶的作用通常导致以下结果：

a)　液体被橡胶吸入；

b)　抽出橡胶中的可溶成分；

c)　与橡胶发生化学反应。

通常，吸入量 a)大于抽出量 b)，导致橡胶体积增大，这种现象被称为“溶胀”。吸入液体使橡胶的拉伸强度、拉断伸长率、硬度等物理及化学性能发生很大变化。此外，由于橡胶中增塑剂和防老剂类可溶物质，在易挥发性液体中易被抽出，其干燥后的物理及化学性能同样会发生很大变化。因此，测定橡胶在浸泡后或进一步干燥后的性能很重要。

本标准规定了确定下列性能变化的测试方法：

——质量变化、体积变化、尺寸变化；

——抽出物；

——浸泡后或进一步干燥后橡胶的硬度变化、拉伸性能变化。

本标准所提供的测试方法在某种程度上模拟了一些实际使用条件，但并不意味着可完全代表实际使用性能。例如，试验显示体积变化最小的橡胶材料并不一定代表实际使用性能最好。对于非常厚的橡胶制品，厚度的变化对耐液体性能影响不大，但对于一般橡胶制品，由于液体渗透速度与时间关系很大，因此测试时必须考虑到橡胶的厚度。另外，大气中氧气的存在会影响液体对橡胶的作用，特别是在高温条件下。本标准描述的试验方法可对橡胶与给定液体使用的相宜性提供有价值的信息，特别是为橡胶耐液体性能的开发与研究构建了一个有效的控制。

液体对橡胶的影响取决于橡胶特性和橡胶内部应力的大小。在本标准中，所有试验均在试样无外力作用下完成。

硫化橡胶或热塑性橡胶
耐液体试验方法

警告：使用本标准的人员应有正规实验室工作的实践经验。本标准并未指出所有可能的安全问题，使用者有责任采取适当的安全和健康措施，并保证符合国家的有关法律法规的规定。

1 范围

本标准规定了通过测试橡胶在试验液体中浸泡前、后性能的变化，评价液体对橡胶的作用。试验液体包括标准试验液体及类似于石油的衍生物、有机溶剂、化学试剂等。

本标准适用于硫化橡胶或热塑性橡胶。

2 规范性引用文件

下列文件对于本文件的应用是必不可少的。凡是注日期的引用文件，仅注日期的版本适用于本文件。凡是不注日期的引用文件，其最新版本(包括所有的修改单)适用于本文件。

GB/T 262 石油产品和烃类溶剂苯胺点和混合苯胺点测定法(GB/T 262—2010，ISO 2977:1997，MOD)

GB/T 265 石油产品运动粘度测定法和动力粘度计算法

GB/T 267 石油产品闪点与燃点测定法(开口杯法)

GB/T 388 石油产品硫含量测定法(氧弹法)

GB/T 528 硫化橡胶或热塑性橡胶 拉伸应力应变性能的测定(GB/T 528—2009，ISO 37:2005，IDT)

GB/T 1884 原油和液体石油产品密度实验室测定法(密度计法)(GB/T 1884—2000，eqv ISO 3675:1998)

GB/T 2941 橡胶物理试验方法试样制备和调节通用程序(GB/T 2941—2006，ISO 23529:2004，IDT)

GB/T 3535 石油产品倾点测定法(GB/T 3535—2006，ISO 3016:1994，MOD)

GB/T 3536 石油产品 闪点和燃点的测定 克利夫兰开口杯法(GB/T 3536—2008，ISO 2592:2000，MOD)

GB/T 6031 硫化橡胶或热塑性橡胶硬度的测定(10～100IRHD)(GB/T 6031—1998，idt ISO 48:1994)

GB/T 11547 塑料 耐液体化学试剂性能的测定(GB/T 11547—2008，ISO 175:1999，MOD)

ISO 3104 石油产品 透明和不透明液体 运动黏度的测定和动力黏度的计算(Petroleum products—Transparent and opaque liquids—Determination of kinematic viscosity and calculation of dynamic viscosity)

ISO 5661 石油产品 液态烃类 折光指数的测定(Petroleum products—Hydrocarbon liquids—Determination of refractive index)

3 试验装置

3.1 全浸装置

设计时应考虑液体的挥发性和试验温度，以使试验过程中液体的挥发程度最小及外部进入试验容器的空气最少。

当试验温度明显低于试验液体的沸点时，试验容器应使用带盖的玻璃容器。如果试验温度接近液体的沸点，建议使用带有回流冷凝器的容器或通过其他方式以减少液体挥发。

试验容器的尺寸应保证试样在不发生任何变形的情况下完全浸入液体。试验液体的体积至少为试样总体积的15倍，试验容器中液体上部空气体积应尽可能达到最小。

用线或棒将试样吊入液体中，确保试样与试样之间不接触，可用玻璃环或其他不发生反应的间隔物。

试验容器所用的材料不应与试验液体及试样发生反应，如：不应使用含铜类材料。

3.2 单面试验装置

此装置用于试样仅有一个表面与液体接触的试验。

试验装置如图1所示：包括一个底板(A)和一个底部开口的圆柱形容器(B)，通过蝶型螺母(D)与螺栓(E)将A、B与试样(C)紧紧固定在一起。底板可留一个直径约30 mm的孔，以确认试样另一面未与试验液体相接触。在试验期间，容器上部的开口处应用一合适的盖子(F)密封。

单位为毫米

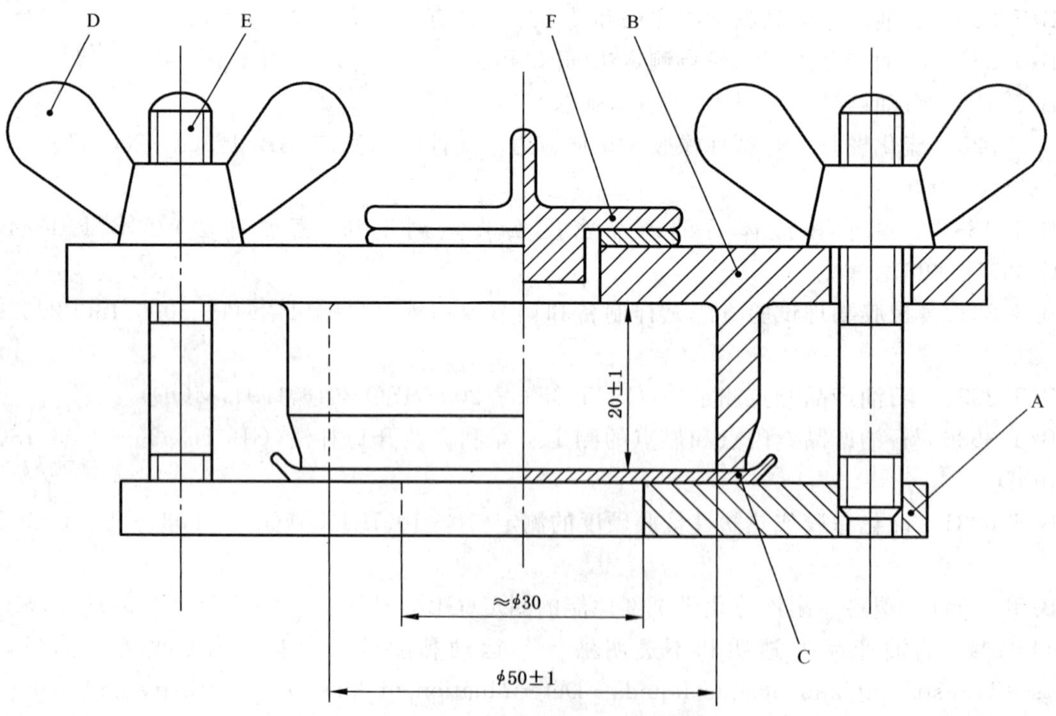

图1 单面试验装置

3.3 天平

天平应精确到1 mg。

3.4 试样测厚装置

将一个满足精度要求的百分表固定在一个带有平台的钢架上。该装置应符合 GB/T 2941 中方法 A 的要求。

3.5 测量试样长度和宽度的装置

最小分度为 0.01 mm，宜采用非接触法测量，例如使用光学测量仪器。

3.6 测量表面积变化的装置

能够测量试样对角线的长度。

与测量试样长度和宽度装置的要求相同。

4 试验液体

试验液体的选择应依据试验目的。

如需得到一种硫化橡胶与一种特定液体的实际使用性能，则试验应尽量使用该种液体。市售液体的组分不一定总是恒定的，每次试验应包括一个已知性能的标准材料。如果发生由于市售液体组分变化而产生异常结果的情况，则不应再使用该批液体。

矿物油和燃油。生产批次不同化学组成也很容易发生变化。通常，矿物油的苯胺点高低可用于指示芳香烃的含量，并且有助于显示该油对于橡胶的作用，但是仅凭苯胺点一项指标，不能完全显示一种矿物油的特性，苯胺点越低对橡胶的溶胀作用越强。如果使用矿物油作为试验液体，若有必要，则试验报告应包括液体的密度、折光指数、黏度及苯胺点或芳香烃含量。附录 A 和附录 B 提供的标准试验油，由矿物残液提炼、加工而成。

试验用油。尽管有些试验用油与标准油(附录 A，A.1～A.3 及附录 B)的液体特性相似，但对橡胶的作用却不完全相同。一些燃油，特别是汽油，组成成分相差很大，对于某些成分，较小的改变，可对橡胶的作用产生很大影响。因此，使用燃油做耐液体试验时，若有必要，试验报告中应包括完整液体组成成分的描述。

商品液体的组成成分也不总是恒定的，标准液体有明确的化学成分和化学混合物成分，用于进行硫化橡胶分类或质量控制试验，附录 A 给出了一些适合的液体。当试验液体为化学试剂时，试剂的浓度应适于使用目的。应确保试验液体在整个试验过程中组成成分不发生过大变化。应考虑试验液体的自身老化现象及其可能与橡胶发生的任何反应。如果液体中有活性添加剂，或者橡胶与液体通过抽出、吸入或发生化学反应而使液体组成变化较大，应考虑补充液体的体积或定期更换新的试验液体。

5 试样

5.1 试样制备

试样制备按 GB/T 2941 的规定。

5.2 试样尺寸

试样厚度为 2.0 mm±0.2 mm。试样也可从制品上裁切，若厚度小于 1.8 mm，则以该试样的实际厚度作为试验厚度。如果试样厚度大于 2.2 mm，应将厚度处理到 2.0 mm±0.2 mm。不同厚度的试样测试结果不具有可比性。

测量体积变化与质量变化试样为Ⅰ型:25 mm×50 mm 的长方形;Ⅱ型:25 mm×25 mm 的正方形。

注:两种规格的试样,测得结果不可进行比较。建议优先选用Ⅰ型试样。

测量硬度变化的试样横向尺寸不小于 8 mm。

测量尺寸变化所用试样可选Ⅰ型或Ⅱ型试样,还可以选直径为 44.6 mm 的圆形试样(GB/T 528 中 A 型标准环状试样的内圆)。

测表面积变化的试样为垂直裁切的平行四边形,可通过两次连续的、方向近似垂直的裁切完成。裁刀由两个相隔规定距离的刀片组成。试样边长约为 8 mm。

注:测试样表面积变化也可以使用更小或更薄的试样,例如从产品上裁切或快速检测试验等。但这样的测试结果与规定厚度试样的测试结果不可比较。更小的试样会降低测量结果的精确性。

测试拉伸性能变化的试样按 GB/T 528 的规定,宜选择 2 型哑铃状试样。该形状试样也可用来测试硬度变化。

单面接触试验所用的试样为直径约 60 mm 的圆形试片。

5.3 硫化与试验时间间隔

如无特殊规定,硫化与试验时间间隔应按以下 GB/T 2941 的规定。

对所有试验,硫化与试验之间最短时间间隔为 16 h。

对于非制品试验,硫化与试验之间最长时间间隔为 4 周。做比对及评价试验,应尽可能在相同的时间间隔内进行。

对于制品试验,硫化与试验之间时间间隔不应超过 3 个月。在其他情况下,试验应在接到客户提供试样 2 个月内完成。

5.4 试样调节

试样应在 GB/T 2941 规定的标准实验室温度下调节至少 3 h。进行比对试验时,应始终保持同一温度。

6 试验液体浸泡的温度及周期

6.1 温度

浸泡温度应选用 GB/T 2941 中 8.2.2 所列出的一个或多个温度。

高温试验可加速橡胶的氧化和液体的挥发与分解,同时,促进液体中添加剂对橡胶的影响。浸泡温度的选择应按 GB/T 2941 提供的、与实际使用温度相同或高于实际使用温度的试验温度。

6.2 周期

由于液体渗透橡胶的速度取决于温度、胶种、液体种类,因此,所有试验均使用同一标准时间是不可取的。尽可能做重复多次浸泡试验,并记录浸泡性能随时间的变化情况,以确定合适的试验时间。试验时间宜大于液体吸收饱和的时间。

作为质量控制试验,用一种浸泡周期已可以满足要求,但应尽可能大于吸收饱和时间。试验时间应从以下时间范围内选择:

$24_{-2}^{\ 0}$ h ;$72_{-2}^{\ 0}$ h ;7 d±2 h;7 d±2 h 的整数倍。

注 1:由于吸收液体的量与时间的平方根成比例而不是时间本身,这样可通过绘制吸收量与时间平方根的曲线来确定液体吸收饱和的时间。

注 2:在浸泡试验初期,性能变化百分数与试样厚度的倒数成正比。因此,当试验时间未达到吸收饱和时间时,试样厚度的差异越小得到的试验结果越稳定。

7 程序

7.1 通用试验程序

每组测试需用3个试样，在浸泡前做好标识。

将试样浸入盛有试验液体(4)的装置(3.1或3.2)中，并将装置放入已达到所需温度(6.1)的恒温箱或液体加热恒温装置中。

对于全浸试验，试样应距离容器内壁不少于5 mm，距容器底部和液体表面不少于10 mm。如果橡胶密度小于液体密度，应加坠子将试样完全浸没在液体中。同时，应避免空气的进入，如需测试空气对试验的影响，则相关方应协商确定允许空气进入的程度。

在浸泡试验结束后，从恒温箱或液体加热恒温装置中取出试验装置，在标准实验室温度下调节30 min。或将试样取出快速放入一份已备好的新试验液体中，在标准试验温度下停放30 min。

除去试样表面的残留液体。若试验液体为易挥发性液体，用滤纸或不掉绒的织物迅速擦去试样表面残留液体。若为黏性不挥发性液体，可用滤纸擦去。如有必要，也可迅速将试样浸入酒精或汽油等挥发性液体中，然后迅速取出并擦干试样表面。再进行性能测试。

对于挥发性液体，将试样取出之后的每一步操作应尽快完成。在擦去表面残液后，迅速将试样放入称量瓶中测量橡胶的体积变化与质量变化。测完后，如果还需用此试样测量其他性能，则应将试样重新浸入此挥发性液体中，浸泡周期应满足6.2的规定。将试样从液体中取出至性能全部测试完毕，不应超过以下时间：

——尺寸变化：1 min；

——硬度变化：1 min；

——拉伸试验：2 min。

如试验还需继续进行，则应将试样再次快速浸入液体中，并将测试装置放回恒温箱或液体控温装置中。

也可测量干燥后的性能变化。取出浸泡的试样放入一个绝对大气压约20 kPa，温度约40 ℃的一定容积的设备中，每间隔30 min取出试样称量一次，直至两次称量之差小于1 mg为止。然后在标准实验室温度下环境调节不少于3 h，再进行试验。

7.2 质量变化

在标准实验室温度下测量试样浸泡前后的质量，精确到1 mg。

按式(1)计算质量变化百分率(Δm_{100})：

$$\Delta m_{100}=\frac{m_i-m_0}{m_0}\times 100\% \qquad \cdots\cdots(1)$$

式中：

m_0——浸泡前试样在空气中的质量，单位为克(g)；

m_i——浸泡后试样在空气中的质量，单位为克(g)。

取三个试样试验结果的中位数作为试验结果。

7.3 体积变化

对于非水溶性液体一般采用排水法测量。

在标准实验室温度下，先测每个试样在空气中的质量(m_0)，精确到1 mg，再测试样在蒸馏水中的质量($m_{0,w}$)，精确到1 mg，在蒸馏水中测量质量时应排除试样上的气泡(必要时可用洗涤剂)。按式(2)计算：

$$\Delta V_{100}=\left(\frac{m_i-m_{i,w}}{m_0-m_{0,w}}-1\right)\times 100\% \qquad \cdots\cdots(2)$$

式中：

m_0 ——浸泡前试样在空气中的质量，单位为克(g)；

m_i ——浸泡后试样在空气中的质量，单位为克(g)；

$m_{0,w}$ ——浸泡前试样在蒸馏水中的质量，单位为克(g)；

$m_{i,w}$ ——浸泡后试样在蒸馏水中的质量，单位为克(g)。

取三个试样试验结果的中位数作为试验结果。

如果材料密度小于 1 g/cm³，需加坠子测量，测量中应确保坠子与试样全部浸入水中，还应测量单个坠子在水中的质量($m_{s,w}$)，用式(3)计算体积变化百分数(ΔV_{100})。

$$\Delta V_{100}=\left(\frac{m_i-m_{i,w}+m_{s,w}}{m_0-m_{0,w}+m_{s,w}}-1\right)\times 100\% \qquad \cdots\cdots(3)$$

式中：

m_0 ——浸泡前试样在空气中的质量，单位为克(g)；

m_i ——浸泡后试样在空气中的质量，单位为克(g)；

$m_{0,w}$ ——浸泡前试样在蒸馏水中的质量(带坠子)，单位为克(g)；

$m_{i,w}$ ——浸泡后试样在蒸馏水中的质量(带坠子)，单位为克(g)；

$m_{s,w}$ ——坠子在蒸馏水中的质量，单位为克(g)。

取三个试样试验结果的中位数作为试验结果。

若试验液体溶于水或与水发生反应，试验后不应用水称量。若试验液体不太黏稠或室温下不易挥发，可在新配制的同样试验液体中称量。若试验液体不适于称量，试验后也可选用其他液体称量。按式(4)计算：

$$\Delta V_{100}=\left[\frac{1}{\rho}\left(\frac{m_i-m_{i,liq}+m_{s,liq}}{m_0-m_{0,w}+m_{s,w}}\right)-1\right]\times 100\% \qquad \cdots\cdots(4)$$

式中：

ρ ——液体密度，单位为克每立方厘米(g/cm³)；

$m_{i,liq}$ ——浸泡后试样在新配制的试验液体中的质量(含坠子)，单位为克(g)；

$m_{s,liq}$ ——坠子在新配制的试验液体中的质量，单位为克(g)。

7.4 尺寸变化

在标准实验室温度下，沿着靠近试样的中心线处测量试样长度(宽度)，精确到 0.5 mm，取上下表面两次测量结果的平均值。用厚度计在试样的四个不同位置测量厚度取其平均值。

浸泡后的试样按上述规定进行。

用式(5)计算长度变化百分率(ΔL_{100})：

$$\Delta L_{100}=\frac{l_i-l_0}{l_0}\times 100\% \qquad \cdots\cdots(5)$$

式中：

l_0——试样的初始长度，单位为毫米(mm)；

l_i——试样浸泡后的长度，单位为毫米(mm)。

用同样的方法计算宽度变化百分率和厚度变化百分率。

取三个试样试验结果的中位数作为试验结果。

表面积变化百分率也可通过长度变化及宽度变化来计算。

7.5 表面积变化

在标准实验室温度下测量试样初始对角线的长度，精确到 0.01 mm。

浸泡后按上述方法重新测量对角线的长度。如果采用光学仪器测量，试样也可以不从液体中取出，直接透过合适的玻璃容器即可进行测量。

用式(6)计算表面积变化百分率(ΔA_{100})：

$$\Delta A_{100}=\left(\frac{l_A l_B}{l_a l_b}-1\right)\times 100\% \qquad (6)$$

式中：

l_a,l_b——试样浸泡前两条对角线的长度，单位为毫米(mm)；

l_A,l_B——试样浸泡后两条对角线的长度，单位为毫米(mm)。

也可用式(7)计算体积变化百分率：

$$\Delta V_{100}=\left[\left(\frac{l_A l_B}{l_a l_b}\right)^{3/2}-1\right]\times 100\% \qquad (7)$$

用式(7)计算体积变化应是假设其膨胀是同向的，如果不确定，宜采用 7.3 的方法计算体积变化百分率。

7.6 硬度变化

按 GB/T 6031 中 M 法测量浸泡前后每个试样的硬度。也可以用普通硬度计三片叠加测量，但这种方法只作常规硬度检测。

按式(8)计算试验前后的硬度变化(ΔH)

$$\Delta H=H_i-H_0 \qquad (8)$$

式中：

H_0——试样浸泡前的硬度；

H_i——试样浸泡后的硬度。

7.7 拉伸性能变化率

按 GB/T 528 规定，测定试样浸泡前后的拉伸性能。

用试样初始横截面积计算拉伸强度、拉断伸长率和定伸应力。

按式(9)计算拉伸性能变化百分率(ΔX_{100})。

$$\Delta X_{100}=\frac{X_i-X_0}{X_0}\times 100\% \qquad (9)$$

式中：

X_0——试样浸泡前的性能值；

X_i——试样浸泡后的性能值。

7.8 单面试验

本方法适用于仅有一个表面与液体接触的较薄片材(如橡胶薄膜)。

测量试样的厚度，然后称量试样在空气中的质量(m_0)，精确到 1 mg。将试样装入如图 1 所示的装置中，将试验液体倒入装置内，深度约 15 mm，盖上盖子(F)。

将装置放入已调好的恒温试验箱中至要求的试验时间，将装置取出，如有需要，调节至实验室标准温度。将试验液体倒出，取出试样，用滤纸或不掉绒织物擦去试样表面的残留液体。之后，在标准实验室温度下称量试样质量(m_i)，精确到 1 mg，并测量试样厚度。

如果在室温下试验液体易挥发，则试样从液体中取出后，应在 2 min 内完成测试。

按式(10)计算单位面积的质量变化率(Δm_a)，单位为克每平方米(g/m^2)。

$$\Delta m_a=\frac{m_i-m_0}{A} \qquad (10)$$

式中：

m_0——试样的初始质量，单位为克(g)；

m_i——试样浸泡后的质量，单位为克(g)；

A——试样与试验液体接触部分的圆面积，单位为平方米(m^2)。

取三个试样试验结果的中位数作为试验结果。

厚度变化率按 7.4 计算。

7.9 抽出物测定

7.9.1 概述

如果试验液体是易挥发性液体，则从试样中抽出物质的量可用下述两种方法测定：

a) 干燥试样称重法：将试样干燥处理后的质量与试验前的质量进行比较；

b) 蒸发试验液体法：将试验液体蒸发干燥后，测量剩余未挥发物的质量。

以上两种方法均会产生试验误差。对于干燥试样称重法，在高温试验过程中如果有空气的存在，材料会被氧化；对于蒸发试验液体法，在蒸发过程中会损失一些易挥发性抽出物，例如增塑剂类。本标准两种方法都做了陈述，可根据材料的性质及试验条件进行选择。

对于易挥发性液体很难确切定义，本标准规定沸点高于 110 ℃，蒸发量低于附录 A 中 A、B、C、D、E 标准溶液的液体不属于易挥发性液体。

抽出物的测定应在测定质量变化(7.2)、体积变化(7.3)、尺寸变化(7.4)等试验后进行。

7.9.2 干燥试样称重法

将浸泡后的试样在一个绝对大气压约 20 kPa，温度约 40 ℃的试验箱中干燥至恒重，即每隔 30 min 将试样称量一次，直至连续两次称量之差小于 1 mg 为止。

抽出物质的量以试样经浸泡并干燥后的质量与试样初始质量之差占试样初始质量的百分率表示。

7.9.3 蒸发试验液体法

将浸泡后的试样从试验液体中取出，并用 25 mL 新配制的同样液体清洗试样，将清洗液体与试验液体汇集到同一个容器中。将此容器放入一个绝对大气压约 20 kPa，温度约 40 ℃的试验箱中，将液体蒸发至恒重。

同时做一空白试验，取同样的试验液体，其体积等于浸泡与洗涤试样的试验液体体积之和，并在相同的条件下蒸发至恒重。

抽出物物质的量为浸泡试样的试验液体与洗涤试样的试验液体恒重的剩余物与空白试验液体的恒重剩余物的质量之差占试样初始质量的百分率。

8 试验报告

试验报告应包括以下内容：

a) 本标准编号；

b) 样品描述

1) 有关样品及其来源的详细说明；

2) 胶料的详细说明，包括：硫化温度、硫化时间、硫化与试验间隔时间；

3) 制样方法：模压或裁切；

4) 试验液体描述：如是矿物油(ASTM No. 1，IRM902，IRM903，国产 1、2、3 号标准油除外)

还应包括密度、黏度、折光指数、苯胺点或芳香烃含量(如有必要)。

c) 试验及试验方法描述
   1) 使用方法;
   2) 试样类型;
   3) 使用的标准实验室温度;
   4) 试样调节的详细说明;
   5) 浸泡温度和时间;
   6) 操作程序与本标准存在的差异。
d) 试验结果
   1) 以本标准条款中规定的形式表示试验结果;
   2) 试样外观情况(例如脱层或裂口等);
   3) 试验液体外观情况(例如变色或沉淀等);
   4) 试验时间。
e) 试验日期

附 录 A
(规范性附录)
参 考 液 体

警告:在准备或操作试验液体时应采取适当的安全措施,特别是有毒、腐蚀性、易燃性液体。对于发烟液体应在有效的通风装置下操作;腐蚀性液体应避免与皮肤或普通衣物接触;易燃液体操作时应远离热源。

A.1 标准模拟液体

表 A.1 和表 A.2 列出市场常用的不同组分的几种液体,它也可以作为其他液体组分的指标。

表 A.1 不含氧化物的标准模拟液体

液体	组成	体积分数/%
A	2,2,4-三甲基戊烷(异辛烷)	100
B	2,2,4-三甲基戊烷(异辛烷)	70
	甲苯	30
C	2,2,4-三甲基戊烷(异辛烷)	50
	甲苯	50
D	2,2,4-三甲基戊烷(异辛烷)	60
	甲苯	40
E	甲苯	100
F	直链烷烃(C_{12}~C_{18})	80
	1-甲基萘	20
注:液体 B、C、D 相当于不含氧化物燃油,液体 F 相当于民用动力柴油。		

表 A.2 含氧化物(酒精)标准模拟液体

液体	组成	体积分数/%
1	2,2,4-三甲基戊烷(异辛烷)	30
	甲苯	50
	二异丁烯	15
	乙醇	5
2	2,2,4-三甲基戊烷(异辛烷)	25.35[a]
	甲苯	42.25[a]
	二异丁烯	12.68[a]
	乙醇	4.22[a]
	甲醇	15.00
	水	0.50

表 A.2(续)

液　体	组　　成	体积分数/%
3	2,2,4-三甲基戊烷(异辛烷)	45
	甲苯	45
	乙醇	7
	甲醇	3
4	2,2,4-三甲基戊烷(异辛烷)	42.5
	甲苯	42.5
	甲醇	15
[a] 它们的和占液体总体积的 84.5%(体积分数)。		

A.2 标准油

A.2.1 一般说明

A.2.1.1 ASTM No.1

是一种“低膨胀”油，主要由溶剂萃取、化学提炼石蜡等处理的石油和其他中性油调制的混合物。

A.2.1.2 IRM902

是一种“中膨胀”油，主要是将天然环烷油、黏土，经过蒸馏、酸处理及溶剂的萃取制备而成。

A.2.1.3 IRM903

是一种“高膨胀”油，通过将天然环烷油真空精制成两种润滑油的调制混合液。

A.2.1.4 用途

这些标准油为典型低添加剂石油，对高添加剂油或合成油需另外准备。

A.2.2 要求

标准油中除可能含有微量(近似于 0.1%)的抗凝剂外，不应含有其他添加剂，还应具有表 A.3 所示的性能。表 A.4 所示也是标准油的典型性能，但是生产厂家不一定提供。

使用标准油做试验，标准油应由经认可符合标准油生产要求的指定厂家生产。若不容易获得标准油，也可用性能完全符合 A.3，长期用于橡胶测试，对于相同配方同一批次橡胶，在相同测试条件下，测试结果与标准油相同的代用油。

表 A.3 标准油性能

性　能	要　求			试验方法
	ASTM No.1	IRM902	IRM903	
苯胺点/℃	124±1	93±3	70±1	GB/T 262
运动黏度/(10^{-6} m^2/s)	20±1[a]	20±1[a]	33±1[b]	ISO 3104

表 A.3(续)

性　　能	要　　求			试验方法
	ASTM No.1	IRM902	IRM903	
闪点/℃(最低)	243	240	163	GB/T 3536
密度(15 ℃)/(g/cm³)	0.886±0.002	0.933±0.006	0.921±0.006	GB/T 1884
黏重常数	—	0.865±0.005	0.880±0.005	
环烃含量 C_N/%	—	≥35	≥40	
石蜡含量 C_P/%	—	≤50	≤45	

[a] 测定温度 99 ℃。

[b] 测定温度 37.8 ℃。

表 A.4　标准油典型性能

性　　能	要　　求			试验方法
	ASTM No.1	IRM902	IRM903	
倾点/℃	—	−12	−31	GB/T 3535
折光指数(20 ℃)	1.486 0	1.510 5	1.502 6	ISO 5661
芳香烃 C_A/%	—	12	14	

A.3　模拟工作液

A.3.1　101 工作液

101 工作液是模拟合成柴油润滑油。由 99.5%(质量分数)的癸二酸二辛酯(质量分数)和 0.5%(质量分数)吩噻嗪组成。

A.3.2　102 工作液

102 工作液组成类似于某种高压液压油。

由 95%(质量分数)的 ASTM No.1 油,5%(质量分数)的碳氢混合添加剂组成的混合物。其中添加剂中含有 29.5%～33%(质量分数)的硫;1.5%～2%(质量分数)的磷;0.7%(质量分数)的氮及其他要求的添加剂。

A.3.3　103 工作液

103 工作液是模拟航空用磷酸酯液压油(三正丁基磷酸酯)。

A.4　化学试剂

使用的化学试剂应与产品实际使用试剂相同。如果没有特别规定,所用化学试剂应符合GB/T 11547 规定。

附　录　B
（规范性附录）
参考液体

国产1号、2号、3号标准油其主要性能应符合表B.1、表B.2的规定。

表 B.1

项　　目	指　　标			试验方法
	1号油	2号油	3号油	
苯胺点/℃	124±1	93±3	70±1	GB/T 262
运动黏度/(10^{-6} m^2/s)	20±1[a]	20±1[a]	33±1[b]	GB /T 265
闪点/℃(最低)	240	240	160	GB/T 267

[a] 在99 ℃时测量；

[b] 在37.8 ℃时测量。

表 B.2

项　　目	指　　标			试验方法
	1号油	2号油	3号油	
密度/(g/cm^3)				
15 ℃时	0.886±0.002	0.933 5±0.065	0.921 3±0.006 0	GB/T 1884
20 ℃时	0.882±0.002	0.930 0±0.006 5	0.918 1±0.006 0	
折光指数[a]				
20 ℃时 n_D^{20}	1.486 0±0.005	1.486 0±0.005	1.513 0±0.005	
最大硫含量/%	0.3	0.3	0.3	GB/T 388

[a] 折光指数按阿贝折射计说明书进行测定。